PHYSIOLOGISCHES PRAKTIKUM

CHEMISCHE, PHYSIKALISCH-CHEMISCHE, PHYSIKALISCHE UND PHYSIOLOGISCHE METHODEN

VON

PROFESSOR DR. EMIL ABDERHALDEN

GEHEIMER MEDIZINALRAT, DIREKTOR DES PHYSIOLOGISCHEN INSTITUTS
DER UNIVERSITÄT ZU HALLE A. S.

DRITTE
NEUBEARBEITETE UND VERMEHRTE AUFLAGE

MIT 310 TEXTABBILDUNGEN

BERLIN
VERLAG VON JULIUS SPRINGER
1922

ISBN-13: 978-3-642-98902-5   e-ISBN-13: 978-3-642-99717-4
DOI: 10.1007/978-3-642-99717-4

Vorwort zur dritten Auflage.

Bei der Frage nach einer Neugestaltung des Studienplanes für Studierende der Medizin ist von allen Seiten anerkannt worden, daß der Unterricht in Physiologie zu erweitern sei. Die Kenntnis der Funktionen der einzelnen Organe bildet das gegebene und selbstverständliche Fundament der gesamten Pathologie. Es ist unverständlich, weshalb der Lehrgegenstand Physiologie sich im Rahmen der für den Studierenden der Medizin in Betracht kommenden Disziplinen immer noch nicht die zentrale Stellung errungen hat, die ihm seiner Bedeutung entsprechend zukommt. Der Unterricht in Physiologie erfolgt teils in Vorlesungen, teils in praktischen Übungen. Es unterliegt keinem Zweifel, daß den letzteren eine ganz besonders große Bedeutung zukommt, insbesondere, wenn sie in Gestalt eines Seminars ausgestaltet werden. Der Studierende soll Gelegenheit erhalten, möglichst alle in der Vorlesung übermittelten Forschungsergebnisse an Hand eigener Versuche kennen zu lernen. Dazu ist unbedingt eine Erweiterung der praktischen Übungen erforderlich. In Halle umfassen die ganzen Übungen, bestehend aus einem chemischen und einem physikalischen Teil, 12 Wochenstunden. In dieser Zeit lassen sich die wichtigsten Versuche durchführen und besprechen.

Damit der Unterricht im physiologischen Praktikum sich voll auswirken kann und die Studierenden angehalten werden, dem Dargebotenen auch geistig zu folgen und mit vollem Erfolg mitzuarbeiten, ist anzustreben, daß an seinem Schlusse eine Prüfung abgehalten wird. An ihr Bestehen müßte die Ausstellung des Praktikantenscheines geknüpft sein. Dafür könnte bei der Vorprüfung die praktische Prüfung in Fortfall kommen.

Entsprechend dem Bestreben, den Studierenden mit allen in Frage kommenden wichtigen Methoden und Versuchsanordnungen bekannt zu machen, ist die neue Auflage umgearbeitet und erweitert worden. Vor allem ist die Anzahl der Versuche auf dem Gebiete der physikalisch-chemischen Methodik vermehrt worden.

Die einzelnen Methoden sind praktisch erprobt. Es ist das Prinzip verfolgt worden, in allen Fällen mit möglichst einfachen

I*

Mitteln zum Ziele zu gelangen. Die Versuchsanordnung wird dadurch übersichtlicher. Vor allem kann der Studierende jeden Versuch in allen Einzelheiten selbst durchführen, was bei kompliziert gebauten Apparaten oft nicht der Fall ist.

Die Auswahl der einzelnen Versuche fällt oft schwer. Aus einer großen Zahl mußte in Anbetracht der beschränkten Zeit eine engere Wahl getroffen werden. Es seien alle diejenigen, die weiter in die einzelnen Gebiete der Physiologie mit ihren mannigfaltigen Methoden einzudringen wünschen, auf das Werk von R. F. Fuchs: Physiologisches Praktikum. J. F. Bergmann, Wiesbaden. 2. Aufl. 1920 und ferner auf das von Robert Tigerstedt: Physiologische Übungen und Demostrationen für Studierende, S. Hirzel, Leipzig, 1913 hingewiesen. Alle diejenigen, die sich auf dem so wichtigen Gebiet der physikalisch-chemischen Methodik weiter auszubilden gedenken, seien auf die methodischen Darstellungen von Wolfgang Ostwald: Kleines Praktikum der Kolloidchemie. Theodor Steinkopff, Dresden und Leipzig, 1920 und von Leonor Michaelis: Praktikum der physikalischen Chemie, insbesondere der Kolloidchemie. Julius Springer, Berlin, 1921 verwiesen.

Es ist mir eine angenehme Pflicht, den Herren Prof. Dr. Fodor, Privatdozent Dr. Gellhorn und Dr. Wertheimer, Assistenten am Physiologischen Institute der Universität Halle, für die praktische Erprobung neu aufgenommener Versuche und manche Hinweise zu danken. Ferner bin ich den Herren Bruno Marx, Leipzig, und Universitätszeichner Lektor Otto Fischer, Halle a. S., für die verständnisvolle Ausführung der Zeichnungen zu großem Danke verpflichtet.

Halle a. S., im August 1922.

Emil Abderhalden.

Inhaltsverzeichnis.

Erster Teil.

Physiologische Untersuchungen mit Hilfe chemischer Methoden.

Zweiter Teil.

Methoden der Stoffwechselphysiologie.

Seite

Dritter Teil.

Physikalisch-chemische Methoden.

Physiologische Untersuchungen mit Hilfe chemischer Methoden.

Grundregeln und allgemeine Methoden beim chemischen Arbeiten.

Beim chemischen Arbeiten sind bestimmte Grundregeln zu beachten. Wohl die wichtigste ist: unbedingte Sauberkeit. Es bezieht sich dies nicht nur auf die Anwendung der einzelnen Gefäße und Apparate, sondern auch auf den gesamten Arbeitsplatz. Ohne peinliche Sauberkeit wird man nie gute Resultate erlangen.. Weitere wichtige Grundregeln sind: Gewissenhaftigkeit und Ausdauer. Mißlingt ein Versuch, dann wiederhole man ihn mit größter Gründlichkeit, bis er zu einem guten Ende führt. Niemals bleibe man auf halbem Wege stehen und tröste sich damit, daß der Versuch ja hätte gelingen müssen, wenn man alle Regeln beachtet hätte. Ein Mißerfolg bedeutet nur dann einen Zeitverlust, wenn keine Lehren aus ihm gezogen werden. Geht man den Fehlern auf den Grund, dann wird man viel lernen und für das weitere Arbeiten wichtige Lehren ziehen. Man sei gewissenhaft gegen sich selbst und suche keinen begangenen Fehler zu vertuschen. Vor allem strebe man auch eine gute Ausbeute an.

Das praktische Arbeiten hat nur dann einen Wert, wenn es zu einer gewissen Selbständigkeit beim chemischen Arbeiten führt. Diese kann leicht erworben werden, wenn man gleich von Anbeginn des Arbeitens an möglichst selbständig denkt und jede einzelne Operation denkend vornimmt. Sehr wichtig ist es, daß man über jeden einzelnen Vorgang sich genaue Rechenschaft gibt. Man verfolge alle Reaktionen an Hand von Formeln und versäume neben dem praktischen Arbeiten die Theorie nicht. Rein mechanisches Arbeiten kann zu einer großen Fertigkeit führen. Sie wird jedoch zu keinem dauernden Gewinn werden. Nur Verknüpfung von Praxis und Theorie wird dem praktischen Arbeiten eine grundlegende Bedeutung geben.

Die einzelnen Handgriffe lassen sich nur durch praktisches Arbeiten erwerben und können unmöglich einzeln beschrieben werden. Es seien im folgenden einige der wichtigsten Operationen kurz angeführt.

Im allgemeinen wird man die qualitativen und die quantitativen Reaktionen in Lösung vornehmen. Die erste Aufgabe ist daher gewöhnlich das Lösen einer Substanz. Je feiner die Partikelchen sind, aus denen diese besteht, um so leichter und rascher wird die Lösung

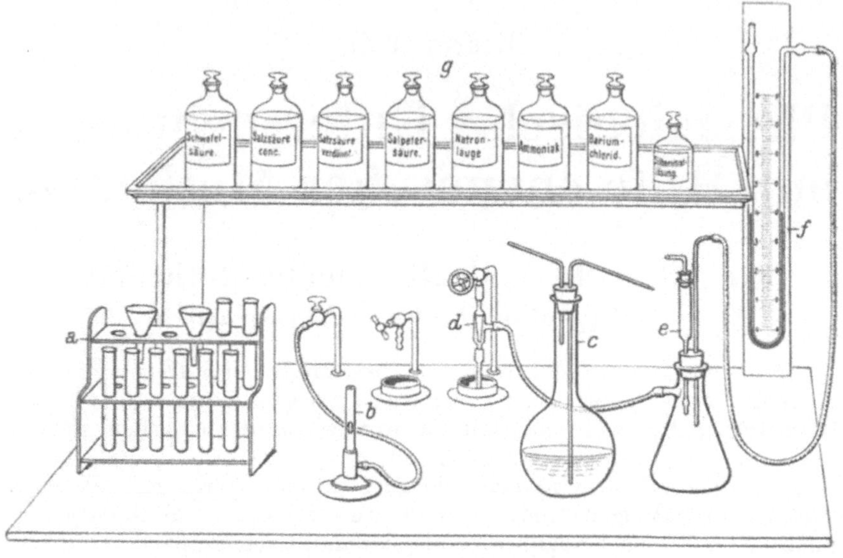

Abb. 1. Einrichtung eines chemischen Arbeitsplatzes.

a Reagenzglasgestell mit Reagenzgläsern und Trichtern.
b Bunsen-Brenner.
c Spritzflasche.
d Wasserstrahlpumpe.
e Ventil.
f Manometer.
g Reagentien.

eintreten. Sehr oft ist die Substanz kristallisiert oder sonst zu gröberen Komplexen vereinigt. Sie wird dann zuerst mechanisch in feinste Partikelchen zerlegt. Man erreicht dies, indem man sie in einen Mörser *a* gibt und nun mit einem Pistill *b* so lange reibt,

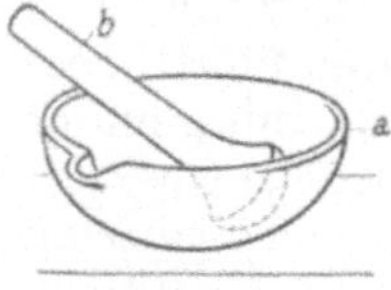

Abb. 2.
Mörser mit Pistill.

bis die ganze Masse in feinstes Pulver verwandelt ist (vgl. Abb. 2). In besonderen Fällen begnügt man sich nicht mit einfachem Pulvern, sondern schüttet die Substanz auf ein Haarsieb (Abb. 3) aus und trennt so die feinkörnige von der grobkörnigen Masse. Die letztere wird dann nochmals zerrieben, wieder gesiebt und auf diese Weise die gesamte Masse in gleichmäßig feines Pulver verwandelt. Im allgemeinen genügt jedoch das Pulvern mit dem Pistill in der Reibschale.

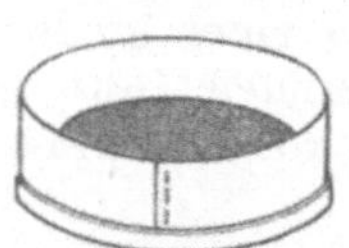

Abb. 3. Haarsieb.

Nunmehr wird die Substanz in ein Gefäß übergeführt, in dem man die Lösung vornehmen will. Um sie aus dem Mörser herauszubekommen, benutzt man entweder einen Spatel (Abb. 4), eine Federfahne (Abb. 5) oder aber ein Kartenblatt. Schon bei dieser einfachen Operation ergibt sich eine sehr wichtige Regel, die für das chemische Arbeiten im allgemeinen von allergrößter Bedeutung ist. Diese Regel lautet: man passe stets das anzuwendende Gefäß der Substanzmenge, mit der man arbeiten will, an. Man wird somit den Mörser nur so groß wählen, daß man die Substanz eben bequem zerreiben kann, ohne daß sie beim Umrühren mit dem Pistill über den Rand des Mörsers hinausfällt. Um alle Verluste zu vermeiden, stellt man diesen am besten auf schwarzes Glanzpapier. Wird dann wirklich etwas Substanz aus dem Mörser herausgeworfen, dann kann man sie auf diesem einmal leicht erkennen und dann auch gut wieder gewinnen. Wird der Mörser zu groß gewählt, dann verliert man leicht Substanz,

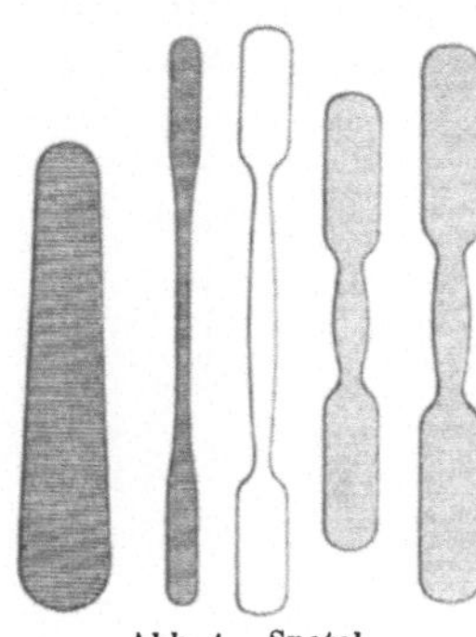

Abb. 4.   Spatel.

Abb. 5. Federfahne.

weil bei dem energischen Reiben stets etwas davon an der Mörserinnenfläche haften bleibt. Die gleiche Regel gilt für das zu wählende Gefäß, in dem man die Lösung vornehmen will.

Ist man über die Löslichkeitsverhältnisse der Substanz, mit der man arbeiten will, gar nicht unterrichtet, so führt man einige sogenannte Reagenzglasproben aus. Diese sind von allergrößter Bedeutung. Sie schützen vor vielen schlimmen Erfahrungen und vor allem vor Zeit- und Substanzverlust. Man nimmt eine kleine Menge der feinpulverigen Substanz und bringt diese in ein kleines Reagensglas, fügt dann das Lösungsmittel in kleinen Portionen — tropfenweise — zu und beobachtet, wann die Substanz eben in Lösung geht. Tritt nach Hinzufügen von etwas Lösungsmittel in der Kälte keine Lösung ein, dann erwärmt man, ohne vorläufig mehr Lösungsmittel hinzuzugeben. (Vgl. die Haltung des Reagenzglases beim Erwärmen in Abb. 6.) Wenn in der Hitze keine Lösung erfolgt ist so setzt man von neuem Lösungsmittel hinzu und erhitzt wieder. Man kann dann leicht abschätzen, wieviel Flüssigkeit man zur Lösung der ursprünglichen Substanzmenge braucht, und danach wählt man die Größe des Gefäßes. Die Lösung nimmt man gewöhnlich am besten in einem weithalsigen Erlenmeyer-Kolben (Abb. 7) vor. Dieser ersetzt das Becherglas. Es empfiehlt sich im allgemeinen, zuerst die Substanz in das Gefäß hineinzubringen und dann das Lösungsmittel aufzugießen, und nunmehr auf dem Wasserbade, einem Asbest-

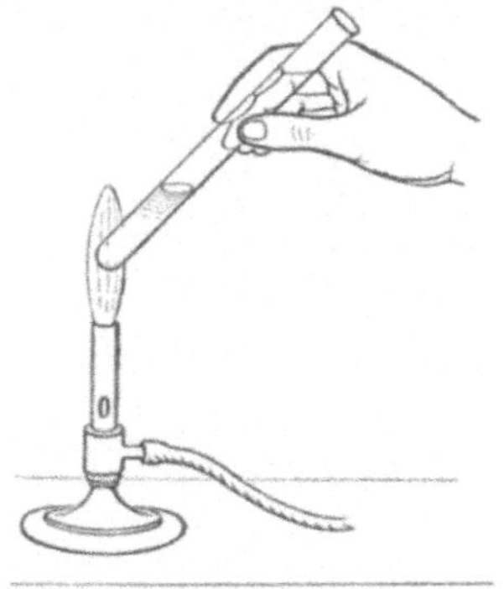

Abb. 6.

Abb. 7. Erlenmeyerkolben.

drahtnetze (Abb. 8) oder einem sog. Baboblech (Luftbad) (Abb. 9) zu erwärmen, falls man die Lösung in der Hitze herbeiführen will. Allgemeine Regeln lassen sich nicht geben, denn bald wird man in der heißen Flüssigkeit die Reaktion vollziehen, bald in der kalten. Im letzteren Fall muß man so viel Lösungsmittel anwenden, daß in

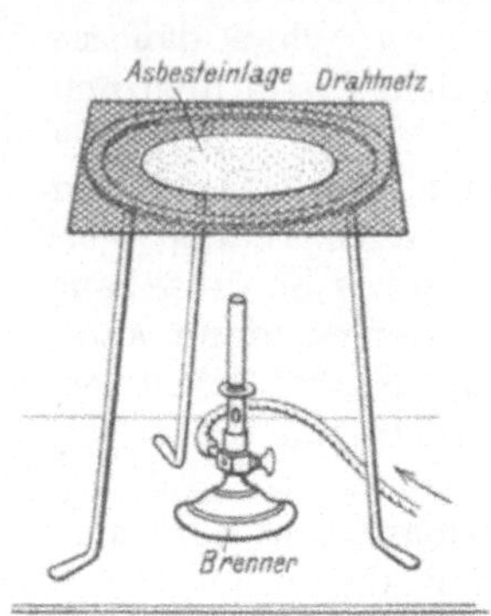

Abb. 8.   Dreifuß mit Drahtnetz.

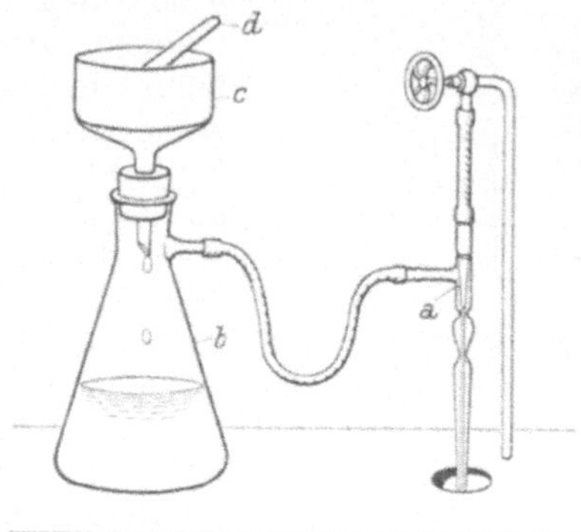

Abb. 11.   Nutsche mit Saugflasche.

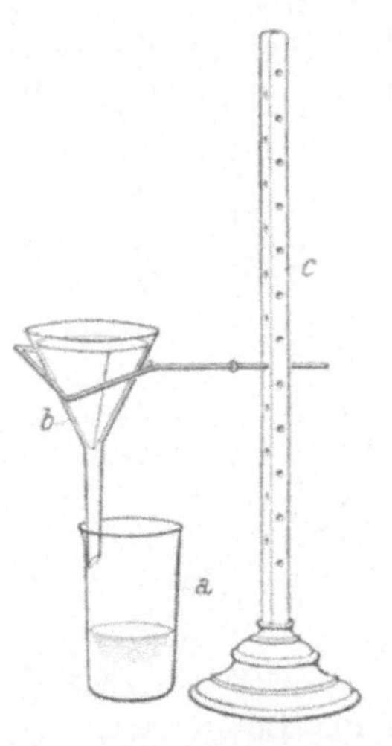

Abb. 9.   Baboblech.

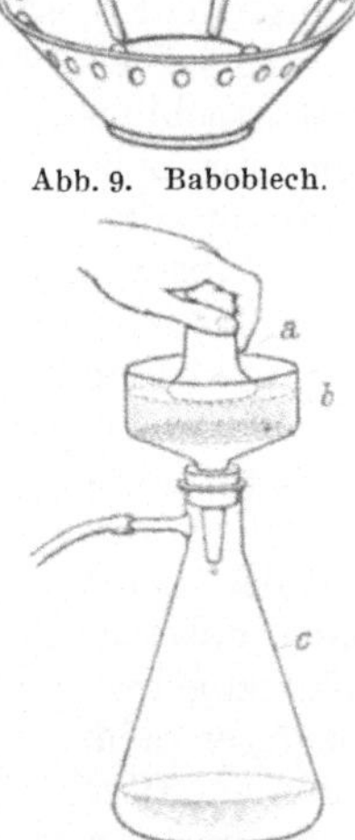

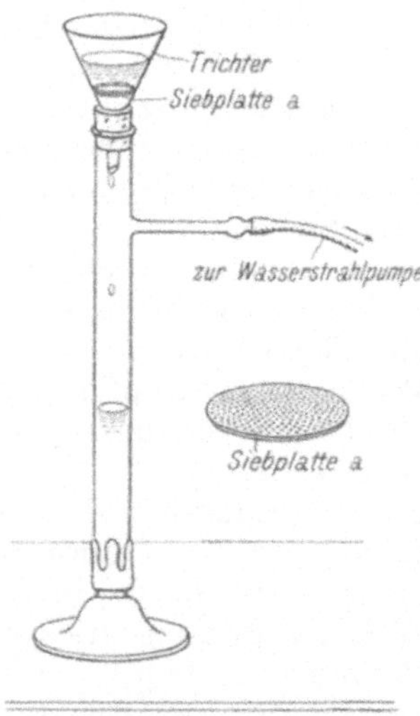

Abb. 10.   Filtrierstativ mit
Trichter und Becherglas.

Abb. 12.   Abpressen
des Filterrückstandes.

Abb. 13.   Saugrohr mit
Trichter und Siebplatte.

der Kälte keine Substanz ausfällt. Auch hier kann man sich leicht durch Reagenzglasproben überzeugen, wieviel Lösungsmittel notwendig ist.

Niemals arbeite man mit unreinen Körpern. Ergibt sich beim Lösen der Substanz, daß ein Rückstand bleibt, oder ist die Flüssigkeit nicht vollständig klar, dann muß man unbedingt filtrieren. Meist genügt hierzu ein kleiner Trichter mit einem gewöhnlichen Filter (Abb. 10) oder einem Faltenfilter, oder aber man benutzt eine Saugflasche b, auf welcher sich eine Nutsche c mit Filter befindet (vgl. Abb. 11). Die erstere ist mit einer Wasserstrahlpumpe a verbunden. Wird diese in Tätigkeit gesetzt, dann evakuiert sie die Saugflasche. Die Flüssigkeit auf der Nutsche wird rasch in diese hineingesaugt und hierbei fast quantitativ durch das Filter getrieben. Das Nachwaschen des Filters gestaltet sich sehr einfach. Man gießt die Waschflüssigkeit auf die Nutsche auf, am besten, nachdem man das Evakuieren unterbrochen hat, läßt sie kurze Zeit auf der zu waschenden Substanz stehen (unter Umständen empfiehlt es sich, diese in der Waschflüssigkeit mittels eines Spatels aufzurühren) und verbindet dann die Saugflasche wieder mit der Pumpe.

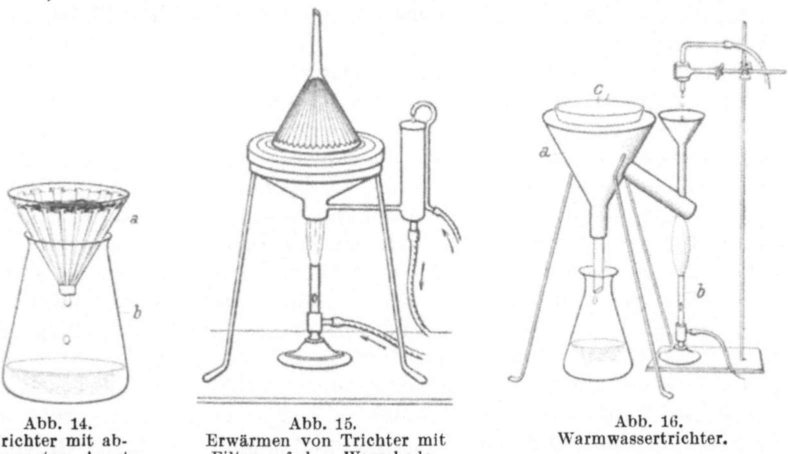

<table>
<tr><td align="center">Abb. 14.
Trichter mit ab-
gesprengtem Ansatz.</td><td align="center">Abb. 15.
Erwärmen von Trichter mit
Filter auf dem Warmbade.</td><td align="center">Abb. 16.
Warmwassertrichter.</td></tr>
</table>

Will man das Waschwasser möglichst kurze Zeit mit dem Filterrückstand in Berührung lassen, dann unterbricht man während des Auswaschens das Saugen nicht. Der Rückstand wird mit einem Spatel (d in Abb. 11) oder mittels des Stöpsels a einer Flasche (vgl. Abb. 12, $b =$ Nutsche, $c =$ Saugflasche) gründlich abgepreßt. Hat man kleine Flüssigkeitsmengen, dann verwendet man mit Vorteil sog. Siebplatten. Sie werden mit einem aufgelegten Filter in einen passenden Trichter gelegt. Dieser wird mit Hilfe eines Stopfens auf einer kleinen Saugflasche oder einem Saugrohr (vgl. Abb. 13) befestigt. Das gleiche Prinzip findet sich beim sog. Hirschschen Trichter. Hier sind Trichter und Saugplatte vereinigt.

Oft arbeitet man mit heiß gesättigten Lösungen. In diesem Fall kommt es beim Filtrieren leicht zum Ausfallen der Substanz auf dem Filter oder im Trichterhals. In vielen Fällen genügt es, wenn ein Trichter mit abgesprengtem Ansatz (a in Abb. 14, $b =$ Erlenmeyer-Kolben) benutzt wird. Oder man erwärmt den Trichter mit dem eingelegten Filter durch Aufsetzen auf ein Wasserbad und gießt dann die zu filtrierende Flüssigkeit auf das heiße Filter (Abb. 15).

Diese Art des Warmhaltens der Flüssigkeit kann man im allgemeinen nur anwenden, wenn man es mit wässerigen Lösungen zu tun hat. Will man während längerer Zeit eine heiße Flüssigkeit ohne Abkühlen filtrieren, dann benutzt man hierzu einen sog. Warmwassertrichter (Abb. 16). Er besteht aus einem Metallmantel a, in den ein gewöhnlicher Trichter c mit Filter in der aus Abb. 16 ersichtlichen Weise eingesetzt ist. In dem zwischen Trichter und Metallwand befindlichen Raum befindet sich Wasser, das durch den Brenner b erwärmt wird. Das verdampfende Wasser wird ergänzt. Bei der Wahl des Filters und Trichters und der Nutsche nebst der Saugflasche gilt die vorstehend gegebene Regel, immer alle Gefäße und Apparate in ihrer Größe genau den gegebenen Verhältnissen anzupassen. Niemals verwende man zu große Gefäße. Sie bedeuten fast in allen Fällen einen Substanzverlust.

Nunmehr kann man in der Lösung die Reaktion vornehmen. Meistens handelt es sich um das Ausfällen einer bestimmten Verbindung resp. eines bestimmten Ions durch eine zweite Verbindung bzw. ein zweites Ion. Derartige Fällungsreaktionen sind fast in allen Fällen in der Kälte vorzunehmen. Sind sie in der Hitze herbeigeführt worden, dann wird man abkühlen und erst die kalte Flüssigkeit weiter verarbeiten. Die sich anschließende Operation ist die Filtration (vgl. Abb. 10, S. 4. a Becherglas, b Trichter mit Filter, c Stativ). Man gewöhne sich schon beim qualitativen Arbeiten an, möglichst quantitativ vorzugehen, d. h. vom Niederschlag alles auf das Filter zu bringen und hierbei nichts zu verspritzen oder sonstwie zu verlieren. Benutzt man einen weithalsigen Erlenmeyer-Kolben, so kann man die Flüssigkeit samt der Fällung direkt auf das Filter gießen. Am besten verwendet man jedoch hierzu einen Glasstab, den man, wie Abb. 17 zeigt, an den Rand des Gefäßes anlegt. Man vermeidet so das Herabfließen von Flüssigkeit an der Außenwand des Gefäßes. Gleichzeitig verhütet man auch das Verspritzen. Gewöhnlich bleibt im Erlenmeyer-Kolben etwas Substanz an den Wänden haften. Um auch diese zu gewinnen, gießt man etwas vom Filtrat zurück, löst die Partikel mit Hilfe einer Federfahne (vgl. Abb. 5) oder eines Glasstabes, der an seinem unteren Ende ein kleines Stück Gummischlauch aufgezogen trägt (vgl. Abb. 18), von der Wand ab und gießt das Gemisch auf das Filter zum Hauptniederschlag. Zum Auswaschen des Erlenmeyer-Kolbens verwendet man mit Vorteil das Filtrat, wenn man einer zu starken Vermehrung desselben vorbeugen will, oder der Niederschlag in der Waschflüssigkeit löslich ist. Wird das Filtrat nicht weiter verarbeitet und ist der Niederschlag in der zum Waschen dienenden Flüssigkeit, z. B. in Wasser, unlöslich, dann kann man mittels einer Spritzflasche die Reste des Niederschlages leicht auf das Filter spülen. Will man mit heißem Wasser auswaschen, dann benutzt man am besten eine Spritzflasche, deren Hals man mit Filz umwickelt (Abb. 19) hat. Man kann sie dann ohne die Gefahr, sich die Finger zu verbrennen, anfassen.

Stets prüfe man das Filtrat mit dem Fällungsmittel, ob auch genügend davon zugesetzt worden ist! Sehr wichtig ist ferner die folgende Regel: Man bewahre im allgemeinen alle Produkte, die im Laufe bestimmter Operationen sich bilden, auf, bis der Versuch zu Ende geführt ist. Es läßt sich bei Mißerfolgen die Fehlerquelle meist leicht feststellen, wenn die einzelnen Filtrate und Niederschläge noch zur Verfügung stehen.

Oft löst man eine Substanz in einem Lösungsmittel, um sie umzukristallisieren. Auch hier sind Reagenzglasproben von allergrößter Bedeutung. Man sucht festzustellen, welches die geringste Menge Lösungsmittel ist, in der die Substanz beim Erhitzen gerade noch in Lösung geht. Dann verfolgt man an der Reagenzglasprobe,

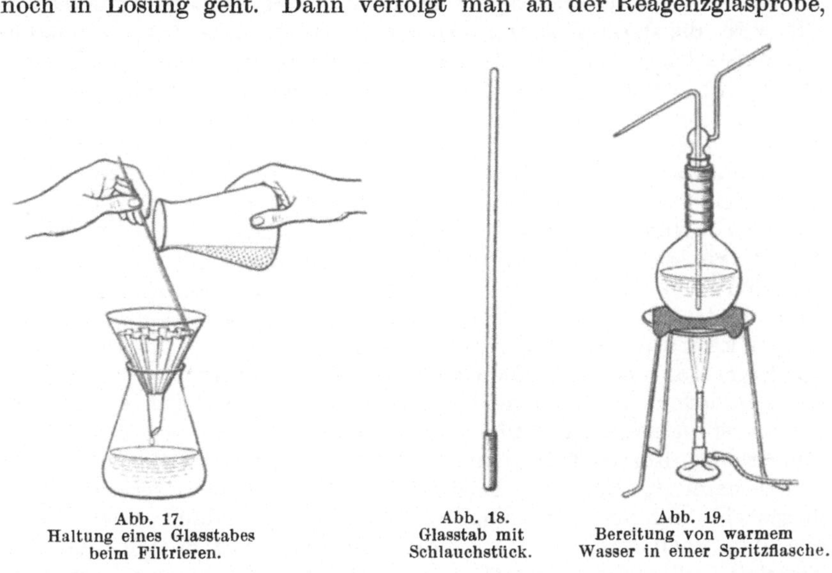

<table>
<tr><td align="center">Abb. 17.
Haltung eines Glasstabes
beim Filtrieren.</td><td align="center">Abb. 18.
Glasstab mit
Schlauchstück.</td><td align="center">Abb. 19.
Bereitung von warmem
Wasser in einer Spritzflasche.</td></tr>
</table>

ob sich beim Abkühlen die Substanz in schönen Kristallen abscheidet. Nunmehr fügt man zu der umzukristallisierenden Substanz möglichst wenig Lösungsmittel und erhitzt. Ist vollständige Lösung eingetreten, dann läßt man sie ganz langsam sich abkühlen. War die Lösung nicht ganz klar, sondern etwas gefärbt, dann ist es meist vorteilhaft, etwas Tierkohle — eine Messerspitze voll — hinzuzugeben, nochmals aufzukochen und nunmehr zu filtrieren. Erfolgt beim Abkühlen der Lösung keine Kristallisation oder nur eine ganz ungenügende, dann muß man das Lösungsmittel etwas verdunsten. Es ist nicht vorteilhaft, das Abdunsten des Lösungsmittels im weithalsigen Erlenmeyer-Kolben vorzunehmen, denn der Hals des Gefäßes wirkt als Kühler. Man braucht deshalb längere Zeit, um das Abdunsten zu bewirken. Man gießt die Lösung entweder in eine Porzellanschale oder in eine Kristallisierschale und dunstet dann auf dem Wasserbade vorsichtig ein. Man lasse hierbei die Lösung nicht aus dem

Auge, sondern beobachte fortwährend, ob Kristallisation eintritt. Das Umkristallisieren hat nur dann einen Zweck, wenn Unreinheiten wirklich entfernt werden. Wird die Lösung von vornherein zu stark eingedampft, dann werden die Kristalle sehr leicht mit der unreinen Mutterlauge zusammen ausgeschieden. Ganz falsch ist ein vollständiges Abdunsten des Lösungsmittels, denn dann erhält man natürlich die ursprüngliche Substanz mit allen Unreinheiten wieder. Oft beobachtet man das Auftreten einer Kristallhaut. Dann unterbreche man das Eindunsten und lasse nunmehr die Flüssigkeit langsam abkühlen. Die Kristallmasse wird dann am besten auf einer Nutsche abgesaugt, der Filterrückstand gut abgepreßt und mit einer Flüssigkeit, in der die Kristalle schwer oder besser gar nicht löslich sind, nachgewaschen. Oft wird die Kristallisation begünstigt, wenn man von vornherein ein Kriställchen der betreffenden Substanz zu der erkalteten Lösung hinzugibt. Es genügt die geringste Spur, um die Kristallisation anzuregen. Macht die Kristallisation Schwierigkeiten, dann kann man sie oft durch Reiben mit einem Glasstab einleiten. Man fährt mit einem solchen an den Wänden des Gefäßes auf und ab. Bald fühlt man, daß Rauhigkeiten eintreten. Die ersten Kristalle sind erschienen. Nunmehr setzt die weitere Kristallisation sehr bald ein. Manche Substanzen kristallisieren sehr schwer. Es gilt dies vor allem von den Zuckerarten. Hier muß man Geduld üben und oft tagelang warten, bis dann plötzlich Kristalle erscheinen. Je reiner eine Substanz ist, um so leichter wird sie im allgemeinen auch kristallisieren. Die Gewinnung von Kristallen ist eine Kunst, die sich jedoch bei genügender Ausdauer erlernen läßt.

Es ist in manchen Fällen schwer, die den Kristallen anhaftende Mutterlauge durch Filtration oder Abnutschen zu entfernen. Man bringt dann die Substanz entweder auf Filtrierpapier, schlägt sie in dieses ein und preßt sie dann evtl. unter Anwendung einer Presse aus, oder man streicht das Produkt mittels eines Spatels auf eine Tonplatte oder einen Tonteller (vgl. Abb. 20). Steht eine Zentrifuge zur Verfügung, dann bringt man die Substanz auf eine mit Filter versehene Siebplatte (Abb. 13), legt diese in ein passend konstruiertes Zentrifugierröhrchen und zentrifugiert. Die Mutterlauge wird dabei abgeschleudert.

Die Zentrifuge (Abb. 21) kann sehr oft mit Vorteil zur direkten Abschleuderung eines Niederschlages verwendet werden. In diesem Fall wird die Flüssigkeit nebst Niederschlag direkt, d. h. ohne vorherige Filtration in das Zentrifugierröhrchen eingefüllt und nunmehr zentrifugiert. Die Zentrifuge erspart besonders dann sehr viel Zeit und auch Substanzverluste, wenn es sich um Niederschläge handelt, die leicht durch das Filter gehen oder sehr langsam filtrieren.

Beim Filtrieren von Niederschlägen, von Tierkohle, von Kristallen usw. beachte man die folgende Regel, die häufig vor großem Zeitverlust schützt. Die Filter sind leider oft nicht aus so gutem Materiale hergestellt, daß sie jeden Niederschlag direkt zurückhalten.

Man beobachtet häufig, daß die zuerst durchgehende Flüssigkeit etwas von dem Niederschlag, der Tierkohle usw. mitnimmt. Beachtet man das Filtrat nicht genau, dann wird mit dem Filtrieren fortgefahren, bis die gesamte Flüssigkeit durchfiltriert ist, und erst dann sieht man, daß im Filtrat noch Substanzmengen enthalten sind, oder aber man beachtet zwar das zuerst durchgehende Filtrat genau, man hat jedoch den Trichter bzw. die Nutsche gleich auf das Gefäß aufgesetzt, in dem das gesamte Filtrat unterkommen soll. Man entdeckt nun, daß etwas von der Substanz bzw. von der Tierkohle hindurchgegangen ist. Jetzt muß man den Inhalt des Gefäßes zurückgießen,

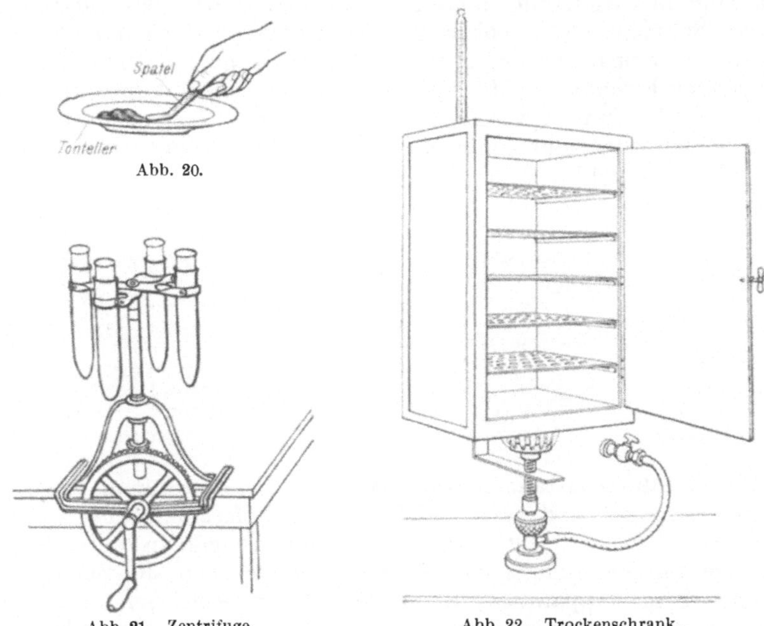

Abb. 20.

Abb. 21. Zentrifuge.

Abb. 22. Trockenschrank.

wiederholt mit Wasser oder einer andern Flüssigkeit ausspülen, und so kommt es dann zu einer Vermehrung der ursprünglichen Flüssigkeit. Diese Störungen lassen sich leicht vermeiden, wenn man das zunächst durchgehende Filtrat in einem kleinen Erlenmeyer-Kölbchen oder in einem Reagenzglas auffängt. Hat man sich davon überzeugt, daß das Filtrat vollständig klar abläuft, dann setzt man den Trichter mit dem Filter auf das Gefäß, in dem man das gesamte Filtrat auffangen will. Ebenso empfiehlt es sich, die Nutsche zunächst auf eine kleine Saugflasche aufzusetzen und zu beobachten, ob das Filtrat klar durchgeht. Bei einiger Übung wird man bald beurteilen können, wann diese Vorsichtsmaßregel unbedingt notwendig ist, und wann sie umgangen werden kann. Jedenfalls spart sie außerordentlich an Zeit, und mancher Verdruß bleibt aus.

Die abfiltrierte Substanz wird nun getrocknet. Um diese Operation in zweckmäßiger Weise vornehmen zu können, muß man die Eigenschaften der Substanz, die man erhalten hat, kennen. Ist dies nicht der Fall, dann muß man sie mittels kleiner Proben zunächst kennenlernen. Es gibt keine allgemeinen Regeln, nach denen man die Trocknung einer Substanz vollführen könnte. Es gibt Substanzen, die sich im Trockenschrank (Abb. 22) bei 80°, 100°, 120° ohne weiteres trocknen lassen. Andere würden hierbei tiefgehende Zersetzungen erleiden. Will man bei 100° trocknen, dann kann man die Substanz auch in einer Porzellanschale auf das Wasserbad bringen. Man muß hierbei häufig mit einem Glasstab bzw. Spatel umrühren. Ist die Substanz gegen höhere Temperatur empfindlich, dann trockne man sie in einem gewöhnlichen mit Chlorkalzium oder Schwefelsäure beschickten Exsikkator (Abb. 23) oder in einem sog. Vakuumexsikkator über Schwefelsäure (vgl. Abb. 24). Soll neben Wasser auch Salzsäure absorbiert werden, dann gibt man in den Exsikkator ein Schälchen, das mit Kalk gefüllt ist (vgl. Abb. 25).

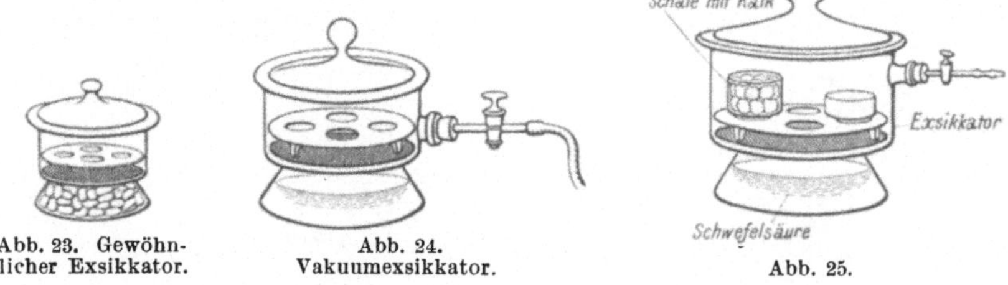

<table>
<tr><td>Abb. 23. Gewöhn-
licher Exsikkator.</td><td>Abb. 24.
Vakuumexsikkator.</td><td>Abb. 25.</td></tr>
</table>

Enthält die Substanz Kristallwasser, dann will man dieses oft genau bestimmen und vor allen Dingen auch feststellen, bei welcher Temperatur es entweicht. Am besten arbeitet man in diesen Fällen mit dem sog. Vakuumtrockenapparat. Abb. 26 zeigt die Zusammensetzung dieses Apparates. Er besteht im wesentlichen aus einem Rohr, in das man die Substanz in einem sog. Schiffchen (Abb. 27) hineingibt. Das Rohr läßt sich durch eine Wasserstrahlpumpe evakuieren. Es ist von einem Mantel umgeben. Dieser steht mit einem Rundkolben in Verbindung. In diesen hinein gießt man eine Flüssigkeit, bei deren Siedepunkt man trocknen will. Nunmehr erhitzt man die Flüssigkeit bis zum Siedepunkt. Die Dämpfe erwärmen hierbei das Gefäß, in dem sich die Substanz befindet, und damit auch die Substanz. Mittels eingeführter Thermometer kann man die Temperatur genau ablesen. Ein aufgesetzter Kühler verhindert, daß die verdampfende Flüssigkeit entweicht. Sie fließt immer wieder in den Rundkolben zurück. Man kann die verschiedensten Flüssigkeiten wählen, deren Siedepunkt man genau kennt und dann von Zeit zu Zeit feststellen, ob die Substanz, deren ursprüngliches Gewicht wir kennen, an Gewicht abgenommen hat. Sobald die Substanz keinen Gewichtsverlust mehr zeigt, wird man bei einer höheren Temperatur weiter trocknen und feststellen, ob noch Gewichtsverlust eintritt. Die zu trocknende Substanz muß auf alle Fälle feinpulvrig sein.

In manchen Fällen wünscht man, Flüssigkeiten zu trocknen. Es kommt dies besonders dann in Betracht, wenn man eine bestimmte Substanz aus einer Flüssigkeit durch ein Lösungsmittel entfernt hat, z. B. durch Äther, Chloroform, Benzol, Alkohol usw. Würde man in diesen Fällen das Lösungsmittel einfach abdunsten, dann würde die Substanz mit Wasser zusammen übrig bleiben. Dieses könnte unter Umständen das Kristallisieren der Substanz verhindern oder bei weiteren Reaktionen hinderlich sein. Alkoholische Flüssigkeiten werden

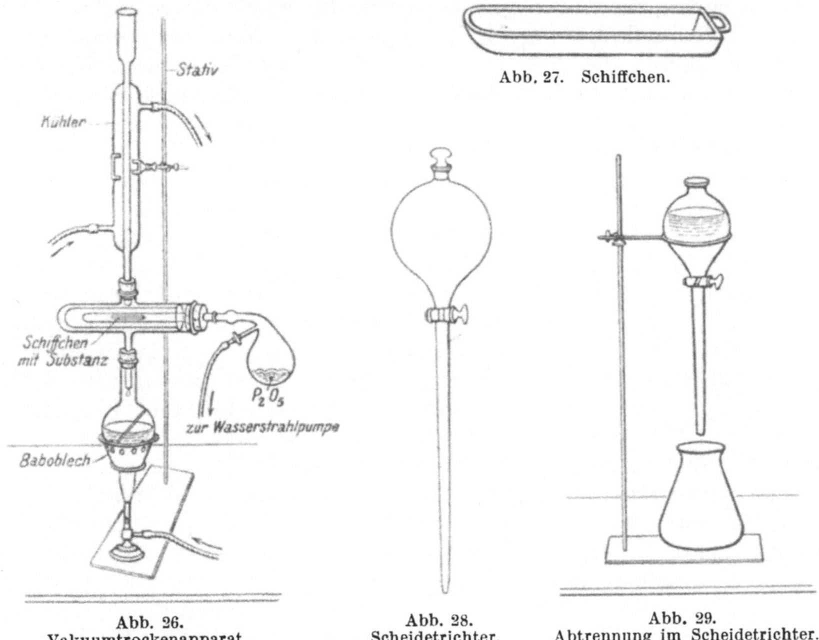

Abb. 27. Schiffchen.

Abb. 26.	Abb. 28.	Abb. 29.
Vakuumtrockenapparat.	Scheidetrichter.	Abtrennung im Scheidetrichter.

mit Kaliumkarbonat, Ätzkalk oder entwässertem Kupfersulfat getrocknet. Ätherischen Lösungen wird das Wasser am besten mit geglühtem Natriumsulfat bzw. Magnesiumsulfat entzogen. Auch geglühtes Chlorkalzium leistet oft sehr gute Dienste. Bei der Wahl des Trockenmittels hat man stets die Art der in Lösung befindlichen Substanz zu berücksichtigen. Es lassen sich auch hier keine allgemeinen Regeln geben. Man gibt von der Substanz, mit der man trocknen will, möglichst wenig zu der Flüssigkeit hinzu. Man kann schon durch einfaches Beobachten feststellen, ob z. B. Äther, den man mit Natriumsulfat trocknen will, genügende Mengen von diesem Trocknungsmittel enthält. Sobald dieses nämlich Wasser aufnimmt, verliert es seine feinpulvrige Beschaffenheit. Es backt zusammen. Ist dies der Fall, dann gibt man vorsichtig noch etwas von dem geglühten Natriumsulfat hinzu. Verwendet man zuviel vom Trockenmittel, dann kann dieses unter Umständen beträchtliche Mengen von der Substanz aufnehmen. Es lohnt sich in allen Fällen, das Trockenmittel mit dem entsprechenden Lösungsmittel, also im besprochenen Falle mit absolutem Äther zu waschen. Man kann auf diese Weise die Ausbeuten oft ganz beträchtlich steigern.

Arbeitet man an Stelle von festen Körpern mit Flüssigkeiten, so wird man diese, falls es sich um solche von so verschiedenem spezifischem Gewicht handelt, daß sie sich von selbst abtrennen, im Scheidetrichter (Abb. 28) sich „scheiden" lassen. Man läßt dann bei abgenommenem Stopfen zunächst die spezifisch schwerere, sich unten befindende Lösung abfließen (Abb. 29). Man warte dann einige Zeit ab, damit die Flüssigkeit aus dem Abflußrohr möglichst vollständig abtropft und beobachte ferner, ob sich nicht noch etwas von der abgelassenen Flüssigkeit abtrennt. Haften an den Wänden des Scheidetrichters noch einzelne Tropfen der spezifisch schwereren Flüssigkeit, dann klopfe man mit dem Finger gegen die Wand des Scheidetrichters, oder man schwenke seinen Inhalt um. Will man auf diesem Wege zwei Flüssigkeiten möglichst scharf trennen, dann muß man dafür Sorge tragen, daß nach dem Ablassen der ersten Flüssigkeit das Ablaufrohr ganz von ihr befreit wird. Auf diesen Umstand wird meist zu wenig Sorgfalt verwandt. Man kann entweder das Rohr durch Ablassen von etwas der zweiten Flüssigkeit ausspülen und dann den Rest davon in einem besonderen Gefäß auffangen, oder aber man gießt die spezifisch leichtere Flüssigkeit nach dem Ablassen der spezifisch schwereren durch die obere Öffnung aus. Endlich kann man hierzu auch einen Heber anwenden.

Ist eine Scheidung auf so einfachem Wege nicht möglich, und wünscht man eine bestimmte Substanz von anderen in Lösung befindlichen ohne weitere Eingriffe abzutrennen, dann versucht man durch Anwendung spezifisch leichterer oder schwererer Lösungsmittel den betreffenden Körper aus der Lösung auszuziehen. Die Herausnahme einer Substanz aus der Flüssigkeit durch ein Lösungsmittel wird am besten durch sog. Ausschütteln vorgenommen. Zu diesem Zweck bringt man die Flüssigkeit in einen Schütteltrichter, fügt das Lösungsmittel hinzu und schüttelt wiederholt energisch durch. Ver-

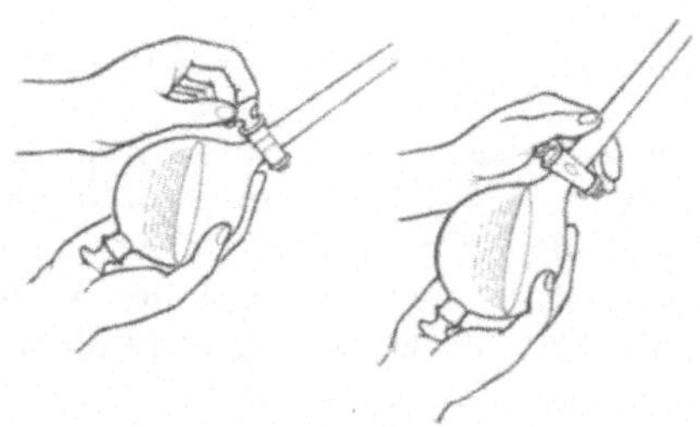

Abb. 30.
Haltung des Schütteltrichters beim Ausschütteln.

wendet man ein leichtflüchtiges Lösungsmittel, z. B. Äther, dann kann bei energischem Schütteln innerhalb des Scheidetrichters Druck entstehen. Lüftet man nun den Stopfen des Scheidetrichters, dann kann es sich leicht ereignen, daß Flüssigkeit aus dem Scheidetrichter herausgeschleudert wird. Dies läßt sich durch einen einfachen

Kunstgriff vermeiden. Hat man einige Male kräftig durchgeschüttelt, dann stellt man den Scheidetrichter auf den Kopf und öffnet den Hahn, schließt ihn wieder und schüttelt weiter (Abb. 30). Schließlich befestigt man den Schütteltrichter in einem Stativ (vgl. Abb. 29), wartet ab, bis das Lösungsmittel sich von der ursprünglichen Flüssigkeit vollständig getrennt hat und scheidet dann die beiden Schichten durch Ablassen der spezifisch schwereren Flüssigkeit. Die gelöste Substanz gewinnt man in den meisten Fällen durch einfaches Abdunsten des Lösungsmittels, nachdem man zumeist vorher, wie oben geschildert, das Lösungsmittel getrocknet hat.

Eine genaue Trennung ist in den meisten Fällen durch einfaches Ausziehen mit einem Lösungsmittel nicht zu erreichen. Sie wird zumeist erst durch die fraktionierte Destillation bewirkt. Bestimmte Verbindungen haben bestimmte Siedepunkte. Diese sind abhängig von dem Druck, unter dem die Destillation vorgenommen wird. Entweder destilliert man bei gewöhnlichem Druck. Meist verwendet man hierbei einen Kühler, um das Destillat zu kondensieren. Man fängt es dann in einer sog. Vorlage auf. Oder aber man destilliert, wenn man leichtzersetzliche Körper hat, unter vermindertem Druck. Es hat dies den Vorteil, daß die zu destillierende Flüssigkeit bei einer viel niedrigeren Temperatur siedet. Man verwendet hierzu entweder einen einfachen Destillierkolben oder einen sog. Claisen-Kolben (vgl. Abb. 31). Im letzteren Falle wird das Thermometer im angesetzten Rohr angebracht. Als Vorlage dient ein zweiter Destillierkolben, der je nach Bedarf mit Wasser, Eis oder einer Kältemischung gekühlt wird. In ihm kondensiert sich das Destillat. Der vorgelegte Destillierkolben steht mit einer Wasserstrahlpumpe in Verbindung. Die zu destillierende Flüssigkeit erwärmen wir im Wasser- oder Ölbade, oder es wird direkt mit der Flamme oder endlich im Luftbad auf dem Baboblech erhitzt.

Das Destillieren erfordert sehr viel Aufmerksamkeit. Die zu destillierende Flüssigkeit stellt in den meisten Fällen ein heterogenes Gemisch dar. Man sieht, daß bei einer bestimmten Temperatur Dämpfe auftreten oder eine Flüssigkeit sich im Kühler kondensiert. Man beobachtet nun genau ein in den Dämpfen befindliches Thermometer und merkt sich die Temperatur, bei der die Destillation begonnen hat. Nun tritt nach einiger Zeit plötzliches Steigen der Temperatur auf. Der Quecksilberfaden schießt in die Höhe. Jetzt weiß man, daß ein anderes Produkt zu destillieren beginnt. Man wechselt sofort die Vorlage und beobachtet nunmehr genau, ob die Temperatur eine konstante bleibt. In den meisten Fällen wird bei einer bestimmten Temperatur ein bestimmtes Destillat übergehen. Wenn die Temperatur sich ändert, d. h. wenn der Quecksilberfaden weiter steigt, dann unterbricht man die Destillation, nimmt die Vorlage mit dem Destillat weg und legt eine neue Vorlage vor. Auf diese Weise kann man die einzelnen Destillate getrennt auffangen. Diese Fraktionen sind meistens noch nicht ganz einheitlich.

Es lohnt sich, die fraktionierte Destillation mit jedem einzelnen Destillate zu wiederholen. Selbstverständlich kann man diese Wiederholung der Destillation auf eine einzige Fraktion beschränken, wenn man eine bestimmte Substanz zu erhalten wünscht, deren Siedepunkt bereits bekannt ist. Man wird dann das, was zuerst übergegangen ist, den sog. Vorlauf, weggießen (evtl. bei sehr wertvollen Substanzen auch diesen fraktionieren) und nur die Flüssigkeit, die bei einer bestimmten Temperatur übergegangen ist, nochmals der Destillation unterwerfen. Auch hierbei erhält man wieder einen kleinen Vorlauf. Erst dann geht die reine Verbindung über. Ein bestimmter Siede-

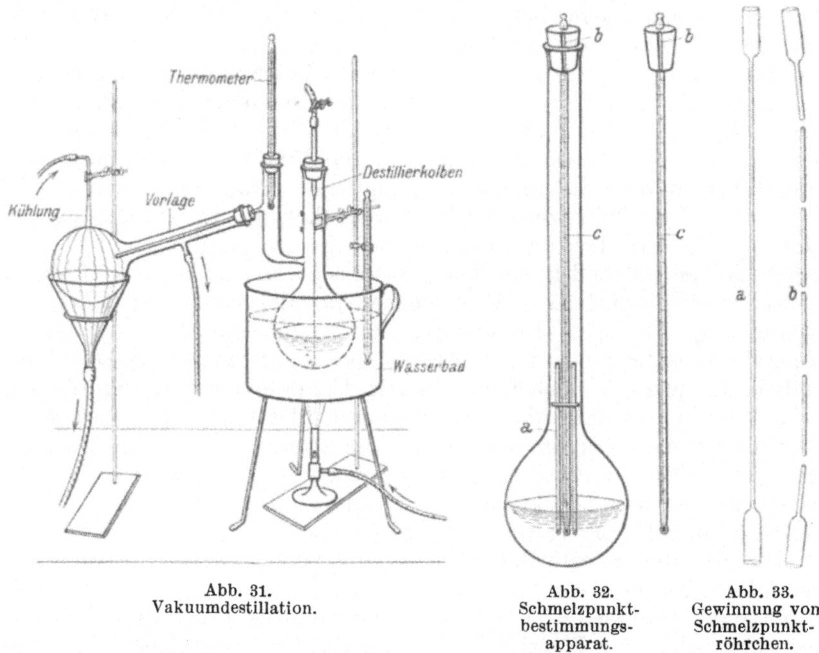

Abb. 31.
Vakuumdestillation.

Abb. 32.
Schmelzpunkt-
bestimmungs-
apparat.

Abb. 33.
Gewinnung von
Schmelzpunkt-
röhrchen.

punkt ist ein wichtiges Kriterium für die Reinheit einer Flüssigkeit. In manchen Fällen gestattet seine Feststellung ohne weiteres die Identifizierung der destillierten Verbindung. In den meisten Fällen wird man jedoch bestimmte Reaktionen, die Analyse usw. zu Hilfe nehmen müssen, um festzustellen, welche Verbindung vorliegt.

Um sich von der Reinheit einer festen Substanz zu überzeugen, bestimmt man ihren Schmelzpunkt. Hat man bereits bekannte Körper vor sich, dann wird man aus dem Schmelzpunkt schon beurteilen können, ob das erhaltene Produkt rein ist oder nicht. Selbstverständlich begnügt man sich damit im allgemeinen nicht, sondern stellt noch andere Konstanten fest, oder aber man hält sich an bestimmte typische Reaktionen, oder endlich, man führt die quantitative Analyse der einzelnen Elemente, die in der Substanz enthalten sind, durch.

Zur Schmelzpunktbestimmung bedient man sich eines sog. Schmelzpunktapparates. Ein einfacher, leicht zu bedienender Apparat ist der folgende. Er besteht aus einem Rundkolben, der ein langes Ansatzrohr besitzt (vgl. Abb. 32). Das Gefäß muß aus Jenaer Glas bestehen. Im Kolben befindet sich konzentrierte Schwefelsäure, oder, wenn man den Schmelzpunkt höher schmelzender Substanzen fest-

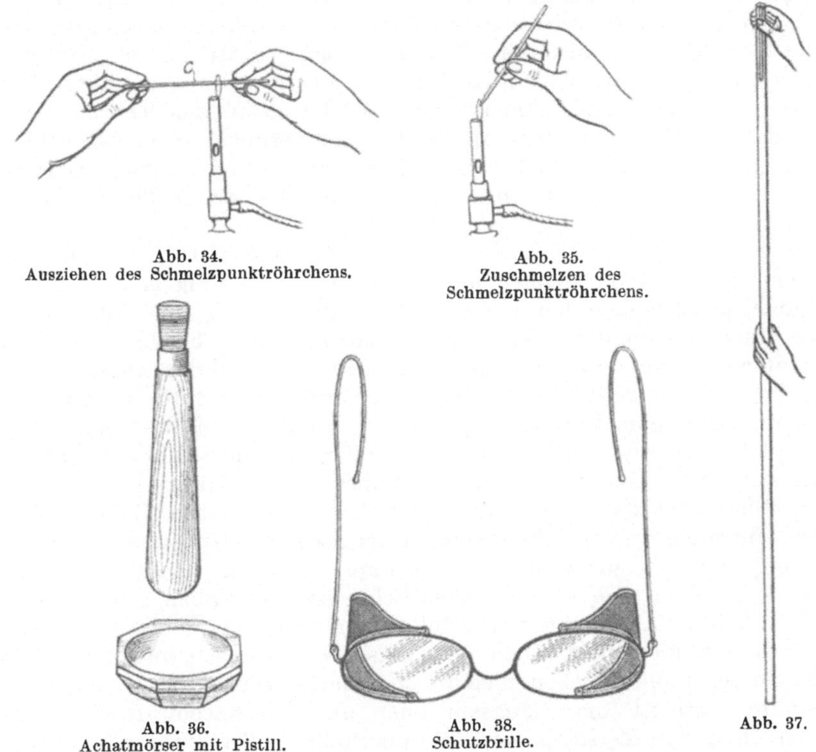

Abb. 34.
Ausziehen des Schmelzpunktröhrchens.

Abb. 35.
Zuschmelzen des
Schmelzpunktröhrchens.

Abb. 36.
Achatmörser mit Pistill.

Abb. 38.
Schutzbrille.

Abb. 37.

stellen will, Paraffin. Im allgemeinen wird man mit Schwefelsäure auskommen. In diese taucht, bis etwa zum unteren Drittel der Flüssigkeit, ein Thermometer c, das durch den Kolbenhals eingeführt ist. Das Thermometer ist in einem Korkstopfen b befestigt, der den Kolbenhals nach oben abschließt. Beim Erhitzen der Schwefelsäure treten Dämpfe auf. Um diesen einen Abzug zu gestatten, wird in den Kork eine Kerbe geschnitten. Die Substanz füllt man in ein Schmelzpunktröhrchen a ein. Diese sind leicht zu erhalten, indem man ein Glasrohr oder ein Reagenzglas vor dem Gebläse zu einer Kapillare auszieht (Abb. 33a) und dann diese in etwa 4 cm lange Stücke zerschneidet (Abb. 33b). Wird nun das eine Ende der Kapillare ausgezogen und dann der dünne Teil zusammengeschmolzen, dann erhält man das fertige Schmelzpunktröhrchen (Abb. 34 und 35). Die Substanz, deren Schmelzpunkt man bestimmen will, wird zunächst in einem kleinen Mörser, am besten einem Achatmörser (Abb. 36), fein gepulvert, dann mit dem Schmelzpunktröhrchen aufgeschöpft und die Substanz durch leichtes Aufklopfen am geschlossenen Ende angesammelt. Ist die Substanz sehr leicht oder haftet sie an den Wänden der Kapillare an, dann kann man sie mit Hilfe eines unten zugeschmolzenen Glasfadens herunterstopfen. Noch einfacher ist es, die Schmelzpunktkapillare in ein Glasrohr einzuführen und in diesem, wie Abb. 37 zeigt, herunterfallen zu lassen. Jetzt nimmt man das Thermometer mitsamt dem Korkstopfen aus dem Schmelzpunktkolben heraus und legt das Schmelzpunktröhrchen so an das Thermometer an, daß die Substanz sich mit der Quecksilberkugel in gleicher Höhe befindet. Das Schmelzpunktröhrchen haftet meist ohne weiteres durch Adhäsion an dem mit Schwefelsäure benetzten Thermometer. Zur Sicherheit kann man es noch mit Hilfe eines kleinen Kautschukringes an ihm befestigen. Jetzt beginnt man mit dem Erhitzen, indem man einen Brenner mit fächelnder Bewegung rund um den Schmelzpunktkolben herumführt. Handelt es sich um Substanzen, die einen bestimmten Schmelzpunkt haben, dann geht man mit dem Erhitzen langsam vor und beobachtet fortwährend das Aussehen der im Schmelzpunktröhrchen befindlichen Substanz. Man notiert sich genau, wann eine Veränderung eintritt. Bald beobachtet man, daß die Substanz eine Färbung annimmt, oder aber sie beginnt zu sintern. Endlich stellt man fest, wann die Substanz vollständig geschmolzen ist. Sie bildet dann eine klare Flüssigkeit. Die scharfe Beobachtung der eintretenden Veränderungen hat bei der Schmelzpunktbestimmung schon sehr oft zu wichtigen Resultaten geführt. Handelt es sich um Substanzen, die keinen festen Schmelzpunkt haben, sondern sich bei erhöhter Temperatur allmählich zersetzen, dann bestimmt man den Zersetzungspunkt, indem man das Erhitzen rasch vornimmt. Die Zersetzungspunkte geben niemals so scharfe Werte wie die Schmelzpunkte. Erhitzt man langsam oder umgekehrt sehr rasch, dann kann man den Zersetzungspunkt innerhalb großer Intervalle finden. Bei der Zersetzung lassen sich mancherlei Beobachtungen machen. Bald sieht man das Auftreten von Gasen, bald kann man feststellen, daß die sich zersetzende Substanz bei einer bestimmten Temperatur ein bestimmtes Aussehen annimmt usw. Es kann auch vorkommen, daß die Substanz, ohne zu schmelzen, sublimiert und schließlich sich ganz verflüchtigt. Handelt es sich um die Identifizierung einer Substanz mit einer anderen bereits bekannten, dann empfiehlt es sich, von der letzteren etwas in ein zweites Schmelzpunktröhrchen zu geben und, wie Abb. 32 zeigt, den Schmelzpunkt der bekannten Substanz gleichzeitig mit dem der zu identifizierenden festzustellen. Endlich mischt man etwas von beiden Substanzen in einem kleinen Mörser zusammen und nimmt den Schmelzpunkt des Gemisches.

Bei der Bestimmung des Schmelzpunktes bediene man sich in allen Fällen einer sog. Schutzbrille (Abb. 38). Es können beim Platzen des Schmelzpunktkolbens sonst arge Verletzungen der Augen eintreten. Ferner lege man ein Tuch unter den Kolben, damit beim etwaigen Herunterfallen der Schwefelsäure kein Verspritzen stattfindet.

Sehr oft arbeiten wir auch mit gasförmigen Produkten. Bald handelt es sich um Fällungsreaktionen mittels Gase, so z. B. um Ausfällung von Barium mittels Kohlensäure oder von Metallen, wie Kupfer, mit Schwefelwasserstoff, bald wünscht man andere Vorgänge, wie z. B. die Esterbildung unter Vermittlung von gasförmiger Salzsäure oder die Infreiheitsetzung von Estern aus den salzsauren Salzen mit Ammoniakgas herbeizuführen. Die Gase bereiten wir uns im all-

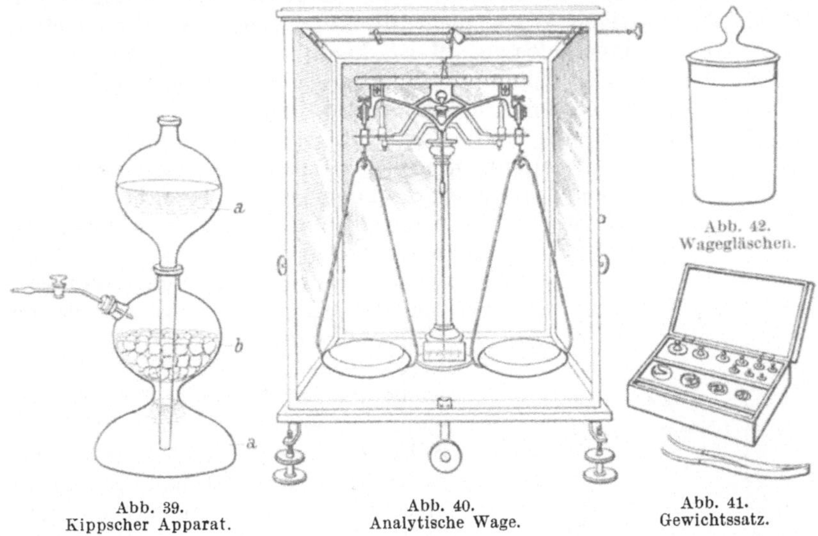

<table>
<tr><td>Abb. 39.
Kippscher Apparat.</td><td>Abb. 40.
Analytische Wage.</td><td>Abb. 41.
Gewichtssatz.</td></tr>
</table>

Abb. 42.
Wagegläschen.

gemeinen am besten in sog. Kippschen Apparaten (vgl. Abb. 39, a = Flüssigkeit, z. B. eine Säure, b = das Material, aus dem man ein Gas bereiten will, z. B. Marmorstücke), oder wir entnehmen sie sog. Bomben.

Eine sehr wichtige Regel, die auch für das qualitative Arbeiten gilt, ist die, daß man bei festen Körpern mit abgewogenen und bei Flüssigkeiten mit abgemessenen Mengen arbeitet. Man gewöhne sich daran, jede einzelne Operation wiegend oder messend zu verfolgen.

Beim präparativen Arbeiten erreicht man eine genügende Genauigkeit, wenn man mit einer einfachen Schalenwage wiegt. Am besten hält man ein austariertes Gefäß zur Aufnahme der zu wiegenden Substanzen bereit, oder man benutzt gleich schwere Kartenblätter. Für quantitative Arbeiten verwenden wir eine sog. analytische Wage (vgl. Abb. 40). Wir bestimmen mit Hilfe der Gewichte des Gewichtssatzes (vgl. Abb. 41) das Gewicht der Substanz bis auf Zentigramme. Milligramme und Zehntelmilligramme werden mit Hilfe eines sog. Reiterchens, das bei geschlossener Wage auf den Wagebaken aufgesetzt wird, festgestellt. Die Grammgewichte und die Dezi- und Zentigramme stellen wir stets zunächst nach den Lücken im Wägesatz fest und kontrollieren dann die aufgeschriebenen Werte

Abb. 43. Zange.

Abb. 44. „Schweinchen."

bei der Wegnahme der Gewichte von der Wage. Die Substanz wird auf einer derartigen Wage nicht direkt gewogen, sondern stets in einem Gefäß eingeschlossen. Meist benutzt man ein sog. Wagegläschen (Abb. 42). Dieses wird zunächst in ganz reinem Zustande in einem Trockenschrank getrocknet und dann mittels einer Zange (vgl. Abb. 43) in einem Exsikkator (vgl. Abb. 23) übergeführt. Man

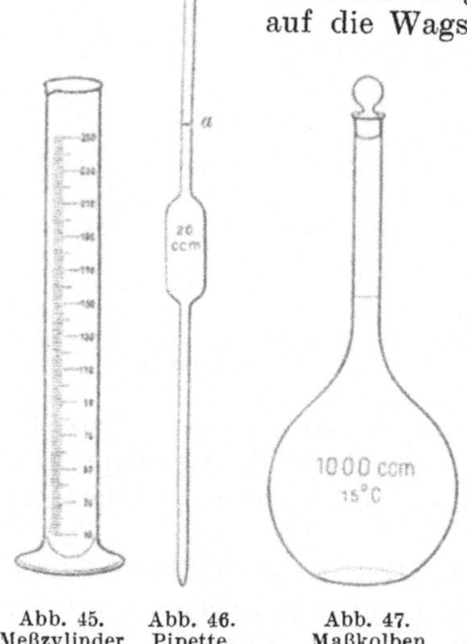

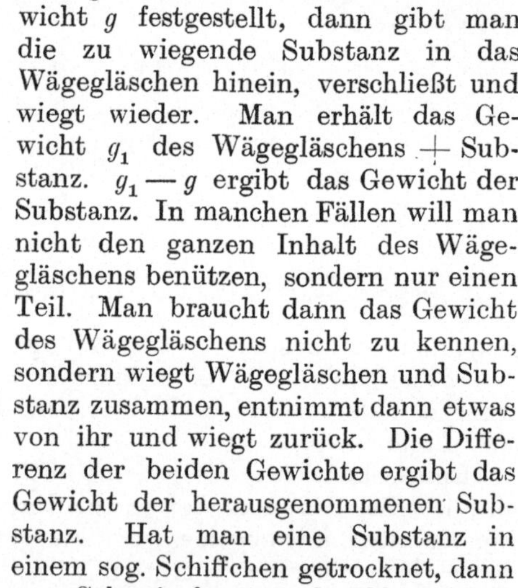

läßt abkühlen und bestimmt jetzt das Gewicht des leeren Gefäßes, nachdem es im Exsikkator in die Nähe der Wage gestellt und dann mittels der Zange auf die Wagschale gesetzt worden ist. Ist das Gewicht g festgestellt, dann gibt man die zu wiegende Substanz in das Wägegläschen hinein, verschließt und wiegt wieder. Man erhält das Gewicht g_1 des Wägegläschens + Substanz. $g_1 - g$ ergibt das Gewicht der Substanz. In manchen Fällen will man nicht den ganzen Inhalt des Wägegläschens benützen, sondern nur einen Teil. Man braucht dann das Gewicht des Wägegläschens nicht zu kennen, sondern wiegt Wägegläschen und Substanz zusammen, entnimmt dann etwas von ihr und wiegt zurück. Die Differenz der beiden Gewichte ergibt das Gewicht der herausgenommenen Substanz. Hat man eine Substanz in einem sog. Schiffchen getrocknet, dann

Abb. 45.   Abb. 46.   Abb. 47.
Meßzylinder. Pipette.   Maßkolben.

bringt man dieses in einem sog. „Schweinchen" (vgl. Abb. 44) zur Wägung.

Arbeitet man mit Flüssigkeiten, dann mißt man diese ab. Zu gröberen Abmessungen bedient man sich der sog. Meßzylinder (vgl. Abb. 45), für feinere dienen die Büretten (vgl. Abb. 52, S. 44), Pippetten (Abb. 46) und die Maßkolben (Abb. 47). Die letzteren sind besonders dann zu empfehlen, wenn man von einer Flüssigkeit einen aliquoten Teil untersuchen will. Man gibt dann die gesamte Lösung in einen Maßkolben, füllt bis zur Marke mit einer entsprechenden Flüssigkeit, z. B. mit Wasser, auf und entnimmt mit einer Pipette einen aliquoten Teil. Die Berechnung des gefundenen Wertes für die gesuchte Substanz auf die gesamte Flüssigkeit ist dann eine sehr einfache. Man habe z. B. die Lösung auf 100 ccm aufgefüllt und in 10 ccm derselben 0,1 Gramm Cl gefunden. In den 100 ccm sind dann 1,0 Gramm davon enthalten.

Eine besondere Bemerkung erfordert der Gebrauch der Pipetten. Sie bestehen aus einem mittleren, erweiterten Teil und zwei röhrenartigen Ansätzen. Der nach oben führende Ansatz dient zum Aufsaugen, während das untere, zugespitzte Ende in die aufzunehmende Flüssigkeit taucht. Man läßt die Flüssigkeit bis über die Marke (a in Abb. 46) steigen und verschließt dann das obere Ende der Pipette rasch mit dem Daumen oder dem Zeigefinger. Jetzt lüftet man den abschließenden Finger sorgsam gerade so weit, daß Tropfen um Tropfen die Pipette verläßt. In dem Augenblick, in dem der Flüssigkeitsspiegel die Marke a erreicht hat, wird die Pipette wieder fest verschlossen. Nunmehr läßt man die abgemessene („pipettierte") Flüssigkeit in das Gefäß fließen, in dem man sie behandeln will. Die meisten Pipetten sind sog. „Auslaufpipetten", d. h. die in der Spitze der Pipette haften bleibende Flüssigkeit ist in das Volumen mit eingerechnet. Man darf solche Pipetten nicht durch Ausblasen oder Ausschütteln vollständig entleeren. Vielmehr berührt man mit der Spitze der Pipette die Wand des Gefäßes und läßt die Flüssigkeit ohne weiteres Zutun ausfließen.

Ein weiteres wichtiges Meßgerät werden wir bei der Maßanalyse in der Bürette kennenlernen.

Wo immer möglich, arbeite man mit den auf Grund der die Reaktion veranschaulichenden Formel berechneten Mengenverhältnissen und verwende, wo es angeht, sog. Normallösungen (vgl. hierzu S. 40). Das Arbeiten wird durch dieses Vorgehen lehrreicher und gleichzeitig ein genaueres.

Protokollführung.

Die erste Einführung in physiologisch-chemisches Arbeiten soll zugleich einen Einblick in die Gewinnung von Forschungsresultaten geben. Bei jeder Forschung bilden genaue Aufzeichnungen der einzelnen Versuche mit ihren einzelnen Feststellungen und Ergebnissen die Grundlage. In den folgenden Schilderungen von Methoden ist mit Absicht auf eine erschöpfende Darstellung verzichtet worden. Es soll der Lehrer nicht überflüssig gemacht werden. Jeder einzelne Versuch wird von ihm besonders erklärt, oder aber die Schüler stellen da Fragen, wo sie nicht selbst sich zurecht finden. Sie führen ein genaues Tagebuch und schreiben sich alle Einzelheiten der Versuche auf. Es gilt dies vor allem auch für die Darstellung der Reaktionen in Form von

Formeln. Eine reiche Erfahrung hat gezeigt, daß das Anschreiben von Formeln an die Tafel zu keinem wirklichen Kennenlernen der Vorgänge führt. Sie werden mechanisch abgeschrieben. Von viel größerem Werte ist es, wenn der Schüler die Reaktionen selber in Formeln zur Darstellung bringt. Irrt er, dann wird die Richtigstellung nie vergessen, weil sie an Hand eines vorhandenen Fehlers erfolgt ist. Gewöhnlich folgen einigen Irrtümern sehr bald richtige Resultate. Gelingt es nicht, in einem praktischen Kurse die Schüler so zu beeinflussen, daß sie mit Interesse folgen und dieses durch Fragen bekunden, dann sind die Übungen nicht viel wert.

Die einzelnen Versuche dürfen nicht auf einzelne Zettel aufgeschrieben werden, vielmehr ist ein richtiges Protokollbuch anzulegen. Jeder Versuch ist in Fragestellung, Ausführung und Ergebnis genau abzugrenzen. Wird später ein solches Protokoll wieder zu Rate gezogen, dann werden alle Versuche wieder lebendig. Das einmal Erlebte und selbst Durchgeführte hat einen ganz anderen Gedächtniswert, als das aus Büchern Gelernte und ist auch jenen Kenntnissen weit überlegen, die durch bloßes Zusehen bei einem Versuche — z. B. in der Vorlesung — gewonnen worden sind. Aus diesen Gründen ist die peinlich genaue Buchführung ein wesentlicher Teil des ganzen Praktikums. Der Schüler erhält durch sie zugleich eine Vorbereitung zu eigenen künftigen Forschungen.

Allgemeiner Gang bei der Untersuchung einer unbekannten, festen Substanz oder Flüssigkeit.

Die erste Frage, die wir uns bei der Untersuchung einer Substanz vorlegen, ist die, ob sie aus organischen oder anorganischen Verbindungen besteht, oder aus beiden zugleich. In den meisten Fällen ist die Entscheidung eine sehr einfache. Ist die Substanz fest, dann nehmen wir etwas davon auf einen ganz reinen, blanken Platinoder auch Nickelspatel, glühen und beobachten die dabei auftretenden Veränderungen. Tritt Verkohlung ein und verbrennt die Kohle restlos, dann war nur organische Substanz vorhanden. Nur wenige organische Substanzen verbrennen ohne Verkohlung, so z. B. die Oxalsäure. Tritt zwar Verkohlung ein, bleibt aber ein glühbeständiger Rückstand, dann haben wir ein Gemisch von organischen und anorganischen Bestandteilen vor uns. Wenn dagegen überhaupt keine Verkohlung eintritt, sondern ein Rückstand bleibt, der selbst starkem Glühen widersteht, dann schließen wir auf anorganische Substanz. Es kann allerdings auch der Fall eintreten, daß eine anorganische Substanz sich vollständig verflüchtigt, dies trifft z. B. für das Chlorammon zu.

Erweist sich die Substanz als anorganisch, dann wird sie nach den weiter unten angegebenen Methoden auf die einzelnen Bestandteile untersucht. Die Asche wird auf alle Fälle auf ihre Reaktion geprüft. Auch kann man mit ihr schon die Flammenreaktion anstellen und sich so einigermaßen unterrichten. Ebenso sind die Löslichkeitsverhältnisse des Aschenrückstandes von großer Bedeutung und geben manche Winke über die Art der Substanz, die vorliegen könnte.

War die Substanz zum Teil organisch, zum Teil anorganisch, dann wird man einen Teil von ihr veraschen und die Asche untersuchen. Eine andere Portion verwendet man zur Feststellung der organischen Bestandteile. Zunächst wird man — auch dann, wenn eine rein organische Substanz vorliegt — die Frage entscheiden, ob die Substanz Stickstoff enthält oder nicht. Vgl. den folgenden Abschnitt.

Enthält die Substanz Stickstoff, dann liegt der Schluß nahe, daß es sich um Verbindungen handelt, die entweder zum Eiweiß oder zu den Nukleinsäuren, ev. auch zu Phosphatiden in Beziehung stehen. Von Kohlehydraten käme nur etwa das Chitin bzw. das Glukosamin in Betracht. Enthält die Substanz keinen Stickstoff, dann werden wir in erster Linie vermuten, daß Substanzen vorliegen, die den Kohlehydraten, Fetten oder Sterinen zugehören. Der weitere Gang der Untersuchung ist durch die Eigenschaften der betreffenden Körperklassen gegeben. Man halte sich an die bei den einzelnen Gruppen von Verbindungen weiter unten angegebenen Reaktionen.

Sind Flüssigkeiten zu untersuchen, dann sind die Verhältnisse etwas komplizierter. Man wird zuerst bei der Flüssigkeit die Reaktion, den Geruch und ev. den Geschmack feststellen und dann eine Probe zur Trockene verdampfen und prüfen, ob beim Glühen des Rückstandes Verkohlung eintritt, bzw. Aschenbestandteile zurückbleiben. Während des Eindampfens wird man verfolgen, ob flüchtige Bestandteile entweichen, wie z. B. Ammoniak oder Fettsäuren usw. Am besten nimmt man das Verdampfen mit einer abgemessenen Menge in einem kleinen Kölbchen vor und läßt die Dämpfe durch abgekühltes Wasser streichen, oder man legt, falls man z. B. auf Ammoniakgehalt der Flüssigkeit Verdacht hat, $^1/_{10}$ n-Schwefelsäure vor. Ist die Möglichkeit vorhanden, daß Säuren entweichen, wie z. B. Fettsäuren, dann wird man diese in $^1/_{10}$ n-Natronlauge auffangen, und zwar in allen Fällen in einer abgemessenen Menge. Durch Titration mit $^1/_{10}$ n-Natronlauge bzw. im letzteren Falle mit $^1/_{10}$ n-Schwefelsäure bestimmt man, wieviel von den erwähnten Substanzen beim Eindampfen überdestilliert sind. Vgl. hierzu S. 41. Den Trockenrückstand der Flüssigkeit prüft man in der oben angegebenen Weise. Manche Substanzen wird man direkt aus der Flüssigkeit isolieren können.

Qualitativer Nachweis von Stickstoff in organischen Verbindungen.

Man gibt von der zu untersuchenden Substanz etwas in ein absolut reines, ganz trockenes Reagenzglas und fügt nun etwa das fünffache Volumen an Natronkalk hinzu. Man vermeide dabei, daß der obere Teil des Reagenzglases mit dem Natronkalk in Berührung kommt. Nun erhitzt man, nachdem die Substanz mit dem Natronkalk am besten mit Hilfe eines sauberen Glasstabes gut gemischt wurde. Bald beobachtet man das Entweichen von Ammoniak, falls es sich um eine stickstoffhaltige Substanz handelt. Man kann das Ammoniak am Geruch erkennen. Sicherer ist es, in einiger Entfernung von der Öffnung des Reagenzglases ein feuchtes rotes Lackmuspapier in die entweichenden Dämpfe hineinzuhalten. Es bläut sich. Man hüte sich vor Berührungen mit der Reagenzglasinnenwand, besonders dann, wenn der Natronkalk nicht sorgfältig in das Reagenzglas geschüttet wurde. Endlich kann man selbst geringe Ammoniakmengen erkennen, wenn man einen in Salzsäure getauchten Glasstab der Öffnung des Reagenzglases nähert. Es treten Nebel von Chlorammon auf.

Die in ihrer Ausführung so einfache Natronkalkmethode genügt, um in allen für uns in Betracht kommenden Verbindungen den Stickstoff nachzuweisen, und zwar deshalb, weil er entweder in Form der Amino- oder Iminogruppe vorkommt, auch kann er bestimmte Gruppen an Stelle des Wasserstoffs tragen, wie z. B. Methylgruppen. Nicht feststellbar ist der Stickstoff in Nitrogruppen usw., die, wie gesagt, weder in unserem Körper noch in unserer natürlichen Nahrung vorkommen.

Wir besitzen eine Methode, um ganz allgemein den Stickstoffgehalt in organischen Stoffen zu erkennen. Es wird etwas von der Substanz in ein kleines Reagenzglas gegeben. Dann bringt man ein linsengroßes Stückchen von auf Fließpapier abgetrocknetem Kalium hinzu und erhitzt. Man hält dabei die Öffnung des Reagenzglases von sich abgewandt. Es tritt eine heftige Reaktion ein (Schutzbrille!). Nachdem das Reagenzglas sich etwas abgekühlt hat, wird es unter dem Abzug bei möglichst tief herabgelassenem Schiebefenster in Wasser eingetaucht, das sich in einem kleinen Erlenmeyer-Kölbchen befindet. Das Reagenzglas zerspringt dabei. Man filtriert nun die Lösung in ein Reagenzglas. Zu dem klaren Filtrat gibt man jetzt einen Tropfen Eisenchloridlösung und dann einige Tropfen Ferrosulfatlösung hinzu und erwärmt. Es geht dabei das in Lösung vorhandene Cyankalium in Ferrocyankalium über. Jetzt wird abgekühlt und mit Salzsäure angesäuert. Beobachtet man grüne oder blaue Färbung oder Entstehung eines blauen Niederschlages, dann ist das der Beweis dafür, daß Stickstoff in der Substanz vorhanden ist. Es hat sich Berlinerblau gebildet. Vgl. auch die quantitative Stickstoffbestimmung nach Kjeldahl.

I. Qualitativer und quantitativer Nachweis anorganischer Bestandteile.

(Aschenanalyse.)

A. Qualitative Aschenanalyse.

Es sind im folgenden nur diejenigen Elemente berücksichtigt, die als Nahrungsstoffe und Körperbestandteile Bedeutung haben, und mit einfachen Mitteln nachzuweisen sind. Ferner sind nur solche Methoden angeführt, die bei der praktischen Durchführung einer Aschenanalyse in Anwendung kommen. Es werden zunächst mit Hilfe der reinen Elemente bzw. derjenigen Salze, die das entsprechende Element enthalten, die Eigenschaften der einzelnen Elemente studiert.

Es kommen für uns in Frage: 1. die Kationen: Natrium, Kalium, Eisen, Kalzium, Magnesium. 2. die Anionen: CO_2, Cl, J, SO_4, PO_4.

Nachweis der Kationen.

Nachweis der Alkalien.

In Betracht kommen Natrium und Kalium (Prüfung auf K- und Na-Ionen).

Flammenprobe. Es wird ein ca. 5 cm langes Stück Platindraht in das Ende eines Glasstabes eingeschmolzen. Das Ende des Platindrahtes wird zu einer Öse umgebogen. In diese gibt man etwas von der zu untersuchenden Substanz. Ebenso gut eignet sich für diese Probe ein Magnesiastäbchen. Bevor wir es verwenden, überzeugen wir uns durch Ausglühen, ob es wirklich frei von Substanzen ist, die eine Flammenfärbung geben. Das gleiche gilt vom Platindraht. Wir wählen als Beispiel Kochsalz. Wir zerreiben dieses in einem Mörser zu einem feinen Pulver und bringen nun etwas von der Substanz in die Öse des Platindrahtes. Nun halten wir diese in den Rand einer Bunsenflamme (vgl. Abb. 48). Sie erscheint an der betreffenden Stelle gelb. Am besten wird das Pulvern des Kochsalzes nicht in demjenigen Raume vorgenommen, in welchem man die Flammenprobe ausführen will, weil die geringsten der Luft beigemengten Spuren von Natrium genügen, um die sämtlichen Flammen im ganzen Laboratorium gelb zu färben.

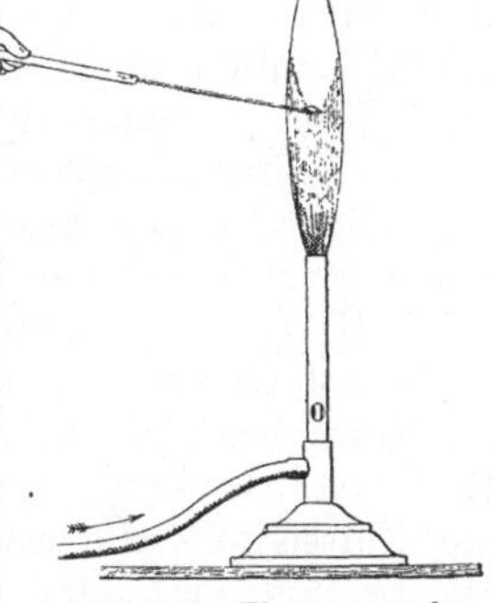

Abb. 48. Flammenprobe.

Kalium, wir wählen **Chlorkalium**, gibt im Gegensatz zum Natrium eine violette Färbung der Bunsenflamme. Mischen wir

Chlornatrium und Chlorkalium, und führen wir mit dem Gemisch die Flammenprobe aus, dann erblicken wir nur die durch das Natrium bedingte gelbe Färbung. Die violette Farbe des Kaliums wird verdeckt. Um Kalium neben Natrium erkennen zu können, betrachten wir die Flammenfärbung mit Hilfe eines Kobaltglases. Erblicken wir durch dieses violette Färbung, so bedeutet das, daß Kalium neben Natrium vorhanden ist.

Um mittels des Kobaltglases stets ein eindeutiges Erkennen der Kaliumflamme zu erreichen, verwende man folgende Versuchsanordnung. Man hält das mit der Substanz beschickte Magnesiastäbchen etwa in die Mitte der Höhe des Flammenrandes und hält nun das Kobaltglas so, daß man durch seine untere Hälfte die nicht „beeinflußte" Flamme erblickt. Man hat dann zum Vergleich darüber die von der Substanz beeinflußte Flamme. Diese Vorsichtsmaßregel ist wichtig, weil die Kobaltgläser oft so beschaffen sind, daß, durch sie betrachtet, die Flamme an und für sich rötlich bis violett gefärbt erscheint.

Man kann die Probe auf Natrium und Kalium noch dadurch verschärfen, daß man mit Hilfe eines Spektralapparates die Absorptionslinien der beiden Elemente im Spektrum feststellt.

Man kann beide Elemente auch in Lösungen erkennen. Man stelle von Kochsalz und Chlorkalium eine Lösung dar und bringe eine Probe der Flüssigkeit in die Öse des Platindrahtes und führe die Flammenprobe, wie oben angegeben, aus. Man erhält wiederum die entsprechenden Färbungen und kann auch jetzt mittels des Kobaltglases Kalium neben Natrium nachweisen.

Erwähnt sei, daß Kalziumion eine prachtvolle rote Flammenfärbung gibt. Wir lösen z. B. Kalziumchlorid in Wasser und halten das in dieser Lösung befeuchtete Magnesiastäbchen bzw. den befeuchteten Platindraht in die Flamme.

Nachweis von Kalium und Natrium mit Hilfe von Fällungsreaktionen. Kochsalz, NaCl, wird in wenig Wasser gelöst. Zu der Lösung werden einige Tropfen einer alkalischen Lösung von pyroantimonsaurem Kali, $K_2H_2Sb_2O_7$, hinzugefügt. Es entsteht ein kristallinischer Niederschlag von pyroantimonsaurem Natrium, $Na_2H_2Sb_2O_7$. Kaliumsalze geben in wässeriger Lösung mit einigen Tropfen Natriumazetat und Weinsäure einen kristallinischen Niederschlag von saurem weinsaurem Kalium $KHC_4H_4O_6$. Die Abscheidung erfolgt aus verdünnteren Lösungen nicht sofort, sondern allmählich. Sie wird durch Reiben mit einem Glasstab beschleunigt. In einem Gemisch von Natrium- und Kaliumsalz kann man die beiden Elemente erkennen, indem man die Flüssigkeit, die diese enthält, in zwei Teile teilt. Zu der einen Hälfte fügt man eine alkalische Lösung von pyroantimonsaurem Kali und prüft so auf Natrium. Zu der anderen Hälfte gibt man Natriumazetat und Weinsäure: Prüfung auf Kalium.

Eine weitere Unterscheidung liefert das Verhalten des Kaliums und Natriums gegenüber Platinchlorwasserstoffsäure, H_2PtCl_6.

Fügt man eine etwa 10 prozentige wässerige Lösung davon zu der Lösung eines Natriumsalzes, z. B. zu einer Kochsalzlösung, dann erhält man keine Fällung. Nimmt man dagegen eine nicht zu verdünnte wässerige Lösung eines Kaliumsalzes, z. B. von Chlorkalium, dann tritt bei Zusatz der Platinchlorwasserstoffsäure rasch eine Fällung von K_2PtCl_6 ein. Sie kann durch Zusatz von Alkohol vervollständigt werden. Die Schwerlöslichkeit des Kaliumplatinchlorids ist ein Hilfsmittel, um Kalium neben Natrium nachzuweisen. Diese Eigenschaft ist von großer Bedeutung. Wir werden bald sehen, daß Kalium mit Platinchlorwasserstoffsäure quantitativ abgeschieden wird. Eine Besonderheit zeigt bei dieser Reaktion Jodkalium. Auf Zusatz der Platinchlorwasserstoffsäure färbt sich die Lösung unter Abscheidung von Jod tief braunrot!

Nachweis der Erdalkalien.

Es kommen in Betracht Magnesium und Kalzium (Prüfung auf $Mg^{..}$- und $Ca^{..}$-Ionen).

Prüfung auf Magnesium. Wir wählen als Magnesiumsalz Magnesiumchlorid, $MgCl_2$, und als Kalziumsalz Kalziumchlorid, $CaCl_2$. Auf Zusatz von phosphorsaurem Natrium, Na_2HPO_4, Chlorammonium und Ammoniak erhalten wir in der wässerigen Lösung des Magnesiumsalzes einen Niederschlag. Er besteht aus Ammonium-Magnesiumphosphat, $NH_4 \cdot MgPO_4 \cdot 6 H_2O$. Gibt man zu der Lösung von Magnesiumchlorid Natronlauge, dann entsteht ein weißer Niederschlag von Magnesiumhydroxyd, $Mg(OH)_2$. Er löst sich in Chlorammonium auf. Ammoniumhydroxyd gibt ebenfalls eine Fällung von Magnesiumhydroxyd, doch ist sie eine nur unvollkommene.

Prüfung auf Kalzium. Die wässerige Lösung von Kalziumchlorid gibt mit Natronlauge eine weiße Fällung von Kalziumhydroxyd, $Ca(OH)_2$. Die Abscheidung ist keine vollständige. Gibt man zu der Fällung Wasser hinzu, dann läßt sich der Niederschlag wieder in Lösung bringen. Mit Ammoniak erhält man keinen Niederschlag. Ammoniumoxalat,

$$\begin{matrix} COO \cdot NH_4 \\ | \\ COO \cdot NH_4 \end{matrix},$$

gibt mit Kalzium-Ion einen weißen Niederschlag von Kalziumoxalat:

$$\begin{matrix} COO \\ | \quad \diagdown \\ \quad \quad Ca. \\ COO \diagup \end{matrix}$$

Dieser ist unlöslich in Essisäure, dagegen löslich in Salzsäure und Salpetersäure. Werden diese Lösungen mit Ammoniak neutralisiert, dann fällt das Kalziumoxalat wieder aus. In konzentrierten Lösungen gibt Kalzium mit Schwefelsäure einen weißen Niederschlag von **Kalziumsulfat**, $CaSO_4$. Die Abscheidung ist jedoch eine unvollkommene. In sehr verdünnten Lösungen tritt überhaupt keine Fällung ein.

Nachweis der Schwermetalle.

Es kommen im wesentlichen nur **Eisensalze** in Betracht und von den beiden Formen: Ferro- und Ferriverbindungen hauptsächlich die letzteren. **Nachweis der Ferriionen,** $Fe^{\cdots}$-Ionen[1]). Wir gehen aus von **Ferrichlorid,** $FeCl_3$. Dieses löst sich in Wasser mit rotbrauner Farbe. Verdünnt man stärker, dann geht die Farbe in Gelbbraun bis Hellgelb über. Diese Gelbfärbung ist ein außerordentlich feines Reagens auf Eisen. Erhält man beim Lösen irgendeiner Asche in verdünnter Salzsäure eine Gelbfärbung, dann kann man ziemlich sicher annehmen, daß Eisen anwesend ist. Gibt man zu der Lösung von Eisenchlorid **Natronlauge** oder **Ammoniak**, dann erhält man einen braunen, gallertartigen Niederschlag von **Ferrihydroxyd,** $Fe(OH)_3$. Nach Zusatz von **Ammoniumazetat** färbt sich die Lösung braunrot. Es hat sich **Eisenazetat** gebildet:

$$
\begin{array}{l}
CH_3 \cdot COO \\
CH_3 \cdot COO {-}\!\!\!> Fe. \\
CH_3 \cdot COO
\end{array}
$$

Kocht man die Lösung energisch, dann scheidet sich ein braunroter Niederschlag von **basischem Eisenazetat** ab. Er ist nicht einheitlich und besteht aus

$$
\begin{array}{l}
CH_3 \cdot COO \\
CH_3 \cdot COO {-}\!\!\!> Fe \\
HO
\end{array}
\qquad \text{und} \qquad
\begin{array}{l}
CH_3 \cdot COO \\
HO {-}\!\!\!> Fe. \\
HO
\end{array}
$$

Das Eisen kann auf diese Weise quantitativ aus der Lösung entfernt werden. Fügt man zu der Eisenlösung **Natriumphosphat,** Na_2HPO_4, hinzu, dann fällt Eisenphosphat, $FePO_4$, in Form eines gelblichweißen Niederschlages. Die Fällung ist in Essigsäure unlöslich, löslich in Mineralsäuren. Mit **Ferrozyanwasserstoffsäure,** $H_4Fe(CN)_6$, bzw. **Ferrozyankalium** entsteht ein blauer Niederschlag von **Ferriferrozyanid:** $Fe_4[Fe(CN)_6]_3$, **Berlinerblau** genannt. Sehr empfindlich ist die Reaktion mit **Rhodanwasserstoffsäure,** HCNS, bzw. **Rhodanalkali**. Man erhält eine blutrote Färbung unter Bildung von **Ferrirhodanid:** $Fe(CNS)_3$. Leitet man in die Lösung von Eisenchlorid **Schwefelwasserstoff** ein, so werden die Ferriionen zu Ferroionen reduziert. Die Lösung wird hierbei milchigweiß getrübt. Es hat sich Schwefel abgeschieden.

---

[1]) Haben wir Ferroionen vor uns, dann oxydieren wir sie durch Kochen mit Salpetersäure zu Ferriionen.

Gang der qualitativen Analyse zum Nachweis der Kationen.

Wir richten den Gang der qualitativen Analyse so ein, wie er auch bei der quantitativen Analyse durchgeführt wird. Wir erleichtern und vereinfachen dadurch die gesamte Analyse. Der Analysengang ist für einfache Salze und für Gemische anwendbar. Die Grundregeln des Analysengangs sind:

1. Es dürfen keine Elemente mit den Reagentien zugeführt werden, die wir nachweisen wollen.

2. Es muß eine ganz bestimmte Reihenfolge im Nachweis der einzelnen Elemente peinlich genau innegehalten werden. Wir schließen aus dem Auftreten einer Fällung auf Zusatz bestimmter Reagentien auf ein bestimmtes Element. Um diesen Schluß eindeutig ziehen zu können, darf kein anderes Element zugegen sein, das auch eine Fällung mit dem gleichen Reagens ergibt. Der Analysengang ist so eingerichtet, daß er für einzelne Salze wie für Gemische von solchen einwandfrei ist.

Man beginnt mit der Flammenreaktion:

Gelbe Färbung der Flamme: Natrium.

Kontrolle mittels des Kobaltglases, ob nicht neben Natrium Kalium zugegen ist. Erscheint jetzt die Flamme violett gefärbt, dann haben wir neben Natrium noch Kalium vor uns.

Violette Färbung der Flamme: Kalium.

Der Nachweis der Alkalien wird durch Fällungsreaktionen (vgl. S. 24) sichergestellt.

Wir haben zwei Fälle besonders zu betrachten: 1. Die Substanz löst sich in Wasser und 2. sie ist in Wasser unlöslich. Im ersteren Falle verlangt die Durchführung der Analyse keine besonderen Maßnahmen. Im zweiten Fall sind wir genötigt, die Substanz in Säure zu lösen. Zur Prüfung auf die Kationen können wir Salzsäure oder Salpetersäure als Lösungsmittel wählen. Zur Feststellung der Anionen kommt nur Salpetersäure in Frage, wir würden sonst den Nachweis von Chlor unmöglich machen (bei Anwendung von HCl!). Am besten ist es schon, wenn wir ganz allgemein als Lösungsmittel Salpetersäure verwenden. Wir nehmen davon nur einen kleinen Überschuß. Die Substanz muß klar gelöst sein. Den Überschuß der Säure stumpfen wir durch tropfenweisen Zusatz von Ammoniak ab. Sobald eine Trübung entsteht, hören wir mit dem Ammoniakzusatz auf und schütteln um. Löst sich die Trübung nicht ganz klar auf, dann geben wir tropfenweise Salpetersäure zu, bis die Lösung vollständig klar ist. Würden wir einen Überschuß an Säure haben, dann müßten wir ihn mit den Fällungsmitteln beseitigen und zu diesem Zwecke sehr viel davon anwenden. Unter Umständen würden wir auch eine Fällung nicht erreichen, weil wir vom Fällungsmittel nicht genug zufügen.

Beim Lösen in Säure beachten wir scharf, ob nicht etwa Kohlensäure entweicht. Ist das der Fall, dann notieren wir diese Beobachtung.

Sehr wesentlich ist, daß die Analyse mit vollem Verständnis für den Verlauf der Reaktionen durchgeführt wird. Ferner sind die ganzen Kenntnisse der Eigenschaften der Verbindungen in Anwendung zu bringen. Ein bestimmtes Kation kann bestimmte Anionen ausschließen. Haben wir z. B. Eisen gefunden und hat sich die Substanz in Wasser gelöst, dann kommt z. B. Phosphorsäure nicht in Frage, weil ja Eisenphosphat in Wasser nicht löslich ist. Haben wir ein Wasser unlösliches Kalksalz vor uns, dann prüfen wir nicht auf Halogene! Haben wir ein in Wasser leicht lösliches Kalksalz, so prüfen wir nicht auf Schwefelsäure.

Prüfung auf Eisen[1]): Wenn die Prüfung einer besonderen kleinen Probe mit Rhodanlösung positiv ausfällt, so fügen wir zu der Lösung Ammoniumazetat und kochen energisch. Ist Eisen zugegen, dann bemerkt man beim Zusatz des Reagenses eine Dunkel-braun-rot-Färbung. Beim Kochen fällt basisches Eisenazetat aus. Bei Anwesenheit von Phosphorsäure fällt schon in der Kälte $FePO_4$. Auch in diesem Falle wird aufgekocht. Wir filtrieren durch ein kleines, angefeuchtetes Filterchen eine Probe des Niederschlages ab und fügen zu dem ersten filtrierten Tropfen Rhodanlösung. Bleibt das Gemisch farblos, dann filtrieren wir den ganzen Niederschlag ab und verwenden einen Teil des Filtrats zur Prüfung auf Kalzium und Magnesium und einen Teil zum Nachweis der Halogene. Trat jedoch Rotfärbung auf, dann wissen wir, daß nicht alles Eisen gefällt worden ist. Wir geben zum Gemisch noch mehr Ammonazetat zu, kochen und wiederholen die Probe mit Rhodanammon, nachdem wir wiederum einen kleinen Teil des Gemisches abfiltriert haben.

Prüfung auf Kalzium: Wir setzen zum Filtrat vom Eisenazetat Ammoniumoxalatlösung. Fällt kristallinisches Kalziumoxalat, dann wird abfiltriert. Auch hier überzeugen wir uns nach Zusatz von Ammonoxalat zu dem zuerst filtrierenden Tropfen, daß alles Kalzium gefällt ist.

Prüfung auf Magnesium: Wir geben zu der Lösung phosphorsaures Natrium, Ammoniak und Chlorammon und erhalten bei Anwesenheit von Magnesium einen Niederschlag von Magnesiumammoniumphosphat. Er fällt aus konzentrierten Lösungen opakweiß, gallertig, aus verdünnten dagegen kristallinisch aus.

Ist kein Eisen zugegen, dann prüfen wir durch Zusatz von Ammoniumoxalat direkt auf Kalzium. Fällt auch jetzt nichts, dann prüfen wir in der gleichen Lösung auf Magnesium.

Wie wichtig die Innehaltung der gegebenen Reihenfolge ist, mag folgendes Beispiel zeigen. Wir wollen annehmen, daß die zu prüfende Lösung Kalzium enthalte. Wir beginnen mit der Prüfung auf Magnesium und erhalten bei Zusatz von Natriumphosphat sofort einen Niederschlag von Kalziumphosphat. Da wir bei Anwendung der Reagentien Natriumphosphat, Ammoniak und Ammoniumchlorid eine

---

^[1]) Eisenhaltige Lösungen sind gefärbt.

Fällung als für Magnesium charakteristisch ansehen, so verfällt der Unkundige leicht einem Irrtum. Der Kundige erkennt aber am Aussehen des sich bildenden Niederschlages, daß nicht Magnesium vorliegt. Prüft man zuerst auf Kalzium und dann auf Magnesium, dann ist jeder Irrtum ausgeschlossen, weil nunmehr das erstere zuerst völlig entfernt wird, bevor auf Magnesium geprüft wird.

Nachweis der Anionen.

Nachweis von Kohlensäure (CO_3''-Ion). Kalziumkarbonat, $CaCO_3$, wird mit Salpetersäure übergossen. Wir beobachten das Auftreten von Gasblasen. Halten wir das Reagenzglas an das Ohr, dann hören wir ein knisterndes Geräusch. Wollen wir uns überzeugen, ob das entwickelte Gas wirklich Kohlensäure ist, dann leiten wir es am besten in Barytwasser ein. Kohlensäure bildet mit Baryt einen schwer löslichen Niederschlag von **Bariumkarbonat, $BaCO_3$**.

Nachweis von Chlor (Cl'-Ion). Wir benützen zum Nachweis des Chlors irgendeines der vorher gebrauchten Chloride, z. B. Kochsalz. Wir lösen dieses in Wasser und fügen zu der Lösung **nach erfolgter Zugabe von sicher halogenfreier, verdünnter Salpetersäure eine verdünnte Lösung von Silbernitrat, $AgNO_3$,** hinzu. Es tritt sofort eine **Fällung von Silberchlorid, $AgCl$,** auf. Kochen wir die Lösung, dann ballt sich der Niederschlag zusammen. Er sinkt zu Boden. Die Fällung sieht zunächst rein weiß aus. Die Farbe geht jedoch beim Belichten in Violett und schließlich in Grau über. **$AgCl$ löst sich in Ammoniak auf.**

Genau die gleiche Fällung erhalten wir beim Zusatz von Silbernitratlösung zu einer solchen von Magnesiumchlorid, Kalziumchlorid usw. Die verschiedenartigsten Salze, welche Chlor enthalten, geben mit Silbernitrat eine Fällung.

Nachweis von Jod (J'-Ion): Wir gehen aus von Jodkalium. Dieses löst sich leicht in Wasser. Auf Zusatz von **Silbernitrat** in der mit Salpetersäure versetzten Lösung erhalten wir eine Fällung, die gelb aussieht. Es ist **Jodsilber, AgJ,** ausgefallen. Der Niederschlag ist in Ammoniak so gut wie unlöslich. Gibt man zu der Lösung von Jodkalium etwas **Chlorwasser,** dann findet Abscheidung von Jod statt. Man kann dieses mit **Schwefelkohlenstoff** aufnehmen. Dieser färbt sich dabei rotviolett. Stärkekleister wird durch Jod blau gefärbt. Man muß mit dem Zusatz des Chlorwassers vorsichtig sein, denn wenn man größere Mengen davon hinzufügt, dann wird das elementare Jod zu Jodsäure oxydiert. Die Färbung des Schwefelkohlenstoffes verschwindet dann. Fügt man zu einer Lösung von Jodkalium verdünnte **Salpetersäure,** dann wird sofort Jod abgeschieden. Hat man etwas von einer **Stärkelösung** zugesetzt, dann tritt **Blaufärbung** ein. Beim Kochen mit **Eisenchloridlösung** entweicht ebenfalls Jod. (Vgl. auch S. 25: Abscheidung von Jod auf Zusatz von Platinchlorwasserstoffsäure.)

Haben wir Cl und J zusammen in der Lösung, dann trennen wir den aus AgCl und AgJ bestehenden Niederschlag mittels Ammoniak. Das erstere löst sich, das zweite bleibt ungelöst. Um eindeutig zu erfahren, ob das zugesetzte Ammoniak etwas vom Niederschlag gelöst hat, filtrieren wir vom Ungelösten durch ein Filterchen ab und fügen zum Filtrat so viel Salpetersäure zu, bis die Reaktion sauer ist. Es fällt nunmehr gelöstes AgCl aus.

Nachweis der Schwefelsäure (SO_4''-Ion). Wir gehen von irgend einem Sulfat, z. B. von **Magnesiumsulfat**, $MgSO_4$, aus und lösen dieses in Wasser. Geben wir zu der Lösung **Barythydrat**, $Ba(OH)_2$, (bzw. Bariumchlorid), dann erhalten wir eine Fällung von **Bariumsulfat**, $BaSO_4$. Die Abscheidung ist eine quantitative.

Nachweis der Phosphorsäure (PO_4'''-Ion). Wir lösen **Natriumphosphat**, Na_2HPO_4, in Wasser. Auf Zusatz eines löslichen Eisensalzes, z. B. von **Eisenchlorid**, tritt eine Fällung von Eisenphosphat, $FePO_4$, ein. Fügt man **Natriumazetat** hinzu, dann ist die Fällung eine quantitative, weil das Eisenphosphat in Essigsäure vollständig unlöslich ist. Gibt man zu der Lösung von Natriumphosphat sogenannte **Magnesiamixtur** (vgl. S. 52), dann tritt ein weißer kristallinischer Niederschlag von Magnesiumammoniumphosphat, $NH_4 \cdot MgPO_4 \cdot 6\,H_2O$, auf. Dieser ist in Ammoniak und Chlorammonium unlöslich, dagegen löslich in Säuren. Auf Zusatz einer salpetersauren Lösung von **molybdänsaurem Ammoniak** (vgl. S. 52) gibt Phosphorsäure beim Erwärmen einen gelben Niederschlag von phosphormolybdänsaurem Ammoniak, $(MoO_3)_{12} \cdot (NH_4)_3PO_4$. Er ist unlöslich in Salpetersäure, löslich in Ammoniak.

Gang der qualitativen Analyse zum Nachweis der Anionen.

Wir beginnen die Analyse damit, daß wir zu einem Teil der zu untersuchenden Lösung sicher halogenfreie, verdünnte Salpetersäure zusetzen. Tritt Aufbrausen auf, dann haben wir Kohlensäure vor uns. Nunmehr setzen wir Silbernitratlösung zu. Tritt eine Fällung ein, dann versetzen wir sie — am besten nach Abgießen der überstehenden Flüssigkeit (Dekantieren) — mit Ammoniak und schütteln tüchtig um. Verschwindet der Niederschlag völlig, dann liegt AgCl vor. Bleibt ein ungelöster Anteil, dann ist AgJ vorhanden. AgJ ist unlöslich in Ammoniak. Es erhebt sich nun die Frage, ob nicht neben Jod noch Chlor zugegen ist. Wir filtrieren von AgJ ab und säuren das Filtrat mit Salpetersäure an. Bleibt die Lösung klar, dann war kein Chlor vorhanden. Bildet sich jedoch ein Niederschlag, dann haben wir AgCl vor uns.

Wir haben bereits S. 28 erwähnt, daß zum Halogennachweis das Eisen aus der Lösung entfernt sein muß. Ist das nicht geschehen, dann erhält man beim Versuch, den mit $AgNO_3$ erhaltenen Niederschlag mit Ammoniak zu lösen, eine Fällung von Eisenhydroxyd.

Zu einer weiteren, besonderen Probe fügt man $BaCl_2$ und prüft so auf SO_4-Ion.

Endlich setzt man zu einer mit konzentrierter Salpetersäure versetzten Lösung **molybdänsaures Ammon** und kocht. Ein gelber, kristallinischer Niederschlag zeigt das PO_4-Ion an.

Bei Verwendung der **Magnesiamixtur** zum Nachweis der Phosphorsäure darf man natürlich nicht ansäuern, da ja der zu erwartende Magnesium-Ammonium-Phosphat-Niederschlag nur in ammoniakalischen Lösungen entsteht. Ferner entferne man bei eisenhaltigen Lösungen zuerst das Eisen mit Ammonazetat. Da jedoch dabei unter Umständen alle Phosphorsäure ausfallen kann, ist bei Gegenwart von Eisen stets zur Kontrolle die Probe mit molybdänsaurem Ammon ohne Entfernung des Eisens auszuführen.

Bei der Prüfung auf Halogene und auf Schwefelsäure vergesse man niemals den Zusatz von Salpetersäure! Ag-Ion gibt nämlich mit CO_2-Ion, SO_4- und PO_4-Ion auch Niederschläge. Sie sind alle in Salpetersäure leicht löslich. Ebenso lösen sich Bariumphosphat und -carbonat leicht darin auf.

B. Quantitative Aschenanalyse.

Zur Ausführung der Analyse nehmen wir entweder Blut oder Milch, oder aber wir stellen uns ein künstliches Aschengemisch dar. Zu Übungszwecken ist das letztere vorzuziehen. Wir geben in Mengen von etwa 0,01—0,1 Gramm Natriumphosphat, Chlorkalium, Magnesiumphosphat, Kalziumchlorid und Eisenphosphat zusammen. Dazu fügen wir 5 Gramm vollständig aschenfreien Rohrzucker und mischen das Ganze gut durch. Mit dem Zusatz des Rohrzuckers bezwecken wir, ein Material zur Verkohlung und schließlich zur Verbrennung zu haben. Haben wir Milch oder Blut zur Analyse gewählt, dann werden diese Flüssigkeiten zuerst auf dem Wasserbad in einer Platinschale zur Trockene eingedampft und dann bei 120^0 im Trockenschrank vollständig getrocknet. Das künstliche Aschengemisch ist direkt zur Veraschung geeignet. Diese kann auf trockenem oder nassem Wege vorgenommen werden.

a) Veraschung auf trockenem Wege durch Glühen.

Die Platinschale a wird auf ein auf einem Dreifuß befindliches Tondreieck oder auf ein passend konstruiertes Gestell (vgl. Abb· 49, c) gestellt und nun mit einem gewöhnlichen Bunsenbrenner b vom Rande her allmählich erwärmt (vgl. Abb. 49). Der Beginn des Erhitzens muß vorsichtig durchgeführt werden, um zu vermeiden, daß durch Verspritzen Substanz verloren geht. Später erhitzt man stärker. Es tritt bald Verkohlung auf. Die Kohle kann auch Feuer fangen. Verluste entstehen hierbei nicht. Von Zeit zu Zeit rührt man die Kohle mittels eines Platindrahtes durch. Dieser verbleibt während der ganzen Veraschung in der Platinschale. Nachdem alles verkohlt, und die Kohle eine Zeitlang geglüht worden ist, unterbricht man das weitere Erhitzen. Man läßt den Schaleninhalt sich abkühlen und zieht nun die noch kohlenstoffhaltige Asche mit destilliertem Wasser aus. Man zerkleinert dabei gröbere Stücke mit dem Platindraht oder einem Platinspatel, oder aber man zerreibt die gesamte Masse mit einem aus Achat bestehenden Pistill in der Platinschale. Es läßt sich auf diese Weise das Auslaugen der Asche mit Wasser viel besser herbeiführen. Nun filtriert man durch ein vollständig aschefreies Filter, und zwar so, daß möglichst wenig Kohle auf das Filterchen kommt. Die wässerige Lösung muß vollständig klar ablaufen. Ist sie trüb, dann wird sie sofort in die Platinschale zurückgegeben und der Schaleninhalt nach Zugabe des Filters zunächst auf dem Wasserbad zur Trockene verdampft, dann im Trockenschrank bei 100°—120° vollends getrocknet

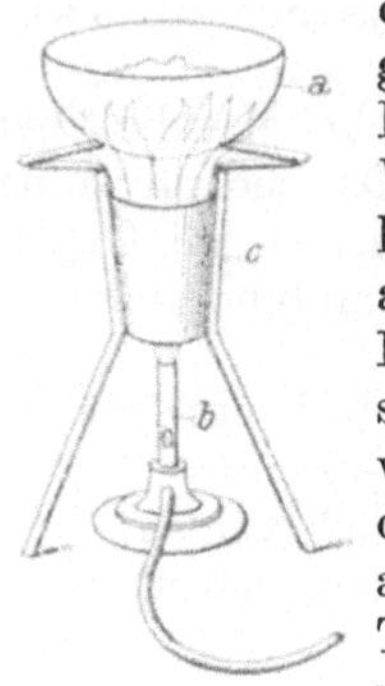

Abb. 49. Veraschung.

und nunmehr wieder geglüht und das Ausziehen mit Wasser wiederholt. Wenn das Filtrat vollständig klar ist, dann wird es vorläufig in einem kleinen Erlenmeyer-Kolben für sich aufbewahrt. Das Filter gibt man zu dem Schaleninhalt zurück, trocknet im Trockenschrank bei 120° und setzt das Glühen fort. Es gelingt nun sehr leicht, in ganz kurzer Zeit die gesamte Kohle zu verbrennen. Es verbleibt dann eine reine Asche. Sie ist gewöhnlich nicht weiß, sondern durch das vorhandene Eisenoxyd etwas rötlich-gelb gefärbt. Nun wird die Asche mit verdünnter Salzsäure aufgenommen. Die Lösung färbt sich dabei — durch die Anwesenheit des Eisens bedingt — gelblich. Diesen salzsäurehaltigen Auszug gibt man zu dem früher abfiltrierten wässerigen Auszug. Schaleninnenfläche und Platindraht werden sorgfältig mit destilliertem Wasser abgespült. Die gesamte Lösung dient zum Nachweis von **Eisen, Kalzium, Magnesium** und von **Phosphorsäure.** Zur Bestimmung des Chlors muß man eine zweite Portion für sich veraschen, weil bei der eben geschilderten Art der Veraschung etwas Chlor verloren geht. Um dies zu verhindern, setzt man vor dem Glühen 2—5 Gramm Natriumkarbonat hinzu, mischt die ganze Masse tüchtig durch und glüht nun. Selbstverständlich darf man die Asche in diesem Falle nicht mit Salzsäure aufnehmen. Man zieht sie mit Salpetersäure aus. Eine besondere Portion der Substanz wird verwendet, um die **Alkalien** zu bestimmen.

1. **Bestimmung von Eisen, Kalzium, Magnesium und von Phosphorsäure.** Aus der salzsauren Lösung der Gesamtasche wird durch Zusatz von essigsaurem Ammonium in der Kälte das Eisen als Eisenphosphat gefällt. Der Niederschlag wird durch ein aschefreies Filter filtriert, mit Wasser gut ausgewaschen und dann im Filtrat das Kalzium mit oxalsaurem Ammon als Kalziumoxalat abgetrennt. Es wird wieder auf einem aschefreien Filter filtriert, mit Wasser nachgewaschen und im Filtrat plus Waschwasser durch Übersättigen

mit Ammoniak das Magnesium als phosphorsaure Ammoniak-
magnesia gefällt. Im Filtrat dieser Fällung wird der Rest der
noch vorhandenen Phosphorsäure durch Magnesiamischung nieder-
geschlagen.

In allen Fällen werden zunächst die Niederschläge im Filter mit
dem Trichterchen in einen Trockenschrank gebracht und hier bei 100
bis 120° getrocknet. Dann gibt man Filter und Niederschlag in einen
gewogenen Platintiegel und glüht. Es empfiehlt sich, Filter und
Niederschlag getrennt zu veraschen (vgl. S. 34). Man erhält so Eisenphosphat, Kalziumoxyd und Magnesiumpyrophosphat. Die
gesamte Ausbeute an Phosphorsäure berechnet sich aus den
drei Komponenten: Eisenphosphat, Magnesiumpyrophosphat und endlich aus der mit Magnesiamischung ausgefällten Phosphorsäure, die
auch als Magnesiumpyrophosphat zur Wägung kommt.

Bei der Bestimmung des Kalziums begnügt man sich nicht mit
der Wägung des Kalziumoxyds, sondern man raucht den Kalzium-
oxydrückstand mit Schwefelsäure ab und führt dadurch das Kalziumoxyd in Kalziumsulfat über und wiegt darauf wieder.

Berechnung der Analysenresultate.

1. des Ca aus CaO und $CaSO_4$:

Beispiel: Gefunden 0,0077 Gramm CaO. Die Überführung in
$CaSO_4$ ergab 0,0186 Gramm.

$$\underbrace{CaO}_{56,09} : \underbrace{Ca}_{40,09} = 0,0077 : x; \quad x = 0,0055 \text{ Gramm Ca.}$$

$$\underbrace{CaSO_4}_{136,16} : \underbrace{Ca}_{40,09} = 0,0186 : x; \quad x = 0,0054 \text{ Gramm Ca.}$$

2. des Fe und der P_2O_5 aus dem Eisenphosphatnieder-
schlag:

Beispiel: Gefunden 0,2246 Gramm $FePO_4$.

$$\underbrace{1\,FePO_4}_{150,85} : \underbrace{Fe}_{55,85} = 0,2246 : x; \quad x = 0,0831 \text{ Gramm Fe.}$$

$$\underbrace{2\,FePO_4}_{301,70} : \underbrace{P_2O_5}_{142} = 0,2246 : x; \quad x = 0,1057 \text{ Gramm } P_2O_5.$$

3. des Mg und der P_2O_5 aus $Mg_2P_2O_7$.

Beispiel: Gefunden 0,0214 Gramm $Mg_2P_2O_7$.

$$\underbrace{Mg_2P_2O_7}_{222,64} : \underbrace{Mg_2}_{48,64} = 0,0214 : x; \quad x = 0,0047 \text{ Gramm Mg.}$$

$$\underbrace{Mg_2P_2O_1}_{222,64} : \underbrace{P_2O_5}_{142} = 0,0214 : x; \quad x = 0,0136 \text{ Gramm } P_2O_5.$$

4. der P_2O_5 aus $Mg_2P_2O_7$ (nach Fällung des Restes der Phosphorsäure mit Magnesiummixtur).

Beispiel: Gefunden 0,0420 Gramm $Mg_2P_2O_7$.

$$\underbrace{Mg_2P_2O_7}_{222,64} : \underbrace{P_2O_5}_{142} = 0,0420 : x; \quad x = 0,0268 \text{ Gramm } P_2O_5.$$

Summe der Phosphorsäure:

a) mit Eisen gefallen . . . . 0,1057 Gramm
b) mit Magnesium gefallen . . . . . 0,0136 „
c) mit Magnesiamixtur gefällte P_2O_5 . 0,0268 „

0,1461 Gramm P_2O_5.

Bestimmung des Chlors.

Bei der Veraschung wird auch hier zunächst mit Wasser ausgezogen und erst dann vollständig verascht. Die Asche wird in Salpetersäure gelöst und die Lösung mit dem wässerigen Auszug vereinigt.

Aus der salpetersauren Lösung wird dann das Chlor in der gewöhnlichen Weise durch Zusatz von Silbernitrat, solange ein Niederschlag entsteht, gefällt. Es wird dann durch ein aschefreies Filterchen filtriert. Filter und Niederschlag gibt man in einen gewogenen Porzellantiegel, erhitzt bis zum Schmelzen und wiegt wieder. Es empfiehlt sich, Filter und Niederschlag getrennt zu glühen. In diesem Falle wird letzterer mit Hilfe einer Federfahne aus dem Filter auf ein Stück Glanzpapier gekratzt und das Filterchen dann im Porzellantiegel verascht. Darauf gibt man den Niederschlag in den gleichen Tiegel. Man vermeidet so das Eintreten von Reduktion.

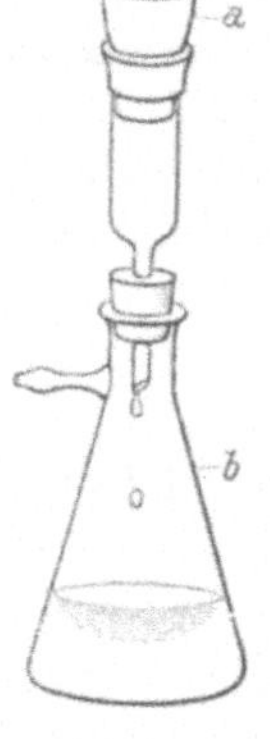

Abb. 50.
Goochtiegel mit
Saugflasche.

Mit Vorteil verwendet man einen sog. Goochtiegel (vgl. Abb. 50). Er besteht aus einem Tiegel a, dessen Boden nach Art einer Siebplatte durchlöchert ist. Er wird mit Hilfe eines Stückes Kautschukschlauches auf einem sog. Vorstoß befestigt und dieser durch den Stopfen einer Saugflasche b geführt. Jetzt gießt man in den Tiegel eine wässerige Suspension von sorgfältig gereinigtem, langfaserigem Asbest und saugt ihn mit Hilfe der Wasserstrahlpumpe fest. Auf den so gebildeten dichten Asbestfilz legt man eine Siebplatte (vgl. Abb. 13) und saugt darauf noch etwas Asbest fest. Man filtriert nun so lange Wasser durch das so gebildete Filter hindurch, bis das Filtrat ganz klar abläuft, d. h. keine Asbestflocken mehr mitführt. Dann stellt man den von der Saugvorrichtung abgenommenen Goochtiegel in einen gewöhnlichen Porzellantiegel, trocknet bei 120°, glüht ihn dann mit diesem, läßt im Exsikkator abkühlen und wiegt. Nun setzt man den Goochtiegel wieder auf die Saugflasche und filtriert den Niederschlag ab, trocknet ihn dann im gleichen

Porzellantiegel und glüht wieder. An Stelle des Porzellantiegels kann man auch ein kleines Schälchen als Unterlage wählen.

Man kann auch das Chlorsilber durch ein gewogenes Filterchen filtrieren und dann den getrockneten Chlorsilberniederschlag plus Filter direkt zur Wägung bringen.

Berechnung. Beispiel: Gefunden 0,5598 Gramm AgCl.

$$\underbrace{AgCl}_{143,34} : \underbrace{Cl}_{35,46} = 0,5598 : x; \quad x = 0,1385 \text{ Gramm Cl.}$$

Bestimmung der Alkalien.

Die Lösung der gesamten Asche, die man ohne Zusatz in der oben beschriebenen Weise darstellt, wird in eine Platinschale gegossen und auf dem Wasserbade zur Trockene eingedampft. Den Rückstand nimmt man mit Wasser auf und gibt nunmehr in einem Becherglase eine Lösung von Barytwasser hinzu, bis die Bildung eines Häutchens auftritt. Dann wird auf dem Wasserbade erwärmt und heiß filtriert. Während des Filtrierens wird der Trichter mit einem Uhrglase bedeckt, um die Anziehung von Kohlensäure zu verhindern. Das Filtrat wird jetzt mit Ammoniak und kohlensaurem Ammon gefällt. Man läßt einige Stunden stehen, filtriert dann und verdampft das Filtrat in einer Porzellanschale auf dem Wasserbade. Die Ammoniaksalze werden abgeraucht, der Rückstand mit Oxalsäure wiederholt eingedampft und schließlich geglüht. Den verbleibenden Rückstand nimmt man in wenig heißem Wasser auf, filtriert durch ein kleines Filterchen, gibt das Filtrat in eine kleine Platinschale von bekanntem Gewicht, dampft ein und glüht den Rückstand. Löst sich der verbleibende Rückstand in Wasser nicht klar auf, dann wird nochmals durch ein kleines Filter filtriert und das Filtrat nunmehr mit Salzsäure in der gleichen Platinschale wieder eingedampft. Es hinterbleiben dann die Chloralkalien. Diese werden gewogen. Man kennt dann die Gesamtsumme von Chlorkalium und Chlornatrium.

Nun wird das Chlorkalium in der schon früher angegebenen Weise (vgl. S. 24) mit Hilfe von Platinchlorwasserstoffsäure unter Anwendung von Alkohol abgetrennt. Man bringt dann das ausgefallene Kaliumplatinchlorid zur Wägung und berechnet daraus die Menge des vorhandenen Kaliums. Man kann dann sehr leicht durch Abzug des KCl-Wertes von der bekannten Summe von Chlorkalium plus Chlornatrium den Gehalt an Chlornatrium und daraus den Natriumgehalt feststellen.

Berechnung der Analysenresultate.

Beispiel: Die Summe der Chloralkalien betrage 0,3656 Gramm. Hieraus seien 0,0564 Gramm K_2PtCl_6 erhalten worden.

$$\underbrace{K_2PtCl_6}_{485,96} : \underbrace{K_2}_{78,20} = 0,0564 : x.$$

$$485,96 : 78,20 = 0,0564 : x. \quad x = 0,0093 \text{ Gramm K.}$$

$$\underbrace{K_2PtCl_6} : \underbrace{2\,KCl} = 0,0564 : x.$$
$$485,96 : 149,12 = 0,0564 : x. \qquad x = 0,0172 \text{ Gramm KCl.}$$

$$\begin{array}{l} 0,3656 \text{ Gramm KCl} + \text{NaCl} \\ \underline{0,0172 \text{ Gramm KCl}} \\ 0,3484 \text{ Gramm NaCl.} \end{array}$$

$$\text{NaCl}\,(58,46) : \text{Na}\,(23) = 0,3484 : x.$$
$$x = 0,1371 \text{ Gramm Na.}$$

b) Veraschung auf nassem Wege
(Verfahren von Neumann).

Die Veraschung mit Hilfe des sog. Säuregemisches muß in einem gut ziehenden Abzug vorgenommen werden. Das Säuregemisch besteht aus gleichen Teilen konzentrierter Schwefelsäure und Salpetersäure vom spez. Gewicht 1,4. Die Veraschung nimmt man in einem Rundkolben a (Abb. 51) aus Jenaer Glas vor. Diesen stellt man in schiefer Lage auf ein Baboblech und läßt das Säuregemisch aus einem Tropftrichter b allmählich in ihn einfließen. Der Rundkolben soll einen Inhalt von etwa $^3/_4$ Liter haben.

Man gibt zunächst die Substanz in den Rundkolben hinein. Sie braucht nicht trockenzu sein. Man kann auch Flüssigkeiten, z. B. Harn, direkt veraschen. Dann fügt man 5—10 ccm des Säuregemisches hinzu und erwärmt mit kleiner Flamme. Sobald die Entwicklung der braunroten Dämpfe nachläßt, gibt man aus dem Tropftrichter tropfenweise weiteres Säuregemisch hinzu, und zwar etwa 5 ccm, und fährt damit fort, bis ein Nachlassen der Reaktion eintritt, d. h. bis die Bildung der braunroten Dämpfe abzunehmen beginnt. Man überzeugt sich davon, daß die Verbrennung beendigt ist, indem man das Zufließen des Säuregemisches für einige Zeit unterbricht, weiter kocht und dann beobachtet, nachdem die braunen Dämpfe verschwunden sind, ob die Flüssigkeit im Kolben dunkel gefärbt ist oder sich gar noch schwärzt. Ist das der Fall, dann

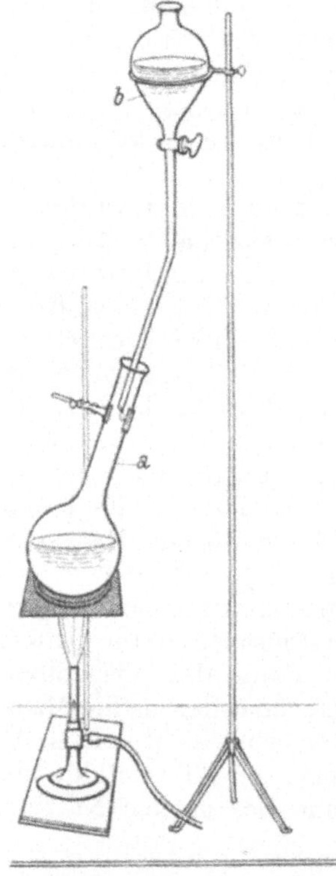

Abb. 51.
Veraschung nach Neumann.

muß man von neuem Säuregemisch hinzugeben, weiter kochen und nach einiger Zeit wiederum unterbrechen, um das Aussehen der Flüssigkeit feststellen zu können. Ist die Flüssigkeit schließlich gelb oder ganz farblos, und tritt nach weiterem, etwa 10 Minuten lang dauerndem Erhitzen keine Dunkelfärbung und auch keine Gasentwicklung mehr ein, dann ist die Veraschung vollständig beendigt. Jetzt fügt man zu der Flüssigkeit etwa dreimal soviel Wasser hinzu, als man Säuregemisch verbraucht hat, und kocht 5—10 Minuten. Hierbei entweichen braune Dämpfe, die von der Zersetzung der entstandenen Nitrosylschwefelsäure herrühren.

Bestimmung der Alkalien, des Chlors, des Eisens, des Kalziums, des Magnesiums und der Phosphorsäure nach Veraschung auf nassem Wege.

Bestimmung der Alkalien.

Es wird zunächst die Aschenlösung in einer Platinschale eingedampft, dann die Schwefelsäure durch vorsichtiges Erhitzen zum größten Teil abgeraucht. Nun nimmt man den Rückstand in Wasser auf, kocht, gibt Chlorbariumlösung hinzu, solange ein Niederschlag entsteht, und dann Barytwasser bis zur stark alkalischen Reaktion. Jetzt filtriert man bei bedecktem Trichter. Der Niederschlag wird sorgfältig ausgewaschen und das Filtrat dann genau so weiter verarbeitet, wie es oben bei der trockenen Veraschung beschrieben worden ist (vgl. S. 35).

Bestimmung des Chlors.

Bei der Veraschung mit dem Säuregemisch wird das in der Lösung vorhandene Chlor quantitativ ausgetrieben. Man muß, um auf diesem Wege das Chlor bestimmen zu können, die entweichenden Dämpfe in eine Silbernitratlösung einleiten. Es fällt dann Chlorsilber aus. Die Ausführung der Bestimmung ist eine ziemlich komplizierte. Es ist deshalb im allgemeinen die Bestimmung des Chlors auf dem Wege der trockenen Veraschung vorzuziehen. Es sei auf diese verwiesen (S. 34).

Bestimmung des Eisens.

Der Eisengehalt wird titrimetrisch festgestellt. Das Prinzip der Methode ist das folgende: Man erzeugt in der Aschenlösung einen Niederschlag von Zinkammoniumphosphat. Dieser reißt alles Eisen quantitativ mit. Das so abgetrennte Eisenoxyd macht nach dem Lösen in Salzsäure aus Jodkalium äquivalente Mengen Jod frei, die dann nach Stärkezusatz mit einer Thiosulfatlösung von bekanntem Gehalt bestimmt werden. Es sind folgende Lösungen erforderlich:

1. Eisenchloridlösung. Sie muß 2 mg Eisen in 10 ccm enthalten. Sie wird hergestellt, indem man genau 20 ccm einer Eisenchloridlösung[1]), die 10 Gramm Eisen im Liter enthält, in einen

---

[1]) Diese bereitet man sich nach Fresenius, wie folgt: 10,04 Gramm blankgeputzter dünner, weicher Eisendraht — entsprechend 10 Gramm reinem Eisen —

Litermaßkolben gibt, dann 2 ccm konzentrierter Salzsäure zusetzt und mit Wasser genau bis zur Marke auffüllt. Man kann die Lösung lange unverändert aufbewahren. Am besten wählt man dazu eine Flasche mit brauner Farbe.

2. Eine Thiosulfatlösung. Es werden 40 Gramm Natriumthiosulfat in etwa 1 Liter Wasser gelöst. Die Lösung wird gleichfalls in einer braunen Flasche aufbewahrt. Von dieser Lösung verdünnt man einen Teil unmittelbar vor dem Gebrauch um das 40fache.

3. Eine Stärkelösung. Es wird in $^1/_2$ Liter kochenden Wassers 1 Gramm lösliche Stärke aufgelöst. Man kocht dann noch weitere 10 Minuten.

4. Endlich braucht man sog. Zinkreagens. Etwa 25 Gramm Zinksulfat und ca. 100 Gramm Natriumphosphat werden jedes für sich in Wasser gelöst und die Lösungen in einem Litermaßkolben vereinigt. Der sich bildende Niederschlag von Zinkphosphat wird durch Zusatz von verdünnter Schwefelsäure gerade in Lösung gebracht und dann auf 1 Liter aufgefüllt.

Alle Reagenzien müssen selbstverständlich frei von Eisen sein.

Zunächst wird nun die Thiosulfatlösung eingestellt. Es werden 10 ccm Eisenchloridlösung in einem Kolben mit etwas Wasser, einigen Kubikzentimetern Stärkelösung und etwa 1 Gramm Jodkalium versetzt. Dann wird auf 50—60° erwärmt und mittels der Thiosulfatlösung titriert, bis die blaue Farbe über Rotviolett gerade verschwunden ist. Die Lösung muß mindestens 5 Minuten farblos bleiben. Färbt sie sich wieder violett, dann muß noch etwas von der Thiosulfatlösung zugegeben werden. Die verbrauchten Kubikzentimeter der Thiosulfatlösung entsprechen bei Anwendung der obengenannten Eisenchloridlösung gerade 2 mg Eisen.

Jetzt beginnt man die Bestimmung des Eisengehaltes in der Aschenlösung. Zunächst wird das Eisen ausgefällt. Man verdünnt die Aschenlösung und kocht sie dann etwa 10 Minuten, kühlt ab und gibt jetzt 20 ccm des Zinkreagenses hinzu. Nun versetzt man unter guter Abkühlung so lange mit Ammoniak, bis der weiße Niederschlag von Zinkphosphat gerade bestehen bleibt. Bis zur annähernden Neutralisation setzt man konzentriertes Ammoniak, dann aber stärker verdünntes zu. Jetzt gibt man aber etwas mehr Ammoniak hinzu, bis der weiße Niederschlag gerade verschwunden ist[1]. Dann wird auf dem Baboblech bis zum Sieden erhitzt. Sobald sich kristallinische Trübung zeigt, erhitzt man noch etwa 10 Minuten. Man muß hierbei vorsichtig sein, weil die Flüssigkeit oft zu stoßen beginnt.

---

werden in einem schiefliegenden langhalsigen Kolben in Salzsäure gelöst. Die Lösung wird mit chlorsaurem Kali oxydiert und der Überschuß an Chlor durch gelindes Kochen vollständig entfernt. Nun wird die Lösung in einem Maßkolben genau auf 1 Liter verdünnt.

[1] Sind reichlich Erdalkaliphosphate vorhanden, dann bleibt der Niederschlag bestehen. In diesem Falle muß man die Reaktion mit Hilfe von Lackmuspapier kontrollieren.

Der kristallinische Niederschlag kann leicht von der Flüssigkeit durch Dekantieren abgetrennt werden. Man gießt von der heißen Flüssigkeit etwas durch ein Filter von etwa 4 cm Durchmesser und prüft eine kleine Probe mit Salzsäure und Rhodankalium. Es darf keine Rotfärbung eintreten. War jedoch eine solche aufgetreten, dann muß man das Filtrierte wieder in den Kolben zurückgeben und von neuem kochen. Dann prüft man wieder. Bei negativem Ausfall der Probe wird der Niederschlag im Kolben etwa dreimal durch Dekantieren mit heißem Wasser gewaschen. Das letzte Waschwasser darf, wenn man zu etwa 5 ccm davon einige Kristalle von Jodkalium, ferner Stärkelösung und einen Tropfen Salzsäure zugibt, keine oder doch nur eine äußerst schwache Violettfärbung geben.

Jetzt wird der Trichter mit dem Filter, den man zum Abfiltrieren der Probe benutzt hat, .auf den Kolben gesetzt und der Filterrückstand in verdünnter heißer Salzsäure gelöst und dann mit heißem Wasser wiederholt nachgespült. Eine Probe des letzten Waschwassers darf mit Rhodankalium keine Eisenreaktion mehr geben. Ebenso muß das Filter eisenfrei sein. Nun ist alles Eisen in salzsaurer Lösung im Kolben enthalten. Der Kolbeninhalt wird zunächst mit verdünntem Ammoniak neutralisiert, bis gerade wieder der weiße Zinkniederschlag erscheint, und dieser dann durch tropfenweisen Zusatz von verdünnter Salzsäure wieder gelöst. Die Lösung läßt man sich auf etwa 50—60° abkühlen, und nun wird genau so, wie es oben für die Titerstellung der Thiosulfatlösung angegeben worden ist, mit dieser titriert.

Die Berechnung des Eisengehaltes ist sehr einfach. Wurde z. B. bei der Titerstellung festgestellt, daß 10 ccm Eisenchloridlösung = 2 mg Eisen 9,2 ccm Thiosulfatlösung erforderten, und brauchte man bei der Hauptitration 18,4 ccm der Thiosulfatlösung, dann berechnet sich der Eisengehalt nach der Proportion: $9,2 : 2 = 18,4 : x$; $x = 4$ mg Eisen.

Bestimmung des Kalkes.

Die Aschenlösung wird nach dem Erkalten abgekühlt und mit etwas Wasser verdünnt, kurz aufgekocht und dann in ein Becherglas oder in einen Erlenmeyer-Kolben übergeführt. Der Kolben wird einmal mit Wasser nachgespült, dann gibt man unter Umrühren das 4—5fache Volumen an Alkohol hinzu. Man benutzt den Alkohol auch zum weiteren Ausspülen des Kolbens. Dann wird auf dem Wasserbade erwärmt, bis der Niederschlag von Kalziumsulfat sich flockig abzusetzen beginnt. Nach etwa 12 Stunden wird durch ein aschefreies Filterchen filtriert. Man wäscht mit 80—90 prozentigem Alkohol nach und verascht im gewogenen Platintiegel, oder man sammelt den Niederschlag auf einem gewogenen Filter und wiegt dann Filter plus Niederschlag nach erfolgtem Trocknen bei 120° bis zur Gewichtskonstanz.

Bestimmung des Magnesiums.

Die Aschenlösung wird zunächst durch Eindampfen und Abrauchen vom größten Teil der Schwefelsäure befreit, dann gibt man zum Rückstand Wasser und Ammoniak hinzu. Nach erfolgter Übersättigung tritt meist schon eine Fällung von Ammoniummagnesiumphosphat ein. Enthält die Flüssigkeit nicht genug Phosphorsäure, dann setzt man Natriumphosphatlösung zu. Nach 12 stündigem Stehen wird abfiltriert, mit 2,5 prozentiger Ammoniaklösung gewaschen, dann getrocknet und verascht, und zwar wird zuerst das Filterchen, das aschenfrei sein muß, für sich in den Porzellantiegel hineingegeben und verascht. Erst dann gibt man den Niederschlag in den Tiegel (vgl. hierzu S. 34). Zuletzt fügt man noch einige Tropfen verdünnter Salpetersäure hinzu, trocknet, glüht abermals und wägt nun das Magnesiumpyrophosphat. Dieses muß rein weiß sein.

Bestimmung der Phosphorsäure.

Es sind folgende Lösungen erforderlich: 1. Eine 50 prozentige Ammonnitratlösung, 2. eine 10 prozentige, in der Kälte hergestellte, filtrierte Ammonmolybdatlösung, 3. $^1/_2$ n-Natronlauge und $^1/_2$ n-Schwefelsäure, endlich eine 1 prozentige, alkoholische Phenolphthaleinlösung.

Bei der Durchführung der Veraschung mit dem Säuregemisch müssen hier einige Modifikationen eintreten. Einmal darf zur Veraschung nicht mehr als 40 ccm des Säuregemisches gebraucht werden. Ist die Veraschung beendigt, dann fügt man ungefähr 140 ccm Wasser hinzu, so daß man schließlich 150—160 ccm Flüssigkeit hat. Nun gibt man 50 ccm 50 prozentiges Ammoniumnitrat hinzu und erhitzt auf 70—80°, d. h. bis gerade Blasen aufzusteigen beginnen. Darauf werden 40 ccm Ammoniummolybdatlösung zugesetzt. Der entstandene Niederschlag von phospormolybdänsaurem Ammoniak wird durchgeschüttelt. Er scheidet sich hierbei körnig ab. Man läßt dann 15 Minuten stehen. Das Filtrieren und Auswaschen erfolgt durch Dekantieren. Man bringt den Kolben am besten auf ein Baboblech und läßt durch vorsichtiges Neigen die Flüssigkeit auf ein aschefreies Faltenfilterchen fließen. Dies hat man vorher gedichtet, indem man durch Aufgießen von eiskaltem Wasser die Poren möglichst zusammenzieht. Man reguliert den Zufluß so, daß das Filterchen niemals ganz leer läuft. Das Filter selbst füllt man höchstens bis zu zwei Drittel an. Nachdem die Flüssigkeit vollständig durchgegossen ist, wobei sehr wenig von dem Niederschlag auf den Filter kommen soll, wird der Niederschlag mit 150 ccm eiskaltem Wasser versetzt. Beim Eingießen des Wassers werden gleichzeitig die Kolbenwände abgespült. Man schüttelt kräftig durch und läßt den Niederschlag sich wieder absetzen. Es wird wieder filtriert und das Dekantieren noch zwei- bis dreimal wiederholt. Waschwasser und Filterchen dürfen gegen Lackmuspapier nicht mehr sauer reagieren. Nunmehr gibt man das ausgewaschene Filter in den Kolben zu der Hauptmenge der Fällung, fügt 150 ccm Wasser hinzu und verteilt das Filter durch heftiges Schütteln über die ganze Flüssigkeit. Jetzt löst man den gelben Niederschlag, indem man aus einer Bürette gemessene Mengen einer $^1/_2$ n-Natronlauge hinzufließen läßt. Es wird hierbei nicht erwärmt. Nachdem eben eine farblose Flüssigkeit entstanden ist, hört man mit dem Zusatz auf. Dann gibt man noch einen Überschuß von 5 bis 6 ccm $^1/_2$ n-Natronlauge hinzu und kocht die Flüssigkeit etwa 15 Minuten lang. In dieser Zeit sind gewöhnlich die Ammoniakdämpfe mit den Wasserdämpfen vollständig verflüchtigt. Man prüfe die Wasserdämpfe durch Hineinhalten eines feuchten roten Lackmuspapieres. Wird dieses noch blau gefärbt, dann muß das Kochen weiter fortgesetzt werden. Nach dem völligen Abkühlen unter der Wasserleitung und nach Ergänzung der Flüssigkeitsmenge auf etwa 150 ccm setzt man 6—8 Tropfen Phenolphthaleinlösung hinzu und titriert dann den Überschuß an Alkali durch $^1/_2$ n-Schwefelsäure zurück. Die Berechnung ist eine außerordentlich einfache. Die Anzahl der zugefügten Kubikzentimeter $^1/_2$ n-Natronlauge minus der verbrauchten Kubikzentimeter $^1/_2$ n-Schwefelsäure geben mit 1,268 multipliziert die Menge P_2O_5 in Milligrammen oder mit 0,554 multipliziert die Menge Phosphor in Milligrammen.

Maßanalyse.

Bei der Gewichtsanalyse haben wir die Reagenzien, die z. B. zum Ausfällen dienen, stets in einem Überschusse angewandt. Es kam in erster Linie darauf an, den Stoff, den man nachweisen wollte, quantitativ zur Abscheidung zu bringen. Ein Überschuß muß nur dann möglichst vermieden werden, wenn die betreffende Fällung im Fällungsmittel löslich ist.

Bei der Maßanalyse gehen wir im Gegensatz dazu stets von Reagenzien mit genau bestimmtem Gehalte aus. Wir ermitteln dann, wieviel wir von diesen brauchen, um eine bestimmte Reaktion gerade durchzuführen. Um diesen Punkt zu erkennen, müssen wir bestimmte Erkennungszeichen haben. Bei manchen Reaktionen wird das Ende durch einen Farbenwechsel oder durch das Auftreten oder Verschwinden eines Niederschlages exakt angezeigt. Bei Zusatz von Permanganatlösung zu einer Eisenoxydullösung z. B. wird die rote Farbe des Permanganats ganz plötzlich bestehen bleiben. Es ist dies dann der Fall, wenn das Eisenoxydul oxydiert worden ist. Gibt man zu salpetersaurem Silber eine Kochsalzlösung von genau bekanntem Gehalt, dann kann man, wenn die Fällung sorgfältig vollzogen und das Fällungsmittel aus einer Bürette zugefügt wird, genau erkennen, wann gerade noch ein Tropfen der Kochsalzlösung in der salpetersauren Silberlösung eine Fällung erzeugt. Liest man die angewandte Zahl von Kubikzentimetern der Kochsalzlösung genau ab, dann läßt sich auf sehr einfache Weise berechnen, wieviel Silber in der Lösung vorhanden ist. Wir haben drei solche maßanalytische Bestimmungen bereits kennengelernt. Vgl. S. 37, 40.

In den meisten Fällen muß man, um den Endpunkt ·einer Reaktion zu erkennen, eine besondere Substanz, einen sog. Indikator, hinzusetzen. Geben wir z. B. Lackmustinktur zu einer Säure, dann färbt sich die Lösung rot. Die Farbe wird in dem Augenblicke in blau umschlagen, wenn durch Zusatz von Lauge die Säure neutralisiert worden ist.

Eine große Bedeutung haben die sog. Normallösungen erlangt. Diese enthalten im Liter 1 Gramm-Äquivalent, d. h. das Äquivalentgewicht des betreffenden Regenses in Grammen ausgedrückt. Wenn wir beispielsweise zu Natronlauge Salzsäure geben, dann erhalten wir eine Reaktion, die durch folgende Gleichung dargestellt wird:

$$Na(OH) + HCl = NaCl + H_2O.$$

Diese Gleichung zeigt nicht nur den qualitativen Verlauf der Reaktion an, sondern gleichzeitig auch die Mengenverhältnisse, in denen diese Verbindungen reagieren. Wir können an Stelle der Verbindungen die Molekulargewichte eintragen.

$$+ Na(OH) + HCl = NaCl + H_2O.$$

$$\underbrace{23\ 16\ 1}_{40} \quad \underbrace{1 + 35{,}45}_{36{,}45} \quad \underbrace{58{,}45 + 18}_{76{,}45}$$

$$\underbrace{\phantom{40 \quad 36{,}45}}_{76{,}45}$$

Wir bezeichnen die Mengen einer Verbindung bzw. eines Ions, die mit bestimmten Mengen einer zweiten Verbindung bzw. Ions in Reaktion treten, als chemisch gleichwertig oder äquivalent. Verbinden sich Wasserstoff und Chlor, dann tritt ein Atom Chlor mit einem Atom Wasserstoff in Reaktion. In diesem Fall ist ein Atom Wasserstoff einem Atom Chlor äquivalent. Setzen sich Salzsäure und Natriumhydroxyd um, dann tritt ein Molekül HCl mit einem Molekül Na(OH) in Reaktion, d. h. es ist ein Molekül Salzsäure einem Molekül Natronlauge äquivalent. Die Äquivalentgewichte sind im ersteren Falle gleich den Atomgewichten und im letzteren Falle gleich den Molekulargewichten. Wenn Schwefelsäure und Natriumhydroxyd sich umsetzen, so sind, da die Schwefelsäure zweibasisch, Natriumhydroxyd dagegen nur einsäurig ist, zwei Moleküle Natronlauge einem Molekül Schwefelsäure äquivalent, d. h. das Äquivalentgewicht der Schwefelsäure ist, auf ein Molekül Natronlauge bezogen, halb so groß als das Molekulargewicht. Wenn wir endlich Phosphorsäure mit Natronlauge neutralisieren wollen, dann brauchen wir drei Moleküle von dieser. Das Äquivalentgewicht der Phosphorsäure ist somit gleich einem Drittel ihres Molekulargewichtes, immer bezogen auf ein Molekül Natronlauge. Gehen wir von Bariumhydroxyd aus, so sind für ein Molekül dieser Base zwei Moleküle einer einbasischen Säure zur Neutralisation erforderlich. Das Äquivalentgewicht vom Bariumhydroxyd ist somit halb so groß als das Molekulargewicht, unter der Voraussetzung, daß man eine einbasische Säure als Ausgangspunkt wählt.

Viel übersichtlicher werden die Verhältnisse, wenn wir als Grundlage die Theorie der Lösungen wählen. Die Lehre von der elektrolytischen Dissoziation sagt aus, daß Säuren dadurch charakterisiert sind, daß ihre Lösungen freie Wasserstoffionen enthalten, Basen dagegen geben OH-Ionen ab. Vergleiche die folgenden Formeln:

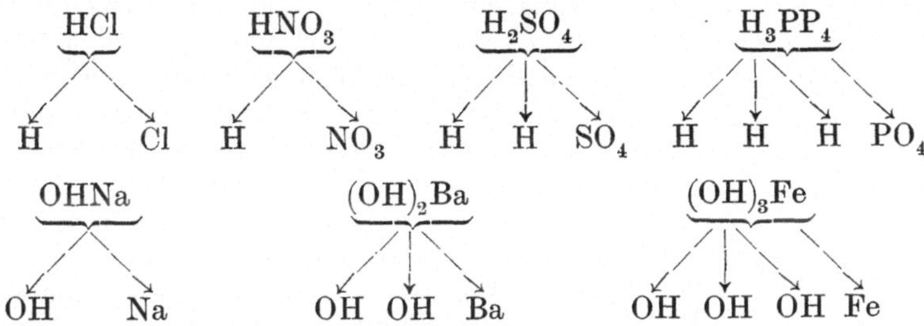

Salze sind dadurch charakterisiert, daß sie weder Wasserstoffionen noch Hydroxylionen abzuspalten vermögen. Wenn wir auf Salzsäure, Schwefelsäure oder Phosphorsäure Natronlauge einwirken lassen, dann können wir an Hand der folgenden Gleichung leicht feststellen, daß stets dieselbe Reaktion abläuft.

$$HCl + Na(OH) = NaCl + H_2O,$$
$$H_2SO_4 + (Na(OH))_2 = Na_2SO_4 + 2\,H_2O,$$
$$H_3PO_4 + (Na(OH))_3 = Na_3PO_4 + 3\,H_2O,$$

oder moderner dargestellt:

$$H^+ + Cl^- + Na^+ + OH^- = Na^+ + Cl^- + H_2O \quad \text{usw.}$$

Die Gleichungen reduzieren sich, da einzelne Teile, wie Cl^-, Na^+, auf beiden Seiten unverändert wieder erscheinen, auf:

$$H^+ + OH^- = H_2O.$$

Stets vereinigen sich Wasserstoffionen und Hydroxylionen. Wir können von diesem Gesichtspunkt aus eine Normallösung auffassen, als eine Lösung, die im Liter eine ganz bestimmte Wasserstoffionen- bzw. Hydroxylionenkonzentration aufweist.

Die Benutzung der Normallösungen ergibt eine sehr einfache Berechnungsweise. Nach der gegebenen Definition enthält z. B. Normalzalzsäure in einem Liter 36,45 Gramm HCl, die Normalnatronlauge 40 Gramm NaOH im Liter. Nach der Gleichung $HCl + NaOH = NaCl + H_2O$ entsprechen 40 Gramm NaOH genau 36,45 Gramm HCl. Es muß somit je 1 ccm der normalen Salzsäure einem Kubikzentimeter der normalen Natronlauge entsprechen und auch umgekehrt. Hat man z. B. mit einer Normalsalzsäure eine Natronlauge von unbestimmtem Gehalt unter Zusatz eines Indikators titriert und für 100 ccm derselben 90 ccm Normalsalzsäure zur Neutralisation verbraucht, so enthalten diese 100 ccm Lauge $90 \times 0,040$, d. h. 3,60 Gramm NaOH, d. h. **man multipliziert die verbrauchten Kubikzentimeter der Normallösung mit dem in Milligrammen ausgedrückten Äquivalentgewicht des zu berechnenden Körpers.**

Man überzeuge sich durch Ausführung einiger Beispiele davon, daß gleiche Volumina von Normallösungen sich genau entsprechen. Man fülle in eine Bürette Normalsalzsäure (Abb. 52) mittels eines Trichterchens ein. Dieses wird dann entfernt. Nunmehr lassen wir durch Öffnen des eingefetteten Hahns von der Normallösung etwas ausfließen, damit die Bürette bis zur Ausflußmündung mit der Lösung gefüllt ist. Jetzt lesen wir den Stand der Normallösung in der Bürette ab. Wir bringen zu diesem Zwecke den Meniskus der Flüssigkeit in Augenhöhe und stellen fest, mit welchem Teilstrich der Kalibrierung der untere Meniskus sich deckt. Die festgestellte Kubikzentimeterzahl wird aufgeschrieben. Nun gibt man in ein Erlenmeyer-Kölbchen 15 ccm Normalnatronlauge und fügt dazu ein paar Tropfen Phenolphthaleinlösung[1]). Die Flüssigkeit färbt sich rot. Nun läßt man von der Normalsalzsäure vorsichtig aus der Bürette (Abb. 52) zufließen. Sobald 15 ccm zugegeben sind, beobachtet man, daß die Flüssigkeit sich entfärbt. Bei Zusatz eines Tropfens von Normalnatronlauge aus einer zweiten Bürette tritt sofort wieder Rotfärbung auf.

Wir nehmen ferner 50 ccm $^1/_{10}$ n-Natronlauge. Diese enthält in einem Liter 4 Gramm Natronlauge. Wir brauchen in diesem Falle 5 ccm der Normalsalzsäure, um vollständige Neutralisation herbeizuführen.

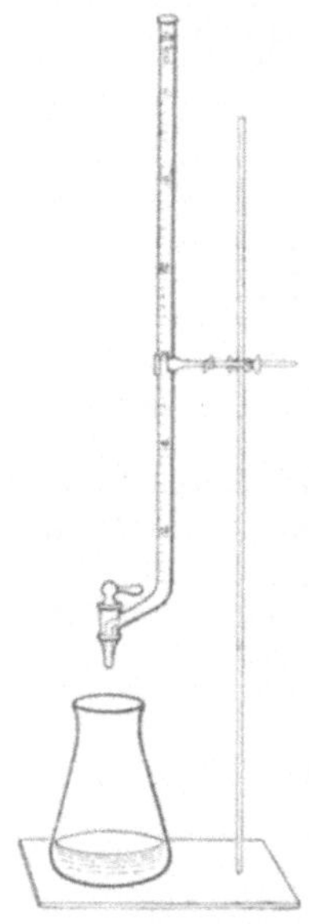

Abb. 52.
Titration mit einer Normallösung.

Eine andere Bürette füllen wir mit Normalnatronlauge. In ein Erlenmeyer-Kölbchen geben wir 30 ccm Normalsalzsäure, 1—2 Tropfen Methylorange als Indikator und lassen nun aus der Bürette (Abb. 52) Normalnatronlauge zutropfen, bis die Übergangsfarbe des Indikators sich zeigt. Wir brauchen 30 ccm der Normalsalzsäure, um 30 ccm Normalnatronlauge zu neutralisieren. Haben wir etwas zuviel Normallauge bzw. Normalsäure hinzugefügt, dann können wir durch Zusatz von Normalsäure bzw. Normallauge wieder zurücktitrieren.

Ein Beispiel möge die Titration einer Lauge erläutern. Wir lesen den Stand der Normallösungen in beiden Büretten ab. Die n-Säure-Bürette zeige einen Stand von 1,5 ccm. Nach erfolgter Titration betrage der Stand 46,5 ccm. Somit sind 45,0 ccm zugesetzt worden.

---

[1]) 1 Gramm Phenolphthalein in 100 Gramm verdünnten Weingeistes gelöst.

Die n-Lauge-Bürette weise beim Beginn des Versuches den Stand 0 ccm auf. Zum Zurücktitrieren seien 0,8 ccm gebraucht worden. Diese 0,8 ccm müssen wir von den 45,0 ccm n-Säure-Lösung abziehen. Es waren somit zur Neutralisation 44,2 ccm notwendig. Somit haben wir das in Milligrammen ausgedrückte Äquivalentgewicht der gesuchten Lauge mit 44,2 zu multiplizieren.

Haben wir eine beliebige Lösung von Lauge, deren Gehalt uns unbekannt ist, so können wir, wie schon oben erwähnt, sehr einfach unter Anwendung von Normalsäure den Gehalt an ihr feststellen. Zuerst wird das Volumen der Lauge, z. B. von Natronlauge, genau abgemessen, indem man sie in einen Maßkolben überführt und dann mit destilliertem Wasser auf ein bestimmtes Volumen auffüllt. Dann nehmen wir 10 ccm dieser Lösung, geben Methylorange oder einen anderen Indikator, z. B. alizarinsulfosaures Natrium, zu und lassen nun aus einer Bürette Normalsalzsäure zufließen, bis die Übergangsfarbe des Indikators sich zeigt. Wir wollen annehmen, daß wir 22,7 ccm Normalsalzsäure gebraucht haben. In 1000 ccm Normalsalzsäure sind 36,45 Gramm Salzsäure enthalten. Diese können 40 Gramm Natronlauge = 1000 ccm Normalnatronlauge neutralisieren. 1 ccm der Normalsäure entspricht somit 0,04 Gramm $Na(OH)$ und 22,7 ccm Säure folglich $22{,}7 \times 0{,}04 = 0{,}908$ Gramm. Die angewandten 10 ccm Lauge enthalten somit 0,908 Gramm $Na(OH)$.

Chlorbestimmung nach Volhard.

Wir benötigen dazu die folgenden Lösungen: 1. eine $^1/_{10}$-n-Rhodanammonlösung. 2. eine $^1/_{10}$-n-Silbernitratlösung und 3. eine Eisenalaunlösung. Diese dient als Indikator. Zu der zu untersuchenden Cl-Ion enthaltenden Lösung fügen wir halogenfreie Salpetersäure und einige Tropfen der Eisenalaunlösung. Eine Bürette beschicken wir mit der $^1/_{10}$-n-Rhodanammonlösung und eine mit der $^1/_{10}$-n-Silbernitratlösung. Den Stand beider Büretten haben wir aufgeschrieben. Jetzt lassen wir von der $^1/_{10}$-n-Silbernitratlösung so viel zufließen. daß sicher alle Cl-Ionen gefällt sind. Wir haben nunmehr in der Lösung: AgCl als Niederschlag, überschüssige, zuviel zugesetzte Ag-Ionen und Eisenionen. Jetzt lassen wir von der $^1/_{10}$-n-Rhodanammonlösung zufließen. Da wo die Tropfen hinfallen, entsteht sofort eine rote Färbung von Rhodaneisen $Fe_2(CNS)_6$. Schütteln wir um, dann verschwindet die rote Färbung. Es bildet sich ein weißer Niederschlag von Silberrhodanid, AgCNS. Dieser Vorgang vollzieht sich so lange, als freie Ag-Ionen in der Lösung vorhanden sind. In dem Augenblick, in dem das nicht mehr der Fall ist, bleibt die durch das Eisenrhodanid bewirkte rote Färbung bestehen. Es ist dies das Signal dafür, daß alle zuviel zugesetzten Ag-Ionen zurücktitriert sind.

Nehmen wir an, die $^1/_{10}$-n-Silbernitrat enthaltende Bürette hätte beim Beginn der Titration den Stand 12,8 ccm gehabt. Es sei der Stand nach erfolgtem Zusatz der $AgNO_3$-Lösung 42,0 ccm. Somit wären 29,2 ccm zugesetzt worden.

Der Stand der die Rhodanammonlösung enthaltenden Bürette sei 0 ccm gewesen. Zum Zurücktitrieren waren 3,2 ccm notwendig. Wir müssen somit von der 29,2 ccm $^1/_{10}$-n-AgNO$_3$-Lösung die zuviel verwendeten 3,2 ccm abziehen. Es verbleiben 26,0 ccm. Die Berechnung des Chlorgehaltes ist nun sehr einfach. Da wir $^1/_{10}$-n-Lösungen angewandt haben, multiplizieren wir das in Zehntel-Milligramm ausgedrückte Äquivalentgewicht des Chlors = 0,003545 mit 26,0. (Vgl. auch die Kjeldahl-Stickstoffbestimmung.)

Qualitative Mikroanalyse.

Mikrochemischer Nachweis von Kalium (nach Macallum).

Zum Nachweis geringster Spuren von Kalium ist ganz besonders das sog. Kobaltreagens, Kobaltnatriumhexanitrit, CoNa$_3$(NO$_2$)$_6$ geeignet. Dieses wird bereitet, indem man 20 Gramm Kobaltnitrit und 25 Gramm reines Natriumnitrit in 75 ccm verdünnter Essigsäure (10 ccm Essigsäure auf 75 ccm Wasser verdünnt) löst. Es findet bei der Vermischung der genannten Substanzen eine lebhafte Entwicklung von Stickstoffperoxyd statt. Tritt eine Abscheidung auf, so wird abfiltriert, das Filtrat auf 100 ccm aufgefüllt und in einer mit einem Glasstopfen gut verschließbaren Flasche am besten im Eisschrank aufbewahrt.

Gibt man eine geringe Menge des Kobaltreagenses zu einer Kaliumlösung, so entsteht sogleich ein orangegelber Niederschlag von dodekaëdrischen Kristallen. Sie sind in kaltem Wasser und in 80 prozentigem Alkohol sehr wenig löslich. Ist nur sehr wenig Kalium vorhanden, dann erhält man beim Zusatz des Reagenses keine Fällung, sondern höchstens eine gelbe Färbung. Um auch in diesem Falle die Anwesenheit der Kobaltkaliumverbindung nachzuweisen, wendet man eine Lösung von saurem Ammoniumsulfid, (NH$_4$)HS, (1 Teil Sulfidreagens und 1 Teil Wasser) an. Das Kobalt wird augenblicklich unter Bildung von schwarzem Kobaltsulfid ausgefällt. Die Ammoniumsulfidlösung bereitet man durch Einleiten von Schwefelwasserstoff, den man durch eine Waschflasche, die Wasser enthält, geschickt hat, in eine Ammoniaklösung (von der Dichte 0,96). Es wird so lange eingeleitet, bis der Ammoniakgeruch verschwunden ist und Geruch nach Schwefelwasserstoff auftritt.

Wir stellen uns nunmehr mit dem Gefriermikrotom mehrere Schnitte durch Lebergewebe dar. Diese bringen wir einzeln auf einen Objektträger und bedecken sie mit dem Kobaltreagens. Nach einer Stunde gießen wir das Reagens ab, entfernen den letzten Rest mit Hilfe von Filtrierpapier, geben dann Wasser hinzu, lassen es, soweit wie möglich, abtropfen und nehmen den letzten Rest auch mit Hilfe von Fließpapier weg. Nun läßt man die Ammoniumsulfidlösung einwirken. Wir nehmen von ihr etwas und geben dazu das gleiche Volumen reinen Glyzerins, das wir mit einem Volumen Wasser verdünnt haben. Nun bedecken wir das Präparat mit einem Deckglas und betrachten unter dem Mikroskop, an welchen Stellen Kobaltsulfid entstanden ist.

Sehr hübsche Präparate erhält man auch, wenn man einzellige Lebewesen wählt, wie z. B. Hefezellen. Zu diesen setzt man etwa 2 Volumina des Kobaltreagenses, läßt es eine Stunde einwirken und zentrifugiert dann die Zellen ab. Das Reagens wird abgegossen, Wasser auf die Zellen gegeben und wiederum zentrifugiert. Auf diese Weise werden die Zellen gewaschen. Dann bringt man sie auf einen Objektträger und behandelt sie mit der Glyzerin-Ammoniumsulfidmischung.

Mikrochemischer Nachweis von Eisen in Geweben.

Wir wählen zum Nachweis von Eisen Lebergewebe. Dieses Organ wird in kleine Stücke zerschnitten, die nicht mehr als 5 mm Durchmesser haben dürfen. Sie werden sofort in absoluten Alkohol gelegt. Nach 24 Stunden wird der Alkohol durch frischen ersetzt und dies am Ende des zweiten Tages wiederholt. Die Behandlung mit Alkohol darf auf keinen Fall weniger als 48 Stunden dauern. Selbstverständlich müssen alle Instrumente, Gefäße und Lösungen, die man anwendet, vollständig frei von Eisen sein. Ist das Gewebe genügend gehärtet, so bringt man es eine halbe Stunde lang in völlig reines, destilliertes Wasser und stellt dann mit dem Gefriermikrotom Schnitte her. Man bedient sich hierbei mit Vorteil flüssiger Kohlensäure als Gefriermittel. Die Dicke der Schnitte darf nicht mehr als 20 μ betragen. Nun werden die Schnitte 24 Stunden lang in eine frisch bereitete 0,5 prozentige wässerige Lösung von Hämatoxylin gebracht. Die braungelbe Farbe, die das Gewebe annimmt, kann teilweise durch Auswaschen mit destilliertem Wasser beseitigt werden. Am besten legt man die Schnitte in absoluten Alkohol und gibt dann das gleiche Volumen Äther hinzu. Nach 2 Stunden ist das unangegriffen gebliebene Hämatoxylin zumeist vollständig entfernt. Das Gewebe ist nun nur noch ganz leicht braungelb gefärbt. Man kann noch mit Eosin oder Safranin nachfärben. Dann werden die Schnitte durch absoluten Alkohol von Wasser befreit, mit Xylol behandelt und dann in Benzol eingebettet. Unter dem Mikroskop sieht man überall da, wo anorganisches Eisen vorkommt, sei es in Form eines Oxyds oder als Phosphat oder locker an Eiweiß gebunden, die blauen oder blauschwarzen Flecken des Eisenhämatoxylins.

Zum Nachweis von organisch gebundenem Eisen verwendet man die folgende Methode. Man stellt ebenfalls wieder Schnitte von Gewebe dar und bewahrt sie in Alkohol auf. Man überträgt sie dann auf einen Objektträger und gibt mit Hilfe einer Gänsekielspitze einen Tropfen verdünnten Glyzerins hinzu. Nun wird der Schnitt unter dem Mikroskop zerzupft, und zwar am besten mit elfenbeinernen Nadeln, um zu vermeiden, daß Eisen von außen zugeführt wird. Man gibt einen Tropfen der sauren Ammoniumsulfidlösung hinzu.

Nachdem das Glyzerin mit dem Sulfidreagens mit Hilfe eines Gänsekiels gut durchgemischt worden ist, wird das Deckglas aufgelegt, und nunmehr unter dem Mikroskop festgestellt, ob Eisenreaktion eingetreten ist. Meist wird man einige Körnchen Ferrosulfid erblicken. Nun wird das Präparat 3—8 Tage in einem Trockenschrank bei 60° belassen. Man beobachtet dann, daß der Kern der Zellen ganz allmählich eine schwache Grünfärbung annimmt. Diese Färbung nimmt von Tag zu Tag zu, bis die Kerne ganz dunkelgrün aussehen. Um zu beweisen, daß in der Tat Ferrosulfid vorliegt, läßt man unter das Deckglas etwas Wasser eindringen, um das Glyzerin und das Ammoniumsulfid wegzuwaschen. Dann bringt man einen Tropfen einer Mischung von gleichen Teilen 0,5 prozentiger Salzsäure und 1,5 prozentiger Kaliumferrizyanidlösung unter das Deckglas. Man erhält eine tiefblaue Färbung.

Quantitative Mikroanalyse.

Bestimmung kleiner Mengen von Kalzium [1]).

Es sind folgende Flüssigkeiten erforderlich:

1. $n/_{100}$-Kaliumpermanganatlösung, die gegen eine $n/_{100}$-Natriumoxalatlösung genau eingestellt ist. Die Feststellung des Titers erfolgt jedesmal vor Anstellung der Titration. Dagegen ist die $n/_{100}$-Natriumoxalatlösung, die aus einer $n/_{10}$-, 0,5 Prozent Schwefelsäure enthaltende Stammlösung hergestellt ist, lange Zeit haltbar.

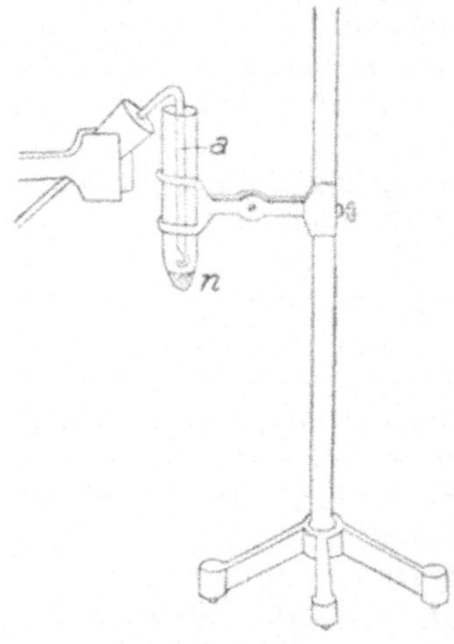

Abb. 53.

2. n-Schwefelsäurelösung.

3. 30 prozentige NH_4Cl-Lösung.

4. n-Oxalsäurelösung.

5. Gesättigte Lösung von Ammoniumazetat.

6. 2 prozentiges Ammoniak.

Es sei die Bestimmung von Ca in Serum, Plasma oder einer anderen Flüssigkeit mit sehr geringem Ca-Gehalt geschildert. Man gibt in ein etwa 12 ccm fassendes Zentrifugierröhrchen 2 ccm der zu untersuchenden Flüssigkeit, fügt je einen Tropfen von n-H_2SO_4-Lösung und einer 30 prozentigen NH_4Cl-Lösung, sowie 1 ccm n-Oxalsäurelösung und 0,5 ccm gesättigte Ammoniumazetatlösung hinzu und sorgt für gute Durchmischung. Dann läßt man 1—2 Stunden stehen. In dieser Zeit hat sich das ausgefallene Kalziumoxalat zum größten Teil am Boden des Zentrifugierröhrchens abgesetzt. Nunmehr wird 20 Minuten lang zentrifugiert. Die über-

---

[1]) Kramer und Tisdall.

stehende Flüssigkeit wird dann mit einem zu einer Kapillare aus-
gezogenen Heberchen (a), dessen Spitze nach oben umgebogen ist,
abgesaugt (vgl. Abb. 53). Den Niederschlag (n) wäscht man mit einer
2 prozentigen Ammoniaklösung. Darauf wird wieder während 15 Minuten zentrifugiert. Das Waschen und Zentrifugieren wird noch
zweimal wiederholt, dann wird die Flüssigkeit wieder abgesaugt und
der Niederschlag in 3 ccm n-H_2SO_4-Lösung auf dem Wasserbade bei
80° gelöst. Nunmehr erfolgt bei dieser Temperatur die Titration mit
$^n/_{100}$-Kaliumpermanganatlösung, bis die Rosafarbe 1 Minute bestehen
bleibt. Von der verbrauchten Kubikzentimeterzahl der Permanganatlösung werden 0,02 ccm abgezogen, da soviel Kaliumpermanganat
zur Färbung der Flüssigkeit erforderlich ist. Die Differenz ergibt die
in 10 ccm Flüssigkeit enthaltene Kalziummenge in Milligrammen an.

Kapillaranalyse.

Wir schneiden ca. 2 cm breite Filtrierpapierstreifen b (Schleicher
& Schüll, Düren [Rheinland], Sorte 598) und hängen einen solchen
mit dem einen Ende in die zu untersuchende Flüssigkeit c, z. B. Harn,
Milch, Galle usw. Das andere Ende ist in der Klemme eines
Stativs a befestigt (vgl. Abb. 54). Wir beobachten,
daß nach kurzer Zeit Flüssigkeit im Streifen hoch-
steigt.

Zum Nachweis von Harnstoff betupfen wir
den Streifen mit Merkurinitratlösung. Wir erhalten
eine weiße Trübung.

Zum Nachweis von Eiweiß und Peptonen
wird der Streifen, nachdem er in eine eiweiß- bzw.
peptonhaltige Flüssigkeit eingetaucht worden war,
zuerst mit heißer Kupfersulfatlösung und dann mit
Ätzalkalilösung betupft. An den Stellen des Streifens, an denen Eiweiß bzw. Pepton sich befindet,
erhält man rotviolette Färbung (Biuretreaktion).

In einem weiteren Versuch lassen wir den Streifen
in eine sehr verdünnte Tyrosinlösung eintauchen

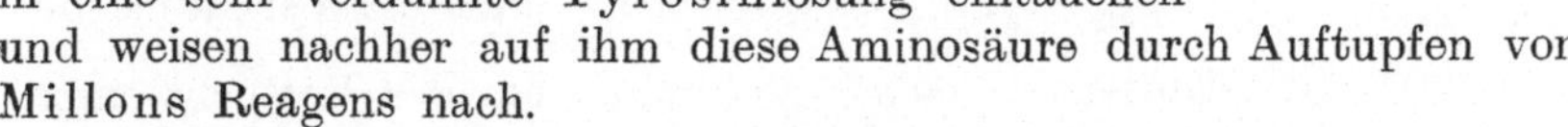

Abb. 54.
Kapillaranalyse mittels
Filtrierpapier.

und weisen nachher auf ihm diese Aminosäure durch Auftupfen von
Millons Reagens nach.

Man vergleiche ferner das Verhalten verschiedener Milch-, Gallen-
und Harnarten.

Bestimmung des spezifischen Gewichtes von Flüssigkeiten.

a) Mit Hilfe eines Aräometers.

Man gibt die zu bestimmende Flüssigkeit in ein hohes zylinder-
förmiges Gefäß (z. B. einen Meßzylinder). Dann läßt man in ihr

den Aräometer schwimmen (Abb. 55). Er darf weder die Wandungen des Gefäßes, noch seinen Boden berühren. Der Teilstrich der Skala, bei dem das Niveau der Flüssigkeit die Spindel des schwimmenden Aräometers schneidet, gibt bei geeichten Instrumenten direkt das spezifische Gewicht an. Die Eichung wird meist bei 16^0 vorgenommen. Bestimmt man das spez. Gewicht einer Flüssigkeit bei einer anderen Temperatur, dann muß man eine Korrektur vornehmen. Einfacher ist es, die Bestimmungen bei 16^0 vorzunehmen.

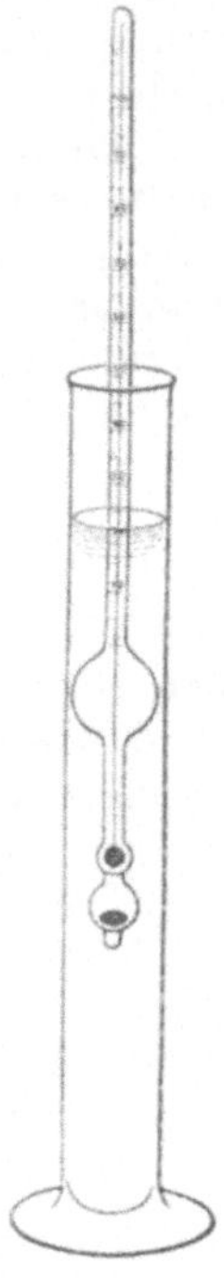

b) Mit Hilfe eines Pyknometers.

Es gibt sehr verschiedene Formen von Pyknometern. Wir wählen ein Glaskölbchen, das einen eingeschliffenen, von einer Kapillare durchbohrten Stöpsel trägt, in dem sich eine Marke befindet (vgl. Abb. 56). Es wird zuerst der Pyknometer leer gewogen. Darauf füllt man ihn genau bis zur Marke mit destilliertem Wasser und wiegt wieder. Man entleert nun das Gefäß, spült es mit Alkohol aus und schließlich mit reinem Äther. Dann trocknet man es durch Aussaugen mit der Wasserstrahlpumpe. Nun wird es in der gleichen Weise mit der zu untersuchenden Flüssigkeit gefüllt. Die Temperatur muß während der ganzen Bestimmung die gleiche bleiben. Das Füllen des Pyknometers geschieht in der Weise, daß man zuerst so viel Flüssigkeit hineingibt, daß die ganze Kapillare des Stöpsels gefüllt ist. Dann nimmt man aus der Kapillare mit Filtrierpapier so viel von der Flüssigkeit heraus, bis diese nur noch bis zur Marke reicht. Es sei g_1 das Gewicht des Pyknometers, g_2 das Gewicht nach der Füllung mit destilliertem Wasser, g_3 dasjenige nach der Füllung mit der zu bestimmenden Flüssigkeit. Die Temperatur t sei konstant. Es ist dann das Gewicht des Wassers $w = g_2 - g_1$, das der untersuchten Flüssigkeit $f = g_3 - g_1$. Der Quotient $\dfrac{f}{w}$ gibt das Verhältnis der Gewichte gleicher Volumina bei der Versuchstemperatur t^0. Um daraus das spez. Gewicht der untersuchten Flüssigkeit berechnen zu können, ist erst aus dem gefundenen Wassergewicht der Inhalt des Pyknometers zu ermitteln. 1 ccm Wasser von 4^0 wiegt 1 Gramm. Mit steigender Temperatur nimmt infolge der Ausdehnung das Gewicht ab (vgl. in Landolt-Börnsteins physikalisch-chemischen Tabellen das Gewicht von 1 ccm Wasser bei verschiedener Temperatur bezogen auf 4^0). Teilt man das gefundene Wassergewicht w durch das Gewicht von 1 ccm Wasser (m) bei der Versuchstemperatur t^0, so erhält man den Inhalt

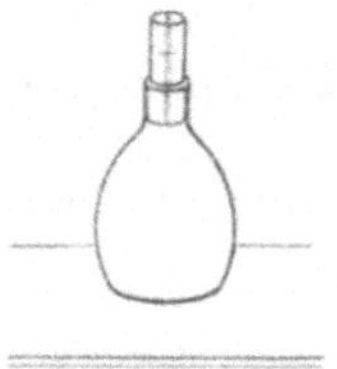

Abb. 55.
Aräometer.

Abb. 56.
Pyknometer.

des Pyknometers gleich $\dfrac{w}{m}$ und durch Division dieses Wertes in das Gewicht der Flüssigkeit f das Gewicht von 1 ccm der letzteren, oder das spez. Gewicht bei t^0, bezogen auf Wasser von 4^0:

$$\frac{f}{w} \cdot m.$$

Atomgewichte[1]).

Kalium (K)	=	39,10
Natrium (Na)	=	23,00
Magnesium (Mg)	=	24,32
Kalzium (Ca)	=	40,09
Barium (Ba	=	137,37
Eisen (Fe)	=	55,85
Kupfer (Cu)	=	63,57
Silber (Ag)	=	107,88
Platin (Pt)	=	195,00
Molybdän (Mo)	=	96,00
Chlor (Cl)	=	35,46
Jod (J)	=	126,92
Schwefel (S)	=	32,07
Phosphor (P)	=	31,00
Wasserstoff (H)	=	1,008
Sauerstoff (O)	=	16,00
Stickstoff (N)	=	14,01
Kohlenstoff (C)	=	12,00

Verhältniszahlen
zur Berechnung von Analysenresultaten.

K_2PtCl_6	: K_2	= 1 :	0,160 919
K_2PtCl_6	: 2 KCl	= 1 :	0,307 272
NaCl	: Na	= 1 :	0,393 430
$Mg_2P_2O_7$	: Mg_2	= 1 :	0,218 469
CaO	: Ca	= 1 :	0,714 744
$CaSO_4$	: Ca	= 1 :	0,294 433
$FePO_4$	: Fe	= 1 :	0,370 255
2 $FePO_4$	: P_2O_5	= 1 :	0,470 666
$Mg_2P_2O_7$	: P_2O_5	= 1 :	0,637 801
AgCl	: Cl	= 1 :	0,247 383
$BaSO_4$	: H_2SO_4	= 1 :	0,420 176
$BaSO_4$	: S	= 1 :	0,137 380

---

[1]) Es sind nur diejenigen Elemente berücksichtigt, die in den aufgeführten Versuchen vorkommen.

Herstellung einiger Reagenzien.

Magnesiamischung: 110 Gramm kristallisiertes Magnesiumchlorid und 140 Gramm Ammoniumchlorid werden in 1300 ccm Wasser gelöst. Zu der Lösung fügt man 700 Gramm 10prozentigen Ammoniaks. Nach mehrtägigem Stehen wird filtriert (vgl. S. 30).

Molybdänsaures Ammoniak: 50 Gramm Molybdänsäure werden in 200 Gramm 10prozentigen Ammoniaks gelöst. Zu der Lösung fügt man 750 Gramm Salpetersäure vom spez. Gewicht 1,2. Nach mehrtägigem Stehen treten oft Kristallabscheidungen ein. Von diesen wird abgegossen (vgl. S. 30).

Millons Reagens: Quecksilber wird in dem zweifachen Gewicht Salpetersäure vom spez. Gewicht 1,42 gelöst. Zum Schlusse wird etwas erwärmt. Nun setzt man das doppelte Volumen Wasser hinzu, läßt über Nacht stehen, filtriert die Lösung und gibt ein Körnchen Kaliumnitrit zu (vergl. Tyrosinnachweis).

Glyoxylsäure: Zu 1000 ccm einer gesättigten wässerigen Lösung von Oxalsäure gibt man 60 Gramm Natriumamalgam. Es erfolgt lebhafte Wasserstoffentwicklung. Ist diese beendigt, dann verdünnt man die Lösung nach erfolgtem Abgießen vom Quecksilber mit der dreifachen Menge Wasser (vgl. Tryptophannachweis).

Brückes Reagens (Quecksilberkaliumjodidlösung): In 1000 ccm Wasser werden 100 Gramm Jodkalium gelöst und in die heiße Lösung so viel Quecksilberjodid in kleinen Portionen eingetragen, als in Lösung geht. Man läßt nun erkalten und filtriert dann von abgeschiedenen Kristallen ab. Zum Schlusse fügt man noch einige Kristalle von Jodkalium zu (vgl. Glykogendarstellung).

Qualitativer Nachweis organischer Verbindungen.

Bei der organischen Analyse steht uns kein so einheitlicher Gang zur Verfügung, wie bei den anorganischen Stoffen. Wir prüfen auf die einzelnen Verbindungen unter Zugrundelegung ihrer Zusammensetzung an Elementen und ihrer besonderen Eigenschaften. Unter der sehr großen Anzahl von organischen Verbindungen, die im Tier- und Pflanzenreich vorkommen, werden wir hier nur diejenigen herausgreifen, die wir ohne zeitraubende und schwierige Methoden erkennen können. Es ist nicht der Plan dieser kurzen Anleitung, ein möglichst vollständiges Bild des von der physiologischen Chemie Erreichten zu geben. Vielmehr soll das kleine Werk durch möglichste Beschränkung der nachzuweisenden Verbindungen und der einzelnen Methoden die Möglichkeit schaffen, sich mit einigen wenigen Handgriffen von der Art einer zu prüfenden Substanz zu überzeugen.

Es kommen für uns in Betracht: Vertreter der Gruppe der Kohlehydrate, der Fette, der Proteine und der Nukleinsäuren und manche

Abbauprodukte dieser Verbindungen. Dazu kommen dann noch einige Gallenbestandteile und ferner das Adrenalin (Suprarenin). Damit wir einen bestimmten Gang der Untersuchung aufstellen können, müssen wir die wichtigsten Eigenschaften der einzelnen Körperklassen kennenlernen. Wir beginnen mit den Kohlehydraten.

Kohlehydrate.

1. Qualitativer Nachweis der Kohlehydrate.

a) Nachweis von Traubenzucker, Glukose, Dextrose.

Es kommen im wesentlichen drei Methoden in Betracht, um Traubenzucker nachzuweisen.

1. Die Reduktionsproben. Sie beruhen darauf, daß die Aldehydgruppe des Traubenzuckers bei alkalischer Reaktion außerordentlich leicht oxydiert wird. Sie entnimmt den dazu nötigen Sauerstoff vorhandenen Metalloxyden. Diese werden dabei reduziert. Daher der Name Reduktionsproben.

$$
\begin{array}{c}
C\!\!\diagup^{O}_{\diagdown H} \\
H \cdot C \cdot OH \\
HO \cdot C \cdot H \\
H \cdot C \cdot OH \\
H \cdot C \cdot OH \\
CH_2OH
\end{array}
$$

Um festzustellen, daß die Reduktionsproben an und für sich nicht charakteristisch für Kohlehydrate, sondern für freie Aldehydgruppen bzw. für Ketogruppen (Fruchtzucker!) sind, geben wir zu etwa 3 ccm einer $^1/_{10}$-n-Silbernitratlösung einen Tropfen der käuflichen Formaldehydlösung (ca. $40^0/_0$) und fügen 1—2 Tropfen Ammoniak hinzu. Wir schütteln die Lösung durch Hin- und Herbewegen des Reagenzglases. Wir erhalten einen prachtvollen Silberspiegel. Das Reagenzglas muß sorgfältig gereinigt und vor allem fettfrei sein.

Als Beispiel für Kohlehydrate wählen wir eine 1 prozentige Lösung von Traubenzucker in Wasser. Zu einer Probe davon setzen wir zunächst Natronlauge und fügen vorsichtig Kupfersulfatlösung hinzu. Ein Überschuß an Kupfersulfat ist zu verhüten, weil sonst beim Kochen leicht Kupferoxyd abgeschieden werden könnte, dessen schwarze Farbe die ganze Reaktion verdecken würde. Nunmehr kochen wir das Gemisch auf und beobachten dann nach einiger Zeit das Auftreten eines ziegelroten Niederschlages. Es hat sich Kupferoxydul:

$$
\begin{array}{ccc}
Cu = O & & Cu \\
 & \longrightarrow & \ \ \ \diagdown \\
Cu = O & & Cu \diagup^{O} + O
\end{array}
$$

gebildet (Trommersche Probe). An Stelle von Natronlauge und Kupfersulfat können wir auch eine Lösung von Natronlauge + Seignettesalz (weinsaures Kalinatron) in Wasser und Kupfersulfatlösung verwenden (Fehlingsche Lösung). Das Resultat ist genau dasselbe. Nehmen wir an Stelle von Kupfersulfat ein anderes Metalloxyd, z. B. Wismutoxydsalz, dann erhalten wir ebenfalls Reduktion. Bei Verwendung von Wismutoxydsalz bildet sich nach längerem Kochen eine grau-schwarze Fällung eines Gemisches von Reduktionsstufen (Almen-Nylandersche Probe).

Abb. 57. Gärversuch.

Praktisch wichtig ist, daß Chloroform auch Reduktion ergibt. (Unmittelbar nach Chloroformnarkose Harn nicht zum Zuckernachweis verwenden bzw. durch Kochen Chloroform verdampfen[1])!) Ferner ist einzuprägen, daß freie Glukuronsäure reduziert, jedoch nicht gärt!

2. Gärungsprobe. Wenn wir zu einer Traubenzuckerlösung Hefezellen hinzufügen, dann beobachten wir, daß nach einiger Zeit an der Oberfläche der Flüssigkeit Gasblasen auftreten. Sie beginnt sich mit Schaum zu bedecken. Geben wir die Zuckerlösung in einen Stehkolben und fügen wir etwas Preßhefe hinzu, dann können wir leicht nachweisen, daß das sich entwickelnde Gas Kohlensäure ist, indem wir den Kolben mit einem zweiten, der Barytwasser enthält, durch ein Rohr verbinden (vgl. Abb. 57). Wir beobachten, daß bald Gasblasen auftreten. Jede einzelne Blase umgibt sich mit einer Niederschlagsmembran. Es scheidet sich Bariumkarbonat ab. In der Flüssigkeit selbst bleibt das zweite Produkt der alkoholischen Gärung, der Alkohol, zurück. Aus einer bestimmten Menge Traubenzucker erhalten wir eine bestimmte Menge Kohlensäure. Es geht dies ohne weiteres aus der beistehenden Formel hervor:

$$C_6H_{12}O_6 = 2\,C_2H_5OH + 2\,CO_2.$$

Die Zerlegung des Traubenzuckers in Kohlensäure und Alkohol ist allerdings keine direkte und auch keine vollkommene. Es treten mehrere Zwischenstufen auf.

---

[1]) Chloroform liefert beim Kochen mit Natronlauge Ameisensäure, die dann reduzierend wirkt.

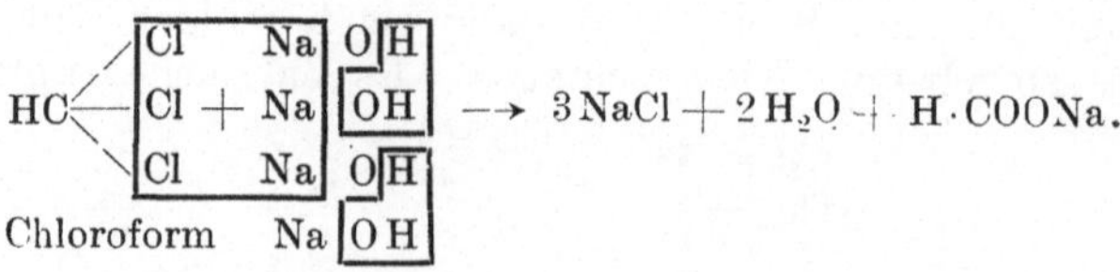

Es sei hier gleich erwähnt, daß die Aldohexose Galaktose und die Ketohexose Fruchtzucker (Fruktose, Lävulose), die gleichen Proben geben wie der Traubenzucker, nur vergärt die Galaktose schwer.

Man stellt empirisch fest, wieviel Kohlensäure eine bestimmte Menge Traubenzucker liefert, indem man das Kohlensäureglas in einem Rohr auffängt, das eine Einteilung besitzt. Wir nehmen einen sog. Eudiometer, füllen diesen mit Wasser und lassen nun die Kohlensäure in dem oben abgeschlossenen Rohr aufsteigen und beobachten, wieviel Kohlensäure aus der zugesetzten Menge Traubenzucker entstanden ist. Traubenzucker liefert 46,54 Prozent CO_2 (1 ccm CO_2 [760 mm 0^0] entspricht 4 mg Glukose). Bei 34^0 findet sich das Temperaturoptimum für die Hefegärung.

Es sind im Handel sog. Gärungsröhrchen (Abb. 58) zu haben. Es existieren mannigfache Formen davon. Die Einrichtung ist im Prinzip in allen Fällen die gleiche. Wir lassen in einem Röhrchen, das eine Einteilung besitzt und mit der zuckerhaltigen Flüssigkeit gefüllt ist, Hefe auf diese einwirken. Die Kohlensäure sammelt sich dann in dem Rohr und wir können nach einiger Zeit, wenn

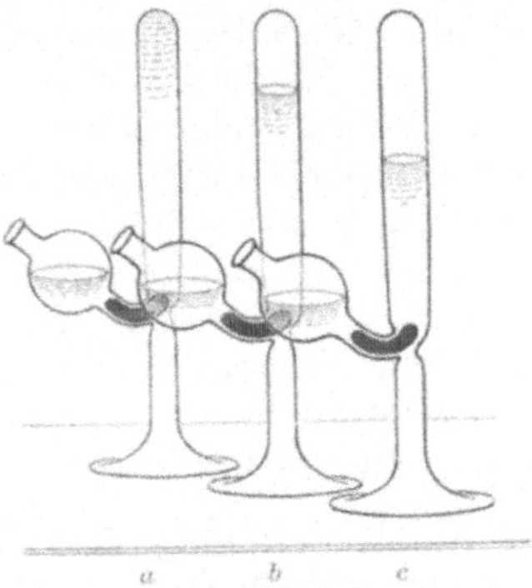

Abb. 58.
Gärprobe mit Kontrollversuchen.

die Gärung beendigt ist, ablesen, wieviel Kubikzentimeter Kohlensäure entstanden sind. Auf einer dem Apparat beigegebenen Tabelle läßt sich direkt entnehmen, wieviel Gramm Zucker der beobachteten Menge Kohlensäure entsprechen.

Wir dürfen jedoch diese Gärungsprobe niemals ausschließlich in der eben genannten Weise durchführen. In allen Fällen müssen wir zwei Kontrollproben ansetzen. Einmal müssen wir uns davon überzeugen, daß die angewandte Hefe wirklich befähigt ist, Zucker zu vergären. Wir können das leicht feststellen, indem wir die Hefe, die wir zur Ausführung von Zuckerproben verwenden wollen, zu einer Zuckerlösung hinzufügen und diese mit der Hefeaufschwemmung in ein Gärungsröhrchen hineingeben (Abb. 58b) und beobachten, ob Kohlensäure abgeschieden wird. Ferner müssen wir kontrollieren, ob die Hefe nicht in sich vergärbare Kohlehydrate enthält. Um diese Fehlerquelle auszuschließen, suspendieren wir etwas von der Hefe, und zwar die gleiche Menge, die wir anwenden wollen, um in der zu prüfenden Flüssigkeit Zucker nachzuweisen, in Wasser uud füllen das Gemisch in ein Gärungsröhrchen ein (Abb. 58a). Nun beobachtet man, ob sich Kohlensäure abscheidet.

Den Versuch selbst nehmen wir am besten, wie folgt, vor. Wir geben in ein Reagenzglas etwas Hefe (etwa 1 Gramm) und fügen 5 ccm Wasser hinzu. Nun schütteln wir so lange energisch um, bis die Hefe in der Flüssigkeit gleichmäßig verteilt ist. Sie sieht milchig aus. Jetzt geben wir sofort in jedes Gärungsröhrchen 1 ccm des Gemisches und fügen dann zu Probe 1 Wasser, zu Probe 2 die 1prozentige Zuckerlösung und zu Probe 3 die zu prüfende Lösung hinzu. Man verschließt die Öffnung des Gärungsröhrchens mit dem Daumen und kippt es um. Es wird dadurch bewirkt, daß die Flüssigkeit das eigentliche Rohr des Gärungskölbchens restlos ausfüllt. Luftblasen dürfen keine vorhanden sein. Man liest nach 12—24 Stunden ab. Der Versuch ist einwandfrei verlaufen, wenn entweder die Probe 1 $\left(a\text{ in Abb. }58\right)$ keine Selbstgärung anzeigt oder aber eine geringe Gasentwicklung aufweist. Ferner zeigt die 2. Probe $\left(b\text{ in Abb. }58\right)$ Kohlensäureentwicklung und Probe 3 ein gleiches Verhalten wie Probe 1 oder aber eine größere Ansammlung von Gas in der Kuppe des Gärungsröhrchens $\left(c\text{ in Abb. }58\right)$. In letzterem Fall ist das Ergebnis im Sinne eines positiven Zuckernachweises zu betrachten. Daß das abgeschiedene Gas Kohlensäure ist, können wir leicht beweisen, indem wir Natronlauge im Röhrchen aufsteigen lassen. Die Kohlensäure wird vollständig absorbiert, oder aber wir geben etwas Barytlösung hinzu und stellen fest, daß ein Niederschlag von Bariumkarbonat entsteht.

3. Bestimmung des Zuckers durch Polarisation. Der Traubenzucker enthält vier asymmetrische Kohlenstoffatome. Er ist optisch

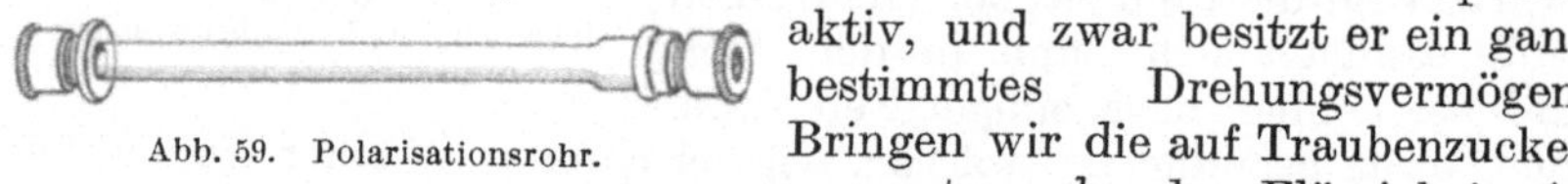

Abb. 59. Polarisationsrohr.

aktiv, und zwar besitzt er ein ganz bestimmtes Drehungsvermögen. Bringen wir die auf Traubenzucker zu untersuchende Flüssigkeit in ein Polarisationsrohr (vgl. Abb. 59), so können wir mit Hilfe eines Polarisationsapparates (vgl. Abb. 62, S. 61) leicht feststellen, ob die Flüssigkeit ein Drehungsvermögen besitzt.

Beispiel: Bei Verwendung eines 1 dm langen Polarisationsrohres sei die Drehung $\alpha = 5{,}3^{0}$. Die spezifische Drehung des Traubenzuckers ist $= 52{,}74^{0}$ nach rechts $(+53^{0})$. Das Gewicht G des die festgestellte Drehung gebenden Traubenzuckers berechnet sich auf 100 ccm Lösung nach der Formel:

$$G = \frac{5{,}3 \cdot 100}{52{,}74 \cdot 1} \left.\begin{array}{l} \end{array}\right\} \quad \begin{array}{l} 5{,}3 = \alpha \text{ abgelesener Drehungswinkel,} \\ 52{,}74 = [\alpha]^{\mathrm{D}} \text{ spezifische Drehung,} \\ 1 = \text{Länge des Polarisationsrohres in dm.} \end{array}$$

$$G = 10{,}04 \text{ g.}$$

Die Drehung allein ist jedoch nicht maßgebend, denn es können in der zu prüfenden Lösung mancherlei andere Substanzen vorhanden sein, die ebenfalls optisch aktiv sind. Diese können in der gleichen Richtung drehen oder aber auch ein entgegengesetztes Drehungsvermögen besitzen. Durch derartige Verbindungen können große Fehler bei der Berechnung des Traubenzuckergehaltes aus dem abgelesenen Winkel entstehen. Ein Urteil darüber, ob das Produkt, dessen Drehungsvermögen wir festgestellt haben, ausschließlich aus Traubenzucker besteht, können wir uns bilden, indem wir aus dem abgelesenen Winkel den Traubenzuckergehalt berechnen und den erhaltenen Wert durch eine quantitative Reduktionsprobe und die Gärprobe kontrollieren. Es entstehen aus der optisch aktiven Glukose inaktive Zerfallsprodukte. War das Drehungsvermögen ausschließlich durch Traubenzucker bedingt, dann muß jetzt, wenn wir nach vollendeter Gärung die Drehung ablesen, das Drehungsvermögen vollständig verschwunden sein. Ist das nicht der Fall, dann beweist dies mit Sicherheit, daß noch andere optisch-aktive Stoffe in Lösung sind, welche nicht Traubenzucker entsprechen. Durch Ausführung einer Reduktionsprobe können wir uns dann davon überzeugen, ob noch andere reduzierende Zucker vorhanden sind.

Setzen wir die nach erfolgter Vergärung vorhandene Drehung der Flüssigkeit in Rechnung (bei einer $+$-Drehung ziehen wir diese von der ursprünglichen Drehung ab, und umgekehrt zählen wir eine $-$-Drehung dieser hinzu), so können wir den Traubenzuckergehalt genau feststellen — immer vorausgesetzt, daß nicht ein anderer vergärbarer Zucker zugegen war.

Wir haben bereits festgestellt, daß die beiden letzten Proben auf Traubenzucker sich leicht quantitativ gestalten lassen. Dies ist auch mit der ersten Probe, der Reduktionsprobe, der Fall. Wir kennen eine ganze Reihe von quantitativen Bestimmungen des Traubenzuckers, die auf Reduktionsproben beruhen. Das Prinzip ist in allen Fällen das gleiche (vgl. S. 64).

Nachweis von Traubenzucker mit Hilfe von Phenylhydrazin.

Läßt man auf ein Molekül Traubenzucker ein Molekül Phenylhydrazin einwirken, dann erhält man nach der folgenden Gleichung ein sog. Hydrazon:

$$CH_2(OH) \cdot [CH(OH)]_3 \cdot CH(OH) \cdot C\!\!<^O_H + H_2N \cdot NH \cdot C_6H_5$$

$$= CH_2(OH) \cdot [CH(OH)]_3 \cdot CH(OH) \cdot CH = N \cdot NH \cdot C_6H_5 + H_2O.$$

Dieses ist in Wasser sehr leicht löslich und läßt sich nicht abtrennen. Gibt man ein zweites Molekül Phenylhydrazin hinzu, dann reagiert dieses mit dem Traubenzucker zunächst unter Oxydation der benachbarten sekundären Alkoholgruppe zu Carbonyl und darauf folgender Kuppelung. Wir erhalten ein sog. Osazon, vgl. die folgende Formel:

Bildung der Ketogruppe

$$CH_2(OH) \cdot [CH(OH)]_3 \cdot CO \cdot CH = N \cdot NH \cdot C_6H_5 + H_2N \cdot NH \cdot C_6H_5$$

$$= CH_2(OH) \cdot [CH(OH])_3 \cdot C \cdot CH = N \cdot NH \cdot C_6H_5 + H_2O.$$

$$N \cdot NH \cdot C_6H_5$$

Das Osazon des Traubenzuckers, Glukosazon genannt, ist in Wasser schwer löslich und kristallisiert bald aus. Zur Darstellung von Glukosazon darf man nur ganz reines Phenylhydrazin anwenden. Es muß vollständig farblos oder doch höchstens leicht gelb gefärbt sein. Am besten verwendet man Phenylhydrazin, das man sich selbst aus Anilin bereitet hat (vgl. Darstellung organischer Präparate). Das käufliche Phenylhydrazin ist meistens unrein. Es enthält Oxydationsprodukte und ist braun gefärbt. Am besten reinigt man es, indem man es bei 15 mm Druck destilliert und das farblose Destillat durch wiederholtes Abkühlen auskristallisieren läßt. Den flüssig gebliebenen Teil gießt man jedesmal ab. Dann werden die Kristalle in etwa dem 3—4fachen ihres Volumens getrockneten Äthers gelöst. Die Lösung wird in einer Kältemischung abgekühlt und die ausgeschiedene Base scharf abgenutscht. Um zu vermeiden, daß die auf dem Filter sich befindlichen Kristalle wieder in Lösung gehen, stellt man die Saugflasche mit der Nutsche am besten in einen Emailletopf und umgibt dann Nutsche und Saugflasche mit Eisstückchen. Den Filterrückstand wäscht man mit stark abgekühltem Äther. Jetzt wird die Destillation wiederholt, und zwar ebenfalls bei 15 mm Druck. Meist genügt jedoch das Umkristallisieren aus Äther, um ein genügend reines Präparat zu erhalten.

Um die Glukose in das Osazon überzuführen, verwendet man eine Mischung, bestehend aus einem Volumen Phenylhydrazin und einem solchen von 50 prozentiger Essigsäure. Dieses Gemisch verdünnt man mit der dreifachen Menge Wasser. Es muß hierbei eine klare Lösung entstehen. Diese Mischung bereitet man sich erst kurz vor der Ausführung der Probe. Man gibt sie nun zu der zuckerhaltigen Flüssigkeit und erhitzt 45 Minuten auf dem Wasserbade. Am besten nimmt man die Probe am Reagenzglase vor und stellt dieses direkt in das kochende Wasser. Bald beginnt beim Abkühlen der Lösung die Ausscheidung des Glukosazons. Handelt es sich um Harn, dann benutzt man 5—10 ccm davon. Der Harn muß frei von Eiweiß und ganz klar sein.

An Stelle der oben angegebenen Mischung kann man auch ein Gemisch von 2 Teilen salzsaurem Phenylhydrazin und 3 Teilen wasserhaltigem Natriumazetat verwenden. Ist das salzsaure Phenylhydrazin nicht farblos, dann wird es aus heißem Alkohol umkristallisiert.

Das Glukosazon kristallisiert in zu Büscheln vereinigten Nadeln. Der Schmelzpunkt liegt bei 205°.

Es sei hier noch bemerkt, daß der Fruchtzucker genau das gleiche Osazon liefert, nur ist die Reihenfolge des Eintrittes der Phenylhydrazinreste die umgekehrte. Die Hydrazone müßten verschieden sein, doch sind sie bisher nicht isoliert worden. Vgl. die folgenden Formeln:

$$CH_2(OH) \cdot [CH(OH)]_3 \cdot CO \cdot CH_2 \cdot OH + H_2N \cdot NH \cdot C_6H_5$$

$$= CH_2(OH) \cdot [CH(OH)]_3 \cdot \underset{\substack{\| \\ N \cdot NH \cdot C_6H_5}}{C} \cdot CH_2OH + H_2O$$

Bildung der Aldehydgruppe

$$CH_2(OH) \cdot [CH(OH)]_3 \cdot \underset{\substack{\| \\ N \cdot NH \cdot C_6H_5}}{C} \cdot C\!\!<^O_H + H_2N \cdot NH \cdot C_6H_5$$

$$= CH_2(OH) \cdot [CH(OH)]_3 \cdot \underset{\substack{\| \\ N \cdot NH \cdot C_6H_5}}{C} \cdot CH \cdot N \cdot NH \cdot C_6H_5 + H_2O.$$

b) Nachweis von Pentosen.

Praktisch kommt vor allem ihr Nachweis im Harn bei Pentosurie in Betracht. Die Pentosen des Harns ergeben als Aldehydzucker auch die Reduktionsproben. Sie sind jedoch nicht gärfähig.

Gibt man zu pentosehaltigem Harn (etwa 5 ccm) das gleiche Volumen konzentrierter Salzsäure und ein etwa hanfkorngroßes Stück Phlorogluzin, so erhält man beim langsamen Erwärmen bis zum Sieden eine schön violettrote Färbung. Den Farbstoff schüttelt man mit Amylalkohol aus. Man läßt das Gemisch einige Zeit stehen, bis sich die amylalkoholische Lösung eben abgeschieden hat. Sie wird abgegossen und nunmehr mit dem Spektroskop (vgl. Teil II, Blut) untersucht. Die amylalkoholische Lösung zeigt genau in der Mitte zwischen D und E einen Absorptionsstreifen.

Eine weitere Pentosenprobe ist die folgende: 5 ccm einer Lösung von 1 Gramm Orzin in 500 ccm 30prozentiger Salzsäure, der 25 Tropfen des offizinellen Liquor ferri zugegeben sind, erhitzt man zum Sieden. In die heiße Lösung läßt man nun den zu untersuchenden Harn vorsichtig zutropfen (ca. 20 Tropfen). Es entsteht eine violettblaue Färbung. Die spektrale Untersuchung des Farbstoffs ist bei dieser Probe nicht nötig.

c) Nachweis von Rohrzucker (Saccharose), Milchzucker (Laktose) und Malzzucker (Maltose).

$$C_{12}H_{22}O_{11}.$$

Das Disaccharid **Rohrzucker** liefert bei der Hydrolyse ein Molekül Traubenzucker und ein Molekül Fruchtzucker. Beide Komponenten reduzieren, während die Saccharose selbst kein Reduktionsvermögen zeigt. Diesen Umstand können wir dazu benutzen, um Rohrzucker zu identifizieren. Haben wir eine kristallinische, süß schmeckende Zuckerart vor uns, die an und für sich Metalloxyde nicht reduziert, dagegen nach erfolgter Spaltung Reduktion zeigt, dann dürfen wir ziemlich sicher auf Rohrzucker schließen. Die Feststellung des Drehungsvermögens und des Verhaltens gegenüber dem

Fermente Invertin sichert die Diagnose. Der Rohrzucker dreht nach rechts. Nach erfolgter Zerlegung in Trauben- und Fruchtzucker finden wir Linksdrehung, weil der Fruchtzucker stärker nach links als der Traubenzucker nach rechts dreht. Dieser Umkehrung des Drehungsvermögens bei der Spaltung verdankt das entstehende Gemisch Fruktose und Glukose den Namen Invertzucker. Durch die Unfähigkeit zu reduzieren unterscheidet sich der Rohrzucker scharf von den beiden anderen biologisch wichtigen Disacchariden Maltose und Milchzucker.

Zur Herbeiführung der Hydrolyse kochen wir eine 5prozentige Rohrzuckerlösung etwa eine Minute mit verdünnter Salzsäure, nachdem wir uns überzeugt haben, daß beim direkten Kochen der angewandten Lösung mit Fehlingscher Lösung oder mit Natronlauge und Kupfersulfat keine Reduktion eintritt. Nach dem Kochen prüfen wir wieder eine von der Hauptmenge abgegossene Probe auf ihr Reduktionsvermögen. Meist tritt schon deutliche Abscheidung von Kupferoxydul auf. Setzt man das Kochen mit der Hauptmenge fort, dann erhält man mehr reduzierende Substanz, bis aller Rohrzucker zerlegt ist. Bei der Ausführung

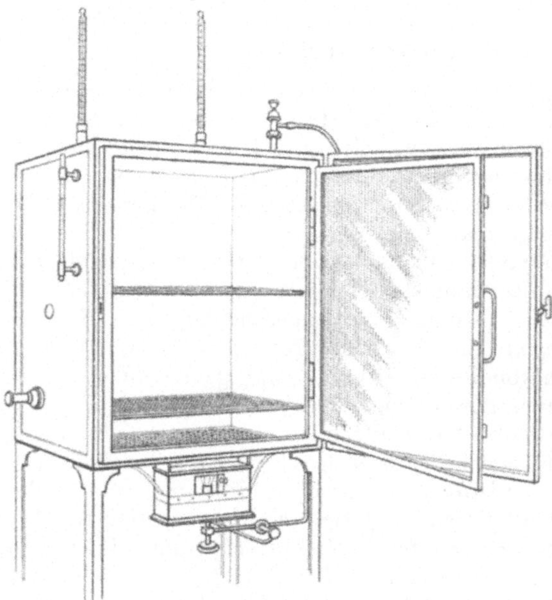

Abb. 60. Brutschrank.

der Reduktionsprobe muß man genügende Mengen von Lauge zugeben. Ein Teil davon wird zur Bindung der Säure, die man zur Hydrolyse verwendet hat, verbraucht. Die Reaktion muß deutlich alkalisch sein. Man füge erst dann die Kupfersulfatlösung hinzu, nachdem man die alkalische Reaktion mittels roten Lackmuspapiers festgestellt hat. Es wird dann in der gewohnten Weise gekocht.

Übergießt man Rohrzucker mit Magensaft und läßt das Gemisch etwa 2 Stunden im Brutschrank (Abb. 60) stehen, dann kann man auch deutliche Reduktionen feststellen. Die Spaltung des Rohrzuckers ist jedoch nicht etwa durch ein Ferment, das im Magensaft enthalten ist, herbeigeführt worden, sondern durch die Salzsäure des Magensaftes. Übergießt man Rohrzucker mit Darmsaft, dann tritt nach kurzer Zeit positive Reduktion ein. In diesem Fall ist die

Spaltung durch das Ferment Invertin bewirkt worden. Auch Hefe enthält dieses Ferment.

Den Verlauf der Hydrolyse des Rohrzuckers durch Säuren oder durch Invertin kann man sehr schön feststellen, indem man im Polarisationsrohr die Drehung verfolgt. Die anfängliche Rechtsdrehung geht in Linksdrehung über. Man bringe zu einer 5 prozentigen Rohrzuckerlösung Darmsaft oder 10 prozentige Salzsäure, fülle das Gemisch in ein Polarisationsrohr (Abb. 61) und stelle das Drehungsvermögen des Gemisches mit Hilfe eines seine Ablesung gestattenden Polarisationsapparates (Abb. 62) fest. Man beobachte alle 5 Minuten das Fortschreiten der Hydrolyse. In den Zwischenzeiten wird das Rohr bei einer bestimmten Temperatur, z. B. 37⁰ gehalten. Um Temperaturschwankungen

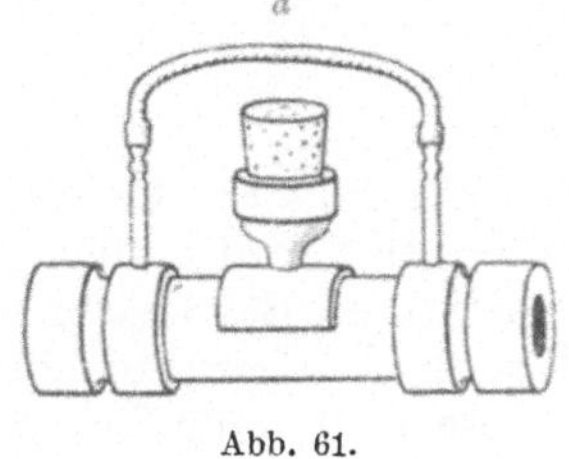

Abb. 61.

während des Ablesens der Drehung auszuschließen, wählen wir ein Rohr, das einen Wassermantel besitzt (vgl. Abb. 61). Der Kautschukschlauch a verbindert das Ausfließen des Wassers. Die Mengen-

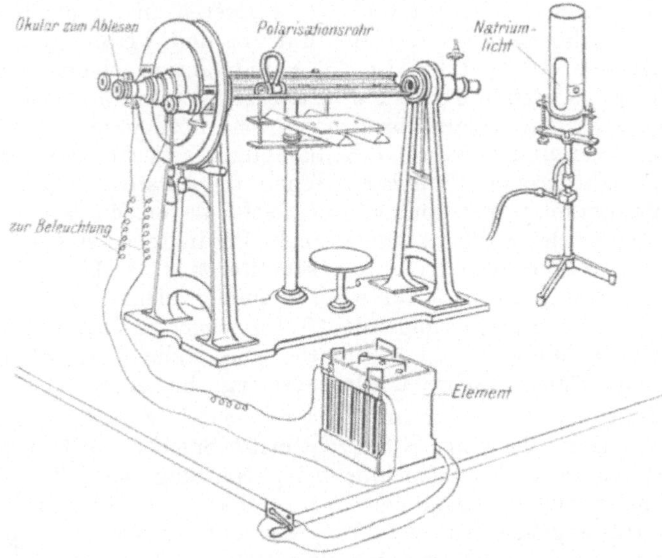

Abb. 62. Polarisationsapparat.

verhältnisse der Flüssigkeiten richten sich nach dem Inhalt des Polarisationsrohres. Man kann bei jeder Konzentration — zu verdünnt darf man allerdings nicht arbeiten — die Hydrolyse verfolgen und so den Einfluß der Substratmenge und des hydrolysierenden Agenses feststellen.

Milchzucker und **Malzzucker** reduzieren beide direkt. Sie unterscheiden sich im Drehungs- und Gärungsvermögen. Der erstere vergärt schwer. Charakteristisch für Milchzucker bzw. seinen Baustein **Galaktose** ist die Bildung von Schleimsäure beim Oxydieren mit konzentrierter Salpetersäure (vgl. die Darstellung der Schleimsäure).

d) Nachweis von Stärke.

$$(C_6H_{10}O_5)_n \cdot H_2O.$$

Wir können die Stärke schon in vielen Fällen an ihrem Aussehen erkennen. Unter dem Mikroskop beobachten wir die eigenartig geschichteten Stärkekörner. Gibt man zu gewöhnlicher Stärke etwas Wasser in einer Porzellanschale und erwärmt dann gelinde auf einem Wasserbad, dann beobachtet man bald ein Quellen der Stärke, sog. **Kleisterbildung.** Fügt man zu Stärke eine Lösung von **Jod** in **Jodkalium,** dann tritt Blaufärbung auf. Mit Hilfe dieser Reaktion können wir beim Abbau der Stärke feststellen, wann sie zerlegt ist. Beim Auftreten der nächsten Abbaustufen, der **Dextrine,** beobachten wir ebenfalls Färbung mit Jod. Es sind alle Farbennuancen von blaurot, weinrot, tief rotbraun usw. vertreten, bis schließlich der Abbau über die Dextrine bis zur Maltose und weiter ganz bis zu Traubenzucker durchgeführt ist. Die Jodreaktion bleibt dann aus, d. h. wir beobachten nur die Farbe der zugesetzten Jodlösung.

Reine Stärke reduziert die **Fehling**sche Lösung nicht. Wird sie jedoch mit verdünnter Säure, z. B. Salzsäure, gekocht, dann erhalten wir bald reduzierende Produkte. Schon die entstehenden Dextrine zeigen Reduktion. Wir können uns leicht davon überzeugen, daß mit der Dauer des Kochens immer mehr Produkte entstehen, welche reduzierend wirken. Die Hydrolyse schreitet mit der Dauer des Kochens fort. Das große Molekül wird in immer kleinere Teile zerlegt. Man koche eine Stärkelösung mit 10prozentiger Salzsäure 1 Minute, 2 Minuten, 3 Minuten und 5 Minuten und stelle jedesmal die Reduktion von **Fehling**scher Lösung fest (vgl. hierzu S. 64).

Spaltung der Stärke mit Hilfe der Diastase des Speichels. Wir sammeln einige Kubikzentimeter Speichel. Selbstverständlich darf während des Sammelns keine Nahrung, vor allen Dingen kein Kohlehydrat, aufgenommen werden. Es genügen 5 ccm Speichel. Zur Kontrolle geben wir zu 1 ccm des gut vermischten Speichels Natronlauge und darauf Kupfersulfatlösung und kochen. Es darf keine Reduktion eintreten. Nun geben wir von den übriggebliebenen 4 ccm Speichel 2 ccm zu 1 Gramm Stärke und bringen das Gemisch in einen Brutschrank. Nach 2 Stunden prüfen wir, ob reduzierende Substanzen vorhanden sind. War der Speichel gut wirksam, dann erhalten wir ohne weiteres Abscheidung von Kupferoxydul. Oft muß man längere Zeit warten, bis deutliche Reduktion nachweisbar ist. Den Rest des Speichels erwärmen wir auf 100^0 und setzen ihm dann auch 1 Gramm Stärke zu. Er erweist sich nunmehr als ganz unwirksam. Die Diastase ist zerstört.

Den gleichen Versuch führen wir mit Kartoffelscheiben aus. Eine rohe Kartoffel wird in Scheiben geschnitten. Auf die eine Scheibe bringen wir mit Hilfe eines Glasstabes etwas Jodlösung. Wir beobachten, daß überall da, wo Stärkekörner vorhanden sind, Blaufärbung eintritt. Eine andere Scheibe übergießen wir in einem Erlenmeyer-Kölbchen mit Speichelflüssigkeit. Wir bringen es dann in einen Brutschrank. Nach 12 Stunden erhalten wir beim Auftupfen der Jodlösung keine Blaufärbung mehr. Die überstehende Flüssigkeit zeigt deutliche Reduktion. Die Stärke ist zu reduzierenden Bestandteilen abgebaut worden.

Die Stärke verschwindet viel rascher und die Reduktionsprobe tritt viel früher auf, wenn wir nicht rohe Kartoffeln nehmen, sondern die Kartoffelscheibe vorher kochen. Es wird dann das Stärkekorn für die Diastase viel leichter angreifbar. Es ist durch das Kochen gequollen. Wird eine Kartoffelscheibe mit verdünnter Salzsäure gekocht, dann können wir ebenfalls das Verschwinden der Stärke mit Hilfe der Jodreaktion beweisen und zeigen, daß im Hydrolysat reduzierende Stoffe vorhanden sind.

e) Nachweis von Zellulose.

$$(C_6H_{10}O_5)_n \cdot H_2O.$$

Zellulose ist durch ihre Unlöslichkeit in allen gebräuchlichen Lösungsmitteln ausgezeichnet. Nur im sog. Schweizerschen Reagens — ammoniakalische Lösung von Kupferoxyd[1]) — löst sie sich. Wir lösen 30 g Zinkchlorid, 5 g Jodkalium und 1 g Jod in 14 ccm Wasser. Von dieser Chlorzinkjodlösung fügen wir etwas zu Zellulose. Es tritt Violettfärbung ein.

Kochen wir Zellulose, z. B. Filtrierpapier, mit Säuren, z. B. konz. Salzsäure, dann beobachten wir auch Lösung. Es ist jedoch nicht die Zellulose in Lösung gegangen, sondern die beim Kochen mit Säuren entstehenden Abbauprodukte haben sich gelöst. Entnehmen wir etwas von der Lösung, und verdünnen wir sie mit Wasser, dann erhalten wir auf Zusatz von genügend Natronlauge und Kupfersulfatlösung beim Kochen Reduktion. Setzen wir das Kochen mit Säure lang genug fort, dann entsteht aus der Zellulose ausschließlich Traubenzucker.

In ein Erlenmeyer-Kölbchen bringen wir etwas konz. Schwefelsäure. Nun tauchen wir einen Streifen Filtrierpapier in die Lösung. Es tritt sofort Gelbfärbung des Streifens ein. Geben wir vorsichtig (Schutzbrille!) etwas Wasser zu der Schwefelsäure, wobei Erwärmung auftritt, dann zeigt sich Abscheidung einer schwarzen Substanz. Sie besteht aus Kohlenstoff.

---

[1]) Man löse reines Kupfer in konzentriertem Ammoniak unter Luftzutritt. Das Reagens muß frisch bereitet werden.

f) Nachweis von Glykogen.

$$(C_6H_{10}O_5)_n \cdot H_2O.$$

Glykogen färbt sich mit Jodjodkaliumlösung braun. Es reduziert die Fehlingsche Lösung nicht. Die Speicheldiastase zerlegt Glykogen zu reduzierenden Körpern. Ebenso können wir das Polysaccharid, genau so, wie es bei der Stärke beschrieben worden ist, durch Kochen mit Säuren schließlich vollständig zu Traubenzucker aufspalten. Hierauf beruht eine quantitative Bestimmungsmethode des Glykogens. Es wird nach der vollständigen Spaltung nach den unten angegebenen quantitativen Methoden die entstandene Traubenzuckermenge festgestellt.

2. Quantitativer Nachweis von Kohlehydraten.

1. Quantitative Bestimmung des Traubenzuckers mit Hilfe der Fehlingschen Lösung.

Bereitung der Fehlingschen Lösung: Es werden 34,639 Gramm reines kristallisiertes Kupfersulfat in Wasser aufgelöst. Die Lösung wird dann auf 500 ccm verdünnt. Jetzt löst man 173 Gramm kristallisiertes, völlig reines, weinsaures Kalinatron (Seignettesalz) in wenig Wasser, fügt 100 ccm Natronlauge hinzu, in der 50 Gramm Ätznatron gelöst sind und verdünnt nun gleichfalls auf 500 ccm. Beide Lösungen werden getrennt aufbewahrt, am besten in braunen Flaschen. Zur Ausführung der Bestimmung verwendet man jedesmal gleiche Volumina von beiden Lösungen. Sie lassen sich einige Zeit aufbewahren. Man überzeuge sich jedesmal vor dem Gebrauch, ob die Lösung noch brauchbar ist. Wenn eine im Reagenzglas gekochte Probe nach etwa einstündigem Stehen einen Niederschlag von Kupferoxydul abscheidet, dann muß die Lösung verworfen werden. 20 ccm der genau nach der Vorschrift dargestellten Fehlingschen Lösung entsprechen 0,1 Gramm Traubenzucker. Wir müssen uns vor dem Gebrauch der Lösung davon überzeugen, daß der angegebene Titer richtig ist. Zu diesem Zwecke geben wir in eine Bürette eine genau 1 prozentige Traubenzuckerlösung. Sind genau 10 ccm davon notwendig, um 20 ccm der Fehlingschen Lösung vollständig zu reduzieren, dann entspricht sie der Vorschrift. Tritt die vollständige Reduktion früher oder später ein, d. h. ist weniger oder mehr von der Zuckerlösung erforderlich, dann ist der Titer ein anderer. Ist die Reduktion z. B. schon bei Zusatz von 9 ccm eine vollständige, dann würden die 20 ccm Fehlingscher Lösung 0,09 Gramm Traubenzucker entsprechen.

Als Beispiel wählen wir zuckerhaltigen Harn. Wir überzeugen uns zunächst durch eine qualitative Probe, wieviel Traubenzucker der Harn ungefähr enthält. Ist der Harn reich an Glukose, dann muß er vor der Bestimmung verdünnt werden. Zu diesem Zwecke nehmen wir beispielsweise 10 ccm des Urins mit Hilfe einer Pipette auf und lassen diese in einen Maßkolben von 100 ccm einßießen. Dann füllen wir diesen mit destilliertem Wasser bis zur Marke auf, vermischen die Flüssigkeit durch Umschütteln und geben sie in eine Bürette. Ist jedoch der Zuckergehalt ein geringer, dann kann man den Urin unverdünnt anwenden. In diesem Falle wird er direkt in die Pipette eingefüllt. Diese ist gewöhnlich in 50 ccm eingeteilt. Auf ein Drahtnetz oder eine Asbestplatte, die sich auf einem Dreifuß befindet, gibt man nun eine etwa 250 ccm fassende Porzellanschale (vgl. Abb. 63). In diese fügt man aus einer Pipette 20 ccm der Fehlingschen Lösung, d. h. 10 ccm der Kupfersulfatlösung und 10 ccm der Seignette- salzlösung. Die Lösung verdünnt man mit 80 ccm Wasser. Nunmehr erwärmt man die Fehling- sche Lösung ganz allmählich zum Kochen und läßt nun aus der Bürette 1 ccm des Harn hinzu- fließen. Man läßt ein paar Sekunden kochen und stellt nun fest, ob die Flüssigkeit noch blau ge- färbt ist. Es setzt sich das ausgeschiedene Kupfer- oxydul rasch zu Boden, wenn nahezu bzw. alles Kupferoxyd zu Kupferoxydul reduziert ist. Man kann beim Betrachten der Flüssigkeit gegen die weiße Schalenwand leicht erkennen, ob noch Blau- färbung vorhanden ist. Ist dies der Fall, dann läßt man wiederum einen Kubikzentimeter Harn hinzufließen, kocht wieder kurze Zeit, wartet ab und fährt so fort, bis schließlich die Blaufärbung verschwunden ist. Man darf bei der Ausführung dieser Operationen nicht langsam vorgehen, weil sonst das gebildete Kupferoxydul sehr leicht durch den Sauerstoff der Luft wieder in Kupferoxyd übergeführt wird. Man würde so viel zu niedrige Werte für den Traubenzucker erhalten. Ist die über dem abgeschiedenen Kupferoxydul befindliche

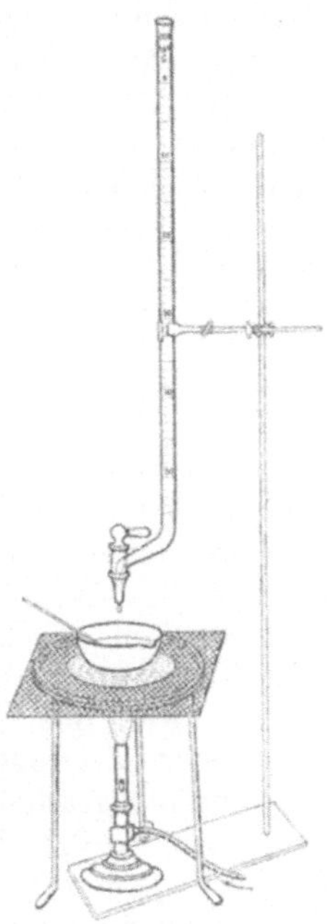

Abb. 63.
Zuckerbestimmung mit
Fehlingscher Lösung.

Flüssigkeit nicht farblos, sondern gelb gefärbt, dann ist dies ein Zeichen dafür, daß zuviel Harn (Zucker) zugesetzt worden ist. Die Seignettesalzlösung hat den überschüssigen Trauben- zucker, der nicht mehr durch vorhandenes Kupferoxyd oxydiert werden kann, verändert. In den meisten Fällen wird beim Zusetzen des Harns das entstandene Kupferoxydul sich rasch absetzen. Ist dies nicht der Fall, dann ist die Beobachtung, ob noch Blaufärbung vorhanden ist, sehr erschwert. Es empfiehlt sich in allen Fällen, um Zeitverlusten vorzubeugen, kleine Reagenzgläser mit kleinen Trichtern und dazu passenden Filtern vorrätig zu halten. Setzt sich das Kupferoxydul nicht rasch ab, dann wird eine kleine Probe durch das Filterchen abfiltriert. Man kann dann im Filtrat, wenn man das Reagenzglas gegen eine weiße Fläche hält, leicht erkennen, ob noch Blaufärbung vorhanden ist. Ist dies der Fall, dann wird die Flüssigkeit rasch zurückgegossen (Filter und Reagenzglas auswaschen und Waschwasser auch zufügen!) und mit dem Zusatz des Harns fortgefahren. Zeigt das Filtrat Gelbfärbung, dann ist, wie oben bereits betont, zu viel Harn zugesetzt worden. Es muß die Bestimmung wiederholt werden. Kennt man einmal die Grenze, bei der die Reduktion eine vollständige ist, dann kann man bei Wiederholung der Probe rasch vorgehen, und nun den Endpunkt sehr scharf bestimmen. Es empfiehlt sich in allen Fällen, die Probe mehrfach auszuführen. Sehr vorteilhaft ist es, bei Wiederholung der Bestimmung verschiedene Mengen der Fehlingschen Lösung anzuwenden. Man kann z. B. von 10 ccm Fehlingscher Lösung ausgehen oder auch einmal 30 ccm derselben anwenden. Die Berechnung des Zuckergehaltes ist eine ganz einfache. Wir haben oben schon angegeben, daß 20 ccm der Fehlingschen Lösung 0,1 Gramm Traubenzucker entsprechen. Nehmen wir an, wir hätten 25 ccm des Urins zugesetzt, um 20 ccm der Fehlingschen Lösung vollständig zu reduzieren. Der angewandte Urin soll von 10 ccm auf 100 ccm verdünnt worden sein. Die gesamte Urinmenge soll 1000 ccm betragen. Die gebrauchten 25 ccm verdünnten Urins enthalten 0,1 Gramm Traubenzucker. Folglich kommen auf die 100 ccm des verdünnten Urins 0,4 Gramm Traubenzucker, d. h. 10 ccm des unverdünnten Urins enthalten 0,4 Gramm Traubenzucker. In 1000 ccm Urin sind folglich enthalten $100 \times 0,4$ Gramm Traubenzucker $= 40$ Gramm Glukose.

Die eben beschriebene Art der Ausführung der Zuckertitration mit Hilfe der Fehlingschen Lösung gibt keine ganz exakten Resultate, weil das Reduktionsvermögen des Traubenzuckers bei verschiedener Konzentration der Zuckerlösung und bei verschiedenen Verdünnungsgraden der Fehlingschen Lösung ein verschiedenes ist. Doch genügt die angegebene Bestimmungsweise in den meisten Fällen. Genauere Werte gibt die folgende Art der Ausführung der Zuckerbestimmung mit Hilfe der Fehlingschen Lösung. 50 ccm der Fehlingschen Lösung werden zum Kochen erhitzt. Man gibt aus einer Bürette von dem unverdünnten Harn in Portionen so lange hinzu, bis die Flüssigkeit nach dem Kochen nicht mehr blau erscheint. Man stellt durch diese Vorprobe den ungefähren Zuckergehalt des Harnes fest. Jetzt verdünnt man den Harn so lange mit Wasser, bis er 1 $^0/_0$ Zucker enthält. Man erhitzt nun wiederum 50 ccm der Fehlingschen Lösung, ohne sie mit Wasser zu verdünnen, und gibt nun dieselbe Menge des zuckerhaltigen Urins hinzu, die man beim Vorversuch gebraucht hat, um Reduktion herbeizuführen, kocht 2 Minuten lang und beobachtet, welche Farbe die Flüssigkeit hat. Ist die Farbe noch blau, dann führt man den Versuch noch einmal aus und gibt 1 ccm der Zuckerlösung mehr hinzu. Zeigt dagegen die gelbe Farbe an, daß bereits zuviel der Harnlösung hinzugefügt worden ist, dann gibt man bei der Wiederholung des Versuches 1 ccm des Urins weniger hinzu. Durch weitere Versuche sucht man den Endpunkt der Reaktion zu treffen. Es ist dies dann der Fall, wenn in zwei Versuchen beim Zusatz von 0,1 ccm mehr oder weniger die eine Probe noch bläulich, die andere bereits gelblich gefunden wird. Es muß dann der Endpunkt zwischen diesen beiden Werten liegen. Wir kennen dann ganz genau die Quantität der Urinmenge, welche notwendig ist, um 50 ccm der Fehlingschen Lösung vollständig zu reduzieren. Die betreffende Menge Urin enthält dann 0,2375 Gramm Traubenzucker. Es läßt sich mit Hilfe diese Wertes der Zuckergehalt der gesamten Urinmenge leicht berechnen.

2. Quantitative Bestimmung des Traubenzuckers nach Bertrand.

Das Prinzip, auf dem die Methode beruht, ist das gleiche, wie bei der Zuckerbestimmung mit Fehlingscher Lösung. Es wird jedoch das bei der Reduktion des Kupferoxydsalzes gebildete Kupferoxydul direkt bestimmt. Es wird in einer Lösung von Ferrisulfat in Schwefelsäure gelöst und das neben Kupfersulfat in Lösung gegangene Ferrosulfat mit einer genau eingestellten ca. $^1/_{10}$ n-Kaliumpermanganatlösung titriert. Die Einstellung der Permanganatlösung wird mit reinem Ammoniumoxalat vorgenommen.

Zur Ausführung der Methode sind die folgenden Lösungen erforderlich: 40 Gramm reines kristallisiertes Kupfersulfat werden zu 1 Liter Wasser gelöst. Ferner löst man 200 Gramm Seignettesalz und 150 Gramm Ätznatron in Wasser und füllt auf 1000 ccm auf. Endlich bereitet man eine Lösung von Ferrisulfat in Schwefelsäure. 50 Gramm Ferrisulfat werden in 200 ccm reiner konz. Schwefelsäure gelöst und dann auf 1 Liter verdünnt. Die Lösung muß ganz frei von Ferrosulfat und reduzierenden Stoffen sein. Man stellt das mit der Permanganatlösung fest. Es darf keine Entfärbung eintreten. Die Kaliumpermanganatlösung muß im Liter 5 Gramm Kaliumpermanganat enthalten. Sie wird nun gegen Ammoniumoxalat eingestellt. Es werden genau 0,25 Gramm reines Ammoniumoxalat in 50 ccm Wasser gelöst. Dann fügt man 2 ccm reine konz. Schwefelsäure zu, erwärmt auf 70° und läßt zu der heißen Lösung aus einer Bürette unter Umschütteln die, wie oben angegeben, hergestellte Kaliumpermanganatlösung zufließen, bis eine schwache, bleibende Rotfärbung eintritt. Man benötigt gewöhnlich etwa 22 ccm der Permanganatlösung.

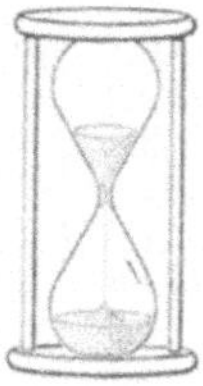

Wir nehmen zur Zuckerbestimmung zuckerhaltigen Harn. Er darf nicht mehr als 0,5 Prozent reduzierenden Zucker enthalten. Ist die Konzentration eine größere, dann muß der Harn verdünnt werden. Man stellt am besten durch einen Vorversuch mit Fehlingscher Lösung den ungefähren Zuckergehalt fest.

Nun gibt man 20 ccm Harn in ein Erlenmeyer-Kölbchen von 150 ccm Inhalt, fügt je 20 ccm der Kupfersulfatlösung und der Seignettesalzlösung hinzu und erhitzt zum Sieden. Sobald die ersten Blasen aufsteigen, merke man sich genau die Zeit und halte die Lösung genau 3 Minuten in gelindem Kochen. Zur Kontrolle der Zeit

Abb. 64.
Sanduhr.

verwendet man mit Vorteil eine auf 3 Minuten eingestellte Sanduhr (vgl. Abb. 64). Nun läßt man das abgeschiedene Kupferoxydul absitzen. Die überstehende Flüssigkeit muß blau gefärbt sein. Man filtriert durch einen mit Asbest belegten Goochtiegel (vgl. S. 34). Der Asbest muß gut gereinigt sein. Man sucht den größten Teil des Niederschlages im Erlenmeyer-Kolben zurückzuhalten und wäscht ihn durch Umschwenken in heißem Wasser, läßt wieder absitzen und gießt das heiße Waschwasser durch den Goochtiegel. Hierdurch wäscht man auch den Teil des Kupferoxyduls, der schon auf dem Asbest sich befindet. Nun wird ohne Erwärmung der im Erlenmeyer-Kölbchen sich befindende Kupferoxydulniederschlag in 20—25 ccm der Ferrisulfatlösung gelöst und die Lösung durch das Asbestfilter gegossen. Man spült mit kaltem Wasser nach und bestimmt nun unverzüglich mit Hilfe der Permanganatlösung, deren Titer man genau kennt, das in Lösung befindliche Ferrosulfat. Die Endreaktion ist erreicht, wenn die grüne Farbe der Lösung in rosa übergegangen ist.

Bei der Berechnung des Zuckergehaltes stellt man zunächst die Anzahl Milligramme Kupfer fest, die den verbrauchten Kubikzentimetern der Permanganatlösung entsprechen. Aus der unten mitgeteilten Tabelle ergibt sich dann die entsprechende Menge Traubenzucker, ausgedrückt in Milligrammen. Die ganze Bestimmung dauert, falls man über die fertigen Lösungen verfügt, höchstens 20 Minuten.

Tabelle.

Cu in mg	d-Glukose in mg	Cu in mg	d-Glukose in mg	Cu in mg	d-Glukose in mg	Cu in mg	d-Glukose in mg	Cu in mg	d-Glukose in mg
20,4	10	57,2	29	91,8	48	124,7	67	155,6	86
22,4	11	59,1	30	93,6	49	126,4	68	157,2	87
24,3	12	60,9	31	95,4	50	128,1	69	158,8	88
26,3	13	62,8	32	97,1	51	129,8	70	160,4	89
28,3	14	64,6	33	98,9	52	131,4	71	162,0	90
30,2	15	66,5	34	100,6	53	133,1	72	163,6	91
32,2	16	68,3	35	102,3	54	134,7	73	165,2	92
34,2	17	70,1	36	104,1	55	136,3	74	166,7	93
36,2	18	72,0	37	105,8	56	137,9	75	168,3	94
38,1	19	73,8	38	107,6	57	139,6	76	169,9	95
40,1	20	75,7	39	109,3	58	141,2	77	171,5	96
42,0	21	77,5	40	111,1	59	142,8	78	173,1	97
43,9	22	79,3	41	112,8	60	144,5	79	174,6	98
45,8	23	81,1	42	114,5	61	146,1	80	176,2	99
47,7	24	82,9	43	116,2	62	147,7	81	177,8	100
49,6	25	84,7	44	117,9	63	149,3	82		
51,5	26	86,4	45	119,6	64	150,9	83		
53,4	27	88,2	46	121,3	65	152,5	84		
55,3	28	90,0	47	123,0	66	154,0	85		

Fette und Bausteine.

Nachweis: Wir gehen von einem Öl oder von einem festen Fett aus. Man führe mit dem Öl oder Fett einige Löslichkeitsbestim mungen durch, indem man kleine Stücke davon in ein Reagenzglas gibt und dann mit Äther, Alkohol, Chloroform, Schwefelkohlenstoff, Tetrachlorkohlenstoff Lösungsversuche ausführt. Wird etwas von dem Öl oder Fett mit gepulvertem, saurem schwefelsaurem Kalium in ein trockenes Reagenzglas gegeben und das Gemisch erhitzt, dann tritt ein stechender

$$\begin{matrix} CH_2OH & & CH_2 \\ | & & \| \\ CHOH & - 2\,H_2O = & CH \\ | & & | \diagup O \\ CH_2OH & & C \diagdown H \end{matrix}$$

Glyzerin   Akrolein

Geruch nach Akrolein auf. Beim Erhitzen ist zunächst Spaltung des Fettes in Fettsäure und Glyzerin eingetreten. Das Glyzerin ist unter Wasserentziehung in Akrolein übergegangen. Hält man über das Reagenzglas ein Stückchen Filtrierpapier, das man mit ammoniak-alkalischer Silberlösung getränkt hat, dann tritt sofort Reduktion ein. Es färbt sich der Filtrierpapierstreifen augenblicklich schwarz.

Die gleiche Reaktion erhalten wir natürlich, wenn wir Glyzerin selbst mit saurem schwefelsaurem Kalium erhitzten. Glyzerin ist eine süß schmeckende, zähe Flüssigkeit.

Die anderen Komponenten der Fette, die Fettsäuren, sind nicht so leicht zu erkennen. Es wird sich zumeist um den Nachweis von Palmitin- und Stearinsäure handeln. Beide sind bei gewöhnlicher Temperatur fest. Sie kristallisieren in perlmutterglänzenden Blättchen und sind in Wasser so gut wie unlöslich, dagegen lösen sich ihre Alkalisalze leicht. Es bilden sich die sog. Seifen. Diese Eigenschaft benutzen wir zur Erkennung der genannten Fettsäuren. Wir setzen Alkali hinzu und stellen die Auflösung fest. Schwer löslich sind die Magnesium- und besonders die Kalziumsalze. Diese Seifen finden wir unter besonderen Verhältnissen im Darminhalt und besonders in den Fäzes. Zu der Lösung von Fettsäuren in Alkali setzen wir Mineralsäure (z. B. Salzsäure), bis ein Überschuß davon vorhanden ist. Die Fettsäuren fallen wieder aus.

Emulgierung von Fett durch Alkalikarbonat.

Wir geben zu vollständig neutralem Olivenöl 0,25 prozentige Sodalösung und schütteln nun im Reagenzglas energisch durch. Es tritt zunächst eine Trübung der Sodalösung auf. Die vorher vorhandene Ölschicht ist zum größten Teil verschwunden. Wir beobachten, daß nach kurzer Zeit die kleinen Tröpfchen sich zu größeren sammeln. Diese steigen an die Oberfläche der Flüssigkeit auf. Die Sodalösung ist bald wieder vollständig klar. Die Ölschicht hat sich wieder abgeschieden. Nimmt man Öl, das ranzig ist, oder bereitet man sich solches durch Zusatz von freier Fettsäure zu Neutralfett, dann erhalten wir ebenfalls beim energischen Schütteln Zerstäubung in feinste

Tröpfchen. Die Emulsion bleibt jedoch jetzt längere Zeit bestehen. Wollen wir eine bleibende Emulsion herstellen, dann fügen wir etwas Gummi arabicum hinzu, bevor wir umschütteln.

Spaltung des Fettes in seine Bestandteile.

Wir gehen von 50 Gramm Schweinefett aus und zerlegen dieses durch Kochen der alkoholischen Lösung mit Lauge (Kali- oder Natronlauge). Es werden 20 Gramm Kalihydrat in einer Porzellanschale gepulvert und dann unter Umschütteln allmählich zu 100 Gramm absolutem, in einem Rundkolben von 500 ccm Inhalt befindlichen Alkohol zugegeben. Starkes Erhitzen vermeidet man durch Einstellen des Kolbens in kaltes Wasser. Während diesen Operationen hat man das Schweinefett unter Zugabe von etwas Alkohol durch Erwärmen auf dem Wasserbad in einer Schale zum Schmelzen gebracht und gießt nun die geschmolzene Masse in den die alkoholische Kalilauge enthaltenden Kolben hinein. Noch anhaftende Teilchen Fett werden durch Erwärmen mit etwas Alkohol auf dem Wasserbade in Lösung gebracht und dann die alkoholische Lösung ebenfalls in den Kolben hineingegeben. Die ganze Masse wird nun energisch durchgeschüttelt und auf das Wasserbad gesetzt. Man kocht nunmehr etwa 1 Stunde. In kurzer Zeit ist die Hydrolyse vollständig. Man erkennt die Beendigung der Reaktion daran, daß eine in ·Wasser gegossene Probe vollständig klar bleibt. Es tritt keine Abscheidung von Fett mehr ein.

Wir haben nunmehr in der Lösung den dreiwertigen Alkohol Glyzerin, ferner überschüssiges Kalihydrat und Äthylalkohol und endlich die Fettsäuren in Form ihrer Alkalisalze, sog. Seifen. Um diese Mischung zu trennen, wird der Inhalt des Kolbens unter Umrühren ganz allmählich in verdünnte, auf etwa 80^0 erwärmte Schwefelsäure eingetragen. Die Schwefelsäure bereiten wir, indem wir 12 Gramm konz. Schwefelsäure in 250 ccm Wasser eingießen. Die Fettsäuren scheiden sich als ölige Schicht ab. Beim Abkühlen erstarrt die Schicht. Sie wird mit einem Glasstab durchgestoßen und die Flüssigkeit durch ein nasses Filter gegossen. Das Filtrat enthält den anderen Bestandteil der Fette, den Alkohol: Glyzerin.

Die Fettsäuren sind noch keineswegs rein. Sie schließen noch anorganische Bestandteile ein. Zur Reinigung wird die feste Masse im Mörser zerstoßen und das Gemisch auf ein Filter gebracht. Zunächst wird gründlich mit destilliertem Wasser gewaschen, und zwar so lange, bis das abfiltrierte Waschwasser mit Barytwasser keine Reaktion auf Schwefelsäure mehr gibt. Vom anhaftenden Wasser trennt man die Fettsäuren, indem man das Gemisch durch Erwärmen auf dem Wasserbad wieder zum Schmelzen bringt, dann erkalten läßt und nunmehr die Masse auf Filtrierpapier legt. Die so erhaltenen Fettsäuren stellen ein Gemisch dar. Sie bestehen aus Ölsäure, Palmitin- und Stearinsäure. Die beiden letzteren sind fest. Die erstere ist bei gewöhnlicher Temperatur flüssig.

Die isolierten Fettsäuren bilden mit Alkalien lösliche Salze, sog. Seifen. Bringen wir von dem Gemisch etwas in ein Reagenzglas und geben dazu einen kleinen Überschuß von Natronlauge, dann tritt Lösung ein. Gibt man Salzsäure hinzu, dann scheiden sich die Fettsäuren wieder ab. Eine Fällung erhält man auf Zugabe von Chlorkalziumlösung. Es bilden sich unlösliche Kalkseifen. Auf Zusatz von Bleiazetat erhält man eine zähe, klebrige Masse. Es haben sich Bleiseifen gebildet. Die festen Fettsäuren lassen sich von der Ölsäure trennen, indem man das Fettsäuregemisch auf dem Wasserbad zum Schmelzen bringt und dann 70 prozentigen Alkohol hinzufügt und noch eine Zeitlang weiter erhitzt. Jetzt wird heiß filtriert und dann abkühlen gelassen. Beim Abkühlen tritt Kristallisation ein. Die Ölsäure bleibt in Lösung. Es wird abfiltriert und der Rückstand mit 70 prozentigem Alkohol gewaschen.

Aus dem Filtrat der Fettsäuren läßt sich das Glyzerin gewinnen. Es wird zunächst die vorhandene Schwefelsäure mit Natronlauge neutralisiert und dann das Gemisch auf wenige Kubikzentimeter eingedampft. Der Rückstand wird mit 50 ccm absolutem Alkohol vermischt. Dann wird filtriert und auf dem Wasserbade wieder stark eingeengt. Es wird wieder mit absolutem Alkohol ausgezogen. Zu der Mischung setzt man nun etwa 15 ccm Äther hinzu. Jetzt schüttelt man im Scheidetrichter gut durch und läßt 24 Stunden stehen. Dann wird filtriert und die ätherisch-alkoholische Lösung auf dem Wasserbade vorsichtig abgedampft. Es hinterbleibt das Glyzerin als Sirup. Er schmeckt intensiv süß. Man führe mit einer Probe die oben beim Fett beschriebene Akroleinreaktion aus.

An Stelle von Schweinefett kann man mit Vorteil auch Olivenöl anwenden. Die Ausführung der Methode ist im übrigen die gleiche.

Spaltung von Fett durch Lipase. Einem frisch getöteten Tiere wird die Pankreasdrüse entnommen. Sie wird fein zerschnitten und dann in einer Reibschale tüchtig durchgequetscht. Nun fügt man 5 Gramm Butter zu Wasser von 40^0, ferner einige Tropfen Rosolsäurelösung und vorsichtig soviel $^1/_{10}$-n-Natronlauge, daß die Mischung deutlich rot gefärbt ist. Jetzt setzt man 2 Gramm des zerquetschten Pankreasgewebes hinzu und stellt die Mischung in den Brutschrank. Nach einiger Zeit beobachtet man, daß die Farbe des Gemisches in Gelb umschlägt. Das neutrale Fett ist in Alkohol und Fettsäuren zerlegt worden.

Sterine.

Nachweis von Cholesterin. Cholesterin ist in Wasser vollständig unlöslich. Dagegen löst es sich in heißem Alkohol, in Äther und Chloroform. Löst man etwas Cholesterin in letzterem, und unterschichtet man mit konz. Schwefelsäure, so färbt sich die Chloroformlösung rasch blutrot (Salkowskis Probe). Gießt man die Lösung in eine Schale aus, dann geht die Farbe in Blaugrün und endlich in Gelb über. Die Schwefelsäure selbst zeigt eine deutlich grüne Fluoreszenz. Hat man Cholesterin in einer Flüssigkeit nachzuweisen, dann kann man die Probe dadurch verschärfen, daß man diese mit Chloroform durchschüttelt und dann die Chloroformschicht mit Schwefelsäure unterschichtet. Fügt man zu einer Lösung von Cholesterin ein wenig Chloroform, 2—3 Tropfen Essigsäureanhydrid und dann vorsichtig tropfenweise konzentrierte Schwefelsäure, dann tritt zunächst eine rosarote und bald darauf eine blaue Färbung ein. Schließlich färbt sich die Lösung grün (Liebermannsche Probe). Cholesterin schmilzt gegen 147^0.

Eiweißstoffe und Bausteine.

Nachweis: Das Eiweiß kommt in der Natur in verschiedenen Zuständen vor. Wir kennen scheinbar gelöste Eiweißkörper, ferner zähflüssige, halb feste und vollkommen feste Eiweißkörper. In den meisten Fällen handelt es sich um den Nachweis von Eiweiß in Körperflüssigkeiten. In diesen Fällen wird man es meistens mit Proteinen zu tun haben, die eine scheinbare (kolloide) Lösung bilden.

1. Nachweis der Eiweißkörper durch Änderung ihres Zustandes: Um die Eigenschaften der Proteine kennenzulernen, nehmen wir z. B. Blutserum. Ebensogut kann man Eiereiweiß oder z. B. Hefemazerationssaft nehmen. Alle diese Produkte enthalten mehrere Eiweißkörper nebeneinander. Die Hauptmasse der Proteine wird durch Globuline und Albumine gebildet. Wenn wir etwas Blutserum mit Wasser verdünnen, dann beobachten wir das Auftreten einer Trübung. Dieselbe Beobachtung machen wir, wenn wir Blutserum in einen Dialysierschlauch einfüllen und dann gegen destilliertes Wasser dialysieren. Verfolgen wir die Ursache der Trübung etwas genauer, dann können wir leicht feststellen, daß Eiweiß ausgefallen (ausgeflockt) ist, und zwar handelt es sich um das Serumglobulin. Es sind ihm die Lösungsbedingungen entzogen worden. Schütteln wir etwas von dem Serum längere Zeit im Reagenzglas, dann können wir ebenfalls das Auftreten einer Ausflockung feststellen. Es sind die Globuline denaturiert worden. Wir verdünnen nunmehr 1 Teil des Serums mit 5 Teilen Wasser und kochen auf. Bald beobachten wir, daß die Lösung ein opakes Aussehen annimmt. Eiweiß ist geronnen (Koagulationsprobe). Die Fällung wird vervollständigt, wenn wir vorher der Flüssigkeit etwas sehr stark verdünnte Essigsäure (2$^0/_{00}$ ige Lösung) zufügen. Man muß mit dem Zusatz der Säure außerordentlich vorsichtig sein, denn wenn ein Überschuß davon vorhanden ist, dann erhält man Azidproteine, die dann der Koagulation beim Erhitzen entgehen. Man gebe die sehr stark verdünnte Essigsäurelösung mit einem Glasstab in einzelnen Tropfen zu. Ein Zuwenig an hinzugesetzter Essigsäure läßt sich leicht durch weiteren Zusatz gutmachen. Verfolgen wir die Koagulationsprobe mit Hilfe eines Thermometers, den wir in die Flüssigkeit im

Reagenzglas eintauchen, dann können wir feststellen, daß die Gerinnung nicht mit einem Male eintritt. Vielmehr sehen wir, daß bei verschiedenen Temperaturen neue Massen von Eiweiß gerinnen.

Die Koagulation ist eines der gebräuchlichsten Mittel, um rasch Eiweiß nachzuweisen. Hat man Lösungen vor sich, die nur sehr wenig Eiweiß enthalten, dann erleichtert man sich den Nachweis des Eiweißes, indem man neben Essigsäure noch einige Tropfen einer 10 prozentigen Ferrozyankaliumlösung hinzufügt. Es entsteht ein flockiger Niederschlag. Geben wir zu dem unverdünnten Serum eine konzentrierte, wässerige Lösung von Ammoniumsulfat oder von Natriumsulfat oder Magnesiumsulfat, dann erhalten wir bei genügendem Zusatz eine Fällung. Filtrieren wir diese ab, und fügen wir zu dem Filtrat weitere Mengen der genannten konzentrierten Salzlösungen, dann tritt wiederum Fällung ein. Wir können so die Eiweißkörper durch fraktionierte Fällung trennen. Geben wir zu der ausgeflockte Proteine enthaltenden Lösung Wasser hinzu, d. h. setzen wir die Konzentration an der zugefügten Salzlösung herab, dann löst sich die Ausflockung wieder (revensible Zustandsänderung).

2. **Nachweis von Eiweiß mit Hilfe von Farbenreaktionen.** Fügen wir zu der verdünnten Eiweißlösung Alkali, z. B. Natronlauge, und dann tropfenweise sehr stark verdünnte Kupfersulfatlösung hinzu, dann erhalten wir eine violettrote Färbung: Biuretprobe. Die gleiche Farbenreaktion erhalten wir auch mit etwas modifizierter Farbe, wenn wir an Stelle der Eiweißstoffe Peptone oder manche säureamidartig verkettete Aminosäuren, sog. Polypeptide, verwenden. Man darf also niemals aus dem positiven Ausfall der Biuretreaktion allein auf die Anwesenheit von Eiweiß schließen. Nur dann, wenn auch die Koagulationsprobe ein positives Resultat gibt, wird man die Anwesenheit von Eiweiß mit größter Bestimmtheit vermuten dürfen, denn nur ganz wenige Eiweißkörper sind in der Hitze löslich, so z. B. die Gelatine.

Die nun folgenden Farbenreaktionen sind typisch für ganz bestimmte Bausteine der Eiweißkörper. Wir können sie ebensogut mit diesen selbst erhalten, wie mit den Proteinen, in denen sie enthalten sind. Gibt ein Produkt, das man auf Eiweiß untersuchen will, eine bestimmte Farbenreaktion nicht, dann darf man selbstverständlich nicht den Schluß ziehen, daß nun Eiweiß ausgeschlossen sei. Es kann ja derjenige Baustein, der die betreffende Reaktion gibt, fehlen.

Fügt man zu der Eiweißlösung konzentrierte, farblose[1]) Salpetersäure hinzu, dann tritt schon in der Kälte sofort nach dem Zusatz Gelbfärbung ein. Erhitzt man, dann wird zunächst die Gelbfärbung intensiver, schließlich geht sie in Orange über. Diese Reaktion, Xanthoproteinreaktion genannt, ist charakteristisch für

---

[1]) Ist die zur Verfügung stehende Salpetersäure gefärbt, dann koche man sie, bis sie farblos ist.

die aromatischen Bausteine der Eiweißkörper, für Phenylalanin, Tyrosin und auch für Tryptophan.

Gibt man zu der Eiweißlösung Millons Reagens (vgl. seine Darstellung S. 52), dann entsteht zunächst ein weißer, flockiger Niederschlag. Dieser wird beim Kochen des Gemisches rot. Der positive Ausfall der Millonschen Reaktion weist auf das Vorhandensein des Phenolderivates Tyrosin hin. Es ist dies neben Oxytryptophan der einzige Eiweißbaustein, der mit Millons Reagens diese Färbung gibt. Die genannte Xanthoproteinreaktion und die Reaktion mit Millons Reagens geben auch feste Eiweißkörper. Wenn wir etwas von den betreffenden Reagenzien auf unsere Haut oder unsere Nägel geben, dann können wir nach kurzer Zeit das Auftreten einer Gelb- bzw. Rotfärbung beobachten.

Eine weitere Probe der Eiweißlösung versetzen wir mit einem Überschuß an Natronlauge und geben basisches Bleiazetat hinzu. Beim Kochen beobachten wir, daß nach einiger Zeit eine graue Färbung auftritt. Nach und nach entsteht eine schwarzbraune Fällung. Es hat sich Bleisulfid abgeschieden. Diese Reaktion, Schwefelbleiprobe genannt, ist typisch für den Schwefelgehalt der Eiweißkörper und insbesondere charakteristisch für den Baustein Zystin.

Versetzt man die Eiweißlösung mit Glyoxylsäure (vgl. S. 52) und unterschichtet dann die Lösung vorsichtig mit konzentrierter Schwefelsäure, dann erhält man an der Berührungsstelle der beiden Flüssigkeiten einen schön violetten Ring. Man kann ihn durch vorsichtiges Schütteln der Lösung verbreitern und schließlich bewirken, daß das ganze Gemisch die violette Farbe annimmt. Der Zusatz der Schwefelsäure muß sehr vorsichtig erfolgen. Man hält hierbei das Reagenzglas schräg und läßt an der Wand die schwere Schwefelsäure herunterfließen. Der positive Ausfall dieser Reaktion ist charakteristisch für den Baustein Tryptophan. Hier sei erwähnt, daß das freie Tryptophan mit Bromwasser eine schön rosarote Färbung gibt. Das gebundene Tryptophan reagiert mit Bromwasser nicht. Man kann so mit Hilfe dieser Reaktion gebundenes und freies Tryptophan sehr scharf unterscheiden.

Eine weitere Reaktion, die offenbar mit dem Tryptophangehalt des Eiweißes zusammenhängt, ist diejenige mit p-Dimethylaminobenzaldehyd:

$$C \cdot N(CH_3)_2$$
$$HC \quad CH$$
$$HC \quad CH$$
$$C \cdot CHO .$$

Man bringt zu der verdünnten Eiweißlösung 5 Tropfen einer 5 proz., schwach schwefelsauren Lösung von p-Dimethylaminobenzaldehyd und läßt dann unter häufigem Umschütteln konzentrierte Schwefelsäure bis zum Auftreten einer rotvioletten oder dunkelvioletten Färbung zufließen. Hat man nur wenig Eiweiß in Lösung, dann nimmt man diese Probe am besten in folgender Weise vor: Man bereitet sich eine Lösung von p-Dimethylaminobenzaldehyd in konzentrierter Schwefelsäure im Verhältnis 1:100 und unterschichtet dann die betreffende eiweißhaltige Lösung. Man erhält an der Grenze der beiden Flüssigkeitsschichten einen deutlich violettroten Farbenring.

Eiweißkörper, welche Histidin und Tyrosin enthalten, geben die sog. Diazoreaktion. Man gibt zu der Serumlösung einen Überschuß von Sodalösung und dann 3—5 ccm einer ganz frisch bereiteten sodaalkalischen Lösung von einigen Zentigrammen Diazobenzolsulfosäure. Nach kurzer Zeit tritt eine dunkelkirschrote Färbung auf.

Endlich kennen wir eine Farbreaktion, die Eiweiß, Peptonen, Polypeptiden und Aminosäuren gemeinsam ist. Wir setzen zu der zu untersuchenden Lösung 0,2 ccm einer 1 prozentigen Ninhydrinlösung = Triketohydrindenhydratlösung (Triketohydrindenhydrat: $C_6H_4{\displaystyle\diagdown^{CO}_{CO}}C(OH)_2$) und erhitzt eine Minute. Es tritt Blaufärbung ein.

Eine große Bedeutung hat der **Nachweis von Eiweiß im Harn.** Steht eiweißhaltiger Urin zur Verfügung, dann benutzen wir diesen, oder aber wir bereiten solchen künstlich durch Zusatz von Serum oder Eiereiweiß zu Urin. Wir prüfen znnächst die Reaktion des Harnes. Ist er nicht klar, dann wird vor der Ausführung der Probe filtriert. Der klare Harn wird, wenn er sauer reagiert, direkt zum Sieden erhitzt. Entsteht hierbei ein Niederschlag, dann müssen wir ausschließen, daß Phosphate ausgefallen sind. Wir geben zu der Probe 1—2 Tropfen verdünnte Essigsäure und kochen wieder auf. Bleibt hierbei die Trübung bestehen, dann handelt es sich um Eiweiß, tritt dagegen Lösung ein, dann waren Phosphate ausgefallen. Wenn der Harn alkalisch reagiert, dann ist er vor dem Aufkochen mit verdünnter Essigsäure schwach anzusäuern.

Eine weitere, zum Nachweis von Eiweiß im Harn oft verwendete Probe ist die folgende: Man gießt in ein Reagenzglas etwa 5 ccm des filtrierten, vollständig klaren Harnes. In ein zweites Reagenzglas gibt man 5 ccm konz. Salpetersäure. Diese überschichtet man nun vorsichtig mit dem Harn. Man muß dabei jede Vermischung der Proben vermeiden. Dies wird am besten erreicht, wenn man das Reagenzglas, in dem der Harn sich befindet, möglichst wagerecht hält und dann den Harn langsam in das gleichfalls in möglichst wagerechter Lage sich befindende Reagenzglas mit der Salpetersäure fließen läßt. Man beobachtet dann an der Berührungsstelle der beiden Flüssigkeitsschichten einen weißlichen trüben Ring (Hellersche Probe). Man beachte, daß normale Urine an der Berührungsstelle einen roten oder rotvioletten, durchsichtigen Ring geben. Diese Färbung rührt vom Indigofarbstoff her.

Essigsäure-Ferrozyankalium-Probe: Man gibt zu 10 ccm klaren Urins 10—15 Tropfen verdünnte Essigsäure. Dann fügt man tropfenweise 10 prozentige Ferrozyankaliumlösung hinzu. Jeder Überschuß an dieser ist zu vermeiden. Enthält der Harn Eiweiß, so entsteht ein weißer, flockiger Niederschlag oder doch eine Trübung, wenn es sich nur um Spuren von Eiweiß handelt.

Man darf sich niemals mit einer dieser letzteren Proben allein begnügen. Man führe stets alle drei genannten Proben nebeneinander aus. Außerdem filtriere man den entstandenen Niederschlag ab und stelle mit ihm die oben angegebenen (vgl. S. 73—75) Farbenreaktionen an.

Einwirkung von Pepsinsalzsäure oder von Magensaft auf Eiweiß.

Am besten verwenden wir zu diesem Versuche ein hartgesottenes Ei. Übergießen wir ein solches (vgl. Abb. 65) oder ein Stück des koagulierten Eiereiweißes in einem Becherglas mit Magensaft oder

Abb. 65. Verdauung eines Eies durch Magensaft.

Pepsinsalzsäure, dann beobachten wir nach einigem Stehen bei 37° im Brutschrank (vgl. Abb. 60, S. 60), daß Lösung des festen Eiweißes eintritt. Die vorher scharfen Kanten und Ecken des koagulierten Eiweißes runden sich allmählich ab. Gleichzeitig wird die vorher klare Lösung der Pepsinsalzsäure bzw. des Magensaftes opaleszierend. Setzt man den Versuch einige Stunden fort, dann verschwindet das Eiereiweiß schließlich vollständig. Es ist das Eiweiß in Peptone übergeführt worden.

 Sehr schön können wir den Abbau des Eiweißes durch Fermente mittels der Dialyse verfolgen. Bringen wir in einen Dialysier-

schlauch eine Eiweißlösung und dialysieren gegen destilliertes Wasser,
dann können wir auch nach Tagen und selbst nach Wochen in der
Außenflüssigkeit keine Spur von biuretgebenden Substanzen nachweisen, wenn wir dafür sorgen, daß durch Zusatz von Toluol und
Chloroform jede Bakterienwirkung ausbleibt. Wenn wir dagegen bei
einem zweiten Versuche in den Dialysierschlauch Pepsinsalzsäure bzw.
Magensaft geben, dann können wir nach kurzer Zeit in der Außenflüssigkeit durch Zusatz von Alkali und Kupfersulfatlösung rotviolette
Färbung beobachten. Der kolloide Eiweißkörper
ist in die nicht kolloiden Peptone übergegangen,
die durch die Wand des Dialysierschlauches hindurch diffundieren. Nehmen wir an Stelle des
Eiereiweißes Elastin oder Bindegewebe, dann können wir gleichfalls feststellen, daß diese genuin
festen Eiweißkörper von Pepsinsalzsäure leicht angegriffen werden. Es tritt ebenfalls deutliche Biuretreaktion in der Verdauungsflüssigkeit auf. Hierbei
muß allerdings berücksichtigt werden, daß die
Pepsinsalzsäure und der Magensaft meist an und
für sich schon Biuretreaktion geben. Man kann in
diesem Fall nur eine Verstärkung der Reaktion
feststellen. Es läßt sich die Menge der biuretgebenden Körper ungefähr bestimmen, indem man
nach Zugabe einer bestimmten Menge Natronlauge
zu der Verdauungsflüssigkeit aus einer Bürette
verdünnte Kupfersulfatlösung zufließen läßt und
beobachtet, wann deren blaue Farbe die Biuret-
farbe verdeckt.

Nimmt man das Elastinstückchen aus der Pepsinsalzsäure heraus und wäscht es sorgfältig mit
Wasser ab, dann erhält man, wenn man neues
Wasser zusetzt, nach einigem Stehen bei 37^0 in
diesem Biuretreaktion. Es ist dies ein Beweis
dafür, daß das Elastin in sich wirksames Ferment
aufgenommen hat, das weiter Eiweiß zu Pepton
abbaut.

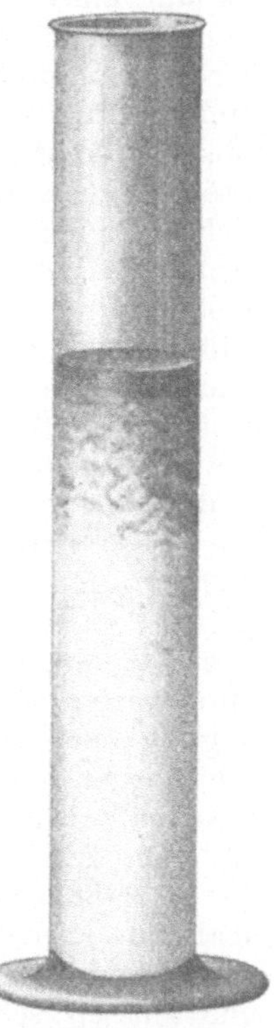

Abb. 66.
Gerinnung von Milch
durch Labferment.

Die Salzsäure läßt sich im Magensaft direkt
nachweisen, indem wir Silbernitratlösung hinzusetzen. Es fällt Chlorsilber aus. Selbstverständlich könnte diese
Reaktion auch durch vorhandene Chloride, z. B. Kochsalz, bedingt
sein. Man überzeuge sich mit Hilfe eines Lackmuspapieres, daß der
Magensaft sauer reagiert. Man verwende zur Prüfung ferner Kongopapier.

Fügen wir etwas von dem Magensaft zu Milch hinzu, dann beobachten wir, daß nach kurzer Zeit Gerinnung eintritt (Abb. 66).
Die Milch scheidet sich in zwei Teile, einmal in eine Flüssigkeit,
das sog. Milchserum und ein Gerinnsel. Dieses besteht aus dem

Kalksalz des Kaseïns. Ferner enthält es Fett. Dieser Gerinnungsvorgang wird durch ein besonderes Ferment, Labferment genannt, herbeigeführt. Bewahrt man das Gemisch längere Zeit bei 37° auf, dann geht das Gerinnsel unter Bildung von Peptonen in Lösung. Das Pepsin greift auch hier ein und baut ab.

Abbau von Proteinen und Peptonen durch Trypsin.

Fügt man zu koaguliertem Eiereiweiß Pankreassaft oder eine Lösung eines käuflichen Pankreatinpräparates, dann tritt nach einiger Zeit ebenfalls Lösung ein. Auch hier entstehen zunächst Peptone. Doch kann man fast gleichzeitig auch das Auftreten von freien Aminosäuren nachweisen. Wir wählen an Stelle des Eiereiweißes käufliches Kaseïn, übergießen 10 Gramm davon in einer Stöpselflasche mit 100 ccm Wasser und geben dazu 1 Gramm käufliches Pankreatin bzw. Trypsin und soviel einer Sodalösung oder Ammoniak, daß die Lösung gerade alkalisch reagiert. Um das Eintreten von Fäulnis zu verhindern, gießen wir etwas Toluol auf die Flüssigkeit. Nun stellen wir das Gemisch in den Brutschrank. Schon nach etwa 4—6 Stunden beobachten wir, daß an der Wand des Gefäßes weiße Punkte erscheinen. Nach weiteren 12 Stunden ist die Abscheidung der erwähnten Massen eine viel umfangreichere. Unter dem Mikroskop erweisen sich die Punkte als Kristallnadeln. Sie geben mit Millons Reagens Rotfärbung. Es handelt sich um Tyrosin. Man kann also durch einfache Beobachtung feststellen, daß neben Peptonen sehr rasch Aminosäuren auftreten. Man prüfe ferner das Verdauungsgemisch vor Beginn des Versuches mit Hilfe von Bromwasser auf Tryptophan. Die Reaktion wird im allgemeinen negativ ausfallen. Nachdem die Verdauung einige Zeit gedauert hat, erhält man mit Bromwasser positive Bromwasserreaktion. Es ist dies ein Zeichen dafür, daß nunmehr Tryptophan abgespalten worden ist. Die freie Aminosäure geht in Lösung.

Es läßt sich leicht zeigen, daß eiweißspaltende und peptonspaltende Fermente sich auch in den Körperzellen finden. Entnimmt man einem eben getöteten Tier unter Anwendung aller aseptischen und antiseptischen Vorsichtsmaßregeln ein Stück eines Organes, z. B. der Leber, und bringt man dieses in ein sorfältig sterilisiertes Gefäß, dann beobachtet man, daß nach einiger Zeit das Gewebe zerfällt. Um zu verhindern, daß das Organ eintrocknet, wird sterilisiertes Wasser hinzugegeben. Um jede Möglichkeit des Eintretens von Fäulnis zu verhindern, wird das Wasser mit Chloroform unterschichtet. Zur Sicherheit kann man die Flüssigkeit auch noch mit Toluol bedecken. Es tritt trotz Fehlens jeglicher Mikroorganismen bald Einschmelzen des Gewebes ein. Man kann auch hier zeigen, daß relativ bald Tyrosin auftritt, ein Zeichen dafür, daß die Eiweißkörper weitgehend gespalten werden. Man nennt diesen Vorgang Autolyse.

Den Nachweis von peptolytischen Fermenten in den Gewebszellen kann man zu einem ganz besonders überzeugenden ge-

stalten, wenn man folgenden Versuch anstellt. Man entnimmt einem
eben getöteten Tier z. B. eine Niere und schneidet diese durch. Man
eröffnet durch den Schnitt zahlreiche Zellen. Von diesem Gewebe
bringt man ein Stückchen in ein Erlenmeyer-Kölbchen und übergießt es mit einer 25-prozentigen, sterilisierten Seidenpeptonlösung.
Das Seidenpepton bereitet man sich aus Seidenabfällen, indem man
100 Gramm Seidenfibroin mit 500 ccm 70 prozentiger Schwefelsäure
vier Tage bei Zimmertemperatur stehen läßt. Dann wird die
Schwefelsäure mit Baryt quantitativ entfernt, und darauf das sowohl schwefelsäure- wie barytfreie Filtrat unter vermindertem Druck
zur Trockene verdampft. Zum erwähnten Versuche kann das so
dargestellte Pepton direkt verwendet werden. Das Seidenpepton ist
in Wasser spielend löslich. Es enthält viel l-Tyrosin. Wird das
Pepton gespalten und dabei Tyrosin in Freiheit gesetzt, dann scheidet
sich die schwerlösliche Aminosäure sofort aus. Man beobachtet dann,
daß auf dem betreffenden Gewebsstück sich nach ganz kurzer Zeit
Tyrosinkristalle abscheiden.

Harnstoff.

$$C\!\!=\!\!O\begin{cases} NH_2 \\ NH_2 \end{cases}$$

Nachweis: Erhitzt man etwas Harnstoff in einem trockenen
Reagenzglas, dann beobachtet man das Entweichen von Ammoniak.
Man halte während des Erhitzens ein feuchtes, rotes Lackmuspapier
über die Öffnung des Reagenzglases. Es wird blau gefärbt. Während
des Erhitzens ist der Harnstoff geschmolzen. Die Schmelze wird bei
weiterem Erhitzen wieder fest. Es ist unter Abspaltung von Ammoniak
sog. Biuret entstanden:

$$\begin{matrix} NH_2 \\ CO \\ NH\,H \\ NH_2 \\ CO \\ NH_2 \end{matrix} = \begin{matrix} NH_2 \\ CO \\ NH \\ CO \\ NH_2 \end{matrix} + NH_3 \,.$$

Löst man die feste Masse nach erfolgter Abkühlung in Wasser und
gibt etwas Natronlauge hinzu, so erhält man beim Zusatz einer sehr
verdünnten Kupfersulfatlösung eine intensiv rotviolette Färbung
(Biuret-Reaktion).

Löst man einige Harnstoffkristalle auf einem Uhrglas in einigen
Tropfen Wasser und gibt konzentrierte Oxalsäurelösung hinzu, so
erfolgt bald Abscheidung von oxalsaurem Harnstoff:

$$CO\begin{cases} NH_2 \\ NH_2 \end{cases} \cdot C_2H_2O_4 + H_2O \,.$$

Verwendet man an Stelle der Oxalsäure Salpetersäure, dann erhält man Kristalle von salpetersaurem Harnstoff, $CON_2H_4 \cdot HNO_3$.

Harnsäure.

$$\begin{array}{c} NH-C=O \\ | \quad\quad | \\ O=C \quad\quad C-NH \\ | \quad\quad\quad\quad >C=O \; . \\ NH-C-NH \end{array}$$

Nachweis. Man bringe etwas Harnsäure in eine kleine Porzellanschale, füge ein paar Tropfen Salpetersäure hinzu und verdampfe auf dem Wasserbade bis zur Trockene. Es bildet sich zunächst eine gelb gefärbte Masse, die bei völligem Trocknen eine rote Farbe annimmt. Gibt man einen Tropfen Ammoniak hinzu, am besten mit Hilfe eines Glasstabes, dann erhält man eine prachtvoll purpurrote Farbe. Nimmt man an Stelle des Ammoniaks Alkalilauge, dann tritt blauviolette Färbung ein. Jeder Überschuß an Ammoniak bzw. Natronlauge ist zu vermeiden, und ebenso darf man beim Abdampfen mit der Salpetersäure nicht zu stark erhitzen. Man nennt diese Probe Murexidprobe.

Gallenfarbstoffe und Gallensäuren.

Nachweis: Wir benutzen dazu Galle. In ihr befindet sich auch Cholesterin, auf das wir bei dieser Gelegenheit auch prüfen können. Die aus einer Gallenblase entnommene Galle wird je nach ihrer Konzentration mit Wasser verdünnt. Einen Teil schüttelt man mit Chloroform durch und unterschichtet dann die Chloroformlösung mit konzentrierter Schwefelsäure. Man erhält eine purpurrote Färbung des Chloroformauszuges (Nachweis von Cholesterin nach Salkowski).

Eine andere Probe wird vorsichtig mit konzentrierter Salpetersäure, die etwas salpetrige Säure enthält, unterschichtet. An der Berührungsstelle der beiden Schichten beobachtet man einen farbigen Ring. Er zeigt alle Farben des Spektrums. Sie werden durch verschiedene Oxydationsstufen des Bilirubins hervorgebracht (Nachweis des Gallenfarbstoffs nach Gmelin).

Man setze etwas von der Galle zu Harn und überzeuge sich, daß man mit der gleichen Reaktion leicht den Gallenfarbstoff nachweisen kann.

Zum Nachweis von Gallensäuren gebe man in einem Reagenzglas zu etwa 1 ccm Galle eine Messerspitze voll Rohrzucker. Dann unterschichte man vorsichtig mit konzentrierter Schwefelsäure. Die Temperatur darf dabei nicht auf über 70^0 steigen. Man erhält eine zuerst kirschrote, dann prachtvoll purpurrote Färbung. Pettenkofersche Reaktion auf Gallensäuren (Furfurolreaktion).

Die gleichen Reaktionen kann man natürlich auch mit den reinen Verbindungen ausführen.

Nachweis von Adrenalin (Suprarenin) in der Nebenniere.

Eine Nebenniere vom Kaninchen, Hund, Rind oder einer anderen Tierart wird so zerschnitten, daß jedes Stück Rinde und Mark aufweist. Ein solches Stückchen legen wir in verdünnte Eisenchloridlösung. Wir beobachten, daß die Markschicht sich fast momentan grün färbt. Bald nimmt auch die Lösung die grüne Farbe an. Adrenalin selbst gibt mit 1 prozentiger wässeriger Ninhydrinlösung gekocht Blaufärbung.

Den Rest des Nebennierengewebes übergießen wir in einem Reagenzglas mit Wasser und schütteln durch. Nun gießen wir etwas von der Flüssigkeit ab und geben dazu ganz verdünnte Eisenchloridlösung. Es tritt Grünfärbung auf. Über den biologischen Nachweis des Adrenalins vgl. Einfluß auf Gefäßweite, Blutdruck und Größe der Pupille.

Analysengang zur Erkennung organischer Verbindungen.

I. Prüfung mit Natronkalk, ob die Substanz stickstoffhaltig oder stickstoffrei ist.

A. Die Substanz enthält keinen Stickstoff.

In Frage kommen:

I. Kohlehydrate: Prüfung der Löslichkeit in Wasser.

a) Die Substanz löst sich in Wasser: Glukose, Fruktose, Galaktose, Maltose, Laktose, Dextrine reduzieren Metalloxyde in alkalischer Lösung (Alkali zusetzen und Kupfersulfatlösung oder Benutzung von Fehlingscher Lösung und Kochen).

Dextrine geben mit Jodjodkaliumlösung weinfarbene Reaktionen.

Rohrzucker reduziert Metalloxyde in alkalischer Lösung nicht. Erst nach Spaltung mit verdünnter Salzsäure tritt Reduktion ein. Man koche mit der Säure, mache dann mit Alkali alkalisch (Prüfung mit dem Lackmuspapier!) und prüfe mittels Fehlingscher Lösung auf Reduktionsvermögen.

Mit den erwähnten einfachen Methoden können wir nur die folgenden Feststellungen machen:

1. primär reduzierende Zucker (Glukose, Fruktose, Galaktose, Maltose, Laktose, Dextrine). Die Dextrine können wir mittels der Jodreaktion erkennen;

2. **sekundär reduzierende Zucker (Rohrzucker).**

b) **Die Substanz löst sich in Wasser nicht.**

   1. Es entsteht eine opaleszierende, scheinbare Lösung: **Glykogen**, oder die Substanz quillt auf und bildet Kleister: **Stärke.** Diese gibt mit **Jodjodkaliumlösung** eine **Blaufärbung**, **Glykogen** dagegen eine **Braunfärbung**. Durch Spaltung mit Säure (z. B. Salzsäure) erhält man reduzierende Abbaustufen. Auch hier macht man die Lösung durch Zusatz von Alkali alkalisch, bevor man die Reduktionsprobe vornimmt.

   2. Die Substanz verändert mit Wasser ihren Zustand nicht: **Zellulose.** Beim energischen Kochen mit konzentrierter Salzsäure (im Abzug!) tritt Spaltung in reduzierende Zucker ein. Das Hydrolysat wird mit Alkali alkalisch gemacht (Prüfung mit rotem Lackmuspapier!), dann fügt man Kupfersulfat hinzu und kocht.

II. **Fette und ihre Bausteine:**

   Fette lösen sich nicht in Wasser. Sie bilden beim Schütteln mit ihm eine Emulsion. Sie lösen sich in **Chloroform, Äther, Tetrachlorkohlenstoff, Schwefelkohlenstoff** usw. Beim Erhitzen mit saurem schwefelsaurem Kalium entwickeln sich Dämpfe von **Akrolein.**

   Glyzerin ist eine süß schmeckende Flüssigkeit. Sie löst sich in Wasser. Glyzerin gibt die Akroleinprobe.

   Fettsäuren: Palmitin- und Stearinsäure sind bei gewöhnlicher Temperatur fest. Sie lösen sich nicht in Wasser, wohl aber in Alkali unter Bildung von Seifen. Sie bilden schwer lösliche Kalziumsalze.

III. **Sterine: Cholesterin:** Perlmutterglänzende, in Wasser ganz unlösliche Kristalle. Sie lösen sich spielend in Chloroform. Unterschichtet man die Chloroformlösung mit konzentrierter Schwefelsäure, dann erhält man eine prachtvolle Rotfärbung.

B. Die Substanz enthält Stickstoff.

   Ihre Lösung wird mit 0,2 ccm einer 1 prozentigen **Ninhydrinlösung** gekocht.

  I. **Es tritt Blaufärbung auf:**

   1. **Eiweißstoffe, Peptone, Aminosäuren.**
   2. **Adrenalin.**

  II. **Es tritt keine Blaufärbung auf:**

   1. **Harnstoff.**
   2. **Harnsäure.**
   3. **Gallensäuren.**
   4. **Gallenfarbstoffe.**

I. Blaufärbung mit Ninhydrin.

a) Die Substanz zeigt kolloiden Zustand. Sie koaguliert nach Ansäuern ihrer Lösung mit stark verdünnter (etwa $2^0/_{00}$iger) Essigsäure und Kochen. Mit Natronlauge und verdünnter Kupfersulfatlösung gibt sie Biuretreaktion. Es liegt Eiweiß vor. Man führe alle „Bausteinreaktionen" aus, um festzustellen, ob bestimmte Bausteine fehlen.

b) Die in Wasser gelöste Substanz koaguliert nicht beim Erhitzen. Sie gibt Biuretreaktion. Es liegen Peptone (eventuell Polypeptide) vor. Man prüfe auch hier die „Bausteinreaktionen" durch.

c) Die in Wasser gelöste Substanz koaguliert nicht und gibt keine Biuretreaktion.

In Frage kommen Aminosäuren und Adrenalin.

1. Adrenalin: Mit Eisenchloridlösung prachtvolle Grün‧färbung.

2. Aminosäuren:

    a) Xanthoproteinreaktion (Kochen mit konzentrierter Salpetersäure) positiv: aromatische Bausteine: Phenylalanin, Tyrosin, Tryptophan.

        α) Wässerige Lösung mit Millons Reagens gekocht: Rotfärbung $=$ Tyrosin.

        β) Wässerige Lösung mit Glyoxylsäure versetzt und mit konzentrierter Schwefelsäure unterschichtet: violetter Ring an der Berührungsfläche beider Schichten: Tryptophan. Mit Bromwasser gibt freies Tryptophan eine rötlich-violette Färbung.

        α und β negativ, a positiv $=$ Phenylalanin.

        Sind α bzw. β oder α und β positiv, so kann neben Tyrosin und Tryptophan noch Phenylalanin zugegen sein.

        Tyrosin löst sich sehr schwer in Wasser.

    b) Schwefelbleiprobe: Die wässerige Lösung wird mit Alkali und Bleiazetat versetzt und energisch gekocht. Grauschwarze Fällung von Bleisulfid: Zystin.

        a und b negativ: Aminosäuren, die keine besonderen Farbreaktionen geben. Sie lassen sich nur durch genaues Studium ihrer Eigenschaften und Darstellung von Derivaten charakterisieren. Anhaltspunkte geben Geschmack und Löslichkeit. Glykokoll und Alanin schmecken süß und lösen sich leicht in Wasser. Schwer löslich in Wasser ist Leuzin. Die wässerige Lösung von Glutaminsäure und Asparaginsäure reagieren sauer, diejenigen von Histidin, Arginin und Lysin alkalisch. — Aminosäuren lösen sich sowohl in Säure als in Alkali.

6*

II. Mit Ninhydrin keine Blaufärbung.

1. Die Substanz und ihre Lösung sind gefärbt. Verdacht auf Gallenfarbstoffe. Die Lösung wird mit konzentrierter Salpetersäure unterschichtet. Prachtvolle Farbenringe (Gmelins Probe).

2. Die Substanz und ihre Lösung sind farblos:

a) Die Substanz schmilzt beim Erhitzen zu einer klaren Flüssigkeit. Bei weiterem Erhitzen entweicht Ammoniak (feuchtes, rotes Lackmuspapier vor die Mündung des Reagenzglases halten). Die Schmelze erstarrt wieder. Nun läßt man abkühlen, löst in Wasser, versetzt mit Natronlauge und fügt verdünnte Kupfersulfatlösung hinzu. Prachtvolle rötliche Biuretreaktion: Harnstoff. Harnstoff löst sich leicht in Wasser.

b) Die Substanz zersetzt sich beim Erhitzen.

α) Verdacht auf Gallensäuren: Pettenkofersche Probe: Die wässerige Lösung wird mit Rohrzucker versetzt und dann sehr sorgfältig mit konzentrierter Schwefelsäure unterschichtet. Kirschrote Färbung.

β) Verdacht auf Harnsäure. Sie löst sich in Wasser außerordentlich schwer. Wir übergießen sie in einer Porzellanschale mit verdünnter Salpetersäure und verdampfen auf dem Wasserbad zur Trockene. Es hinterbleibt eine gelb bis rot gefärbte Masse. Bei Zugabe von Ammoniak entsteht eine purpurrote Färbung. Setzen wir Natronlauge zu einer anderen Stelle des Rückstandes, dann tritt eine blauviolette Färbung ein (Murexidprobe).

Darstellung organischer Präparate durch Synthese und Abbau.

Die im folgenden beschriebenen Präparate sind von drei Gesichtspunkten aus gewählt worden. Einmal sollen bei ihrer Gewinnung möglichst verschiedene Methoden gelernt werden. Dann sind Verbindungen gewählt worden, die sich beim Abbau von Nahrungsstoffen ergeben. Es soll Gelegenheit gegeben werden, sich mit ihren Eigenschaften vertraut zu machen. Endlich sind Substanzen mit charakteristischen Gruppen, deren Verwandlung bei vielen Stoffwechselvorgängen eine große Rolle spielt, aufgenommen worden. So ist bei den Kohlehydraten die Beziehung der Aldehydgruppe zur Alkohol- bzw. Karboxylgruppe an Beispielen erläutert.

Um die wichtigste Apparatur, die gebräuchlichsten Handgriffe und Methoden und zugleich einige wichtige Reaktionen kennenzulernen, beginnen wir mit einigen einfachen organischen Präparaten.

Darstellung von Nitrobenzol aus Benzol.

$$C_6H_6 + NO_2 \cdot OH = C_6H_5 \cdot NO_2 + H_2O.$$

In einem Kolben von 500 ccm Inhalt werden 150 Gramm konz. Schwefelsäure und 100 Gramm gewöhnliche Salpetersäure vom spezifischen Gewicht 1,4 zusammengegossen. Das Gemisch wird auf Zimmertemperatur abgekühlt. Dann gibt man unter häufigem Umschwenken und Kühlen durch Einstellen in kaltes Wasser 50 Gramm Benzol in kleinen Portionen hinzu. Der Kolben darf, da Gase entweichen, nicht verschlossen werden. Man achte sorgfältig auf die Temperatur. Sie soll 60° nicht wesentlich überschreiten. Beginnen größere Mengen von roten Dämpfen zu entweichen, dann ist die Kühlung eine zu geringe. In diesem Falle hält man den Kolben direkt unter fließendes Wasser.

Ist alles Benzol eingetragen, dann setzt man das Schütteln unter gleichzeitigem Erwärmen auf 60° noch eine halbe Stunde fort. Das Erwärmen nimmt man am besten so vor, daß man den Rundkolben in einen mit Wasser von 60° gefüllten Emailletopf auf einen Strohkranz setzt.

Jetzt wird der ganze Kolbeninhalt in cirka 1 Liter Wasser gegossen. Das Nitrobenzol scheidet sich hierbei als schweres Öl am Boden

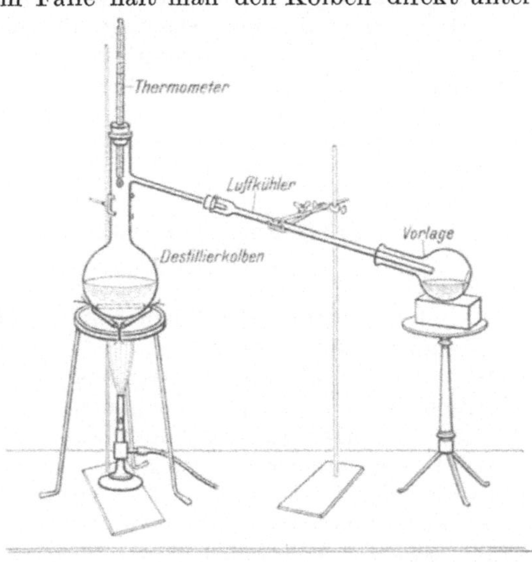

Abb. 67.

des Gefäßes ab. Um es von der Flüssigkeit zu trennen, wird das ganze Gemisch in einen Scheidetrichter übergeführt. Man wartet, bis das Öl sich gesammelt hat und läßt es dann abfließen. Zur weiteren Reinigung wird das Öl nochmals mit Wasser gewaschen, im Scheidetrichter möglichst vollständig vom Wasser getrennt und dann in einem Kölbchen von etwa 100 ccm Inhalt mit 5 Gramm gekörntem Chlorkalzium getrocknet. Nach 12 Stunden wird in einen kleinen Destillationskolben hineinfiltriert. Dieser darf höchstens bis zur Hälfte mit dem Öl angefüllt sein. Zu diesem fügt man einige Siedesteinchen, die man sich durch Zerschlagen eines Tontellers herstellt. Jetzt verbindet man den Destillationskolben mit einem einfachen Kühlrohr. Als Vorlage wählt man ein Stehkölbchen oder einen Erlenmeyer-Kolben. Um während des Destillierens die Temperatur der Dämpfe feststellen zu können, wird durch den Stopfen des Destillationskolbens ein Thermometer eingeführt (vgl. Abb. 67). Man erhitzt nun, indem man die Flamme eines Bunsenbrenners unter dem Destillationskolben hin und her bewegt. Zuerst destillieren Benzol und Wasser über. Plötzlich steigt dann die Temperatur auf etwa 205°. Es ist dies das Zeichen, daß nunmehr Nitrobenzol übergeht. Es wird nun rasch die Vorlage gewechselt und die Destillation des Nitrobenzols fortgesetzt, bis der Kolbeninhalt sich braun zu färben beginnt.

Das Nitrobenzol kann zur weiteren Reinigung nochmals in der gleichen Weise destilliert werden. Die Ausbeute an reinem Produkt beträgt etwa 80 Prozent. Man kann die Ausbeute noch steigern, wenn man bei der Abscheidung des Öls im Scheidetrichter etwas Äther hinzufügt. Der Äther nimmt das gelöste Nitrobenzol aus der wässerigen Lösung auf. Ebenso ist es vorteilhaft, das ölige Nitrobenzol mit Äther zu verdünnen, ehe man das Trocknungsmittel — Chlorkalzium — hinzugibt, und ferner das Chlorkalzium, nachdem das Öl abfiltriert worden ist, noch mit etwas Äther auszuwaschen. Der Äther wird dann abdestilliert und im übrigen verfahren, wie es eben beschrieben worden ist. Die Ausbeute beträgt in diesem Falle etwa 90 Prozent.

Darstellung von Anilin aus Nitrobenzol.

$$C_6H_5 \cdot NO_2 + 3\,H_2 = C_6H_5 \cdot NH_2 + 2\,H_2O.$$

Durch Reduktion von Nitrobenzol erhält man Anilin. Es werden 90 Gramm granuliertes Zinn und 50 Gramm Nitrobenzol in einem Kolben von 1 Liter Inhalt zusammengebracht. Unter häufigem Umschütteln wird in kleinen Portionen rauchende Salzsäure — zirka 200 ccm — zugefügt. Es findet dabei ziemlich starke Erwärmung statt. Die Heftigkeit der Reaktion reguliert man durch zeitweiliges Einstellen des Kolbens in kaltes Wasser. Ist die Reaktion beendigt, so ist der Geruch nach Nitrobenzol vollständig verschwunden. Sehr häufig scheidet sich während der Operation das Zinndoppelsalz des Anilins in Form einer weißen Kristallmasse ab. Man fügt zum Schlusse so viel Wasser hinzu, daß dieses Salz vollständig in Lösung geht. Jetzt gießt man vom unveränderten Zinn ab. Man versetzt nun die saure Lösung mit einem Überschuß an konz. Natronlauge. Hierbei gehen die anfangs ausgeschiedenen weißen Zinnoxyde wieder in Lösung. Gleichzeitig scheidet sich metallisches Zinn ab. Das Anilin fällt als Öl aus. Es läßt sich mit Äther ausziehen. Der Äther wird im Scheidetrichter abgetrennt, mit Kaliumkarbonat getrocknet und das Anilin nach dem Verdampfen des Äthers fraktioniert destilliert.

Man kann das Anilin auch dadurch aus der Lösung entfernen, daß man unmittelbar nach dem Zusatz der Natronlauge durch das Gemisch Wasserdämpfe durchleitet. Das Anilin geht mit diesen in die Vorlage über. Man benutzt hierzu die in Abb. 68 dargestellte Apparatur. Man entwickelt aus einem mit Wasser gefüllten Blechgefäß a durch Erhitzen Wasserdämpfe. Diese werden in einem Rundkolben *b*, in dem sich die das Anilin enthaltende Flüssigkeit befindet, geleitet. Die Flüssigkeit gerät bald ins Sieden. Die Dämpfe werden durch einen Kühler *c* kondensiert und in einer Vorlage *d* aufgefangen. Sobald das Destillat klar abläuft, wird die Destillation

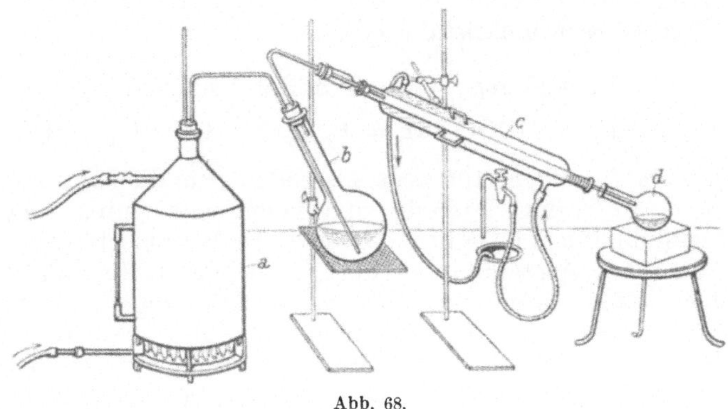

Abb. 68.

unterbrochen. Auf dem wässerigen Destillat schwimmt das Anilin als Öl. Es läßt sich leicht abheben. Man wendet zur Isolierung des Anilins mit Vorteil Äther an. Diesen gibt man zu dem Gemisch im Scheidetrichter, schüttelt gut durch und trennt dann die ätherische Schicht ab. Der Äther wird dann mit Kaliumkarbonat getrocknet. Nach etwa zwölfstündigem Stehen wird filtriert, der Äther abgedampft

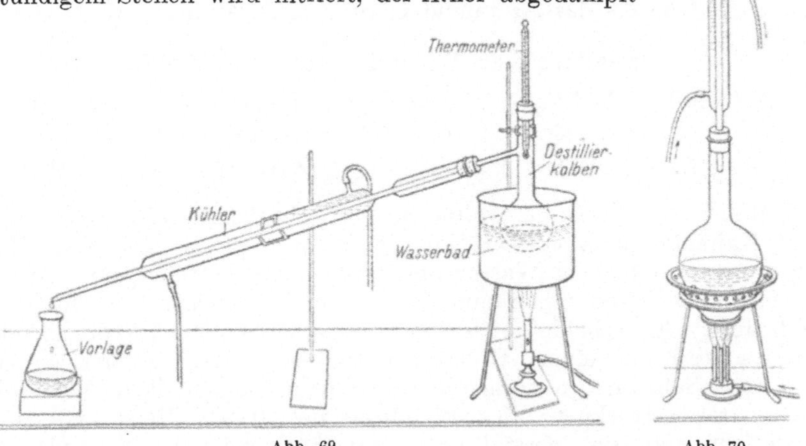

Abb. 69.   Abb. 70.

und das verbleibende Anilin in der gleichen Weise, wie es beim Nitrobenzol beschrieben worden ist, fraktioniert, nur kühlen wir diesmal mit Wasser (Abb. 69). Das reine Anilin siedet bei 181°. Die Ausbeute beträgt 95 Prozent.

Das Anilin läßt sich durch folgende Reaktionen charakterisieren: Gibt man zu einer Spur von Anilin Wasser und zu der Lösung filtrierte Chlorkalklösung, dann tritt intensiv blauviolette Färbung ein. Versetzt man einige Tropfen des Anilins mit verdünnter Schwefelsäure, dann scheidet sich das Sulfat der Base ab. Es läßt sich leicht aus heißem Wasser umkristallisieren.

Darstellung von Azetanilid aus Anilin.

$$C_6H_5 \cdot NH_2 + HOOC \cdot CH_3 = C_6H_5 \cdot NH \cdot OC \cdot CH_3 + H_2O.$$

Man gibt in einen 100 ccm fassenden Rundkolben 20 Gramm Anilin und 30 Gramm Eisessig und kocht nun unter Anwendung eines Rückflußkühlers 6—8 Stunden auf dem Baboblech (vgl. Abb. 70). Die Bildung des Azetanilids verfolgt man mit Hilfe von Reagenzglasproben. Man entnimmt nach ca. sechsstündigem Kochen eine Probe und beobachtet, ob diese beim Abkühlen erstarrt. Ist dies der Fall, dann gießt man das Reaktionsgemisch noch heiß in dünnem Strahle in 500 ccm heißes Wasser. Zu der Lösung gibt man eine Messerspitze voll Tierkohle und kocht kurz auf. Jetzt wird durch einen erwärmten Trichter filtriert (vgl. S. 5, Abb. 15 u. 16). Aus dem Filtrat fällt das Azetanilid beim Abkühlen bald kristallinisch aus. Es wird nach dem völligen Erkalten abgenutscht, scharf abgepreßt und, falls das Präparat rein weiß ist, im Exsikkator getrocknet. Ist das Azetanilid noch gefärbt, dann wird es nochmals aus heißem Wasser unter Anwendung von Tierkohle umkristallisiert. Das reine Azetanilid schmilzt zwischen 115 und 116^0. Beim Kochen mit Alkalien entwickelt das Azetanilid Geruch nach Anilin.

Darstellung von Phenylhydrazin aus Anilin.

$$C_6H_5 \cdot NH_2 + NaNO_2 + 2\,HCl = C_6H_5 \cdot N_2 \cdot Cl + NaCl + 2\,H_2O.$$
$$C_6H_5 \cdot N_2 \cdot Cl + H_4 = C_6H_5 \cdot NH \cdot NH_2 \cdot HCl.$$
$$C_6H_5 \cdot NH \cdot NH_2 \cdot HCl + Na(OH) = C_6H_5 \cdot NH \cdot NH_2 + NaCl + H_2O.$$

Man löst 10 Gramm Anilin in 100 ccm konz. Salzsäure, kühlt mit Kältemischung, versetzt mit einer Lösung von 10 Gramm Natriumnitrit in 50 ccm Wasser und gießt unter beständigem Rühren in eine Lösung von 60 Gramm Zinnchlorür im gleichen Gewicht konz. Salzsäure. Es scheidet sich sofort salzsaures Phenylhydrazin ab. Dieses wird auf einem Koliertuch abgesaugt, der Filterrückstand mit konz. Salzsäure gewaschen und dann über Natronkalk im Vakuumexsikkator getrocknet. Zur Bereitung des freien Phenylhydrazins übergießt man die Kristallmasse mit überschüssiger Natronlauge, schüttelt gut durch und nimmt die abgeschiedene Base in Äther auf. Die ätherische Lösung wird mit kohlensaurem Kali 12 Stunden stehengelassen, dann filtriert, verdampft und der Rückstand unter vermindertem Druck aus einem Destillationskolben destilliert. Man verwendet zum Erhitzen ein Ölbad. Um Siedeverzug zu vermeiden, gibt man einige Siedesteinchen zu der Flüssigkeit (Abb. 71). Die Verwendung der sonst üblichen Kapillare (vgl. Abb. 31, S. 14) ist hier nicht zu empfehlen, weil durch die Luft das Phenylhydrazin oxydiert wird. Die Vorlage wird mit Wasser gekühlt. Bei 12 mm Druck geht das Phenylhydrazin bei 120—140⁰ über. Das Destillat muß vollständig farblos sein. Die Ausbeute beträgt 10 Gramm. Das Phenylhydrazin wird sofort in dickwandige, am besten am offenen Ende bereits etwas ausgezogene Reagenzgläser gefüllt, und zwar in Portionen von 2 bis 5 Gramm. Die Reagenzgläser werden sofort vor dem Gebläse zugeschmolzen (vgl. Abb. 72 a, b und c und Abb. 73, die das Zuschmelzen ohne vorheriges Ausziehen zeigt). Besitzt man keine Übung im Zuschmelzen, dann kommt man auch mit folgendem Verfahren aus: Es wird das Röhrchen mit der Base versehen und etwa 1—2 cm über den Flüssigkeitsspiegel vor dem Gebläse erhitzt und die erweichte Stelle dann einfach mit einer Schere durchgeschnitten (Abb. 74). Man erhält so eine lineare „Narbe“, die ganz gut dicht hält. Der Zweck des Einschmelzens des Phenylhydrazins in kleinen Proben ist folgender: Man braucht die Base speziell zum Nachweis von Zucker. Hierzu verwendet man im allgemeinen nur wenige Gramm. Hat man aus einem Gefäß die Base entnommen, dann beginnt schon die Oxydation, und der Inhalt des Gefäßes färbt sich gelb, dann braun. Mit diesem unreinen Phenylhydrazin erhält man schlechte Resultate. Bewahrt man das reine Phenylhydrazin in kleinen Portionen auf, dann kann man jedesmal den Inhalt eines Röhrchens verwenden und den Rest verwerfen. Unreines Phenylhydrazin reinigt man am besten über das salzsaure Salz, oder man friert die freie Base aus und gießt die braune Mutterlauge fort (vgl. auch S. 58).

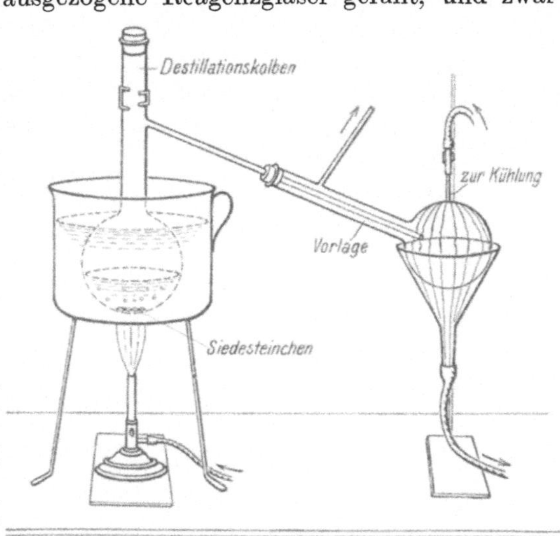

Abb. 71.

Darstellung von Benzoësäureäthylester.

$$C_6H_5 \cdot COOH + C_2H_5 \cdot OH = C_6H_5 \cdot CO \cdot O \cdot C_2H_5 + H_2O.$$

50 Gramm Benzoësäure werden in einem Rundkolben von 200 ccm Inhalt in 100 Gramm absolutem Alkohol gelöst. Dann fügt man

10 Gramm konz. Schwefelsäure hinzu und kocht 4 Stunden am Rückflußkühler. Jetzt wird etwa die Hälfte des Alkohols auf dem Wasserbade abdestilliert. Zur verbleibenden Flüssigkeit werden 300 ccm
Wasser zugefügt. Man neutralisiert mit festem, gepulvertem Natriumkarbonat. Die Operation dient zur Entfernung der Schwefelsäure
und der unveränderten Benzoësäure.

Der Benzoësäureäthylester hat sich als Öl abgeschieden. Er wird
mit Äther ausgezogen, der Äther im Scheidetrichter abgetrennt, mit

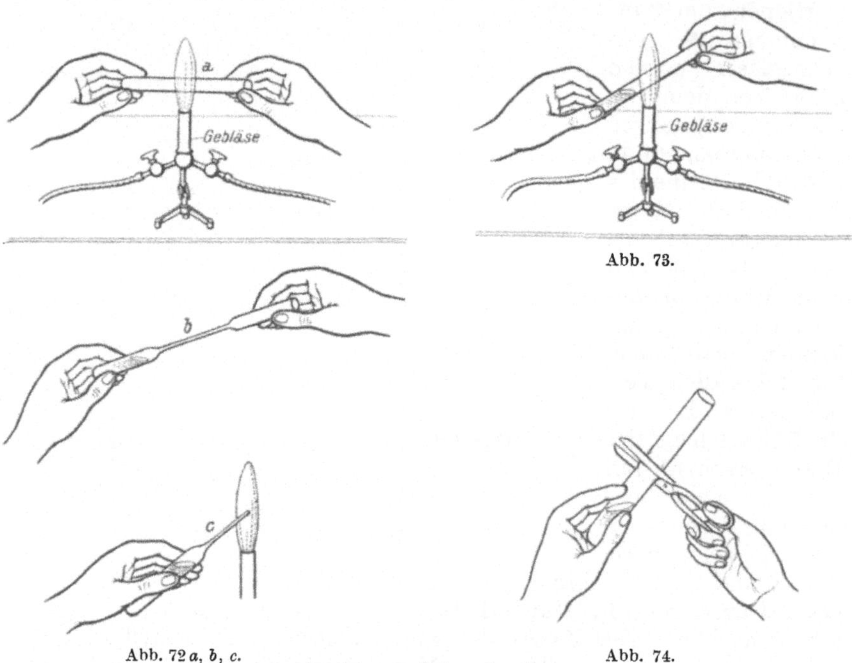

Abb. 73.

Abb. 72 a, b, c.
Zuschmelzen von Präparatenröhren.

Abb. 74.

geglühtem Kaliumkarbonat getrocknet und dann nach erfolgter Filtration abdestilliert. Der Rückstand wird dann fraktioniert destilliert.
Der reine Ester siedet bei 212°. Die Ausbeute beträgt 55 Gramm.

Darstellung von Azetaldehyd durch Oxydation von Äthylalkohol.

$$CH_3 \cdot CH_2 \cdot OH + O = CH_3 \cdot C \underset{O}{\overset{H}{\diagdown}} + H_2O.$$

Es werden 200 Gramm Natriumbichromat, das in linsengroße
Stücke zerschlagen ist, in einem Kolben von 2 Liter Inhalt mit
600 Gramm Wasser übergossen. Der Kolben muß mit einem Kühler
versehen sein, der mit einer in einer Kältemischung befindlichen
Vorlage verbunden ist (Abb. 75). Nunmehr läßt man aus einem
Tropftrichter unter häufigem Umschütteln ganz allmählich ein Ge-

misch von 200 ccm Alkohol und 270 Gramm konz. Schwefelsäure zufließen. Hierbei erwärmt sich die Masse von selbst. Sie färbt sich grün. Bald destilliert neben Alkohol und Wasser Aldehyd über. Um den im Reaktionsgemisch noch vorhandenen Aldehyd zu gewinnen, erwärmt man den Kolbeninhalt auf dem Baboblech.

Um das Destillat zu trennen, wird es aus einem Rundkolben b (Abb. 76), der sich auf einem Wasserbad a befindet, destilliert. Mit dem Kolben ist durch einen sogenannten Vorstoß ein schräg nach aufwärts verlaufender Kühler c verbunden. Dieser wird aus einem Topf d mit Wasser von 25^0 gespeist. Den Zufluß reguliert man durch eine Klemmschraube. Haben die Dämpfe den Kühler passiert, dann gelangen sie in einen Tropftrichter, der in einen Erlenmeyer-Kolben taucht, der absoluten, mit Eiswasser gekühlten Äther enthält. Dieser absorbiert den Aldehyd. Im Kühler werden die Alkohol- und Wasserdämpfe kondensiert. Die sich bildenden Flüssigkeiten fließen in den Destillationskolben zurück. Der Aldehyd dagegen geht in die Vorlage über.

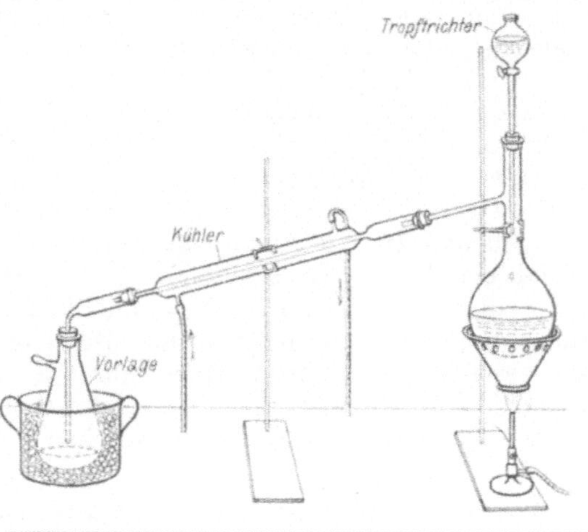

Abb. 75.

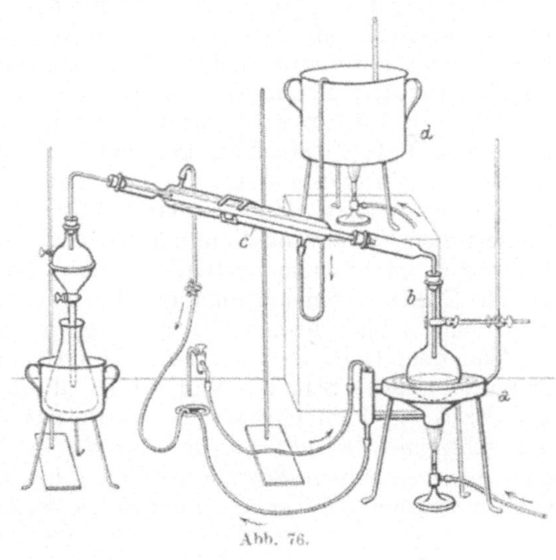

Abb. 76.

Überführung des Aldehyds in Aldehydammoniak:

$$CH_3CHO + NH_3 = CH_3 \cdot CH \begin{cases} HO \\ NH_2 \end{cases}$$

In die ätherische Lösung des Aldehyds leitet man nunmehr unter sehr guter Kühlung trockenes Ammoniakgas ein. Dieses entnimmt man einer Bombe und läßt es zur Trocknung durch einen Kalkturm streichen, oder man entwickelt es durch Kochen von wässerigem Ammoniak. Auch in diesem Falle trocknet man mit Kalk. Bald scheidet sich das Aldehydammoniak in Kristallen ab. Diese werden abgenutscht, mit Äther gewaschen und auf Filtrierpapier getrocknet. Um aus dem Aldehydammoniak den freien Aldehyd zu gewinnen, wird ersteres mit verdünnter Schwefelsäure übergossen und destilliert. Den Aldehyd trocknet man mit Chlorkalzium. Er wird dann noch einmal destilliert. Er siedet bei 21°. Der Aldehyd reduziert lebhaft. Gießt man ihn zu einer ammoniakalischen Silberlösung, dann erhält man Abscheidung von metallischem Silber — Silberspiegel. Bei dieser Probe ist jeder Überschuß an Ammoniak zu vermeiden. Der Aldehyd läßt sich nicht unzersetzt aufbewahren. Man verwende ihn zum Studium der Reduktionsproben.

Darstellung von Harnstoff aus Ammoniumzyanat.

$$NH_4 \cdot N : C : O \longrightarrow NH : C : O + NH_3 \longrightarrow NH : C(OH) \cdot NH_2 \longrightarrow C \underset{\diagdown NH_2}{\overset{\diagup NH_2}{=}} O.$$

Blutlaugensalz wird in einer Reibschale zerkleinert und dann in dünner Schicht auf einer Eisenschale ausgebreitet. Nun wird langsam unter fortwährendem Umrühren erwärmt, bis die Kristalle vollständig verwittert sind und beim Zerdrücken keinen gelben Kern mehr zeigen. Jetzt wird das Salz noch warm in einer Reibschale zu feinem Pulver zerrieben, und dann dieses wieder auf der gleichen Schale ausgebreitet und etwa 4—6 Stunden bei gleichmäßiger Temperatur getrocknet. Nun werden 200 Gramm von dem so erhaltenen wasserfreien Ferrozyankalium mit 150 Gramm geschmolzenem Kaliumbichromat im warmen Zustande in einer Reibschale innig verrieben. Durch Erhitzen einer Probe des Ferrozyankaliums im Reagenzglas stellt man vorher fest, ob es keine Spur von Wasser mehr enthält.

Von dem Gemisch trägt man 5—6 Gramm auf die schon vorher benutzte eiserne Schale. Man erhitzt diese mit einem Dreibrenner. Die Masse wird dabei schwarz. Sobald das Verglimmen aufhört, wird das schwarze Produkt an den Rand der Schale geschoben. Man gibt dann eine neue Portion des Gemisches auf die Schale. Bei dem ganzen Vorgang darf keine Ammoniakentwicklung eintreten. Schließlich wird das schwarze Reaktionsprodukt noch warm in einer Reibschale zerrieben, und nach dem Erkalten mit Wasser ausgelaugt. Zu der Lösung setzt man $^3/_4$ vom Gewicht des trockenen Blutlaugensalzes an trockenem, schwefelsaurem Ammon hinzu, filtriert und dampft auf dem Wasserbade bei ca. 60—70° ein. Hierbei geht das zyansaure Ammon in Harnstoff über. Zunächst kristallisiert Kaliumsulfat aus. Dieses wird von Zeit zu Zeit durch Filtration entfernt.

Schließlich verdampft man die letzte Mutterlauge vom Kaliumsulfat zur Trockene und zieht den Rückstand mit absolutem Alkohol aus. Der Alkohol wird abgedunstet. Es tritt bald Kristallisation von Harnstoff ein. Dieser wird abgesaugt und zur völligen Reinigung aus siedendem Amylalkohol umkristallisiert. Der Harnstoff kristallisiert meist in dünnen, langen, vierseitigen Prismen mit sehr stumpfer Pyramide an den Enden. Sie schmelzen unter Entwicklung von Ammoniak bei 132°. Vgl. auch die Darstellung von Harnstoff aus Harn.

Oxydation von Kohlehydraten.

Darstellung von Glukonsäure aus Traubenzucker[1].

$$\begin{array}{ccc}
C\!\!\begin{array}{c}\diagup O\\ \diagdown H\end{array} + O & & COOH \\
| & & | \\
H\cdot C\cdot OH & & H\cdot C\cdot OH \\
| & & | \\
HO\cdot C\cdot H & \rightarrow HO\cdot C\cdot H \\
| & & | \\
H\cdot C\cdot OH & & H\cdot C\cdot OH \\
| & & | \\
H\cdot C\cdot OH & & H\cdot C\cdot OH \\
| & & | \\
CH_2OH & & CH_2OH
\end{array}$$

Die Glukonsäure entsteht aus dem Traubenzucker durch Oxydation der Aldehydgruppe zum Karboxyl. 50 Gramm amerikanischen (kristallisierter) Traubenzuckers werden in einer Stöpselflasche von 750 ccm Inhalt in 300 ccm Wasser gelöst und dann 100 Gramm Brom zugefügt. Das Gemisch wird häufig energisch umgeschüttelt. Man läßt es 4 bis 5 Tage bei Zimmertemperatur stehen. Sonnenlicht beschleunigt die Reaktion. Im Laufe dieser Zeit ist das Brom ganz verschwunden und die Lösung ist jetzt heller gefärbt. Nunmehr gießt man sie in eine Porzellanschale und erhitzt auf dem Baboblech unter beständigem Umrühren unter dem Abzuge, bis alles Brom verschwunden ist. Es darf hierbei keine Überhitzung der Schalenränder eintreten, weil sonst der Inhalt der Schale an diesen Stellen sich schwärzt. Jetzt wird die Lösung in einer Porzellanschale mit Wasser auf 500 ccm verdünnt und zur Entfernung des Bromwasserstoffes mit aufgeschlemmtem Bleiweiß fast vollständig neutralisiert. Dann wird abgenutscht und mit wenig kaltem Wasser nachgewaschen.

Das in Lösung gegangene Blei wird mit Schwefelwasserstoff gefällt, vom Bleisulfid abfiltriert und aus dem Filtrat der Schwefelwasserstoff durch Durchleiten von Luft entfernt (vgl. S. 123, Abb. 88). Dann wird das Filtrat durch halbstündiges Kochen mit Kalziumkarbonat neutralisiert. Nun filtriert man und engt das Filtrat auf dem Wasserbad auf ca. 120 ccm ein. Nach dem Erkalten impft

---

[1] Die Vorschriften zur Darstellung der Kohlehydratsäuren und des Alkohols Sorbit sind den Angaben Emil Fischers entnommen.

man mit einer Spur von glukonsaurem Kalk. Nach wenigen Stunden tritt Kristallisation ein. Nach 24 Stunden wird abgesaugt, der Filterrückstand mit eiskaltem Wasser gewaschen und dann in möglichst wenig heißem Wasser gelöst. Nun gibt man zur Entfärbung eine Messerspitze voll Tierkohle hinzu, kocht auf und filtriert heiß ab. Bald kristallisiert der glukonsaure Kalk in knolligen Aggregaten aus. Man wartet wieder 24 Stunden ab, filtriert dann auf der Nutsche, wäscht mit wenig eiskaltem Wasser und trocknet in einer Porzellanschale auf dem Wasserbade, wobei man öfters umrührt. Die Ausbeute beträgt etwa 30 Gramm.

Darstellung von Zuckersäure aus Traubenzucker.

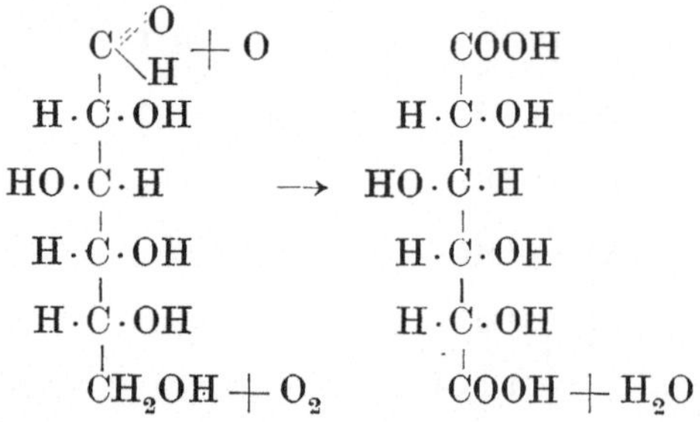

$$
\begin{array}{ccc}
C{\scriptstyle\langle^O_H} + O & & COOH \\
| & & | \\
H\cdot C\cdot OH & & H\cdot C\cdot OH \\
| & & | \\
HO\cdot C\cdot H & \rightarrow & HO\cdot C\cdot H \\
| & & | \\
H\cdot C\cdot OH & & H\cdot C\cdot OH \\
| & & | \\
H\cdot C\cdot OH & & H\cdot C\cdot OH \\
| & & | \\
CH_2OH + O_2 & & COOH + H_2O
\end{array}
$$

Im Traubenzuckermolekül werden die Aldehydgruppe und die primäre Alkoholgruppe oxydiert. Man geht von wasserfreiem Traubenzucker aus. 50 Gramm davon werden mit 350 Gramm Salpetersäure vom spezifischen Gewicht 1,15 in einer Porzellanschale auf dem Wasserbade erhitzt. Sobald etwa ein Drittel des ursprünglichen Volumens verdampft ist, wird das weitere Eindampfen unter fortwährendem Umrühren fortgesetzt. Man arbeitet selbstverständlich unter dem Abzug. Schließlich verbleibt ein Sirup. Diesen löst man in wenig Wasser und verdampft nochmals. Sobald die Masse sich braun zu färben beginnt, hört man sofort mit dem Erhitzen auf. Jetzt löst man in etwa 150 ccm Wasser und neutralisiert mit einer konzentrierten Lösung von Kaliumkarbonat. Man verfahre hierbei vorsichtig und setze die Lösung in kleinen Portionen zu. Nun dampft man nach Zugabe von 25 ccm 50prozentiger Essigsäure auf ca. 80 ccm ein. Der Rückstand erstarrt beim Stehen im Eisschrank. Die Kristallisation läßt sich durch öfteres Reiben beschleunigen. Die Kristallmasse besteht aus saurem zuckersaurem Kali. Sie wird nach 24 Stunden abgenutscht, der Rückstand mit wenig eiskaltem Wasser gewaschen und dann aus wenig heißem Wasser unter Anwendung von Tierkohle umkristallisiert. Die reine Substanz ist farblos. Ihre wässerige Lösung muß nach Zusatz von Chlorkalzium und Ammoniak klar bleiben. Tritt Fällung ein, dann ist dies ein Beweis für die Anwesenheit von Oxalsäure. Die Oxydation war dann eine zu weitgehende. Die Ausbeute beträgt ca. 15 Gramm.

Darstellung von Schleimsäure aus Milchzucker.

$$
\begin{array}{ll}
\mathrm{C}{\raise1ex\hbox{$\diagup$}}{\!}^{\mathrm{O}}_{\mathrm{H}} + \mathrm{O} & \mathrm{COOH} \\
\mathrm{H \cdot C \cdot OH} & \mathrm{H \cdot C \cdot OH} \\
\mathrm{HO \cdot C \cdot H} \quad \rightarrow & \mathrm{HO \cdot C \cdot H} \\
\mathrm{HO \cdot C \cdot H} & \mathrm{HO \cdot C \cdot H} \\
\mathrm{H \cdot C \cdot OH} & \mathrm{H \cdot C \cdot OH} \\
\mathrm{CH_2OH} + \mathrm{O} & \mathrm{COOH} + \mathrm{H_2O}
\end{array}
$$

d-Galaktose

Es werden 100 Gramm Milchzucker in einer Porzellanschale mit 1200 Gramm Salpetersäure vom spezifischen Gewicht 1,15 übergossen. Dann dampft man auf dem Wasserbade unter beständigem Umrühren auf etwa 200 ccm ein. Es erfolgt dabei Abscheidung der Schleimsäure. Nun läßt man erkalten, verdünnt mit Wasser und nutscht ab. Den Rückstand preßt man scharf ab und wäscht mit eiskaltem Wasser nach. Die Ausbeute an Rohprodukt beträgt ca. 36 Gramm — lufttrocken gewogen. Bei der nun folgenden Behandlung hat man vor allen Dingen darauf zu achten, daß nur das neutrale Natriumsalz in Wasser leicht löslich ist, und daß auch seine Löslichkeit durch einen Überschuß an Alkali beeinträchtigt wird. Um einen Überschuß an Alkali sicher zu vermeiden, bestimmt man am besten zunächst das Gewicht des lufttrockenen Rohproduktes. Dann trocknet man 1 Gramm davon bei 100^0 und stellt auf diese Weise das Trockengewicht der Gesamtausbeute fest. Erfahrungsgemäß braucht man etwa 335 ccm n-Natronlauge zur Lösung der Schleimsäure. Es tritt beim Schütteln schon in der Kälte Lösung ein. Ist diese gefärbt, dann gibt man etwas Tierkohle zu, schüttelt in der Kälte oder erwärmt etwas und filtriert. Durch Zusatz der der zugefügten Natronlauge entsprechenden Menge Salzsäure wird die Schleimsäure ausgefällt. Um nicht eine zu große Verdünnung zu erhalten, wählt man fünffach n-Salzsäure. Beim Zusetzen der Salzsäure kühle man mit Eiswasser ab, jedenfalls fälle man nicht aus der warmen Flüssigkeit. Es tritt sonst leicht Laktonbildung ein. Die Schleimsäure fällt meist sofort in Kristallform aus. Nach etwa 2 Stunden ist die Kristallisation beendet. Man saugt ab und wäscht den Rückstand mit eiskaltem Wasser, bis sich das Filter frei von Chlor erweist. Die Substanz wird bei 100^0 getrocknet. Die Ausbeute beträgt 32 Gramm.

Reduktion von Kohlehydraten.

Darstellung von Sorbit aus Traubenzucker.

$$
\begin{array}{ll}
C\!\!\diagup^{O}_{H} + H_2 & CH_2OH \\
H\cdot C\cdot OH & H\cdot C\cdot OH \\
OH\cdot C\cdot H \quad \longrightarrow \quad HO\cdot C\cdot H \\
H\cdot C\cdot OH & H\cdot C\cdot OH \\
H\cdot C\cdot OH & H\cdot C\cdot OH \\
CH_2OH & CH_2OH
\end{array}
$$

Der Alkohol Sorbit wird aus dem Traubenzucker durch Reduktion der Aldehydgruppe erhalten. Es werden 30 Gramm reiner Traubenzucker in einer Stöpselflasche von 1 Liter Inhalt mit 300 ccm Wasser übergossen und zu der Lösung 100 Gramm $2^1/_2$ prozentiges Natriumamalgam zugegeben. Man schüttelt nun energisch bei gewöhnlicher Temperatur. Man beobachtet hierbei das Auftreten von Gasblasen. Es entwickelt sich Wasserstoff. Das grobkörnige Natriumamalgam wird allmählich zu einer leicht beweglichen Masse. Es hat sich Quecksilber gebildet. Das Natriumamalgam ist verbraucht. Man setzt jetzt wieder neues Natriumamalgam hinzu, nachdem man vorher mit Schwefelsäure neutralisiert hat. Es wird wieder energisch geschüttelt und das verbrauchte Natriumamalgam nach vorheriger Neutralisation der Lösung wieder ersetzt usw. Man gibt jedesmal 100 Gramm Natriumamalgam hinzu. Im ganzen braucht man etwa 700 Gramm davon. Das Neutralisieren nimmt man alle 10 Minuten, oder noch öfter vor. Am besten gibt man in die Lösung einen Indikator oder Lackmuspapier und verfolgt die Reaktion der Flüssigkeit.

Abb. 77. Bereitung von Natriumamalgam.

Das Neutralisieren wird durch einen Indikator sehr erleichtert. Er stört bei der Isolierung des Sorbits nicht.

Die Ausbeute an Sorbit hängt wesentlich von der Beschaffenheit des Natriumamalgams ab. Ferner muß die Reaktion der Flüssigkeit peinlich genau verfolgt werden. Das Natriumamalgam muß grobkörnig sein. Ist es pulverig, dann wird es zu rasch verbraucht. Man bereitet sich das Natriumamalgam am besten selbst, indem man mit Filtrierpapier abgetrocknetes Natrium unter Quecksilber bringt. Man benutzt dazu einen Mörser, den man unter einen Abzug stellt. Dann zieht man die Scheibe des Abzugs herunter bis auf einen Spalt, der das Durchführen des Armes gestattet (vgl. Abb. 77 b). Man benutzt nun ein Pistill a, das an der Unterseite der Reibfläche eine Vertiefung trägt. In diese hinein gibt man das Natriumstückchen und führt nun das Pistill rasch zum Mörser, in den man vorher Quecksilber hineingegeben hat und taucht es unter das Quecksilber[1]). Die Amalgamierung erfolgt auf diese Weise ohne jede heftige Reaktion. Vorsicht ist auf alle Fälle geboten. Man schütze die Augen mit einer Schutzbrille (Abb. 38, S. 15). Die Hände versehe man mit Lederhandschuhen.

Das Schütteln nimmt man entweder mit der Hand vor — von Zeit zu Zeit wird der Stopfen der Flasche gelüftet, um den entstehenden Wasserstoff entweichen zu lassen —, oder man schüttelt auf einer sog. Schüttelmaschine (Abb. 78, c = Schüttelwagen). In diesem Falle muß man auch dafür Sorge tragen, daß das entstehende Gas entweichen kann. Am besten nimmt man eine Flasche

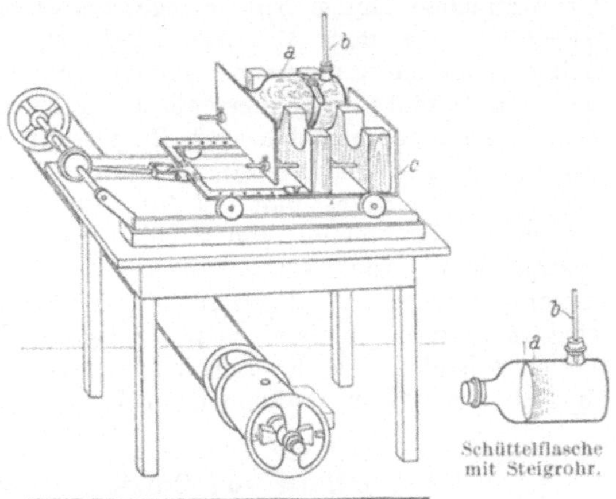

Abb. 78. Schüttelmaschine.

(a), die unten einen Tubus besitzt und befestigt in diesem mit Hilfe eines Stopfens ein Steigrohr (b), vgl. Abb. 78.

Man fährt mit dem Schütteln, dem Neutralisieren und der erneuten Zugabe von Natriumamalgam so lange fort, bis 5 Tropfen der Lösung nur noch einen Tropfen Fehlingscher Lösung reduzieren. Während der ganzen Operation soll die Temperatur nicht über 20^0 steigen. Gewöhnlich braucht man bis zur Beendigung der Reaktion etwa 12 Stunden. Muß man die Operation für längere Zeit unterbrechen, dann empfiehlt es sich, vom Quecksilber abzugießen und die Lösung genau zu neutralisieren. Das Quecksilber schließt oft noch unverbrauchtes Natriumamalgam ein. Läßt man nun z. B. das Gemisch über Nacht stehen, dann wird die Reaktion stark alkalisch. Manche Mißerfolge sind auf diese Weise zu erklären.

Ist die Reduktion bis zu dem genannten Punkt geführt, dann wird vom Quecksilber abgegossen, die Lösung genau neutralisiert und auf dem Wasserbad bis auf 120 ccm eingedampft. Diese werden in einen Liter heißen, absoluten Alkohol gegossen. Es wird filtriert und

---

[1]) Man kann ferner als weiteren Schutz das Quecksilber noch mit einer Paraffinschicht bedecken.

das Filtrat bis zum Sirup verdampft. Der Rückstand wird in 80 ccm 50prozentiger Schwefelsäure gelöst, dann mit 30 ccm reinem Benzaldehyd versetzt und nunmehr tüchtig durchgeschüttelt. Man läßt nunmehr das Gemisch unter häufigem Schütteln oder unter Anwendung eines Rührers 24 Stunden stehen. Es erfolgt hierbei Abscheidung des Dibenzalsorbits in Form eines Teiges. Dieser wird mit Wasser verdünnt, abgenutscht, dann mit kaltem Wasser und zur Entfernung des Benzaldehyds mit Äther und schließlich nochmals mit Wasser gewaschen. Der Dibenzalsorbit wird nunmehr ca. 40 Minuten mit der fünffachen Menge 5prozentiger Schwefelsäure am Rückflußkühler gekocht. Nach dem Erkalten wird der Benzaldehyd durch mehrmaliges Ausäthern entfernt. Aus der klaren Lösung fällt man hierauf die Schwefelsäure mit überschüssigem reinen Barythydrat und entfernt dann den überschüssigen Baryt mit Kohlensäure. Jetzt wird filtriert. Das Filtrat verdampft man auf dem Wasserbade bis zum Sirup. Diesen rührt man mit 90prozentigem Alkohol an und impft mit einem Kriställchen von Sorbit. Bald erstarrt die ganze Masse kristallinisch. Nach etwa 2 Stunden wird die Kristallmasse abgenutscht und scharf abgepreßt. Um das Rohprodukt zu reinigen, wird es in wenig heißem, 90prozentigem Alkohol gelöst. Beim Abkühlen scheidet sich der Sorbit in zu Warzen vereinigten Kristallen ab. Oft beobachtet man auch zu Büscheln vereinigte Nadeln.

Darstellung von Dulzit aus d-Galaktose[1].

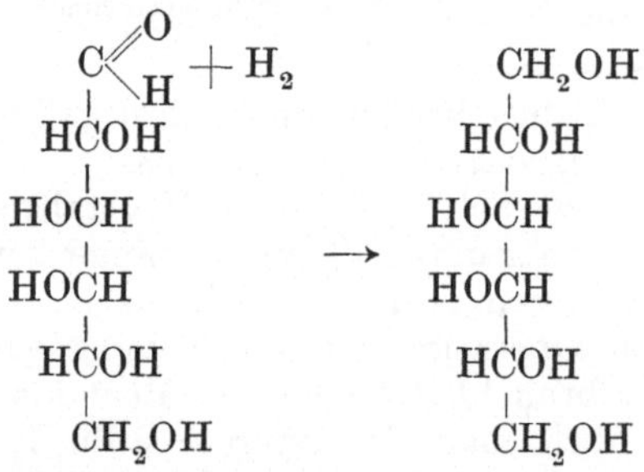

$$
\begin{array}{ccc}
\mathrm{C}{\Large\langle}^{\displaystyle O}_{\displaystyle H} + \mathrm{H_2} & & \mathrm{CH_2OH} \\
| & & | \\
\mathrm{HCOH} & & \mathrm{HCOH} \\
| & & | \\
\mathrm{HOCH} & & \mathrm{HOCH} \\
| & \longrightarrow & | \\
\mathrm{HOCH} & & \mathrm{HOCH} \\
| & & | \\
\mathrm{HCOH} & & \mathrm{HCOH} \\
| & & | \\
\mathrm{CH_2OH} & & \mathrm{CH_2OH}
\end{array}
$$

25 Gramm d-Galaktose werden in einem Rundkolben in 1000 ccm Wasser gelöst. Die Lösung wird mittels eines Rührers dauernd in lebhafter Bewegung gehalten. Ferner leitet man zur Neutralisation beständig Kohlensäure durch sie hindurch. Nun gibt man in kleinen Portionen Kalziumdrehspäne hinzu. Man braucht im ganzen 90 bis 100 Gramm Kalzium. Die ganze Operation ist in 8 Stunden beendet. Man prüfe das Reduktionsvermögen der Flüssigkeit mit Fehlingscher Lösung. Zur Vermeidung von Erwärmung stellt man den Rundkolben in Wasser.

---

[1] Nach Neuberg-Marx.

Nun wird vom abgeschiedenen Kalziumkarbonat abfiltriert und das Filtrat bis zum Sirup eingedampft. Dieser wird wiederholt mit heißem Alkohol ausgezogen und die vereinigten Auszüge eingedunstet. Der Dulzit kristallisiert bald aus.

Oxydation eines Alkohols zu Zucker[1].

Darstellung von i-Galaktose aus Dulzit.

$$CH_2OH + O \qquad C{\overset{O}{\underset{H}{\diagdown}}} + H_2O$$
$$| \qquad\qquad\qquad |$$
$$HCOH \qquad\qquad HCOH$$
$$| \qquad\qquad\qquad |$$
$$HOCH \qquad\qquad HOCH$$
$$| \qquad \rightarrow \qquad |$$
$$HOCH \qquad\qquad HOCH$$
$$| \qquad\qquad\qquad |$$
$$HCOH \qquad\qquad HCOH$$
$$| \qquad\qquad\qquad |$$
$$CH_2OH \qquad\qquad CH_2OH$$

15 Gramm Dulzit werden in möglichst wenig heißem Wasser gelöst und zu der heißen Lösung 90 ccm 3,1 prozentiges reines Wasserstoffsuperoxyd zugesetzt. Das käufliche Präparat wird vor dem Gebrauch mit Magnesiumkarbonat geschüttelt und dadurch annähernd neutralisiert. Nun gibt man zu der Flüssigkeit 1 Gramm Bariumkarbonat und läßt unter heftigem Rühren langsam eine konzentrierte Lösung von 12,5 Gramm Ferrosulfat aus einem Tropftrichter zufließen. Zunächst kühlt man durch Einstellen in Wasser; dann läßt man die Reaktion bei Zimmertemperatur vor sich gehen, und schließlich stellt man das Reaktionsgemisch noch einige Stunden in den Brutschrank, bis das Wasserstoffsuperoxyd verbraucht ist.

Nun fügt man zu der meist sauren Flüssigkeit noch 2 Gramm Bariumkarbonat hinzu und engt auf dem Wasserbade bis zum dünnen Sirup ein. Diesen vermischt man mit 100—150 ccm heißem, 95 prozentigem Alkohol und erwärmt noch kurze Zeit. Es wird filtriert und der Filterrückstand mit heißem Alkohol gewaschen. Die vereinigten alkoholischen Auszüge enthalten neben unverändertem Dulzit die i-Galaktose. Der erstere fällt beim Abkühlen der Lösung in Nadeln aus. Sie werden abfiltriert. Das Filtrat engt man ein und wartet ab, ob noch mehr Dulzit auskristallisiert. Schließlich engt man bis zum Sirup ein und zieht diesen mit 100 ccm 95 prozentigem Alkohol aus. Das Extrakt wird mit Tierkohle geschüttelt, filtriert und mit 5 ccm Äther versetzt. Es wird von den ausgefallenen Flocken abfiltriert und das Filtrat weiter eingeengt. Man läßt den sirupösen Rückstand in einer Schale im Eisschrank stehen und wartet die Kristallisation ab. Die Kristalle werden auf Ton gepreßt und so von Mutterlauge befreit. Die Ausbeute an i-Galaktose beträgt

---

[1] Nach Neuberg-Wohlgemuth.

1—1,5 Gramm. Sie läßt sich noch bedeutend erhöhen, wenn man die Mutterlauge in Alkohol aufnimmt, in einem aliquoten Teil den Gehalt an Galaktose annähernd mit Fehlingscher Lösung feststellt und dann die berechnete Menge Phenylhydrazin zusetzt. Sehr bald fällt das Hydrazon der i-Galaktose aus. Es wird abgesaugt und aus heißem Wasser unter Anwendung von Tierkohle umkristallisiert. Es schmilzt gegen 158—160°.

Darstellung von Glykogen aus der Leber.

Als Ausgangsmaterial wählen wir die Leber eines gut genährten Kaninchens. Zur Sicherheit füttern wir es etwa 6 Stunden vor der Tötung mit Traubenzucker oder Rohrzucker. Wir führen ihm diese Substanzen mit Hilfe einer Schlundsonde ein. Oder wir geben dem Tier Kartoffeln zu fressen. Durch diese Maßnahme bewirken wir, daß die Leber sicher glykogenhaltig ist. Dieses Organ wird sofort nach erfolgter Tötung aus der Bauchhöhle herausgenommen und zunächst mit dem Hackmesser in kleine Stücke zerschnitten. Zur weiteren Zerkleinerung wird die Masse durch die Fleischhackmaschine hindurchgetrieben. Jetzt gibt man die Masse in einen Rundkolben und fügt etwa die zehnfache Menge des Gewichtes des Leberbreies an Wasser hinzu, säuert mit ganz wenig Essigsäure an und kocht nun auf. Hierbei tritt Ausflockung von Eiweißkörpern ein. Es wird durch Koliertuch oder Glaswolle filtriert. Das Filtrat zeigt starke Opaleszenz. Der Filterrückstand wird gut abgepreßt, zwei- bis dreimal in einer Reibschale mit Wasser gut durchgepreßt, wieder abfiltriert und nun das gesamte Filtrat auf etwa 100 ccm eingedampft. Nun säuert man mit Salzsäure an und gibt sog. Brückesche Lösung hinzu. Diese bereitet man sich, indem man zu einer 5—10prozentigen Jodkaliumlösung unter fortwährendem Umrühren so lange Quecksilberjodid hinzufügt, bis ein Teil des letzteren ungelöst bleibt. Nun läßt man erkalten und filtriert (vgl. S. 52). Mit der Brückeschen Lösung bewirkt man Ausfällung noch vorhandener Eiweißstoffe. Man gibt so lange abwechselnd einige Tropfen Salzsäure und Brückesche Lösung hinzu, bis kein Niederschlag mehr entsteht. Jetzt wird filtriert, mit wenig Wasser nachgewaschen und dann unter gutem Umrühren mit dem doppelten Volumen an 90prozentigem Alkohol gefällt. Man läßt den Niederschlag sich absetzen, dekantiert den größten Teil der Flüssigkeit ab und filtriert den Rest. Der Filterrückstand wird zunächst mit einem Gemisch von 2 Volumina Alkohol und 1 Volumen Wasser gewaschen. Dann gießt man absoluten Alkohol auf den Rückstand und endlich Äther. Das Glykogen stellt ein weißes Pulver dar. In Wasser löst es sich zu einer opaleszierenden Flüssigkeit.

Synthese von Fetten.

Synthese von Glyzeriden[1]).

1. α-Monostearin.

$$CH_2O \cdot OC \cdot C_{17}H_{35}$$
$$| \quad\quad CHOH$$
$$| \quad\quad CH_2OH.$$

Äquivalente Mengen von α-Monochlorhydrin und fein gepulvertem Natriumstearat werden innig vermischt und im Ölbade in einem mit einem Chlorkalziumrohr abgeschlossenen Rundkolben unter häufigem Umschütteln 4 Stunden auf 110^0 erhitzt. Zur Gewinnung des Natriumstearates wird eine alkoholische Lösung von Stearinsäure mit der berechneten Menge Natriumalkoholat versetzt und dann $^1/_2$ Stunde auf dem Wasserbad erhitzt. Die ausgeschiedene Seife wird energisch ausgepreßt und so von der Hauptmenge des Alkohols befreit. Schließlich wird die Seife auf Tonplatten gestrichen und im Vakuumexsikkator getrocknet.

Während der Reaktion zwischen dem Chlorhydrin und dem Natriumstearat kommt es bald zur Verflüssigung unter Abscheidung von Kochsalz. Nach Beendigung der Reaktion läßt man abkühlen, dann wird das α-Monostearin in Äther aufgenommen, der Äther abgehoben und abdestilliert und der Rückstand aus Methylalkohol unter Anwendung von Tierkohle umkristallisiert. Es bilden sich beim Abkühlen des Filtrates große atlasglänzende Tafeln vom Schmelzpunkt 73^0.

2. $\alpha,\ \alpha'$-Distearin.

$$CH_2O \cdot OC \cdot C_{17}H_{35}$$
$$| \quad\quad CHOH$$
$$CH_2O \cdot OC \cdot C_{17}H_{35}.$$

Zwei Moleküle Natriumstearat werden mit einem Molekül $\alpha,\ \alpha'$-Dichlorhydrin im Einschmelzrohr 8 Stunden im Schießofen auf 150^0 erhitzt. Die weitere Verarbeitung ist die gleiche, wie beim vorhergehenden Präparate. Das $\alpha,\ \alpha'$-Distearin wird aus Ligroin umkristallisiert. Rhombische Blättchen vom Schmelzpunkt $74,5^0$.

3. Tristearin.

Ein Molekül Trichlorhydrin wird mit drei Molekülen Natriumstearat zur Reaktion gebracht, indem man im Einschlußrohr 10 Stunden

---

[1]) Nach F. Guth.

auf 180^0 erhitzt. Aus Äther erhält man prismatische Säulen vom Schmelzpunkt $71,5^0$.

$$CH_2O \cdot OC \cdot C_{17}H_{35}$$
$$\mid$$
$$CHO \cdot OC \cdot C_{17}H_{35}$$
$$\mid$$
$$CH_2O \cdot OC \cdot C_{17}H_{35} \, .$$

In genau der gleichen Weise lassen sich die entsprechenden Palmitin- und Ölsäureglyzeride darstellen.

Darstellung von Stearyl-cholesterin.

$$C_{27}H_{45} \cdot O \cdot OC \cdot C_{17}H_{35} \, .$$

5 Gramm Cholesterin werden mit 3,9 Gramm Stearylchlorid in 25 ccm Chloroform zunächst bei gewöhnlicher Temperatur geschüttelt. Dann erhitzt man das Gemisch an einem mit einem Chlorkalziumrohr versehenen Rückflußkühler auf dem Wasserbade, bis die Salzsäureentwicklung aufhört. Jetzt setzt man nach dem Abkühlen Methylalkohol zu. Es kristallisiert die Cholesterinfettsäureverbindung in Form feiner Blättchen aus. Das Rohprodukt wird aus heißem Alkohol umkristallisiert. Die reine Verbindung schmilzt zwischen 85 und 90^0.

Darstellung von Fett aus Fettgewebe und aus Organen.

50 Gramm ungeräucherter Schweinespeck werden mit dem Messer in feine Stückchen zerschnitten und diese dann in einer Reibschale möglichst stark zerquetscht. Die so vorbereitete Masse bringt man in einen Rundkolben von 500 ccm Inhalt, gießt 200 ccm absoluten Alkohol hinzu und erhitzt auf dem Wasserbade. Hierbei geht das Fett in Lösung. Es wird filtriert, der Rückstand mit Alkohol und dann mit Äther nachgewaschen. Wird die alkoholische Lösung, nach erfolgtem Abdestillieren des Äthers auf dem Wasserbade vorsichtig, eingedampft, dann verbleibt ein gelbliches Öl, das Fett. Dieses erstarrt beim Abkühlen.

Nachweis des gebundenen Fettes: Ein Stück Organ (Leber, Muskel, Niere usw.) wird fein zerhackt, am besten mit einer Fleischhackmaschine, und dann im Soxhletapparat (vgl. S. 143) zuerst mit Alkohol und dann mit Tetrachlorkohlenstoff erschöpft.

Die auf die erwähnte Weise vom freien Fett befreite Masse wird nun drei Tage lang mit Pepsin-Salzsäure verdaut. Zu diesem Zwecke gibt man zu ihr die zehnfache Menge Wasser, setzt Pepsin und so viel Salzsäure zu, daß der Gehalt der Lösung 0,5 Prozent davon beträgt. Am vierten Tage verdampft man zur Trockne und zieht den Rückstand wieder im Soxhletapparat mit Tetrachlorkohlenstoff aus und überzeugt sich, daß von neuem Fett in Lösung geht.

Darstellung von Cholesterin aus Gallensteinen und Gehirnsubstanz.

Man wählt zur Darstellung des Cholesterins an diesem reiche Gallensteine. Man findet sehr oft Steine, die in ihrem Innern Kristalldrusen von ganz reinem Cholesterin enthalten. Sie werden in einer Reibschale zu einem feinen Pulver zerrieben. Dieses zieht man mit einer Mischung von Äther und Alkohol zu gleichen Teilen aus und filtriert durch einen Heißwassertrichter. Zur Reinigung kocht man das nach dem Verdunsten des Äthers abgeschiedene und sodann abgenutschte Cholesterin mit alkoholischer Kalilauge. Durch diese Operation bewirkt man Verseifung vorhandenen Fettes.

Nun verdampft man zur Trockene und zieht den Rückstand mit Äther aus. Beim Eindunsten des Äthers kristallisiert das Cholesterin in tafelförmigen Kristallen aus. Zur weiteren Reinigung wird es aus dem Alkohol-Äthergemisch umkristallisiert.

Ein gutes Ausgangsmaterial zur Darstellung von Cholesterin ist auch die Gehirnsubstanz. Sie wird zunächst durch Zerreiben in der Reibschale vollkommen zerquetscht und dann mit etwas Sand und etwa 3 Teilen Gips zerrieben. Man erhält eine Masse, die nach einigen Stunden ganz fest wird und sich leicht pulverisieren läßt. Nun zieht man bei Zimmertemperatur mit Azeton aus. Das Ausziehen wiederholt man verschiedene Male. Die vereinigten Azetonauszüge werden dann eingedampft, bis Kristallisation eintritt. Das so erhaltene Cholesterin ist meistens schon ganz rein. Ist dies nicht der Fall, dann kristallisiert man aus Alkohol und Äther unter Zusatz von etwas Tierkohle um.

Darstellung von Eiweißstoffen.

Darstellung von Albumin und Globulin aus Pferdeblutserum.

Man läßt geschlagenes Pferdeblut (vgl. Blutgerinnung), nachdem man das Fibrin entfernt hat, 12 Stunden im Eisschrank stehen. Die roten Blutkörperchen setzen sich dabei rasch zu Boden. Man kann dann leicht das klare Serum abheben. 100 ccm dieses Serums versetzt man mit dem gleichen Volumen einer vollständig gesättigten Lösung von Ammonsulfat. Es entsteht dabei eine Fällung. Von dieser wird abfiltriert. Den Rückstand wäscht man mit einer halbgesättigten Ammonsulfatlösung nach. Ausgefallen ist das Serumglobin. Im Filtrat befindet sich das Serumalbumin. Das letztere kann man leicht durch Hitzekoagulation zur Abscheidung bringen. Die erhaltenen Eiweißkörper sind nicht rein. Sie enthalten Ammonsulfat. Von diesem lassen sie sich durch Dialyse trennen.

Darstellung von Oxyhämoglobinkristallen aus Pferdeblut.

Pferdeblut wird durch Schlagen mit einem rauhen Stabe defibriniert. Man läßt den größten Teil des Serums durch Stehenlassen des Blutes bei 0⁰ sich abtrennen. Das Serum wird mit Hilfe eines Hebers möglichst quantitativ abgehoben und dann der Blutkörperchenbrei zentrifugiert. Das abgetrennte Serum wird abgegossen und der Blutkörperchenbrei in isotonischer Kochsalzlösung (0,9 prozentiger Kochsalzlösung) aufgerührt und diese Operation nach jedesmaligem Zentrifugieren und Abgießen der Flüssigkeit wiederholt, bis schließlich alles Serum entfernt ist. Bei einer Zentrifuge, die 3000 Umdrehungen in der Minute macht, wird im allgemeinen ein dreimaliges Waschen mit der isotonischen Kochsalzlösung ausreichend sein. Jetzt bringt man den Blutkörperchenbrei mit Hilfe eines Spatels aus den Zentrifugiergläsern in ein Becherglas. Man stellt das Volumen der Blutkörperchenmasse fest und gibt nun zwei Volumina destilliertes Wasser hinzu, nachdem man den Blutkörperchenbrei in eine Porzellanschale übergeführt hat. Jetzt wird auf dem Wasserbade allmählich erwärmt, wobei beständig umgerührt und mit Hilfe eines Thermometers die Temperatur verfolgt wird. Sobald sie 37 bis allerhöchstens 40⁰ beträgt, wird das Erwärmen unterbrochen. Das Blut ist nunmehr lackfarben geworden. Man fügt etwas Äther hinzu und schüttelt die Blutlösung am besten im Scheidetrichter damit gründlich durch. Dann wird die Blutlösung abgelassen, filtriert und in einem Stutzen in Eis gestellt. Gleichzeitig kühlt man absoluten Alkohol auf 0⁰ ab. Von diesem fügt man, nachdem die Blutlösung auf 0⁰ abgekühlt ist, ein Viertel des Volumens der Blutlösung hinzu und zwar tropfenweise unter energischem Umrühren. Es darf hierbei nicht zur Ausfällung von Eiweiß kommen. Man erkennt diesen Punkt sofort daran, daß an der Stelle des Eintropfens des Alkohols eine weiße bzw. fleischfarbene Fällung entsteht. Rührt man sofort energisch, dann verschwindet diese. Gibt man aber auf einmal zuviel Alkohol hinzu, ohne genügend zu rühren, dann bildet sich eine bleibende Fällung. Diese stört dann das Auskristallisieren des Oxyhämoglobins außerordentlich. Auf alle Fälle muß man, wenn eine solche nicht wieder verschwindende Fällung eingetreten ist, sofort filtrieren. Hat man die gesamte Alkoholmenge hinzugegeben, dann kühlt man die Blutlösung nunmehr am besten auf — 10 bis — 20⁰ ab. Man erreicht diese Temperatur, indem man Eis und Kochsalz mischt. Schon nach

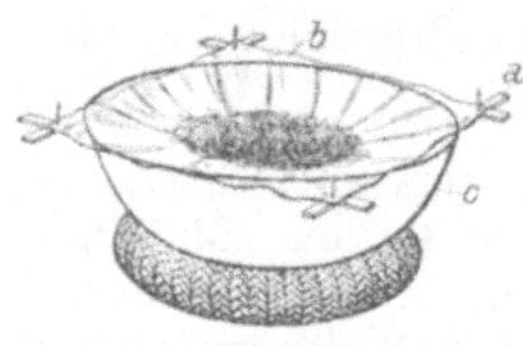

Abb. 79.
Filtration durch Koliertuch
auf Filtrierrahmen.

kurzer Zeit, jedenfalls nach wenigen Stunden, beobachtet man das Auftreten von Kristallen von Oxyhämoglobin. Von der Oberfläche der Flüssigkeit aus betrachtet, läßt sich zunächst ein eigenartiger schillernder Glanz feststellen. An den Wänden des Gefäßes sieht man eine hellrote Kristallisation. Nach 12 Stunden werden die Kristalle bei 0⁰ durch ein auf einen Holzrahmen (a) ausgespanntes Koliertuch (b) abfiltriert (Abb. 79). Das Filtrat wird in einer Porzellanschale (c) aufgefangen. Noch vorteilhafter ist es, die Kristalle abzusaugen und dabei die Saugflasche mit der Nutsche in einem

Emailletopf vollständig in Eis eingepackt zu halten. Die Oxyhämoglobinkristalle werden zum Umkristallisieren wieder in 2 Volumina Wasser bei 37° gelöst, dann wieder auf 0° abgekühlt und ein Viertel des Volumens auf 0° abgekühlten Alkohols allmählich unter Umrühren hinzugegeben. Die Kristallisation kann mehrmals wiederholt werden. Schließlich werden die Kristalle im Vakuumexsikkator über Schwefelsäure getrocknet. Will man die Kristalle längere Zeit in lösbarer Form aufbewahren, dann hebt man sie am besten in einer gut verschließbaren Flasche unter 25 prozentigem Alkohol im Eisschrank auf. Die Oxyhämoglobinkristalle bilden lange, vierseitige Prismen (vgl. Abb. 80 und 81).

Die Oxyhämoglobinkristalle werden, in Wssses gelöst, zur Hämoglobinbestimmung und zur Feststellung des Absorptionsspektrums,

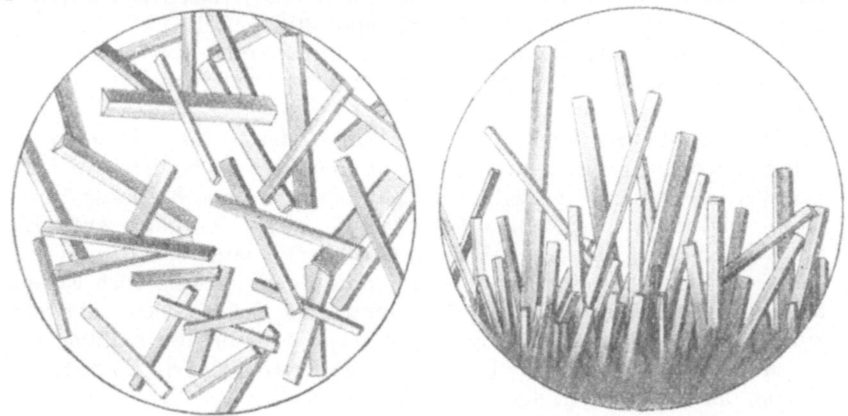

Abb. 80. Abb. 81.
Oxyhämoglobinkristalle aus Pferdeblut.

sowie zur Umwandlung in CO-Hämoglobin usw. benutzt. Vgl. Zweiter Teil, Abschnitt Blut.

Bildung von salzsaurem Hämatin aus Oxyhämoglobin. Man zerreibt etwas von den Hämoglobinkristallen in einer kleinen Reibschale mit einer Spur Kochsalz. Dann kocht man in einem trockenen Reagenzglas mit etwas Eisessig. Die erhaltene Lösung wird auf ein Uhrglas gegossen und dann auf einem kochenden Wasserbade eingetrocknet. Der Rückstand enthält tiefschwarze, glitzernde Kriställchen von salzsaurem Hämatin, auch Hämin genannt.

Die gleiche Probe kann man auch mit Blut ausführen. Man bringt eine Spur ausgetrockneten Blutes am besten direkt auf einen Objektträger, zerdrückt es mit Hilfe eines Messers auf ihm und reibt etwas Kochsalz hinzu, bedeckt dann mit einem Deckglas und läßt unter dieses etwas Eisessig fließen. Dann erhitzt man über einer kleinen Flamme, bis gerade Aufkochen eintritt. Nach dem Erkalten untersucht man das Präparat mikroskopisch (Häminprobe, Teichmannsche Kristalle).

Darstellung von kristallisiertem Edestin aus Hanfsamen[1]).

Hanfsamen, etwa 500 Gramm, werden in einer Mühle gemahlen oder in einem Mörser zerquetscht. Die zerkleinerte Masse wird dann im Soxhletapparat mit Petroläther (vgl. Abb. 96, S. 143) ausgezogen, bis alles Fett entfernt ist. Dann wird die verbleibende Masse in dünner Schicht auf Filtrierpapier ausgebreitet und gewartet, bis der Petroläther verdunstet ist.

100 Gramm des so erhaltenen Mehles werden mit 3 prozentiger, 60^0 warmer Kochsalzlösung ausgezogen. Es wird auf einem Heißwassertrichter rasch durch Koliertuch filtriert. Den Filterrückstand gibt man nochmals in das Extraktionsgefäß zurück und übergießt wieder mit der warmen Kochsalzlösung und rührt gründlich durch. Am besten stellt man den Topf, in dem man das Ausziehen vornimmt, in einen zweiten, der mit Wasser von 60^0 gefüllt ist. Aus dem Filtrat scheiden sich beim Abkühlen bald Kristalle von Edestin ab. Sie werden abfiltriert, mit verdünnter Salzlösung und dann mit 50 prozentigem Alkohol gewaschen.

Das von Säuren und Basen ganz freie Edestin löst sich nicht in Wasser, wohl aber in neutralen Salzlösungen. Fügt man etwas vom Edestin in einem Reagenzglas zu einer 10 prozentigen Kochsalzlösung, dann tritt beim Erhitzen auf 87^0 eine leichte Trübung auf. Bei 94^0 bilden sich Flocken. Wird nun filtriert, dann erhält man bei weiterem Erhitzen keine Koagulation, obwohl die Lösung noch Eiweiß enthält. Man prüfe mit Hilfe der Biuretprobe (vgl. S. 73). Gibt man eine ganz geringe Säurenmenge hinzu, dann tritt wieder Fällung auf.

Man überzeuge sich, daß Edestin die verschiedenen Farbenreaktionen der Proteine gibt. Vgl. S. 73—75.

Darstellung von Kasein aus Kuhmilch (nach Hammarsten).

Abgerahmte Milch wird mit dem vierfachen Volumen Wasser verdünnt. Dann setzt man so viel verdünnte Essigsäure hinzu, daß die Lösung etwa 0,75—1 Prozent davon enthält. Das sich zusammen mit dem Fett und Aschenbestandteilen abscheidende Kasein wird durch Leinwand abfiltriert. Diese spannt man auf einem Kolierrahmen aus (vgl. Abb. 79, S. 104). Nun bringt man den Filterrückstand in eine Reibschale, gibt Wasser dazu und zerreibt die Fällung innig damit. Von Zeit zu Zeit wird dieses durch Dekantieren entfernt und erneuert. Das Kasein wird dann in wenig verdünntem Alkali, in Ammoniak oder $1/_{10}$-n-Natronlauge gelöst und filtriert, nachdem man vorher den Hauptteil des Fettes abgeschöpft hat. Ein weiterer Teil des Fettes bleibt auf dem Filter zurück. Es wird nun die Fällung des Kaseins mit Essigsäure wiederholt, und dieser Vorgang etwa dreimal durchgeführt. Zuletzt wird der Niederschlag so lange mit Wasser

---

[1]) An Stelle von Hanfsamen können auch andere Samenarten, z. B. Baumwoll-, Kürbis-, Sonnenblumensamen, verwendet werden.

gewaschen, bis alle Essigsäure entfernt ist. Dann zerreibt man ihn in kleinen Portionen mit 97prozentigem Alkohol zu einer Emulsion. Von dem sich absetzenden Kasein entfernt man den Alkohol rasch und setzt das Waschen mit Alkohol in gleicher Weise fort. Zuletzt sammelt man das Kasein auf einem Filter, wäscht mit Äther und zerreibt dann den Niederschlag in einer Reibschale mit diesem. Dann wird das fein zerriebene Kasein in die Hülse eines Soxhletapparates (vgl. S. 143) gegeben und nun mit Äther gründlich ausgezogen. Das nunmehr fettfreie Kasein wird im Vakuumexsikkator getrocknet.

Man löse 0,3 Gramm von diesem Kasein in 10 ccm gesättigtem Kalkwasser und füge 3,1 ccm $^1/_{10}$-n-Phosphorsäure zu. Jetzt gibt man Magensaft oder Labferment hinzu und beobachtet die Gerinnung.

Man prüfe auch am Kasein die verschiedenen Eiweißreaktionen.

Darstellung von Aminosäuren und Polypeptiden.

1. Aminosäuren.

A. Gewinnung von Aminosäuren durch Abbau von Eiweißstoffen.

Darstellung von Glykokoll und d-Alanin aus Seidenabfällen.

$$CH_2(NH_2) \cdot COOH \qquad und \qquad CH_3 \cdot CH(NH_2) \cdot COOH .$$

Glykokoll = Aminoessigsäure $\qquad\qquad\qquad$ Alanin = α-Aminopropionsäure

100 Gramm Seidenabfälle werden in einem 500 ccm fassenden Rundkolben mit 300 ccm rauchender Salzsäure vom spezifischen Gewicht 1,19 übergossen. Nunmehr bringt man den Rundkolben auf ein Wasserbad und erwärmt so lange unter dem Abzug, bis Lösung eingetreten ist. Die Lösung ist braun gefärbt. Jetzt kocht man unter Anwendung eines Rückflußkühlers auf dem Baboblech. Nach sechsstündigem Kochen ist die Hydrolyse vollständig.

Gewinnung von Glykokoll = Aminoessigsäure.

Das Glykokoll, auch Glyzin genannt, läßt sich annähernd quantitativ als Esterchlorhydrat abscheiden. Um es in diese Verbindung überzuführen, wird die salzsaure Lösung der Aminosäuren unter vermindertem Druck eingedampft. Man bedient sich hierzu des in Abb. 82 dargestellten Apparates. Die Hydrolysenflüssigkeit wird aus dem Rundkolben in einen Destillierkolben a übergeführt. Diesen bringt man in ein Wasserbad c und verbindet ihn mit einem zweiten Destillierkolben d, der als Vorlage dient. Dieser letztere wird mit der Wasserstrahlpumpe f in Verbindung gesetzt, mit deren Hilfe die beiden Kolben evakuiert werden. Die Vorlage wird durch Auffließenlassen von Wasser gekühlt (e). Um zu vermeiden, daß Siedeverzug eintritt, wird der Kolben, in dem die Hydrolysenflüssigkeit sich befindet, oben durch einen Stopfen abgeschlossen, durch den eine Kapillare b hindurchgeführt ist. Durch diese kann man vermittelst eines aufgesetzten, dickwandigen Schlauches g, der mit einer Klemmschraube versehen ist, die Luftzufuhr in äußerst feiner Weise regulieren und so jedes Stoßen vollständig vermeiden. Die Temperatur des Wasserbades braucht 35—40° nicht zu überschreiten. Das Eindampfen geht sehr rasch vor sich. Ist die Flüssigkeit so weit eingedampft, daß sie zähe Blasen wirft, dann wird die Destillation unterbrochen[1]).

In der Vorlage befindet sich salzsäurehaltiges Wasser. Dieses wird weggegossen. Den Destillationsrückstand übergießt man jetzt mit 500 ccm absolutem Alkohol und leitet sorgfältig getrocknete, gasförmige Salzsäure in den Alkohol ein. Die Entwicklung der gasförmigen Salzsäure erfolgt, indem man konzentrierte Schwefelsäure in Salzsäure eintropfen läßt. Zur Trocknung wird das Salzsäuregas durch zwei mit konzentrierter Schwefelsäure beschickte Waschflaschen geleitet. Das Einleiten der gasförmigen Salzsäure wird so lange fortgesetzt, bis aus der alkoholischen Lösung gasförmige Salzsäure entweicht. Während des Einleitens hat sich der Alkohol braun gefärbt. Unter Bildung von Esterchlorhydraten sind die Aminosäuren nach und nach in Lösung gegangen. Der Kolbeninhalt erwärmt sich während des Einleitens der Salzsäure. Schließlich beginnt der Alkohol zu sieden. Es ist nicht ratsam, das Einleiten der gasförmigen Salzsäure über Gebühr auszudehnen, da der absolute Alkohol begierig Wasser an sich zieht. Dieses ist der Bildung der Ester hinderlich. Wasser entsteht, wie die folgende Formel zeigt, schon bei der Veresterung.

$$CH_2(NH_2) \cdot COOH + C_2H_5 \cdot OH + HCl = CH_2(NH_2) \cdot CO \cdot O \cdot C_2H_5 + H_2O.$$
$$HCl$$

Das Glykokollesterchlorhydrat ist nur in absolutem Alkohol schwer löslich. In verdünntem Alkohol fällt es nur unvollständig aus. Man wird somit, sobald gasförmige Dämpfe von Salzsäure entweichen, das Einleiten unterbrechen und dafür sorgen, daß der Kolben nach erfolgter Abkühlung vollständig luftdicht abgeschlossen wird. Am besten engt man jetzt die Flüssigkeit sofort unter vermindertem Druck ein, und zwar bringt man das ganze Volumen auf etwa $^2/_3$ des ursprünglichen. Nunmehr kühlt man den Kolbeninhalt durch Einstellen in Eiswasser auf 0° ab, bringt einige Kriställchen von Glykollesterchlorhydrat in die Flüssigkeit, verschließt den Kolben wiederum luftdicht und stellt ihn in den Eisschrank. Bereits nach kurzer Zeit beobachtet man die Kristallisation von Glykokollester-

---

[1]) Hat man zu stark eingedampft, so daß der Rückstand ganz fest wird, dann stößt die Veresterung oft auf Schwierigkeiten. Man muß in diesem Falle den Rückstand auf dem Wasserbad in möglichst wenig Wasser lösen und nochmals unter vermindertem Druck bis zur Sirupkonsistenz eindampfen.

chlorhydrat. Nach etwa 12 Stunden ist das Ganze vollständig erstarrt. Der Kristallbrei wird nunmehr auf eine Nutsche gebracht und mit Hilfe der Wasserstrahlpumpe abgesaugt. Die Kristalle sind zunächst noch hellbraun gefärbt. Durch Waschen mit auf 0^0 abgekühltem absolutem Alkohol läßt sich der größte Teil des Farbstoffes entziehen, und es hinterbleiben Kristalle, die schon ziemlich farblos sind. Den Waschalkohol gibt man zu der Mutterlauge des Glykollesterchlorhydrats hinzu.

Diese enthält noch weitere Mengen dieser Verbindung.

Um auch diese noch zu gewinnen, werden die gesamten Filtrate unter vermindertem Druck vollständig zur Trockene verdampft. Das Wesentliche ist hierbei, daß das vorhandene Wasser möglichst entfernt wird. Den Destillationsrückstand übergießt man mit 300 ccm absolutem Alkohol und leitet wiederum trockene gasförmige Salz-

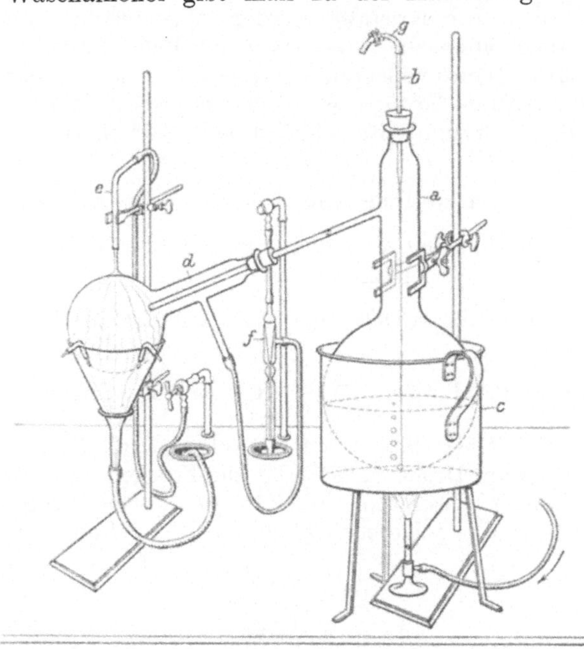

Abb. 82.
Destillation unter vermindertem Druck.

säure ein, bis Sättigung eingetreten ist. Dann verdampft man unter vermindertem Druck bis etwa auf die Hälfte des ursprünglichen Volumens, kühlt auf 0^0 ab, impft mit einem Kriställchen von Glykokollesterchlorhydrat und läßt nunmehr, nachdem der Kolben sorgfältig verschlossen worden ist, bei 0^0 stehen. Man erhält so eine weitere Menge von Glykokollesterchlorhydrat, die nach etwa 12 Stunden ebenfalls abgenutscht, scharf abgepreßt und mit auf 0^0 abgekühltem Alkohol gewaschen wird. Die Kristallfraktionen werden nunmehr vereinigt und im Vakuumexsikkator über Kalk und Schwefelsäure (vgl. Abb. 25) getrocknet. Man kann das Trocknen des Rohproduktes auch durch Aufpressen auf einen Tonteller vornehmen. Das so erhaltene Glykokollesterchlorhydrat ist noch nicht vollständig rein. Um es zu reinigen, löst man das Rohprodukt in möglichst wenig heißem absolutem Alkohol auf, kocht die heiße Lösung mit

2—3 Löffel voll Tierkohle und filtriert nun, nachdem man sich durch Filtration einer Probe überzeugt hat, daß das Filtrat vollständig farblos ist. Würde man das Filtrieren durch einen gewöhnlichen Filter oder durch eine Nutsche vornehmen, dann würde man Gefahr laufen, daß die Substanz auf dem Filter kristallinisch erstarrt. Man vermeidet dies, indem man einen sog. Heißwassertrichter verwendet (vgl. Abb. 15). Das Filtrat zeigt bald während des Abkühlens Kristallisation. Die Kristalle werden abgenutscht, mit kaltem absolutem Alkohol gewaschen und dann im Vakuumexsikkator über Kalk und Schwefelsäure vollständig getrocknet. Die Ausbeute an Glykokollesterchlorhydrat beträgt je nach der Reinheit des Ausgangsmateriales 40—50 Gramm. Es schmilzt bei 144 ⁰ (korr.)

Darstellung von d-Alanin = α-Aminopropionsäure.

Überführung von d-Alaninesterchlorhydrat in d-Alaninester und Verseifung des letzteren zu d-Alanin:

$$CH_3 \cdot CH(NH_2) \cdot COOC_2H_5 + NH_3 = CH_3 \cdot CH(NH_2) \cdot COOC_2H_5 + NH_4Cl.$$
$$\overset{\textstyle .}{H}Cl$$
$$CH_3 \cdot CH(NH_2)COOC_2H_5 + H_2O = CH_3 \cdot CH(NH_2) \cdot COOH + C_2H_5OH.$$

Die Mutterlauge von Glykokollesterchlorhydrat wird unter vermindertem Druck vollständig zur Trockene verdampft, der Rückstand in wenig absolutem Alkohol, ca. 50 ccm, aufgenommen, in einen Erlenmeyer-Kolben c (Abb. 83) übergeführt und mit etwa 200 ccm Äther überschichtet. Man leitet nunmehr aus einer Bombe a Ammoniakgas, das durch Durchleiten durch einen Kalkturm b getrocknet wird, in die Flüssigkeit ein und turbiniert das Gemisch. Hierbei werden die Esterchlorhydrate der Aminosäuren in die freien Ester übergeführt. Diese gehen in den Äther über. Das Einleiten des Ammoniaks wird so lange fortgesetzt, bis deutlicher Geruch nach diesem auftritt. Während der ganzen Operation wird der Erlenmeyer-Kolben in einem Emailletopf mit Eiswasser gekühlt. Bald tritt nach dem

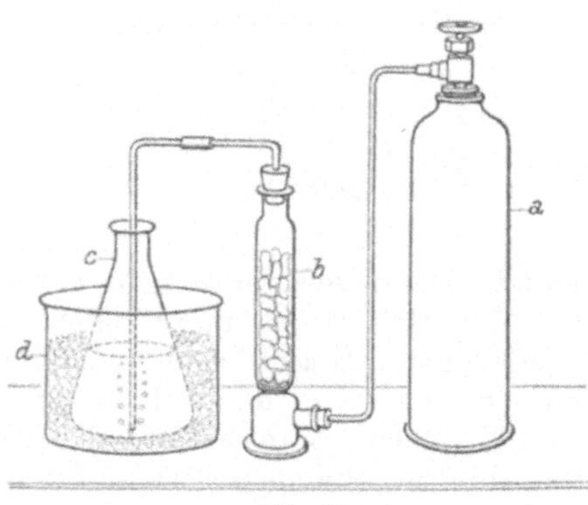

- Abb. 83.
Infreiheitsetzung von Aminosäureestern mittels Ammoniak.

Einleiten des Ammoniaks ein Niederschlag auf. Er besteht aus Chlorammon. Die ätherische Lösung wird nunmehr abgegossen, eventuell im Scheidetrichter abgetrennt, dann der Äther unter vermindertem Druck bei gewöhnlicher Temperatur oder auf dem Wasserbade unter

Anwendung eines guten Kühlers (Abb. 84) abdestilliert. Im ersteren Fall muß die Vorlage gut mit Wasser gekühlt werden, weil sonst der verdampfende, nicht kondensierte Äther das Zustandekommen eines guten Vakuums hindert. Infolgedessen würde die Destillation des Äthers zuviel Zeit in Anspruch nehmen.

Jetzt beginnt man mit der Destillation der Ester (Abb. 85). Die Vorlage wird gewechselt, das Vakuum wieder hergestellt und nun unter Erwärmung des Wasserbades bis 100° destilliert. Die Vorlage wird mit einer Kältemischung gekühlt. Das Destillat enthält Alaninester.

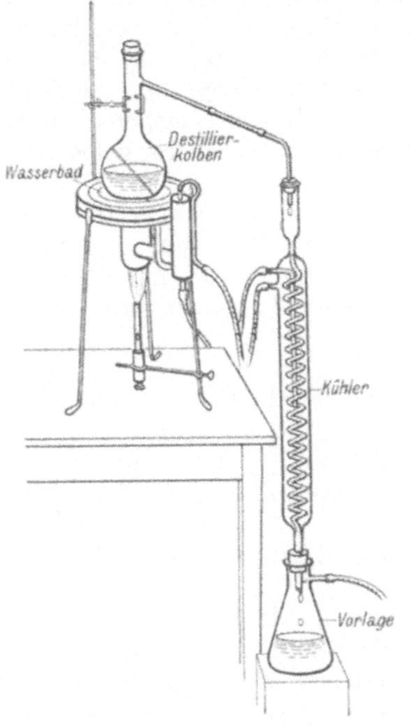

Abb. 84. Destillation von Äther.

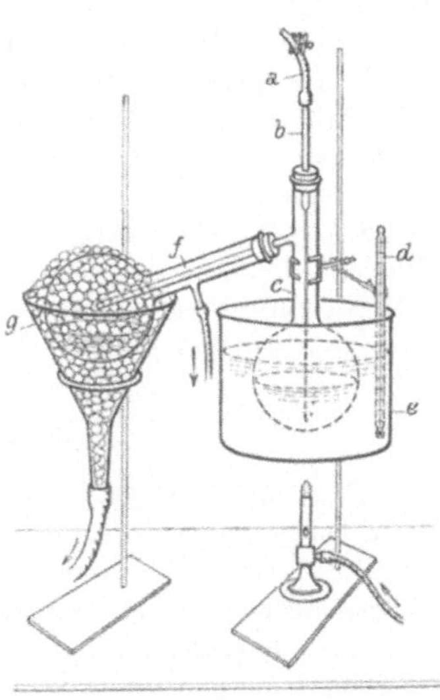

Abb. 85.
Destillation von Aminosäureestern.

$a =$ Dickwandiger Gummischlauch mit Klemme, $b =$ Kapillare, $c =$ Destillierkolben, $d =$ Thermometer, $e =$ Wasserbad, $f =$ Vorlage, $g =$ Eis-Salzmischung.

Er siedet bei ca. 10 mm Druck bei 55°. Um aus dem Ester die freie Aminosäure zu erhalten, wird die gesamte Menge des Esters aus dem Destillationskolben in einen Rundkolben übergeführt. Den ersteren spült man mit destilliertem Wasser aus und gibt dieses zu dem Ester. Nachdem man noch so viel Wasser zugefügt hat, daß das gesamte Volumen etwa das Zehnfache des ursprünglichen ausmacht, gibt man einen Siedestab in die Lösung, setzt einen guten Kühler auf und erhitzt nun so lange auf dem Baboblech, bis die alkalische Reaktion verschwunden ist. Man gibt zur Erleichterung der Kontrolle der Beendigung der Verseifung zweckmäßig ein Stückchen Lackmuspapier in die Lösung. Ist die Flüssigkeit etwas gefärbt, dann fügt man etwa einen Löffel voll Tierkohle zu, kocht auf, filtriert und dampft nun die Flüssigkeit auf dem Wasserbad in einer Porzellanschale so lange ein, bis Kristallabscheidung erfolgt. Nunmehr läßt man abkühlen, wobei die Menge der Kristalle sich noch wesentlich vermehrt, nutscht ab, preßt sorgfältig aus und wäscht mit wenig eiskaltem Wasser. Die Mutterlauge wird weiter eingeengt, bis wieder Kristalle erscheinen. Man nutscht wieder ab. Die ganze Operation wiederholt man noch zwei- bis dreimal. Durch diese fraktionierte Kristallisation erreicht man eine Trennung der optisch reineren Kristallabscheidungen von den mehr razemisierten. Meist sind die beiden ersten Kristallfraktionen optisch ganz rein, während die weiteren Fraktionen ein geringeres Drehungsvermögen zeigen. Die Reinheit des d-Alanins kann einmal durch die Bestimmung des Stickstoff-, Kohlen- und Wasserstoffgehaltes festgestellt werden, vor allem aber durch die Feststellung des spezifischen Drehungsvermögens. Reines d-Alanin dreht in der berechneten Menge n-Salzsäure gelöst 10,5⁰ nach rechts.

Beispiel: 0,4454 Gramm Substanz in der berechneten Menge Salzsäure gelöst. Gesamtgewicht der Lösung 5,4555 Gramm. Spezifisches Gewicht 1,101. Abgelesener Drehungswinkel 1,30⁰ im 1-dm-Rohr bei Natriumlicht. Daraus berechnet sich die spezifische Drehung nach der Formel

$$\frac{1{,}30 \cdot 5{,}4555}{1 \cdot 1{,}101 \cdot 0{,}4454} \cdot 0{,}70944 = 10{,}26\,^0.$$

Die Zahl 0,70944 ist nach der Gleichung: Molekulargewicht des Alanins (89) : Molekulargewicht des salzsauren Alanins (125,45) $= x : 1$ berechnet.

d-Alanin zersetzt sich beim raschen Erhitzen gegen 297⁰. Die Ausbeute beträgt 12—15 Gramm.

Kocht man eine wässerige Lösung von Alanin mit einem Überschuß an frisch gefälltem Kupferoxyd (vgl. S. 113), dann färbt sich die Lösung intensiv blau. Engt man nach erfolgter Filtration ein, dann kristallisiert das Kupfersalz das Alanins

$$\left.\begin{array}{l} CH_3 \cdot CH(NH_2) \cdot COO \\ CH_3 \cdot CH(NH_2) \cdot COO \end{array}\right\rangle Cu$$

aus.

Darstellung von Glykokoll aus Glykokollesterchlorhydrat[1]).

$$CH_2(NH_2) \cdot COOC_2H_5 + Na(OH) = CH_2(NH_2) \cdot COOC_2H_5 + H_2O + NaCl.$$
$$HCl$$
$$CH_2(NH_2) \cdot COOC_2H_5 + H_2O = CH_2(NH_2) \cdot COOH = C_2H_5OH.$$

---

[1]) Glykokollester kann aus dem Esterchlorhydrat auch mit Ammoniak unter den gleichen Bedingungen, wie sie beim Alanin angegeben worden sind, in Freiheit gesetzt werden. Die Ausbeute ist eine sehr gute.

25 Gramm Glykokollesterchlorhydrat werden in einem Rundkolben von 250 ccm Inhalt mit 15 ccm Wasser übergossen. Das Glykokollesterchlorhydrat geht hierbei nur teilweise in Lösung. Nun fügt man 100 ccm Äther hinzu und stellt den Rundkolben in eine, in einem geräumigen Emailletopf befindliche Kältemischung. Durch Zugabe von 20 ccm 33 prozentiger Natronlauge setzt man die Ester in Freiheit. Während des Zusatzes der Lauge wird kräftig geschüttelt. Am besten fügt man diese allmählich zu und schüttelt dazwischen. Um die noch in der wässerigen Lösung sich befindenden Ester — der größte Teil davon ist schon in den Äther übergegangen — zu erhalten, gibt man körniges Kaliumkarbonat in kleinen Portionen hinzu und schüttelt energisch. Man setzt das Zuschütten so lange fort, bis die wässerige Schicht zu einem gleichmäßigen körnigen Brei wird. Der Äther wird nun abgegossen, filtriert und in einer Stöpselflasche über Natrium- oder Magnesiumsulfat getrocknet. Das Trocknungsmittel muß frisch geglüht sein. Man nimmt etwa 25 Gramm des Trocknungsmittels und glüht es in einer Porzellanschale aus. Dann gibt man die noch warme Schale samt Inhalt in einen Exsikkator und läßt erkalten.

Der beim Abgießen des Äthers verbleibende Rückstand wird sofort wieder mit Äther überschichtet und die ganze Masse gut durchgeschüttelt. Die Ätherschicht wird zu der bereits abgehobenen hinzufiltriert und der ganze Vorgang noch einige Male wiederholt. Nach etwa 6 Stunden sind die vereinigten Ätherauszüge getrocknet. Nunmehr filtriert man vom Trocknungsmittel ab und gibt die ätherische Lösung des Glykokollesters in einen Destillationskolben. Diesen verbindet man mit einem zweiten Destillationskolben, der als Vorlage dient. Der Äther wird nun bei gewöhnlicher Temperatur unter vermindertem Druck abdestilliert. Ist der Äther fast vollständig verdampft, dann beginnt man unter Auswechslung der Vorlage mit der Destillation des Glykokollesters. Die Vorlage wird mit einer Kältemischung gekühlt. Der Glykokollester geht bei 11 mm Druck bei 44° über. Das Erwärmen der zu destillierenden Flüssigkeit wird durch ein Wasserbad bewirkt.

Das Destillat wird mit der zehnfachen Menge Wasser versetzt, in einen Rundkolben übergeführt und nach Zugabe eines Siedestäbchens und Aufsetzen eines Kühlers so lange auf dem Baboblech gekocht, bis die alkalische Reaktion der Flüssigkeit verschwunden ist. Durch fraktioniertes Eindampfen der wässerigen Lösung auf dem Wasserbade erhält man Kristallfraktionen von reinem Glykokoll. Die Ausbeute beträgt etwa 10 Gramm. Glykokoll zersetzt sich gegen 240°.

Glykokoll schmeckt süß und gibt beim Kochen mit Kupferoxyd in wässeriger Lösung ein sehr schön blau gefärbtes Kupfersalz. 1 Gramm Glykokoll wird in 5 ccm Wasser gelöst. Zur Lösung fügt man einen Überschuß an frisch gefälltem Kupferoxyd. Dieses bereitet man sich, indem man eine wässerige Lösung von Kupfersulfat mit

überschüssiger Natronlauge kocht.   Hierbei fällt braunschwarzes
Kupferoxyd aus.   Man wartet ab, bis sich der Niederschlag abgesetzt
hat und gießt nunmehr die Flüssigkeit ab.   Nun gibt man destilliertes Wasser zum Rückstand, rührt um und läßt ihn wieder absitzen.   Das Wasser wird erneuert und der ganze Vorgang so lange
wiederholt, bis die Waschflüssigkeit nicht mehr alkalisch reagiert.
Man bewahrt das so vorbereitete Kupferoxyd unter Wasser auf.   Will
man das Kupferoxyd benützen, dann schüttelt man das Gemisch
durch und entnimmt die notwendige Menge der Suspension.   Beim
Kochen der wässerigen Lösung des Glyzins mit dem Kupferoxyd tritt
bald Blaufärbung auf.   Hat man etwa 10 Minuten gekocht, dann
filtriert man vom überschüssigen Kupferoxyd ab und engt die blaue
Lösung auf dem Wasserbade ein, bis sich Glykokollkupfer

$$\left. \begin{array}{l} CH_2(NH_2) \cdot COO \\ CH_2(NH_2) \cdot COO \end{array} \right\rangle Cu$$

kristallinisch abscheidet.

Gewinnung von Glykokollpikrat: 1 Gramm Glyzin wird in
1 ccm Wasser in der Hitze gelöst.   Zu der Lösung fügt man die
molekulare Gewichtsmenge reiner Pikrinsäure in alkoholischer Lösung.
Beim Abkühlen fällt sofort Glykokollpikrat aus.   Es schmilzt
gegen 190^0.

<h3 align="center">Darstellung von β-Naphthalinsulfo-glyzin[1]).</h3>

$$\begin{array}{l} CH_2 \cdot COOH \\ | \\ NH_2 + Cl \cdot SO_2 \cdot C_{10}H_7 \end{array} = \begin{array}{l} CH_2 \cdot COOH \\ | \\ NH \cdot SO_2 \cdot C_{10}H_7 \end{array} + HCl.$$

Man löst 2 Gramm Glykokoll in der auf 1 Molekül berechneten
Menge Normalnatronlauge und gibt dazu die ätherische Lösung von
2 Molekülen β-Naphthalinsulfochlorid.   Das Gemisch wird bei gewöhnlicher Temperatur auf der Schüttelmaschine (vgl. Abb. 78, S. 97) in
einer Stöpselflasche geschüttelt.   Nach etwa 1 Stunde fügt man die
gleiche Menge n-Alkali hinzu.   Dieser Vorgang wird in einstündigen
Abständen noch zweimal wiederholt.   Nach Verlauf von 4 Stunden
wird im Scheidetrichter die ätherische Schicht von der wässerigen
getrennt.   Jetzt wird die stark alkalisch reagierende Flüssigkeit mit
Salzsäure übersättigt.   Es fällt zunächst ein Öl aus, das jedoch sehr
bald erstarrt.   Naphthalinsulfoglyzin kristallisiert zumeist in zu
Büscheln vereinigten Nadeln.   Sie sintern beim Erhitzen gegen 151^0
und schmelzen bei 156^0.

---

[1]) Nach Emil Fischer und Peter Bergell.

Darstellung von l-Cystin = β-Dithio-α-diaminodipropionsäure aus Keratin.

$$CH_2 \cdot S—S \cdot CH_2$$
$$CH \cdot NH_2 \quad CH \cdot NH_2$$
$$COOH \quad COOH$$

Man geht am besten von irgendeiner Keratinart aus, die keinen dunkeln Farbstoff enthält. Gut geeignet sind Hornspäne, Schweineborsten, Federn. Sehr gute Ausbeuten liefern Menschenhaare und Pferdehaare, doch stört das vorhandene dunkle Pigment etwas.

Beispiel: 100 Gramm Federn werden in einem 500 ccm fassenden Rundkolben mit 300 ccm rauchender Salzsäure vom spezifischen Gewicht 1,19 übergossen, auf dem Wasserbad zur Lösung gebracht und nun auf dem Baboblech unter Anwendung eines Rückflußkühlers 6 Stunden gekocht. Am besten setzt man gleich 20 Gramm Tierkohle zu. Nach beendigtem Kochen läßt man die Lösung sich abkühlen, verdünnt mit der gleichen Menge Wasser und filtriert. Zu dem Filtrat setzt man unter Kühlung mit Eiswasser so viel Natronlauge hinzu, bis die Reaktion nur noch ganz schwach sauer ist[1]). Nach einigem Stehen im Eisschrank erfolgt Kristallisation von Cystin. Die Abscheidung läßt sich beschleunigen, indem man Eisessig zufügt. Das so erhaltene Cystin ist schon recht rein. Die Ausbeute beträgt etwa 6 Gramm. Sie läßt sich erhöhen, indem man die Mutterlauge einengt und dann längere Zeit bei 0^0 stehen läßt. Hält man die gegebenen Bedingungen ein, dann erhält man Cystin, das mit Millons Reagens keine Färbung gibt. Zeigt dagegen die positive Millonsche Reaktion die Anwesenheit von Tyrosin an, dann wird das Rohzystin in 10 prozentigem Ammoniak gelöst. Zu der Lösung gibt man vorsichtig Eisessig. Es fällt reines Cystin aus. War die Lösung des Cystins in Ammoniak gefärbt, dann schüttelt man die Lösung mit etwas Tierkohle in der Kälte. Das Kochen der ammoniakalischen Lösung des Cystins empfiehlt sich nicht, weil es dabei sehr leicht verändert wird. Eine Probe des Cystins in Wasser gelöst und mit Natronlauge und basischem essigsaurem Blei gekocht, zeigt bald Braunschwarzfärbung. Es hat sich Schwefelblei unter Zersetzung des Cystins gebildet. Das Cystin kristallisiert zumeist in regelmäßig sechsseitigen Platten.

---

[1]) Man kann das Cystin auch direkt als salzsaures Salz abscheiden, indem man in die etwas eingeengte salzsaure Lösung gasförmige Salzsäure einleitet und die Lösung dann abkühlt. Das freie Cystin erhält man dann durch Zusatz der dem Salzsäuregehalt entsprechenden n-Alkalilauge.

Darstellung von d-Glutaminsäure = Aminoglutarsäure aus Pflanzeneiweiß.

$$\begin{array}{c} COOH \\ | \\ CH \cdot NH_2 \\ | \\ CH_2 \\ | \\ CH_2 \\ | \\ COOH \end{array}$$

100 Gramm Pflanzeneiweiß, z. B. Kleber, werden in einem Rundkolben von 500 ccm Inhalt mit 300 ccm rauchender Salzsäure vom spezifischen Gewicht 1,19 übergossen. Man erwärmt zunächst auf dem Wasserbade, bis Lösung eingetreten ist. Dann kocht man am Rückflußkühler auf dem Baboblech unter dem Abzug. Nach 6 Stunden ist die Hydrolyse beendet. Es empfiehlt sich, gleich beim Beginn des Erwärmens 20 Gramm Tierkohle zuzusetzen. Der Kleber ist mehr oder weniger reich an Kohlenhydraten. Das erklärt die Bildung relativ großer Mengen von Huminsubstanzen. Es wird nach erfolgtem Verdünnen mit dem gleichen Volumen Wasser filtriert. Das Filtrat ist zumeist nur noch hellbraun gefärbt, ja oft ganz farblos. Es wird unter vermindertem Druck stark eingeengt. Hat man ein Volumen von etwa 100 ccm erreicht, dann gießt man die Lösung in einen Erlenmeyer-Kolben von ca. 200 ccm Inhalt und leitet gasförmige Salzsäure bis zur Sättigung ein. Nach dem Abkühlen impft man mit einem Kriställchen von Glutaminsäurechlorhydrat und stellt die Lösung in den Eisschrank. Nach kurzer Zeit beginnt die Abscheidung von Glutaminsäurechlorhydrat. Es empfiehlt sich, mit dem Absaugen der Kristalle mindestens 24 Stunden zu warten. Häufig fällt nämlich das Glutaminsäurechlorhydrat sehr feinkristallinisch aus. Es ist dann sehr schwer, die Kristallmasse abzusaugen und von der Mutterlauge frei zu bekommen. Wartet man jedoch einige Zeit, dann erhält man größere Kristalle, die sich sehr leicht absaugen und mit eiskalter, rauchender Salzsäure waschen lassen. Als Filter wählt man Koliertuch, das man der Nutsche anpaßt. Durch Einengen der Mutterlauge lassen sich weitere Kristallfraktionen gewinnen. Die Ausbeute an rohem Glutaminsäurechlorhydrat beträgt 40 Gramm. Das Rohprodukt wird in Wasser gelöst, die Lösung durch Kochen mit Tierkohle vollständig entfärbt und das Filtrat mit gasförmiger Salzsäure gesättigt und dann bei 0^0 stehen gelassen. Das Glutaminsäurechlorhydrat kristallisiert nun in großen Kristallen aus. Es wird wiederum auf einem Koliertuch abgesaugt, der Rückstand mit eiskalter konzentrierter Salzsäure gewaschen und die Kristalle dann im Vakuumexsikkator über Kalk und Schwefelsäure getrocknet. Zur Feststellung der Reinheit des erhaltenen salzsauren Salzes bestimme man den Chlorgehalt und ferner das Drehungs-

vermögen: $[\alpha]_{20^0}^D = +25{,}0^0$. Reines d-Glutaminsäurechlorhydrat schmilzt beim raschen Erhitzen gegen 210^0, bei 205^0 beobachtet man Sintern.

Zur Gewinnung der freien Glutaminsäure wird das Hydrochlorat in wenig Wasser gelöst, die auf den Salzsäuregehalt berechnete Menge n-Natronlauge zugefügt und die Lösung eingeengt. Es gelingt leicht, durch fraktionierte Kristallisation die reine Glutaminsäure vom gebildeten Kochsalz abzutrennen. Rascher gelangt man in folgender Weise zum Ziel:

Das reine, trockene Glutaminsäurechlorhydrat wird in möglichst wenig Wasser gelört und in die Lösung unter Eiskühlung langsam gasförmiges Ammoniak eingeleitet. Nach einiger Zeit trübt sich die Flüssigkeit und Glutaminsäure wird in dichten Massen abgeschieden. Ein zu rascher Ammoniakstrom ist zu vermeiden, weil sonst leicht das Ausfallen von Glutaminsäure übersehen werden kann, da diese sich im überschüssigen Ammoniak als Ammonsalz löst. Am besten ist es, sobald die Flüssigkeit durch die ausgefallene Gentaminsäure ganz dick geworden ist, das Einleiten von Ammoniakgas zu unterbrechen und den Niederschlag einige Zeit bis 0^0 stehen zu lassen. Dann wird abgesaugt und der Rückstand zuerst mit eiskaltem Wasser und dann mit absolutem Alkohol bis zur Chlorfreiheit gewaschen. Man erhält auf diese Weise ein sehr reines Präparat. Zersetzungspunkt bei sehr raschem Erhitzen 213^0 (unkor.).

Filtrat und Waschwasser werden vereinigt, im Vakuum oder auf dem Wasserbade eingeengt und in die abgekühlte Lösung wieder Ammoniakgas eingeleitet. Man kann so weitere Mengen von Glutaminsäure gewinnen.

Überführung der Glutaminsäure in Pyrrolidonkarbonsäure.

$$
\begin{array}{ccc}
\mathrm{COOH} & & \mathrm{COOH} \\
| & & | \\
\mathrm{CH\cdot NH_2} & & \mathrm{CH\cdot NH-} \\
| & & | \\
\mathrm{CH_2} & \xrightarrow{-H_2O} & \mathrm{CH_2} \\
| & & | \\
\mathrm{CH_2} & & \mathrm{CH_2} \\
| & & | \\
\mathrm{COOH} & & \mathrm{CO-} \\
\text{Glutaminsäure.} & & \text{Pyrrolidonkarbonsäure.}
\end{array}
$$

5 Gramm Glutaminsäure werden in einem kleinen Reagenzglas 3 Stunden im Ölbad auf 190^0 erhitzt. Es verbleibt eine hellbraun gefärbte Masse, die sich leicht aus der zweifachen Menge Methylalkohol unter Anwendung von Tierkohle umkristallisieren läßt. Die Kristalle schmelzen nach vorheriger Erweichung bei $182{-}183^0$.

Darstellung von d-Arginin = α-Amino-δ-guanidinovaleriansäure.

$$C \Big\langle {\overset{\textstyle NH_2}{=NH}} \atop \\ NH \cdot CH_2 \cdot CH_2 \cdot CH_2 \cdot CH(NH_2) \cdot COOH.$$

300 Gramm Edestin werden mit 300 ccm rauchender Salzsäure vom spezifischen Gewicht 1,19 in einem Rundkolben von 500 ccm Inhalt übergossen. Nachdem durch Erwärmen auf dem Wasserbad Lösung herbeigeführt worden ist, erhitzt man 6 Stunden am Rückflußkühler auf dem Baboblech. Das Hydrolysat wird dann mit der dreifachen Menge Wasser verdünnt und mit einem Überschuß an Phosphorwolframsäure gefällt. Der Niederschlag wird abgenutscht, mit 5 prozentiger Schwefelsäure in einer Reibeschale verrührt und dann auf der Nutsche gewaschen, bis das Filtrat keine Reaktion auf Salzsäure mehr zeigt. Nun wird der Niederschlag in eine Reibschale übergeführt, mit der doppelten Gewichtsmenge seines Gewichtes an Baryt versetzt und nun gründlich mit dem Pistill zerrieben. Durch das dem Baryt entstammende Kristallwasser wird die Masse dünnbreiig. Jetzt wird abgenutscht, mit Wasser nachgewaschen und im Filtrat der überschüssige Baryt quantitativ mit Schwefelsäure entfernt. Das Filtrat vom Bariumsulfat wird unter vermindertem Druck bei 40° des Wasserbades eingeengt. Nun werden Arginin und Histidin getrennt, indem man die Lösung mit Kohlensäure sättigt und mit einer gesättigten Lösung von Quecksilberchlorid fällt. Aus dem Filtrate der Quecksilberfällung — der Niederschlag enthält das Histidin — wird das Quecksilber mit Schwefelwasserstoff und dann das Chlor mit Silbernitrat entfernt und das Filtrat vom Chlorsilber nun mit überschüssigem Silbernitrat versetzt und das Arginin durch kaltes, möglichst gesättigtes Barytwasser gefällt. — Das gesättigte Barytwasser bereitet man sich in folgender Weise. Man löst Baryt in heißem Wasser auf. Man erhält keine klare Lösung, weil sich schon während des Kochens kohlensaurer Baryt bildet, auch enthält das käufliche Baryt meist schon solchen. Die heißgesättigte Lösung wird in einen enghalsigen Stehkolben hineinfiltriert, der Kolben gleich verschlossen oder ein Natronkalkrohr aufgesetzt und abkühlen gelassen. Es kristallisiert reines Baryt aus. Die überstehende Flüssigkeit ist mit Baryt gesättigt und kann direkt benutzt werden. Hält man das Gefäß stets sorgfältig verschlossen, dann bleibt die Lösung klar. — Der sorgfältig gewaschene Niederschlag wird in schwefelsäurehaltigem Wasser suspendiert und mit Schwefelwasserstoff zerlegt und das Filtrat des Silbersulfids durch Durchleiten von Luft vom Schwefelwasserstoff befreit, die Schwefelsäure mit Baryt quantitativ gefällt und schließlich das Filtrat vom Bariumsulfat mit Salpetersäure neutralisiert und eingedunstet. Es kristallisiert neutrales Argininnitrat aus.

Darstellung von l-Tyrosin = p-Oxyphenyl-α-aminopropionsäure aus Seidenabfällen.

$$\text{OH}$$

$$\mathrm{C \cdot CH_2 \cdot CH(NH_2) \cdot COOH}.$$

100 Gramm Seidenabfälle werden in einem Rundkolben von 1 Liter Inhalt mit 500 ccm 25 prozentiger Schwefelsäure übergossen. Den Rundkolben bringt man auf ein Wasserbad und erwärmt so lange, bis das Seidenfibroin in Lösung gegangen ist oder doch eine weiche faserige Masse bildet. Jetzt stellt man den Rundkolben auf ein Babo-blech, setzt einen Kühler auf und erhitzt 16 Stunden. Die Flüssig-keit färbt sich hierbei gelbbraun. Man gießt nunmehr das Hydrolysat in ein dickwandiges Becherglas oder in eine weithalsige Pulverflasche und fügt so viel einer heißgesättigten Barytlösung hinzu, bis die Schwefelsäure vollständig ausgefällt ist. Am besten berechnet man sich die Menge des notwendigen Baryts, wobei man zu berücksich-tigen hat, daß der Baryt mit 8 Molekülen Wasser kristallisiert. Die quantitative Entfernung der Schwefelsäure kontrolliert man durch Entnahme von Proben. Diese filtriert man durch kleine Filter in kleine Reagenzgläser. Das Filtrat darf weder mit Baryt noch mit Schwefelsäure eine Fällung geben. Man kann, falls man keine be-stimmte Menge Baryt angewandt hat, den Punkt der ungefähr voll-ständigen Ausfällung der Schwefelsäure mit Hilfe eines Lackmus-papieres feststellen. Selbstverständlich darf man nicht den Neutrali-tätspunkt als Endpunkt betrachten, weil ja die bei der Hydrolyse der Seide entstandenen Aminosäuren sauer reagieren. Nähert man sich dem Punkte der vollständigen Entfernung der Schwefelsäure, dann beginnt das Bariumsulfat im allgemeinen sich rascher abzusetzen. Man erspart sich sehr viel Zeit und auch Verdruß, wenn man erst dann, wenn fast alle Schwefelsäure entfernt ist, mit den Proben be-ginnt, und dann je nach dem Resultat sehr vorsichtig Baryt oder, falls zuviel Baryt vorhanden ist, Schwefelsäure zufügt, wobei man jedesmal gründlich umrührt. Zu den Probeentnahmen verwendet man am besten ein Glasrohr. Pipetten sind zu vermeiden, weil das Glas von Baryt angegriffen wird. In den meisten Fällen setzt sich der Niederschlag so rasch ab, daß man durch Abheben direkt, d. h. ohne Filtration, eine klare Flüssigkeit erhält. Gibt schließlich eine Probe des gut durchgerührten Gemisches weder mit Baryt noch mit Schwefel-säure eine Fällung, dann beginnt man mit der Filtration des Barium-sulfatniederschlages[1]). Hierzu bedient man sich eines großen Trichters, in den man zwei Faltenfilter gibt. Damit diese nicht an der Spitze

---

[1]) Verfügt man über eine Zentrifuge, deren Gefäße einen genügend großen Inhalt haben, dann wird der Bariumsulfatniederschlag abgeschleudert.

durchreißen, stützt man diese am besten dadurch, daß man ein gehärtetes kleines Filter in den Trichter einsetzt und dann erst die Faltenfilter anbringt. Das zunächst abfließende Filtrat ist meist etwas trüb. Man setzt deshalb den Trichter nicht gleich auf dasjenige Gefäß, in dem man das gesamte Filtrat aufzufangen wünscht, sondern zunächst auf ein kleineres Gefäß (kleiner Erlenmeyer-Kolben). Man wartet ab, bis das Filtrat vollständig klar abfließt. Jetzt gibt man den Trichter auf das Hauptgefäß. Am besten benützt man mehrere Trichter. An Stelle eines Trichters kann man auch eine Nutsche verwenden. Das Filter wird zweckmäßigerweise mit Tierkohle gedichtet. Man schüttelt in einem Erlenmeyer-Kolben etwa 2 Löffel voll Tierkohle mit destilliertem Wasser und saugt dann ab. Das Filtrat gießt man weg und gibt nun die Bariumsulfat enthaltende Flüssigkeit auf die Nutsche. Man kann auch den Bariumsulfatniederschlag durch Dekantieren entfernen, doch kommt man mit Filtrieren rascher zum Ziel.

Abb. 86.

Der Bariumsulfatniederschlag schließt stets größere Mengen des sehr schwer löslichen Tyrosins ein. Um diese zu gewinnen, wird der Filterrückstand in einem Emailletopf mit Wasser übergossen und unter beständigem Umrühren gekocht. Das heiße Gemisch wird mit Hilfe eines Schöpfers auf ein Filter gebracht (vgl. Abb. 86). Das Auskochen wird in der gleichen Weise so lange wiederholt, bis das Filtrat frei von Tyrosin ist. Dies stellt man fest, indem man zu einer Probe des Filtrats Millons Reagens gibt. Es darf beim Erwärmen keine Rotfärbung mehr eintreten (vgl. S. 74). Jetzt werden sämtliche Filtrate vereinigt und auf dem Wasserbade so lange eingedampft, bis Kristalle erscheinen. Nunmehr kühlt man ab und gewinnt die Kristalle durch Absaugen. Die Mutterlauge wird weiter eingeengt, bis von neuem eine Kristallhaut sich bildet. Dieser Vorgang des Filtrierens und Einengens wird so lange wiederholt, bis das Filtrat der letzten Kristallisation mit Millons Reagens keine Rotfärbung mehr zeigt. Die Ausbeute an Rohtyrosin beträgt 8—9 Gramm je nach der Beschaffenheit des Ausgangsmaterials. Zur Reinigung wird das Rohprodukt in heißem Wasser gelöst. Man braucht hierzu etwa 4 Liter Wasser. Unter Zugabe von 25 Gramm Tierkohle kocht man so lange, bis eine abfiltrierte Probe vollständig klar und farblos aussieht. Jetzt filtriert man durch einen Heißwassertrichter ab. Man kann sich auch so behelfen, daß man einen gewöhnlichen Trichter mit kurzem Ansatzrohr mit dem Faltenfilter, wie Abb. 14, S. 5, zeigt, auf ein Wasserbad stülpt. Der heiße Trichter wird dann auf einen großen Erlenmeyer-Kolben aufgesetzt und rasch filtriert. Auch hier empfiehlt es sich, das erste Filtrat für sich aufzufangen und festzustellen, ob das Filter auch ganz dicht ist. Aus dem Filtrat beginnt das Tyrosin sich bald in feinen Kristallen abzuscheiden. Durch Einengen der Mutterlauge erhält man weitere Kristallmassen. Das Filtrat darf schließlich mit Millons Reagens keine Rotfärbung mehr zeigen. Die Ausbeute an reinem Tyrosin beträgt 7—8 Gramm. Große Verluste können dadurch eintreten, daß die Tierkohle Tyrosin adsorbiert. Es lohnt sich auf alle Fälle, die Tierkohle energisch auszukochen. Die Ausbeute wird oft auch dadurch erheblich beeinträchtigt, daß die Schwefelsäure oder der Baryt nicht vollständig entfernt worden sind. Es ist in jedem Falle sehr empfehlenswert, beim Einengen des Filtrates des Bariumsulfatniederschlages von Zeit zu Zeit Proben mit Schwefelsäure und Baryt zu prüfen.

Das Tyrosin zersetzt sich beim raschen Erhitzen gegen 310^{0}. Es gibt die Xanthoprotein- und die Millonsche Probe.

Viel rascher kommt man zum Ziel, wenn man die Hydrolyse der Seidenabfälle mit rauchender Salzsäure vornimmt (vgl. S. 107), dann das Hydrolysat unter vermindertem Druck zur Trockene verdampft, den Rückstand in Wasser löst und nochmals eindampft. Man entfernt so den größten Teil der freien Salzsäure. Nun löst man wieder in wenig Wasser, leitet Ammoniakgas bis zur schwach alkalischen Reaktion ein und kocht auf. Beim Abkühlen scheiden sich braun gefärbte Massen ab. Sie enthalten das unreine Tyrosin. Man filtriert sie ab, löst den Rückstand in kochendem Wasser, gibt Tierkohle zu und filtriert durch einen Heißwassertrichter. Aus dem farblosen Filtrat scheiden sich beim Abkühlen die Kristallnadeln des Tyrosins aus. Durch Einengen der Mutterlaugen läßt sich Ausbeute verbessern.

Darstellung von l-Histidin $= \alpha$-Amino-β-imidazolylpropionsäure aus roten Blutkörperchen.

$$
\begin{array}{l}
\mathrm{CH-NH} \\
\quad\|\qquad \rangle\mathrm{CH} \\
\mathrm{C-N} \\[2pt]
\mathrm{CH_2} \\
\;|\; \\
\mathrm{CH \cdot NH_2} \\
\;|\; \\
\mathrm{COOH}
\end{array}
$$

Am besten verwendet man defibriniertes Pferdeblut. Aus diesem lassen sich die Blutkörperchen durch einfaches Sedimentieren leicht gewinnen. Das Serum wird abgegossen und der Blutkörperchenbrei mit der dreifachen Menge rauchender Salzsäure vom spezifischen Gewicht 1,19 übergossen. Es empfiehlt sich, in die Lösung noch gasförmige Salzsäure bis zur Sättigung einzuleiten. Nunmehr kocht man in der üblichen Weise auf dem Baboblech unter Verwendung eines Rückflußkühlers. Nach 6 Stunden ist die Hydrolyse vollendet. Die Hydrolysenflüssigkeit wird dann unter vermindertem Druck vollständig zur Trockene verdampft, der Rückstand in Wasser aufgenommen und wieder zur Trockene abgedampft. Dieser Vorgang wird dreimal durchgeführt. Jetzt wird der möglichst von Salzsäure befreite Rückstand wieder in Wasser gelöst, die Lösung mit Sodalösung neutralisiert und nun filtriert. Das Filtrat wird mit Soda deutlich alkalisch gemacht. Nun wird mit einer gesättigten alkoholischen Lösung von Sublimat gefällt. Die Reaktion der Flüssigkeit wird während der Fällung alkalisch gehalten. Der Niederschlag wird dann in wenig Salzsäure gelöst und nochmals unter Zugabe von Soda, viel Wasser und wenig Sublimat gefällt. Nach Zersetzung des in Wasser suspendierten Niederschlages mit Schwefelwasserstoff und dessen Verjagung aus dem Filtrat des Quecksilbersulfids durch Durchsaugen von Luft kristallisiert beim Einengen Histidinmonochlorhydrat aus. Aus den letzten Mutterlaugen erhält man Histidindichlorhydrat. Ausbeute 8 Gramm. Das freie Histidin erhält man durch Zusatz der auf die Salzsäure berechneten Menge n-Natronlauge und Einengen des Gemisches. Oder man leitet in die Lösung des Hydrochlorates Ammoniak ein und kristallisiert den Rückstand der verdampften Lösung aus Wasser um. Sehr gute Resultate erhält man auch, wenn man die berechnete Menge einer n-Lithiumhydroxydlösung zum salzsauren Salz zusetzt, zur Trockene verdampft und mit Alkohol auskocht. Es bleibt reines Histidin zurück.

Freies Histidin mit Bromwasser gekocht, gibt nach einiger Zeit plötzlich dunkle Violettfärbung. Die wässerige Lösung des freien Histidins reagiert stark alkalisch.

Darstellung von l-Tryptophan $= \alpha$-Amino-β-indolpropionsäure aus Kasein.

$$\text{C} \cdot \text{CH}_2 \cdot \text{CH(NH}_2) \cdot \text{COOH.}$$
$$\text{CH}$$
$$\text{NH}$$

100 Gramm käufliches Kasein werden in einer Pulverflasche mit 1000 ccm Wasser übergossen, dann setzt man etwas Ammoniak und 10 Gramm Pankreatin hinzu und überschichtet die Flüssigkeit mit Toluol. Das Gemisch wird gut durchgeschüttelt und in den Brutschrank gebracht. Eine Probe der frisch bereiteten Lösung gibt mit Bromwasser keine Reaktion auf Tryptophan, wohl aber die Glyoxylsäureprobe. (Man gibt zu einer Probe Glyoxylsäure und unterschichtet dann vorsichtig mit konzentrierter Schwefelsäure. Es tritt ein violetter Ring an der Berührungsstelle der Schichten auf.) Schon nach wenigen Stunden wird die Bromwasserreaktion positiv, ein Zeichen

dafür, daß Tryptophan abgespalten worden ist. Nach etwa 8 Tagen hat die Bromreaktion das Maximum erreicht. Es läßt sich dies empirisch feststellen, indem man bei der Anstellung der Probe das Bromwasser vorsichtig zutropft und beobachtet, wann die Rosafärbung verschwindet. In der ersten Zeit genügt ein Zusatz von wenigen Tropfen des Bromwassers, um die Rosafärbung zu vernichten, später sind größere Mengen davon notwendig. Selbstverständlich muß man stets gleich große Mengen der Verdauungsflüssigkeit zur Probe benützen.

Jetzt kocht man die Lösung auf und filtriert nach dem Erkalten. Auf dem Filter verbleiben unverdaute Reste und ferner Tyrosin. Zu dem Filtrat gibt man so viel Schwefelsäure hinzu, bis es 5 Prozent davon enthält. Dann fällt man mit einer 10 prozentigen Lösung von Merkurialsulfat in 5 prozentiger Schwefelsäure, solange noch eine Fällung eintritt. Es entsteht ein voluminöser Niederschlag. Er wird

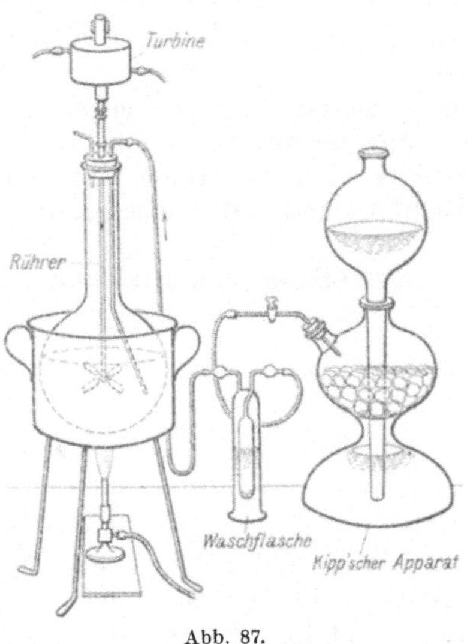

Abb. 87.

abgenutscht, mit 5 prozentiger Schwefelsäure gewaschen und dann in Wasser suspendiert. Jetzt leitet man unter Erwärmen und Turbinieren Schwefelwasserstoff ein (Abb. 87). Vom Quecksilbersulfid wird abfiltriert und dabei festgestellt, ob auch die Zerlegung der Fällung eine vollständige ist — es darf nur Quecksilbersulfid und nichts mehr von der gelbgefärbten Fällung vorhanden sein. Aus dem Filtrat wird der Schwefelwasserstoff durch Durchleiten von Luft vertrieben (Abb. 88, $a =$ Glasrohr). Jetzt gibt man vorsichtig von der gleichen Quecksilbersulfatlösung hinzu, die schon früher verwendet wurde. Es entsteht zunächst ein flockiger Niederschlag. Dieser wird nach einer halben Stunde abgesaugt. Es gelingt so, das zuerst ausfallende Zystin und Verharzungsprodukte zu entfernen. Das Filtrat vom genannten Niederschlag wird weiter mit Quecksilber sulfatlösung gefällt und der Niederschlag abgesaugt. Der Filterrückstand wird mit 5 prozentiger

Abb. 88.
Entfernung von
Schwefelwasserstoff
durch Durchsaugen
von Luft.

Schwefelsäure so lange gewaschen, als das Filtrat mit Millons Reagens Rotfärbung zeigt. Nun wird der Niederschlag wiederum in der gleichen Weise, wie früher, mit Schwefelwasserstoff zerlegt. Vom Quecksilbersulfid wird abfiltriert und im Filtrat nach erfolgter Durchlüftung die Schwefelsäure mit Baryt quantitativ entfernt. Vom Bariumsulfat wird abfiltriert. Das Filtrat wird jetzt unter vermindertem Druck bei 40° des Wasserbades eingeengt. Von Zeit zu Zeit fügt man etwas absoluten Alkohol zu. Bald beginnt die Abscheidung von Tryptophan. Durch Umkristallisieren aus 50 prozentigem Alkohol unter Anwendung von Tierkohle wird es ganz rein erhalten. Die Ausbeute beträgt etwa 1 Gramm. l-Tryptophan zersetzt sich beim raschen Erhitzen gegen 289°. Es gibt sowohl mit Bromwasser als mit Glyoxylsäure plus konzentrierter Schwefelsäure positive Reaktion. Ferner erhält man mit Millons Reagens eine rotbraune Färbung und mit konzentrierter Salpetersäure Gelbfärbung.

Darstellung von Glukosaminchlorhydrat aus Hummerschalen.

$$\begin{array}{c} C{-}H{\diagup}^{O} \\ | \\ CH \cdot NH_2 \\ | \\ (CHOH)_3 \\ | \\ CH_2OH. \end{array}$$

Panzer und Scheren vom Hummer werden mechanisch von anhaftenden Fleischresten befreit. Nun gibt man 5 prozentige Salzsäure hinzu und läßt 24 Stunden bei Zimmertemperatur stehen. Das Material läßt sich nun leicht zerkleinern und gleichzeitig von noch vorhandenen Fleischbestandteilen befreien. 100 Gramm des so behandelten Materials werden in einem Rundkolben unter dem Abzug mit rauchender Salzsäure vom spezifischen Gewichte 1,19 übergossen und dann auf dem Babobleche zum gelinden Sieden erwärmt. Das Chitin geht dabei vollständig in Lösung. Die Flüssigkeit färbt sich dunkel. Nunmehr verdampft man in einer Porzellanschale so lange auf dem Wasserbade, bis eine reichliche Abscheidung von Kristallen auftritt. Man läßt erkalten und filtriert auf der Nutsche auf einem aus Filtriertuch geschnittenen Filter. Den Filterrückstand wäscht man mit wenig auf 0° abgekühlter konzentrierter Salzsäure. Aus der Mutterlauge lassen sich noch weitere Mengen von Glukosaminchlorhydrat durch Eindampfen gewinnen. Das gesamte Rohprodukt wird durch Lösen in Wasser und Kochen mit Tierkohle gereinigt. Durch Einengen des Filtrates erhält man nun das reine Chlorhydrat. Die Ausbeute an reinem Glukosaminchlorhydrat beträgt 50—60 Gramm.

B. Synthese von Aminosäuren.

Darstellung von Glykokoll aus Chloressigsäure.

$$Cl \cdot CH_2 \cdot COOH + NH_3 = NH_2 \cdot CH_2 \cdot COOH + HCl.$$

Es werden 500 ccm wässeriges Ammoniak unter Eiskühlung mit gasförmigem Ammoniak gesättigt. In diese Lösung trägt man 10 Gramm

Chloressigsäure in wenig Wasser gelöst allmählich ein. Das Gemisch wird in einer verschlossenen Flasche bei Zimmertemperatur aufbewahrt. Den Verlauf der Reaktion kann man am Freiwerden des gebundenen Chlors verfolgen. Wir ziehen Proben und stellen mittels der Volhardschen Methode (vgl. S. 45) den Gehalt der Lösung an Chlorionen fest. Um den gesamten Gehalt der Lösung an diesen berechnen zu können, müssen wir das gesamte Volumen kennen und ferner genau abgemessene Proben untersuchen. Schon am dritten Tag ist fast alles Chlor als Ion vorhanden. Wir dampfen nunmehr die Lösung unter vermindertem Druck zur Trockene ein, nehmen den Rückstand in Wasser auf und kochen die Lösung mit gelbem Bleioxyd (durch Glühen von gewöhnlichem Bleioxyd erhalten) oder mit Kalziumoxyd. Dabei wird das neben dem Glykokoll vorhandene Chlorammon zerlegt. Das Ammoniak entweicht, und das Chlor wird gebunden. Sobald kein Ammoniak mehr entweicht, wird abfiltriert und im Filtrat das gelöste Blei mittels Schwefelwasserstoffs entfernt. Dann filtriert man vom Bleisulfid ab, leitet zur Beseitigung des Schwefelwasserstoffs Luft durch die Lösung (Abb. 88) und dampft ein. Das Glykokoll kristallisiert aus der stark eingedampften Lösung aus. Die Ausbeute beträgt etwa die Hälfte der angewandten Chloressigsäuremenge. Hat man Kalziumoxyd angewandt, so isoliert man das Glykokoll am besten über den salzsauren Ester (vgl. hierzu S. 107). Am zweckmäßigsten ist die Trennung von Chlorammon im Soxhletapparat mittels Alkohol.

Darstellung von dl-α-Aminobuttersäure[1]).

Käufliche Gärungsbuttersäure wird zunächst durch fraktionierte Destillation gereinigt. 25 Gramm der zwischen 155° und 160° übergehenden Fraktion werden durch Zusatz von 3,5 Gramm roten Phosphors und allmähliches Zutropfenlassen von 88 Gramm trockenen Broms in α-Brombuttersäure übergeführt. Die ganze Operation dauert etwa 45 Minuten. Zum Eintropfenlassen des Broms benützt man einen Tropftrichter. Die Operation wird am besten in einem Rundkolben vorgenommen. Zum Schluß wird auf dem Wasserbade kurze Zeit erwärmt. Die Lösung ist braun gefärbt. Sie wird nun unter fortwährendem Rühren mit Hilfe eines Rührers in 100 ccm heißes Wasser eingegossen. Nach völligem Erkalten wird das abgeschiedene Öl mit Äther ausgeschüttelt. Der Äther wird im Scheidetrichter abgetrennt und mit Chlorkalzium getrocknet. Nun destilliert man den Äther ab und beginnt die fraktionierte Destillation des Rückstandes unter vermindertem Druck. Man erhält bei 25 mm Druck zuerst einen zwischen 70 und 115° übergehenden Vorlauf. Er besteht zum größten Teil aus unveränderter Buttersäure. Die Brombuttersäure destilliert zwischen 127 und 128° über. Es bleibt in dem Destillationskolben ein kleiner Rückstand, der offenbar aus höher bromierten Produkten besteht.

---

[1]) In gleicher Weise lassen sich andere Aminosäuren aus den entsprechenden Fettsäuren durch Überführung in α-Bromfettsäuren mit nachfolgender Aminierung erhalten.

Die Ausbeute an reiner Brombuttersäure beträgt etwa 80 Prozent. Zur Überführung der α-Brombuttersäure in die α-Aminobuttersäure wird erstere in 25prozentiges, wässeriges Ammoniak eingetragen und das Gemisch 3 Tage bei 37^0 oder 5 Tage bei Zimmertemperatur aufbewahrt. Nun wird in einer Schale auf dem Wasserbade eingedampft, bis Kristallisation eintritt. Sie wird durch Zusatz von Alkohol vervollständigt. Nach etwa zweistündigem Stehen wird die Kristallmasse abgenutscht, der Filterrückstand mit eiskaltem Wasser gewaschen und scharf abgepreßt. Aus der Mutterlauge lassen sich noch weitere Mengen von Aminobuttersäure gewinnen, indem man sie mit Salzsäure neutralisiert und dann zur Trockene verdampft. Übergießt man den Rückstand mit absolutem Alkohol, dann geht die salzsaure Aminobuttersäure in Lösung, während der größte Teil des Bromammons zurückbleibt. Die alkoholische Lösung wird eingedunstet, der Rückstand in Wasser aufgenommen und zur Enfernung des Chlors mit überschüssigem gelben Bleioxyd so lange gekocht, bis eine Probe des erkalteten, filtrierten Gemisches mit Silbernitrat keine Reaktion mehr auf Chlor gibt. Jetzt filtriert man die ganze Masse und fällt aus dem Filtrat das gelöste Blei mit Schwefelwasserstoff. Vom Bleisulfid wird abfiltriert und die Lösung nunmehr eingedampft. Rascher gelangt man zum Ziel, wenn man in die wässerige Lösung der salzsauren Aminobuttersäure Ammoniak bis zur schwach alkalischen Reaktion einleitet, dann zur Trockene verdampft, den Rückstand in wenig Wasser aufnimmt und mit Alkohol fällt. Die rohe Aminobuttersäure wird gereinigt, indem man sie in der vierfachen Menge Wasser löst und dann mit Alkohol fällt. Die Aminobuttersäure kristallisiert in schönen glänzenden Blättchen. Beim Erhitzen findet kein Schmelzen statt, die Aminosäure verflüchtigt sich vielmehr beim Erhitzen über 300^0. Kocht man α-Aminobuttersäure mit überschüssigem Kupferoxyd, dann erhält man ein ziemlich schwer lösliches, blau gefärbtes Kupfersalz.

Darstellung von dl-Leuzin $= \alpha$-Aminoisobutylessigsäure aus Isoamylalkohol (nach Strecker-Fischer).

$$\begin{array}{c} CH_3 \\ CH_3 \end{array}\!\!>\!CH \cdot CH_2 \cdot CH_2OH \cdot + O - H_2O =$$

Isoamylalkohol

$$\downarrow$$

$$\begin{array}{c} CH_3 \\ CH_3 \end{array}\!\!>\!CH \cdot CH_2 \cdot C\!\!<\!\!\begin{array}{c} O \\ H \end{array} + HCN + NH_3 - H_2O =$$

Isovaleraldehyd

$$\downarrow$$

$$\begin{array}{c} CH_3 \\ CH_3 \end{array}\!\!>\!CH \cdot CH_2 \cdot CH(NH_2) \cdot CN + 2 H_2O - NH_3$$

Isovaleroaminonitril

$$\downarrow$$

$$\begin{array}{c} CH_3 \\ CH_3 \end{array}\!\!>\!CH \cdot CH_2 \cdot CH(NH_2) \cdot COOH$$

α-Aminoisobutylessigsäure (Leuzin).

Der Isoamylalkohol wird zunächst zu Isovaleraldehyd oxydiert. Einen 500 ccm fassenden Destillationskolben c (Abb. 89) stellen wir in ein Ölbad und verschließen ihn mit einem zweifach durchbohrten Korkstopfen. Die beiden Öffnungen versehen wir mit den Tropftrichtern a und b. Aus dem einen lassen wir 110 Gramm Natriumbichromat gelöst in 225 Gramm Wasser und 90 Gramm konzentrierte Schwefelsäure, aus dem anderen 100 Gramm Isoamylalkohol tropfenweise zufließen. Der Kühler d ist mit einer mit Wasser oder Eis gekühlten Vorlage e verbunden. Während des all-

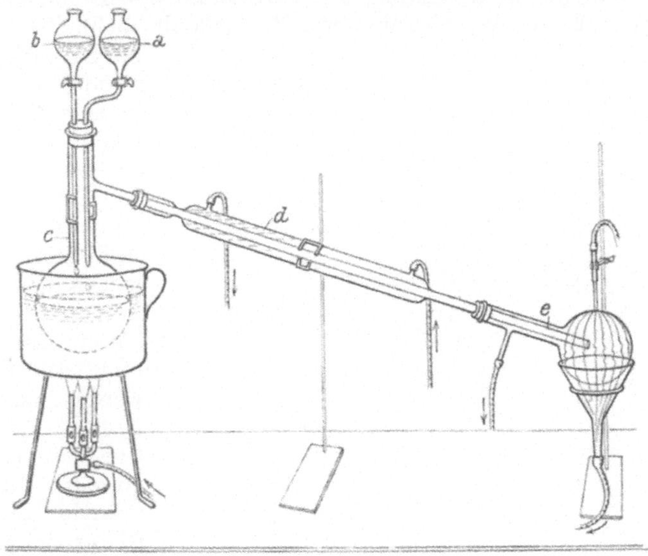

Abb. 89.

mählichen Zufließens aus den beiden Tropftrichtern erwärmen wir das Ölbad auf 110^0 und leiten Wasserdampf durch den Kolben, in dem sich die Oxydation des Alkohols zu Aldehyd vollzieht. Das Destillat führen wir in einen Scheidetrichter über und trennen es vom überdestillierten Wasser. Der so gewonnene Isovaleraldehyd ist noch nicht rein, sondern erhält noch große Mengen der Oxydation entgangenen Isoamylalkohols. Wir trennen ihn von diesem, indem wir ihn mit Hilfe eines sog. Hempelaufsatzes (vgl. Abb. 90) fraktioniert destillieren. Bei etwa 80^0 beginnt die Destillation. Bis 90^0 geht ein Gemisch von Isovaleraldehyd und Wasser über. Wir trennen das letztere im Scheidetrichter ab. Die Hauptmenge des Aldehyds geht zwischen 90 und 100^0 über. Der Vorlauf wird nach Abtrennung des Wassers mit der Hauptmenge vereinigt. Die Ausbeute beträgt etwa 50 Gramm.

Nun lassen wir auf 25 Gramm des Aldehyds Ammoniak einwirken. Wir lösen den Aldehyd in 50 ccm Äther und sättigen die Lösung unter Kühlung mit Eis mit gasförmigem, zur Trocknung durch einen Kalkturm geleitetem Ammoniak. Wir benützen hierzu entweder eine Ammoniakbombe, oder aber wir treiben aus konzentriertem wässerigem Ammoniak dieses durch Kochen aus. Beginnen aus der Lösung Ammoniakdämpfe zu entweichen (Riechprobe), dann wird das Einleiten abgebrochen und das entstandene Wasser im Scheidetrichter abgetrennt. Die ätherische Lösung wird mit etwas Kaliumkarbonat durchgeschüttelt und der Äther unter vermindertem Druck bei höchstens 25° Wasserbadtemperatur vollkommen verjagt.

Der verbleibende Rückstand von Isovaleraldehyd-Ammoniak wird mit 20 ccm Wasser versetzt und mit Eis gekühlt; beim Umschütteln der Suspension verwandelt sich das Öl in eine weiße Kristallmasse, vorausgesetzt, daß der angewandte Aldehyd rein war. Die Kristallisation braucht jedoch nicht abgewartet zu werden. Unter Eiskühlung und Umschütteln werden allmählich 68 ccm 12 prozentige Blausäure eingetragen. Beim Zusatz der Blausäure ist große Vorsicht geboten. Man arbeite stets unter einem gut ziehenden Abzug. Das Reaktionsprodukt,

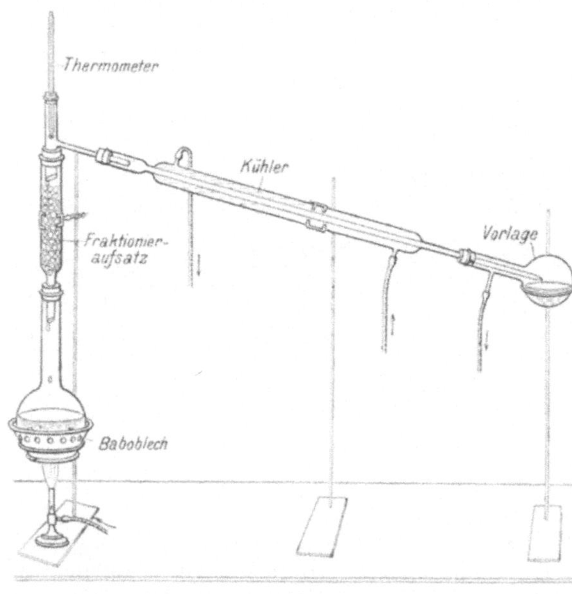

Abb. 90.

wird unter häufigem Umschütteln 24 Stunden stehengelassen. Allmählich geht der Isovaleraldehyd-Ammoniak in Lösung, die Flüssigkeit färbt sich bräunlich, und das entstandene Isovaleronitril-Ammoniak scheidet sich als Öl ab. Man gießt das Gemisch in 180 ccm konzentrierte Salzsäure vom spezifischen Gewicht 1,19 und 90 ccm Wasser ein, wobei ein gelblich-weißer Niederschlag ausfällt, und kocht etwa 1 Stunde bis zur völligen Lösung auf dem Baboblech. Dann gibt man nochmals 90 ccm Wasser hinzu und kocht etwa 4 Stunden weiter, indem man gegen Schluß reichlich Tierkohle zufügt. Man läßt erkalten (um ein Reißen des Filters zu vermeiden), filtriert in eine Porzellanschale und verdampft auf dem Wasserbad zur Trockene. Um die Salzsäure möglichst vollständig zu verjagen, empfiehlt es sich, den Rückstand nochmals in wenig Wasser aufzunehmen und abermals auf dem Wasserbad zur Trockene zu verdampfen. Man muß hierbei wiederholt umrühren. Der bräunlich gefärbte Rückstand wird in etwa 40 ccm Wasser gelöst und die Lösung mit konzentriertem Ammoniak ganz schwach alkalisch gemacht. Das ausgefallene Rohleuzin wird nach dem Erkalten abgenutscht, scharf abgepreßt und mit Wasser nachgewaschen, hierauf in etwa 500 ccm kochendem Wasser gelöst, etwas Tierkohle hinzugesetzt und filtriert. Das Filtrat wird etwa auf ein Drittel seines Volumens eingedampft und das in glänzenden Blättchen sich abscheidende Leuzin nach dem Erkalten abgenutscht und mit Wasser nachgewaschen. Die Ausbeute beträgt 14 bis 15 Gramm. Das dl-Leuzin zersetzt sich beim raschen Erhitzen gegen 297°. Beim Kochen mit überschüssigem Kupferoxyd erhält man ein blaßblaues, in Wasser sehr schwer lösliches Kupfersalz.

Darstellung von dl-Phenylalanin = α-Amino-β-phenylpropionsäure (nach Emil Fischer).

$$\text{C} \cdot \text{CH}_2 \cdot \text{CH(NH}_2) \cdot \text{COOH}.$$

Darstellung von Kalziummalonat.

Es werden 200 Gramm zerriebene Chloressigsäure, $CH_2Cl \cdot COOH$, mit 300 Gramm zerstoßenem Eis versetzt und in 250 Gramm Natronlauge von $33^1/_3$ Prozent gelöst. Man prüft nun die Reaktion der Flüssigkeit. Ist sie noch sauer, dann wird mit Natronlauge genau neutralisiert und nun eine Lösung von 138 Gramm Zyankalium in 260 ccm Wasser zugesetzt. Diese Lösung soll 40° warm sein. Das Gemisch erwärmt sich dann von selbst bis auf 50—60°. Nach Ablauf einer Stunde wird langsam auf 100° erwärmt und diese Temperatur eine Stunde gehalten. Jetzt läßt man auf 20° erkalten, fügt wieder 250 Gramm der $33^1/_3$ prozentigen Natronlauge hinzu und kocht auf dem Baboblech, und zwar so lange, bis kein Ammoniak mehr entweicht. Wenn eine Probe der Flüssigkeit mit mehr Natronlauge versetzt beim Kochen kein Ammoniak mehr entwickelt, dann ist die Umwandlung der Cyanessigsäure in Malonsäure

$$\begin{array}{c} \text{COOH} \\ | \\ \text{CH}_2 \\ | \\ \text{COOH} \end{array}$$

vollendet. Bis dieser Punkt erreicht ist, vergehen etwa 5 Stunden. Man fügt nun eine warme, etwa 25 prozentige Lösung von Chlorkalzium hinzu, und zwar so lange, als noch eine Fällung entsteht. Man braucht etwa 250 Gramm des käuflichen, trockenen Chlorkalziums. Das ausgefallene Kalziummalonat bildet zunächst einen dicken amorphen Brei. Er wandelt sich im Laufe von 24 Stunden in eine kristallinische Masse um. Diese wird auf der Nutsche abgesaugt, mit Hilfe des Stopfens einer Stöpselflasche scharf abgepreßt (vgl. S. 4, Abb. 12) und mit wenig kaltem Wasser gewaschen und nochmals gut abgepreßt, eventuell unter Anwendung einer Presse. Man bringt im letzteren Falle den Filterrückstand auf ein Stück Koliertuch, wickelt die Substanz gut ein und schiebt dann das gebildete Paket unter die Presse. Nun bringt man das Produkt zum Trocknen in eine Porzellanschale und erwärmt auf dem Wasserbade. Von Zeit zu Zeit rührt man um. Es gelingt nicht, das Kalziummalonat auf diese Weise vollständig trocken zu erhalten. Die letzten Spuren von Kristallwasser entweichen erst beim Erwärmen auf 100^0 bei gleichzeitiger Anwendung von vermindertem Druck. Für die weitere Verarbeitung des Kalziumsalzes ist vollständige Trocknung nicht nötig. Die Ausbeute beträgt etwa 90 Prozent der Theorie.

Überführung der Malonsäure in den Malonsäurediäthylester.

$$\begin{array}{c} COOC_2H_5 \\ | \\ CH_2 \\ | \\ COOC_2H_5 \end{array}$$

Zur Veresterung verwendet man Alkohol und trockene gasförmige Salzsäure. Man gehe von 200 Gramm Kalziumsalz aus. In einen Rundkolben von 1 Liter Inhalt werden 20 Gramm des Kalziumsalzes und 500 Gramm absoluter Alkohol gegeben und trockene gasförmige Salzsäure eingeleitet. Man wartet ab, bis die zugesetzte Substanz sich gelöst hat. Während des Einleitens der Salzsäure hat sich der Alkohol erwärmt. Nun gibt man wieder 20 Gramm des Kalziumsalzes zu. Nach etwa 50 Minuten ist das ganze Kalziummalonat eingetragen. Es beginnen Salzsäuredämpfe zu entweichen. Die Lösung ist mit Salzsäure gesättigt. Nun unterbricht man das Einleiten, und läßt die Lösung 24 Stunden stehen, dann neutralisiert man durch Eintragen von gepulvertem Kalziumkarbonat (Kreide). Jetzt wird der Alkohol unter vermindertem Druck abdestilliert. Im Rückstand befindet sich der Ester. Er wird in Äther aufgenommen, die ätherische Lösung mit Chlorkalzium getrocknet, dann der Äther abdestilliert (vgl. S. 111, Abb. 84). Der Rückstand wird der fraktionierten Destillation unterworfen. Der Vorlauf wird weggeschüttet und das bei $197—198^0$ übergehende Destillat aufgefangen. Die Ausbeute an reinem Ester beträgt 75 Prozent der Theorie.

Überführung des Malonsäurediäthylesters in Benzylmalonester.

$$\begin{array}{c} COOC_2H_5 \\ | \\ CH \cdot CH_2 \cdot C_6H_5 \;. \\ | \\ COOC_2H_5 \end{array}$$

Es werden 14,4 Gramm Natrium (1 Mol.) in 300 ccm absolutem Alkohol gelöst, dann 100 Gramm Malonsäurediäthylester (1 Mol.) und 86 Gramm reines Benzylchlorid (1 Mol.) hinzugefügt. Unter Abscheidung von Chlornatrium tritt starke Erwärmung der Lösung ein. Nach etwa 10 Minuten wird der Alkohol ohne vorherige Filtration abgedampft. Die Flüssigkeit reagiert zum Schluß schwach alkalisch. Der Rückstand wird mit Wasser übergossen, um das Kochsalz zu lösen. Das abgeschiedene Öl wird dann in Äther aufgenommen und die ätherische Lösung getrocknet. Man verwendet hierzu Kaliumkarbonat, frisch geglühtes Natriumsulfat oder Magnesiumsulfat. Der Äther wird nach erfolgter Filtration verdampft und der Rückstand unter vermindertem Druck destilliert. Bei 11 mm Druck geht der Benzylmalonester bei 166—169^0 über. Das Destillat wird bis 175^0 aufgefangen. Die Ausbeute beträgt 100 Gramm. Die Destillation wird wiederholt. Man erhält dann etwa 90 Gramm eines bei 11 mm Druck bei 166—168^0 übergehenden Produktes. Bei 15 mm Druck geht der Ester bei 173^0 über, bei 20 mm Druck bei 183^0 und bei 25 mm bei 188^0.

Überführung des Benzylmalonesters in Benzylmalonsäure.

$$\begin{array}{c} COOH \\ | \\ CH \cdot CH_2 \cdot C_6H_5 \;. \\ | \\ COOH \end{array}$$

Es werden 90 Gramm Benzylmalonester in einem Rundkolben von ca. 500 ccm Inhalt unter kräftigem Schütteln mit 105 ccm konzentrierter Kalilauge vom spezifischen Gewicht 1,32 (2,2 Mol.) emulgiert. Nun wird auf dem Wasserbade erwärmt, wobei vollständige Lösung eintritt. Durch einstündiges Erhitzen auf dem Wasserbade wird die Verseifung zu Ende geführt. Gleichzeitig wird der entstandene Alkohol größtenteils verdampft. Es fällt gewöhnlich eine geringe Menge Öl aus, das durch Ausäthern entfernt wird. Nun fügt man zu der wässerigen Lösung etwas mehr als die dem angewandten Alkali äquivalente Menge verdünnter Salzsäure hinzu. Die in Freiheit gesetzte Benzylmalonsäure wird aus der wässerigen Lösung durch Ausschütteln mit Äther ausgezogen. Man verwendet zunächst 500 ccm Äther und dann noch 3—5 mal je 50 ccm. Die ätherische Lösung wird mit geglühtem Natriumsulfat bzw. Magnesiumsulfat getrocknet, dann filtriert und der Äther vollständig verdampft.

Die letzten Spuren des Äthers bringt man im Vakuumexsikkator zur Verdunstung. Der Rückstand erstarrt dabei vollständig. Die Ausbeute an Rohprodukt beträgt 65 Gramm. Das Rohprodukt wird durch Umlösen aus 300 ccm heißem Benzol gereinigt. Das reine Produkt schmilzt bei 115°. An reiner Benzylmalonsäure erhält man etwa 60 Gramm.

Überführung der Benzylmalonsäure in Phenylalanin.

Man löst 50 Gramm Benzylmalonsäure in 250 Gramm sorgfältig getrocknetem Äther und fügt zu der Lösung allmählich bei Tageslicht 50 Gramm Brom. Diese Operation wird im Abzug vorgenommen. Das Brom verschwindet zunächst rasch. Es entwickelt sich Bromwasserstoff. Schließlich bleibt unverändertes Brom zurück. Durch dieses ist die Flüssigkeit rotbraun gefärbt. Nach einer halben Stunde wird die ätherische Lösung mit wenig Wasser unter allmählichem Zusatz von schwefliger Säure bis zum Verschwinden der roten Farbe des Broms geschüttelt. Nun wird im Scheidetrichter getrennt, nochmals mit wenig Wasser gewaschen und nun der Äther unter vermindertem Druck abgedampft und dann nach etwa 2 Stunden auf 60—70° erwärmt. Es verbleibt ein fester Rückstand, der aus 250 ccm heißem Benzol umkristallisiert wird. Die Ausbeute an Benzylbrommalonsäure

$$\begin{array}{c} \text{COOH} \\ | \\ \text{C(Br)} \cdot \text{CH}_2 \cdot \text{C}_6\text{H}_5 \\ | \\ \text{COOH} \end{array}$$

beträgt 95 Prozent der Theorie. Zur Bestimmung des Schmelzpunktes wird eine Probe der Substanz im Vakuumtrockenapparat (Abb. 26) bei 80° getrocknet. Als Heizflüssigkeit wählt man Äthylalkohol. Das trockene Produkt schmilzt bei 135°.

Die Hauptmenge der Benzylbrommalonsäure wird jetzt in einem Reagenzglas oder einem Erlenmeyer-Kölbchen im Ölbad auf 125 bis 130° erhitzt. Es tritt lebhafte Gasentwicklung ein (Abspaltung von Kohlensäure und von etwas Bromwasserstoff). Nach 45 Minuten ist die Reaktion beendet. Es verbleibt ein gelbes Öl. Es besteht aus Phenyl-α-brompropionsäure

$$\begin{array}{c} \text{CH(Br)} \cdot \text{CH}_2 \cdot \text{C}_6\text{H}_5 \,. \\ | \\ \text{COOH} \end{array}$$

Es zeigt keine Neigung zur Kristallisation. Man kann es reinigen, indem man es mit Wasser wäscht, in Äther aufnimmt, diesen in der üblichen Weise mit Natriumsulfat oder Magnesiumsulfat trocknet, filtriert und den Äther aus dem Filtrat unter vermindertem Druck, am besten im Vakuumexsikkator, abdunstet. Der Rückstand wird jetzt aminiert. Man übergießt zu diesem Zwecke das Öl mit etwa der fünffachen Menge 25prozentigen Ammoniaks und läßt das Gemisch in einer gut verschlossenen Stöpselflasche 4 Tage bei 37^0 stehen. Dann wird die ammoniakalische Lösung unter vermindertem Druck eingedampft. Der Rückstand besteht aus Phenylalanin:

$$CH(NH_2) \cdot CH_2 \cdot C_6H_5$$
$$|$$
$$COOH$$

und aus Bromammon. Das letztere entfernt man durch Auskochen des Rückstandes mit absolutem Alkohol. Man kann das Ausziehen mit Alkohol mit Vorteil auch im „Soxhlet" (Abb. 96, S. 143) vornehmen. Zur weiteren Reinigung wird das Phenylalanin in heißem Wasser gelöst, die Lösung mit etwas Tierkohle gekocht, filtriert und bei 0^0 stehengelassen. Das Phenylalanin kristallisiert bald in prächtigen Blättchen aus. Die Ausbeute beträgt 60 Prozent der Theorie, berechnet auf die verwendete Benzylbrommalonsäure. Das Phenylalanin gibt die Xanthoproteinreaktion. Es zersetzt sich beim raschen Erhitzen gegen 283^0.

Spaltung razemischer Aminosäuren.

a) Biologische Methoden.

Darstellung von l-Alanin aus dl-Alanin[1]) mittels Hefe (nach Felix Ehrlich).

15 Gramm dl-Alanin werden in einem Rundkolben von 5 Liter Inhalt in 3750 ccm Wasser gelöst. Hierzu gibt man 250 Gramm Hefe, Rasse XII[2]), und 450 Gramm Rohrzucker (ungeblaute Raffinade). Die Flasche verschließt man mit einem Korkstopfen, durch den man ein gebogenes Glasrohr führt. Dieses taucht in ein mit Wasser gefülltes Reagenzglas, das durch einen mit einer Kerbe versehenen Stopfen abgeschlossen ist (vgl. Abb. 91 und 92). Dieser Verschluß dient zur Feststellung, ob Gasentwicklung stattfindet. Man läßt das Gemisch bei etwa 25^0 stehen. Bald zeigt das Auftreten von Gasblasen im Gärverschluß an, daß der Gärungsvorgang lebhaft im Gange ist. Er ist nach etwa 48 Stunden beendigt. Man prüfe nunmehr, ob der zugesetzte Zucker von der Hefe vollständig verbraucht worden ist. Zu diesem Zwecke entnimmt man von dem

---

[1]) Käufliches dl-Alanin Kahlbaum, oder man stellt es sich aus d-Alanin dar, indem man dieses mit etwa der doppelten Gewichtsmenge reinen, unkristallisierten Barytes und 4 Volumina Wasser in einem Porzellanbecher im Autoklaven 5 Stunden unter Druck auf 140^0 erwärmt. Dann wird der Baryt quantitativ mit Schwefelsäure entfernt, vom Bariumsulfat abfiltriert und eingedampft. Man überzeuge sich schon vor der Verarbeitung der gesamten Masse durch die optische Untersuchung einer Probe, ob die Razemisierung beendigt ist.

[2]) Zu beziehen vom Institut für Gärungsgewerbe, Berlin N, Seestraße.

Gemisch eine Probe, setzt etwas Salzsäure hinzu, kocht, um etwa noch vorhandenen Rohrzucker zu spalten und stellt dann die Fehlingsche Probe an. Zeigt die Probe an, daß der Zucker verbraucht worden ist, dann setzt man etwa 50 ccm einer kolloiden Eisenhydroxydlösung hinzu, um die kolloiden Bestandteile auszufällen. Man filtriert nunmehr und dampft das Filtrat auf einem Wasserbade auf etwa 150 cm ein. Jetzt kocht man nach Zusatz von Tierkohle auf und filtriert nochmals. Das Filtrat wird dann auf dem Wasserbade eingeengt, bis Kristallisation eintritt. Man läßt abkühlen, nutscht die Kristalle ab, wäscht den Rückstand mit wenig eiskaltem Wasser und trocknet die Kristallmasse im Vakuumexsikkator. Weitere Mengen von l-Alanin lassen sich gewinnen, wenn man das Eindampfen der Mutterlauge weiter fortsetzt. Schließlich verbleibt ein

Abb. 91. Vergärung von dl-Alanin.

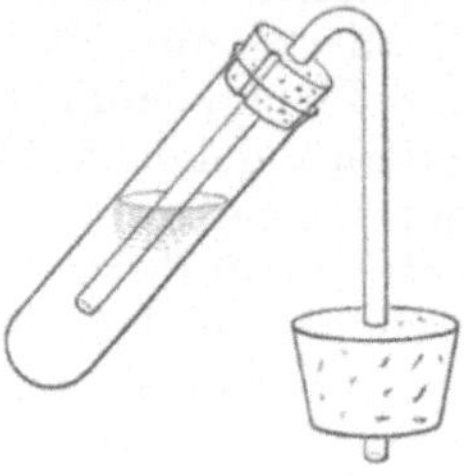

Abb. 92. Gärverschluß.

gelbbraun gefärbter Sirup, der nur sehr schwer zur Kristallisation zu bringen ist. Man kann durch Zusatz von Alkohol Erstarren bewirken und durch scharfes Abpressen auf der Nutsche einen großen Teil der Mutterlauge entfernen. Kristallisiert man den Filterrückstand nochmals aus Wasser unter Anwendung von Tierkohle um, dann erhält man noch eine größere Menge von Kristallen von l-Alanin. Die Ausbeute an l-Alanin beträgt etwa 6 Gramm. Man überzeuge sich, ob reines l-Alanin vorliegt, indem man das Drehungsvermögen der Substanz in der berechneten Menge Salzsäure feststellt: $[\alpha]_{20^0}^{D} = -10{,}5^0$. Erhält man ein Drehungsvermögen, das geringer ist, dann kann man durch fraktionierte Kristallisation der gesamten Ausbeute versuchen, besser drehendes l-Alanin zu erhalten. War die Vergärung eine gute, dann erhält man mit Leichtigkeit wenigstens 3—4 Gramm optisch reines l-Alanin.

Gewinnung von d-Histidin aus dem Harn von Kaninchen nach Verfütterung von dl-Histidin[1]).

15 Gramm l-Histidin werden mit 30 Gramm reinem Barythydrat und 50 ccm Wasser 5 Stunden in einem Porzellanbecher im Autoklaven auf 140[0] erhitzt. Nun wird von dem beim Abkühlen des Gemisches auskristallisierenden Baryt abfiltriert und im Filtrat der Rest des Barytes quantitativ mit Schwefelsäure entfernt (vgl. S. 119). Das Filtrat vom Bariumsulfat wird verdampft, bis Kristallisation

---

[1]) In der gleichen Weise kann man auch andere Aminosäuren, z. B. dl-Leuzin (Wohlgemuth) in die in der Natur nicht vorkommende optisch-aktive Komponente überführen.

eintritt. Die Kristalle bestehen aus reinem dl-Histidin. Durch das Erhitzen mit Barytwasser unter Druck ist Razemisierung des optisch-aktiven Histidins eingetreten. Man prüfe die wässerige Lösung im Polarisationsapparat.

5 Gramm dl-Histidin werden in 20 ccm Wasser gelöst und einem Kaninchen mit Hilfe einer Schlundsonde in den Magen eingeführt. Das Versuchstier wird dann in einen Käfig gebracht, der ein getrenntes Auffangen von Kot und Harn gestattet (Abb. 93). Wir sammeln den Urin von 2 Tagen und fällen ihn, nachdem wir Sodalösung bis zur deutlich alkalischen Reaktion zugegeben haben, mit einer gesättigten alkoholischen Sublimatlösung. Während der Fällung wird die Reaktion der Flüssigkeit alkalisch gehalten. Im

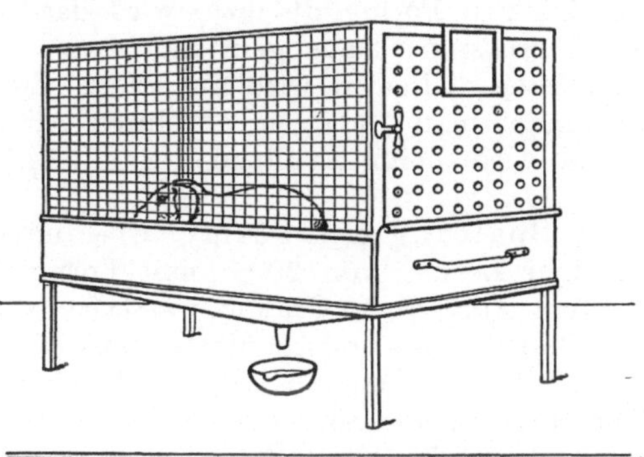

Abb. 93. Käfig für Kaninchen.

übrigen verfährt man zur Isolierung des Histidins, wie es S. 121 ff beschrieben worden ist. Das isolierte Produkt zeigt alle Reaktionen des Histidins. Es dreht nach rechts.

b) Chemische Methode.

Spaltung von dl-Leuzin in d- und l-Leuzin (nach Emil Fischer).

$$
\begin{array}{ccc}
\mathrm{CH_3 \quad CH_3} & & \mathrm{CH_3 \quad CH_3} \\
\diagdown \diagup & & \diagdown \diagup \\
\mathrm{CH} & & \mathrm{CH} \\
| & & | \\
\mathrm{CH_2} & \longrightarrow & \mathrm{CH_2} \\
| & & | \\
\mathrm{CH \cdot NH_2 + HOOC \cdot H} & & \mathrm{CH \cdot NH \cdot OC \cdot H + H_2O} \\
| & & | \\
\mathrm{COOH} & & \mathrm{COOH} \,.
\end{array}
$$

1. Überführung von dl-Leuzin in Formyl-dl-leuzin: 25 Gramm dl-Leuzin werden mit der $1^1/_2$ fachen Menge wasserfreier, käuflicher Ameisensäure (98,5 Prozent) 3 Stunden auf dem Wasserbade in einem Destillationskolben erhitzt. Dem Kolben wird ein zu einer Kapillare ausgezogenes Steigrohr aufgesetzt. Nun wird das Lösungsmittel unter vermindertem Druck möglichst vollständig verdampft. Der Rückstand wird wieder mit der gleichen Menge Ameisensäure 3 Stunden auf 100° erhitzt, dann eingedampft und diese Operation noch einmal wiederholt. Beim Verdampfen erstarrt nun der Rückstand und kristallisiert. Der Kristallbrei bildet meistens eine

so feste Masse, daß sie nur durch Absprengen des Kolbens über dem Kristallgemenge gewonnen werden kann. Die Kristallmasse wird dann im Mörser, soweit wie möglich, zerkleinert, dann im Vakuumexsikkator über Kalihydrat von noch anhaftender Ameisensäure befreit. Die trockene Substanz wird dann gepulvert und durch ein engmaschiges Sieb getrieben. Zur Trennung des nicht formylierten Leuzins von Formyl-dl-leuzin wird das Gemisch mit absolutem Alkohol übergossen. Dabei geht die letztere Verbindung in Lösung. Vom ungelösten dl-Leuzin wird abfiltriert. Zu 50 Gramm Formyl-dl-leuzin verwendet man 1900 ccm absoluten Alkohol. Das reine Formyl-dl-leuzin wird beim Erhitzen gegen 112° weich. Es schmilzt bei 114—115°.

2. Spaltung des Formyl-dl-leuzins mit Bruzin: Man gibt zu einer Lösung von 20 Gramm Formyl-dl-leuzin in 1600 ccm absolutem Alkohol 50 Gramm wasserfreies Bruzin und erwärmt unter Umschütteln, bis vollständige Lösung eingetreten ist. Beim Abkühlen erfolgt Abscheidung des Bruzinsalzes des Formyl-d-leuzins. Man läßt unter zeitweisem Schütteln 12 Stunden im Eisschrank stehen, saugt dann die Kristallmasse scharf ab und wäscht mit 200 ccm kaltem, absolutem Alkohol. Die Kristallmasse wiegt ca. 40 Gramm.

Die alkoholische Mutterlauge enthält das Bruzinsalz des Formyl-l-leuzins. Sie wird unter vermindertem Druck eingedampft und der Rückstand in 180 ccm Wasser gelöst. Die Lösung wird nun auf 0° abgekühlt und mit 70 ccm n-Natronlauge versetzt. Es fällt das Bruzin aus[1]). Nach 10 Minuten langem Stehen in Eis wird abgesaugt und mit wenig kaltem Wasser nachgewaschen. Die letzten Reste von Bruzin entfernt man durch Ausschütteln mit Chloroform. Nun fügt man zur Bindung des größten Teiles des zugesetzten Alkalis 9 ccm fünffach n-Salzsäure zu, verdampft unter vermindertem Druck auf ca. 40 ccm und übersättigt nun durch Zugabe weiterer 6 ccm der fünffach n-Salzsäure. Dadurch wird die Abscheidung des Formyl-l-leuzins, die schon beim Eindampfen begonnen hat, vervollständigt. Man kühlt noch $^1/_4$ Stunde in Eis, nutscht ab und wäscht mit eiskaltem Wasser.

Aus dem Bruzinsalz des Formyl-l-leuzins wird das Bruzin in genau der gleichen Weise entfernt.

3. Hydrolyse der beiden Formylverbindungen. Die optisch-aktiven Formylverbindungen (Formyl-l-leuzin und Formyl-d-leuzin) werden für sich 1—$1^1/_2$ Stunden mit der 10 fachen Menge 10 prozentiger Salzsäure am Rückflußkühler gekocht und dann die

---

[1]) Das in diesen Versuchen abgeschiedene Bruzin kann wiedergewonnen werden. Man löst es in absolutem Alkohol auf und gießt in die filtrierte Lösung bis zur vollständigen Ausscheidung des kristallinischen Bruzins Wasser. Die Kristalle werden zunächst lufttrocken gemacht und dann bei 100° im Vakuum bis zur Wasserfreiheit getrocknet. Empfehlenswert ist das Trocknen in einem Jenaer Rundkolben mit abgesprengtem Hals vorzunehemen und diesen in ein Wasserbad einzutauchen.

Flüssigkeit unter vermindertem Druck möglichst stark eingedampft. Man nimmt den Rückstand in Wasser auf und dampft nochmals ein. Jetzt wird der Rückstand wieder in Wasser gelöst, die Lösung in einen Maßkolben übergeführt und mit destilliertem Wasser bis zur Marke aufgefüllt. In einem aliquoten Teil bestimmt man den Chlorgehalt nach Volhard (vgl. S. 45) und setzt dann zu der gesamten Flüssigkeit die berechnete Menge einer n-Lithiumhydroxydlösung. Dann verdampft man auf dem Wasserbade auf ein kleines Volumen. Er kristallisiert das optisch-aktive Leuzin aus. Den Rest fällt man aus der Mutterlauge mit Alkohol. Man bestimme das Drehungsvermögen des isolierten d- und l-Leuzins in Wasser und in Salzsäure und bereite das Kupfersalz (vgl. S. 129).

$$[\alpha]_{20^\circ}^{D} = + \text{ bzw.} - 10{,}34^\circ \text{ in Wasser,}$$
$$+ \text{ bzw.} - 15{,}9^\circ \text{ in } 20\,\text{proz. Salzsäure.}$$

2. Polypeptiden
(nach Emil Fischer).

Darstellung von Glyzinanhydrid aus Glykokollesterchlorhydrat.

$$2\,(CH_2(NH_2)\cdot COOC_2H_5) - 2\,C_2H_5OH = NH{<}\genfrac{}{}{0pt}{}{CO\cdot CH_2}{CH_2\cdot CO}{>}NH.$$

56 Gramm Glykokollesterchlorhydrat werden in einem dickwandigen Becherglas c (Abb. 94) mit 28 ccm Wasser übergossen. Das Gemisch wird mit einer in einem Topf d befindlichen Kältemischung gut gekühlt. Nun werden unter kräftigem Turbinieren mit dem durch die Turbine a bewegten Rührer e 32 ccm 11,5 fach normaler Natronlauge aus einem Tropftrichter b im Laufe von einer Stunde zugetropft, wobei die Temperatur der Mischung auf nicht mehr wie -5° steigen darf. Das Glykokollesterchlorhydrat geht allmählich in Lösung, während Kochsalz ausfällt. Nachdem die Lauge vollständig eingetragen worden ist, läßt man die Flüssigkeit bei gewöhnlicher Temperatur stehen. Schon nach wenigen Stunden beginnt die Abscheidung von Kristallen. Sie ist gewöhnlich nach 24 Stunden beendet. Man kühlt nunmehr sehr stark ab und bringt den Kristallbrei auf eine Nutsche. Das gleichzeitig ausgefallene Kochsalz wird durch Waschen des Filterrückstandes mit eiskaltem Wasser entfernt. Jetzt wird das Glyzinanhydrid aus der sechsfachen Menge heißen Wassers unter Anwendung von Tierkohle umkristallisiert. Die Ausbeute beträgt etwa 10 Gramm.

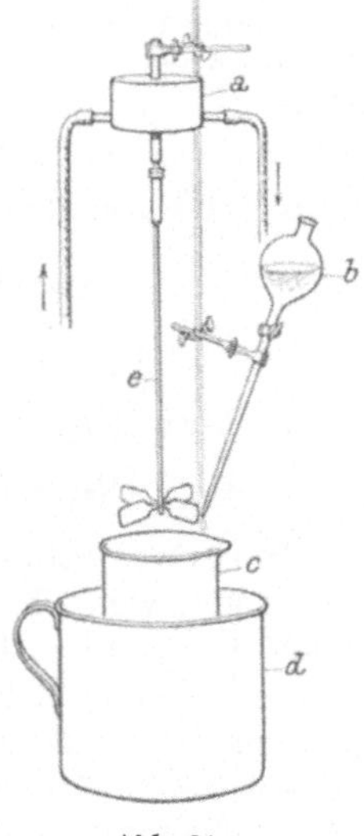

Abb. 94.

Zur Prüfung der Reinheit des Glyzinanhydrids wird eine geringe Menge im Reagenzglas mit Wasser übergossen und die Substanz durch Kochen in Lösung gebracht. Man fügt etwas Kupferoxyd hinzu, kocht auf und beobachtet, ob die Flüssigkeit sich blau färbt. Ist das Glyzinanhydrid rein, dann darf keine Spur von Blaufärbung auftreten. Zu einer weiteren Probe der wässerigen Lösung gießt man etwas Natronlauge und fügt ganz wenig einer sehr verdünnten Lösung von Kupfersulfat hinzu. Es darf hierbei keine Violettrotfärbung eintreten (Biuretreaktion).

Darstellung von Glyzyl-glyzin aus Glyzinanhydrid.

$$HN\!\!<\!\!\begin{array}{c} CO \cdot CH_2 \\ CH_2 \cdot CO \end{array}\!\!>\!\!NH + H_2O = NH_2 \cdot CH_2 \cdot CO \cdot NH \cdot CH_2 \cdot COOH.$$

5 Gramm Glyzinanhydrid werden fein gepulvert und dann bei gewöhnlicher Temperatur mit 50 ccm Normalnatronlauge in einer Stöpselflasche geschüttelt. Das Glyzinanhydrid geht bald in Lösung. Nach etwa 15 Minuten ist die Umwandlung in das Dipeptid Glyzylglyzin vollzogen. Man neutralisiert mit 50 ccm Normalsalzsäure, dampft unter vermindertem Druck auf wenige Kubikzentimeter ein und läßt das Glyzyl-glyzin auskristallieren. An Stelle der Normalsalzsäure verwendet man mit großem Vorteil n-Jodwasserstoffsäure. Man verdampft nach erfolgtem Zusatz auch in diesem Falle unter vermindertem Druck, jedoch völlig zur Trockene. Den verbleibenden Rückstand kocht man mit absolutem Alkohol aus. Das entstandene Jodnatrium geht dabei in Lösung, und es bleibt ganz reines Dipeptid zurück. Dieses gibt in wässeriger Lösung beim Kochen mit überschüssigem Kupferoxyd ein schön blau gefärbtes Kupfersalz. Das Glyzyl-glyzin zersetzt sich zwischen 215° und 220°. Beim Übergießen einer Probe mit einem Tropfen konzentrierter Salzsäure in der Kälte erhält man das schwer lösliche salzsaure Salz. Beim Erwärmen erfolgt Spaltung des Dipeptids in seine Komponenten.

Darstellung von dl-Alanyl-glyzyl-glyzin.

$$CH_3 \cdot CH(NH_2) \cdot CO \cdot NH \cdot CH_2 \cdot CO \cdot NH \cdot CH_2 \cdot COOH.$$

a) Gewinnung von dl-α-Brompropionyl-glyzyl-glyzin.

$$CH_3 \cdot CH(Br) \cdot CO\,\overline{Cl + H}\,HN \cdot CH_2 \cdot CO \cdot NH \cdot CH_2 \cdot COOH.$$

In einer Stöpselflasche werden 10 Gramm Glyzinanhydrid in 44,5 ccm zweifach n-Natronlauge bei gewöhnlicher Temperatur gelöst. Nach 15 Minuten langem Stehen stellt man die Lösung von Glyzylglyzin — das Glyzinanhydrid ist durch das Alkali aufgespalten worden — in eine Eissalzmischung und gibt nun abwechselnd in 10 Portionen 16 Gramm dl-Brompropionylchlorid und 46 ccm zweifach n-Natronlauge hinzu. Die ganze Operation dauert etwa 1 Stunde.

Hat man eine Portion des Säurechlorids zugegeben, dann schüttelt man energisch. Dann fügt man das Alkali hinzu und schüttelt wieder. Neues Säurechlorid gibt man erst wieder hinzu, nachdem der Geruch nach diesem verschwunden ist. Das Schütteln kann man außerhalb der Kältemischung vornehmen. Nach Beendigung des Zusatzes gibt man 20 ccm fünffach n-Salzsäure hinzu. Nach einigem Stehen fällt das Brompropionyl-glyzyl-glyzin zum größten Teil kristallinisch aus. Hat man an Stelle der mehrfach normalen Lauge und Säure die entsprechenden Normallösungen verwendet, dann muß man, um Kristallisation zu erhalten, stark einengen. Am besten destilliert man unter vermindertem Druck ab. Die Kristalle werden abgenutscht, scharf abgepreßt und im Vakuumexsikkator getrocknet. Durch weiteres Einengen der Mutterlauge läßt sich die Ausbeute wesentlich vermehren. Am besten engt man schließlich vollständig zur Trockene ein und zieht den Rückstand mit Essigäther aus. Beim Einengen des Essigätherauszuges tritt bald Kristallisation ein. Die Ausbeute an Rohprodukt beträgt 16 Gramm. Durch einmaliges Umkristallisieren aus der $2^{1}/_{2}$ fachen Menge heißen Wassers erhält man das Produkt in reinem Zustand. Es schmilzt bei 165^{0}.

b) Überführung des dl-α-Brompropionyl-glyzyl-glyzins in dl-Alanyl-glyzyl-glyzin.

$$CH_3 \cdot CH(Br) \quad \cdot CO \cdot NH \cdot CH_2 \cdot CO \cdot NH \cdot CH_2 \cdot COOH + 2NH_3$$
$$= CH_3 \cdot CH(NH)_2 \cdot CO \cdot NH \cdot CH_2 \cdot CO \cdot NH \cdot CH_2 \cdot COOH + NH_4Br.$$

10 Gramm des Bromkörpers werden mit der fünffachen Menge wässerigen, 25 prozentigen Ammoniaks übergossen und 3 Tage bei 37^{0} in einer gut verschlossenen Stöpselflasche aufbewahrt. Die Flüssigkeit wird hierauf unter vermindertem Druck zur Trockene verdampft, der Rückstand mit absolutem Alkohol übergossen und nochmals eingedampft. Nunmehr wird der Rückstand in 15 ccm warmem Wasser aufgenommen und soviel Alkohol zugefügt, bis eine Trübung bestehen bleibt. Bald fällt das Tripeptid kristallinisch aus. Es wird abgesaugt und durch nochmaliges Lösen in heißem Wasser unter Zufügen von Alkohol umkristallisiert. Die Ausbeute an reinem Produkt beträgt 7 Gramm. Die Kristalle werden im Vakuumtrockenapparat bei 105^{0} getrocknet. Das Produkt schmilzt dann bei 240^{0} unter Zersetzung.

Darstellung von dl-Leuzyl-glyzin.

$$\genfrac{}{}{0pt}{}{CH_3}{CH_3}\!\!>CH \cdot CH_2 \cdot CH(NH_2) \cdot CO \cdot NH \cdot CH_2 \cdot COOH,$$

a) Darstellung von dl-α-Bromisokapronyl-glyzin.

$$\genfrac{}{}{0pt}{}{CH_3}{CH_3}\!\!>CH \cdot CH_2 \cdot CH(Br) \cdot CO \cdot Br + H_2N \cdot CH_2 \cdot COOH$$
$$= \genfrac{}{}{0pt}{}{CH_3}{CH_3}\!\!>CH \cdot CH_2 \cdot CH(Br)CO \cdot NH \cdot CH_2 \cdot COOH + HBr.$$

10 Gramm Glykokoll werden in 133 ccm n-Natronlauge gelöst und zu der Lösung, die sich in einer gut verschließbaren Stöpselflasche befindet, unter kräftigem Schütteln abwechselnd 133 ccm n-Natronlauge und 34 Gramm Bromisokapronylbromid portionsweise zugesetzt (vgl. Abb. 95). Man benützt mit Vorteil zum Hinzufügen äquivalenter

Abb. 95.

Mengen des Bromids und der Lauge Büretten. Es wird stets erst dann mit der Zugabe fortgefahren, wenn der Geruch nach dem Säurebromid verschwunden ist. Der ganze Vorgang ist in etwa 45 Minuten beendet. Die Flüssigkeit wird jetzt mit 30 ccm fünffach n-Salzsäure versetzt. Meist erfolgt nach kurzer Zeit Kristallisation des Bromisokapronylglyzins. Fällt ein Öl aus, das wenig Neigung zum Erstarren zeigt, dann äthert man das Kuppelungsprodukt aus, engt den ätherischen Auszug ein und fällt dann mit Petroläther. Das ausfallende Öl erstarrt bald kristallinisch. Auch dann, wenn, was fast immer der Fall ist, direkt nach dem Zusatz der Salzsäure Kristallisation eintritt, verlohnt es sich, die Mutterlauge auszuäthern. Man gewinnt so eine bessere Ausbeute. Das Rohprodukt wird aus heißem Chloroform oder Toluol umkristallisiert. Man kann auch aus heißem Wasser sehr schöne Kristalle erhalten. Das Bromisokapronylglyzin zersetzt sich gegen 135^0.

b) Überführung des dl-α-Bromisokapronyl-glyzins in dl-Leuzyl-glyzin:

$${CH_3 \atop CH_3}{>}CH \cdot CH_2 \cdot CH(Br) \cdot CO \cdot NH \cdot CH_2 \cdot COOH + 2\,NH_3$$

$$= {CH_3 \atop CH_3}{>}CH \cdot CH_2 \cdot CH(NH_2)CO \cdot NH \cdot CH_2 \cdot COOH + NH_4Br.$$

Der Bromkörper wird mit der fünffachen Menge 25prozentigen Ammoniaks übergossen. Es tritt bald Lösung ein. Sie wird 3 Tage bei 37^0 aufbewahrt. Bei Zimmertemperatur ist die Aminierung erst nach 4—5 Tagen beendet. Jetzt wird unter vermindertem Druck vollständig zur Trockene verdampft, der Rückstand zur Entfernung des entstandenen Bromammons mit absolutem Alkohol ausgekocht und das halogenfreie Leuzyl-glyzin aus der 15fachen Menge Wasser umkristallisiert. Beim Abkühlen kristallisiert ein großer Teil des Dipeptids in makroskopischen Kristallen aus. Durch Einengen der Mutterlauge und Zufügen von Alkohol erhält man weitere Mengen reiner Substanz. Die Ausbeute beträgt 90 Prozent. dl-Leuzyl-glyzin zersetzt sich beim raschen Erhitzen gegen 235^0. Das reine Dipeptid darf in Wasser gelöst nach Zugabe von verdünnter Salpetersäure und Silbernitrat keine Trübung oder gar Fällung zeigen (Probe auf Halogen). Mit überschüssigem Kupferoxyd gekocht, erhält man aus der wässerigen Lösung des Dipeptids ein schwer lösliches blau gefärbtes Kupfersalz.

Nukleinsäuren.

Darstellung von Guanylsäure aus Pankreasdrüse (nach Levene und Jacobs).

$$\begin{array}{c}
OH \\
O = P - O - CH_2 \cdot C - C - C - CH - N - C \quad C \cdot NH_2. \\
OH
\end{array}$$

Pankreasdrüsen werden mit der Fleischhackmaschine zerkleinert. Der Brei wird mit Wasser aufgekocht und in die Mischung Kaliumazetat bis zu einem Gehalt von 5 Prozent eingetragen. Zu der noch warmen Lösung fügt man so viel konzentrierte Kalilauge, bis sie davon 5 Prozent enthält. Jetzt läßt man 12 Stunden stehen. Das Eiweiß wird aus dem Gemisch mit Pikrinsäure und Essigsäure entfernt. Im eiweißfreien Filtrat findet sich die Guanylsäure neben Thymonukleinsäure. Zur Trennung beider gibt man zu der Lösung eine 25prozentige Bleizuckerlösung, solange sich noch ein Niederschlag bildet. Die Fällung enthält das Bleisalz der Thymonukleinsäure. Es wird abfiltriert und zum Filtrat Ammoniak zugefügt. Es fällt das Bleisalz der Guanylsäure. Dieses wird in einem Rundkolben in heißem Wasser gelöst, dann der Kolben in ein kochendes Wasserbad gestellt und unter Turbinieren Schwefelwasserstoff eingeleitet (vgl. hierzu S. 123, Abb. 87). Die vom Bleisulfid abfiltrierte Flüssigkeit wird bei 60° C unter vermindertem Druck bis zum dicken Sirup eingedampft. Bei längerem Stehen im Eisschrank scheidet sich die Guanylsäure als Gallerte ab. Sie wird in heißem Wasser aufgenommen und mit Alkohol gefällt.

Gewinnung von Guanosin aus Guanylsäure (nach Levene).

$$\begin{array}{c}
N - C - N \\
CH_2 \cdot OH \cdot C - C - C - CH - HC \quad N - C \quad C - NH_2. \\
OH \quad OH \qquad OC - NH
\end{array}$$

Reine Guanylsäure wird in einem kleinen Überschuß an Kaliumhydrat gelöst und die Lösung mit Essigsäure neutralisiert. Nun wird 4 Stunden im eingeschlossenen Rohre auf 135° erhitzt. Das Guanosin scheidet sich beim Abkühlen der Lösung als Gallerte aus. Es wird aus 60prozentigem Alkohol umkristallisiert. Das Guanosin bildet im reinen Zustande lange, feine Nadeln. Es zersetzt sich gegen 237°. In $^1/_{10}$ n-Natronlauge gelöst, zeigt es

$$[\alpha]_D^{20°} = -60,52°.$$

Untersuchung von Speichel, Magensaft, Milch, Galle und Harn auf die wichtigsten Bestandteile.

Speichel.

Nachweis von Rhodanammonium $= CNS \cdot NH_4$ im Speichel.

Zu etwas Speichel gibt man einen Tropfen Salzsäure und dann vorsichtig einige Tropfen sehr verdünnter Eisenchloridlösung hinzu und schüttelt durch. Es tritt Rotfärbung ein infolge Bildung von Eisenrhodanid.

Über die Untersuchung auf Diastase des Speichels vgl. S. 62. — Vgl. auch die Wirkungen des Magen- und Pankreassaftes S. 76 u. 78.

Magensaft.

Wir eröffnen den Magen eines frisch getöteten Tieres, das etwa vier Stunden vorher gefüttert worden ist. Wir wählen als Versuchstier z. B. einen Hund und geben ihm Kartoffeln, Fett und Fleisch zu fressen. Wir stellen zunächst fest, daß die Kartoffelstückchen nicht weiter verändert sind. Auch das Fett können wir unverändert nachweisen, dagegen hat das Fleisch bereits eine eingehende Umwandlung erlitten. Wir bemerken, daß es gelockert und in der Farbe verändert ist. Wir sehen, daß die Bissen alle Anzeichen der Auflösung zeigen. Filtrieren wir etwas von dem Mageninhalt ab, dann erhalten wir im Filtrat Biuretreaktion. Dialysieren wir etwas Mageninhalt, dann gibt auch das Dialysat Biuretreaktion. Es sind Peptone durch die Wirkung der Pepsinsalzsäure entstanden. Setzen wir etwas filtrierten Mageninhalt zu Milch, so erhalten wir Gerinnung (Labferment!).

Der Mageninhalt reagiert sauer. Wir filtrieren eine größere Menge des Mageninhaltes ab und tauchen einen Streifen Kongopapier in das Filtrat ein. Es färbt sich intensiv dunkelblau.

Zu einer Probe des Filtrates geben wir einen Tropfen Günzburgsches Reagens: 1 Gramm Vanillin $+$ 2 Gramm Phlorogluzin $+$ 100 ccm Alkohol. Wir dampfen in einem Porzellanschälchen vorsichtig zur Trockene ein. Bei Anwesenheit von freier Salzsäure wird der Rückstand purpurrot gefärbt.

Milch.

Quantitative Bestimmung von Kasein, Fett, Albumin und Milchzucker in der Milch.

Es werden 20 ccm nicht entrahmter Kuhmilch in einem Meßzylinder mit 400 ccm Wasser gut vermischt. Nun gibt man sehr vorsichtig tropfenweise verdünnte Essigsäure hinzu, bis das Kasein sich in groben Flocken abzuscheiden beginnt. Jeder Überschuß an Essigsäure ist zu vermeiden. Am besten entnimmt man von der verdünnten Milch eine abgemessene Menge und gibt aus einer Bürette tropfenweise verdünnte Essigsäure hinzu. Man bestimmt so genau die Menge der Essigsäure, die notwendig ist, um die angewandte Milch zu fällen. Dann berechnet man die zur Ausfällung des Kaseins für die gesamte Milch notwendige Essigsäuremenge und gibt diese ebenfalls vorsichtig in kleinen Portionen unter beständigem starkem Umrühren hinzu. Schließlich leitet man noch eine halbe Stunde lang Kohlensäure durch die gefällte Milch hindurch. Das ausfallende Kaseinkalzium reißt das gesamte Fett mit sich nieder. Nunmehr filtriert man durch ein stickstofffreies Filterchen. Den Filterrückstand wäscht man mit Wasser aus und verarbeitet Filterrückstand und Filtrat getrennt weiter.

Der Filterrückstand enthält neben Kasein, wie schon erwähnt, Fett. Er wird zunächst zur Entfernung des Wassers mit starkem Alkohol übergossen und das Filtrat in einem Becherglase aufgefangen. Es wird so lange auf den Filter zurückgegossen, bis es vollständig klar abläuft. Dann verdampft man es bei etwa 60° zur Trockene und nimmt den Rückstand in Äther auf. Die ätherische Lösung bringt man in einen kleinen Rundkolben c, den man, nachdem man noch mehr Äther hinzugegeben hat, mit dem Soxhletschen Extraktionsapparat (Abb. 96) verbindet. Den Filter mit dem Niederschlag gibt man in eine Extraktionshülse, läßt diese in das Extraktionsgefäß b des Soxhletschen Apparates gleiten und beginnt nun mit dem Ausziehen, indem man den Rundkolben mit dem Äther auf einem Wasserbad erwärmt. Man muß hierbei für gute Kühlung sorgen, damit nicht durch Verdunsten des Äthers ein Brand entsteht. Der Äther destilliert nun in das Extraktionsgefäß b hinauf, wird im Kühler a kondensiert, fällt auf das Filter zurück und nimmt Fett auf. Hat der Äther ein bestimmtes Niveau erreicht, dann fließt er durch den außen am Extraktionsgefäß angebrachten Heber ab. Die Destillation des Äthers kann von neuem beginnen. Man kann so mit kleinen Mengen des Extraktionsmittels

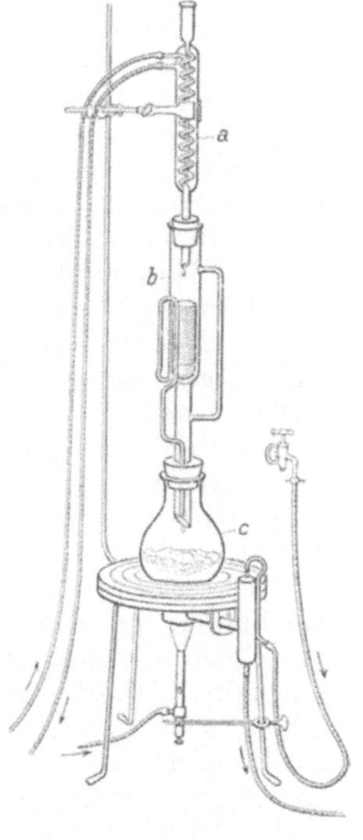

Abb. 96.
Extraktion im Soxhletapparat.

große Substanzmengen in Lösung bringen. Der gelöste Körper bleibt im Kolben und das Extraktionsmittel, in unserem Falle der Äther, ist von neuem imstande, sich mit der zu extrahierenden Substanz zu sättigen.

Das Ausziehen wird so lange fortgesetzt, bis eine Probe des aus dem Heber abfließenden ätherischen Auszuges beim Verdunsten keinen

Rückstand mehr hinterläßt. Jetzt wird die ätherische Lösung in ein gewogenes Bechergläschen übergeführt und bei etwa 30° eingedunstet. Dann wird im Vakuumexsikkator getrocknet und gewogen. Von dem erhaltenen Gewicht zieht man dasjenige des Becherglases ab. Man erhält dann das Gewicht des Fettes oder, exakter ausgedrückt, derjenigen Substanzen, die in Äther löslich sind (Cholesterin, Phosphatide, Fett).

Im Filter, das wir der Extraktionshülse entnehmen, findet sich das Kasein. Wir können seine Menge entweder durch Feststellung des Stickstoffgehaltes des Filterrückstandes nach Kjeldahl bestimmen, oder aber wir verwenden zur Filtration der Kasein-Fett-Fällung ein gewogenes Filter und wägen nach Entfernung der ätherlöslichen Bestandteile das bei 120° bis zur Gewichtskonstanz getrocknete Filter plus Kasein wieder. Im ersteren Falle multipliziert man die gefundene Menge Stickstoff mit 6,37. Der erhaltene Wert liefert die Kaseinmenge. Im letzteren Fall wiegt man zunächst ein Wägegläschen plus einem Filter, nachdem man vorher beide bei 120° bis zur Gewichtskonstanz getrocknet hat. Jetzt filtriert man das ausgefallene Kasein plus Fett ab, extrahiert, wie vorher beschrieben, mit Äther, bringt dann das fettfreie Filter in das gleiche Wägegläschen zurück, trocknet wieder bei 120° und wiegt. Diese Art der Bestimmung ist insofern nicht ganz exakt, als das Kasein Asche enthält. Man muß, um ganz genaue Werte zu erhalten, das Kasein im Platintiegel veraschen und die zurückbleibende Asche in Abzug bringen. Doch begeht man dadurch wieder einen kleinen Fehler, indem man den zu dem Kasein hinzugehörigen Phosphor mit der Asche abzieht.

Verarbeitung des Filtrates des Kaseinniederschlages. Im Filtrat haben wir noch Eiweißkörper, unter anderem Albumin, Globulin und ferner Milchzucker neben Aschebestandteilen. Das Filtrat wird zunächst in einer Porzellanschale einige Minuten zum Kochen erhitzt. Man beobachtet bald das Auftreten einer Haut. Sie besteht aus den genannten Eiweißstoffen. Der Niederschlag wird auf einem stickstofffreien Filter gesammelt, der Rückstand mehrmals. mit kaltem Wasser gründlich gewaschen und dann Filter plus Niederschlag nach Kjeldahl behandelt. Den gefundenen Stickstoffwert multipliziert man mit 6,37. Oder aber man geht auch hier von einem gewogenen Filter aus und wiegt, nachdem Albumin und Globulin abfiltriert sind, wiederum nach erfolgter Trocknung bei 120°.

Das Filtrat vom Eiweißniederschlag wird nach dem Erkalten gut gemischt und genau gemessen. Man füllt dann die Flüssigkeit in eine Bürette und stellt den Gehalt an Milchzucker durch Titration nach Fehling fest (vgl. S. 64). Man verwendet 20 ccm der Fehlingschen Lösung. Diesen entsprechen 0,134 Gramm Milchzucker.

Galle.

Darstellung von Cholsäure aus Rindergalle (nach Pregl).

Man benutzt hierzu den Inhalt von zwei Gallenblasen vom Rind. Eine solche enthält gewöhnlich 250—300 Gramm Galle. 500 Gramm Galle bringt man in einen Rundkolben aus Jenaer Glas von einem Liter Inhalt und fügt dazu 8 Gramm Natriumhydroxyd. Man kocht jetzt 48 Stunden über freier Flamme unter Anwendung eines Rückflußkühlers. Dann wird abgekühlt und abgenutscht. Als Filter benutzt man langfasrigen Asbest, den man vorher auf der Nutsche festgesaugt hat. Das Filtrat wird nunmehr in eine Porzellanschale ausgegossen und die Saugflasche mit Wasser ausgespült, dann werden portionsweise unter Umrühren 10—12 ccm Eisessig zugesetzt. Die Lösung muß hierbei noch schwach alkalisch bleiben und vollständig klar sein. Man dampft dann die klare Lösung auf dem Wasserbade bis auf 100 ccm ein. Der Rückstand wird hiernach in eine 500 ccm fassende Pulverflasche übergeführt und der Rest mit etwas Wasser nachgespült. Jetzt gibt man 100 ccm Äther hinzu und schüttelt in der gut verschlossenen Flasche tüchtig durch. Den auf der Nutsche sich befindenden Rückstand wäscht man mit heißem Alkohol aus, dampft die alkoholische Lösung ein und nimmt den Rückstand in Wasser auf. Die Lösung wird mit der aus der Flasche abgegossenen ätherischen Lösung zusammengebracht, gut durchgeschüttelt, dann der Äther abgehoben, mit Natriumsulfat getrocknet, nun filtriert und abdestilliert. Der verbleibende Rückstand wird aus Alkohol umkristallisiert. Er besteht, wie man sich leicht durch Ausführung der Salkowskischen Probe überzeugen kann, aus Cholesterin (vgl. S. 71).

Den in Äther unlöslichen Anteil der dunkelbraunen dicklichen Flüssigkeit versetzt man portionsweise unter jedesmaligem Umschütteln mit 8 ccm Eisessig. Die starke Schaumbildung mäßigt man durch Zusatz von etwas Äther. Zuletzt werden noch 50 ccm Äther zugesetzt. Nach nochmaligem heftigem Umschütteln und einigem Stehen wird der Äther abgegossen, dann wiederholt mit Wasser ausgeschüttelt, wobei ihm die aufgenommene Essigsäure entzogen wird. Der Äther wird abgehoben, mit Natriumsulfat getrocknet und abdestilliert. Im Rückstand finden wir die in der Galle vorhandenen Fettsäuren nebst etwas Gallensäuren. Man kann eine Trennung der Bestandteile herbeiführen, indem man das Gemisch mit Petroläther auszieht. Die Fettsäuren gehen in Lösung, die Gallensäuren bleiben zurück.

Das nun auf die erwähnte Weise von Cholesterin und von Fettsäuren befreite Gemisch zeigt nach einigem Stehen Kristallisation. Nach 48 Stunden ist die gesamte Masse in einen dicken Kristallbrei verwandelt. Es wird nun auf einer Nutsche abgesaugt und der Rückstand mit kleinen Mengen eiskalten Wassers ausgewaschen. Das Wasser benutzt man auch, um die Flasche, in der sich das Gemisch befunden hat, auszuspülen. Die zunächst braun gefärbte Kristallmasse wird während des Waschens blendend weiß. Die Kristalle werden dann auf eine Tonplatte gestrichen und schließlich im Vakuumexsikkator getrocknet. Die Ausbeute an Kristallen beträgt etwa 10 Gramm. Sie werden mit 40 ccm Alkohol übergossen und so lange konzentrierte Natronlauge tropfenweise unter Umschütteln zugesetzt, bis die suspendierte Gallensäuremasse vollständig gelöst ist. Die Reaktion ist jetzt deutlich alkalisch. Es wird eine halbe Stunde am Rückflußkühler gekocht. Hierbei scheidet sich das in Alkohol schwer lösliche Natriumsalz der Cholsäure in Form feiner Nadeln ab. Die Kristalle werden abgenutscht. Um Verstopfung der Poren der Nutsche zu vermeiden, wird diese zunächst mit dem Filter auf ein Wasserbad gestellt. Man bezweckt hiermit Erwärmung der Nutsche. Dann gießt man wiederholt siedendheißen Alkohol durch die Nutsche hindurch, um sie möglichst von Wasser zu befreien. Jetzt wird rasch die heiße Lösung aufgegossen. Die Kristalle werden mit siedendheißem Alkohol gewaschen. Dann setzt man die Nutsche auf ein kleines Erlenmeyer-Kölbchen und löst die auf der Nutsche befindlichen Kristalle in siedendem Wasser. Die Lösung tropft in das Kölbchen hinein.

Das in der Saugflasche befindliche alkoholische, alkalische Filtrat wird im Destillationskolben unter vermindertem Druck vollständig bis zur Trockene verdampft. Den Rückstand übergießt man mit 10 ccm absolutem Alkohol und kocht 2 Stunden lang am Rückflußkühler. Auf diese Weise wird der letzte Rest der Cholsäure in Form ihres Natriumsalzes abgeschieden. Man filtriert die heiße Flüssigkeit genau in derselben Weise, wie es eben beschrieben worden ist, auf einer warmen Nutsche ab, wäscht die Kristalle mit heißem Alkohol und setzt dann die Nutsche auf das gleiche Erlenmeyer-Kölbchen, in dem man vorher schon die wässerige Lösung der auskristallisierten Masse gesammelt hat. Man löst die Kristalle wiederum in heißem Wasser und bringt das Filtrat zu dem vorhergehenden. Zu dem Natriumsalz der Cholsäure gibt man nun vorsichtig unter Umschütteln so lange 50prozentige Essigsäure hinzu, als eine Fällung eintritt. Die freie Cholsäure wird dann abgenutscht und im Vakuumexsikkator getrocknet. Sie enthält ein Molekül Kristallwasser. Meist ist sie noch nicht ganz rein. Zur Reinigung wird die Cholsäure nochmals in das Natriumsalz übergeführt und dann wieder mit Eisessig daraus abgeschieden. Die getrocknete Fällung erwärmt man mit wenig Alkohol auf dem Wasserbade. Dabei entstehen rhombische Tetraëder. Die mit einem Molekül Alkohol kristallisierte Cholsäure schmilzt bei 197°. Die Ausbeute beträgt etwa 7 Gramm.

Harn.

Bestimmung des Stickstoffgehaltes nach Kjeldahl.

Prinzip der Methode: Die stickstoffhaltige organische Verbindung[1]) wird mit konzentrierter Schwefelsäure in Gegenwart eines Katalysators erhitzt. Der Stickstoff wird hierbei restlos in Ammoniak übergeführt. Wir haben dann in der Lösung schwefelsaures Ammonium. Dieses zerlegen wir durch Zusatz von Natronlauge und treiben das freigewordene Ammoniak in eine Vorlage über. In diese geben wir eine abgemessene Menge $^1/_{10}$-n-Schwefelsäure und titrieren dann den unverbrauchten Rest der vorgelegten Säure mit $^1/_{10}$-n-Natronlauge zurück.

Zur Ausführung der Bestimmung brauchen wir 1. stickstofffreie, konzentrierte Schwefelsäure, sog. Kjeldahl-Schwefelsäure, 2. reines, kristallisiertes Kupfersulfat, 3. reines Kaliumsulfat, und endlich konzentrierte, salpetersäurefreie Natronlauge, sog. Kjeldahl-Natronlauge. Man prüfe alle Reagenzien auf Stickstoff! Zum Auffangen des Ammoniaks benützen wir $^1/_{10}$-n-Schwefelsäure und zum Zurücktitrieren $^1/_{10}$-n-Natronlauge. Als Indikator wählen wir Rosolsäurelösung (6,5 Gramm reine Rosolsäure werden in 50 ccm verdünntem Alkohol gelöst und 50 ccm Wasser hinzugefügt). Sehr zu empfehlen ist auch alizarinsulfosaures Natrium.

Bestimmung des Stickstoffgehaltes im Urin.

Zur Bestimmung des Stickstoffgehaltes im Urin benützen wir je nach seiner Konzentration 5—10 ccm. Diese müssen genau abgemessen werden. Am besten benützt man dazu eine Pipette. Wir geben den Harn aus der Pipette direkt in einen sog. Kjeldahl-Kolben hinein (vgl. Abb. 97). Dann fügen wir 10 ccm konzentrierte Schwefelsäure hinzu. Das Abmessen erfolgt in einem 10-ccm-Meßzylinder. Beim Zusammenfließen der Schwefelsäure mit dem Urin tritt sofort Braunfärbung auf. Jetzt geben wir ein erbsengroßes Stück Kupfersulfat als Katalysator hinzu und ferner zur Siedepunkterhöhung 5 Gramm Kaliumsulfat. Um Stoßen infolge Siedeverzuges zu vermeiden, geben wir einen kleinen Löffel voll Talk hinzu. Nun erhitzt man den Kolbeninhalt so lange, bis die Farbe vollständig grünlich geworden ist, und die Flüssigkeit ganz klar wird. Man prüfe sorgfältig, ob an den Wänden des Kolbens noch Spuren von Kohle vorhanden sind. Ist dies der Fall, dann werden diese durch Umschwenken des Kolbeninhaltes heruntergespült. Bei lebhaftem Kochen ist der ganze Vorgang in 30—45 Minuten beendet. Man läßt nunmehr erkalten. Unterdessen hat man in einen enghalsigen Erlen-

---

[1]) Nicht alle stickstoffhaltigen Verbindungen geben unter den erwähnten Bedingungen ihren Stickstoff in Form von Ammoniak ab, so z. B. Nitrokörper nicht. Alle biologisch in Betracht kommenden Verbindungen lassen sich jedoch nach Kjeldahl auf Stickstoff analysieren.

meyer-Kolben 50 ccm $^1/_{10}$-n-Schwefelsäure und 1—2 Tropfen des Indikators gebracht. Der Erlenmeyer-Kolben dient als Vorlage zum Auffangen des überdestillierenden Ammoniaks. In die Schwefelsäure wird das umgebogene Ende des Kühlers, wie Abb. 98 zeigt, eingetaucht.

Nunmehr verdünnt man den Kolbeninhalt mit destilliertem Wasser oder löst ihn, falls er erstarrt ist, in Wasser und fügt im ganzen 60 ccm Kjeldahl-Natronlauge in zwei Portionen hinzu. Man muß hierbei sehr vorsichtig vorgehen, weil sonst sehr leicht Verluste an Ammoniak und damit an Stickstoff entstehen. Man gibt zunächst nur einen Teil der Natronlauge hinzu, und zwar nur

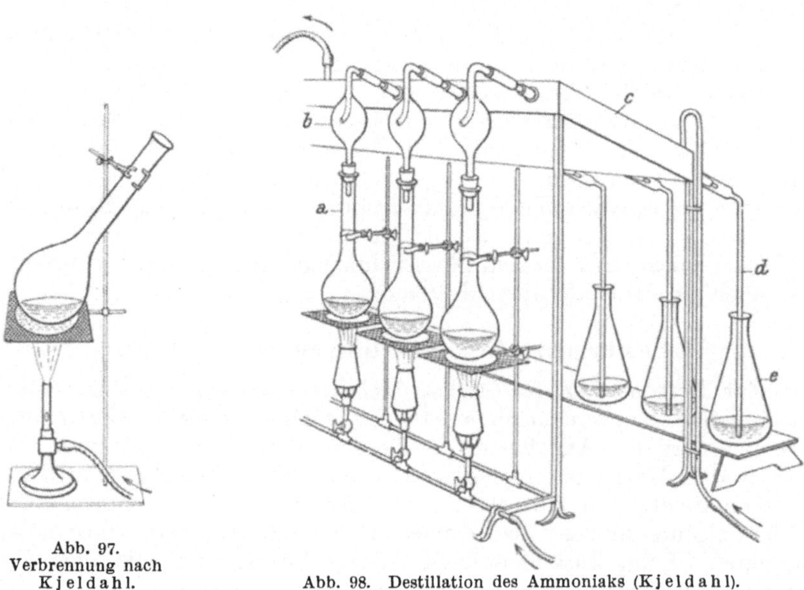

Abb. 97.
Verbrennung nach
Kjeldahl.

Abb. 98. Destillation des Ammoniaks (Kjeldahl).

so viel, daß die Reaktion der Flüssigkeit noch sauer bleibt. Dann läßt man abkühlen, fügt einen Löffel voll Talk hinzu, um beim Destillieren das Stoßen zu vermeiden. Jetzt begibt man sich mit dem Kolben zum Destillationsapparat, gießt den Rest der Natronlauge rasch — am besten unter Unterschichten — hinzu und verbindet den Kolben sofort mit dem Kühler. Nun beginnt die Destillation, indem man den Kolben durch einen Brenner direkt zum Kochen erhitzt. Nach etwa 30 Minuten ist das Ammoniak vollständig übergetrieben. Eine bestimmte Zeit kann nicht vorgeschrieben werden. Man muß in jedem Falle genau feststellen, ob wirklich alles Ammoniak überdestilliert ist. Zu diesem Zwecke prüft man mit Hilfe eines roten Lackmuspapieres. Wird dieses durch das Destillat noch blau gefärbt, dann muß die Destillation fortgesetzt werden. Das zur Prüfung benutzte Lackmuspapier wird mit destilliertem Wasser in die Vorlage hinein abgespült, um alle Verluste zu vermeiden. Gibt das Destillat keine Blaufärbung mehr, dann wird das Einleitungsrohr aus der vorgelegten $^1/_{10}$-n-Schwefelsäure herausgezogen, am besten, indem man den Erlenmeyer-Kolben tiefer stellt. Man läßt nun die Destillation noch etwa 5 Minuten weiter gehen. Das destillierende Wasser spült das ganze Rohr aus. Dann spritzt man mit einer Spritzflasche das Einleitungsrohr von außen gründlich ab. Nunmehr beginnt die Titration. Man fügt aus einer Bürette vorsichtig $^1/_{10}$-n-Natronlauge hinzu, bis der Indikator anzeigt, daß die noch vorhandene Säure gebunden ist.

Die Berechnung des Stickstoffgehaltes ist eine sehr einfache. Man zieht die verbrauchten Kubikzentimeter der $^1/_{10}$-n-Natronlauge von den vorgelegten Kubikzentimetern $^1/_{10}$-n-Schwefelsäure ab und multipliziert die erhaltene Zahl mit 1,401. Man erhält dann die Menge Stickstoff, welche in der angewandten Menge Harn enthalten ist, in Milligrammen.

Beispiel: Die Gesamtmenge des Harns betrage 500 ccm. Verwendet wurden zur Stickstoffbestimmung 5 ccm. Vorgelegt haben wir 50 ccm $^1/_{10}$-n-Schwefelsäure. Zurücktitriert wurde mit 15 ccm $^1/_{10}$-n-Natronlauge. Folglich sind von dem überdestillierten Ammoniak 35 ccm $^1/_{10}$-n-Schwefelsäure gebunden worden. $35 \times 1{,}401 = 49{,}035$ Milligramm Stickstoff. Somit sind in den 500 ccm Urin 4,9035 Gramm Stickstoff enthalten.

Bei der Stickstoffbestimmung im Kot verfahren wir genau gleich. Der gesamte Kot wird zunächst, nachdem wir etwas n-Schwefelsäure zugegeben haben, bei 120^0 bis zur Gewichtskonstanz getrocknet. Dann wird der Kot in einer Reibschale gepulvert und dabei gut gemischt. Das Pulver wird gewogen und nun ein aliquoter Teil davon, z. B. 1 Gramm, im Kjeldahl-Kolben mit konzentrierter Schwefelsäure übergossen. Die weitere Durchführung der Bestimmung des Stickstoffgehaltes ist genau dieselbe, wie sie eben beim Harn beschrieben worden ist.

Man kann mit Hilfe der gleichen Methode den Stickstoffgehalt in stickstoffhaltigen Substanzen, wie Harnstoff usw., feststellen. Wir gehen dabei von abgewogenen Substanzmengen aus.

Stickstoffbestimmung nach Kjeldahl im Mikroapparat[1]).

Man mißt mit einer in Zehntelkubikzentimeter eingeteilten Pipette sehr genau 1—2 ccm Harn ab und läßt ihn in den in der Abb. 99 abgebildeten kleinen Kjeldahl-Kolben K fließen. Ferner fügt man zum Harn die folgenden Reagenzien:

Etwa 2 ccm rauchende Schwefelsäure für Stickstoffbestimmung, 5 bis 6 Tropfen einer etwa 10 prozentigen Kupfersulfatlösung, ein Kriställchen Kalisulfat und eine Spatelspitze Talkum. Alle Chemikalien müssen vollständig stickstofffrei sein. Nun wird im Kjeldahl-

---

[1]) Nach Emil Abderhalden und Andor Fodor.

Verbrennungsofen erhitzt. Zunächst entweicht das Wasser. Sodann tritt Verkohlung ein und die Lösung wird zuerst braun, dann dunkelbraun und endlich schwarz. Sobald die Dunkelfärbung vollständig verschwunden ist und die Lösung eine hellgelbe Farbe angenommen hat, ist die Verbrennung beendet.

Man läßt einige Minuten erkalten und beschleunigt die Abkühlung eventuell durch Hineinstellen des Kolbens in kaltes Wasser. Die abgekühlte Lösung wird mit etwa 1 bis 2 ccm destilliertem Wasser verdünnt, worauf sie sich abermals erwärmt und eine grünlichblaue Farbe annimmt. Sie wird abermals gekühlt. Man bringt nunmehr die inzwischen vorbereitete Einlage (Stopfen aus Gummi mit einer rechtwinklig gebogenen Glasröhre und

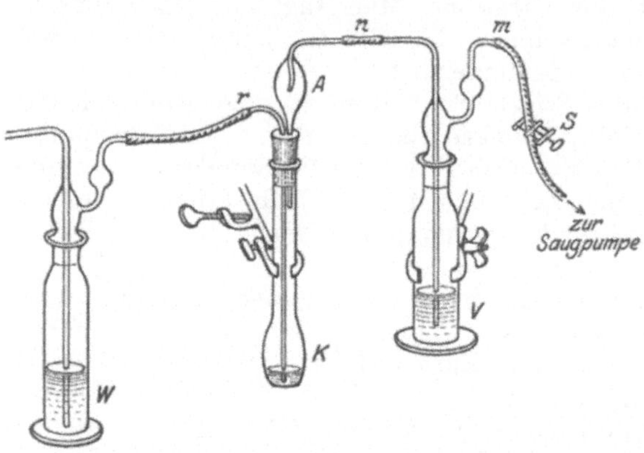

Abb. 99.

Aufsatz *A*, s. Abb. 99) auf dem Verbrennungskolben an und setzt sie, wie aus der Abb. 99 ersichtlich, mit der gleichfalls bereitstehenden Vorlage *V* in Verbindung, wobei man zu beachten hat, daß bei *n* Glas an Glas gelangt. Die Vorlage *V* wurde vorher mit genau 20 ccm $^1/_{10}$-n-Schwefelsäure beschickt.

Steht der Kolben mit der Vorlage in Verbindung, so setzt man die Wasserstrahlpumpe in Gang und saugt so viel Luft durch den Apparat, daß man jede einzelne Luftblase, die durch die Flüssigkeit steigt, eben noch wahrnehmen kann. Man reguliert am besten nicht mit der Pumpe selbst, sondern mit Hilfe eines Schraubenquetschhahns, den man am Schlauch *S* angebracht hat. Die Pumpe läßt man hierbei im vollen Gange laufen. Während dieses regelmäßigen Luftdurchleitens wird aus einer spitz auslaufenden Pipette, die man bei *r* an das rechtwinklig gebogene Glasrohr hält, vorsichtig 33 prozentige Kjeldahl-Natronlauge in den Apparat gesaugt. Man läßt die aus der Spitze der Pipette sehr langsam ausfließende Lauge an der Röhrenwand hinunterfließen und achtet darauf, daß man die Öffnung bei *r* mit der Pipette nicht verstopft. In diesem Falle würde im Apparate ein Vakuum entstehen, was zur Folge hätte, daß die gesamte Laugenmenge auf einmal und noch dazu ganz stürmisch, in den Kolben gesaugt würde, ein Umstand, der bedeutende Störungen nach sich ziehen könnte. Sobald die ausreichende Laugenmenge zugeflossen ist und die Farbe der Flüssigkeit je nach der hinzugefügten Kupfersulfatmenge in eine bläuliche bis schwarze

Farbe übergegangen ist, hört man mit dem Alkalisieren auf und verbindet bei r mit der Waschflasche W, die mit verdünnter Schwefelsäure gefüllt ist und den Zweck hat, zu vermeiden, daß mit der Luft Ammoniakdämpfe aus der Atmosphäre des Laboratoriums in die Vorlage V gelangen.

Durch die erfolgte Neutralisation erlangt die Flüssigkeit ein Volumen von ca. 8—10 ccm und eine Temperatur von ca. 60—70°. Unter fortgesetzter Luftdurchsaugung wird nunmehr K mit einem Brenner sehr vorsichtig erhitzt, wobei die Wasserdämpfe hauptsächlich in V kondensiert werden. Ein Teil erfährt bereits in A eine Kondensation. Sobald die Flüssigkeit in K so weit eingeengt ist, daß Salzausscheidung und demzufolge ein Stoßen beim Erwärmen auftritt, wird das weitere Erwärmen abgebrochen und die Luftdurchleitung bis zur Auskühlung von K fortgesetzt.

In der Regel dauert der ganze Vorgang 20 Minuten. Ist dieser Zeitpunkt erreicht, so löst man die Schlauchverbindung bei n (Abb. 99) und erst nachher bei m. Jetzt entfernt man den Einsatz aus der Vorlage V, spült ihn innen und außen mit destilliertem Wasser ab und titriert die Säure unter Hinzufügung eines Tropfens einer etwa 1 prozentigen Lösung von alizarinsulfosaurem Natrium in Wasser mit $1/_{10}$-n-Normallauge zurück. Den Indikator kann man ev. auch schon vor der Destillation zur $1/_{10}$-n-Säure hinzufügen. Vor der Zurücktitration wird V abgekühlt!

Die Berechnung ist die gewöhnliche: jeder Kubikzentimeter der verbrauchten $1/_{10}$-n-Säure zeigt 0,001401 Gramm N an.

Beispiel: 2 ccm normaler Menschenharn werden verbrannt. Vorgelegt wurden 20 ccm $1/_{10}$-n-Säure. Beim Zurücktitrieren verbraucht: 9,78 ccm $1/_{10}$-n-NaOH. Es wurden somit 10,22 ccm der $1/_{10}$-n-Säure durch das überdestillierte Ammoniak gebunden. 10,22 ccm $1/_{10}$-n-Säure entsprechen 0,01431 Gramm N. Diese Menge ist in den angewandten 2 ccm Harn enthalten. Der Harn ist demnach an N 0,7155 prozentig.

Bestimmung des Aminostickstoffs im Harn nach Sörensen.

Die Ausführung der Bestimmung erfolgt nach der Methode der Formoltitration. Die ganze analytische Operation zerfällt in zwei Teile: In die Vorbereitung der Lösung und in die eigentliche Titration.

1. Vorbereitung. Zunächst muß die Phosphorsäure und die Kohlensäure entfernt werden. Ist, wie bei Harn, nur wenig Ammoniak vorhanden, so verfährt man in folgender Weise: In ein 100 ccm Meßkölbchen werden 50 ccm Harn pipettiert. Nun wird 1 ccm der weiter unten angegebenen Phenolphtaleinlösung zugefügt und mit 2 g festem Bariumchlorid versetzt. Man schüttelt nun, bis sich letzteres gelöst hat und fügt sodann, bis zur Rotfärbung, eine gesättigte Lösung von Barythydrat hinzu. Jetzt füllt man den Kolben bis zur Marke mit ausgekochtem Wasser auf, schüttelt gut um und filtriert nach 15 Minuten. 80 ccm des klaren roten Filtrates bringt

man in einen neuen 100 ccm Meßkolben und neutralisiert die Flüssigkeit durch Zusatz von $^1/_5$-n-Salzsäure gegen Lakmuspapier. Sodann wird mit ausgekochtem Wasser bis zur Marke aufgefüllt. Diese Lösung wird zur Formoltitration verwendet werden. Ferner muß in einem aliquoten Teil, z. B. in 40 ccm der Ammoniakgehalt besonders bestimmt werden. Weitere 40 ccm verwendet man für die Formoltitration.

2. Die Formoltitration erfordert folgende Lösungen: 1. $^1/_5$-n-Natronlauge und $^1/_5$-n-Salzsäure. 2. Eine Phenolphtaleinlösung, enthaltend 0,5 g Phenolphtalein in einem Gemisch von 50 ccm Wasser + 50 ccm Alkohol. 3. Eine Formollösung, die, wie folgt, bereitet wird: 50 ccm käufliches Formol werden mit 1 ccm der Phenolphtaleinlösung versetzt und $^1/_5$-n-Natronlauge bis zur eben sichtbaren Rosafärbung hinzugefügt.

Die Ausführung der Titration selbst geschieht in folgender Weise: In ein Erlenmeyer-Kölbchen werden 40 ccm der in der oben erwähnten Weise vorbereiteten und neutralisierten Flüssigkeit hineinpipettiert und in einen gleichgroßen Erlenmeyer-Kolben 40 ccm ausgekochtes Wasser gebracht. Diese zweite Probe dient als Farbkontrolle. Nachdem man in beide Kolben je 10 ccm der in der oben angegebenen Weise frisch hergestellten Formollösung gebracht hat, stellt man zunächst die Kontrolle auf Farbstadium I, d. h. eine ganz schwache, eben sichtbare rosa Farbe ein, indem man die Kontrolle tropfenweise mit $^1/_5$-n-Lauge versetzt. Jetzt fügt man einen weiteren Tropfen der gleichen Lauge zur Kontrolle und hat dadurch das 2. Stadium hergestellt. Nunmehr wird die eigentliche Titrationsprobe mit $^1/_5$-n-Lauge auf das 2. Stadium titriert, was durch Vergleich mit der Kontrolle leicht zu bewerkstelligen ist. Um richtig vergleichen zu können, muß die Kontrolle mit ausgekochtem Wasser auf das Volumen der Titrationsprobe gebracht werden. Ist das 2. Stadium in der Titrierprobe erreicht, so überalkalisiert man die Kontrolle durch hinzufügen von 2 Tropfen n/$_5$-Lauge und erreicht auf diese Weise das 3. Stadium. Jetzt wird auch die Titrierprobe auf die Farbe des 3. Stadiums eingestellt und die Differenz im Bürettenstand zwischen Stadium II und III zur Kubikzentimeterzahl hinzuaddiert, die verbraucht wurde, um in der Titrationsprobe auf das Stadium II zu gelangen. Die Berechnung erfolgt in der Weise, daß man für jeden Kubikzentimeter der verbrauchten $^1/_5$-n-Lauge 0,0028 g N in Rechnung setzt. Vom so erhaltenen N-Wert muß der in einer besonderen Probe (s. o.) festgestellte Ammoniak-N-Wert abgezogen werden. Es muß berücksichtigt werden, daß 40 ccm der vorbereiteten und neutralisierten Lösung 16 ccm des ursprünglichen Harns entsprechen.

Bestimmung des Ammoniaks im Harn
(nach Krüger-Reich-Schittenhelm).

25 ccm filtrierten Harnes werden in einen Rundkolben b (Abb. 100) gegeben. Man setzt 10 Gramm Kochsalz hinzu und ferner trockenes

Natriumkarbonat, bis deutlich alkalische Reaktion vorhanden ist. Es genügt in den meisten Fällen 1 Gramm Natriumkarbonat. Der Kolben wird durch einen Gummistopfen verschlossen, der zwei Durchbohrungen besitzt. Durch die eine Öffnung führt man einen Tropftrichter a, durch die andere ein Rohr, das mit einem etwa 4 cm weiten, U-förmig gebogenen Rohr c in Verbindung steht. Dieses befindet sich in einem Topf mit Eiswassermischung. In dieses U-förmige, sog. Peligotrohr, gibt man 10—30 ccm $^1/_{10}$-n-Schwefelsäure, einige Tropfen Rosolsäure und so viel Wasser, daß der wagerechte Schenkel des Rohres damit gerade gefüllt ist. Der zweite vertikale Schenkel der Peligotröhre steht mit der Wasserstrahlluftpumpe in Verbindung (d). Nun beginnt man zu evakuieren. Sobald das Vakuum das Maximum erreicht hat, gibt man durch den Tropftrichter etwa 20 ccm absoluten Alkohol in den Rundkolben hinein und beginnt nun mit dem Erwärmen des Wasserbades. Man steige mit der Temperatur nicht über 45°. Etwa alle 10 Minuten gibt man von neuem aus dem Tropftrichter 15—20 ccm Alkohol hinzu. Wenn das Wasser zu rasch verdunstet, dann ergänzt man es vom Tropftrichter aus. Zum Schluß gibt man zur Verjagung der in der Überleitungsröhre sich befindlichen Wassertropfen noch 10 ccm Alkohol hinzu. Die ganze Bestimmung ist vom Beginn des lebhaften Siedens an gerechnet in 15—20 Minuten beendet. Es wird nun das Evakuieren unterbrochen und der Inhalt des Peligotrohres in einen enghalsigen Erlenmeyer-Kolben übergeführt und die Röhre mit destilliertem Wasser ausgespült. Denn titriert man mit $^1/_{10}$-n-Natronlauge und stellt fest, wieviel von der vorgelegten $^1/_{10}$-n-Schwefelsäure von Ammoniak gebunden worden ist. Die Berechnung des Stickstoffgehaltes ist genau dieselbe, wie sie S. 143 angegeben worden ist.

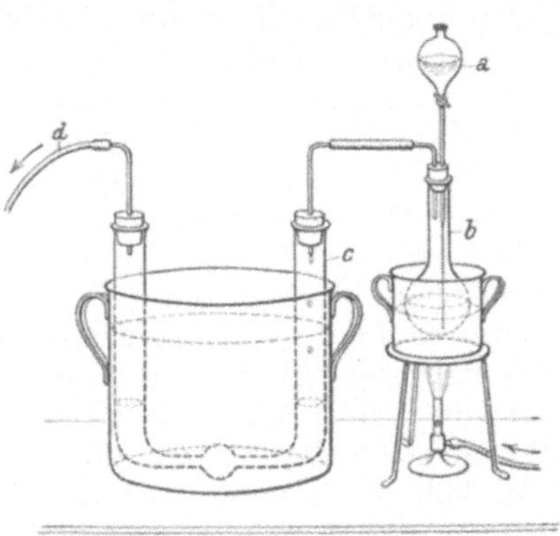

Abb. 100. Ammoniakbestimmung.

Bestimmung der Schwefelsäure im Harn.

Im Harn findet sich der Schwefel in verschiedener Form. Einmal haben wir oxydierten Schwefel, in der Hauptsache in Form von Schwefelsäure. Diese ist zum Teil als solche (SO_4-Ion) vorhanden, zum Teil findet sie sich in Form der Ätherschwefelsäuren. Daneben haben wir aber auch unoxydierten, sog. neutralen Schwefel. Nach der folgenden Methode können wir diese Formen nebeneinander bestimmen.

Zunächst bestimmt man den gesamten Schwefelgehalt des Harnes. 25 ccm Harn werden in einer Platinschale auf dem Wasserbade auf ein kleines Volumen eingedampft. Dann gibt man 20 Gramm eines sog. Salpetergemisches hinzu. Dieses besteht aus drei Gewichtsteilen Kalisalpeter und einem Gewichtsteil Natriumkarbonat. Nun wird vorsichtig auf freiem Feuer erhitzt, bis das Ganze zusammenschmilzt und die Schmelze vollständig weiß ist. Diese wird in Wasser gelöst, die Lösung in einen Kolben gegossen und die Schale sorgfältig mit Wasser ausgespült. Zu der Lösung gibt man (nach Salkowski) durch einen Trichter ganz allmählich 100 ccm Salzsäure. Nun wird der Kolben auf ein Dampfbad gestellt und bei aufgesetztem Trichter so lange erhitzt, bis die Gasentwicklung ganz aufgehört hat. Man gießt dann die Flüssigkeit in eine Porzellanschale, verdampft bis zur Trockene und übergießt den Rückstand wieder mit 100 ccm Salzsäure unter Umrühren und dampft noch einmal ab. Diese Operatien muß noch zweimal wiederholt werden. Dann wird der Rückstand in Wasser aufgenommen, filtriert und die in einem Erlenmeyerkölbchen befindliche Flüssigkeit auf einem Drahtnetz bis zum Beginn des Siedens erhitzt. Man gibt jetzt vorsichtig 10 ccm heißer Chlorbariumlösung hinzu, läßt 24 Stunden stehen und filtriert durch ein aschefreies Filter ab. Der Filter wird samt dem Niederschlag in einen Platintiegel gegeben und darin im Trockenschrank getrocknet. Man erhitzt den Platintiegel zunächst bei aufgelegtem Deckel ganz allmählich und schließlich nach Abnahme des Deckels 5 Minuten lang sehr intensiv. Der Inhalt des Tiegels muß völlig weiß erscheinen. Ist dies nicht der Fall, dann muß das Erhitzen weiter fortgesetzt werden. Man läßt erkalten und wiegt. Das gefundene Gewicht weniger demjenigen des leeren Platintiegels gibt die Menge an Bariumsulfat. Die gefundene Menge, mit 0,420176 multipliziert, ergibt die Quantität der Schwefelsäure und mit 0,137380 multipliziert die Menge Schwefel (vgl. S. 51).

Nunmehr bestimmt man die freie und die gebundene Schwefelsäure des Harnes nebeneinander. Zieht man die auf diese beiden entfallende Menge Schwefel von der gefundenen Menge an Gesamtschwefel ab, dann erhält man die Menge des sog. Neutralschwefels. Es werden 100 ccm Harn mit etwa der gleichen Menge Wasser verdünnt. Nach Zugabe von 3 ccm Essigsäure wird Bariumhydroxyd in Lösung im Überschuß zugesetzt und auf dem Wasserbade $^1/_4$—$^1/_2$ Stunde erwärmt. Nun läßt man abkühlen und filtriert den Niederschlag auf einem aschefreien Filter ab, wäscht mit Wasser nach, bringt den Filter mitsamt dem Niederschlag in einen Platintiegel und verascht, wie oben angegeben, und bestimmt das Gewicht des Bariumsulfates. Der so bestimmte Schwefel entspricht der freien Schwefelsäure bzw. dem Sulfatschwefel.

Zu dem Filtrat gibt man 6 ccm konzentrierte Salzsäure und kocht etwa 15 Minuten lang. Es entsteht von neuem ein Niederschlag von Bariumsulfat. Durch die Salzsäure sind die gepaarten Schwefelsäuren, die sog. Ätherschwefelsäuren, gespalten worden. Die freie Schwefelsäure reagiert dann mit dem gleich von Anfang vorhandenen Überschuß an Barium. Auch hier wird wieder durch ein aschefreies Filter filtriert, getrocknet und im Platintiegel verascht. Man prüfe in beiden Fällen im Filtrat vom Bariumsulfat, ob bei weiterem Zusatz von Barythydrat noch Fällung eintritt!

Nachweis von Phenol im Harn.

$$C_6H_5 \cdot OH.$$

Zu 200 ccm Harn gibt man zur Spaltung des gepaarten Phenols 50 ccm konz. Salzsäure und destilliert dann unter Anwendung eines schräg gestellten Kühlers so lange, bis eine Probe des Destillates nach Zusatz von Bromwasser keine Trübung mehr zeigt. Dies ist meist der Fall, wenn etwa 50—80 ccm der Flüssigkeit abdestilliert sind. Das Destillat wird nun mit Natriumkarbonat bis zur alkalischen Reaktion versetzt und wiederum destilliert. Nachdem etwa 50 ccm übergegangen sind, führt man Proben auf Phenol und Kresol aus. Gibt man zu einer Probe des Destillates Millons Reagenz, dann erhält man Rotfärbung, oder aber auch einen roten Niederschlag, wenn größere Mengen von Phenol oder Kresol vorhanden sind. Fügt man zu einer Probe Bromwasser im Überschuß, dann fällt ein gelber bis bräunlich gefärbter kristallinischer Niederschlag aus. Er besteht zum allergrößten Teil aus Tribromphenol. Setzt man verdünnte Eisenchloridlösung hinzu, dann tritt Violett- bis Blaufärbung ein.

Nachweis von Indoxylschwefelsäure im Harn durch Überführung in Indigoblau (sogenannte Jaffesche Indikanprobe).

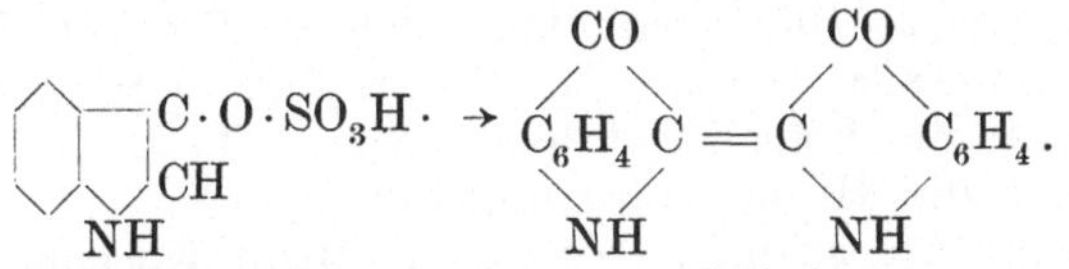

Indoxylschwefelsäure.   Indigoblau.

Indoxylschwefelsäure findet sich fast stets im Harn. Beim Menschen ist die Menge jedoch eine sehr wechselnde und oft eine sehr geringe. Man benützt am besten zur Darstellung von Indigoblau aus Harn den Urin eines Pflanzenfressers, z. B. vom Pferde. Man gibt zu dem Harne etwa das gleiche Volumen konzentrierter Salzsäure und bewirkt dadurch eine Spaltung der Indoxylschwefelsäure. Nun wird oxydiert. Man benutzt hierzu entweder Chlorkalklösung oder eine solche von Eisenchlorid. Sehr gute Resultate gibt die Anwendung von Chlorkalklösung. Man verwendet eine verdünnte Lösung davon und fügt diese tropfenweise unter fortwährendem Umschütteln zum Harn. Dann gibt man wenig Chloroform zu und schüttelt durch. Das Chloroform färbt sich blau, indem es das gebildete Indigoblau aufnimmt. Am besten stellt man mehrere Proben an. Eine bestimmte Menge des anzuwendenden Chlorkalks kann man nicht angeben, da die im Harn enthaltene Menge Indoxylschwefelsäure nicht bekannt ist.

Eine zweite Art des Nachweises, die auch zu guten Resultaten führt, ist die folgende: Es wird der Harn mit Bleizuckerlösung oder Bleiessig ausgefällt, dann filtriert und zu dem Filtrat das gleiche Volumen eisenchloridhaltige, rauchende Salzsäure hinzugesetzt — auf 1000 Teile 2—4 Teile Eisenchlorid. Nun wird 1—2 Minuten lang stark durchgeschüttelt und dann der Farbstoff ebenfalls in Chloroform aufgenommen.

Darstellung von Hippursäure aus Pferdeharn.

$$C_6H_5CO \cdot NH \cdot CH_2 \cdot COOH.$$

Es werden 500 ccm Pferdeharn mit so viel Kalkmilch versetzt, daß die Reaktion stark alkalisch wird. Jetzt wird erwärmt, filtriert und das Filtrat bis zur Sirupkonsistenz eingedampft. Den Rückstand fällt man mit Alkohol, rührt gut durch, filtriert dann und verdunstet den Alkoholauszug. Der verbleibende Rückstand wird nach völligem Erkalten mit Salzsäure stark angesäuert. Hierbei scheidet sich die Hippursäure kristallinisch ab. Nach einigem Stehen werden die Kristalle abgenutscht, scharf abgepreßt und dann in Wasser unter Zusatz von etwas Ammoniak gelöst. Die gelbgefärbte Lösung wird unter Zufügen von etwas Tierkohle aufgekocht, dann filtriert und das Filtrat eingedampft. Zum Rückstand gibt man wiederum Salzsäure, nutscht die Kristallmasse wieder ab, wäscht sie mit wenig eiskaltem Wasser und preßt scharf ab. Die Kristalle werden dann im Vakuumexsikkator getrocknet. Es ist zweckmäßig, eine Probe der feuchten Masse unter dem Mikroskop zu untersuchen. Beobachtet man unregelmäßig gezackte Blättchen, dann deutet dies auf die Anwesenheit von Benzoësäure hin. In diesem Falle werden die getrockneten Kristalle mit Petroläther ausgezogen. Dieser löst die Benzoësäure und läßt die Hippursäure ungelöst.

Die Hippursäure schmilzt bei 187°. Beim Kochen mit starkem Alkali wird sie unter Wasseraufnahme in Glykokoll und Benzoësäure gespalten

$$C_6H_5 \cdot CO \cdot NH \cdot CH_2 \cdot COOH$$
$$+ OHH$$
$$\underbrace{C_6H_5 \cdot COOH}_{\text{Benzoësäure}} + \underbrace{NH_2 \cdot CH_2 \cdot COOH}_{\text{Glykokoll}}$$

Nach erfolgtem Neutralisieren mit Säure kann man die eingedampfte Masse mit Petroläther ausziehen und so die Benzoësäure nachweisen. Das Glykokoll trennt man am besten ab, indem man es in den salzsauren Ester überführt (vgl. S. 107 ff).

Isolierung von Kreatinin aus Harn.

$$C = NH \begin{cases} NH \\ \\ N(CH_3) \cdot CH_2 \cdot CO. \end{cases}$$

500 ccm Menschenharn werden mit einem Gemisch von 1 Volumen gesättigter Bariumnitratlösung und 2 Volumina gesättigter Baryt-

lösung versetzt, bis keine Fällung mehr entsteht. Man filtriert ab und dampft das Filtrat auf dem Wasserbade bis zum Sirup ein. Dann gibt man etwa ebensoviel absoluten Alkohol zu, rührt gut durch und filtriert von den ausgeschiedenen Salzen ab. Das Filtrat versetzt man mit 20 Tropfen einer konzentrierten alkoholischen Chlorzinklösung. Nach 1—2 tägigem Stehen erscheinen an der Wand des Gefäßes prachtvolle Kristalldrusen von Kreatininchlorzink $(C_4H_7N_3O)_2 \cdot ZnCl_2$. Die Kristalle werden abgenutscht und mit absolutem Alkohol ausgewaschen.

Durch Kochen der heißen, wässerigen Lösung des Chlorzinksalzes mit kohlensaurem Bleioxyd zersetzt man es. Man filtriert heiß ab, kocht das Filtrat mit etwas Tierkohle auf, filtriert wieder und dampft nun zur Trockene ein. Den Rückstand zieht man mit kaltem absolutem Alkohol aus und verdunstet diesen. Das Kreatinin bildet farblose Prismen. Einige Kristalle von dem Kreatinin werden zu einem feinen Pulver zerrieben und dann im Reagenzglas in Wasser gelöst. Setzt man einige Tropfen Nitroprussidnatriumlösung hinzu und etwas Natronlauge, so erhält man eine tiefrote Färbung, welche aber sehr rasch abblaßt und schließlich strohgelb wird (Weylsche Reaktion).

Gewinnung von Harnstoff aus Harn.

$$C = O \begin{cases} NH_2 \\ NH_2 \end{cases}.$$

500 ccm Menschenharn werden in einer Porzellanschale auf dem Babobleche auf etwa 200 ccm eingedampft. Das weitere Eindampfen besorgt man auf dem Wasserbade, bis ein Sirup übrig bleibt. Dieser wird mit 150 ccm Alkohol gefällt. Man läßt unter Umrühren eine halbe Stunde stehen und filtriert dann von dem Rückstand ab. Das Filtrat wird hierauf auf dem Wasserbade möglichst vollständig verdampft. Nach dem Erkalten fügt man das doppelte Volumen auf 0^0 abgekühlte konzentrierte Salpetersäure hinzu und rührt dabei um. Bald scheidet sich der Harnstoff als salpetersaures Salz ab. Man läßt 2 Stunden stehen und filtriert dann am besten auf Glaswolle ab. Den Rückstand wäscht man mit wenig kalter Salpetersäure und gibt dann die Kristalle auf eine Tonplatte.

Will man aus dem salpetersauren Harnstoff den Harnstoff selbst gewinnen, dann übergießt man ersteren in einer Porzellanschale mit Wasser und gibt dann vorsichtig Bariumkarbonat hinzu, rührt gut um, erwärmt und fährt mit dem Zusatz des Bariumkarbonates so lange fort, bis die Flüssigkeit nicht mehr sauer reagiert. Dann wird filtriert und mit wenig Wasser nachgewaschen. Ist das Filtrat gelb gefärbt, dann entfärbt man durch Aufkochen mit etwas Tierkohle. Nach erfolgter Filtration wird der Harnstoff vom entstandenen Bariumnitrat getrennt, indem man zunächst zur Trockne verdampft und den Rückstand mit Alkohol auszieht. In diesen geht nur der

Harnstoff hinein. Die alkoholische Lösung wird abfiltriert und bis auf ein kleines Volumen eingedampft. Es tritt bald Kristallisation von Harnstoff auf. Um diesen zu reinigen, wird er noch einmal in wenig absolutem Alkohol aufgenommen und die Lösung unter Zusatz von wenig Tierkohle gekocht. Das Filtrat wird dann wieder eingedunstet.

Darstellung von Harnsäure aus Harn.

$$\begin{array}{ccc} NH & - & CO \\ | & & | \\ OC & & C - NH \\ | & & \| \quad \diagdown CO \\ NH & - & C - NH \end{array}$$

100 ccm Menschenharn werden mit 50 ccm rauchender Salzsäure versetzt. Nach 24 stündigem Stehen im Eisschranke haben sich Kristalle abgeschieden. Sie werden abfiltriert und mit kaltem Wasser gewaschen. Man erhält nicht in allen Fällen Kristallisation. Oft ist der Harn zu verdünnt. In diesem Falle muß er zuerst eingeengt werden. Die Kristalle sind meistens etwas gefärbt. Durch Waschen mit Alkohol kann man einen großen Teil des Farbstoffs entfernen. Zur Reinigung werden die Harnsäurekristalle in wenig Natronlauge gelöst und entweder mit Chlorammonium als saures harnsaures Ammoniak gefällt. Aus diesem kann man dann nach erfolgter Filtration die Harnsäure mit Salzsäure abscheiden. Oder aber man kocht die Lösung in Natronlauge mit Tierkohle auf, filtriert und fällt direkt mit Salzsäure. Die Harnsäure bildet ein kristallinisches, farbloses Pulver.

Darstellung von Harnsäure aus Guano.

50 Gramm des genannten Produktes werden in einer Reibschale fein zerrieben, dann mit 500 ccm Wasser und 100 ccm Natronlauge zum Sieden erhitzt. Es tritt hierbei sehr starkes Schäumen auf. Man erhitzt unter Ersatz des verdampften Wassers so lange, bis der größte Teil in Lösung übergegangen ist. Während der Operation entweichen große Mengen von Ammoniakdämpfen. Jetzt wird filtriert. Das Filtrat gießt man in etwa 300 ccm 20 prozentige Schwefelsäure, die man in einer Porzellanschale zum Sieden erhitzt hat. Man erhitzt nun weiter, bis die Flüssigkeit starkes Stoßen zeigt. Dieses ist durch die Abscheidung eines kristallinischen Bodensatzes bedingt. Man läßt nun erkalten und filtriert die ausgeschiedenen Kristalle ab. Man wäscht diese so lange mit Wasser, bis das Filtrat mit Barytwasser keine Fällung mehr gibt.

Wird etwas Harnsäure mit Wasser übergossen und unter Zusatz von Natronlauge gelöst, so erhalten wir beim Kochen mit Fehlingscher Lösung entweder Abscheidung von weißem, harnsaurem Kupferoxydul oder, wenn man genügende Mengen von Kupferoxyd hinzugefügt hat, rotes Kupferoxydul. Diese Tatsache ist von größter Wichtigkeit. Wir können mit zuckerfreiem Harn, wenn er an Harnsäure reich ist, positive Reduktionsproben erhalten!

Nachweis von Fermenten in Geweben.

Einem eben getöteten Kaninchen wird z. B. die Leber entnommen. Sie wird in große Stücke zerschnitten, dann durch eine Fleischhackmaschine getrieben, der Brei in einer Reibschale mit etwa der gleichen Menge Sand innig verrieben und nun die doppelte Menge Kieselgur zugefügt. Man mischt mit dem

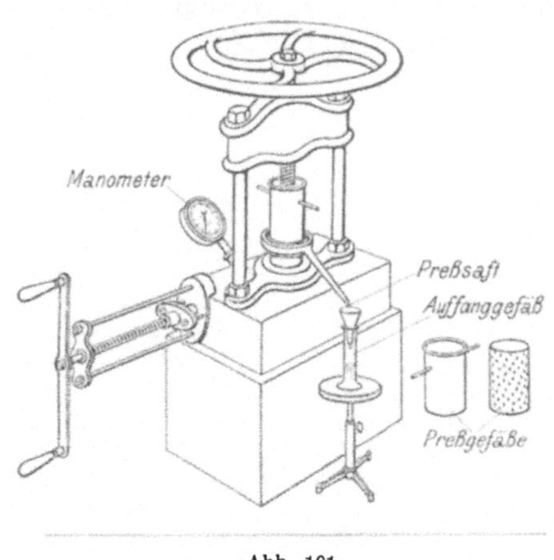

Abb. 101.
Hydraulische Presse.

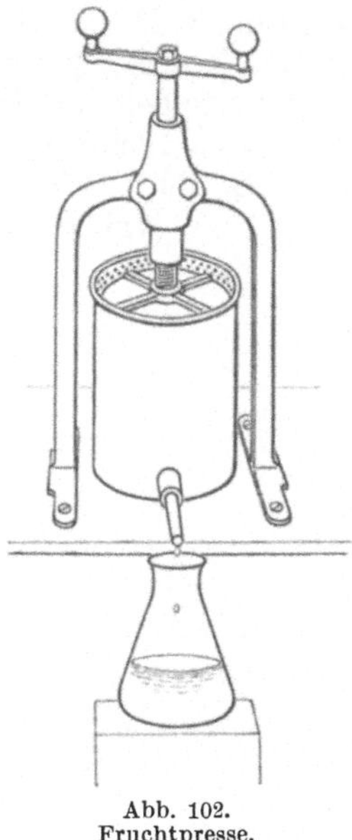

Abb. 102.
Fruchtpresse.

Pistill kräftig durch. Die ganze Masse bildet schließlich eine leicht knetbare, plastische Masse. Man gibt sie, nachdem man sie sorgfältig in Segeltuch eingeschlagen hat, in das Preßgefäß einer hydraulischen Presse (Abb. 101) und preßt bis zu 300 Atmosphären Druck aus. Am besten fängt man den ausfließenden Saft in mehreren Fraktionen auf. Man kann sich in gleicher Weise nach dem beschriebenen, von E. Buchner ausgearbeiteten Verfahren auch aus Hefezellen Preßsaft bereiten und ferner auch aus Pflanzenteilen, z. B. Samen. Hat man sehr saftreiche Organe, dann kommt man oft auch mit einer gut gearbeiteten Fruchtpresse zum Ziele (vgl. Abb. 102).

Den meist etwas trüben Saft stellt man 12 bis 24 Stunden in den Brutschrank und filtriert ihn dann durch eine sog. Filterkerze b (Abb. 103).

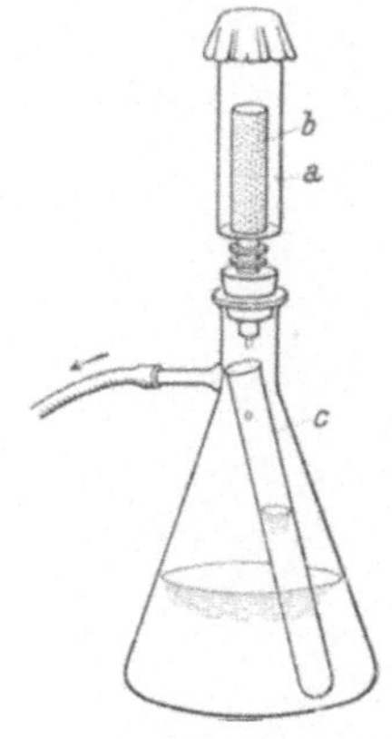

Abb. 103.

Diese befindet sich in dem Gefäß a, in das hinein man den Leber-
preßsaft gibt. a sitzt auf einer Saugflasche. Das Filtrat fängt man
im Reagenzglas c auf. Von dem filtrierten Saft gibt man 1 ccm in
einem Reagenzglas zu 10 ccm einer 25 prozentigen wässerigen Lösung von Seidenpepton (vgl. S. 78), überschichtet die Lösung mit
Toluol und stellt das gut verschlossene Gefäß in den Brutschrank.
Nach wenigen Stunden beobachtet man das Auftreten von Tyrosin-
kristallen.

1 ccm des Preßsaftes fügen wir ferner zu der Lösung eines Poly-
peptids, z. B. zu dl-Leuzyl-glyzin (vgl. S. 139) oder dl-Alanyl-glyzyl-
glyzin (vgl. S. 138) und füllen das Gemisch in ein Polarisationsrohr
und verfolgen die Drehung. Es tritt bald asymmetrische Spaltung
ein. Das Gemisch wird optisch aktiv (vgl. die Methode betreffend
auch S. 61). Wir können ferner auch auf das Vorhandensein von
Diastase (vgl. S. 62) und Lipase (vgl. S. 71) prüfen.

Zweiter Teil

Methoden
der Stoffwechselphysiologie.

Quantitative Bestimmung des Stickstoff-
stoffwechsels.

Wir wählen als Versuchstier einen Hund. Wir geben ihm eine Nahrung von bekannter Zusammensetzung und bestimmtem Gewicht. In dieser stellen wir den Stickstoffgehalt nach Kjeldahl (vgl. S. 147). fest (Einnahme), und ebenso bestimmen wir den Stickstoffgehalt im Kot und Harn (Ausgabe). Als stickstoffhaltige Nahrung wählen wir Fleisch. Dieses zerkleinern wir mit einer Fleischhackmaschine. Der Fleischbrei wird dann in einer Porzellanschale unter häufigem Umrühren auf dem Wasserbade getrocknet. Dann geben wir das Fleischpulver in eine gut verschließbare Flasche und bestimmen in einem ali-quoten Teil davon den Stick-stoffgehalt. Wir wollen anneh-men, daß in einem Gramm Fleisch 0,1 Gramm Stickstoff enthalten seien. Das Versuchs-tier läßt man vor der Fütte-rung 24 Stunden hungern. Dann

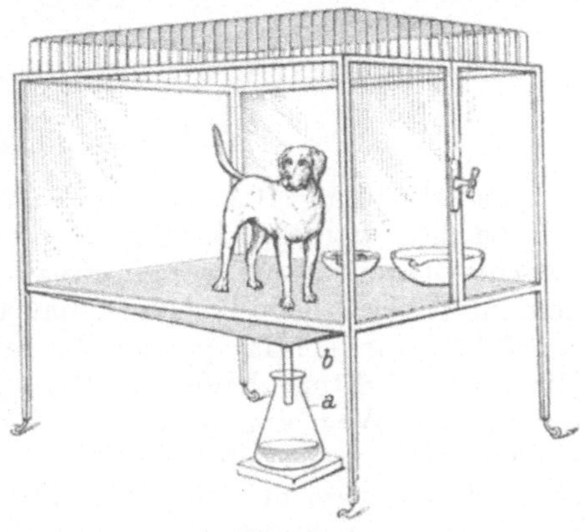

Abb. 104.

stellen wir zu Beginn des Versuches sein Körpergewicht fest. Wir wollen annehmen, der Hund wiege 3000 Gramm. Wir geben ihm 2 Gramm Stickstoff in Form des Fleisches, brauchen also 20 Gramm Fleischpulver. Dazu fügen wir noch 20 Gramm Stärke, 10 Gramm Traubenzucker, 10 Gramm Rohrzucker und 20 Gramm Fett. Alle diese Produkte prüfen wir auf Stickstofffreiheit. Ferner geben wir dem

Versuchstier 150 ccm Wasser. Der Hund wird in einen Stoffwechsel-käfig gesetzt (vgl. Abb. 104). Dieser gestattet ein getrenntes Auf-fangen des Kotes und des Harnes. Der Kot bleibt auf dem Boden, auf dem das Tier sich befindet, liegen, während der Harn an den nach unten trichterförmig zusammenstoßenden Wänden b des Käfigs abläuft und sich durch ein Rohr in ein untergestelltes Gefäß a er-gießt. Nach 24 Stunden wird der in dieser Zeit gelassene Harn in einem Meßzylinder genau abgemessen. Dann setzen wir das Auf-fangegefäß sofort wieder unter die Abflußmündung des Käfigs, sam-meln den etwa vorhandenen Kot quantitativ in eine Schale, fügen 5—10 ccm n-Schwefelsäure hinzu und trocknen den Schaleninhalt im Trockenschrank bei 120^0 bis zur Gewichtskonstanz. Den Käfig spülen wir nun sorgfältig mit warmem Wasser aus, um etwa an den Wänden des Käfigs haftenden eingetrockneten Harn in Lösung zu bringen. Das Spülwasser geben wir zum unverdünnten Urin, mischen gut durch, messen das gesamte Volumen ab und bestimmen nun in 5—10 ccm des verdünnten Harns den Stickstoffgehalt nach Kjeldahl. Den Kot pulvern wir, nachdem wir sein Gewicht festgestellt haben, in einer Reibschale und bestimmen in einem Gramm ebenfalls den Stickstoffgehalt nach Kjeldahl. Sowohl beim Urin, als beim Kot berechnen wir dann den Stickstoffgehalt auf die gesamte Menge und stellen fest, ob mehr oder weniger oder gleich viel Stickstoff ausgeschieden worden ist, wie eingenommen wurde (Berechnung der Stickstoffbilanz). Wir bestimmen ferner wieder das Körpergewicht.

Bestimmung des Gaswechsels.

a) Versuche an Tieren.

In Abbildung 105 ist ein Gaswechselversuch an einem Meer-schweinchen dargestellt. Das Tier befindet sich in einem luftdicht verschließbaren Raum a. Er erhält durch das Rohr b, das durch den im Tubus c befindlichen Gummistopfen hindurchgeführt ist, Luft zugeführt, die sorgfältig von Wasser und Kohlensäure befreit ist. Die Luft wird mit Hilfe der Wasserstrahlpumpe p angesaugt. Sie nimmt den Weg durch das mit Natronkalk gefüllte Gefäß 1 und kommt von da in die Flasche 2, die gleichfalls Natronkalk ent-hält. Dann streicht die Luft durch die Flaschen 3, 4, 5 und 6. In Flasche 3 befindet sich Natronlauge, in Flasche 4 Barytwasser und in Flasche 5 konzentrierte Schwefelsäure. In Flasche 6 endlich ist Natronkalk und Kalihydrat eingefüllt. Aus dem Atemkasten a strömt die Luft bei geschlossenem Hahn d durch die U-Rohre 7 bis 12. Davon sind Rohr 7 und 8 mit Bimsteinen, die mit Schwefel-säure getränkt sind, beschickt. In diesen beiden Gefäßen wird die aus dem Raum a abgesaugte Luft getrocknet. In den Gefäßen 9 und 10 ist Natronkalk vorhanden. In Gefäß 11 befinden sich Bim-steinstückchen, die mit konzentrierter Schwefelsäure übergossen sind.

Vor dem Versuch sind die Gefäße 9, 10 und 11 genau gewogen
worden. Nach dem Versuch, der eine halbe Stunde bis eine Stunde
dauert, werden die Gefäße wieder gewogen und festgestellt, um wieviel
ihr Gewicht zugenommen hat. Wir stellen so die ausgeatmete Kohlensäure fest und berechnen den gefundenen Wert auf eine Stunde und
ein Kilogramm Körpergewicht des Versuchstieres. Dieses ist vor

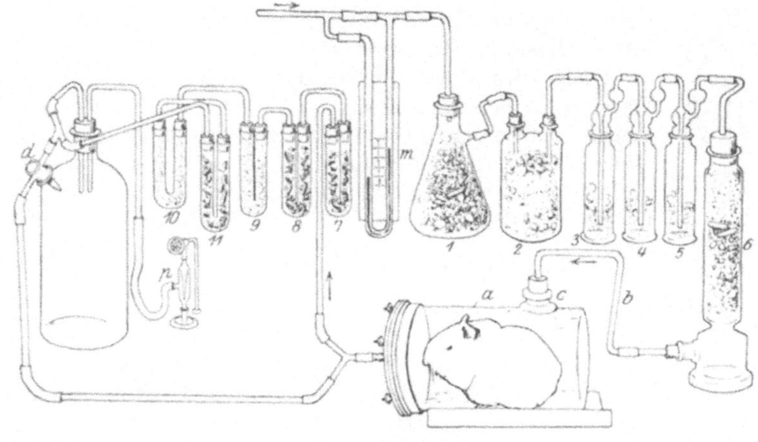

Abb. 105.

dem Versuch gewogen worden. *m* stellt einen Manometer dar, der
eine genaue Einstellung der Geschwindigkeit des Luftstromes gestattet und in jedem Augenblick ermöglicht festzustellen, ob der
ganze Apparat in allen seinen Teilen dicht ist.

b) Versuche an Gewebszellen.

Messung der Oxydationsgeschwindigkeit in Zellen und Geweben nach Barcroft.

Das Prinzip dieser Methode, den Sauerstoffverbrauch von Zellen
oder Geweben nach bestimmten Zeiten zu messen, ist folgendes:

Das Gewebe bzw. die Zellen, die in einer Nährlösung suspendiert
sind, werden in einem abgeschlossenen Raum geschüttelt. Dadurch
wird erreicht, daß die Nährlösung dauernd mit Luft gesättigt ist.
Die bei der Zellatmung entstehende Kohlensäure wird durch Natronlauge absorbiert. Der aus der Luft entnommene Sauerstoff wird
durch Messung der Druckabnahme im abgeschlossenen Raum bestimmt.

Der abgeschlossene Raum wird von einem kegelförmigen Analysengefäß *b*, Abb. 106, gebildet. An seinem Boden ist ein kleines, unten
geschlossenes Glasröhrchen *g* eingeschmolzen, in das man ein paar
nicht ganz bis zum oberen Rande reichende Glaskapillaren setzt.
Dieses Gläschen dient zur Aufnahme der Lauge. Die Kapillaren

11*

bewirken Vergrößerung der Oberfläche. Die Form der Gefäße ermöglicht sowohl leichte Sättigung der Lösung, wie Absorption der gebildeten Kohlensäure. Über das äußere Ende des in das Analysengefäß eingeschmolzenen Röhrchens wird ein Gummischlauch c gezogen, der in seinem unteren Teil gespalten ist, so daß er gut federt. An diesen Schlauch schlagen die Federn d des Schüttelapparates an. Das Analysengefäß wird mittels eines eingeschliffenen Stöpsels s geschlossen, der in eine kurze Glaskapillare ausläuft.

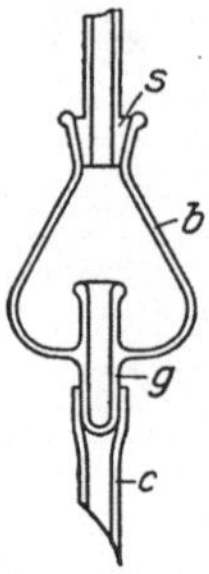

Diese Kapillare stellt die Verbindung mit einem Barcroftschen Manometer a (Abb. 107) her. Sie hat die gleiche Weite wie das Manometerrohr, an das sie durch einen dickwandigen Gummischlauch so angeschlossen wird, daß Glas an Glas zu liegen kommt.

Das am Manometer befestigte Analysengefäß wird in einen Thermostaten g gehängt. In diesen taucht auch

Abb. 106.

eine Achse mit einem horizontal gestellten Windflügel f (Buchstabe f im Innern des Gefäßes g!). Sie wird mittels eines Motors und eines Schnurlaufes in drehende Bewegung gesetzt. Es wird dadurch das Wassers im Thermostaten ständig gründlich gemischt. Im oberen Teil trägt die Achse außerdem noch ein in der Höhe verstellbares Drahtkreuz d, an dessen Sprossen verstellbare Spiralfedern befestigt sind. Sie bewirken das Schütteln der Analysengefäße. Es ist von großer Bedeutung für den Versuch, daß das Schütteln durch Verstellen des Kreuzes und durch Verschieben der Federn richtig reguliert wird. Ist der Anschlag zu stark, so kann die Schlauchverbindung oder der Schliff gelockert werden, ferner kann Nährlösung in die Lauge und umgekehrt fließen, wodurch der Versuch natürlich verdorben ist; ist er zu schwach, so wird die Lösung nicht genügend mit Luftsauerstoff gesättigt. — Ein Manometer mit Gefäß wird für gewöhnlich als Thermobarometer im Thermostaten mit angebracht. Dieses braucht natürlich nicht geschüttelt zu werden.

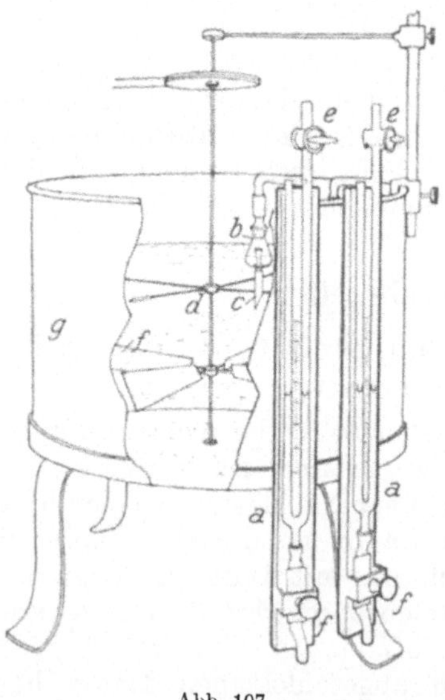

Abb. 107.

Zu den Versuchen werden folgende Lösungen benützt: Einmal die Nährflüssigkeit, die den Zellen, deren Atmung gerade untersucht werden soll, entsprechend sein muß. — Zur Absorption der Kohlensäure wird eine $^n/_1$-NaOH verwendet, die unter CO_2 Abschluß aufzubewahren ist. — Zur Manometerfüllung ist von Brodie folgende

Lösung angegeben worden: 500 ccm Wasser, 23 g NaCl, 5 g Natr. choleïnic. Merck, etwas Thymol. Diese Lösung soll das spez. Gew. 1,034 haben. Es übt dann eine Säule von 10000 mm den Druck einer Atmosphäre aus. Die Lösung hat den Vorzug, daß sie nicht an der Wand der Kapillare haftet, und daß bei dem angegebenen spez. Gew. die Berechnung der Resultate vereinfacht wird.

Ausführung eines Versuchs.

Zur Messung des Sauerstoffverbrauchs von Zellen machen wir folgenden Versuch. Wir nehmen die Hoden eines frisch getöteten Meerschweinchens, zerteilen sie so, daß ein homogener Brei daraus entsteht. Von diesem wiegen wir 1,0 g ab. — Vorher haben wir die gereinigten und getrockneten Analysengefäße bereitgestellt. In das eingeschmolzene Röhrchen wurden mit einer Pipette 0,2 ccm der $^{n}/_{1}$ NaOH gegeben, in das Gefäß selbst 1 ccm Nährlösung (in unserem Falle Ringersche Flüssigkeit). In dieser wird der Hodenbrei nunmehr suspendiert. Die Gefäße werden an die mit den Manometern verbundenen Stöpseln fest angedreht, bis im Schliff keine Drehung mehr möglich ist. Nun werden die Apparate mit offenem Manometerhahn e in den Thermostaten gesetzt und an dessen Wand gut befestigt. Man wartet nun 10 Minuten, bis die Temperatur ausgeglichen ist, stellt dann mittels der Schraube f die Manometerfüllung auf die gewählte Marke ein und schließt den Hahn des Manometers. Die Zeit wird notiert.

Während des Versuchs ist stets zu kontrollieren, ob die Gefäße genügend und gleichmäßig geschüttelt werden. — Wir lesen z. B. nach einer $^{1}/_{2}$ Stunde ab, indem wir im geschlossenen Manometerschenkel auf die Marke einstellen und die Druckdifferenz im freien Schenkel ablesen. Gleichzeitig lesen wir am Thermobarometer ab.

Berechnung der Resultate: Aus der Druckabnahme und dem Volumen des Gasraums können wir direkt den Sauerstoffverbrauch nach der Formel berechnen: O_2 Verbrauch $= \dfrac{p \cdot v}{p_0 \cdot (1 + \alpha t)}$, wenn p die Druckabnahme, v das Volumen des Gasraumes und t die Temperatur des Wasserbades ist. Durch diese Formel wird der Sauerstoffverbrauch angegeben, reduziert auf 0^0 und Atmosphärendruck (10000 mm Manometerfl. $= 750$ mm Hg).

Das Volumen des Gasraumes (v) ist folgendermaßen zu berechnen:

Zu dem Volumen des Analysengefäßes, das durch Wägung leicht festzustellen ist, wird der Inhalt der Kapillare des Manometers vom Verbindungsstück bis zum Stand der Manometerflüssigkeit addiert. Von der Summe wird abgezogen: 1. das Volumen der zugesetzten Natronlauge, 2. das Volumen der Nährflüssigkeit und der Zellen bzw. Gewebsstücke und 3. das Volumen der Glaskapillaren. Die Größen p und t werden abgelesen.

Es sei z. B. in unserem Falle für p abgelesen worden: 98 mm, das Volumen des Gasraumes v sei $= 12{,}236$ ccm, $t = 18^0$, dann wäre

$$\text{der } O_2\text{-Verbrauch} = \frac{98 \times 12{,}236}{10000\left(1 + \dfrac{1}{273} \cdot 18\right)} = 0{,}1124 \text{ cmm, reduziert}$$

auf 0^0 und Atmosphärendruck ($= 10000$ mm Manometerflüssigkeit).

Bestimmung der Verbrennungswärme im Kalorimeter. Tierische Wärme.

1. Bestimmung der Verbrennungswärme.

Wir benützen zu dem Versuche ein ganz einfach gebautes Verbrennungsgefäß[1]). Es besteht aus einem Messinggefäß, von dessen Boden aus ein Messingrohr e (Abb. 108) nach außen führt. Es ist in

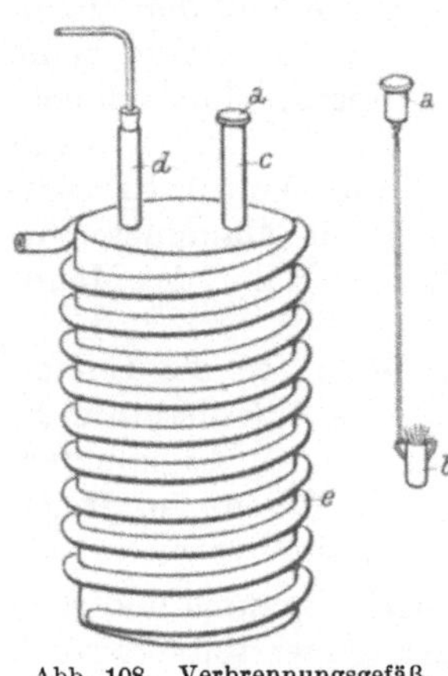

Windungen um das Gefäß gelegt. Dieses ist durch einen Deckel fest verschließbar. Er zeigt zwei Rohraufsätze mit Öffnungen. Durch den einen Ansatz (d) ist ein durchbohrter Gummistopfen eingeführt. In ihm ist ein Rohr zum Einleiten von Sauerstoff angebracht. Der zweite Ansatz c ist zur Aufnahme des Gefäßes b bestimmt, in dem die zu verbrennende Substanz sich befindet. Es ist an dem die Öffnung des Ansatzrohres c verschließenden Stöpsel a durch Draht befestigt. In der Öffnung des genannten Gefäßes b steckt ein kleiner Asbestdocht. Das Verbrennungsgefäß wird in einen Kalorimeter eingestellt, der mit einem guten Thermometer und einem Rührer versehen ist.

Abb. 108. Verbrennungsgefäß.

Ausführung der Bestimmung. Der Wasserwert W ($=$ die Wärmemenge, die einen Körper um 1^0 erwärmt $=$ Masse des Körpers multipliziert mit seiner spez. Wärme) des Kalorimeters, des Verbrennungsgefäßes, des Rührers und des Thermometers sei bekannt. Zunächst wägen wir den Kalorimeter mit dem Verbrennungsgefäß und dem Rührer leer. Das Gewicht betrage g Gramm. Der Kalorimeter wird nun mit Wasser gefüllt und wieder gewogen (g_1). Das Gewicht der zugegebenen Wassermenge ergibt sich aus $g_1 - g = g_3$. Der Gesamtwasserwert W_2 des gefüllten Apparates ist dann $= W + g_3$. Nun wird der Apparat bis auf das Einbringen des Gefäßes b vollständig zusammengestellt. Die Temperatur t des Kalorimeterwassers wird genau abgelesen. Unterdessen hat man bereits das Gefäß b

---

[1]) Nach **Wiedemann-Eberth.**

zunächst leer (g) und dann mit der zu untersuchenden Substanz, z. B. Alkohol, gefüllt, gewogen. Die Gewichtsmenge der Substanz ergibt sich durch Abzug des Gewichtes des leeren vom Gewicht des beschickten Gefäßes (g). Jetzt wird der Docht angezündet und das Gefäß b am Stopfen rasch durch c durchgeführt und der Stopfen fest aufgesetzt. Aus einer Bombe läßt man Sauerstoff, den man zur Trocknung durch konzentrierte Schwefelsäure streichen läßt, einströmen. Die Verbrennungsgase entweichen durch das um das Verbrennungsgefäß herumgeführte Rohr e. Sie können aufgefangen und analysiert werden. Während des Versuches wird das im Kalorimeter befindliche Wasser eifrig gerührt und der Quecksilberfaden des Thermometers genau verfolgt. Es wird dann das Maximum der Temperatur t_1 erreicht, wenn aller Alkohol zu Kohlensäure und Wasser verbrannt ist. $t_1 - t$ ergibt dann die eingetretene Temperaturerhöhung.

Die Verbrennungswärme, bezogen auf die Gewichtseinheit ist dann $= \dfrac{\text{Gesamtwasserwert des erwärmten Systems}}{\text{Menge des angewandten Körpers}} \times$ der festgestellten Temperaturerhöhung.

Bei genauen Messungen müssen wir noch verschiedene Faktoren berücksichtigen. So muß z. B. der zugeleitete Sauerstoff die gleiche Temperatur wie das Kalorimeterwasser haben usw. Zum Verständnis des Prinzipes genügt die gegebene Ausführungsweise.

2. Versuch zur Demonstration der tierischen Wärme.

Wir wählen je drei dünnwandige Bechergläser verschiedener Größe (s. Abb. 109—111). In das Gefäß c bringen wir Wasser von 4—10^0 und kontrollieren die Temperatur mittels eines Thermometers. In dieses Becherglas hinein stellen wir ein zweites, das als Luftmantel für ein drittes dient. In beiden Räumen verfolgen wir gleichfalls die Temperatur. Bei Versuch c (Abb. 111) beobachten wir die Temperatur bei leerem, innerem Gefäß (Kontrollversuch). Bei Versuch a (Abb. 109) befindet sich im inneren Becherglas eine Maus und bei Versuch b (Abb. 110) ein Frosch. Wir sehen, daß bei Versuch a die Temperatur in allen drei Gefäßen ansteigt. Bei Versuch b ist nur eine unerhebliche Temperaturzunahme wahrnehmbar, die sich fast vollständig mit der Zunahme der Temperatur beim Kontrollversuch deckt (Einfluß der Zimmertemperatur und Wärmestrahlung vom Beobachter aus).

Demonstration eines Kalorimeters zur exakten Bestimmung der Energieausgabe beim Tier.

3. Temperaturmessung.

Die Temperatur wird am zweckmäßigsten im Rektum gemessen. Wir verwenden dazu ein Maximalthermometer (Abb. 112) und führen dieses, nachdem wir das das Quecksilbergefäß enthaltende Ende mit Vaselin eingefettet haben, ohne besondere Kraftanstrengung langsam gleitend in das Rektum ein (siehe Abb. 113). Wir warten ab, bis

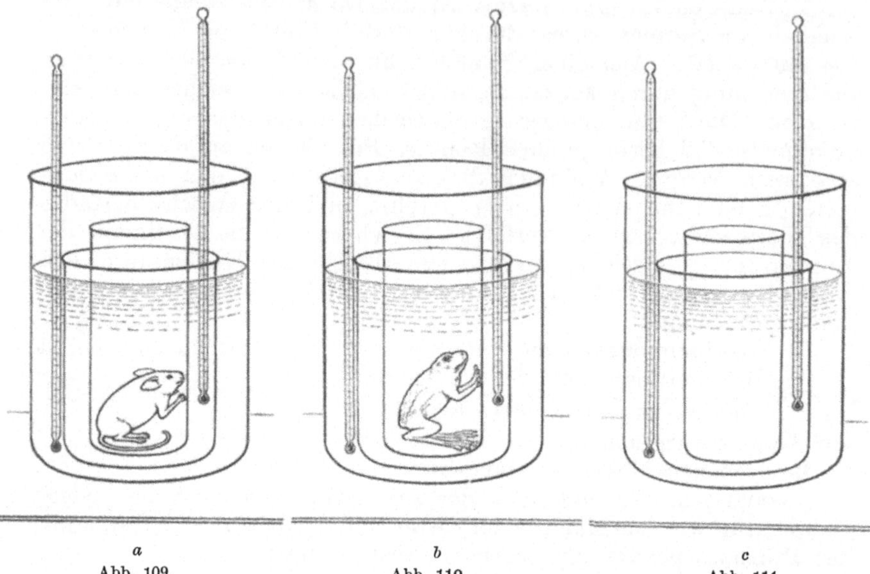

<table>
<tr><td align="center">a</td><td align="center">b</td><td align="center">c</td></tr>
<tr><td align="center">Abb. 109.</td><td align="center">Abb. 110.</td><td align="center">Abb. 111.</td></tr>
</table>

der Quecksilberfaden den höchsten Stand erreicht hat, und lesen dann die Temperatur ab. Wir vergleichen die Körpertemperatur bei einer Maus, einer Ratte, einem Meerschweinchen und einem Kaninchen.

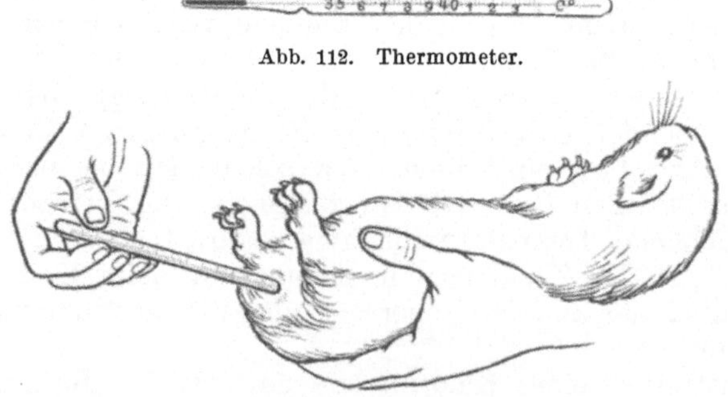

Abb. 112. Thermometer.

Abb. 113. Temperaturmessung.

Übungen in der Berechnung des Energieinhaltes von Nahrungsstoffen und Nahrungsmitteln.

Wir gehen von der Tatsache aus, daß 1 Gramm Kohlehydrat rund 4 Kalorien, 1 Gramm Eiweiß auch 4 Kalorien und 1 Gramm Fett 9 Kalorien liefern. (1 große Kalorie ist gleich der Wärmemenge, die notwendig ist, um 1 Kilogramm Wasser von 0^0 auf 1^0 zu erwärmen.)

Aufgabe 1: Es sollen 240 Kalorien in Form von Zucker bzw. in Form von Eiweiß oder in Form von Fett zugeführt werden. Wieviel von jedem Nahrungsstoff ist notwendig?

Antwort: 1 Gramm Zucker liefert 4 Kalorien, somit brauchen wir so viel Gramm Zucker, als 4 in 240 enthalten ist $= 60$ Gramm Zucker. Von Eiweiß ist die gleiche Menge notwendig. Um die Fettmenge zu erhalten, müssen wir 240 durch 9 teilen, weil ja 1 Gramm Fett 9 Kalorien liefert.

Aufgabe 2: Ein Nahrungsmittel enthalte 4 Gramm Eiweiß, 10 Gramm Fett und 5 Gramm Kohlehydrate. Wie groß ist sein Energiegehalt?

Antwort:

4 Gramm Eiweiß enthalten	4×4 Kal.	$= 16$ Kal.
10 Gramm Fett enthalten	10×9 Kal.	$= 90$ Kal.
5 Gramm Kohlehydrat enthalten	5×4 Kal.	$= 20$ Kal.
	Summa	126 Kal.

Aufgabe 3: Man berechne den Energieinhalt von 100 Gramm Milch, Butter, Käse, Fleischarten, pflanzlichen Nahrungsmitteln an Hand des Gehaltes dieser Nahrungsmittel an Eiweiß, Fett und Kohlehydraten: z. B. 100 Gramm Kuhmilch enthalten 3,4 Gramm Eiweiß, 3,7 Gramm Fett und 5 Gramm Milchzucker; 100 Gramm mittelfettes Rindfleisch enthalten: 20 Gramm Eiweiß, 4,8 Gramm Fett, 0 Gramm Kohlehydrate; 100 Gramm Wirsingkohl enthalten: 3,5 Gramm Eiweiß, 0,7 Gramm Fett und 6 Gramm Kohlehydrate; 100 Gramm Bohnen ergeben: 24,5 Gramm Eiweiß, 1,8 Gramm Fett und 48,2 Gramm Kohlehydrate; 100 Gramm Kartoffeln enthalten: 2 Gramm Eiweiß, 0,1 Gramm Fett und 22,5 Gramm Kohlehydrate.

Aufgabe 4: Eine Person soll 2760 Kalorien erhalten. Es stehen zur Ernährung 1000 Gramm Milch, 300 Gramm Kartoffeln und ferner Erbsen zur Verfügung. Welche Menge von letzterem Nahrungsmittel muß verabreicht werden?

1000 Gramm Milch ergeben 10 × 67 Kalorien   = 670 Kalorien
  (100 Gramm Milch = 67 Kalorien (3,4 Gramm
  Eiweiß × 4, 3,7 Gramm Fett × 9 und 5 Gramm
  Zucker × 4)

500 Gramm Kartoffeln   = 495 Kalorien
  (100 Gramm Kartoffeln = 99 Kalorien (2 Gramm
  Eiweiß × 4, 0,1 Gramm Fett × 9 und 22,5 Gramm
  Kohlehydrat × 4)

                         Summa 1165 Kalorien.

Von den geforderten 2760 Kalorien sind somit durch Milch und Kartoffeln 1165 gedeckt. Es verbleiben 1595 Kalorien, die durch Erbsen aufzubringen sind. 100 Gramm Erbsen ergeben 314 Kalorien (23,0 Gramm Eiweiß × 4, 2,0 Gramm Fett × 9, 51,0 Gramm Kohlehydrate × 4). Wir dividieren 1595 durch 314 und erhalten 5,08. Somit brauchen wir 5,08 × 100 Gramm Erbsen = 508 Gramm Erbsen.

Übungen in der Berechnung der zur Leistung einer bestimmten Arbeit notwendigen Menge von Energie bzw. Nahrungsstoffen.

Um die für eine bestimmte Arbeitsleistung notwendige Energie festzustellen, müssen wir von folgenden Grundlagen ausgehen:

1. 1 Kalorie ist äquivalent (rund) 425 Kilogramm-Meter (kgm) Arbeit.

2. Unsere Muskeln arbeiten mit einem Nutzeffekt von rund 20 Prozent, d. h. wir müssen, wenn wir z. B. für eine bestimmte Arbeit 20 Kalorien benötigen, 100 Kalorien zuführen.

3. Wollen wir die notwendigen Energiemengen in Form bestimmter Nahrungsstoffe ausdrücken, dann müssen wir, wie S. 169 ausgeführt, für je 1 Gramm Kohlehydrat und Eiweiß 4 Kalorien und für 1 Gramm Fett 9 Kalorien in Rechnung setzen.

4. Soll die geforderte Energiemenge in Form eines Nahrungsmittels zugeführt werden, dann müssen wir seinen Energieinhalt auf Grund seines Gehaltes an den einzelnen organischen Nahrungsstoffen berechnen (vgl. S. 169).

Aufgabe 1: Ein Arbeiter trägt 100 kg innerhalb einer Stunde 10 mal 10 m weit. Wie groß ist die Arbeitsleistung?

Antwort: Die Arbeit berechnet sich aus dem Produkt von Gewicht × Weg = 100 kg × 10 m × 10 = 10000 kgm.

Aufgabe 2: Ein zweiter Arbeiter trägt 75 kg innerhalb einer Stunde 15 mal 10 m weit? Wie groß ist seine Arbeitsleistung?

Antwort: 75 kg $\times$ 10 m $\times$ 15 $=$ 11 250 kgm.

Man erkennt, daß der zweite Arbeiter, der sich weniger stark belastete, mehr Arbeit geleistet hat.

Aufgabe 3: Ein Arbeiter soll eine Arbeit von 10 000 kgm leisten. Wieviel Energie braucht er dazu?

Antwort: Für 425 kgm Arbeit sind 5 $\times$ 1 Kalorie notwendig. (Besprechung der Frage, ob die Wärmeeinheit als Maß der Arbeitsenergie verwendet werden darf und Erörterung des Wesens der „Muskelmaschine".) Es entspricht 1 Kalorie 425 kgm Arbeit, allein die Muskeln können nur etwa 20 Prozent der zur Verfügung stehenden Energie in Arbeit umwandeln. Der Rest kommt als Wärme zum Vorschein. Daher müssen wir an Stelle von 1 Kalorie deren 5 in Rechnung setzen. Wir dividieren 50 000 kgm durch 425 kgm und multiplizieren das Ergebnis mit 5 $=$ 588,23 Kalorien.

Aufgabe 4: Ein Arbeiter hat eine Arbeit von 85 000 kgm zu leisten. Wieviel Speck muß ihm für diese Arbeitsleistung gegeben werden?

Antwort: Wir teilen 85 000 kgm durch 425 kgm $=$ 200 Kalorien. Notwendig sind 5 $\times$ 200 $=$ 1000 Kalorien. Da 1 g Fett 9 Kalorien liefert, erhalten wir die geforderte Menge Fett, indem wir 1000 durch 9 teilen $=$ 111,11 g Fett.

Aufgabe 5: Eine Arbeitsleistung von 106 250 kgm soll durch Kartoffeln bestritten werden. Wieviel davon sind notwendig?

Antwort: 100 g Kartoffeln liefern 99 Kalorien (vgl. S. 170). 106 250 kgm Arbeit verlangen 250 $\times$ 5 Kalorien $=$ 1250 Kalorien $=$ 1263 g Kartoffeln.

Dritter Teil.

Physikalisch-chemische Methoden.

Methoden zur Untersuchung des Zustandes von in Lösungen enthaltenen Stoffen.

1. Vergleichende Versuche über gemeinsame Eigenschaften von Gasen und gelösten Stoffen.

Allgemeine Beobachtungen über Diffusion.

Versuch 1. Wir bringen in eine Stöpselflasche etwas Brom, schließen die Flasche rasch und beobachten nun, wie die Bromdämpfe sich allmählich in dem ganzen ihnen zur Verfügung stehenden Raum gleichmäßig verteilen. Die einzelnen Bromteilchen wandern vom Ort des höheren Druckes zum Ort des niedrigeren, bis im ganzen Raume der gleiche Druck vorhanden ist.

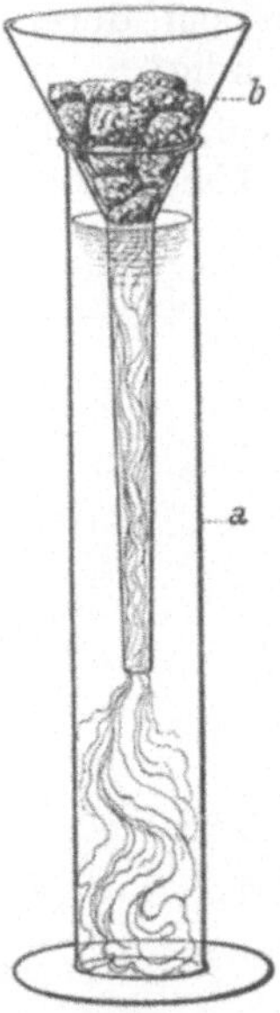

Versuch 2. Wir füllen ein Gefäß (a) mit destilliertem Wasser. Nun setzen wir einen Trichter (b), in dem sich große Kupfersulfatkristalle befinden, auf den Zylinder, und zwar so, daß das Wasser die Kristalle benetzen kann. Wir beobachten, daß aus dem Trichterhals Schlieren einer blauen Lösung nach unten ziehen (Abb. 114). Das Kupfersulfat geht in Lösung, dabei diffundieren Cu- und SO_4-Teilchen (Ionen) in die Flüssigkeit. Nach einiger Zeit sehen wir, daß die gesamte Flüssigkeit eine gleichmäßig blaue Farbe hat. Würden wir nunmehr der Flüssigkeit an verschiedenen Stellen bestimmte Mengen entnehmen, dann könnten wir leicht feststellen, daß überall gleiche Cu- und SO_4-Ionenmengen vorhanden sind. Auch hier sind die einzelnen Teilchen vom Ort der höheren Konzentration nach dem Ort der niedrigeren bis zum Druckausgleich gewandert.

Abb. 114.
Diffusion gelöster Stoffe

Beobachtungen über die Geschwindigkeit der Diffusion.

Versuch 1. Wir setzen auf eine mit konzentrierter Kupfersulfatlösung gefüllte Flasche b ein kalibriertes Rohr a, in dem sich destilliertes Wasser befindet. Wir können leicht feststellen, wie rasch die Kupferteilchen in dem ihm aufgesetzten Rohr vorhandenen Wasser sich ausbreiten, oder wir füllen die Flasche b mit Wasser, werfen einige Kupfersulfatkristalle hinein und setzen dann das Rohr a auf (Abb. 115).

Versuch 2. Beispiel für die verschieden rasche Diffusion von Leuchtgas bzw. Wasserstoff und von Luft durch eine Tonzellenwand. (Vgl. Abb. 116.) Durch den Schlauch a leiten wir in das Gefäß b Leuchtgas. Den Überschuß lassen wir nach

Abb. 115.
Bestimmung der
Diffusions-
geschwindigkeit
gelöster Stoffe.

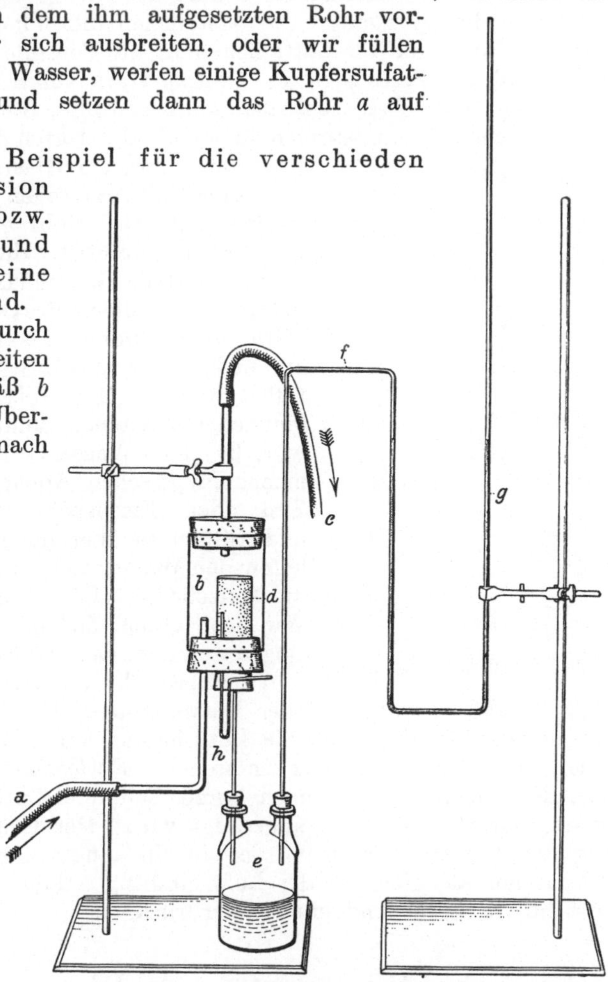

Abb. 116. Diffusion von Gasen.

einem Abzug entweichen (c). In den vom Leuchtgas erfüllten Raum ragt eine Tonzelle d hinein, deren Innenraum durch ein Glasrohr mit der Flasche e verbunden ist. Diese steht durch ein zweites Rohr f mit einem Flüssigkeitsmanometer g in Verbindung. Den Innendruck in der Flasche b kontrollieren wir durch den Manometer h. Nachdem wir Gas oder noch besser Wasserstoff in den Raum b

hineingelassen haben, beobachten wir, daß die Flüssigkeit im Manometer g stark zu steigen beginnt. Es ist dies ein Zeichen dafür,
daß die Wasserstoffteilchen rascher in die Tonzelle hineindiffundieren,
als die in ihr enthaltenen Luftteilchen herausgelangen können. Wird
jetzt durch den Gasschlauch a Luft nach b geblasen, dann erfolgt
der umgekehrte Vorgang. Die Gasteilchen diffundieren rascher in den
Raum b hinein als die Luftteilchen in die Tonzelle. Wir sehen nunmehr, daß die Flüssigkeit im Rohr g stark sinkt.

　　Versuch 3. Wir schließen eine Tonzelle, die mit Luft gefüllt
ist, mit einem Gummistopfen luftdicht ab. Durch den Gummistopfen

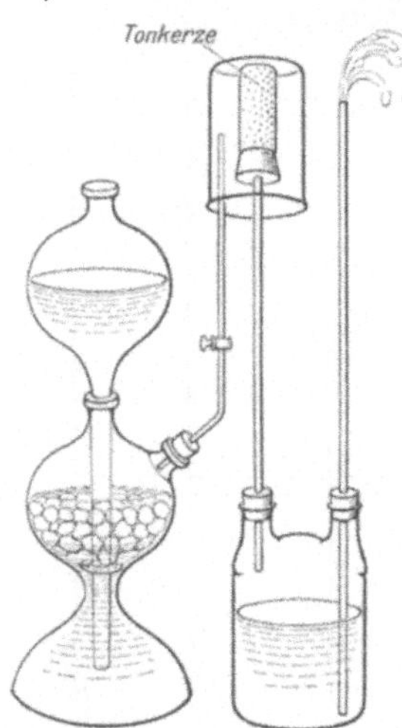

Abb. 117.　　Diffusion von Gasen.

hindurch führt ein Glasrohr. Dieses steht
mit einer Woulffschen Waschflasche in
Verbindung. Das Rohr endigt unmittelbar
nach dem Durchtritt durch den Stopfen.
Die Woulffsche Waschflasche ist mit Wasser
gefüllt. Durch die zweite Öffnung der Flasche
führt ein Glasrohr, das in die Flüssigkeit
eintaucht, nach außen (vgl. Abb. 117). Nun
füllen wir ein Becherglas mit Wasserstoff
(entweder aus einer Bombe, oder wir entwickeln den Wasserstoff, indem wir in
einem Kippschen Apparat Salzsäure auf
Zink oder Eisenspäne einwirken lassen)
und stülpen es über die Tonzelle, oder wir
leiten den Wasserstoff direkt unter ein über
die Tonzelle gestülptes Gefäß (vgl Abb. 117).
Wir beobachten, daß das Wasser in hohem
Bogen aus dem nach außen führenden Glasrohr herausgeschleudert wird. Diese Erschei-
nung beruht darauf, daß der Wasserstoff viel rascher in die Tonzelle hineindiffundiert, als die Luft heraus kann. Es muß somit im
Innern der Tonzelle Druck entstehen. Entfernen wir das Becherglas, dann bemerken wir nach kurzer Zeit, daß Luft durch das nach
außen führende Glasrohr angesaugt wird. Der Grund ist folgender.
Aus der Tonzelle entweicht der in ihr eingeschlossene Wasserstoff
viel rascher als die Gase der Luft eindringen können. Infolgedessen
entsteht vorübergehend ein Minderdruck.

2. Versuche über zunehmende Dissoziation mit der Verdünnung der Lösung.

　　Versuch 1. Wir gehen von wasserfreiem Kupferchlorid aus.
Dieses ist gelb gefärbt (Farbe des Moleküls). Seine konzentrierte
wässerige Lösung ist gelbgrün. Verdünnen wir die Lösung des Kupfer-
chlorids mit Wasser, so färbt sie sich bald blau. Als Durchgangs-
farbe beobachten wir Grün. Blau ist die Farbe der Kupferionen.

Versuch 2. Wir lösen 6 Gramm kristallisiertes Kobaltchlorid in 10 ccm Alkohol. Die Lösung sieht blauviolett aus. Fügt man destilliertes Wasser hinzu, dann schlägt die Farbe auf einmal von Blauviolett in Rosa um.

Versuch 3. Es werden 7,3 Gramm Kobaltnitrat in 10 ccm Alkohol gelöst. Die Lösung ist purpurrot. Fügen wir nunmehr Wasser hinzu, dann kommt die Farbe des Kobaltions zum Vorschein. Die Lösung färbt sich rosa.

Im Alkohol hatten wir die Farbe des Moleküls, einerseits des Kobaltchlorids und andererseits des Kobaltnitrates. Beim Verdünnen mit Wasser kommt die Farbe des Kobaltions zum Vorschein. Hinweise auf die Indikatoren. Definition der Säuren (H-Ionen), der Basen (OH-Ionen) und der Salze (s. S. 42ff.). Erklärung der verschiedenartigen Auffassung der Reaktion einer Flüssigkeit: einerseits Bestimmung aller Wasserstoff bzw. Hydroxylionen (s. S. 43), andererseits Feststellung der freien Wasserstoff- bzw. Hydroxylionen. Im ersteren Falle bringen wir alle vorhandenen, auch die gebundenen, Wasserstoff- bzw. Hydroxylionen durch Zusatz von OH- bzw. H-Ionen schließlich zur Dissoziation. Im anderen Falle bestimmen wir nur die im Augenblick der Untersuchung freien Wasserstoff- bzw. Hydroxylionen.

Versuche über physiologische Ionenwirkung.

Wir injizieren einem Kaninchen eine $^1/_6$-molekulare Lösung von Kochsalz in die Vena jugularis (s. hierzu die Schilderung der Technik unter: Bestimmung des Blutdruckes). Vor dem Versuch haben wir die Harnblase entleert. Wir prüfen den Harn auf Zucker. Er reduziert nicht beim Kochen mit Fehlingscher Lösung (s. S. 64), wohl aber nach erfolgter Injektion von Kochsalz. Nun injizieren wir eine $^3/_8$-molekulare Lösung von Chlorkalzium, nachdem wir vorher den Harn mit Hilfe eines Katheters möglichst vollständig aus der Blase abgelassen haben. Die Glukosurie hört auf.

Siehe ferner weiter unten Studien über die Reizbarkeit des Muskels: Verlust der Erregbarkeit eines Muskels beim Liegen in einer Rohrzuckerlösung und Wiederherstellung der Erregbarkeit beim Eintauchen in physiologische Kochsalzlösungen bringt. (Vgl. auch unter „Versuche über die Herztätigkeit", die Einwirkung von K- und Ca-Ionen auf das Herz, vergl. Kapitel Kreislauf, Herz).

3. Versuche über den osmotischen Druck.

a) Versuche mit allgemein durchlässigen Membranen.

Unter Hinweis auf die Bedeutung des Partialdruckes der Gase und gelösten Stoffe und auf die wichtigsten Gasgesetze wird hervorgehoben, daß letztere auch für gelöste Stoffe in großer Verdünnung Gültigkeit haben. Die scheinbaren Ausnahmen bei Säuren, Basen und Salzen sind in der durch die Dissoziation der gelösten Moleküle in Ionen bedingten Vermehrung der einzelnen Teilchen in der Lösung bedingt.

Zur Messung des Druckes gelöster Bestandteile stellen wir den folgenden Versuch an. Wir schließen eine Tonzelle, nachdem wir sie vollständig mit einer konzentrierten Kupfersulfatlösung gefüllt haben, nach oben luftdicht durch einen Gummistopfen ab. Dieser ist durchbohrt. Durch die Öffnung des Stopfens ist ein dünnes kapillares Glasrohr luftdicht durchgeführt (Abb. 118). Nun tauchen wir die Tonzelle in destilliertes Wasser ein. Wir sehen, daß nach kurzer Zeit ein Austausch beginnt. Wasser diffundiert in die Tonzelle hinein, und umgekghrt treten Cu- und SO_4-Teilchen in das destillierte Wasser über. Die Flüssigkeit beginnt sich blau zu färben. Gleichzeitig stellen wir fest, daß in dem aufgesetzten Glasrohr, dem „Manometer", die Flüssigkeit zu steigen beginnt. Das Wasser dringt rascher in die Tonzelle hinein, als die Cu- und SO_4-Teilchen sie verlassen. Nach einiger Zeit sinkt die Flüssigkeit im Manometer wieder. Die entstandene Druckdifferenz gleicht sich wieder aus.

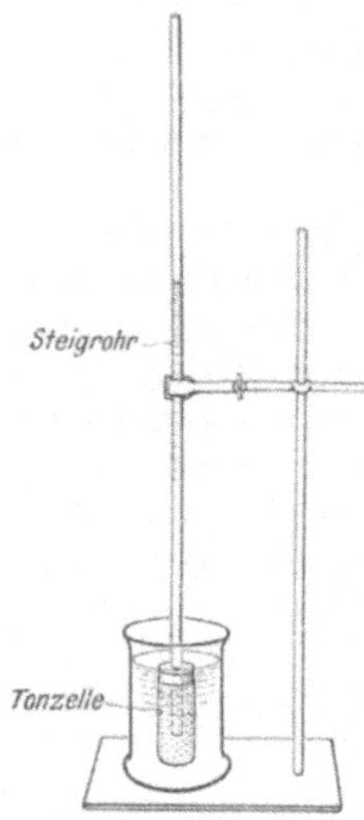

Abb. 118.
Messung des osmotischen Druckes.

b) Versuche mit für gelöste Stoffe spezifisch durchlässigen Membranen.

Versuch I. In einen kleinen Erlenmeyerkolben gibt man eine 10prozentige Lösung von Kupfersulfat und bringt nun am besten mit Hilfe eines Glasstabes einen Tropfen einer 10prozentigen Ferrozyankaliumlösung in die Kupfersulfatlösung hinein. Man beobachtet sofort an der Stelle, an der der Tropfen eingefallen ist, die Bildung einer braunen Fällung. Beim genaueren Zusehen erscheint der braune Körper als ein kleines Säckchen. Wir verfolgen, wie das Säckchen sich immer mehr vergrößert. Gleichzeitig sehen wir in seiner Umgebung Schlieren auftreten (Abb. 119). Es hat sich eine Ferrozyankupfermembran gebildet: $2\,CuSO_4 + K_4Fe(CN)_6 = Cu_2Fe(CN)_6 + 2\,K_2SO_4$. Diese ist durchlässig für Wasser, nicht aber für die Cu- und SO_4-Teilchen. Ebensowenig läßt sie die in der Niederschlagsmembran eingeschlossenen Bestandteile der Ferrozyankaliumlösung hinaus. Dadurch, daß Wasser durch die gebildete Membran hineindiffundiert, wird eine Vergrößerung des Säckchens bewirkt.

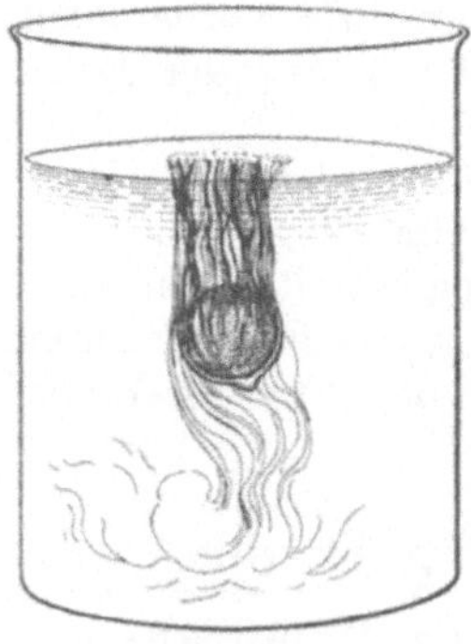

Abb. 119.
Ferrozyankupfermembran.

Die Membran selbst wird dabei dünner, schließlich platzt sie. An der Außenseite sehen wir die Folgen des Wegdiffundierens von Wasser: die Kupfersulfatlösung wird an diesen Stellen konzentrierter; daher das Auftreten der Schlieren (Abb. 114).

Versuch 2. Wir tränken eine Tonzelle mit 10 prozentiger Kupfersulfatlösung und tauchen sie dann in eine 10 prozentige Ferrozyankaliumlösung. Wir bewirken dadurch an der Stelle, an der beide Lösungen sich treffen, die Entstehung einer Niederschlagsmembran von Ferrozyankupfer. Diese überdeckt alle Poren der Tonzelle. Die so vorbereitete Tonzelle versehen wir, wie beim Versuch a, S. 176, Abb. 118, mit einem Gummistopfen, durch den ein kapillares Glasrohr durchgeführt ist. Die Tonzelle füllen wir mit einer 10 prozentigen Rohrzuckerlösung und bringen sie dann in ein mit destilliertem Wasser beschicktes Becherglas. Wir sehen, daß im Glasrohr die Flüssigkeit rasch ansteigt. Die Zuckerteilchen können nicht durch die die Tonzelle umspannende Membran in die Außenflüssigkeit diffundieren, wohl aber gelangen Wasserteilchen in die Tonzelle hinein.

Versuch 3. Wir geben in etwa 50 ccm fassende Erlenmeyerkölbchen 20 ccm einer Lösung von 1 Teil käuflicher Wasserglaslösung und 4 Teilen Wasser. Dann bereiten wir uns die folgenden Substanzgemische. 1. 3 Teile Kupfersulfat, 1 Teil Eisensulfat und 1 Teil Kalziumsulfat. Von diesem Gemisch nehmen wir etwa 5 Gramm und geben 1 Teil Wasser hinzu und verreiben das Gemenge energisch in einer Reibschale. Dann kneten wir aus der Masse linsengroße Stückchen und werfen diese in die verdünnte Wasserglaslösung hinein. Wir beobachten,

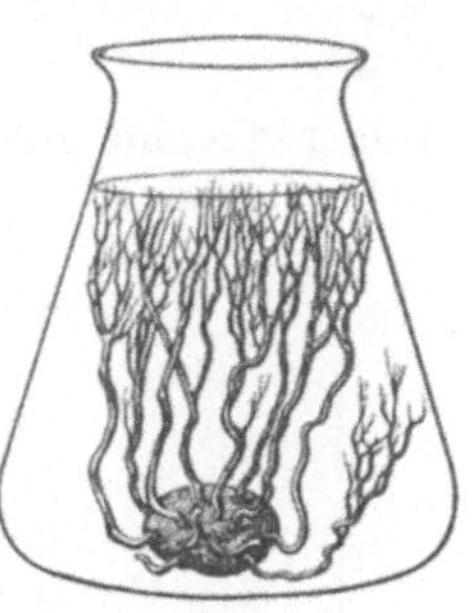

Abb, 120. Silikatbäumchen.

daß nach einiger Zeit die Pillen zu „wachsen“ beginnen. Es entstehen moosartige Gebilde. 2. Es werden 3 Teile Eisensulfat, 1 Teil Kupfersulfat und 1 Teil Kalziumsulfat innig vermischt. Davon knetet man etwa 5 Gramm mit 1 Teil Wasser gründlich durch und nimmt dann von dem Gemisch linsengroße Stücke und wirft sie in die verdünnte Wasserglaslösung. Es treten braun gefärbte Verästelungen auf. 3. 10 Teile Magnesiumsulfat, 10 Teile Kupfersulfat, 1 Teil Eisensulfat, 5 Teile Kalziumsulfat. 5 Gramm davon werden mit 0,5 Teilen Wasser in einer Reibschale vermischt. Man erhält beim Einwerfen kleiner Stücke in die verdünnte Wasserglaslösung baum- und strauchartig verzweigte Gebilde (Abb. 120). Der Stamm ist grün, das Geäst weiß. 4. 4 Teile Kupfersulfat, 4 Teile Zinksulfat, 4 Teile Kalziumsulfat, 5 Gramm des Gemisches werden mit 0,5 Teilen Wasser in einer Reibschale energisch verrieben. Beim Eintragen in die Wasserglaslösung entwickeln sich büschelförmig emporstrebende Gebilde. Diese an das Wachstum einer Pflanze erinnernden, innerhalb weniger Minuten sich vollziehenden Erscheinungen liefern ein eindrucksvolles Bild spezifisch durchlässiger Silikatmembranen (s. Abb. 120).

c) Versuch mit für Gase spezifisch durchlässiger Membran.

Kautschuk ist für Kohlensäure durchlässig, dagegen nicht für die übrigen Bestandteile der Luft, z. B. nicht für Sauerstoff und nicht für Stickstoff. Füllen wir einen Gummischlauch aus einer Kohlensäurebombe oder durch Entwicklung von Kohlensäure mit Hilfe eines Kippschen Apparates — durch Aufgießen von Salzsäure auf Marmor — mit Kohlensäure, und verschließen wir dann den Schlauch an beiden Enden dicht, so beobachten wir, daß er nach einiger Zeit vollständig zusammenfällt. Die Kohlensäure ist durch die Kautschukwand hindurchgetreten. Daß dies in der Tat der Fall ist, können wir leicht beweisen, indem wir den mit Kohlensäure gefüllten Schlauch in Barytwasser legen. Wir sehen dann, daß die Außenwand des Schlauches sich mit feinen weißen Pünktchen bedeckt

Abb. 121.

(Abb. 121) und außerdem im Barytwasser sich ein Niederschlag von Bariumkarbonat bildet. Selbstverständlich muß während des Versuches das Barytwasser sorgfältig nach außen abgeschlossen sein.

Bei einem weiteren Versuch lassen wir die Kohlensäure durch ein enges Glasrohr steigen, an dessen einem Ende sich ein Gummischlauch befindet. Sind Glasrohr und Gummischlauch mit Kohlensäure angefüllt, dann wird der Schlauch rasch luftdicht verschlossen und das andere Ende des Glasrohres in Wasser getaucht. Das Rohr wird nun senkrecht aufgestellt (Abb. 122). Man beobachtet, daß nach ganz kurzer Zeit die Flüssigkeit in dem Rohr aufzusteigen beginnt. Die Kohlensäure diffundiert durch den Kautschuk hinaus. An ihre Stelle kann kein anderes Gas treten. Wir würden somit im Glasrohr einen verdünnten Raum erhalten, wenn nicht Wasser aufsteigen würde. Das Wasser wird hochgesaugt.

4. Bestimmung der Oberflächenspannung.

1. Steighöhenmethode.

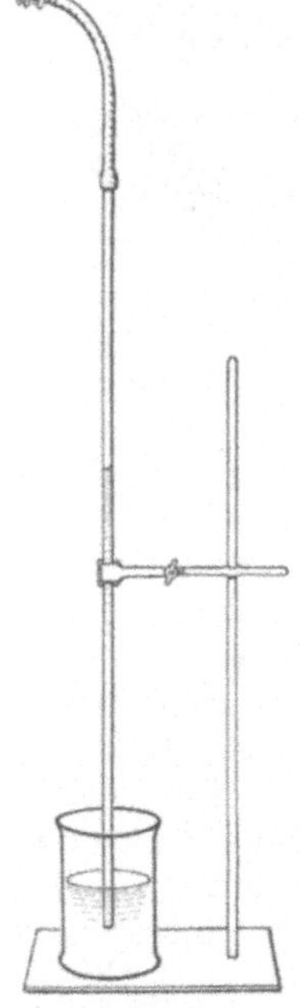

Abb. 122.
Für Kohlensäure
spezifisch durchlässige
Membran.

Wir verwenden zu einfachen Versuchen, bei denen es auf eine absolute Genauigkeit nicht ankommt, Kapillarröhrchen, wie sie zur Bestimmung des Schmelzpunktes (s. S. 14) Verwendung finden. Die Röhrchen müssen genau gleich weit sein. Wir bringen auf ein Uhrglas einige Tropfen Wasser, auf ein anderes Methylalkohol, auf ein weiteres Aethylalkohol usw. Wir tauchen in die Oberfläche der einzelnen Lösungen je ein Kapillarröhrchen in senkrechter Stellung und warten ab, bis die Flüssigkeit in der Kapillare nicht weiter steigt. Dann nehmen wir das Kapillarröhrchen mit seinem Inhalt aus der Flüssigkeit heraus und messen die erreichte Höhe mittels eines Maßstabes. Zu genaueren Untersuchungen benutzen wir kalibrierte Kapillaren (Abb. 123).

Vergleiche hierzu auch die Seite 49 beschriebenen Steigversuche mittels Filtrierpapier.

2. Tropfenmethode.

Wir lassen aus einem sog. Stalagmometer, d. h. einem einer Pipette nachgebildeten Gefäß (vgl. Abb. 124, *a*), verschiedenartige Flüssigkeiten austropfen. Wir wählen z. B. Wasser, Methyl-, Äthyl-, Propyl-, Butylalkohol und füllen den absolut trockenen Stalagmometer bis zu der über der kugelförmigen Erweiterung befindlichen Marke mit einer dieser Flüssigkeiten. Wir können nun in verschiedener Weise vorgehen. Einmal können wir feststellen, wieviel Tropfen in einer Minute ausfließen. Wir können auch zählen, wieviel Tropfen fallen, bis das ganze Gefäß leer gelaufen ist. Gleichzeitig können wir auch die Zeit bestimmen.

Man kann die erwähnte Methode auch dazu benutzen, um die Spaltung von Fett in seine Komponenten zu verfolgen (Michaelis-Rona). Es wird bei der Zerlegung des Fettes in Alkohol und Fettsäuren die Oberflächenspannung des Gemisches stark verändert. Die Glyzerinester

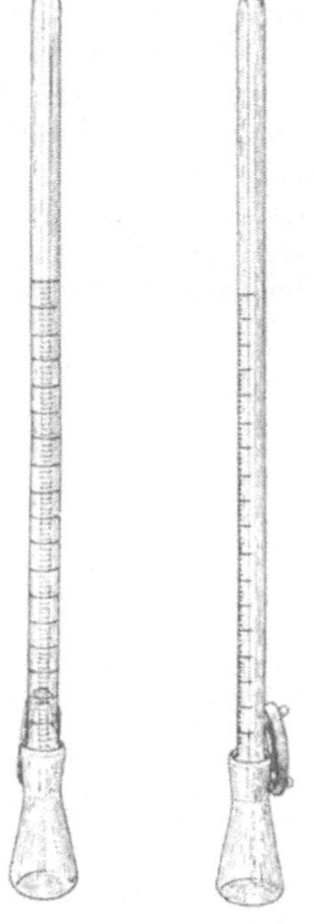

Abb. 123.

gehören nämlich zu den „oberflächen-aktiven" Stoffen. Sie erniedrigen die Spannung des reinen Lösungsmittels schon in sehr geringer Konzentration, während die aus ihnen hervorgehenden Spaltprodukte kaum einen Einfluß auf die Oberflächenspannung haben. Bestimmen wir z. B. die Tropfenzahl einer gesättigten wässerigen Monobutyrinlösung bei einer bestimmten Temperatur, so finden wir z. B. die Tropfenzahl 200. Nun wird die Lösung mit so viel Natronlauge versetzt, daß sie etwa $^1/_{10}$ normal ist. Man kocht kurz auf, bestimmt die Tropfenzahl wieder und findet, daß sie bereits auf etwa die Hälfte gesunken ist. Läßt man eine Stunde stehen, dann läßt sich ein weiteres Absinken der Tropfenzahl feststellen. Schließlich erhält man die gleiche Tropfenzahl, wie bei Verwendung von reinem Wasser.

Wir benutzen zur Verfolgung der Fettspaltung den in Abb. 124 abgebildeten Apparat. Wir nehmen als Fettsubstanz eine gesättigte, wässerige Monobutyrinlösung und geben dazu eine Lipaselösung. Es wird gut gemischt. Dann saugen wir von der Flüssigkeit etwas in das Tropfenbestimmungsröhrchen *a* bis zu der über der Erweiterung befindlichen Marke und lassen dann die Tropfen ausfließen. Wir können die Tropfen zählen und bestimmen, wieviel davon in einer bestimmten Zeit ausfließen, oder wir bestimmen die Zeit, die vergeht, bis das Gefäß von der oberen Marke bis zu einer am Ausflußrohr angebrachten ausgelaufen ist.

Um die Tropfenzählung zu vereinfachen, lassen wir diese auf einen Hebel b auffallen. Dieser zeichnet die beim jedesmaligen Auftropfen erfolgenden Ausschläge auf das berußte Papier einer rotierenden Trommel c auf. Gleichzeitig kann man auch eine Zeitregistrierung anbringen. Wir erhalten beim Fettlipasegemisch eine bestimmte Tropfenzahl. Nun stellen wir das Gemisch in den Brut-

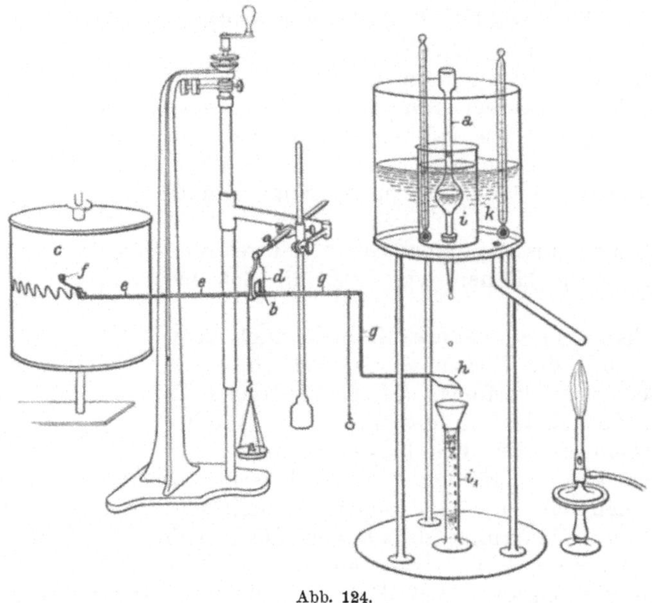

Abb. 124.

schrank und beobachten nach einer Stunde wieder, welche Tropfenzahl in einer bestimmten Zeit aus der Kapillare ausfließt. Wir können so, indem wir die Beobachtungen in bestimmten Zeitabschnitten wiederholen, genau verfolgen, wie das Fett allmählich in seine Komponenten zerlegt wird.

Den Schreibhebel b zur Registrierung der Tropfenzahl konstruieren wir uns nach den Angaben von Straub selbst, indem wir einen 20 cm langen Strohhalm aufspalten und ihn dann an der Achse eines Schreibhebelwinkels d in der Mitte seiner Länge fixieren. An seinem vorderen Ende wird mit Hilfe von Siegellack ein 10 cm langer dünner Strohhalm e befestigt. An diesem bringen wir an dem vorderen Ende eine Schreibvorrichtung (eine Papierfahne oder einen Tintenschreiber f) an. Durch diese erfolgt die Aufzeichnung der Ausschläge auf die Trommel c. Am hinteren Ende des Strohhalmes kittet man ein doppelt rechtwinklig gebogenes Glasröhrchen g an. Am freien Ende dieses letzteren ist ein Deckglas h angeschmolzen. Es wird mit einem Paraffinüberzug versehen, damit die auffallenden Tropfen sofort abrollen. Sie werden in dem Meßzylinder i_1 aufgefangen.

Bei genauen und insbesondere bei vergleichenden Versuchen muß die Temperatur während der Untersuchung konstant gehalten werden. Dazu dient das Gefäß i, das den Tropfenzähler umgibt. In dieses Gefäß hinein geben wir Wasser von bestimmter Temperatur. Ein weiteres mit Wasser gefülltes Gefäß k verhindert rasche Wärmeabgabe.

Eine sehr interessante Anwendung der Prüfung der Oberflächenspannung ist die Feststellung des Verhaltens von Schwefelblumen beim vorsichtigen Aufstreuen auf normalen und Gallenbestandteile (Gallensäuren) enthaltenden Harn (Ikterus).

5. Bestimmung des Molekulargewichts.

1. Bestimmung des Molekulargewichts mit Hilfe der Gefrierpunktserniedrigung.

Es werden die Gasgesetze zugrunde gelegt. Ferner wird die Theorie der elektrolytischen Dissoziation am Beispiel einer Kochsalz- und einer Zuckerlösung erörtert. Das Prinzip der Methode ist das folgende: Wir bestimmen zunächst den Gefrierpunkt t_1 des Lösungsmittels, dann den Gefrierpunkt t_2 für die Lösung einer abgewogenen Menge g der zu untersuchenden Substanz im Lösungsmittel l.

Die Differenz zwischen t_1 und t_2 gibt die Gefrierpunktserniedrigung t in Graden. Sie ist der Menge der gelösten Substanz proportional. Das Molekulargewicht M ergibt sich aus der Gleichung:

$$M = 100 \cdot \frac{g}{l} \cdot \frac{K}{t}.$$

K ist eine Konstante, und zwar die molekulare Erniedrigung oder „molare Depression" für das betreffende Lösungsmittel. Sie ist für die meisten in Betracht kommenden Flüssigkeiten bekannt. Die kryoskopische Konstante für das Wasser beträgt 19°. Man kann K bestimmen, indem man für eine Verbindung mit bekanntem Molekulargewicht die Gefrierpunktserniedrigung feststellt und dann nach der Formel: $\quad K = \dfrac{M \cdot t \cdot l}{g \cdot 100}, \quad K$ berechnet.

Die wässerigen Lösungen der meisten organischen Substanzen geben normale Werte für das Molekulargewicht. Die Salze der Alkalimetalle mit starken Säuren geben hingegen zu große Gefrierpunktserniedrigungen und infolgedessen zu kleine Werte für das Molekulargewicht. Wasser ist daher nur in beschränktem Maße als Lösungsmittel bei Molekulargewichtsbestimmungen verwendbar. Wir wählen als

Lösungsmittel zur Ausführung einiger Bestimmungen deshalb Wasser, weil wir es praktisch bei physiologischen Versuchen stets mit wässerigen Lösungen zu tun haben (Harn, Blut usw.).

Zur Bestimmung der Gefrierpunktserniedrigung verwenden wir den Beckmannschen Gefrierpunktsapparat (s. Abb. 125). Er besteht aus einem Gefäß e, das einen seitlichen Ansatz besitzt. Durch diesen wird die zu untersuchende Substanz eingeführt. Dieses Gefäß e steckt in einem zweiten, das Luft enthält, und dieses wiederum taucht in ein drittes größeres Gefäß, das mit Eis bzw. einer Kältemischung (— 3 bis — 5⁰) gefüllt wird. In das Gefäß e ragt ein Platinrührer a und ferner ein Thermometer b, das eine Ablesung bis auf 0,01⁰ gestattet, hinein. Beim sog. Beckmann-Thermometer ist die Kapillare des Thermometers am oberen Ende umgebogen und erweitert. Diese Einrichtung ermöglicht den Gebrauch des Beckmann-Thermometers bei verschiedenen Temperaturen. Wenn das Thermometer erwärmt wird, dann steigt der Quecksilberfaden bis zu der Erweiterung hinauf. Man kann beliebige Mengen von Quecksilber auf diese Weise in die erwähnte erweiterte Kapillare hineinbringen. Durch einen leichten Schlag wird der Quecksilberfaden dann abgerissen. Das Thermometer wird jedesmal durch Eintauchen in das erstarrende Lösungsmittel, das man verwenden will, eingestellt. Für weniger exakte Bestimmungen genügt auch ein gewöhnliches Gefrierpunktsthermometer.

Ausführung der Bestimmung. Wir wählen als Lösungsmittel Wasser und vergleichen die Gefrierpunktserniedrigung bei gelöstem Kochsalz und gelöstem Rohrzucker. Zunächst wägen wir das Gefäß e ab und füllen dann in dieses so viel ausgekochtes, destilliertes Wasser hinein, daß das Quecksilbergefäß des Thermometers ganz eintaucht, und wägen wieder. Ziehen wir von dem gefundenen Gewicht dasjenige des Gefäßes e ab, dann erhalten wir das Gewicht des angewandten Lösungsmittels. Es genügt bei diesen Wägungen eine Genauigkeit von 0,1 Gramm. Jetzt setzen wir den Rührer und das Thermometer in das Gefäß e ein und geben in das äußere Gefäß eine Mischung von Eis und Kochsalz und halten die Temperatur auf etwa — 3 bis — 5⁰. Die einmal gewählte Außentemperatur muß während der ganzen Bestimmung möglichst konstant gehalten werden. Sie soll nicht um mehr als 0,5⁰ schwanken. Wir verfolgen die Temperatur der Eissalzmischung mit Hilfe des Thermometers c. Von Zeit zu Zeit mischen wir die Kältemischung mittels des Rührers d durch.

Nun bestimmen wir zunächst den Gefrierpunkt des Wassers, indem

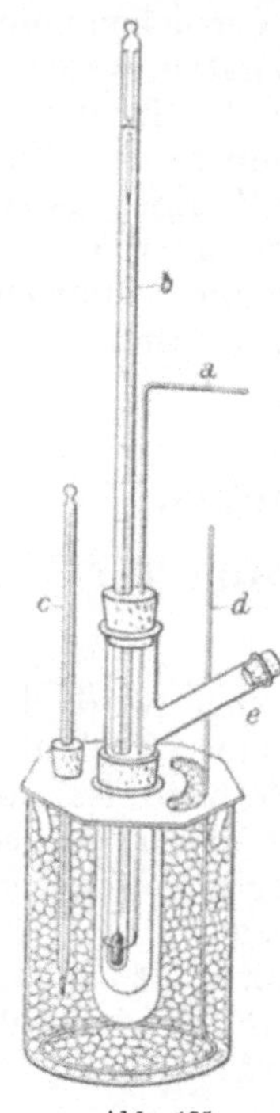

Abb. 125.
Gefrierpunkts-
bestimmungs-
apparat.

wir unter fortwährendem langsamen und gleichmäßigen Rühren des in e enthaltenen Wassers mittels des Rührers a das Verhalten des Quecksilberfadens am Beckmann-Thermometer verfolgen. Zunächst fällt er langsam bis einige Zehntel Grad unter den Gefrierpunkt. Dann beginnt er ganz plötzlich zu steigen, erst schnell und dann langsamer. Während des Ansteigens des Quecksilberfadens rühre man gleichmäßig weiter, bis er den höchsten Punkt, auf dem er einige Zeit verweilt, um dann wieder zu fallen, erreicht hat. Es ist dies der **Gefrierpunkt** t_1. Nun wird das Gefäß e aus dem Luftmantel herausgenommen, und das Eis durch die Wärme der Hand aufgetaut. Sobald alle Eiskristalle verschwunden sind, wird e wieder in den Luftmantel gebracht. Wir bestimmen wieder den Gefrierpunkt des Wassers in der gleichen Weise und wiederholen die Bestimmung mehrmals, bis wir in engen Grenzen übereinstimmende Werte erhalten. Nun wägen wir in einem Wägegläschen Kochsalz ab, geben dann aus ihm etwas Substanz in die im Gefäß e befindliche Flüssigkeit hinein und wägen zurück. Wir bestimmen dadurch die Menge des in Lösung gebrachten Kochsalzes. Nachdem Lösung eingetreten ist, wird in der gleichen Weise, wie vorher, der Erstarrungspunkt (t_2) festgestellt. $t_1 - t_2$ ergibt die durch den gelösten Körper bewirkte Gefrierpunktserniedrigung t. Auch t_2 wird wiederholt und am besten bei Verwendung verschiedener Mengen Kochsalz bestimmt.

Bei exakten Bestimmungen verlassen wir uns nicht auf den beim Zusatz einer bestimmten Substanzmenge erhaltenen Wert, sondern wir wiegen uns eine Anzahl, z. B. drei Wägegläschen mit Substanz ab und fügen nun aus dem ersten etwas von ihr (s) zur Lösung und bestimmen die Gefrierpunktserniedrigung t_2. Dann geben wir zu der gleichen Lösung aus dem zweiten Wägegläschen Substanz (s_1) hinzu und stellen wieder t_2 fest, und endlich entnehmen wir aus dem dritten Gläschen etwas Substanz (s_2) und geben sie zur Lösung. g ist dann für die zweite Bestimmung $= s + s_1$ und für die dritte Bestimmung $s + s_1 + s_2$. Die Gefrierpunktserniedrigung t erhalten wir in jedem Fall aus $t_1 - t_2$, d. h. wir ziehen die beim Zusatz einer bestimmten Menge Substanz eintretende Temperaturerniedrigung vom Gefrierpunkt des Lösungsmittels ab.

Genau den gleichen Versuch führen wir mit Rohrzucker durch und stellen fest, daß wir beim Kochsalz nur etwa die Hälfte des berechneten Molekulargewichtes finden, während wir beim Rohrzucker, Molekulargewicht 342, ganz normale Werte erhalten. Vgl. das folgende Beispiel:

Menge des Lösungsmittels in Gramm (l)	Gramm Rohrzucker, gelöst in l Gramm Lösungsmittel	$\dfrac{100 \cdot g}{l}$	Gefrierpunktserniedrigung $t_1 - t_2 = t$, Mittel aus 10 einzelnen Bestimmungen	Gefundenes Molekulargewicht	Berechnetes Molekulargewicht
20	0,9135	4,567	0,257	338	
20	0,9135 $+$ 0,8730 $=$ 1,7865	8,932	0,498	341 Mittelwert 339,5	352

2. Bestimmung des Molekulargewichtes durch Feststellung der Erhöhung des Siedepunktes.

Wir haben bei der ebullioskopischen Methode das gleiche Prinzip, wie bei der kryoskopischen Feststellung des Molekulargewichtes. Auch hier gilt die Gleichung

$$M = 100 \cdot \frac{g}{l} \cdot \frac{K}{t}.$$

Es wird zunächst mit Hilfe eines Beckmannschen Siedepunktsbestimmungsapparates der Siedepunkt t_1 des Lösungsmittels festgestellt, dann der Siedepunkt t_2 für die Lösung von g Gramm Substanz in l Gramm Lösungsmittel. K bestimmt man, indem man für die Lösung eine Verbindung mit bekanntem Molekulargewicht die Siedepunktserhöhung ermittelt. Für Wasser ist $K = 5,2^0$ (ebullioskopische Konstante).

Ausführung der Bestimmung. Man benutzt zur Feststellung des Siedepunktes den Beckmannschen Siedeapparat (s. Abb. 126). Er besteht aus einem Siedegefäß. Dieses besitzt zwei seitliche Ansätze. Der eine dient zum Einführen der Substanz, der andere zur Aufnahme eines inneren Kühlers. Das Siedegefäß ruht auf einem Drahtnetz oder einer Asbestplatte. Zur Verhinderung von Abkühlung ist das Siedegefäß mit einem Glasgefäß, in dem sich Wasser befindet, umgeben. Um beim Sieden der Flüssigkeit im Siedegefäß Siedeverzug zu vermeiden, gibt man in dieses kleine, gut gereinigte Granaten hinein oder einige Platintetraëder. Durch eine dritte Öffnung des Siedegefäßes ist ein Beckmann-Thermometer-

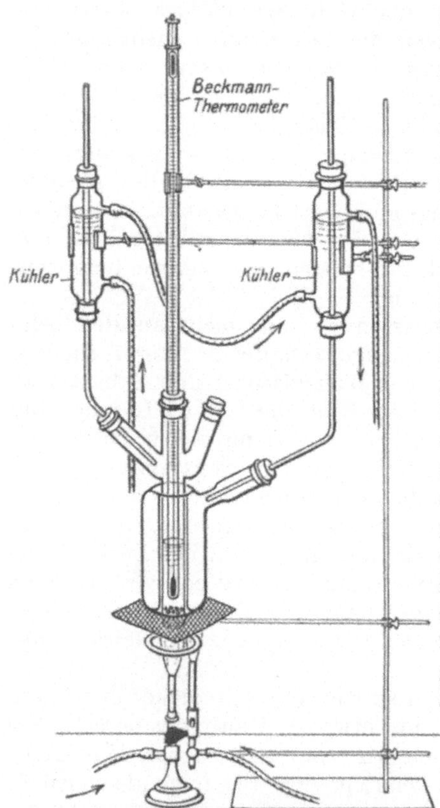

Abb. 126.
Beckmannscher Siedepunktsbestimmungsapparat.

eingeführt. Sein Quecksilbergefäß taucht in die zu untersuchende Flüssigkeit. Es wird nun zunächst das Siedegefäß leer gewogen. Dann wiegt man es wieder mit Flüssigkeit und bestimmt auf diese Weise das Gewicht l der angewandten Flüssigkeitsmenge. Man heizt nun vor-

sichtig mit kleiner Flamme an und verstärkt allmählich die Wärmezufuhr, bis stürmisches Sieden eintritt. Erst wenn jegliches Schwanken des Quecksilberfadens unterbleibt, wird die beobachtete Temperatur vermerkt. Sie entspricht der Siedetemperatur des reinen
Lösungsmittels (t_1). Vor Beginn des Versuchs hat man in einer Anzahl von Wägegläschen die zu untersuchende Substanz, z. B. Kochsalz oder Rohrzucker, abgewogen, und gibt nun aus einem davon
etwas von ihr durch das Ansatzrohr des Siedegefäßes in dieses hinein und wiegt nach Beendigung der Bestimmung zurück. Wir bestimmen so das Gewicht g der angewandten Substanz. Den Zusatz
der Substanz zum Lösungsmittel vollzieht man, nachdem die Siedetemperatur des Lösungsmittels hergestellt ist, d. h. der Quecksilberfaden in siedender Flüssigkeit „feststeht". Wir warten vier Minuten
nach erfolgter Zugabe der Substanzmenge und lesen den Stand des
Quecksilberfadens wieder ab. Dann wird wieder etwas von der Substanz aus einem zweiten, ebenfalls mit solcher gewogenem Wägegläschen zugegeben und wieder nach vier Minuten der Stand des
Quecksilberfadens abgelesen. Das Zusetzen der Substanz wird aus
weiteren Wägegläschen von bekanntem Gewicht noch einige Male
wiederholt und jedesmal die Erhöhung des Siedepunkts genau festgestellt. Die Differenz zwischen t_1 und t_2 liefert uns jedesmal den
Wert t, d. h. die Siedepunktserhöhung bei bekannter Menge des
Lösungsmittels l und bekannter Substanzmenge g. g ergibt sich bei
jeder Bestimmung aus der Summe der zugesetzten einzelnen Substanzmengen. Diese werden durch Zurückwiegen der einzelnen numerierten Wägegläschen plus der verbliebenen Substanzmenge festgestellt. Man vergleiche auch hier das beim Kochsalz und beim Rohrzucker erhaltene Resultat mit dem berechneten Molekulargewicht.

6. Bestimmung der elektrischen Leitfähigkeit von Lösungen.

Die elektrische Leitfähigkeit einer Substanz ist der reziproke
Wert ihres Leitungswiderstandes. Sie kann somit durch Messung
des letzteren bestimmt werden.

Erforderliche Instrumente: Der Aufbau der Apparate (siehe
Abb. 127) ergibt sich ohne weiteres aus der Anordnung der Wheatstoneschen Brücke. Wir brauchen zunächst zur Erzeugung eines
elektrischen Stromes Elemente (a) und zur Bildung von Wechselströmen das Induktorium b. Das Geräusch des Stromunterbrechers
vermindern wir durch Aufstellen des Induktoriums auf eine Filzoder Kautschukplatte. Von dem Induktorium aus verzweigt sich
die Leitung. Die von ihm erzeugten Wechselströme gehen einerseits durch den Rheostaten r (Draht d) und das Stück yz (a) des
auf der Meßbrücke f ausgespannten Platindrahtes und andererseits
durch die im Widerstandsgefäß g befindliche Flüssigkeit, deren
Widerstand man messen will, und das Stück xz (b) des Meßdrahtes.

Das Widerstandsgefäß g ist mit Platinelektroden g versehen. Zwischen x und y ist das Telephon t eingeschaltet.

Ausführung der Bestimmung. Wir füllen in das Widerstandsgefäß g eine bestimmte Menge einer wässerigen Lösung von Kochsalz und zum Vergleich bei einem zweiten Versuch Rohrzucker (!) von genau bekanntem Gehalt. Das Wasser muß ganz rein sein (sog. Leitfähigkeitswasser). Nun werden die genannten Apparate in der aus der Abb. 127 ersichtlichen Weise untereinander verbunden und das Induktorium in Gang gesetzt. An das eine Ohr bringt man das Telephon, das andere wird mit Watte verstopft, damit keine Nebengeräusche die Beobachtung stören. Jetzt verschiebt man den

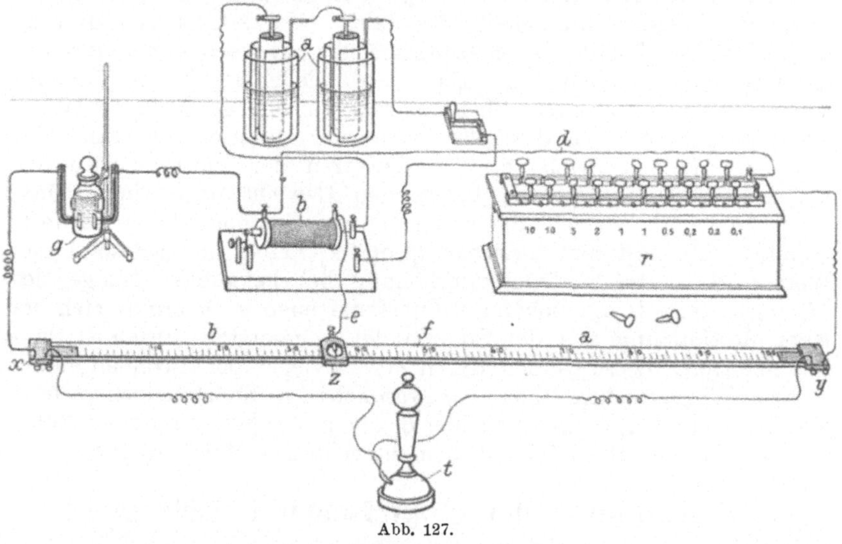

Abb. 127.

Schleifkontakt z so lange, bis der Ton des Telephons gleich Null wird. Ein vollständiges Aufhören des Tönens bleibt oft aus, doch kann man leicht zwei einander nahe liegende Stellen ermitteln, von denen aus der Ton deutlich anzusteigen beginnt. Die Mitte zwischen diesen beiden Punkten ist dann die gesuchte Stelle. Es geht dann kein Anteil der Wechselströme durch die Strecke $y\,tx$. Den Widerstand des Rheostaten regelt man bei der Bestimmung so, daß er nahezu demjenigen im Widerstandsgefäß gleich wird. Es kommt dann der Schleifkontakt ungefähr in die Mitte des Brückendrahtes zu liegen.

Um aus dem gefundenen Wert die Leitfähigkeit der angewandten Lösung berechnen zu können, müssen wir die Widerstandskapazität des verwandten Gefäßes kennen. Diese bestimmen wir, indem wir es mit einer Flüssigkeit von bekanntem Leitungsvermögen (z. B. 0,1 n-KCl-Lösung) füllen und dann den Widerstand der Flüssigkeit im Gefäß feststellen.

Da der Widerstand W der Flüssigkeit dem Leitvermögen x umgekehrt proportional ist, so muß $W = \dfrac{K}{x}$ sein, wobei K die von der Form des Gefäßes herrührende Konstante, die sog. Widerstandskapazität, ist. K ist dann $= x \cdot W$.

Berechnung der Leitfähigkeit der untersuchten Lösung. Es sei W_1 der gesuchte Widerstand (in Ohm ausgedrückt) der zu untersuchenden Lösung im Widerstandsgefäß. W_2 sei der Widerstand im Rheostaten. Mit a und b seien die Längen der Strecke, in die der Brückendraht eingeteilt werden mußte, um das Tönen des Telephons auf Null bzw. auf ein Minimum zu bringen, bezeichnet. Es ist

$$\frac{W_1}{W_2} = \frac{a}{b}\,; \qquad W_1 = W_2 \cdot \frac{a}{b}\,.$$

Nun haben wir oben festgestellt, daß W, in unserem besonderen Falle $W_1 = \dfrac{K}{x}$ ist, somit ist

$$W_2 \cdot \frac{a}{b} = \frac{K}{x}, \qquad x = \frac{K}{W_2} \cdot \frac{b}{a}\,.$$

Wir drücken somit das Leitvermögen der untersuchten Flüssigkeit aus durch den Rheostatenwiderstand W_2, den wir direkt am Widerstandskasten ablesen, ferner durch die Widerstandskapazität K des angewandten Gefäßes und durch das Verhältnis $\dfrac{b}{a}$, in dem der Meßdraht durch den Schleifkontakt geteilt wird.

Bei allen Bestimmungen muß die Temperatur der Lösung berücksichtigt bzw. konstant gehalten werden.

7. Bestimmung der Wasserstoffionen- bzw. Hydroxylionenkonzentration einer Lösung nach der Indikatorenmethode.

Beispiel: Es sei die $\left(\overset{+}{H}\right)$ eines Harns zu ermitteln.

Bezeichnung	Konzentration an $\overset{+}{H}$-Ionen $= (\overset{+}{H})$							Neutral	Konzentration an $\overline{OH}$-Ionen $= (\overline{OH})$						
	$1/1$	$1/10$	$1/100$	$1/1000$	$1/10\,000$	$1/100\,000$	$1/1\,000\,000$	$1/10\,000\,000$	$1/1\,000\,000$	$1/100\,000$	$1/10\,000$	$1/1000$	$1/100$	$1/10$	$1/1$
Die Konzentration in Zehner-Potenzen:	10^0	10^{-1}	10^{-2}	10^{-3}	10^{-4}	10^{-5}	10^{-6}	10^{-7}	10^{-6}	10^{-5}	10^{-4}	10^{-3}	10^{-2}	10^{-1}	10^0
Die $(\overline{OH})$ in Form von $(\overset{+}{H})$ ausgedrückt:	.	.	.	.	.	.	.	Neutral	10^{-8}	10^{-9}	10^{-10}	10^{-11}	10^{-12}	10^{-13}	10^{-14}
Der Ionenexponent $p_H =$	0	1	2	3	4	5	6	7	8	9	10	11	12	13	14
				sauer								alkalisch			

$p_H = 7$ (genauer 7,1) entspricht der wahren Neutralität, $p_H = 0$ stellt die $\left(\overset{+}{H}\right)$ einer Normalsalzsäure vor, $p_H = 14$ diejenige einer Normalnatronlauge vor.

Zur Messung der $\left(\overset{+}{H}\right)$ nach der Indikatorenmethode sind erforderlich:

1. Eine größere Menge, 25 bis 30 cm, der Versuchsflüssigkeit, z. B. von Harn. Eine stark hervortretende Eigenfarbe wirkt störend. Ist eine solche vorhanden, so wird mit Wasser (oder in anderen Fällen mit 0,9 $^0/_0$ iger Kochsalzlösung) etwas verdünnt, bis die Eigenfarbe etwas herabgesetzt ist. Eiweißhaltige Flüssigkeiten verändern die Farbe des Indikators und sind nach dieser Methode nicht meßbar (z. B. Blutserum).

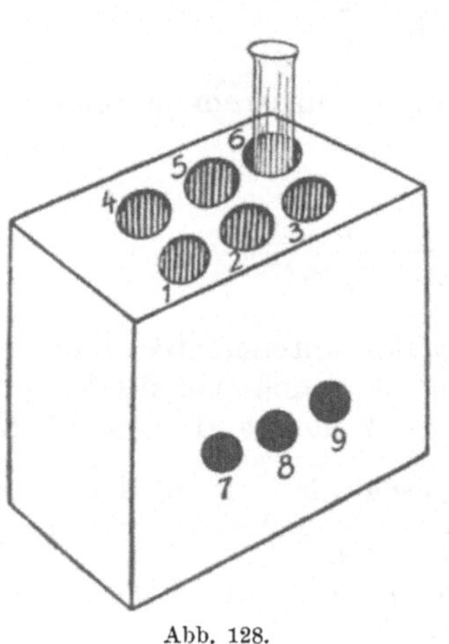

Abb. 128.

2. Eine Vergleichslösung von genau bekannter $\left(\overset{+}{H}\right)$. Als solche kommen entweder Säuren und Alkalien bekannter Normalität (= Konzentration) in Betracht, oder bei sehr geringem Gehalt an $\overset{+}{H}$- und $\overline{OH}$-Ionen (von 10^{-3} abwärts), bei dem schon das Alkali des Glases einen störenden Einfluß ausübt, sog. Pufferlösungen oder Regulatoren, die solchen verändernden Momenten standhalten. Im System von Michaelis sind die Vergleichslösungen in eingeschmolzenen Röhren bereits vorbereitet und mit den Indikatoren gefärbt.

3. Geeignete Indikatoren. Sie müssen schon bei einem Unterschied von 0,2 im p_H-Werte deutliche Farbenveränderungen aufweisen. Im genannten System kommen als Indikatoren in Frage:

1. m-Nitrophenol   für $p_H = 8{,}4 - 6{,}8$ geeignet;
2. p-Nitrophenol   „   „ $= 7{,}0 - 5{,}4$ „   ;
3. γ-Dinitrophenol   „   „ $= 5{,}4 - 4{,}0$ „   ;
4. α-Dinitrophenol   „   „ $= 4{,}4 - 2{,}8$ „   .

4. Ein Komparator zum Ablesen (vgl. Abb. 128).

Man nimmt 4 Reagenzgläser der gleichen Größe, wie die eingeschmolzenen Röhren mit der Vergleichsflüssigkeit. Nr. 1 und 2 beschickt man mit je 6 ccm des (ev. verdünnten) Harns (Magensaftes usw.) und steckt sie in das Loch Nr. 1 und 2 des Komparators. Zu Nr. 1 gibt man genau 1 ccm des geeigneten Indikators, zu Nr. 2 1 ccm Wasser. In das Loch Nr. 4 steckt man ein Gläschen mit Wasser. Man versucht jetzt, welches Vergleichsröhrchen der Skala man ins Loch Nr. 5 zu stecken hat, damit beim Durchblick durch die Gucköffnungen (unterhalb 1 und 2) die gleiche Farbe entsteht. Die Löcher 3 und 6 benutzt man ev. in ähnlicher Weise wie 1 und 2. Bei Nichtbenutzung derselben verschließt man das Guckloch (unterhalb 3) mit dem Daumen und verwendet es als Handgriff. Sobald man Farbengleichheit hat, liest man die p_H der Vergleichsröhre ab. Sie gibt die $\left(\overset{+}{H}\right)$ des Harns an.

Das Aufsuchen des geeigneten Indikators erfolgt in folgender Weise. Man prüft den Harn zunächst mit Lackmus und überzeugt sich, ob er sauer oder alkalisch reagiert. Er reagiere z. B. sauer. Nunmehr prüft man mit Kongopapier und findet keine Bläuung. Da eine solche bei $\left(\overset{+}{H}\right) = 10^{-4}$ $(p_H = 4)$ bereits auftritt, so muß die $\left(\overset{+}{H}\right)$ des Harnes etwa zwischen $p_H = 7$ und 4 liegen. Es kommen also nur Indikatoren der Reihen 2 und 3 (vgl. oben) in Frage. Sie lassen sich rasch durchprüfen. Reagiert der Harn alkalisch, so prüft man Reihe 1, von 6,8 beginnend, durch, da man höhere Alkalitäten bei frischen Harnen selten zu erwarten hat.

8. Versuche mit kolloiden Lösungen.

1. Ultramikroskopische Betrachtung kolloider Teilchen (Brownsche Bewegung.)

Die Versuchsanordnung ergibt sich aus Abb. 129. Mittels der Bogenlampe a erzeugt man einen konzentrierten Lichtkegel, den man durch das Wasser im planparallelen Gefäß l kühlt und mittels des

Abb. 129.

am Mikroskop c angebrachten Spiegels so lenkt, daß er durch eine im übrigen unbeleuchtete (dunkle) Flüssigkeitsschicht, in der die kolloiden Teilchen sich befinden, fällt. Die besonderen Einrichtungen des Ultramikroskopes: Küvette, Kondensor usw., werden an Hand des Apparates erklärt. Man erkennt bei Verwendung eines geeigneten Eiweißsols unter Verwendung optisch leeren Wassers die ununterbrochen in eigenartiger Bewegung befindlichen kolloiden Teilchen neben größeren ruhenden Teilchen.

2. Überführung des Sol- in den Gelzustand und umgekehrt.

Versuch 1. Man erhitzt in einem Kolben von etwa 150 ccm etwa 100 ccm Wasser zum Sieden und läßt zur siedenden Lösung aus einer Pipette tropfenweise etwa 8—10 ccm einer sehr stark konzentrierten Lösung von Eisenchlorid in Wasser zufließen. Die siedende Lösung nimmt sofort eine dunkelrotbraune Farbe an und stellt eine kolloide Lösung von Fe(OH)$_3$, ein **Eisenoxydsol**, dar.

Man beobachte folgendes: Wenn man von der Lösung des Sols etwas in ein Reagenzglas füllt, so bemerkt man schon bei der gewöhnlichen Betrachtung eine Opaleszenz bei darauffallendem Licht. Noch viel stärker wird diese Erscheinung im Lichte der Bogenlampe. Man erkennt am Aufleuchten den Gang der Strahlen (Tyndall-Phänomen).

Beim Versetzen des Sols mit einer gesättigten Lösung von Ammoniumsulfat erhält man eine **Koagulation** der Solteilchen: die Lösung trübt sich, und die Teilchen flocken allmählich aus.

Gibt man zu der Lösung verdünnte Natronlauge, so bildet sich eine Fällung des bekannten Eisenhydroxyds. Beim Versetzen der ursprünglichen Lösung mit verdünnter Salzsäure entsteht zunächst eine Trübung. Sie rührt von der ausflockenden Wirkung der Elektrolyte her. Kocht man aber, so geht sie in Lösung, und man erhält eine hellgelbe Lösung von Eisenchlorid.

Man überzeuge sich auch von der Farbintensität der kolloidgelösten Teilchen. Man verdünne 10 ccm der stark konzentrierten Eisenchloridlösung mit kaltem Wasser. Man erhält eine hellbraun gefärbte Lösung, die mit verdünnter Säure bzw. gesättigtem Ammoniumsulfat **nicht** ausflockbar ist.

Versuch 2. Wir geben zu einer Lösung von 5 ccm einer gesättigten Eisenchloridlösung in 100 ccm Wasser tropfenweise Ammoniak zu, bis ein deutlich wahrnehmbarer Niederschlag sich bildet. Wir filtrieren von ihm ab, waschen ihn mit Wasser und spülen ihn noch feucht in einen Erlenmeyerkolben, geben dann 50 ccm Wasser hinzu und schütteln energisch um. Nun geben wir von dem gleichmäßigen Brei je 1 ccm mittels einer Pipette in Reagenzgläser und fügen die 20fache Menge Wasser hinzu. Den Inhalt des ersten Reagenzglases lassen wir zur Kontrolle ohne Zusatz. Zum Inhalt des zweiten Reagenzglases fügen wir einen Tropfen einer 0,1-n-KCl-Lösung, zum Inhalt des dritten Reagenzglases zwei, zu dem des vierten Reagenzglases drei Tropfen einer gleichen Salzsäurelösung hinzu. Man erkennt nach dem Umschütteln und einigem Warten (etwa 15 Minuten), daß die über dem Niederschlag stehende Lösung nicht mehr farblos, sondern intensiv braunrot gefärbt ist. Bei geeigneten Bedingungen geht der ganze Niederschlag in das braunrot gefärbte Hydrosol über.

Versuch 3. Wir leiten in eine Lösung von Arsentrioxyd Schwefelwasserstoff ein. Die Lösung färbt sich gelb. Es hat sich kolloides Arsentrisulfid gebildet. Eine Fällung tritt nicht ein. Nun setzen wir ganz wenig Salzsäure hinzu. Es fällt sofort ein gelber Niederschlag von As_2S_3.

Versuch 4. Wir fügen zu einer durch Dialyse erhaltenen kolloiden Zinnsäurelösung einige Tropfen Ammoniumkarbonatlösung. Es tritt Ausflockung ein. Nun setzen wir etwas Ammoniak zu. Es bildet sich allmählich wieder eine klare Lösung (Peptisation).

Versuch 5. Wir setzen zu klarem Blutserum Wasser. Es tritt eine Trübung auf. Sie ist durch das Ausflocken von Globulinen bedingt. Diese brauchen zu ihrer „Lösung" eine bestimmte Konzentration von Neutralsalzen. Geben wir nun vorsichtig tropfenweise eine ziemlich konzentrierte Kochsalzlösung hinzu, dann beobachten wir, daß die Trübung sich wieder aufhellt. Gleichzeitig können wir bei diesen Versuchen die Diffusion des Kochsalzes (bzw. der Na- und Cl-Ionen) verfolgen. Überall, wo dieses hingelangt, verschwindet die Trübung.

3. Versuche über das Verhalten von verschiedenartig geladenen Solen.

Besonders lehrreich ist die Feststellung des Verhaltens von im kolloiden Zustande befindlichen Stoffen mit verschiedener elektrischer Ladung gegenüber Elektrolyten.

Als Beispiel eines elektropositiven Kolloids benützen wir Eisenhydroxydsol. Wir geben in ein Reagenzglas einen Kubikzentimeter des käuflichen „Liquor ferri oxydati dialysati" und verdünnen mit der zehnfachen Menge destillierten Wassers. Wir verteilen nun je einen Kubikzentimeter dieser Lösung auf Reagenzgläser und stellen fest, wann durch Zusatz bestimmter elektrolythaltiger Lösungen eine Ausflockung erfolgt. Wir benützen zum Beispiel eine molekulare Lösung von Chlornatrium, Chlorkalium, Chlorkalzium usw. und vergleichen die Wirksamkeit dieser Lösungen untereinander, d. h. wir bestimmen, welche Mengen wir davon zur Eisenhydrooxydlösung hinzufügen müssen, um eine irreversible Ausflockung zu erhalten.

Wir geben ferner zu der Eisenhydroxydlösung geringe Mengen Salzsäure, ferner Essigsäure. Es tritt keine Ausflockung ein, wohl aber wenn wir Spuren von Ammoniak oder Natronlauge hinzufügen.

Als Vertreter eines elektronegativen Kolloids verwenden wir Mastixsol. Es werden 10 g Mastix in 100 ccm 96 $^0/_0$igen Alkohols aufgelöst. Die Lösung wird filtriert. Zu 100 ccm dieser Lösung gießen wir rasch unter Schütteln 200 ccm destillierten Wassers. Die milchartig aussehende Flüssigkeit wird filtriert. Wir bestimmen in Parallelversuchen zu den zuvor erwähnten Versuchsreihen das Verhalten des Mastixsols gegenüber molekularen Lösungen der entsprechenden Elektrolyte.

Sowohl beim Eisenhydroxyd als beim Mastixsol verwenden wir Reihen mit gleichen Kationen und andererseits Reihen mit gleichen Anionen. Wir stellen fest, welcher Ionenart die stärkste Flockungswirkung zukommt.

Wir setzen auch hier geringe Mengen Salzsäure oder Essigsäure hinzu. Es tritt Ausflockung ein. Zusatz von wenig Ammoniak erweist sich als wirkungslos.

4. Elektrischer Überführungsversuch.

Man füllt das Mittelstück a des Apparates, Abb. 130, der den Aufsatz C und C' noch nicht trägt, mit der zu prüfenden kolloiden Lösung, z. B. mit Eiweiß in verdünnter alkalischer Lösung, in der die Proteinteilchen anionisiert, d. h. negativ geladen sind. Man achte darauf, daß die beiden Verbindungshähne b und b' gleichfalls gefüllt werden. Hierauf werden diese geschlossen und die Räume A und K mit Wasser gründlich durchgespült. Sodann werden sie mit der entsprechenden Flüssigkeit, gegen die man überführen will, beschickt. Zu genauen Untersuchungen würde man als solche das Ultrafiltrat der kolloiden Lösung in a wählen, da jedoch ihre Gewinnung zumeist mit Umständlichkeiten verbunden ist, so nimmt man für gewöhnliche Versuche eine ähnlich zusammengesetzte Lösung, wie sie

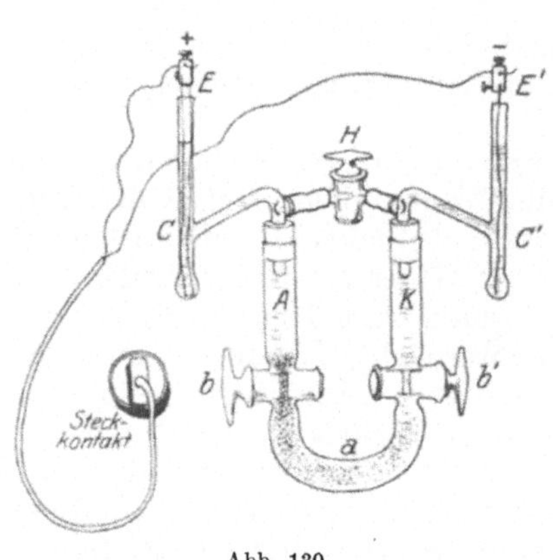

Abb. 130.

etwa dem Ultrafiltrate entsprechen dürfte. In unserem besonderen Falle nimmt man ein alkalisches Wasser, das mit Indikatoren die gleiche Farbreaktion gibt, wie die Eiweißlösung in a. Hierauf wird der Aufsatz $C - C'$ so angebracht, daß in A und K keine Luftblase verbleibt und der ganze Aufsatz mittels einer Pipette luftfrei (bei offenem Hahn H) mit dem gleichen alkalischen Wasser gefüllt. Nunmehr spannt man den Apparat möglichst vollständig wagrecht in ein Stativ ein, achtet auf gleich hohes Niveau in C und C' und

taucht die Elektroden E bezw. E' in C bezw. C' ein. Als Anode nimmt man einen Silberstreifen, als Kathode einen Kupferstreifen. Sodann gibt man zu der Flüssigkeit in C eine Messerspitze NaCl und zu derjenigen in C' eine Messerspitze $CuCl_2$. Nunmehr werden die Hähne b und b' ohne Erschütterung geöffnet, hierauf H und dann der Strom geschlossen. Man achtet darauf, daß E mit dem $+$ Pol, E' mit dem negativen verbunden wird. Das Stromgefälle (Spannung) betrage 220 bis 250 Volt (zumeist reicht der Stadtstrom aus). Die Anordnung entspricht dem Schema:

$$\overset{+}{Ag} \mid NaCl \mid \underbrace{Alkal.\ H_2O}_{Anodenraum} \mid Alkali\text{-}Protein \mid \underbrace{Alkal.\ H_2O}_{Kathodenraum} \mid CuCl_2 \mid \overset{-}{Cu}$$

Nach einiger Zeit beobachtet man die Wanderung (Kataphorese) des negativen Kolloids in den Anodenraum A, indes sich der an K grenzende Teil von a allmählich aufhellt. Nach etwa 10 Minuten bricht man ab, indem man die Hähne b und b' zuerst schließt, sodann den Strom öffnet. Eine längere Überführung ist nicht ratsam, zumal infolge Erwärmung der Flüssigkeit Störungen zu befürchten sind. Man entfernt den Aufsatz vorsichtig, um Vermischungen mit den Elektrodenflüssigkeiten zu vermeiden und prüft den Gehalt von A bzw. K. A wird im vorliegenden Falle Eiweißreaktionen zeigen, K nicht.

Als weitere Beispiele eignen sich außer positiv bzw. negativ geladener Proteine gefärbte Kolloide (Kongorubin, Eisenoxydsol, Arsentrisulfidsol usw.) ausgezeichnet. Die positiven Sole wandern selbstverständlich kathodisch, also nach dem Kathodenraum K.

5. Schutzwirkung von Kolloiden.

Wir verwenden nach W. Ostwald zu den folgenden Versuchen Kongorubin. Wir stellen uns eine 0,1 $^0/_0$ige Farbstofflösung her und geben davon mittels einer Pipette je einen Kubikzentimeter in eine Anzahl von Reagenzgläsern. Dann fügen wir steigende Mengen von Gelatine-, Stärke- oder Hämoglobinlösung hinzu und füllen mit destilliertem Wasser auf 5 ccm auf. Dann geben wir zu jeder Probe 5 ccm einer 0,5-n-KCl-Lösung hinzu. Wir stellen fest, bei welcher Konzentration des Schutzkolloids nach einer bestimmten Zeit, z. B. 10 Minuten, ein erkennbarer Unterschied im Vergleich zu der ohne KCl-Zusatz bei gleicher Verdünnung gelassenen Kontrollösung vorhanden ist. Zur Feststellung der Schutzwirkung geben wir die gleiche KCl-Lösung zu einer Kongorubinlösung der gleichen Verdünnung ohne Zusatz des Schutzkolloids.

6. Versuche über das verschiedene Verhalten des nicht kolloiden und des kolloiden Zustandes bei der Dialyse.

Wir füllen drei weithalsige Flaschen mit destilliertem Wasser. In die eine hängen wir einen Dialysierschlauch, gefüllt mit einer Eiereiweißlösung und in die zweite einen solchen mit Kupfersulfatlösung. In die dritte endlich tauchen wir einen Dialysierschlauch gefüllt mit einer Traubenzuckerlösung. Der Schlauch ist bei allen drei Versuchen an beiden Enden dicht abgebunden (Abb. 131). Nach einiger Zeit prüfen wir die Außenflüssigkeit daraufhin, ob aus dem Schlauch Substanzen durchgetreten sind. Beim zweiten Versuche läßt sich durch einfache Beobachtung leicht feststellen, daß Kupferteilchen nach außen diffundiert sind: Blaufärbung der Außenflüssigkeit. Man verfolge auch hier die weitere Diffusion in der Flüssigkeit. Die durch getretenen SO_4-Ionen weisen wir in der Außenflüssigkeit nach, indem wir Barytwasser zugeben. Es fällt Bariumsulfat aus. Prüfen wir bei Versuch 3 die Außenflüssigkeit mit Fehlingscher Lö-

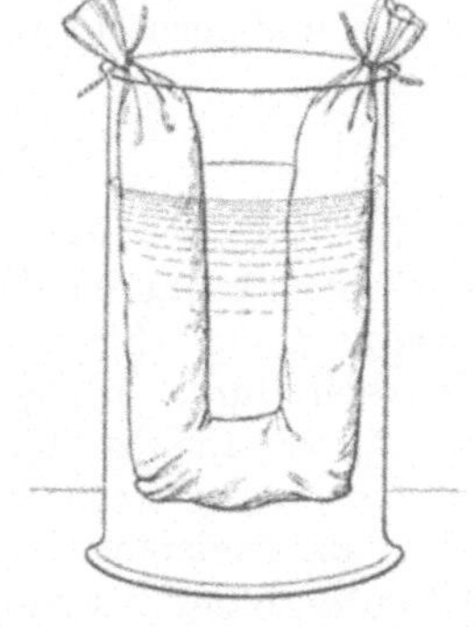

Abb. 131.   Dialyse.

sung (vgl. S. 54), dann erhalten wir deutliche Reduktion, ein Zeichen dafür, daß Zuckermoleküle in die Außenflüssigkeit hinausdiffundiert sind. Dagegen erhalten wir bei Versuch 1 keine Biuretreaktion (vgl. S. 73). Das Eiweiß ist ein Kolloid. Es diffundiert nicht durch tierische Membranen hindurch. Haben wir in die Dialysierschläuche genau abgemessene Flüssigkeitsmengen gegeben, dann können wir am Schlusse der Versuche leicht feststellen, daß eine Verdünnung ihres Inhaltes stattgefunden hat. Ferner können wir bei Versuch 1 das gesamte zugesetzte Eiereiweiß wieder gewinnen, während bei Versuch 2 und 3 im Dialysierschlauch die Menge der zugesetzten Substanzen genau um den dialysierten Anteil abgenommen hat.

7. Trennung verschiedener Zustandsformen durch Ultrafiltraten.

Ein gewöhnliches glattes Papierfilter wird nach Wo. Ostwald in einem gut passenden Trichter dicht angelegt und dann mit heißem Wasser angefeuchtet. Man stellt sich dann eine 4 $\%$ige ätherische Kollodiumlösung her und gießt dann etwa 25 ccm in das feuchte Filter. Durch rasches Drehen des Trichters wird eine erste Kollodiumschicht auf dem Papier hergestellt. Man muß genau aufpassen, damit nicht verschieden dicke Schichten entstehen. Das überflüssige Kollodium wird ausgegossen. Man achte besonders darauf, daß in der Spitze des Filters kein Kollodiumtröpfchen verbleibt. Man läßt nun die Kollodiumschicht etwa 10 Minuten lang an der Luft trocknen. Man entfernt dazu das Filter aus dem Trichter für so lange Zeit. Nun wiederholt man das Aufgießen der angewärmten Kollodiumlösung. Gießt wieder von der überflüssigen Lösung ab, nachdem man eine zweite Kollodiumschicht erzeugt hat. Man läßt wieder an der Luft trocknen und taucht dann das Filter in destilliertes Wasser ein.

Nun gießen wir auf das Filter eine Kongorot-, eine Hämoglobin- usw. lösung und prüfen, ob kolloide Teilchen durch das Filter hindurch gehen.

8. Versuche über Adsorption.

Wir bereiten uns eine 0,15 $\%$ige, wäßrige Lösung von Methylenblau-chlorhydrat medicinalis (Merck). Wir geben zu 20 ccm dieser Lösung 0,1 g Carbo medicinalis (Merck). Wir schütteln um und filtrieren durch ein gewöhnliches Filterchen. Das Filtrat ist farblos. Es können auch andere gefärbte Lösungen zur Verwendung kommen.

Zur quantitativen Bestimmung der Adsorption verwenden wir zum Beispiel Essigsäure. Wir stellen uns eine Lösung bestimmter Konzentration her. Wir stellen ihren Gehalt durch Titration mittels Natronlauge und Phenolphtalein fest. Es lassen sich nun nach zwei Gesichtspunkten Versuche durchführen. Wir können bei Verwendung der gleichen Menge Essigsäure im gleichen Volumen Wasser den Einfluß der Tierkohlenmenge auf die Menge der adsorbierten

Essigsäure feststellen, oder aber wir verwenden gleiche Tierkohlen-
mengen und verschiedene Essigsäurekonzentrationen. Wir führen die
Versuche in Erlenmeyerkölbchen oder in kleinen Stöpselflaschen
durch. Wir schütteln die Lösung mit der abgewogenen Menge Tierkohle wiederholt durch und filtrieren nach einer Stunde ab. In
einem abgemessenen Teil des Filtrates stellen wir durch Titration
den Verlust an Essigsäure fest. Der Unterschied zwischen der Essigsäuremenge, die wir angewandt haben, und der wiedergefundenen
ergibt die adsorbierte Menge Essigsäure. Ferner können wir feststellen, ob die Adsorption reversibel ist. Wir spülen die abfiltrierte
Tierkohle mit destilliertem Wasser in ein Kölbchen und füllen auf
ein bestimmtes Volumen auf, filtrieren nach nach einiger Zeit und
stellen die Menge Essigsäure fest, die sich in der Lösung befindet.

Wir können einen gleichen Versuch zum Beispiel mit einer Zuckerlösung durchführen. Schließlich prüfen wir die Adsorption von
Essigsäure und Traubenzucker, wenn beide zugleich zugegen sind.
Wir verwenden zum Beispiel 50 ccm 0,1 n-Essigsäure $+$ 5 ccm
Wasser $+$ 2 g Tierkohle, ferner 50 ccm einer 1 $^0/_0$igen Trauben-
zuckerlösung $+$ 5 ccm Wasser $+$ 2 g Tierkohle. Endlich verwenden
wir 50 ccm Wasser, in denen Traubenzucker und Essigsäure in der
gleichen Konzentration vorhanden sind, wie bei den beiden ersten
Versuchen und geben ebenfalls 2 g Tierkohle zu. Wir prüfen jedes-
mal, wieviel von den zugesetzten Stoffen nach Zusatz der gleichen
Menge Tierkohle noch vorhanden ist, bzw. wieviel von ihnen zur
Adsorption gekommen ist.

9. Bestimmung der inneren Reibung einer Lösung (Viskosität).

Wir verwenden zu dem Versuch den in Abbildung 132 dargestellten
Apparat. (Viskosimeter nach Wilhelm Ostwald). Um den Einfluß der Temperatur auszuschalten, werden die Messungen im Wasserbade ausgeführt, das bei konstanter
Temperatur gehalten wird. Die auf ihre innere Reibung zu vergleichenden Lösungen müssen in genau
der gleichen Menge verwendet werden. Man füllt
zunächst mittels einer Pipette in das Rohr A soviel
Wasser ein, daß die Kugel B eben gerade damit
angefüllt ist. Jetzt bläst man vom Rohr A aus die
Flüssigkeit in den Schenkel C bis über die Marke 1
hinaus. Die Flüssigkeit muß jetzt noch gerade in
die Kugel B hineinreichen. Es sind ungefähr 5 ccm
Flüssigkeit notwendig, folglich verwenden wir für
jeden Versuch genau 5 ccm. Man nimmt nunmehr
eine Stoppuhr, die $^1/_5$ Sekunden anzeigt, zur Hand,
und läßt die Flüssigkeit im Rohr C fallen, bis die
Marke 1 erreicht ist. In dem Augenblick wird die
Stoppuhr angelassen und wieder abgestellt, wenn
die Marke 2 eben erreicht ist. Man drückt hierauf

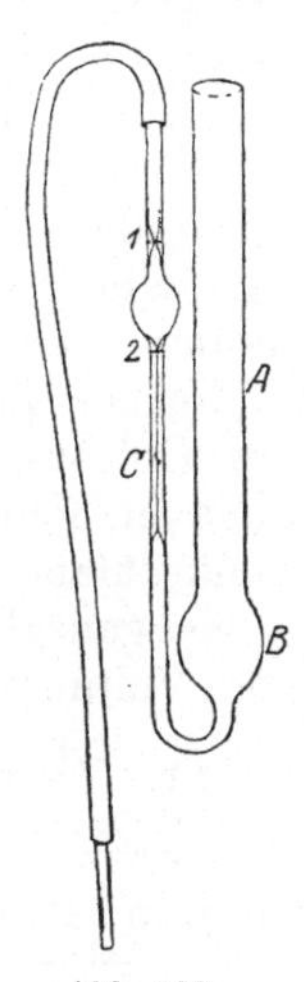

Abb. 132.

13*

die Flüssigkeit wieder bis auf die Marke 1 herauf und wiederholt die ganze Bestimmung. Wir vergleichen zum Beispiel die Viskosität von Wasser mit derjenigen von Serum. Wir verwenden ferner eine Gelatinelösung für sich und ferner eine gleichkonzentrierte Lösung, der wir steigende Mengen Salzsäure bzw. Natronlauge zugesetzt haben.

Für die Bestimmung der Viskosität ist in jedem Falle notwendig:

1. Bestimmung des Wasserwertes (Ausflußzeit des reinen Wassers), z. B. mit 5 ccm Wasser;
2. Bestimmung der Ausflußzeit der Lösung eines gegebenen Stoffes gleichfalls mit 5 ccm.

$$\text{Die Viskosität } \eta \text{ ist dann} = \frac{\text{Ausflußzeit der Lösung}}{\text{Ausflußzeit des Wassers}}.$$

10. Versuche über Quellung.

Wir schneiden aus einer etwa 1 mm dicken Gelatineplatte sechs Streifen von 5 cm Länge und $^1/_2$ cm Breite. Je einen Millimeterstreifen geben wir in Reagenzgläsern erstens zu 20 ccm Wasser, zu 20 ccm Salzsäure (0,1 n-HCl), zu 20 ccm Essigsäure der gleichen Konzentration, zu 20 ccm einer 5 $^0/_0$igen Harnstofflösung und zu 20 ccm 0,1 normaler Natronlauge. Nach 24 Stunden messen wir die Länge der Gelatinestreifen.

In weiteren Versuchen prüfen wir die optimale Wasserstoffkonzentration, d. h. die Konzentration, bei der die Quellung am stärksten ist. Wir vergleichen verschiedene Säuren untereinander und prüfen, ob nur die Wasserstoffionen für den Quellungsgrad maßgebend sind.

Nach dem Vorgang von Martin H. Fischer gießen wir eine 6 $^0/_0$ige Gelatinelösung in eine Kristallisierschale aus und lassen sie erstarren. Mittels einer Pravazspritze oder einer sonstigen Injektionsnadel injizieren wir in die Gelatinemasse Ameisensäure oder Essigsäure, und zwar nur ganz geringe Mengen. Es wird dann auf die Gelatine Wasser gegossen. Man bemerkt dann schon 1 bis 2 Stunden nach dem Abgießen des Wassers, daß die Gelatine an den Stellen, an denen die Säure eingespritzt worden ist, stärker gequollen ist.

Ferner prüfen wir den Einfluß von Salzen auf die Quellbarkeit von Gelatine. (Hofmeistersche Reihen). Sehr geeignet zu Quellungsversuchen ist auch Kautschuk. Wir schneiden einen Kautschukschlauch oder Kautschukmembrane in Streifen und bringen sie in Reagenzgläsern in Wasser, Chloroform, Toluol und verfolgen, ob eine Volumenzunahme stattfindet.

11. Zeitreaktionen bei Kolloiden nach Vorländer[1]).

Versuch 1. Man gibt zu gleichen Volumina einer stark verdünnten Ferrozyankaliumlösung (0,04 Gramm krist. Salz im

---

[1]) Privatmitteilung.

Liter) in Bechergläsern verdünnte Salzsäure verschiedener Konzentration, und zwar stets gleiche Volumina. Eine Probe bleibt ohne Salzsäurezusatz und wird zum Vergleich mit dem entsprechenden Volumen Wasser verdünnt. Fügt man nun zu allen Proben einige Tropfen einer sehr verdünnten, lichtgelben Ferrichloridlösung, so zeigt es sich, daß die Lösungen sich um so langsamer blau färben, je konzentrierter die Salzsäure ist. Essigsäure beeinflußt die Reaktion viel weniger als Salzsäure oder Schwefelsäure (Wirkung der Wasserstoffionen auf die Bildungsgeschwindigkeit des Berlinerblaus). Man verfolge die Reaktion nach Zusatz des Eisenchlorids mit Hilfe eines Metronoms oder einer Uhr und notiere sich die Zeiten.

Versuch 2. Wir bringen in Bechergläser gleiche Volumina einer verdünnten Lösung von Berlinerblau (sog. lösliches Berlinerblau) und setzen verdünnte Natronlauge verschiedener Konzentration, doch gleiche Volumina hinzu. Die Färbung verschwindet um so rascher, je konzentrierter die Lauge ist. Sodalösung und Ammoniak wirken viel langsamer als Kalilauge oder Natronlauge, und diese wirken wieder langsamer als Barytwasser (Einfluß der Hydroxylionen auf die Zersetzungsgeschwindigkeit des Berlinerblaus).

Versuch 3. Man vermischt eine Lösung von Berlinerblau mit etwas verdünnter Ammoniaklösung oder auch mit sehr verdünnter Natronlauge und verteilt die Lösung in verschiedene Bechergläser. Die im Gang befindliche Reaktion wird bei Zusatz von gepulvertem Chlornatrium stark beschleunigt und durch Chlorammonium stark verzögert. Sie verläuft mit Chlorbarium äußerst rasch (katalytische Wirkung verschiedener Kationen).

Versuch 4. Man stelle die gleichen Versuche, wie bei 2 und 3 mit einer kolloiden Lösung von Arsentrisulfid an, die durch Einleiten von Schwefelwasserstoff in eine kalte, wässerige Lösung von Arsenik erhalten wird. Der Verlauf der Zeitreaktion mit Alkalien ist an der Entfärbung der dunkelgelben Lösung zu beobachten.

9. Versuche über Diffusion in Gallerten (nach Liesegang).

Bereitung der Gallerte: Wir verwenden dazu käufliche Gelatineblätter. Sie werden zuerst von in Wasser löslichen Verunreinigungen befreit, indem man sie wiederholt mit destilliertem Wasser auswäscht. Zu der gequollenen Gelatine gibt man die nötige Wassermenge (am besten verwendet man eine 10prozentige Gelatinelösung) und erwärmt auf etwa 40°. Dabei geht die Gelatine in Lösung. Nunmehr gießt man die Gelatinelösung unter Vermeidung von Luftblasen in Reagenzgläser. Diese werden zur Hälfte mit ihr angefüllt.

Versuch 1. Man überschichtet die Gelatinegallerte mit 1prozentiger Kaliumbichromatlösung. Man beobachtet nun die Schnelligkeit der Diffusion der gefärbten Substanz in der Gelatine. Nach 20 Stunden erstreckt sich die Färbung der Gelatine etwa 18 mm weit, nach 160 Stunden 50 mm weit. Die Diffusion ist am Anfang außerordentlich viel rascher als später.

Versuch 2. Zu 15 ccm einer 10prozentigen Gelatinelösung gibt man vor dem Erstarren 0,4 Prozent Silbernitratlösung und überschichtet nach dem Erstarren mit 7 ccm einer 5prozentigen Kochsalzlösung. Der Versuch wird im Dunkeln aufbewahrt. Nach 12 Stunden reicht die Trübung etwa 18 mm weit. Sie rückt dann langsam weiter vor.

Bei beiden Versuchen beobachten wir die Diffusionsgeschwindigkeit. Selbstversändlich können die Zeiten der Beobachtung ganz verschieden lang gewählt werden. Der Versuch wird an einem Tag angestellt und am nächsten und den folgenden Tagen das Fortschreiten der Diffusion verfolgt. Sehr zweckmäßig ist die Niederlegung der Beobachtungen in Form einer Kurve. Wir tragen auf der Ordinate die Millimeter des Fortschreitens der Trübung auf und auf der Abszisse die Zeit in Stunden.

Versuch 3. Die Gelatine wird auf Glasplatten ausgegossen. Wir verwenden 15—25 ccm einer 5- bis 10prozentigen warmen Gelatinelösung und gießen diese auf eine Glasplatte vom Format z. B. 13:18 cm aus. Nach dem Erstarren bringen wir $^1/_2$ ccm einer 10prozentigen Kochsalzlösung in Tropfenform auf die Mitte der Platte. Es dringt das Salz nach allen Seiten gleichmäßig in die Schicht ein. Um festzustellen, wie weit nach einigen Stunden das Kochsalz vorgedrungen ist, übergießt man die Platte nach Wegnahme des Tropfenrestes mit Filtrierpapier mit einer Silbernitratlösung. Man erkennt jetzt ohne weiteres an der Chlorsilbertrübung, wie weit das Kochsalz nach allen Seiten vorgedrungen ist. Der Versuch kann auch so ausgeführt werden, daß man der Gelatine vor dem Erstarren etwas Silbernitratlösung zufügt.

Versuch 4. Es werden 15 ccm einer 10prozentigen Gelatinelösung mit 3 ccm einer 2prozentigen Kochsalzlösung gemischt. Dann bringt man auf das erstarrte Gemisch auf der Platte in einem Abstand von 4 cm 2 Tropfen von je 0,2 ccm einer 20prozentigen Silbernitratlösung. Es entsteht Chlorsilber in Kreisform um jeden Tropfen. Haben sich die Kreise beider Tropfen auf etwa 1 cm genähert, dann wachsen sie rasch aufeinander zu. Die Ursache dieser Erscheinung bildet die durch Diffusion eintretende Verarmung an Kochsalz, wodurch ein rascheres Vordringen der Silbernitratlösung ermöglicht wird. Sie tritt zwischen den beiden Chlorsilberkreisen deshalb ein, weil ein Zuwandern von Kochsalz bzw. Cl-Ionen aus größerer Entfernung vermindert ist.

Vierter Teil.

Physikalische und physiologische Methoden.

1. Funktionen des Verdauungsapparates mit seinen Drüsen.

Sekretion des Speichels.

Die Versuche werden an einem Hunde ausgeführt, bei dem die Mündung des Ausführungsganges der Glandula Parotis oder einer anderen Speicheldrüse mit einem Stückchen Wangenschleimhaut auf die äußere Haut verpflanzt ist. Zunächst stellen wir fest, daß aus der Fistel nur ganz wenig Speichel ausfließt. Wir fangen ihn in einem Reagenzglas mit Hilfe der aus Abb. 133 erkennbaren Apparatur auf. Jetzt führen wir 5 Gramm möglichst trockenes Fleischpulver in die Mundhöhle ein. Diese 5 Gramm entsprechen 25 Gramm feuchten Fleisches. Wir kontrollieren mit der Uhr in der Hand das Ausfließen des Speichels. Nach jeder Minute wird das Reagenzglas gewechselt. Man benutzt hierzu am besten kalibrierte Reagenzgläser. Am Schluß der ersten Minute sind z. B. 2 ccm Speichel abgeflossen. Nach der zweiten Minute beobachten wir 0,8 ccm Speichel, nach der dritten 0,4 ccm. Zusammen 3,2 ccm Speichel.

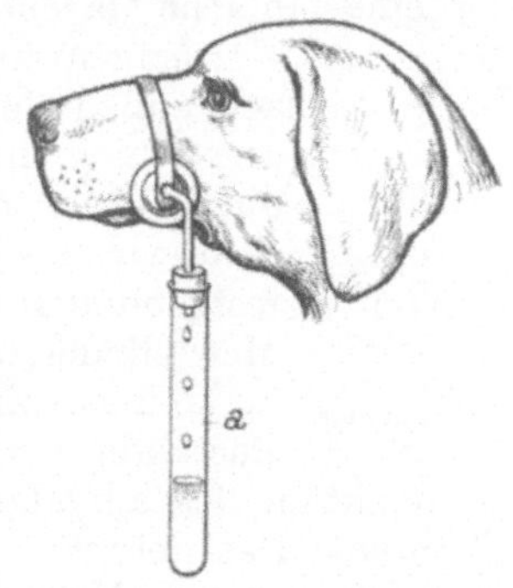

Abb. 133.　Speichelsekretion.

Nun wiederholen wir, nachdem die Sekretion wieder gering geworden ist, den gleichen Versuch, nur geben wir diesmal zu den 5 Gramm trockenen Fleisches 20 ccm Wasser hinzu. Wir beobachten, daß nach der ersten Minute z. B. 0,8 ccm Speichel ausfließen, nach der zweiten Minute 0,1 ccm und nach der dritten Minute nur noch 0,05 ccm, zusammen 0,95 ccm Speichel.

Wir warten wieder ab, bis wenigstens innerhalb 5 Minuten keine größere Speichelmenge ausgeflossen ist, und verabreichen nunmehr 20 Gramm des rohen Fleisches. Nach der ersten Minute fließen z. B. 0,6 ccm Speichel aus, nach der zweiten Minute 0,1 ccm, und nach der dritten Minute findet überhaupt kein Speichelfluß mehr statt. Im ganzen sind 0,7 ccm Speichel ausgeflossen.

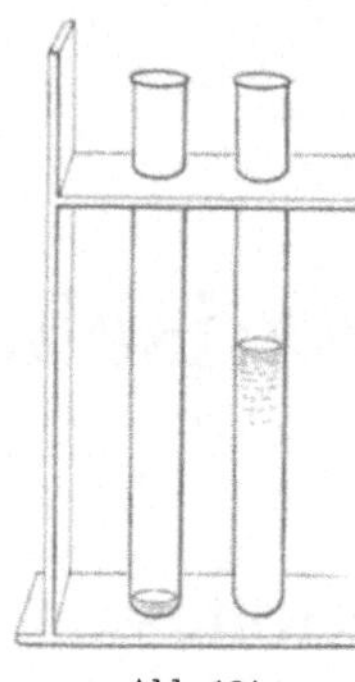

Abb. 134.
Absonderung von
Speichel.

Nach einiger Zeit bringen wir etwas verdünnte Essigsäure auf die Zunge und beobachten, daß nunmehr bald eine starke Sekretion einsetzt, sog. Verdünnungsspeichel (vgl. Abb. 134). Das erste Reagenzglas zeigte die Speichelabsonderung bei Ruhe, Reagenzglas 2 nach Auftupfen von Essigsäure.

Gleichzeitig können wir an dem aufgefangenen Speichel seine Eigenschaften studieren. Wir sehen, daß der Speichel Eiweiß (u. a. Mucin) enthält. Ferner können wir durch Eindampfen und Glühen des Rückstandes nachweisen, daß Aschenbestandteile vorhanden sind. Über Diastase- und Rhodanammonnachweis vgl. S. 62 und 142.

Endlich zeigen wir dem Hund ein Stück Fleisch. Wir beobachten, daß der bloße Anblick dieses Nahrungsmittels Speichelsekretion hervorruft.

Sekretion des Magensaftes.

Wir verfolgen die Sekretion des Magensaftes an einem Hunde, der eine einfache Magenfistel besitzt. Durch eine Öffnung der Bauchdecke und der Magenwand ist eine Kanüle (Abb. 135) durchgeführt. Diese ist nach außen durch einen Korkstopfen verschlossen. Bei der

Abb. 135.
Magenkanüle.

Anstellung der Versuche wird der Verschluß entfernt und ein Trichter unter die Öffnung der Kanüle gebracht, nachdem wir das Versuchstier in einem Gestell (vgl. Abb. 136) festgebunden haben. Den Trichter verbinden wir mit einem Meßzylinder, um die ausfließende Menge Magensaftes messen zu können. Zunächst stellen wir fest, daß im nüchternen Zustande nur ganz wenig Flüssigkeit ausfließt. Wir prüfen die Reaktion des aufgefangenen Saftes. Sie ist neutral oder schwach alkalisch. Das Sekret besteht zum größten Teil aus Schleim. Nun wechseln wir den Meßzylinder und zeigen dem Hund unter gleichzeitiger Feststellung der Zeit Fleisch. Nach etwa 5—6 Minuten setzt die Sekretion von Magensaft auf einmal ein. Wir wechseln alle 10 Minuten das Auffangegefäß. Wir beobachten, daß zunächst die Menge des Magensaftes ein Maximum erreicht und dieses dann längere Zeit beibehalten wird (Abb. 137). Während dieser Zeit zeigen wir dem Hund eine Katze. Der Hund wird dabei außerordentlich erregt. Wir bemerken, daß die Sekretion des Magensaftes plötzlich aufhört.

Sie kommt auch in der nächsten Zeit nicht mehr in Gang. Vgl. Abb. 138 und 139.

Abb. 138 zeigt das Versiegen der Magensaftabsonderung nach erfolgtem Zornausbruch, veranlaßt durch das Erscheinen einer Katze.

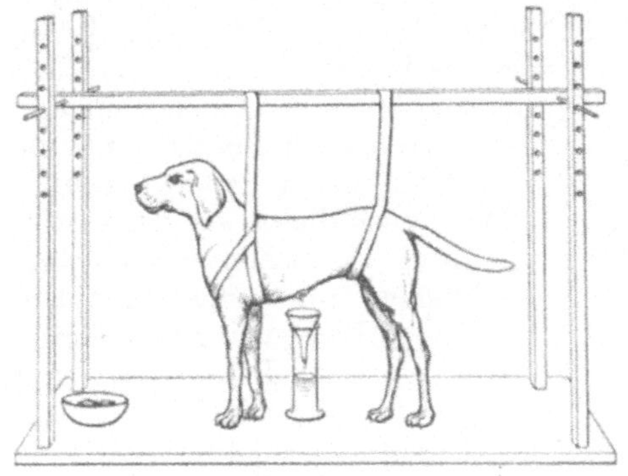

Abb. 136.
Hund mit Magenfistel.

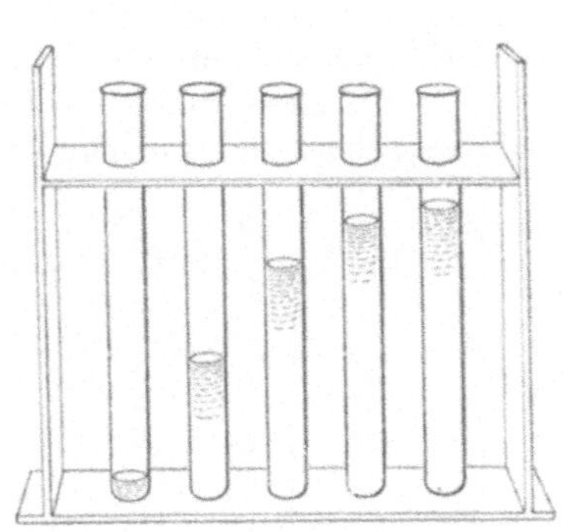

Abb. 137. Absonderung von Magensaft
nach Fütterung von Fleisch.

In Abb. 139 sind die von 10 zu 10 Minuten gesammelten Mengen Magensaftes nach Verabreichung von Fleisch dargestellt. Das sechste Reagenzglas zeigt die Menge an Magensaft nach erfolgtem Zornausbruch.

Einem anderen Magenfistelhund geben wir Fleisch zu fressen und stellen hierbei ebenfalls fest, daß nunmehr die Magensaftsekretion rasch

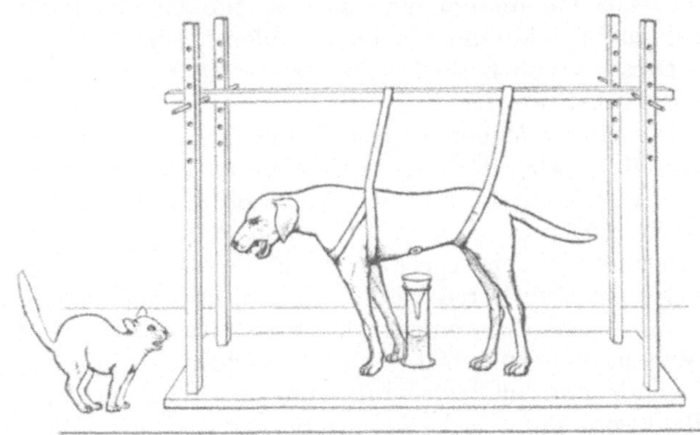

Abb. 138   Aufhören der Absonderung des Magensaftes nach Zornausbruch.

in Gang kommt. Aus der Fistel heraus nehmen wir nach einiger Zeit mittels einer Pinzette einige Stückchen von dem aufgenommenen Fleisch. Wir können feststellen, daß es schon stark verändert ist. Seine rote Farbe ist in Braun bis Grau übergegangen. Das Fleisch sieht zum Teil auch ganz schleimig aus. Wenn wir ein Stückchen davon mit Wasser auskochen, dann erhalten wir in dem wässerigen

Auszuge mit Natronlauge und Kupfersulfatlösung Biuretreaktion (vgl. S. 73). Es haben sich Peptone gebildet. Bei dieser Gelegenheit prüfen wir auch die Reaktion des Magensaftes. Sie ist infolge des Gehaltes an Salzsäure sauer. Ferner können wir in den vorher filtrierten Magensaft ein Stückchen eines hartgekochten Eies bringen und feststellen, daß dieses allmählich in Lösung geht. (Vgl. S. 76.)

Endlich stellen wir mit zwei Magenfistelhunden folgenden Versuch an: Wir führen durch die Fistelöffnung bei beiden Hunden, ohne daß sie es sehen und riechen können, je ein Stückchen Fleisch ein. Sie sind an einem Faden befestigt. Wir lassen diesen aus der Fistelöffnung heraushängen und verschließen nun die Kanülenöffnung. Den einen Hund führen wir aus dem Raume fort und zeigen ihm draußen Fleisch, ohne daß wir ihm solches zu fressen geben. Nach zwei Stunden ziehen wir mit Hilfe des Fadens die Fleischstückchen wieder heraus. Wir stellen fest, daß das Fleisch bei dem Hund, der kein solches zu sehen bekommen hat, zum

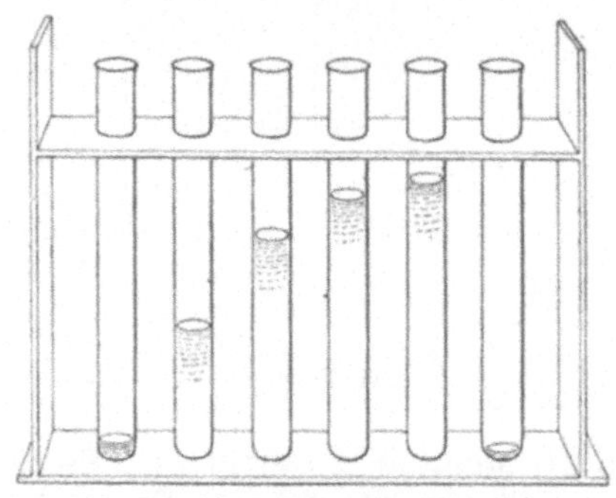

Abb. 139. Absonderung von Magensaft.

großen Teil noch keine Veränderungen zeigt, während es bei dem Tier, dem wir es gezeigt haben, fast völlig verdaut ist. Der Anblick des Fleisches hat bei diesem eine sehr starke Sekretion von Magensaft hervorgerufen, während sie beim anderen Hunde eine nur spärliche ist. Dieser Versuch darf selbstverständlich nur an nüchternen Hunden ausgeführt werden.

Geben wir einem Magenfistelhund Fleisch oder Milch zu fressen, dann beobachten wir, daß die ausfließende Flüssigkeit vollständig farblos ist. Sie wird bald mit den Abbauprodukten der betreffenden Proteine vermischt sein. Geben wir Milch, dann können wir gleichzeitig die Gerinnung, hervorgerufen durch das Labferment, feststellen. Wenn wir jedoch dem Versuchstiere eine an Fett sehr reiche Nahrung verabreichen, es z. B. Schweinespeck fressen lassen, dann ist der ausfließende Magensaft grün gefärbt. Unterschichten wir eine Probe dieses Magensaftes mit konzentrierter Salpetersäure, dann erhalten wir eine positive Reaktion auf Gallenfarbstoffe (vgl. S. 80). Die reichliche Zufuhr von Fett hat bewirkt, daß Inhalt aus dem Duodenum in den Magen zurückgetreten ist.

Sekretion des Pankreassaftes.

Wir benutzen einen nach Pawlow operierten Hund. Die Papille des Hauptausführungsganges der Pankreasdrüse ist mit einem rautenförmigen Stück der Duodenalschleimhaut auf die äußere Haut verpflanzt worden. Nach Verheilung wurde die Schleimhaut durch Betupfen mit Argentum nitricum vollständig zerstört. Wir setzen auf die Fistelöffnung einen Trichter und verbinden diesen mit einem Meßzylinder. Zunächst beobachten wir, daß aus der Fistel fast gar kein Saft herauskommt. Nun zeigen wir dem Versuchshunde Fleisch. Nach kurzer Zeit fließt aus der Fistelöffnung ein klarer Saft. Wir können auch hier zeigen, daß die Sekretion sofort aufhört, wenn wir dem Hund Ärger bereiten. Fügen wir zu dem Saft gekochtes Eiereiweiß, dann beobachten wir, daß dieses nicht angegriffen wird. Der sezernierte Pankreassaft ist dann, wenn der letzte Rest der transplantierten Darmschleimhaut zerstört worden ist, vollständig inaktiv, d. h. das Trypsin ist in Form des sog. Zymogens vorhanden. Nun setzen wir etwas Darmsaft zu dem inaktiven Pankreassaft hinzu. Die im Darmsaft enthaltene Enterokinase aktiviert das Trypsinzymogen. Nun sehen wir, daß das Eiereiweiß zu Pepton abgebaut wird. Gleichzeitig werden einzelne Aminosäuren frei (Tyrosinabscheidung, Bromreaktion auf freies Tryptophan, vgl. S. 74, 78).

Versuche am überlebenden Darm.

Am besten eignet sich zu den Versuchen die Katze oder das Kaninchen. Man narkotisiert diese Tiere mit Äther und entblutet sie dann in Narkose. Sofort nach Aufhören der Atmung wird die Bauchhöhle

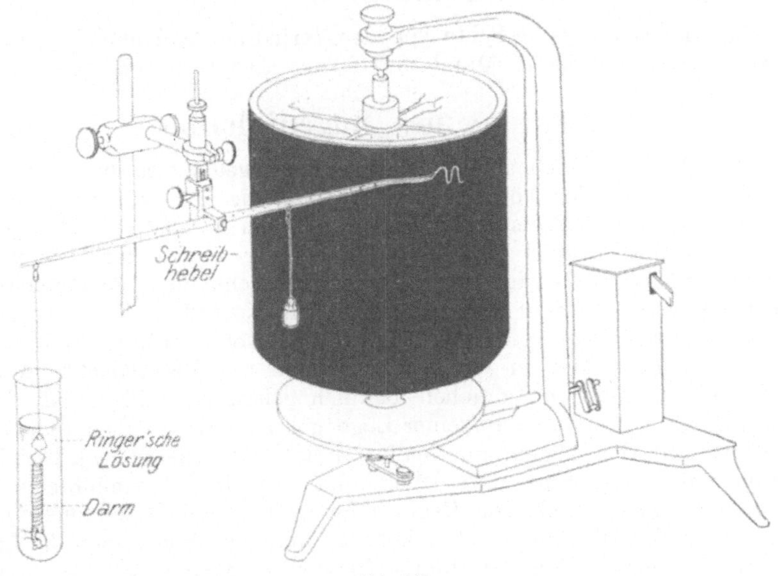

Abb. 140.

eröffnet und der gesamte Dünndarm vom Mesenterium abgelöst. Bei der Katze wird der Dünndarm beim Übertritt in den Dickdarm durchschnitten und dann mit einem kräftigen Zug vom Mesenterium getrennt. Beim Kaninchen muß man, um Zerreißung des Darmes zu verhüten, die Abtrennung des Mesenteriums mit Hilfe einer Schere herbeiführen. Dann wird der Darm sofort in eine Schale mit körperwarmer Ringerscher Flüssigkeit gelegt, durch welche Sauerstoff hindurchperlt. Die Ringersche Flüssigkeit besteht aus folgenden Bestandteilen: 0,03 Prozent Natrium bicarbonicum, 0,024 Prozent Chlorkalzium, 0,042 Prozent Chlorkalium, 0,9 Prozent Kochsalz. Die Salze müssen in der erwähnten Reihenfolge zur Lösung gebracht werden. Man sieht, wie in der Ringerschen Flüssigkeit der Darm bald in lebhafte Bewegung gerät. Um seine Bewegungen zu registrieren, schneidet man ein 5 bis 10 cm langes Darmstück ab und befestigt es am einen Ende an einem feststehenden Häkchen, während das andere Ende mit einem Schreibhebel in Verbindung gebracht wird. Jede Zusammenziehung des Darmstückes bewirkt eine Erhebung des Hebels. Wir können die Bewegung des Darmes registrieren, indem wir den Schreibhebel diese auf eine berußte Fläche übertragen lassen. Der in Abb. 140 abgebildete Apparat dient zu derartigen Beobachtungen. Fügen wir der Lösung Cholin oder noch besser Azetylcholin zu, dann tritt sofort eine starke Beschleunigung der Bewegung der Darmmuskulatur ein. Ganz entsprechend ist die Versuchsanordnung, wenn wir die Bewegung des Enddarmes oder des Ösophagus studieren wollen.

Schluckakt.

Man beobachte beim Schlucken das Verhalten des Kehlkopfes und versuche, bei geöffnetem Mund und ferner „leer" zu schlucken.

Schichtung des Mageninhaltes.

Ein Meerschweinchen, das 24 Stunden gehungert hat, erhält $2^1/_2$ Stunden vor der Tötung eine Nahrung, die aus gefärbtem Kartoffelbrei besteht. Er ist mittels Gentianablau gefärbt. Nach einer weiteren Stunde geben wir dem Versuchstier wieder Kartoffelbrei, der dieses Mal mit Bordeauxrot gefärbt ist. Schließlich verabreichen wir nach einer weiteren Stunde ungefärbten Kartoffelbrei. Nun wird das Meerschweinchen getötet, die Bauchhöhle sofort eröffnet und nunmehr das ganze Tier in einem Blechkasten mit Eis bedeckt. Man muß bei dem ganzen Vorgehen peinlich genau vermeiden, daß der Mageninhalt irgendwie aus seiner Lage gebracht wird. Nachdem das Tier mitsamt dem Magen durchgefroren ist, wird dieser nach Durchsägung von Ösophagus und Duodenum aus der Bauchhöhle entfernt (man kann auch vor Beginn der Abkühlung Ösophagus und Duodenum durchtrennen). Man beachte nunmehr von außen die Lagerung der verschieden gefärbten Schichten im Magen und lege dann mittels einer Säge einen Querschnitt durch den Magen samt Inhalt an. Das Ergebnis des Versuches wird in einer Zeichnung festgehalten.

Bei dieser Gelegenheit wird auf die starke Füllung des Magens hingewiesen und demonstriert, wie wenig Chymus der Darm enthält.

Demonstration eines Hunde-, Pferde-, Rinder- und Vogelmagens.

Der Hundemagen wird als Typus des Fleischfressermagens gezeigt. Sein Inhalt reagiert sauer. Die Magenhöhle ist einheitlich. Beim Pferdemagen erkennt man ohne weiteres zwei Teile: einen, dem Ösophagus sich anschließenden Teil, der keine Schleimhaut besitzt. Ihm folgt dann ganz scharf abgegrenzt der die eigentliche Magenschleimhaut tragende Anteil. Man prüfe mit blauem Lackmuspapier den Inhalt beider Teile des Magens!

Der Rindermagen ist besonders interessant! Wir suchen den Ösophagus auf und schneiden ihn auf, durchtrennen dann die Kardia und verfolgen die Schlundrinne auf ihrem kurzen Weg durch den Vormagen zum Blätter- und zum Labmagen. Wir schneiden dann den Vormagen auf und den Netzmagen und betrachten die Beschaffenheit der Innenwand und des Inhalts. Dann eröffnen wir den Blättermagen und bewundern seine Einrichtung. Wir blättern in ihm und erkennen seine Funktion als Trockenapparat (Preßfilter). In allen diesen Magenteilen ist die Reaktion alkalisch. Sie wird erst im eigentlichen Magen — Labmagen — sauer. Wir vergleichen die Beschaffenheit des Inhalts der einzelnen Magenteile und insbesondere des Labmagens.

Den Vogelmagen betrachten wir bei einem Körnerfresser (z. B. Taube). Wir erblicken einen mit sehr kräftiger Muskulatur ausgestatteten sog. Muskelmagen. Im Innern trägt er eine Hornschicht. Seine Funktion wird ohne weiteres klar.

2. Blut.

Blutgerinnung.

1. Spontane Gerinnung. Ihre Verhinderung.

Wir entnehmen einem Kaninchen Blut aus der Karotis (vgl. S. 228) und lassen es in ein Reagenzglas hineinlaufen. Ein zweites Reagenzglas gießen wir vorher mit Paraffin aus. In ein drittes geben wir 0,1 Gramm Ammoniumoxalat (auch Fluornatrium können wir verwenden) auf 10 ccm Blut, und in ein viertes eine Spur von Hirudin. Im Reagenzglas 1 tritt sehr bald Gerinnung ein. Es ist gleichmäßig mit einer gallertartigen Masse ausgefüllt. Nach einigem Stehen beobachten wir, daß eine Flüssigkeit ausgepreßt wird. Der Blutkuchen zieht sich zusammen. Die austretende Flüssigkeit ist das Serum. Der Blutkuchen besteht aus Fibrin, das in seinen Maschen die Formelemente des Blutes festhält. Im paraffinierten Reagenzglas ist das Blut noch flüssig. Nun werfen wir ein Körnchen Staub hinein und beobachten, daß plötzlich Gerinnung eintritt.

Durch den Zusatz des Ammoniumoxalats haben wir im dritten Reagenzglas das für die Gerinnung notwendige Kalzium ausgefällt. Das Blut bleibt ungeronnen. Das gleiche ist der Fall bei dem Reagenzglas 4. Das aus Blutegeln gewonnene Hirudin verhindert die Gerinnung. In beiden Reagenzgläsern beobachten wir, daß nach einiger Zeit die roten Blutkörperchen sich senken. Über ihnen erscheint eine gelbgefärbte, klare Lösung. Es ist dies das Plasma des Blutes.

Beobachtung der spontanen Blutgerinnung beim Pferdeblut. Hier sehen wir, daß nach eingetretener Gerinnung zunächst das ganze Gefäß gleichmäßig mit einer elastischen, gallertartigen Masse ausgefüllt ist. Im oberen Teil des Gefäßes sieht die geronnene Masse hellgelb und durchscheinend aus. Nur an einigen Stellen beobachten wir undurchsichtige, weiße Flecken. Eine weitere Schicht hat eine blaßrote Farbe, und die noch weiter unten liegende ist tiefrot gefärbt.

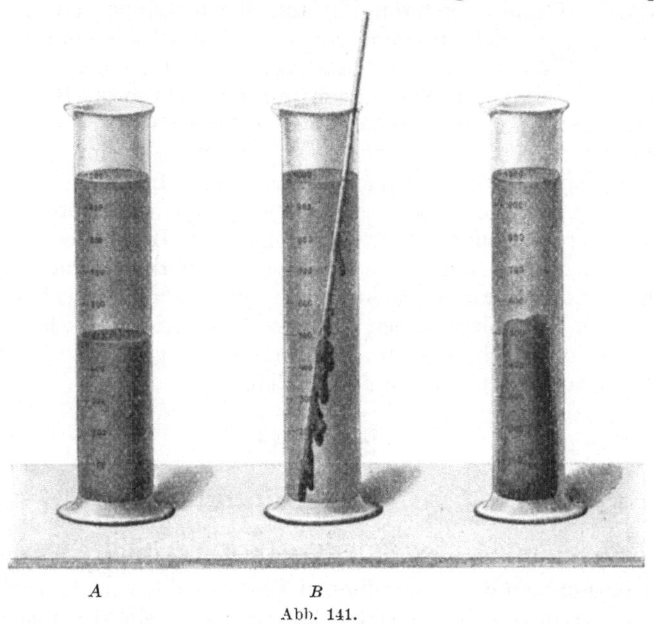

Abb. 141.

Die Ursache dieser Erscheinung beruht auf der Senkung der roten Blutkörperchen, bevor die Gerinnung einsetzte. Unten haben wir die Hauptmasse der roten Blutkörperchen. Die oberste Schicht ist ganz frei von diesen, daher das Fehlen der roten Farbe. An den undurchsichtigen Stellen finden wir eine Anhäufung von Leukozyten. Auch hier beobachten wir das nachfolgende Auspressen des Serums (Abb. 141 C).

2. Gerinnung unter Schlagen des Blutes.

Frisch entnommenes Blut wird in einem Becherglas oder in einer Porzellanschale, am besten mit einem rauhen Holz- oder Fischbeinstab, energisch gerührt. Nach einiger Zeit bemerken wir am Stabe Gerinnsel. Es ist die Bildung eines feinen, die ganze Blutmasse durchziehenden Fibrinnetzes durch das Schlagen verhindert worden. Das gesamte Fibrin hat sich in groben Stücken am Stab abgesetzt (vgl. Abb. 141 *B*; sie zeigt den mit Fibrinmassen versehenen Stab in Wasser getaucht). Das rotgefärbte Fibrin läßt sich durch Waschen mit Wasser leicht von beigemengten roten Blutkörperchen befreien. Es sieht dann ganz weiß aus. Nach Entfernung des Fibrins verbleibt Blut, das aus Serum und im wesentlichen aus roten Blutkörperchen besteht. Derartiges Blut nennen wir **defibriniertes**.

Zählung der roten und weißen Blutkörperchen.

1. Bestimmung der Zahl der roten Blutkörperchen.

Wir zählen die roten Blutkörperchen zunächst zur Einübung in defibriniertem Kaninchenblut[1]). Vor der Entnahme der Proben wird jedesmal gründlich durchgeschüttelt. Die Blutkörperchenzählung wird in einer sog. **Zählkammer** ausgeführt. Diese befindet sich auf einem Objektträger (vgl. Abb. 142 und 143). Auf diesem ist eine dünne Glasplatte aufgekittet. Von ihr ist in der Mitte durch eine Vertiefung eine kreisförmige Scheibe abgegrenzt. Die Fläche dieser Scheibe liegt um genau 0,1 mm tiefer als der übrige Teil der aufgekitteten Glasplatte. In der Mitte dieser runden Fläche befindet sich das sog.

Abb. 142.
Blutkörperchenzählapparat.

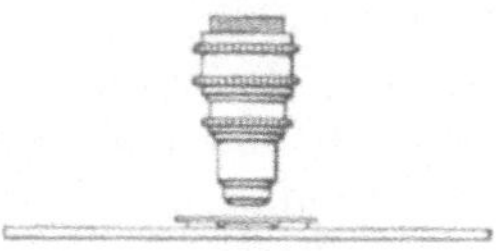

Abb. 143.
Blutkörperchenzählung.

Zählnetz (Abb. 142). Es besteht aus einem eingeätzten Netz von horizontalen und vertikalen Linien. Durch diese werden Quadrate abgegrenzt. Jedes derselben hat eine Bodenfläche von $^1/_{400}$ qmm. Wird über der Zählkammer ein Deckglas genau horizontal so angebracht, daß seine Fläche auf der Glasplatte aufliegt, dann umfaßt, da der Abstand von Deckglas und Zählkammerniveau genau 0,1 mm beträgt, der über jedem einzelnen Quadrate befindliche Raum $^1/_{4000}$ cmm. Würden wir das Blut direkt in die Zählkammer bringen, dann wäre ein Zählen unmöglich, weil die Zahl der roten Blutkörperchen eine viel zu große ist. Die einzelnen Zellen würden sich gegenseitig verdecken. Wir müssen das Blut vorher verdünnen. Dazu benutzen wir eine Mischpipette (vgl. Abb. 144). Wir saugen das gut gemischte Blut bis zur Marke *1*. Dann wird die Öffnung der Pipette sorgfältig abgewischt und nun eine Verdünnungsflüssigkeit nachgesaugt. Wir benutzen als solche die sog.

---

[1]) Die Zahl der roten Blutkörperchen wird vom Kursleiter vor der Zählung durch die Praktikanden festgestellt, so daß sich dann die Resultate leicht kontrollieren lassen.

Hayemsche Flüssigkeit: 0,5 Gramm Sublimat, 5,0 Gramm Natriumsulfat, 1,0 Gramm Kochsalz und 200 Gramm destilliertes Wasser,
oder wir verwenden 0,9prozentige Kochsalzlösung. Von der Verdünnungsflüssigkeit nehmen wir so viel auf, daß die Pipette bis zur
Marke *101* vollständig gefüllt ist. Bis
zur Marke *1* umfaßt die Pipette 1 cmm
Inhalt, bis zur Marke *101* 100 cmm.
Es ist also das Blut 1 : 100 verdünnt
worden. In der Erweiterung der Pipette befindet sich eine Glasperle.

Abb. 144.   Mischpipette.

Sie dient zur gleichmäßigen Verteilung
der roten Blutkörperchen in der Verdünnungsflüssigkeit. Diese
darf nicht durch Schleuderbewegungen in der einen oder anderen Richtung bewirkt werden. Man muß vielmehr die Pipette ununterbrochen und rasch nach allen Richtungen drehen.
Nun wird zunächst nach erfolgter Mischung der Inhalt der
Kapillare der Pipette entfernt, indem man durch den Schlauch
bläst. Er besteht nur aus Verdünnungsflüssigkeit. Auch die
nächsten, bei weiterem Blasen aus der Pipette austretenden
Tropfen benutzen wir nicht zur Zählung, weil sie noch nicht
genau die Zusammensetzung des verdünnten Blutes haben.
Erst dann beschicken wir die Zählkammer. Es wird ein kleiner
Tropfen des verdünnten Blutes auf das Zählnetz gebracht
(Abb. 145) und, um Verdunstung zu vermeiden, sofort das Deckglas
aufgesetzt. Es muß so fest aufgedrückt werden, daß die Newtonschen
Farbenringe auftreten. Es darf keine Spur Flüssigkeit oder Staub
zwischen Deckglas und jener Platte sein, auf der es aufliegt. Ist
z. B. Flüssigkeit übergetreten, dann muß das Präparat sofort von
neuem angefertigt werden. Es würde die Zählung wertlos sein, weil
wir bei unbekanntem Rauminhalt zählen würden. Der Abstand vom
Zählnetz bis zum Deckglas wäre nicht 0,1 mm, sondern mehr. Ist
das Präparat äußerlich in Ordnung, dann wird es sofort unter dem
Mikroskop (Okular *A* und Objekt *C*, Zeiß, Abb. 143) auf etwaige
Luftblasen und sonstige Fehler (ungleichmäßige Verteilung, Staub-
körnchen usw.) untersucht. Man sei gewissenhaft und ver-
werfe jedes Präparat, das nicht frei von Luftblasen usw. ist
und nicht eine gleichmäßige Verteilung der Blutkörperchen
zeigt. Ist alles in Ordnung, so fängt man nach etwa fünf
Minuten mit der Zählung an[1]). Man beginnt am besten

Abb. 145.
Zählnetz.

links oben und zählt die erste vertikale Reihe der Quadrate durch. Dann beginnt man wieder oben bei der zweiten
Reihe usw., bis alle Quadrate durchgezählt sind. Sehr oft liegen
Blutkörperchen auf den Trennungsstrichen der Quadrate. Damit
diese nicht doppelt gezählt werden, muß man ein für allemal bei
sich ausmachen, ob man derartige, auf den Grenzen der Quadrate

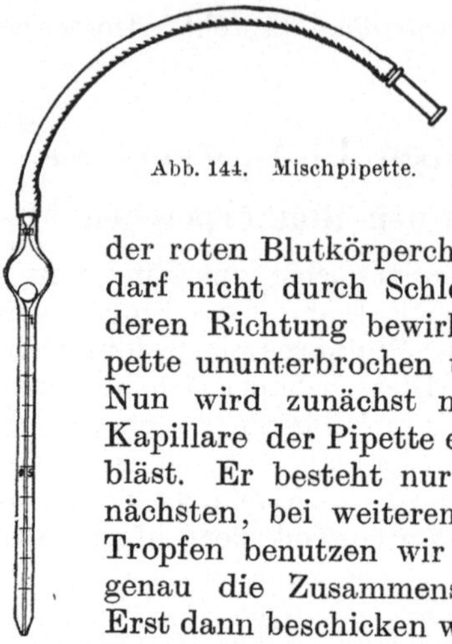

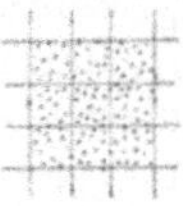

---

[1]) Man muß das Senken der Blutkörperchen abwarten.

liegende Blutkörperchen stets gleich bei dem Quadrat, bei dem man die Zählung vornimmt, mitzählen will, oder aber erst beim folgenden Quadrat. Man wird z. B. beim Beginn der Zählung im ersten Quadrat alle Blutkörperchen, welche sich auf dem rechten vertikalen und dem unteren horizontalen Strich befinden, gleich mitzählen, und dafür dann diese Blutkörperchen beim Zählen des zweiten Quadrates der gleichen Reihe und des ersten der nächsten vertikalen Reihe nicht mehr berücksichtigen.

Zur Einübung verwenden wir Tierblut. Sobald wir mit diesem gute Resultate erhalten haben, beginnen wir mit der Zählung der roten Blutkörperchen beim Menschen. Zu diesem Zwecke setzen wir eine kleine Wunde, nachdem wir die betreffende Hautstelle — am besten eine Fingerkuppe — mit Alkohol und Äther gereinigt haben. Bis die durch das Reiben verursachte Hyperämie verschwunden ist, lassen wir auf der betreffenden Stelle ein Stück sterilisierte Watte liegen. Das Einstechen besorgen wir mittels eines sog. Schneppers oder mit einer Stecknadel. Durch Ausglühen oder Legen in 1 promill. Sublimatlösung desinfizieren wir das Instrument. Der zuerst austretende Blutstropfen wird verworfen und erst der nächste verwendet. Man beginnt mit dem Aufsaugen, sobald er groß genug ist. Man passe beim Aufsaugen des Blutes mittels der Mischpipette genau auf, damit keine Luft angesogen wird. Hat der Blutfaden die Marke *1* erreicht, dann wischt man die Pipettenspitze, die außen mit Blut benetzt ist, ab und saugt Verdünnungsflüssigkeit nach. Des weiteren verfährt man, wie zuvor beschrieben.

Vor jeder Blutentnahme muß das Mikroskop eingestellt sein. Ferner muß man die Zählkammer, das Deckglas und die Mischpipette in reinem, trockenem Zustand zur Stelle haben. Endlich muß ein Schälchen mit der Verdünnungsflüssigkeit beschickt sein.

Die Zahl der roten Blutkörperchen findet man in einfacher Weise, indem man zunächst ausrechnet, wieviel rote Blutkörperchen auf ein einzelnes Quadrat kommen. Die Zählkammer besitzt 400 Quadrate. Es seien alle durchgezählt worden. Dividieren wir die gefundene Summe der gezählten Blutkörperchen durch 400, dann gewinnen wir die Durchschnittszahl der roten Blutkörperchen in einem Quadrat. Duch Multiplikation dieser Zahl mit 4000 (ein Quadrat der Zählkammer umfaßt $^1/_{4000}$ cmm, vgl. oben!), erhalten wir die Zahl der roten Blutkörperchen in 1 cmm des 100fach verdünnten Blutes. Wir müssen also die gefundene Zahl noch mit 100 multiplizieren, wenn wir die Zahl der roten Blutkörperchen in 1 cmm unverdünnten Blutes feststellen wollen.

Es ist klar, daß durch die Multiplikation mit diesen großen Faktoren kleine Fehler schließlich zu großen Fehlerquellen werden müssen. In der Tat ist es sehr schwierig, einigermaßen genaue Blutkörperchenzählungen durchzuführen. Es ist dazu eine große Übung erforderlich. Entnehmen wir das Blut direkt einem Blutgefäß, indem wir ein solches

anstechen, z. B. an der Fingerkuppe, dann wächst die Zahl der Fehlerquellen noch. Zunächst wird das zuerst austretende Blut durch
Gewebsflüssigkeit verdünnt sein. Wir werden also den ersten Tropfen
abwischen und erst das nachfließende Blut benutzen. Den austretenden Blutstropfen müssen wir sofort in die Pipette aufnehmen,
weil sonst durch Verdunstung — Eindickung! — Fehler entstehen.
Wir dürfen die betreffende Stelle, der wir das Blut entnehmen wollen,
vorher bei der Desinfektion der Haut nicht stark reiben, es könnten
sonst Fehlerquellen durch Veränderung der Blutverteilung bewirkt
werden. Ist das Blut in der Pipette bis zur Marke aufgenommen,
dann ist eine weitere Fehlerquelle möglich beim Abwischen der Öffnung der Pipette. Wir dürfen selbstverständlich dabei nichts aus
der Kapillare herausnehmen, gleichzeitig aber auch nichts von der
Blutflüssigkeit außen anhaften lassen. Bei der Verdünnung werden
wohl kaum Fehler begangen, dagegen wiederum bei der Mischung.
Es muß die Mischpipette beim Mischen gleichmäßig nach allen Seiten
gedreht werden. Wird die Pipette z. B. in schwingende Bewegung
versetzt, so können wir auf diese Weise die roten Blutkörperchen
aus der Flüssigkeit direkt herauszentrifugieren. Die Hauptfehlerquellen
ereignen sich stets bei der Überführung eines Bluttropfens in die
Zählkammer. Schon ein Blick auf die Verteilung der roten Blutkörperchen in den verschiedenen Quadraten zeigt, ob das Präparat
brauchbar ist oder nicht. Ist die Verteilung eine sehr ungleichmäßige,
finden wir Stellen, an denen sich wenige oder überhaupt keine Blutkörperchen befinden, während an anderen Anhäufungen vorhanden
sind, dann ist das Präparat zu verwerfen. Die in engen Grenzen
gleichmäßige Verteilung der Blutkörperchen ist die Grundbedingung
für einigermaßen genaue Zählbefunde. Wie schon erwähnt, muß der
Abstand zwischen Deckglas und Zählkammer genau 0,1 mm betragen.
Dies ist dann der Fall, wenn das Deckglas genau auf der Glasplatte
aufliegt. Man drückt es gleichmäßig an, bis Farbenringe erscheinen.
Es ist, wie oben erklärt, selbstverständlich, daß mangelhaftes Auflegen des Deckglases zu ganz groben Täuschungen Anlaß geben muß.
Nicht unerwähnt wollen wir lassen, daß die sog. Zeißsche Zählkammer
an sich Fehlerquellen aufweist. Sie ist deshalb wiederholt modifiziert
worden. Bürker hat eine Kammer konstruiert, die richtigere Resultate gibt. Er hat auch die Mischung des Blutes in der Pipette
aufgegeben. Er stellt die Verdünnung in einem kleinen Kölbchen
her. Er vermeidet dadurch den folgenden Fehler der Mischpipette.
Bei dieser befinden sich die Marken *1* und *101* außerhalb des Be-
reiches des erweiterten Raumes, d. h. die Blutflüssigkeit in der Nachbarschaft der Teilstriche *1* und *101* nimmt an der Mischung nicht
teil. Dieser Fehler ist nicht sehr erheblich.

Eine unangenehme Störung bei der Zählung der Blutkörperchen
wird durch das Gerinnen des Blutes in der Kapillare der Mischpipette
herbeigeführt. Sie läßt sich durch rasches Arbeiten leicht umgehen.
Ist Gerinnung eingetreten, dann verbinde man den Schlauch der

Pipette mit dem die Kapillare enthaltenden angespitzten Teil und blase kräftig durch. Oft gelingt es schon auf diesem Wege das Gerinnsel zu entfernen. Versagt diese Methode, dann verbinde man die Mischpipette mittels eines Schlauches mit einer Wasserstrahlluftpumpe und sauge Wasser durch. Ist das Gerinnsel vollständig entfernt, dann zieht man mittels der Pumpe Alkohol und darauf Äther zum Trocknen durch die Pipette hindurch. Gelingt es auch auf diesem Wege nicht, das Gerinnsel spurlos zu entfernen, dann lege man die Pipette in Kali- oder Natronlauge, oder man sauge die Lauge, falls es irgendwie möglich ist, in die Kapillare ein. Ist Lösung des Gerinnsels eingetreten, dann wäscht man die ganze Pipette gründlich mit destilliertem Wasser aus, saugt dann absoluten Alkohol und schließlich Äther nach, um die Pipette zu trocknen. Die Mischpipette muß zum Gebrauch vollständig rein und trocken sein. Die Glasperle muß frei beweglich sein und darf nirgends haftenbleiben.

2. Bestimmung der Zahl der weißen Blutkörperchen.

Das Blut wird auch hier verdünnt, jedoch nicht so stark, wie bei der Zählung der roten Blutkörperchen. Man verwendet zur Verdünnung eine 0,5—1,0 prozentige Essigsäurelösung, der man etwas Gentianaviolett oder Methylviolett zusetzt. Die Lösung bereitet man sich nach Türck, wie folgt: 3,0 Gramm Acid. acet. glaciale, 3,0 Gramm 1 prozentige wässerige Gentianaviolettlösung, 300 Gramm Aq. destill. Die Verdünnung nimmt man in einer Mischpipette vor, und zwar 1:10. Durch die verdünnte Essigsäure werden die roten Blutkörperchen zerstört. Gleichzeitig treten die Kerne der weißen Blutkörperchen scharf hervor. Mit dem Zusatz eines Farbstoffes bezwecken wir ihre Färbung. Zur Zählung benutzt man dieselbe Zählkammer, wie für die roten Blutkörperchen. Es müssen alle 400 Quadrate der Thoma-Zeißschen Zählkammer durchgezählt werden. Man findet gewöhnlich zwischen 50 und 100 Leukozyten. Die Berechnung der Zahl der weißen Blutkörperchen ist bei einer Verdünnung von 1:10 die folgende:

$$\frac{x \cdot 4000 \cdot 10}{400} = \text{Anzahl der Leukozyten in 1 cmm unverdünnten Blutes.}$$

x bedeutet die in 400 Quadraten gezählte Anzahl weißer Blutkörperchen.

Senkungsgeschwindigkeit der roten Blutkörperchen.

Wir verwenden zu ihrer Bestimmung enge, kalibrierte Röhrchen, und geben in diese zum Beispiel ungerinnbar gemachtes Blut vom Rind und vom Pferd, oder wir vergleichen Blut von einer schwangeren Person mit dem Blut einer nicht schwangeren Person. Die Röhrchen sind genau gleich weit und bis zur gleichen Höhe mit Blut angefüllt. Wir erkennen, daß nach einiger Zeit die Blutkörperchensäule sich senkt. Wir bemerken das Auftreten von Plasma, und lesen nun von Zeit

zu Zeit unter Aufzeichnung der Zeit ab, welchen Stand die Blutkörperchensäule hat, bzw. um wieviel die Plasmaschicht zugenommen

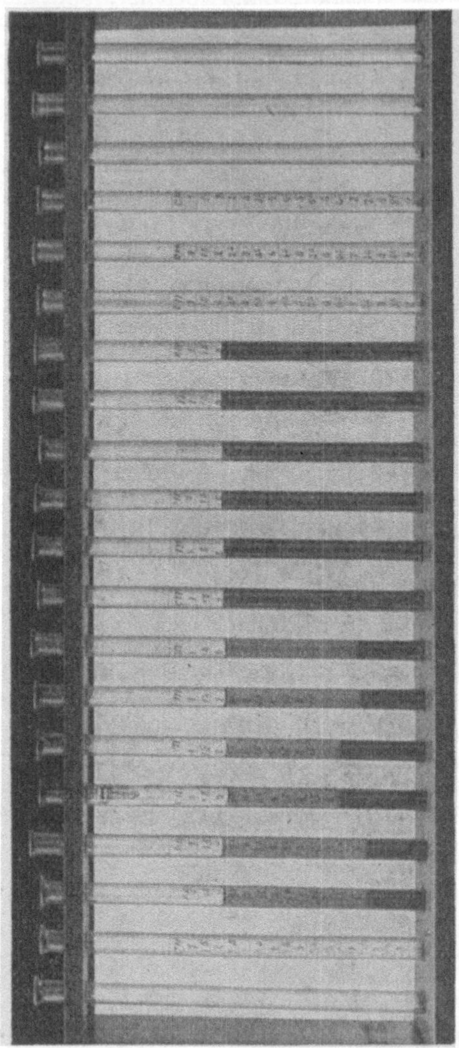

hat. Wir können auch de-
fibriniertes Blut verwenden.
In Abbildung 146 ist die
ganze Versuchsanordnung dargestellt. Es handelt sich um
ein Holzgestell, in dem gra-
duierte Röhrchen unterge-
bracht sind. Der Deckel *a*
kann geschlossen werden. Er
verhindert Verdunstung und
Hineinfallen von Staub.

Versuche über Hämolyse.

Wir gießen defibriniertes
Blut auf einen Porzellanteller.
Die Blutschicht verdeckt die
Unterlage (deckfarben!).
Nun geben wir Wasser hinzu.
Das Blut hellt sich auf und
wird schließlich durchsichtig
(lackfarben!). Den gleichen
Versuch stellen wir mit Blut
im Reagenzglas an. Das deck-
farbene Blut verdeckt die
hinter das Reagenzglas gehal-
tene Schrift, während das lackfarben gemachte Blut diese
sichtbar läßt. Vgl. Abb. 147.

Defibriniertes Blut wird
ferner zentrifugiert. Dabei
trennen sich die roten Blutkörperchen infolge ihrer spezifischen Schwere vollständig
vom Serum. Dieses gießen
wir ab und geben von dem
Blutkörperchenbrei je 1 ccm
in verschiedene Zentrifugier-

Abb. 146.

röhrchen. Nun fügen wir verdünnte Kochsalzlösung von verschiedener
Konzentration hinzu. Wir wählen, 0,3-, 0,4-, 0,5-, 0,6-, 0,7- usw. prozentige und auch konzentriertere Lösungen von Kochsalz. Von diesen Lösungen geben wir je 2 ccm zu den Blutkörperchen hinzu. Nach etwa
5 Minuten langem Stehen und wiederholt erfolgtem Durchschütteln
zentrifugieren wir ab und beobachten nun, ob die Flüssigkeit farblos ist

und sich Blutkörperchen abgesetzt haben, oder aber, ob eine rote Lösung eingetreten ist. In diesem Falle sind entweder alle roten Blutkörperchen aufgelöst, oder aber ein Teil der roten Blutkörperchen ist noch erhalten, während aus anderen der Blutfarbstoff ausgetreten ist. Auf diese Weise können wir feststellen, bei welcher Kochsalzkonzentration Hämolyse erfolgt. Den gleichen Versuch können wir auch mit destilliertem Wasser anstellen und genau bestimmen, welche Menge davon notwendig ist, um bei einer bestimmten Menge roter Blutkörperchen Hämolyse herbeizuführen. Man beachte hierbei die relativ große Resistenz der roten Blutkörperchen.

Wir bringen einen Tropfen defibrinierten Blutes auf einen Objektträger, bedecken mit einem Deckglas und betrachten durch das Mikroskop bei starker Vergrößerung die einzelnen roten Blutkörperchen. Nun fügen wir zu 1 ccm des defibrinierten Blutes $^1/_3$ ccm destillierten Wassers, schütteln durch und bereiten ebenfalls ein mikroskopisches Präparat. Die Blutkörperchen er-

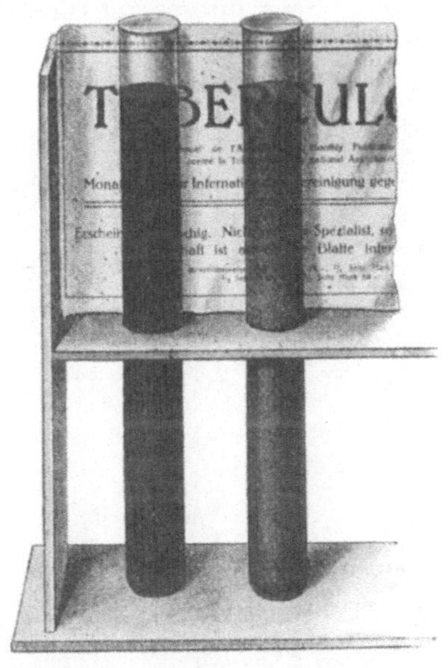

Abb. 147.

scheinen kugelig aufgequollen. Außerdem haben sie ihren Farbstoff verloren. Zu einer zweiten Probe geben wir 1 ccm 0,9 prozentiger Kochsalzlösung. Die Blutkörperchen haben normales Aussehen. Zu einer dritten Probe von 1 ccm Blut geben wir $^1/_3$ ccm einer 5 prozentigen Kochsalzlösung. Die roten Blutkörperchen erscheinen unter dem Mikroskop stark geschrumpft. (Hypo-, iso- und hypertonische Lösungen.)

Hämolyseversuche mit Saponin und Kobragift.

Wir verwenden eine 1 prozentige Lösung von Saponin in 0,9 prozentiger Kochsalzlösung. Setzen wir davon tropfenweise zu defibriniertem Blut, dann beobachten wir, daß nach Zusatz einer gewissen Menge Hämolyse auftritt. Wir verwenden zum Zusatz eine Pipette, die in $^1/_{100}$ ccm eingeteilt ist. Wir befreien nun einen Teil der Blutkörperchen vollständig vom Serum, indem wir das Blut zentrifugieren, das Serum abgießen, dann 0,9 prozentige Kochsalzlösung hinzufügen, die Blutkörperchen in der Lösung umrühren, wieder zentrifugieren und die über ihnen stehende Flüssigkeit abgießen. Dieser Vorgang wird etwa sechsmal wiederholt. Nun werden die roten Blutkörperchen in der 0,9 prozentigen Kochsalzlösung suspendiert. Setzen wir nunmehr Saponinlösung hinzu, dann erhalten wir bereits Hämolyse, wenn nur ein Teil der vorher notwendigen Saponinmenge hinzugefügt wird. Wenn wir dagegen mit der Saponinlösung gleichzeitig Serum zugeben, dann brauchen wir mehr von der Saponinlösung. Wir können so das Hemmungsvermögen des Plasmas bzw. des Serums bei der Saponinhämolyse ganz genau feststellen. Sehr interessant sind vergleichende Untersuchungen des Verhaltens von Saponin gegen das Gesamtblut und die gewaschenen roten Blutkörperchen. Wichtig ist ferner die Prüfung des die Hämolyse hemmenden Serums des gleichen Blutes unter Verwendung von Blutkörperchen verschiedener Blutarten.

Steht Kobragift zur Verfügung, dann läßt sich bei gleicher Versuchsanordnung die „aktivierende" Wirkung des Serums zeigen. Ferner kann das Serum durch Lezithin ersetzt werden und schließlich dessen Wirkung durch Zusatz einer methylalkoholischen Lösung von Cholesterin wieder aufgehoben werden. Im ersten Reagenzglas

Abb. 148. Hämolyseversuch mit Kobragift.

(vgl. Abb. 148) befinden sich rote Blutkörperchen plus Serum plus Kobragift (Hämolyse), im zweiten Blutkörperchen plus physiologische Kochsalzlösung plus Kobragift (keine Hämolyse), im dritten Blutkörperchen plus physiologische Kochsalzlösung plus Kobragift plus Lezithin (Hämolyse). Im vierten Reagenzglas endlich findet sich die gleiche Mischung, wie im Glas 3, nur ist mit der Lezithinlösung gleichzeitig eine methylalkoholische Lösung von Cholesterin zugegeben worden. Die Hämolyse bleibt aus. Da, wo Hämolyse eingetreten ist, können wir die Schrift, die hinter das Reagenzglas gehalten wird, lesen. Das nicht hämolysierte Blut ist undurchsichtig.

Bestimmung der Viskosität des Blutes.

Wir verwenden zu den folgenden, einfachen, vergleichenden Versuchen etwa 9 cm lange Kapillarröhrchen, die eine kugelförmige Erweiterung besitzen (vgl. die Pipette a in Abb. 124, S. 180). Die Erweiterung besitzt eine Marke. Bis zu dieser saugen wir mit Hilfe eines Gummiröhrchens etwas defibriniertes Blut auf. Nun bringen wir die

Kapillare in senkrechte Stellung und stellen fest, in welcher Zeit das Blut aus der Kapillare herausgetropft ist. Man vergleiche defibriniertes Blut und Wasser. Man kann auch die Zahl der Tropfen vergleichen, die in einer Minute ausfließen. Zu genaueren Versuchen verwenden wir den S. 195 beschriebenen und abgebildeten Apparat.

Bestimmung des Hämoglobingehaltes des Blutes.

Kolorimetrische Bestimmung des Hämoglobingehaltes.

Es sind eine ganze Anzahl von Methoden ersonnen worden, um den Hämoglobingehalt des Blutes durch Vergleichung mit einer Standardfarbe festzustellen. Die hier angeführten geben einen klaren Einblick in das Prinzip der ganzen Methodik.

1. Vergleichung der Blutlösung mit einer Lösung von bekanntem Gehalt an Oxyhämoglobin. Es werden Oxyhämoglobinkristalle, z. B. vom Pferde, in Wasser gelöst. Die Lösung bringen wir in einen Maßkolben und füllen mit destilliertem Wasser bis zur Marke auf. Durch Eindampfen eines aliquoten Teiles in einer kleinen gewogenen Schale und Trocknen bei 120° bis zur Gewichtskonstanz bestimmen wir den Hämoglobingehalt unserer Lösung[1]). Nun bringen wir 10 ccm davon in ein Gefäß mit planparallelen Wänden. In ein zweites gießen wir eine bestimmte Menge, z. B. 10 ccm, der zu untersuchenden Blutlösung, nachdem wir vorher das Volumen der gesamten Blutlösung festgestellt haben. Wir wählen zu unserem Versuche defibriniertes Pferdeblut, das wir durch Zugabe einer genau bestimmten Menge Wasser lackfarben gemacht haben. Wir müssen den Verdünnungsgrad genau kennen, damit wir den gefundenen Oxyhämoglobingehalt auf das unverdünnte Blut umrechnen können. Nun vergleichen wir die beiden Lösungen im durchfallenden Licht und stellen fest, welche Lösung uns gesättigter erscheint. Wir wollen annehmen, daß die Oxyhämoglobinlösung gesättigter sei als die Blutlösung. Nun geben wir aus einer Bürette

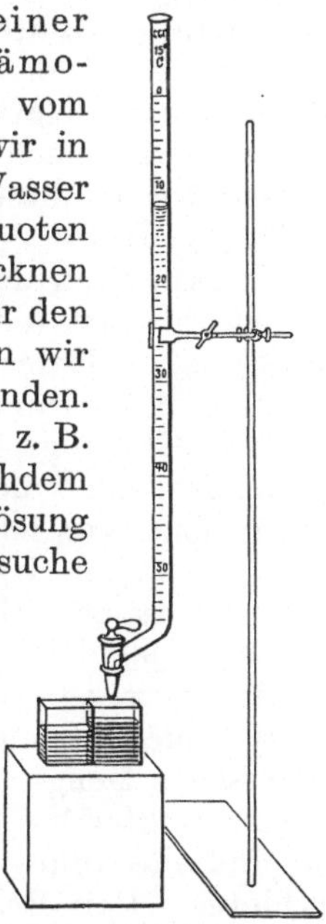

Abb. 149. Kolorimetrische Hämoglobinbestimmung.

tropfenweise Wasser in die Oxyhämoglobinlösung hinein (Abb. 149). Wir rühren jedesmal mit einem kleinen Glasstabe die Mischung gut durch und vergleichen die Oxyhämoglobinlösung immer wieder mit der Blutlösung. Wir fahren mit dem Zusatz des Wassers so lange fort, bis die beiden Lösungen vollkommen gleiche Farbenintensität

---

[1]) Oder es wird der Eisengehalt quantitativ bestimmt.

zeigen. Ist dieser Punkt erreicht, dann fügen wir noch einen Tropfen Wasser hinzu. Jetzt muß ein deutlicher Unterschied zwischen beiden Lösungen zu sehen sein.

Beispiel: Wir wollen annehmen, daß wir 25 ccm Pferdeblut im Maßkolben mit Wasser auf 100 ccm verdünnt haben. Von diesem Gemisch nehmen wir 10 ccm und geben sie in das planparallele Gefäß. Wir vergleichen mit 10 ccm einer Oxyhämoglobinlösung, die 5 Prozent Oxyhämoglobin enthält. In den 10 ccm sind dann 0,5 Gramm Oxyhämoglobin enthalten. Es seien 5 ccm Wasser notwendig, um die Farbenintensität beider Lösungen in Übereinstimmung zu bringen. 1 ccm der verdünnten Oxyhämoglobinlösung enthält dann 0,033 Gramm Oxyhämoglobin. In den 10 ccm der angewandten Blutlösung sind somit 0,33 Gramm Oxyhämoglobin vorhanden. Auf die 100 ccm verdünnten Blutes kommen 3,3 Gramm Oxyhämoglobin. Wir erhalten den Prozentgehalt an Hämoglobin des unverdünnten Blutes durch Multiplikation mit 4, da wir das Blut mit Wasser auf das vierfache Volumen gebracht haben. Es enthält somit 13,2 Gramm Oxyhämoglobin. An Stelle von Oxyhämoglobin können wir auch Kohlenoxydhämoglobin verwenden. Nur müssen wir in diesem Falle auch das Hämoglobin des Blutes in die Kohlenoxydverbindung überführen. Wir erreichen dies, indem wir Leuchtgas durch das Blut leiten.

Wir können diese Methode auch dazu benutzen, um die **Blutmenge** eines Tieres festzustellen (Welckersche Methode). Wir entnehmen in diesem Falle einem Tiere, z. B. einem Kaninchen, aus der Karotis einige Kubikzentimeter Blut. Das Blut wird entweder geschlagen, oder die Gerinnung durch Zusatz einer Ammoniumoxalatlösung bzw. von Hirudin verhindert. Noch bessere Resultate erhält man, wenn man vor der Blutentnahme dem Tier Hirudin einspritzt, um das gesamte Blut ungerinnbar zu machen. Entweder legen wir die Vena jugularis frei (vgl. S. 228), oder wir führen das Hirudin in Lösung in eine Ohrvene ein (vgl. Abb. 160, S. 231).

Wir stellen zunächst den Hämoglobingehalt in einer genau abgemessenen Menge, in bekannter Weise mit einer bestimmten Menge, Wasser lackfarben gemachten Blutes fest und berechnen ihn auf das unverdünnte Blut. Jetzt wird das Tier zunächst aus der Karotis entblutet. Den Rest des Blutes spülen wir mit isotonischer Kochsalzlösung aus den Gefäßen heraus. Dann wird das Tier mit Hilfe einer Fleischhackmaschine in einen feinen Brei verwandelt. Diesen ziehen wir mit destilliertem Wasser oder mit isotonischer Kochsalzlösung aus. Die Extraktion wird im Eisschrank vorgenommen. Dann wird der Auszug gut ausgepreßt und filtriert. Dabei bleiben die in der Kälte festgewordenen Fetteilchen auf dem Filter zurück. Wir erhalten eine klare rote Lösung. Die Extraktion wird so lange wiederholt, bis die abfließende Flüssigkeit nicht mehr rot gefärbt ist.

Nun vereinigen wir das aus dem Körper entnommene Blut mit dem gesamten Spülwasser, messen das Volumen ab und bestimmen den Hämoglobingehalt in einem aliquoten Teil. Wir erhalten dann die Menge Hämoglobin, die in der gesamten Flüssigkeit enthalten ist. Da wir durch die erste Bestimmung den Gehalt des unverdünnten Blutes an Hämoglobin kennen, so können wir durch eine einfache Berechnung feststellen, wie stark das Blut verdünnt werden mußte, um den Hämoglobingehalt des Gemisches Blut-, Spül- und Extraktionsflüssigkeit zu erlangen. Nach Abzug der so festgestellten Menge der angewandten Spül- und Extraktionsflüssigkeit verbleibt das Volumen des unverdünnten Blutes, zu dem noch jene Blutmenge hinzugezählt werden muß, die zur direkten Bestimmung des Hämoglobingehalts im unverdünnten Blute aus einem Blutgefäß entnommen worden ist.

2. Bestimmung des Hämoglobingehaltes mit Hilfe des Fleischl-Miescherschen Hämometers. Das Prinzip dieser Methode ist genau das gleiche, wie bei der eben besprochenen Methode, nur vergleichen wir in diesem Falle die Blutprobe nicht mit einer Oxyhämoglobinlösung, sondern mit einer verschieden dicken Schicht

Abb. 150.   Rubinglaskeil des Fleischl-Miescherschen Hämometers.

eines rotgefärbten Keiles (Abb. 150). Der Keil muß eine Farbe besitzen, die mit derjenigen einer Oxyhämoglobinlösung möglichst gut übereinstimmt. Die Färbung des Keils muß ferner in allen Teilen eine möglichst gleichmäßige sein. Es dürfen keine Schlieren vorhanden sein.

Wir entnehmen uns mittels eines Schneppers unter den gleichen S. 209 geschilderten Vorsichtsmaßregeln Blut aus einer Fingerkuppe. Es wird zunächst mit einer bestimmten Menge destillierten Wassers oder 0,1 prozentiger Sodalösung verdünnt. Die Verdünnung wird in einer Mischpipette herbeigeführt. Sie besitzt verschiedene Marken, die eine verschiedene Verdünnung gestatten. Wir saugen das Blut bis zur Marke $^1/_2$, $^1/_3$ oder $^1/_1$ auf und verdünnen dann durch Nachsaugen der Verdünnungsflüssigkeit bis zur Hauptmarke. Wir bewirken im ersteren Falle eine Blutverdünnung von $^1/_{400}$, im zweiten Falle von $^1/_{300}$ und im letzten Falle von $^1/_{200}$. Hat man das Blut bis zu einer bestimmten Marke aufgesaugt, dann wird die Spitze der Mischpipette mit einem trockenen Lappen abgewischt. Bevor man die Verdünnungsflüssigkeit nachsaugt, muß man genau feststellen, ob die Kapillare noch bis zur Spitze voll gefüllt ist. Nach der Aufnahme der Verdünnungsflüssigkeit wird durch Schütteln der Mischpipette gut gemischt, dann die in der Kapillare befindliche Flüssigkeit durch Ausblasen entfernt. Erst dann erfolgt die Beschickung der sorgfältig gereinigten sog. Kammer des Hämometers. Die Abb. 151 zeigt sie (A) auf einem Objekttisch in der Stellung, wie sie zur Bestimmung des Hämoglobingehaltes erforderlich ist. Sie ist in zwei Abteilungen eingeteilt. Die eine Abteilung wird vollständig mit destilliertem Wasser gefüllt. Dabei überzeugt man sich, daß kein Wasser in die andere, noch nicht beschickte Kammer übertritt. Diese letztere ist zur Aufnahme der Blutlösung bestimmt. Nach erfolgter Füllung beider Kammern bedeckt man sie mit einem Deckglas, das eine Rinne besitzt. Diese kommt auf die etwas vorstehende Trennungswand beider Kammern zu liegen.

Unter der mit Wasser gefüllten Kammer befindet sich der oben erwähnte rotgefärbte Glaskeil (Abb. 151 C). Er besteht aus Rubinglas. Der Keil kann mit Hilfe eines Zahnrades hin und her geschoben werden. Es gelangen dann verschieden dicke Teile davon in das Gesichtsfeld. Es wird nun der Keil so lange verschoben, bis die Farbenintensität der Blutlösung und die des Keiles vollständig übereinstimmen. Man muß die Bestimmung bei künstlicher Beleuchtung vornehmen, und zwar hat sich am besten Petroleum- oder Gaslicht bewährt. Als Reflektor dient eine matte Gipsplatte (Abb. 151 B).

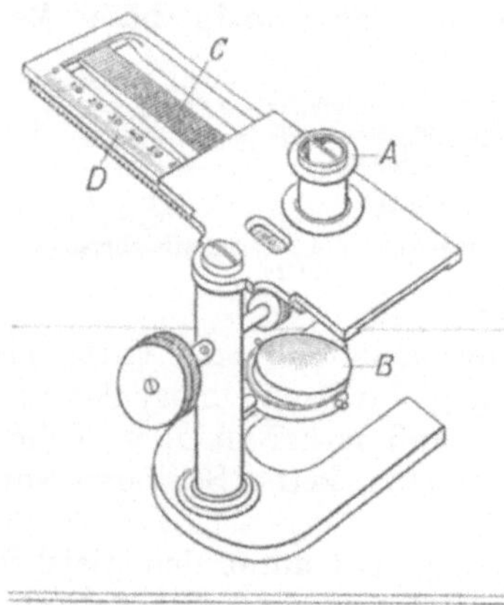

Abb. 151.   Fleischl-Miescherscher Hämometer.

Hat man die Stellung des Keiles gefunden, bei der seine Farbenintensität mit der der Blutlösung übereinstimmt, dann lesen wir an der Skala (D, Abb. 151) den Stand des Keiles ab. Wir finden z. B. die Zahl 80. Um zu wissen, was die Zahlen bedeuten, müssen wir erwähnen, daß der Keil durch Vergleichung mit bestimmt konzentrierten Oxyhämoglobinlösungen geeicht worden ist. Die Zahl 100 bedeutet einen Gehalt von $16\,^0/_0$ Oxyhämoglobin ($16\,^0/_0$ wird als der normale Gehalt angenommen). Die Zahl 80 bedeutet, daß weniger als $16\,^0/_0$ Hämoglobin vorhanden ist. Wir rechnen, wie folgt: $16 : 100 = x : 80$; $x = 12,8\,^0/_0$. Zur Kontrolle wird die Bestimmung wiederholt, indem wir den Keil verschieben und bei verdeckter Skala wieder auf Farbenintensitätsgleichheit einstellen.

Das erhaltene Resultat läßt sich durch Anwendung von verschieden hohen Kammern kontrollieren. Wir wählen z. B. eine 15 mm hohe Kammer und später eine 12 mm hohe, und vergleichen die erhaltenen Resultate. Auch können wir verschiedene Verdünnungen in der Mischpipette herstellen und dann die Resultate untereinander vergleichen. Es empfiehlt sich, die erste Bestimmung nicht gleich mit einem angestochenen Gefäß entnommenem Blut durchzuführen, sondern vielmehr von einer bestimmten Lösung irgendeines Tierblutes auszugehen. Diese wird genau abgemessen und dann mit Hilfe einer Pipette in die Kammer übertragen. Wir wissen genau, wieviel Blutlösung zur Vergleichung kommt, und können dann leicht den Hämoglobingehalt der gesamten Blutmenge berechnen. Erst bei genügender Übung wird zur Bestimmung des Hämoglobingehaltes einer frisch entnommenen Blutprobe übergegangen.

Die Fehlerquellen bei dieser Methode sind ziemlich zahlreich. Zunächst darf das bei dem Anstechen eines Gefäßes ausfließende Blut nicht direkt benutzt werden, weil es durch Gewebsflüssigkeit verdünnt ist. Man wischt den ersten Tropfen sorgfältig weg, ohne dabei einen Druck auszuüben und verwendet den nächsten Tropfen, der austritt. Das Aufsaugen mit der Mischpipette muß sehr rasch erfolgen, um die Verdunstung einzuschränken. Ferner muß beim Abwischen der Pipette die größte Sorgfalt verwendet werden. Weder dürfen Blutbestandteile haftenbleiben, noch darf man beim Abwischen, wie oben schon bemerkt (vgl. S. 210), Blut aus der Kapillare herausnehmen. Ist ein solcher Fall eingetreten, dann beginnt man die ganze Bestimmung sofort von neuem. Die Mischung selbst wird gewöhnlich keine Schwierigkeiten machen, weil ja das Blut aufgelöst wird. Weitere Fehler sind möglich bei der Füllung der Kammer. Sie muß sehr rasch vorgenommen werden, weil auch hier wieder die Verdunstung mit der Zeitdauer eine immer größere wird. Endlich muß die Farbenvergleichung rasch durchgeführt werden, und zwar in der Weise, daß man den Keil einmal vom dickeren Ende nach dem dünneren und dann umgekehrt neben der Blutlösung vorbeiführt. Das Auge ermüdet ziemlich rasch. Eine ganz grobe Fehlerquelle ist in der Einrichtung der Kammer selbst gegeben. Die Kammer ist bei vielen Apparaten nach unten durch einen Glasboden abgeschlossen, der durch eine Schraube angepreßt wird. Wenn nun dieses Anpressen ungenügend ist, oder, wenn der Boden nicht ganz rein war und sich infolgedessen nicht ganz scharf anlegen läßt, dann ist die Möglichkeit gegeben, daß aus der mit Wasser gefüllten Kammer solches in die mit der Blutlösung beschickte übertritt und umgekehrt die letztere in das Wasser hineindiffundiert. Dadurch wird die Blutlösung verdünnt und eine Fehlerquelle eingeführt, die unberechenbar ist. In diesem Falle muß selbstverständlich die Bestimmung von Anfang an wiederholt werden. Es wird die ganze Kammer auseinandergenommen. Alle Teile werden peinlich genau gereinigt und getrocknet. Es empfiehlt sich, um solchen Zufällen zu entgehen, stets die Kammer zunächst mit destilliertem Wasser zu füllen, und dann genau zu prüfen, ob Wasser in die andere Kammer übertritt.

3. **Bestimmung des Hämoglobins mit Hilfe des Gower-Sahlischen Apparates.** Das Prinzip dieser Methode, deren Ausführung an Hand der jedem Apparate beigegebenen Beschreibung eine leichte ist, beruht auf folgendem. Als Vergleichslösung dient salzsaures Hämatin. Seine Lösung sieht braun aus. Die Standardlösung ist in einem Röhrchen eingeschmolzen. Es befindet sich in einem Stativ, das als Rückwand eine Mattglastafel hat. Neben diesem Röhrchen befindet sich im gleichen Stativ ein zweites, leeres, das eine Kalibrierung besitzt. Man gibt in dieses hinein eine nach Vor-

schrift entnommene und abgemessene Blutprobe, gibt eine vorgeschriebene Menge $^1/_{10}$-n-Salzsäure hinzu, um auch in ihr den Blutfarbstoff
in salzsaures Hämatin zu verwandeln und verdünnt nunmehr vorsichtig mit so viel Wasser, bis die zu vergleichende Blutlösung genau
die gleiche braune Farbenintensität aufweist, wie die Standardlösung.
Man kann dann am Stand der verdünnten Blutlösung im Röhrchen
direkt den Gehalt an Hämoglobin ablesen. Die Eichung der Standardlösung wird auch hier, wie beim Fleischl-Miescherschen Apparat, mittels Oxyhämoglobinlösungen von bekanntem Gehalt vollzogen. Leider ist das salzsaure Hämatin im Lichte veränderlich!
Man muß die Standardlösung stets im Dunkeln aufbewahren und sie
von Zeit zu Zeit erneuern.

Man führe die drei genannten Methoden nebeneinander durch
und vergleiche die Resultate!

Spektroskopische Untersuchung des Blutes.

Wir benutzen einen sog. Spektralapparat (Abb. 152 u. 153),
Er besteht aus der Röhre a, die an ihrem peripheren Ende einen
verstellbaren Spalt b besitzt. Am anderen Ende befindet sich eine
Sammellinse c. Sie ist so angebracht, daß der Spalt genau im

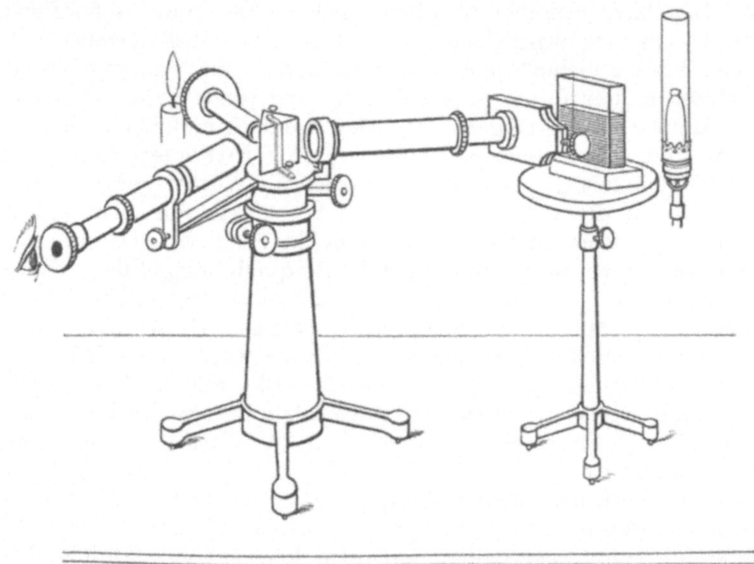

Abb. 152. Spektralapparat.

Brennpunkt dieser Linse steht. Licht, das diesen Spalt erleuchtet,
geht genau parallel durch c. Es fällt auf das Prisma. Durch dieses
werden die Strahlen in die Spektralfarben zerlegt. Der Beobachter x
sieht mit Hilfe eines Fernrohres d das Spektrum 6—8 mal ver-

größert. Das Rohr *z* endlich enthält eine Skala *i*, die beleuchtet, ihr Bild auf die Prismafläche *mn* wirft. Von dieser aus gelangt es durch Reflexion in das Auge des Beobachters. Durch das Fernrohr kann der Beobachter sowohl das Spektrum, als auch in oder über ihm die Skala beobachten.

Bringt man zwischen den Spalt und die Lichtquelle ein gefärbtes Medium, z. B. eine Blutlösung, so läßt dieses nicht alle Strahlen des weißen Lichtes durch. Einige werden vielmehr absorbiert. Es entstehen dadurch dunkle Lücken im Spektrum.

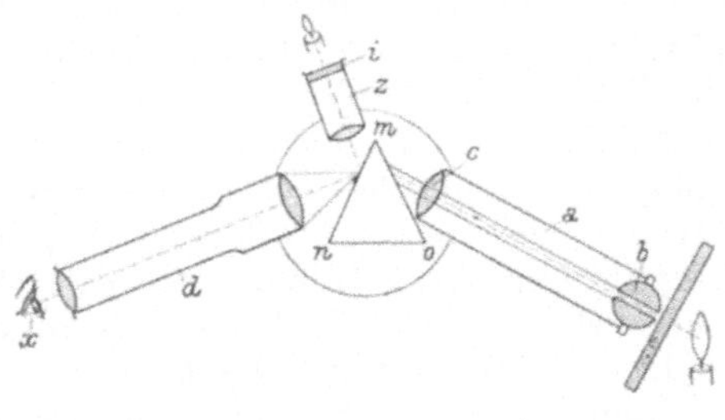

Abb. 153. Einrichtung des Spektralapparates.

Bringen wir zwischen Spalt und Lichtquelle ein mit Oxyhämoglobinlösung gefülltes Trögchen mit planparallelen Flächen, so beobachten wir zwei Absorptionsstreifen: einen im Gelb und einen im Grün (vgl. Abb. 154 die Absorptionsstreifen.) An Stelle des Oxy-

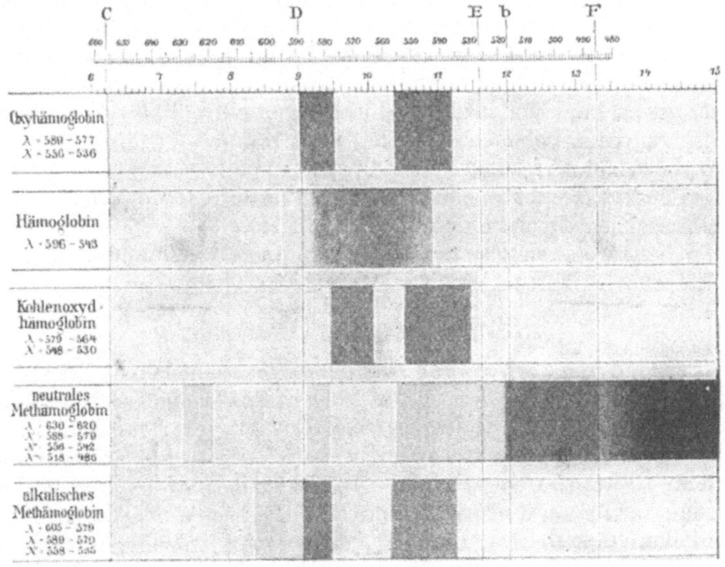

Abb. 154. Spektra des Blutfarbstoffs.

hämoglobins können wir auch arterielles Blut verwenden. Durch Schütteln mit Luft erhalten wir es sehr leicht, falls etwa nur hämoglobinhaltiges Blut zur Verfügung stehen sollte.

Geben wir zum Blut Stockesches Reagens (bereitet durch Auflösen von etwas Ferrosulfat in Wasser, Zusatz von Seignettesalz und darauf von Ammoniak bis zur alkalischen Reaktion. Es entsteht eine dunkelgrüne Lösung, die in gut verschlossener Flasche aufzubewahren ist. Am besten wird sie stets frisch bereitet) oder Schwefelammonium, dann erhalten wir reduziertes Hämoglobin. Bringen wir eine Lösung davon zwischen Lichtquelle und Spalt, dann beobachten wir einen breiten, verwaschenen Absorptionsstreifen, der die Stelle der beiden Streifen des Oxyhämoglobins einnimmt. Er erstreckt sich aber etwas weiter nach dem Rot zu. Schütteln wir energisch mit Luft, dann erhalten wir wieder die beiden Streifen des Oxyhämoglobins. Wir können schon rein äußerlich eine Lösung von Oxyhämoglobin von einer solchen von Hämoglobin unterscheiden. Die erstere sieht hellrot, scharlachfarben aus, die letztere dagegen mehr dunkel- und violettrot.

Leiten wir durch Blut Kohlenoxyd oder einfach Leuchtgas hindurch, dann erhalten wir Kohlenoxydhämoglobin. Es zeigt zwei ähnliche Streifen, wie das Oxyhämoglobin. Versetzt man Kohlenoxydblut mit Stokescher Lösung oder mit Schwefelammonium, dann ändert sich das Spektrum zum Unterschied vom Oxyhämoglobin nicht. Kohlenoxydblut ist ferner hellrot. In dünnen Schichten erscheint es bläulich, während arterielles Blut gelblich aussieht. Gibt man zu Kohlenoxydblut Natronlauge vom spez. Gewicht 1,34, so erhält man eine zinnoberrote Färbung. Arterielles Blut gibt damit eine dunkelbraun gefärbte Fällung.

Setzt man zu Blut Kaliumchloratlösung und läßt mehrere Stunden stehen, dann beobachtet man eine braune Färbung des Blutes. Das Oxyhämoglobin ist in Methämoglobin übergegangen. In diesem ist der Sauerstoff fest gebunden. Vgl. das Spektrum des neutralen und alkalischen Methämoglobins in Abb. 154.

Man benutze auch zur spektroskopischen Untersuchung des Blutes ein einfaches Spektroskop mit direkter Durchsicht.

Bestimmung der Blutgase.

Wir benutzen zur Übung defibriniertes Blut vom Pferde. Wir treiben die Gase aus dem Blute durch Erwärmen und Evakuieren aus. Zur genauen Bestimmung des Gasgehaltes benutzen wir eine sog. Pflügersche Blutgaspumpe (vgl. Abb. 155). Diese besteht aus dem Blutauffangegefäß A. Dieses hat 250—300 ccm Inhalt. Es verengt sich nach oben und unten in Rohre, die sich durch Hähne verschließen lassen. Der Hahn a besitzt zwei Bohrungen; eine vertikale und eine horizontale. Die letztere durchbohrt den Stopfen der Länge nach. Hahn b und c haben eine einfache Bohrung. Das Blutauffangegefäß wird zunächst mit Hilfe einer Quecksilberluftpumpe luftleer gemacht und gewogen. Wir lassen dann durch den Hahn a von der Öffnung der Längsdurchbohrung aus Blut in das Auffangegefäß einströmen. Wollen wir das Blut direkt einem Tier entnehmen, dann wird das Ende des Hahnes a in eine Vene oder Arterie eingebunden, während der Hahn a eine Stellung besitzt, die keine Verbindung mit dem Innern des Auffangegefäßes gestattet. Ist der Hahn eingebunden, dann wird er so gedreht, daß das Blut aus dem Blutgefäß direkt in das Auffangegefäß A einfließen kann. Ist genügend Blut eingeflossen, dann wird es wieder nach außen abgeschlossen. Es wird gewogen und so die Gewichtsmenge des Blutes festgestellt.

Das Auffangegefäß A steht mit dem sog. Schaumgefäß B in Verbindung. Auch dieses läuft nach oben und unten in ein Rohr aus. Beide sind durch Sperrhähne verschließbar. Das Schaumgefäß kann als Vorlage betrachtet werden. Es dient zum Auffangen des bei der stürmischen Gasentwicklung sich bildenden Schaumes. Auf das Schaumgefäß folgt ein sog. Trockenapparat C, eine U-förmige Röhre, die mit Bimssteinstücken gefüllt ist. Unten trägt das Rohr eine kugelige Erweiterung D. Darin befindet sich konzentrierte Schwefelsäure. Die Bimssteinstücke sind ebenfalls mit Schwefelsäure getränkt. In diesem Apparat werden die Blutgase von den mitgeführten Wasserdämpfen befreit. An das Trocknungsgefäß schließt sich die eigentliche Pumpe an. Das Verbindungsstück trägt ein kurzes Rohr, das mit einem Manometer E verbunden ist. Er dient zur Kontrolle des Grades der Luftleere im Apparat. Die Pumpe besteht aus zwei oben und

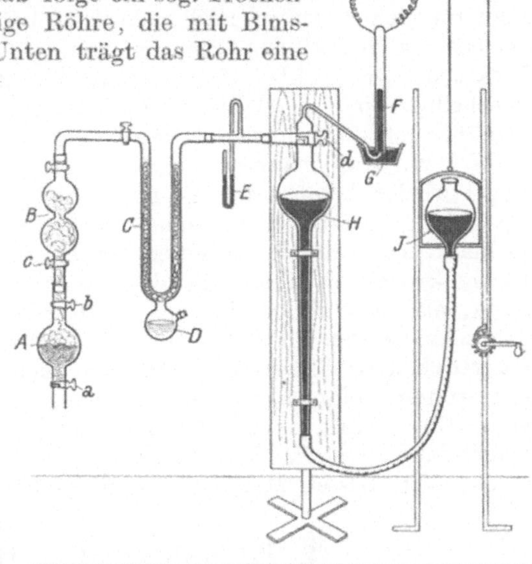

Abb. 155. Blutgaspumpe.

unten in offene Röhren auslaufenden Glaskugeln H und J. Die beiden Röhren sind durch einen Gummischlauch verbunden, und die beiden Kugeln und der Schlauch bis zur halben Höhe der Kugeln mit Quecksilber angefüllt. Die eine Kugel H ist befestigt, die andere J kann durch eine Windevorrichtung auf- und abwärts bewegt werden. Wird J gehoben, dann füllt sich H. Wird dagegen J gesenkt, dann wird H entleert. Das obere Ende der Kugel H steht einerseits mit dem Trockenapparat in Verbindung, andererseits zweigt sich am oberen Ende ein dünneres Rohr ab, dessen freies Ende in eine Quecksilberwanne G untertaucht. Die Öffnung dieses Rohres mündet unter dem Quecksilber in das Auffangerohr (Eudiometer) F. Das Gefäß H kann mittels des doppelt durchbohrten Hahnes d sowohl mit dem Trockenapparat als mit dem eben genannten verengten Rohr in Verbindung gebracht werden.

Die Gasentwicklung im Blute nimmt man nun in folgender Weise vor: Es wird zunächst der Apparat möglichst von Luft befreit. Man stellt den Grad des Vakuums am Manometer fest. Nun werden die Hähne b und c geöffnet und zwischen Gefäß A und den übrigen Apparaten eine Verbindung hergestellt. Das Auffangegefäß A wird in Wasser von 60^0 eingetaucht. Sofort beginnt die Entgasung des Blutes. Es schäumt lebhaft. Durch Senken der Kugel J bringt man die Gase in die Kugel H herüber. Nun wird der Hahn d gedreht und eine Verbindung von H mit dem Eudiometerrohr hergestellt. Jetzt hebt man die Kugel J und treibt dadurch die Gase in dieses. Der ganze Vorgang wird wiederholt, bis alle Gase übergeführt sind. Es wird dann die Menge des im Eudiometerrohr befindlichen Gases gemessen. Es besteht aus einem Gemenge von Sauerstoff, Kohlensäure und Stickstoff. Die Kohlensäure weisen wir nach, indem wir durch das Quecksilber eine an einen Platindraht angeschmolzene, befeuchtete Ätzkalikugel durchführen. Die Kohlensäure bindet sich mit dem Ätzkali zu Kaliumkarbonat. Nach längerem Verweilen wird die Kugel wieder herausgezogen. Die Verminderung des Volumens der Gase zeigt, wieviel Kohlensäure vorhanden war. Den Sauerstoff bestimmt man durch Verpuffen im Eudiometerrohr. Man führt zu diesem Zwecke in dieses ein abgemessenes Volumen Wasserstoff ein. Dann läßt man durch die am oberen Ende des Eudiometerrohres eingeschmolzenen Platindrähte einen elektrischen Funken springen. Sauerstoff und Wasserstoff verbinden sich zu Wasser. Es entsteht eine weitere Volumenverkleinerung des Gasgemisches im Eudiometerrohr. Ein Drittel davon entfällt auf den zur Wasserbildung verbrauchten Sauerstoff. Es bleibt noch ein Gas übrig. Es ist dies der Stickstoff, dessen Menge wir nun direkt ablesen können.

3. Kreislauf des Blutes.

1. Peripherer Kreislauf.

Beobachtung des Blutkreislaufes in der Schwimmhaut des Frosches unter dem Mikroskop.

Wir benutzen zu diesem Versuche einen möglichst wenig pigmentierten Frosch, am besten eine Rana temporaria. Wir machen ihn durch Einspritzung von 0,1 ccm einer 1 prozentigen Kurarelösung in den Rückenlymphsack bewegungslos. Man wartet ab, bis die Lähmung eine vollständige ist. Jetzt bringt man den Frosch mit dem Bauch nach unten auf eine Glasplatte. Auf ihr ist eine Korkplatte aufgeklebt. Sie besitzt ein kreisrundes Loch. Über dieses spannen wir die Schwimmhaut eines Fußes aus und befestigen sie mit schräg in die Korkleiste eingesteckten Stecknadeln. Die Schwimmhaut darf nicht zu stark gespannt werden, weil sonst der Kreislauf beeinträchtigt wird. Jetzt feuchten wir die Schwimmhaut mit physiologischer

Kochsalzlösung an, hüllen den ganzen Frosch in mit dieser getränktes Filtrierpapier und bringen nun die Glasplatte mit dem Frosch unter das Mikroskop (Abb. 156). Wir können nun den Kreislauf direkt verfolgen. Schon bei schwacher Vergrößerung erkennen wir Arterien, Venen und Kapillaren (Abb. 157). Das Blut der Arterien erscheint heller rot als das der Venen. Man kann ferner feststellen, daß der Blutstrom in den Arterien eine regelmäßige, pulsatorische Beschleunigung zeigt. In den Venen fehlt diese vollständig. Hier ist das Strömen ein ganz gleichmäßiges. Am besten unterrichtet man sich an den Stellen, an denen Verzweigungen stattfinden. Bei der Arterie sehen wir, daß das Blut an der verzweigten Stelle in die Äste hineinströmt, während bei der Vene das Blut umgekehrt aus verzweigten Stellen in ein größeres Stammgefäß übergeht. Sehr oft sehen wir, daß an solchen verzweigten Stellen Blutkörperchen gegen den Scheitel der Verzweigung anrennen. Bei dieser Gelegenheit können wir genau verfolgen, daß die roten Blutkörperchen keine bestimmte, unveränderliche Gestalt haben. Das Blutkörperchen reitet gewissermaßen auf dem Scheitel der Verzweigung, es schmiegt sich der Gefäßwand eng an und ragt

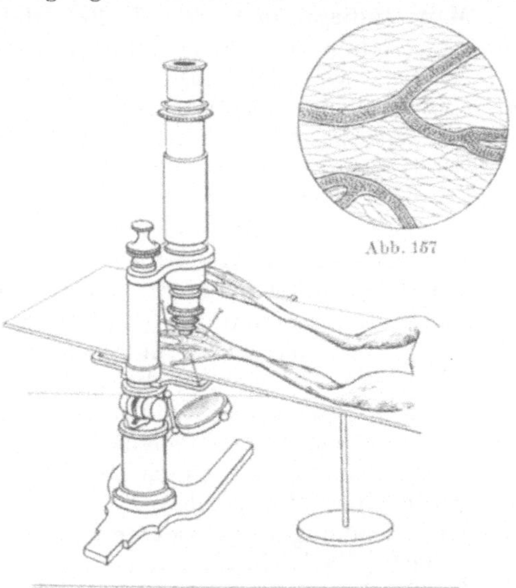

Abb. 156. Betrachtung des Blutkreislaufes der Schwimmhaut des Frosches.

mit den Enden in die beiden Zweige hinein, bis schließlich auf der einen Seite ein Übergewicht hergestellt ist und das Blutkörperchen nun auf einmal davonschießt. Sehr schön kann man auch den axialen Strom an größeren Arterien und Venen beobachten. Man sieht, wie die roten Blutkörperchen als roter Faden in der Mitte des Gefäßes sich dahinbewegen. Beiderseits davon erkennen wir einen schmalen, hellen Rand, den sog. Wandstrom. In ihm sehen wir einzelne Leukozyten, die oft an der Wand des Gefäßes lange haften bleiben oder sich sehr langsam dahinbewegen. Ferner können wir beobachten, wie in den engen Kapillaren die Geschwindigkeit des Blutstromes sich verlangsamt. (Vergrößerung des Gesamtquerschnittes der Blutbahn!) Schalten wir ein sog. Okularmikrometer ein, dann läßt sich bei starker Vergrößerung mit Hilfe einer Sekundenuhr die mehr oder weniger maximale Geschwindigkeit des Blutstromes direkt feststellen. Wir brauchen nur ein bestimmtes

Blutkörperchen uns zu merken und zu verfolgen, wie rasch es eine bestimmte Strecke der Mikrometerteilung zurücklegt. Bei Versuchen über den Einfluß bestimmter Produkte, wie z. B. von Adrenalin, auf die Blutgefäße, empfiehlt es sich, mit Hilfe von zwei Mikroskopen die beiden Schwimmhäute des gleichen Tieres gleichzeitig zu betrachten. Die eine Schwimmhaut bleibt unbeeinflußt, während die andere der Einwirkung bestimmter Substanzen ausgesetzt ist. Zu derartigen Studien eignet sich ausgezeichnet eine Einrichtung von Zeiß, die die Gesichtsfelder beider Mikroskope mittels Prismen direkt nebeneinander zur Anschauung bringt.

Man studiere auch den Einfluß der Reizung des N. ischiadicus auf die Gefäßweite. Zum Schlusse zerstöre man das Rückenmark.

Spritzen wir dem Frosch, dessen Kreislauf wir betrachtet haben, eine Lösung von l-Adrenalin (Suprarenin) (1:5 Millionen) unter die Rückenhaut, so sehen wir nach kurzer Zeit eine starke Verengung der Blutgefäße eintreten. Auch die Pigmentzellen ändern ihre Gestalt. Sie ziehen sich zusammen. Der Frosch sieht heller aus.

An Stelle der Schwimmhaut kann man auch das Mesenterium zur Beobachtung des Kreislaufes benutzen. Man durchtrennt in diesem Falle mit einem etwa 1 cm langen Längsschnitt an der Seite des Abdomens die Haut und die Muskulatur und eröffnet das Peritoneum. Nun holt man aus der Schnittöffnung ein Stück Dünndarm mit Hilfe einer Pinzette heraus und steckt es mittels Stecknadeln auf dem Korkring der obenerwähnten Glasplatte fest. Dabei wird das Mesenterium ausgespannt. Nun befeuchtet man es mit 0,6 prozentiger Kochsalzlösung, bedeckt mit einem Deckglas und beobachtet den Kreislauf mit Hilfe eines Mikroskops. Nach kurzer Zeit beobachtet man eine hauchige Trübung des Mesenteriums. Sie nimmt nach und nach zu. Bei scharfer Beobachtung kann man sehen, daß aus den Mesenterialgefäßen Leukozyten auswandern. Nach einiger Zeit treten auch rote Blutkörperchen aus, nachdem vorher in den kleinen Gefäßen der Kreislauf vollständig zum Stillstand gekommen ist. Es ist dies der Beginn der Entzündung.

Ein prachtvolles Bild liefert auch die Lunge des Frosches. Man, führt in die Trachea ein mit einem kurzen Kautschukschlauch versehenes Glasröhrchen ein, bläst die Lunge sorgfältig auf, nachdem man sie durch Eröffnen des Thoraxes freigelegt hat und bindet dann den Kautschukschlauch fest ab. Sehr geeignet sind für Beobachtungen des Kreislaufes auch die Harnblase und die Zunge des Frosches.

Sehr schön kann man den Kreislauf auch verfolgen, wenn man den Augenhintergrund beim Frosche im aufrechten Bild betrachtet. (Vgl. Sehorgan.) Endlich kann man auch am Kaninchenohr das Kreisen des Blutes betrachten, indem man das Ohr mit der Hand etwas anspannt und Licht durchfallen läßt.

Zu vergleichenden Beobachtungen des Kreislaufs in verschiedenen Organen unter verschiedenen Bedingungen (Einfluß von Adrenalin, Milchsäure us.) eignet sich ganz besonders gut die Beleuchtung

im auffallenden Licht der in situ befindlichen Organe mittels einer
starken Lichtquelle (z. B. einer Nernst-Lampe).

Blickt man ferner vollständig akkommodationslos gegen eine große
helle Fläche, z. B. gegen den Himmel, oder durch dunkelblaues Glas
gegen die Sonne, so treten im Gesichtsfeld helleuchtende Pünktchen,
die sich auf größere oder kleinere Strecken bewegen, auf. Es sind
dies wahrscheinlich Blutkörperchen oder Lücken zwischen solchen in
den Netzhautgefäßen. Sie verschwinden oft und treten wieder auf. Es
kommt dies daher, daß die Blutgefäße der Netzhaut Windungen zeigen.

Demonstration des Unterschiedes zwischen Arterie und Vene.

Wir wählen als Versuchstier ein Kaninchen. Es wird mit Äther
narkotisiert und dann auf ein Operationsbrett aufgespannt. Nunmehr wird der Hals mittels einer Schere, besonders in der Median-
linie, möglichst von Haaren befreit. Jetzt spannt man die Haut
am Hals zwischen Daumen und Zeigefinger an und führt einen
Schnitt durch sie. Er beginnt etwas unterhalb des Kehlkopfes
und endet in der Höhe des Sternums. Die kleinen Blutungen aus
den durchschnittenen Hautgefäßen tupfen wir sorgfältig mittels Watte
auf. Es darf nie weiter operiert werden, ohne daß ein ganz klares,
durch keinerlei Blutung gestörtes Bild vorliegt. Jede Einzelheit muß
klar erkannt werden. Wir durchschneiden nunmehr die Halsfaszie
und sehen den M. sternohyoideus und den M. sternocleidomastoideus
vor uns. Je nachdem wir die Gefäße rechts oder links aufsuchen
wollen, verschieben wir den Hautrand mittels eines mit einem Gewicht beschwerten Muskelhakens nach der entsprechenden Seite.
Wir gehen dann mittels des Skalpellstieles in der Furche zwischen
den genannten Muskeln in die Tiefe. Wir stoßen dabei direkt auf
die Karotis. Sie ist noch vom tiefen Blatt der Halsfaszie bedeckt.
Dieses wird durchschnitten. Man verschafft sich einen klaren Über-
blick über alle hier zusammenliegenden Gebilde. Neben der Karotis
liegt die Vena jugularis interna. Ferner erblickt man Nervenstränge
(N. vagus, N. sympathicus).

Nun wird die Karotis mit einem Messerchen angestochen. Sofort
schießt Blut aus der Wunde hervor. Es findet kein kontinuierliches,
gleichmäßiges Ausfließen des Blutes statt. Der Blutstrahl erhält
vielmehr eine rhythmische Beschleunigung. Lassen wir das aus-
spritzende Blut gegen ein Blatt Papier fallen, dann erhalten wir,
wenn wir dieses am Gefäße vorbeibewegen, Blutspritzerbilder, die den
Kurven entsprechen, die wir mit dem Sphygmographen (vgl. S. 234) erhalten, d. h. wir können auf diese Weise direkt Pulskurven aufschreiben.

Nun unterbinden wir die Karotis peripher von der verletzten Stelle.
Wir beobachten, daß trotz der Unterbindung das Blut weiter herausgeschleudert wird. Binden wir dagegen das Ende, das mit dem Herzen
in Verbindung steht, ab, dann hört die Blutung augenblicklich auf.

Nun stechen wir die Vena jugularis an. Wir sehen, daß Blut in
kontinuierlichem Strome ausfließt. Das Blut hat ein anderes Aus-

sehen, als das aus der Karotis herausfließende. Das letztere ist hellrot gefärbt, das erstere dunkel- bis violettrot. Nun unterbinden wir die Vena jugularis zentral, d. h. es wird das Ende mit der Ligatur versehen, das mit dem Herzen in Verbindung steht. Die Blutung steht nicht. Das periphere Ende blutet weiter. Wird dieses unterbunden, dann hört die Blutung augenblicklich auf.

Bestimmung des Blutdruckes.

Die Methoden, die zur Bestimmung des Blutdruckes angewandt werden, können prinzipiell in zwei Gruppen geteilt werden. Wir können einmal den Blutdruck auf direktem Wege bestimmen, indem wir in ein arterielles Gefäß eine Kanüle einführen und den im Gefäß herrschenden Druck direkt auf ein Manometer einwirken lassen. Wir bestimmen entweder den Seitendruck in dem betreffenden Gefäße selbst, indem wir eine T-Kanüle einbinden, oder aber wir wählen eine einfache Kanüle und bestimmen dann den Seitendruck in dem Gefäß, aus dem die Arterie, in die wir die Kanüle eingebunden haben, ihren Ursprung nimmt. Ein annähernd richtiges Bild über den herrschenden Blutdruck erhält man schon, wenn man das Blut in einem in eine große Arterie eingebundenen Rohr aufsteigen läßt.

Die zweite Gruppe von Blutdrucksmessungen umfaßt Methoden, die den Druck in einem bestimmten Blutgefäß indirekt bestimmen. Diese Art der Messung des Blutdruckes wird vor allem beim Menschen angewandt. Man kann sie auch im Gegensatz zu der oben erwähnten Methode als unblutige bezeichnen.

Direkte Bestimmung des Blutdruckes.

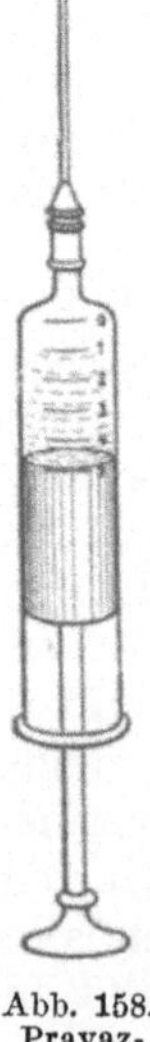

Wir wählen als Versuchstier ein Kaninchen. Wir legen zunächst in der oben beschriebenen Weise die Karotis und gleichzeitig auch die Vena jugularis externa frei. Diese verläuft ganz oberflächlich unter der Haut und dem Platysma.

Die Karotis wird auf einem größeren Teil (2—3 cm) ihres Verlaufs ganz frei präpariert. Wir führen dann unter ihr eine Haarnadel durch. Auch die Vena jugularis legen wir frei, um in sie mittels einer Pravazspritze (Abb. 158) gelöste Substanzen in den Kreislauf bringen zu können. Es ist zweckmäßig, die Kanüle der Pravazspritze in die Vene einzubinden. Auch den Nervus vagus und den Nervus depressor suchen wir auf. Beide werden mit einem Seidenfaden abgebunden und dann der erstere kopfwärts vom Knoten und der letztere herzwärts davon durchschnitten. Die Fadenenden lassen wir aus der Wunde heraushängen, damit wir die Nerven jederzeit wieder finden können. Sie selbst werden in ihr versenkt. Am besten versieht man die Fadenenden mit einer Gefäßklemme. Die Karotis wird zentralwärts mittels einer Arterienklemme verschlossen. Dann

Abb. 158.
Pravaz-
spritze.

wird mittels einer kleinen Schere ein Lappenschnitt in der Gefäßwand distal von der Klemme angebracht, nachdem man zuvor unter
dem Gefäß zwei starke Ligaturfäden durchgezogen hat. Durch die
gesetzte kleine Wunde wird eine paraffinierte Glaskanüle (a, Abb. 159)
eingeführt. Am besten ist das verjüngte Ende der Kanüle mit Ein-
kerbungen versehen. Sie verhindern das Herausrutschen der Kanüle
aus dem Blutgefäß. Am zweckmäßigsten ist eine Kanüle mit seit-
lichem Auslauf. Diese muß natürlich verschließbar sein. Man kann

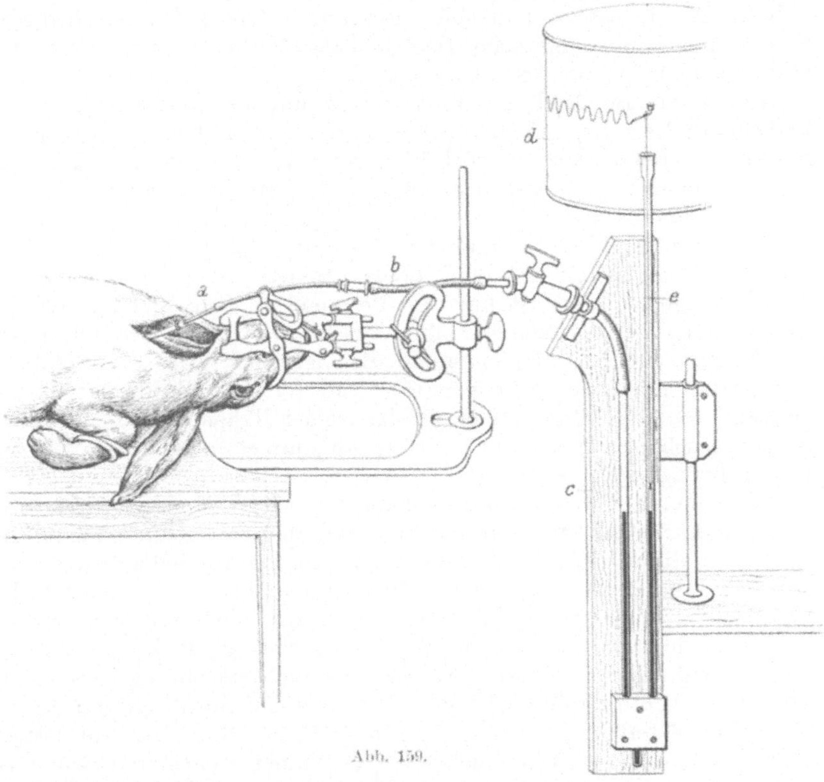

Abb. 159.

dann, falls Gerinnung eintritt, leicht von dieser Seitenöffnung aus das
Gerinnsel herausholen, ohne die übrigen Teile der Apparatur ausein-
anderzunehmen.

Die Kanüle trägt einen Gummischlauch, den wir durch eine gut-
sitzende Gefäßklemme am Ende abschließen. Kanüle und Schlauchstück sind mit konzentrierter Magnesiumsulfatlösung gefüllt. Nunmehr verbindet man das an der Kanüle angebrachte Schlauchstück
mit dem Zuleitungsrohr b. Auch dieses Rohr, das man sich zweckmäßig aus kleinen, sich berührenden Stücken Glasrohr, die untereinander mit Kautschukschlauch verbunden sind, herstellt, ist mit

der konz. Magnesiumsulfatlösung gefüllt. Man achte peinlich darauf, daß in dem ganzem System keine Luftblasen vorhanden sind. Den Schlauch *b* verbinden wir mit einem Quecksilbermanometer, nachdem dieser bis zum Quecksilbermeniskus auch mit Magnesiumsulfatlösung gefüllt worden ist. Nun wird die Klemme, die das an der Kanüle sich befindende Schlauchstück verschlossen hat, abgenommen, und ferner auch die die Karotis verschließende Klemme entfernt. Wir beobachten, daß der Manometer Druck anzeigt. Dieser läßt sich direkt an der Skala des Manometers ablesen. Wir beobachten dabei, daß die Quecksilbersäule rhythmisch hin und her schwankt. Wir können durch einfache Beobachtung Maximum und Minimum dieser Ausschläge an der Skala feststellen.

Ein genaueres Bild des Blutdruckes und der Blutdruckschwankungen erhalten wir, indem wir den Manometerstand sich aufzeichnen lassen. Zu diesem Zwecke ist der Manometer mit einem sog. Schwimmer (*e*) versehen. Dieser schwimmt auf dem Quecksilbermeniskus seines offenen Schenkels. Er trägt am oberen Ende eine Schreibvorrichtung: ein kleines, einer Tabakspfeife ähnlich sehendes Gefäß, das mit Tinte gefüllt ist, und dessen Spitze wir an eine Schreibfläche anlegen. Diese ist auf der Trommel *d* eines Kymographions aufgespannt. Wir setzen die Trommel in Bewegung und schreiben gleichzeitig auf das Papier auch die Zeit auf. Das Quecksilbermanometer gibt kein sehr genaues Bild feinerer Blutdruckschwankungen, weil das Quecksilber infolge seiner Trägheit den einzelnen Blutdruckschwankungen nur sehr unvollkommen folgt und außerdem Eigenschwingungen zeigt.

Zu feineren Untersuchungen benutzen wir daher entweder ein Gummimanometer oder ein solches, bei dem die Gummimembran durch ein dünnes Wellblech ersetzt ist. Im Prinzip haben wir genau dieselben Verhältnisse, wie beim Quecksilbermanometer. Bei Druckzunahme wird die Gummimembran bzw. das Wellblech vorgewölbt. Bei Druckabnahme dagegen werden beide sich der Ruhelage nähern. Bei Anwendung der zuletzt erwähnten Versuchsanordnung verwenden wir eine berußte Papierfläche und schreiben den Blutdruck mit einem Hebel aus Metall auf (vgl. z. B. Abb. 176, S. 246). Um ein Urteil über die Größe des Blutdruckes zu gewinnen, markieren wir uns bei den genannten Manometern den Ausgangsstand des Schreibhebels der Membran entweder mit Hilfe eines zweiten, feststehenden Metallschreibhebels, oder wir zeichnen vor Abnahme der Karotisklemme eine Nullinie auf. Dann schreiben wir eine sogenannte Normalkurve. Wir beobachten an ihr aufsteigende und absteigende Teile. Der Abstand der Fußpunkte der Normalkurve von der Nullinie ergibt dann den diastolischen und derjenige der Gipfelpunkte den systolischen Blutdruck. Außer diesen kardialen Schwankungen des Blutdruckes beobachten wir noch solche, die durch die Respiration hervorgerufen sind.

Reizung des Nervus vagus: Wir holen nun den vorher ver-

senkten Vagusstumpf am Ligaturfaden aus der Wunde heraus und
legen ihn auf die mit der sekundären Rolle eines Induktoriums verbundenen Elektroden. Wir tetanisieren den Nerv. Wir beobachten
zunächst eine Verlangsamung der Herzschlagfolge. Der Blutdruck
zeigt dabei keine wesentlichen Änderungen. Verstärken wir nun den
Reiz, dann tritt bald diastolischer Herzstillstand ein. Der Blutdruck
fällt stark. Der Herzstillstand wird ab und zu durch kräftige Herz-
aktionen unterbrochen. Es kommt dies dann auch am Blutdruck
zum Ausdruck. Entfernen wir die Elektroden, d. h. unterbrechen wir
die Reizung, dann beginnt das Herz wieder regelmäßig zu schlagen,
gleichzeitig erhebt sich der Blutdruck ganz allmählich wieder auf die
normale Höhe. Oft beobachten wir sogar, daß er darüber hinaus
schießt und erst später wieder zur Norm zurückkehrt.

Nachdem wir wiederum
eine normale Kurve erhalten
haben, reizen wir in der gleichen Weise den Nervus de-
pressor.. Wir beobachten
nach einer relativ langen Latenzzeit eine sehr starke Senkung des Blutdruckes. Die
Herzaktion ist mäßig ver-
langsamt.

Nun lassen wir von der
in die Vena jugularis eingebundenen Kanüle aus, mit
Hilfe einer Pravazspitze
0,2 ccm einer 1-Adrenalin-

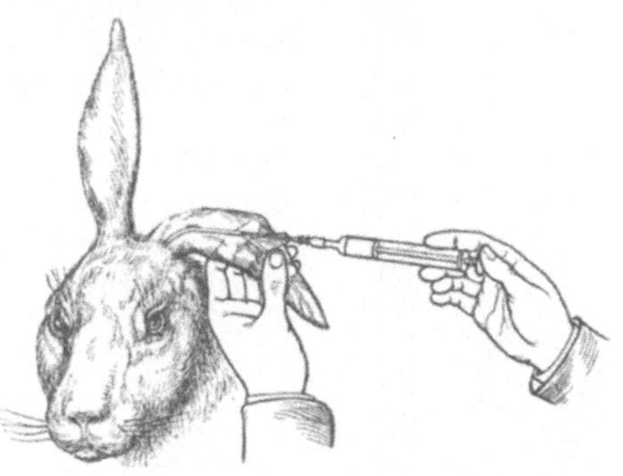

Abb. 160. Intravenöse Einspritzung.

lösung 1 : 4000, langsam einfließen. Wir beobachten, daß nach ganz
kurzer Zeit ein Ansteigen des Blutdruckes stattfindet. Wir wiederholen, nachdem der Blutdruck zur Norm zurückgekehrt ist, den
gleichen Versuch mit d-Adrenalin und stellen fest, daß keine oder
nur eine geringe Veränderung des Blutdruckes eintritt. Die nach
Einführung des von der Nebenniere gebildeten 1-Adrenalins auftre-
tende Blutdrucksteigerung ist durch Kontraktion der peripheren Blutgefäße bedingt.

Ist die Vena jugularis externa nicht freigelegt worden, dann
spritzen wir die Adrenalinlösung mit Hilfe einer Pravazspritze in
eine Ohrvene (vgl. Abb. 160). Vorher stauen wir das Blut in einer
solchen, indem wir das zentrale Ende mit dem Finger zudrücken.
Auf diese Weise wird die Vene besser zugänglich. Wir beachten
bei diesem Versuch die kurz nach der Injektion eintretende Blässe
des Ohres.

Indirekte Bestimmung des Blutdruckes.

Wir benutzen dazu den von Riva-Rocci- v. Recklinghausen angegebenen Tonometer. Er besteht aus einer Gummimanschette, die

durch einen Schlauch mit einem Gebläse in Verbindung steht. Die
Manschette wird dicht um den Oberarm gelegt und nun mit dem
Gebläse mit Luft gefüllt. Dabei kommt es schließlich zur mehr oder
weniger vollständigen Kompression der Arteria brachialis. Dieses Ereignis können wir leicht feststellen, indem wir am Unterarm den Puls
der Arteria radialis mit dem Finger kontrollieren. Sobald die Kompression eine so große ist, daß die Pulswelle unterdrückt wird, wird
der tastende Finger keinen Puls mehr wahrnehmen. Wir bestimmen
mit Hilfe eines Manometers (vgl. Abb. 161) den Druck, der notwendig
ist, um das Verschwinden des Pulses herbeizuführen.

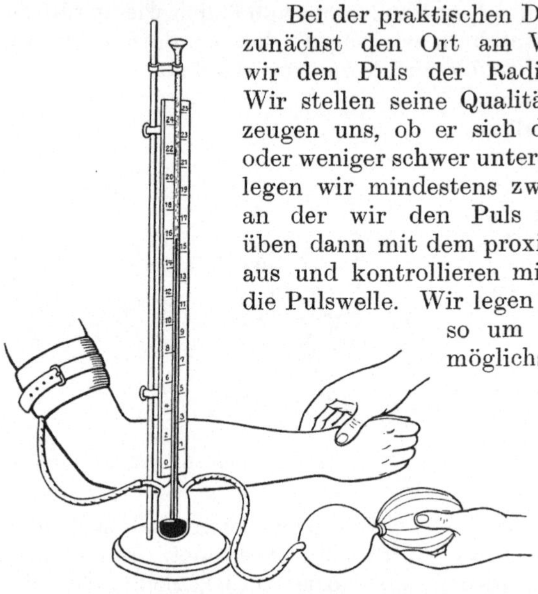

Bei der praktischen Durchführung suchen wir
zunächst den Ort am Vorderarm auf, an dem
wir den Puls der Radialis am besten fühlen.
Wir stellen seine Qualitäten genau fest und überzeugen uns, ob er sich durch Fingerdruck mehr
oder weniger schwer unterdrücken läßt. Am besten
legen wir mindestens zwei Finger auf die Stelle,
an der wir den Puls am besten fühlen und
üben dann mit dem proximalen Finger den Druck
aus und kontrollieren mit dem distal angelegten
die Pulswelle. Wir legen nunmehr die Manschette
so um den Oberarm, daß ein
möglichst zylindrisches Stück
davon umschlossen
wird. Sie darf nicht
so fest angelegt werden,
daß ein Druck auf den
Arm ausgeübt wird. Die
unveränderte Qualität
des Pulses zeigt uns, ob
diese wichtige Maß-
nahme befolgt ist. Nun
kontrollieren wir den

Abb. 161. Bestimmung des Blutdruckes nach
Riva-Rocci v. Recklinghausen.

Puls mit der linken Hand und blasen mit der rechten durch abwechseln-
des Zusammendrücken des Gummiballons die Manschette auf, bis der
Puls eben verschwindet. Nun lesen wir am Manometer den Stand der
Quecksilbersäule ab. Der auf diese Weise bestimmte Druck fällt zu hoch
aus. Beim Einblasen der Luft ist die Abmessung nicht so abstufbar, daß
man das Aufblasen der Manschette nur gerade so weit treibt, daß eben
gerade die Arteria brachialis zusammengedrückt wird. Man läßt nun
sorgsam Luft aus der Manschette austreten, bis der Puls eben wieder
erscheint. Dies geschieht am besten, indem man am Gummirohr, das
zur Manschette führt, ein T-Rohr einschaltet und das freie Ende mit
einem Gummischlauch versieht, der eine Klemmschraube trägt. Durch
ihre Lockerung läßt sich der Luftaustritt genau regulieren. Wir
stellen nach Wiedererscheinen des Pulses wieder den Stand des
Manometers fest. Der erhaltene Wert ist in gewissem Sinne ein

Minimalwert. Es läßt sich auch hier die Druckentlastung in der Manschette nicht so fein regulieren, daß sie nicht etwas zu weit geht. Da wir den zuerst abgelesenen Druck als zu hoch und den zuletzt bestimmten Druck als zu niedrig betrachten, so können wir das Mittel aus beiden Ablesungen als den der Wirklichkeit am nächsten kommenden annehmen. Der Versuch wird mehrmals wiederholt. Vorzuziehen ist folgendes Verfahren. Man macht eine unterrichtende Bestimmung, wobei man den Puls durch allmähliche Steigerung des auf den Oberarm ausgeübten Drucks zum Verschwinden bringt. Man merkt sich dabei den Manometerstand, bei dem man den Puls eben noch deutlich wahrnahm, bevor er verschwand. Nunmehr wird der Versuch wiederholt, wobei man den Druck innerhalb weniger Sekunden bis zu jener Größe steigert, bei der der Puls beim Vorversuch noch eben wahrnehmbar war. Nun steigert man den Druck langsamer unter sorgfältiger Kontrolle des Pulses. Sobald er ganz verschwunden ist, liest man den Druck am Manometer ab. Man vermeidet bei diesem Verfahren, daß bei der entscheidenden Blutdruckbestimmung der Arm relativ lange Zeit unter Stauung gesetzt wird. Um den Einfluß von Stauungen und sonstige Störungen im Kreislauf zu vermeiden, wird vor jedem neuen Versuche die Luft aus der Manschette vollständig herausgelassen und einige Zeit abgewartet.

Die Bestimmung des Blutdruckes mit Hilfe des Tonometers ist keine ganz genaue. Einmal wird ein Teil des aufgewendeten Druckes dazu benutzt, um Gewebe: Haut, Muskeln usw., zu deformieren. Ferner spielt die Rigidität der Gefäßwand auch eine Rolle. Doch kann man die auf genanntem Wege erhaltenen Werte ganz gut zu vergleichenden Versuchen benutzen.

Wir lassen nun die Versuchsperson einige Kniebeugen ausführen oder sie in raschem Tempo eine Treppe ersteigen und bestimmen wieder den Blutdruck. Ferner stellen wir den Blutdruck bei der gleichen Versuchsperson im Stehen und Liegen fest und vergleichen endlich die bei verschieden großen Individuen erhaltenen Werte untereinander.

Beobachtungen über den Puls.

Der Puls wird gewöhnlich beim Menschen an der Arteria radialis geprüft. Wir suchen am vorderen, volaren Teil des Vorderarmes an der radialen Seite die Stelle auf, an der wir den Puls am besten fühlen. Wir beurteilen zuerst die Eigenschaften des Pulses und zwar in der Weise, daß wir die betreffende Stelle mit zwei bis drei Fingern (nicht mit dem Daumen!) betasten. Wir prüfen, ob die Frequenz eine große oder kleine ist, indem wir die Zahl der einzelnen Pulse während einer bestimmten Zeit, z. B. einer Minute, zählen (Pulsus rarus, Pulsus frequens). Es empfiehlt sich, die Zahl der Pulse in der ersten Hälfte der Minute mit derjenigen der zweiten zu vergleichen. Ist ein größerer Unterschied vorhanden, dann zählt man noch dreißig Sekunden weiter. Es kommt bei leicht erregbaren

Personen oft vor, daß die bloße Vornahme der Zählung einen beschleunigenden Einfluß auf die Herztätigkeit ausübt. Es tritt jedoch meistens bald Beruhigung ein. Wir stellen ferner fest, ob wir einen **Pulsus celer** oder einen **Pulsus tardus** vor uns haben. Ferner verfolgen wir, ob wir den Puls leicht oder schwer unterdrücken können (**Pulsus mollis, Pulsus durus**). Wir verfahren dabei so, daß wir den proximal angelegten Finger zur Ausübung des Druckes benutzen und den distal davon tastenden zur Kontrolle des Verschwindens des Pulses benutzen. Wir prüfen endlich, ob der Puls ein zeitlich **regelmäßiger** oder **unregelmäßiger** ist (**P. regularis, P. irregularis**). Wir zählen den Puls im Liegen, dann auch im Stehen. Ferner lassen wir die Versuchsperson im Zimmer herumgehen, eine Leiter ersteigen, oder eine Treppe hinauf- und hinabeilen und zählen dann sofort die Pulszahl wieder. Wir schreiben uns die Zahl genau auf. Wir vergleichen ferner die gefundenen Zahlen für die Pulsfrequenz bei verschieden großen Individuen.

Aufzeichnung der Pulskurve der Arterica radialis mit Hilfe des Jaquetschen Sphygmographen.

Wir suchen zunächst die Stelle auf, an der wir den Radialispuls am deutlichsten fühlen, studieren seine Qualitäten und markieren den Ort mit Hilfe eines Fettstiftes genau. Nun befestigen wir den Rahmen des Sphygmographen mit Hilfe der Lederriemen der ihn tragenden Manschette so am Vorderarm, daß die vorher vermerkte Stelle in die

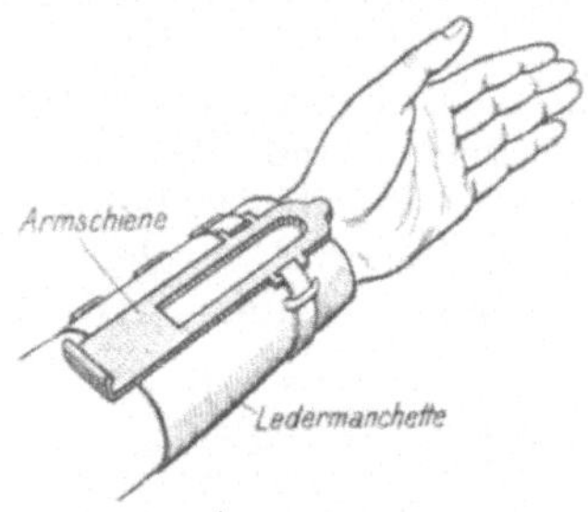

Abb. 162. Manschette mit Schiene für den Sphygmographen.

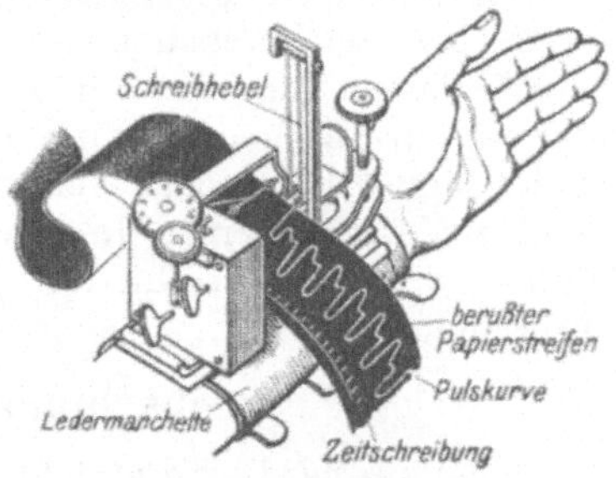

Abb. 163. Sphygmograph. nach Jaquet.

Mitte des vom vorderen Teil des Rahmens eingeschlossenen Raumes zu liegen kommt. (Vgl. Abb. 162.) Diese Stelle ist bei manchen Apparaten durch eine Einbuchtung am Rahmen kenntlich gemacht. Der Rahmen muß einesteils fest sitzen, anderenteils darf er jedoch die Arterie nicht komprimieren. Letzteres tritt besonders dann leicht ein, wenn der hintere (zentral gelegene) Riemen der Manschette zu fest angezogen ist. Bevor man den Sphygmographen aufsetzt, wird nochmals sorgfältig geprüft, ob der Puls gut fühlbar ist und noch die gleichen Qualitäten, wie zuvor zeigt. Ferner stellt man fest, ob die vermerkte Stelle auch nach dem Festbinden der Manschette noch dem Orte, an dem der Puls am deutlichsten in Erscheinung tritt, entspricht. Durch diese Prüfung erspart man sich viel Zeit und auch Ärger. Vor dem Aufsetzen des Sphygmographen zieht man seine beiden Uhrwerke auf. Das eine treibt die Rolle, auf welcher der berußte Papierstreifen am Schreibhebel vorbeigeführt wird, das andere dient der Zeitschreibung. Jetzt wird der eigentliche Sphygmograph in das am zentralwärts gelegenen Ende des Rahmens befindliche Scharnier eingeschoben. Durch Drehen der am vorderen Ende angebrachten, in eine im Rahmen vorhandene Schraubenmutter passenden Schraube wird der Apparat befestigt (Abb. 163). War der Rahmen richtig aufgelegt, dann kommt jetzt die Pelotte der unten am Apparat angebrachten Metallfeder genau auf die Stelle zu liegen, an der man den Puls am besten gefühlt hat. Die Spannung dieser Feder läßt sich mittels einer zweiten Feder verändern. Die Bewegungen der Pelotte werden durch einen Winkelhebel auf einen kleinen, horizontal sich bewegenden Metallschreibhebel übertragen. Schon beim Festziehen der Schraube bemerkt man, daß der Schreibhebel rhythmische Bewegung aufweist. Zeigt der Hebel gute Ausschläge, dann läßt man nunmehr den berußten Papierstreifen vorbeiziehen. Die Pulskurve zeigt einen steil ansteigenden Teil und einen gewöhnlich durch mehrere Zacken unterbrochenen abfallenden Ast. Eine größere Zacke ist die dikrote Erhebung (Rückstoßerhebung).

Aufzeichnung der durch die Pulswelle bedingten Volumenänderungen einer Extremität.

Es wird der Arm der Versuchsperson in ein entsprechend weites, an einem Ende verschließbares Glasrohr (vgl. Abb. 164) eingeführt und mittels einer über das andere, weite Ende gezogenen Gummimanschette, die man mit Hilfe eines Gebläses aufblasen kann, luftdicht mit diesem verbunden. Jetzt wird der Glasmantel vollständig mit Wasser von etwa 40^0 gefüllt. Wir bemerken bereits an der im Rohr a befindlichen Flüssigkeitssäule Schwankungen, die der Pulswelle entsprechen. Wir verbinden das Rohr a mit einem Gummischlauch, den wir mit einem Mareyschen Schreiber in Verbindung setzen. Durch diesen zeichnen wir die Änderungen des Volumens des Armes auf eine berußte Fläche auf. Wir können die Aufzeichnung auch in folgender Weise vornehmen. Wir setzen den mit dem Rohr a verbundenen Schlauch nicht mit der Mareyschen Registrierkapsel in Verbindung, sondern mit einem Brenner. Dieser ist so konstruiert, daß die Flamme eine schmale und hohe ist. In das Rohr, das den Gasstrom führt, mündet jenes Rohr, das mit dem erwähnten Schlauch in Verbindung steht. Jedesmal, wenn im Rohr a die Flüssigkeit steigt, wird Luft verdrängt. Sie bewirkt, daß die Flamme höher wird (sie zuckt empor). Photographieren wir die Schwankungen in der Höhe der Flamme auf einem vorbeirotierenden Film, dann erhalten wir

ein getreues Bild der Volumenschwankungen des Armes. Mit jeder
Systole wird Blut in die Arterien geworfen. Damit ist eine Volumenzunahme des Armes verbunden, da der Abfluß des Venenblutes ein
kontinuierlicher, gleichmäßiger ist. Den Apparat nennen wir Plethysmograph und die in genannter Art erhaltenen Kurven Plethys-

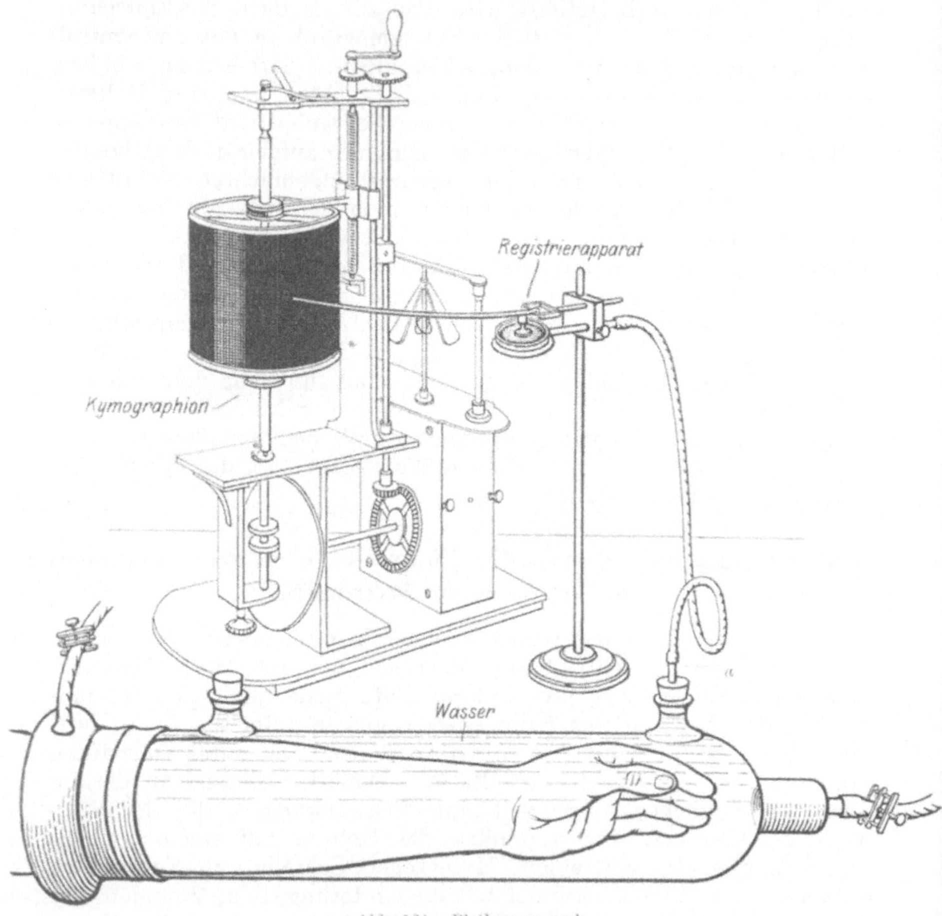

Abb. 164. Plethysmograph.

mogramme. Man spricht auch von Volumenpulsen. Wir können
diese Methode auch dazu benutzen, um die Stromgeschwindigkeit in
der Extremität zu messen. Man beobachte den Einfluß von Muskel-
kontraktionen (es wird ein Bein abwechselnd gehoben und gesenkt)
auf das Plethysmogramm! Erörterung der Bedeutung des Plethysmo-
graphen zur Funktionsprüfung des Herzens!

2. Versuche über die Herztätigkeit.

Versuche am Frosche.

Beobachtung des freigelegten, schlagenden Froschherzens.

Man führt das stumpfe Blatt einer Schere flach in das Maul eines
Frosches ein, dreht die Schneide nach oben und trennt mit einem
Scherenschlag den Kopf ab. Der Unterkiefer bleibt stehen. Dann
führt man sofort eine Nadel (am besten eignet sich hierzu eine Prä-
pariernadel), die man beim Beginn des Versuches zurechtgelegt hat,
um sie sofort zur Hand zu haben, in den Rückenmarkskanal ein und
zerstört durch wiederholte stoßende und drehende Bewegungen das
Rückenmark. Der Frosch wird nun auf ein Brettchen gelegt (vgl.
Abb. 165). Dann faßt man mit einer Hakenpinzette die Haut in der
Gegend des Schwertfortsatzes und
schneidet, nachdem man sie in
die Höhe gezogen hat (um keine
tieferliegenden Teile zu verletzen!),
mit einer kleinen Schere ein Loch.
Nun schneidet man in der Richtung des einen Schultergelenkes
und dann vom gleichen Ausgangspunkt in der des anderen die
Haut durch. Das dreieckige Haut-
lappenstück kann man nach dem
Hals zu umklappen oder es weg-
schneiden. Zu den weiteren Operationen verwenden wir entweder
neue Instrumente, oder wir reinigen die gebrauchten gründlich.
Wir waschen auch die Hän-
de, um einer Übertragung
von Hautsekret auf das Herz
vorzubeugen. Jetzt packt
man mit einer Pinzette den

Abb. 165. Beobachtungen am freigelegten Froschherzen.

Schwertfortsatz des Brustbeins, hebt dieses an und schneidet mit
einer Schere ein Loch. Die Bauch- und Brusthöhle sind nunmehr
eröffnet. Man erkennt, daß ein Diaphragma beim Frosche fehlt.
Nunmehr führt man durch die Thoraxwand die gleichen Schnitte,
wie zuvor durch die Haut. Man erkennt das Herz sofort an seinen
Bewegungen. Wir bemerken, daß es noch nicht freiliegt. Es befindet sich in einem ganz dünnen Sacke, dem Herzbeutel. Diesen
packen wir mit der Pinzette und schneiden ihn auf. Jetzt erkennen
wir ganz deutlich den Sinus venosus, die Vorhöfe und den Ventrikel.

Man kann an dem so isolierten Froschherzen in sehr schöner Weise
die Funktion der einzelnen Teile des Herzens während der normalen
Tätigkeit beobachten. Man sieht, daß die Kontraktion sich vom Sinus

venosus zu den Vorhöfen und von da auf die Kammer fortpflanzt. Dann erschlafft das Herz für eine kurze Zeit vollständig, und es beginnt derselbe Vorgang von neuem. Man hat den Eindruck des Ablaufens einer vom Venensinus ausgehenden peristaltischen Welle. Bei der Kammersystole sehen wir, daß die Herzspitze sich hebt. Der Ventrikel fühlt sich hart an und sieht blaß aus. Während der Diastole erscheint die Ventrikelwand rot gefärbt. Es ist dies die Folge der reichlichen Durchblutung. Der Ventrikel ist erschlafft und fühlt sich weich an.

Wir zählen nunmehr die Zahl der Herzschläge bei Zimmertemperatur. Es sind deren gewöhnlich etwa 40. Nun durchschneiden wir alle Verbindungen des Herzens, ohne es selbst irgendwie zu berühren, bringen es dann auf ein Uhrglas und befeuchten es mit ein paar Tropfen isotonischer Kochsalzlösung. Das Herz schlägt weiter. Wir beobachten das abwechselnde Zusammenziehen und Erschlaffen: Systole und Diastole. Auch hier kann man verfolgen, wie zuerst die Vorhöfe sich kontrahieren, während die Kammer sich noch in Diastole befindet. Dann geht die Kontraktion auf den Ventrikel über, und nun sind die Vorhöfe erschlafft. Wir zählen auch hier die Zahl der Herzschläge. Dann bringen wir das Uhrglas mit dem Herzen auf Eis oder übergießen es mit auf 0^0 abgekühlter 0,6 prozentiger Kochsalzlösung und stellen fest, daß die Herzfrequenz abnimmt. Erwärmen wir, indem wir das Herz mit auf 30 oder 40^0 erwärmter 0,6 prozentiger Kochsalzlösung übergießen, dann beobachten wir eine Zunahme der Zahl der Kontraktionen mit der Steigerung der Temperatur.

Wir betupfen ferner das Herz mit einer verdünnten Lösung von Chlorkalium oder eines anderen Kalisalzes und beobachten, daß es stillsteht. Nun geben wir einen Tropfen einer 1 prozentigen Chlorkalziumlösung oder eines anderen Kalziumsalzes zu. Die Herztätigkeit setzt wieder ein. Bei einem anderen Präparat bringen wir mit einem Pinselchen etwas Galle auf das Herz oder eine Lösung von Gallensäuren. Wir beobachten, daß das Herz bedeutend langsamer schlägt. Geben wir etwas einer verdünnten Muskarinlösung auf das Herz, dann tritt diastolischer Herzstillstand ein. Atropin hebt die Wirkung des Muskarins auf. (Vgl. hierzu S. 239.)

Zur Prüfung der Wirkung bestimmter Substanzen auf das Herz ist die folgende Versuchsanordnung sehr vorteilhaft. Wir legen zunächst das Herz in der oben (S. 237) beschriebenen Weise frei und schieben dann unter der Verzweigungsstelle der Aorta vorsichtig eine feine Pinzette durch und erfassen mit ihr einen Faden. Dieser wird dann durch Zurückziehen der Pinzette unter dem Gefäß durchgezogen. Die beiden Fadenenden schlingt man übereinander, damit später rasch eine Ligatur angelegt werden kann (vgl. Abb. 166). Nun wird die Wand des linken Aortenbogens mit einer feinen Pinzette erfaßt und das Gefäß angeschnitten. In die Öffnung führt man eine mit Ringerscher Lösung gefüllte Kanüle a (Abb. 168) tief in den Bulbus ein (vgl. Abb. 169). Durch vorsichtiges Vor- und Zurückschieben der Kanüle sucht man in den Ventrikel hineinzugelangen. Jetzt wird die gelegte Ligatur angezogen, das Herz an der Kanüle hochgehoben und zunächst die beiden Aorten und dann ein feines Gefäßbändchen, das von hinten her zu dem Ventrikel zieht, das sog. Frenulum, durchgeschnitten. Endlich durchtrennt man möglichst tief nach unten die in den Sinus venosus einmündenden Hohlvenen, wobei man die Kanüle in horizontaler Lage möglichst hoch hält. Am besten legt man, bevor man die Hohlvenen abschneidet, eine Ligatur um sie. Würde man keine weiteren Vorsichtsmaßregeln ergreifen, dann würde sehr bald Gerinnselbildung im Blute eintreten. Es könnten dann leicht Störungen auftreten. Aus diesem Grunde wird das Blut möglichst aus dem Herzen entfernt. Zunächst geht Blut in die eingesetzte Kanüle über. Dieses wird ausgegossen und durch Ringersche Lösung[1]) ersetzt. Sobald sich diese wieder rotgefärbt hat, gibt man neue Ringersche Lösung hinzu, bis diese schließlich farblos bleibt. Die Flüssigkeit in der Kanüle bewegt sich rhythmisch auf und ab.

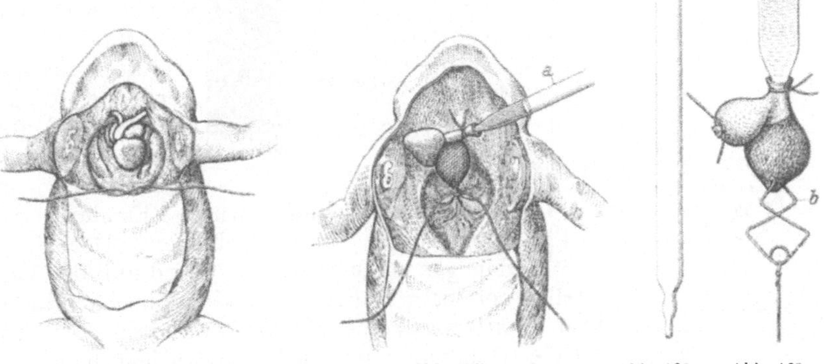

Abb. 163. Abb. 167. Abb. 168. Abb. 169.

Nun bringt man an der Herzspitze eine aus Federdraht gebogene Herzklammer *b* an. (Vgl. Abb. 169.) Der Herzmuskel darf hierbei nicht verletzt werden. Die Herzkanüle wird dann mit dem daran hängenden, pulsierenden Herzen in einer Klammer befestigt. An der Herzklammer (*b*, Abb. 169) wird mit Hilfe eines Fadens ein möglichst entlasteter Schreibhebel angebracht. Diese Vorrichtung ermöglicht das Aufschreiben der Herzbewegung z. B. auf eine berußte Trommel. Gleichzeitig kann auch die Zeit registriert werden. Vgl. eine solche Versuchsanordnung in Abb. 170.

Die geschilderte Versuchsanordnung ist ganz besonders geeignet, um die Wirkung von verschiedenen Stoffen auf das Herz zu prüfen. Wir geben die Stoffe in die Herzkanüle hinein. Wird Muskarin in der Verdünnung von 1 : 10 000 benützt, dann erhält man diastolischen Herzstillstand (Vagusreizung). Gießt man nun in die vorher

---

[1]) $0,8\,^0/_0$ NaCl, $0,01\,^0/_0$ $CaCl_2$, $0,0075\,^0/_0$ KCl, $0,01\,^0/_0$ $NaHCO_3$ oder $0,9\,^0/_0$ NaCl, $0,024\,^0/_0$ $CaCl_2$, $0,042\,^0/_0$ KCl, $0,01-0,03\,^0/_0$ $NaHCO_3$ und ev. $0,1\,^0/_0$ Traubenzucker.

entleerte und von neuem mit Ringerscher Lösung beschickte Herzkanüle einige Tropfen einer schwachen Lösung von Atropinsulfat,
dann beobachtet man das Auftreten schwacher und allmählich stärker
werdender Pulsationen. Nach einiger Zeit wird die Herztätigkeit wieder
ganz normal.

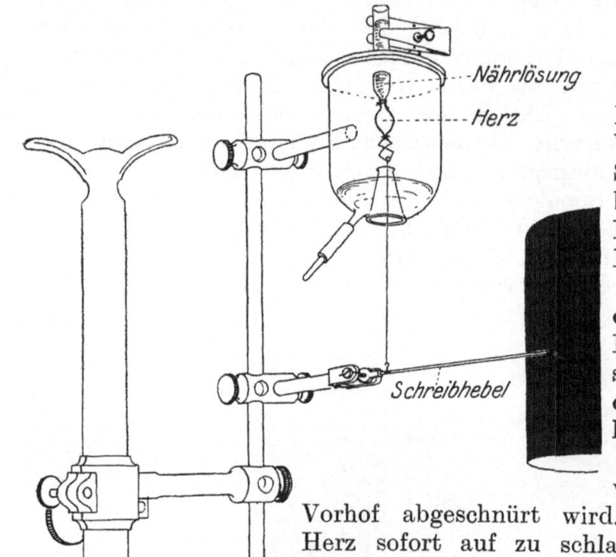

Abb. 170.

Stanniusscher Versuch.

Wir legen das Herz in derselben Weise frei, wie es S. 237 beschrieben worden ist. Dann wird ein Faden unter dem Aortenbogen durchgezogen, das Frenulum durchschnitten und nun der Faden so geknüpft, daß der Sinus venosus vollständig vom Vorhof abgeschnürt wird. Es hört das Herz sofort auf zu schlagen. Der Sinus dagegen pulsiert weiter. Wird nun der Ventrikel gereizt, z. B. durch Anritzen mit einer Nadel, so erhält man eine Kontraktion, und zwar auf jeden Reiz nur eine solche. Jetzt legt man eine zweite Schlinge um das Herz, und zwar so, daß der Knoten sich an der Vorderseite zwischen Vorhof und Ventrikel befindet. Auf diese Weise wird der Vorhof vollständig vom Ventrikel getrennt. Liegt die Schlinge richtig, dann bleibt der Vorhof in Ruhe, der Ventrikel schlägt jedoch wieder rhythmisch weiter. Legt man eine dritte Schlinge zwischen Vorhof und Herzspitze um den Ventrikel, dann schlägt sein dem Vorhof zugewandter Teil weiter, während der Teil, der die Herzspitze mit einschließt, stehenbleibt. Man kann die Herzspitze auch abschneiden. Der Erfolg ist der gleiche wie bei der Abbindung.

In besonders schöner Weise läßt sich der Stanniussche Versuch beim nach Engelmann suspendierten Herzen ausführen. Die Herzbewegungen werden aufgeschrieben (vgl. Abb. 170). Wir legen dann, wie oben geschildert, die erste Ligatur an und beobachten den Stillstand der Herzbewegung. Der Schreibhebel schreibt eine horizontale

Linie auf. Jetzt legen wir die zweite Ligatur an. Sofort zeichnet uns der Hebel die Kontraktionen des Ventrikels auf.

Man kann auch an Stelle der Ligatur mit einem Messer den Sinus venosus vom Vorhof abtrennen und dann den Vorhof vom Ventrikel abschneiden. Wird nun auch der Ventrikel etwa in der Mitte quer durchgeschnitten, dann beobachtet man, daß der Basisteil weiter schlägt, während die abgeschnittene Herzspitze sich ruhig verhält. Wird die Spitze durch Einstechen mit einer Nadel gereizt, dann er-

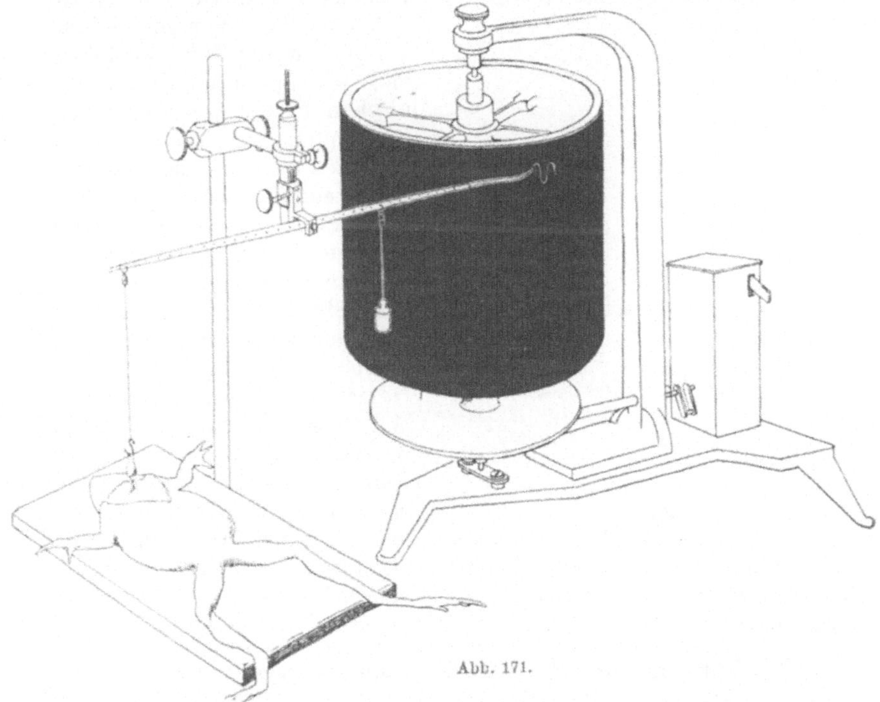

Abb. 171.

folgt eine einmalige Kontraktion (mechanische Reizung). Bringt man auf die Herzspitze einen Kochsalzkristall, dann erfolgt rhythmische Pulsation der Herzspitze (chemischer Dauerreiz!).

Reizung des isolierten Froschherzens.

Wir benutzen am besten ein aus dem Körper isoliertes Froschherz. Wir legen es auf ein kleines Uhrschälchen und befeuchten es mit 0,6 prozentiger Kochsalzlösung. Das Herz schlägt zunächst kräftig weiter. Allmählich beginnt es dann zu erlahmen. Es werden die Pausen zwischen den einzelnen Kontraktionen immer länger. Reizen wir das Herz, indem wir mit einer spitzen Nadel in den Ventrikel einstechen, kurz bevor wieder eine spontane Systole eintritt, dann kontrahiert sich der Ventrikel. Wir haben durch den Reiz eine Extrasystole ausgelöst.

Es fällt nun die erwartete spontane Systole aus, und erst nach einiger
Zeit tritt wieder eine solche ein. Wir beobachten genau mit der Uhr
in der Hand die Pause zwischen der Systole, von der wir ausgegangen
sind, der Extrasystole und der wieder eintretenden spontanen Systole.
Wir erkennen, daß die erstere Pause kürzer ist als die zwischen zwei
spontanen Systolen eintretende. Dafür ist die Pause zwischen der
Extrasystole und der nächsten spontanen Systole um so länger (kom-
pensatorische Pause). Reizen wir das Herz unmittelbar nach erfolgter Systole, dann haben wir keinen Erfolg (refraktäre Periode).

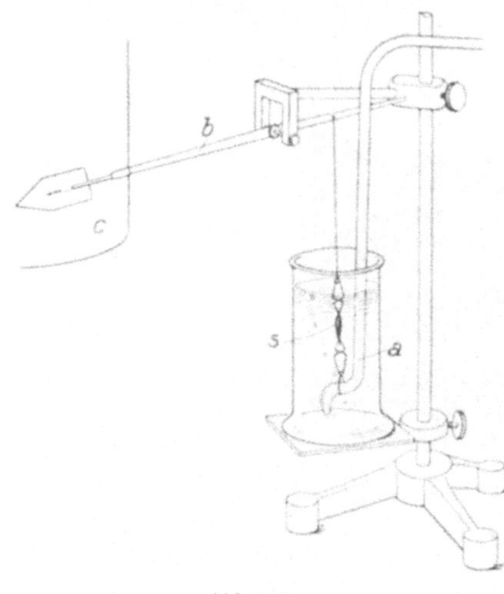

Abb. 172.

Denselben Versuch können
wir auch in der Weise ausführen,
daß wir an Stelle des mechanischen Reizes elektrische Reize
verwenden. Wir führen die von
der sekundären Spule eines
Schlitteninduktoriums abgeleiteten Drähte durch einen Kork.
Die aus dem Kork hervorragenden Enden müssen ganz blank
sein. Sie werden so gebogen und
einander genähert, daß sie bequem an beliebige Stellen des
Herzens angelegt werden können.
Wir beginnen die Reizung bei
weitem Rollenabstand (vgl. die
Reizversuche an Muskeln und
Nerven) und überzeugen uns,
daß eine bestimmte Reizgröße
notwendig ist, um einen Erfolg zu erhalten. Bei einem gewissen
Rollenabstand kontrahiert sich der Ventrikel (bzw. der Vorhof). Die
Kontraktion ist sofort maximal (Alles- oder Nichtsgesetz).

Versuche am Herzstreifenpräparat nach Loewe.

Es wird bei einem Frosch das Herz in der bereits beschriebenen
Weise freigelegt, aus dem Körper herausgenommen und nunmehr ein
Streifen aus dem Ventrikel herausgeschnitten. Man kann auch einen
Streifen des Vorhofes oder aber endlich ein Stück des Herzmuskels
verwenden, dem zugleich ein Teil des Vorhofes und des Ventrikels
angehört. Der Streifen s wird, wie in Abb. 172 dargestellt, an seinen
beiden Enden an Häkchen befestigt. Das untere Häkchen ist an einem
gebogenen Glasrohr a befestigt, durch das man Luft durch die Flüssigkeit, in der der Herzstreifen sich befindet, hindurchleiten kann. Am
oberen Häkchen ist ein Bindfaden befestigt, der mit dem Schreibhebel b in Verbindung steht. Dieser zeichnet auf der Trommel c die
Bewegungen des Herzstreifens auf. Man beobachtet die Kontraktionen
des Herzstreifens, ihre zeitliche Folge. Man kann den Einfluß der
Temperatur auf die Häufigkeit der Kontraktionen studieren. Man kann

ferner den Einfluß bestimmter Ionen insbesondere von Bariumion und Kaliumion feststellen.

Nachweis des Aktionsstromes bei der Herzkontraktion.

Man lege den Nervus ichiadicus eines Froschschenkels (vgl. hierzu die Herstellung von Nervenmuskelspräparaten) auf das Herz eines Frosches oder besser noch auf das eines Kaninchens so auf, daß er sich von der Spitze bis zur Basis erstreckt. Wenn das Herz sich kontrahiert, dann beobachtet man jedesmal ein Zucken des Schenkels.

Beobachtung der Herzkontraktion beim in situ befindlichen Herzen mit Hilfe der Engelmannschen Suspensionsmethode.

Einem geköpften Frosche wird in der oben (vgl. S. 237) beschriebenen Weise das Herz freigelegt und aus der Öffnung der Brustwand herausgeklappt. Es wird dann in etwa 1 mm Entfernung von der Herzspitze von unten und hinten her ein spitzes Häkchen[1]) durch den Herzmuskel gestochen. Am Häkchen befindet sich ein dünner seidener Faden, der am anderen Ende ein zweites Häkchen trägt. Dieses wird mit einem Schreibhebel in Verbindung gesetzt (vgl. Abb. 171, S. 241). Als Hebel benutzt man ein etwa 12 cm langes, plattes, um eine horizontale Achse drehbares Aluminiumblättchen. Sein vorderes Ende ist zugespitzt. Es dient zur Aufzeichnung der Herzbewegung. Löcher im Schreibhebel dienen zum Einhaken des vorhin erwähnten, am Seidenfaden befestigten Häkchens. An Stelle des Aluminiumhebels kann man zu der einfachen Beobachtung auch einen Strohhalm mit Fahne benutzen.

Man kann nun die Bewegungen des Herzens und insbesondere des Ventrikels mit Hilfe des Schreibhebels auf einer berußten Trommel genau aufschreiben. Auch bei diesen Versuchen kann die Wirkung von Muskarin und Atropin festgestellt werden. Bringt man einen Tropfen Muskarinlösung auf das Herz, dann erhält man sofort diastolischen Stillstand (Vagusreizung). Träufelt man dann eine Spur einer Atropinlösung auf, dann erholt sich das Herz wieder. Man beobachtet zunächst einzelne Kontraktionen, schließlich schlägt das Herz wieder vollständig normal. Gibt man wiederum Muskarin hinzu, dann erhält man keinen Herzstillstand mehr (vgl. auch S. 238).

Wird das Herz durchleuchtet, dann kann man das Hineinströmen des Blutes aus den Vorhöfen in den Ventrikel beim suspendierten Herzen direkt verfolgen. Der Ventrikel nimmt bei der Systole ein blasses Aussehen an. Im Augenblick des Eintretens der Diastole des Ventrikels und der Systole des Vorhofes beobachten wir, wie Blut in den ersteren hineinschießt und schon setzt wieder die Kontraktion des Ventrikels ein.

---

[1]) Man bereitet sich dieses selbst, indem man eine gewöhnliche Stecknadel mit Hilfe einer Zange zweimal biegt (Ω).

Reizung der Herznerven beim Frosch.

Wir legen in der üblichen Weise das Herz frei und trennen dann zur bequemeren Handhabung den ganzen unterhalb des Herzens befindlichen Körper vollständig ab. Dann wird ein etwa 1 cm starkes Glasröhrchen in die Speiseröhre eingeführt. Man kann nunmehr auf der festen Unterlage den Nervus vagus bequem präparieren. Er liegt in die Linie, die sich vom Hinterende des Unterkiefers bis zum Vorhofe erstreckt. Am weitesten nach vorn stößt man auf den Nervus glossopharyngeus, dann folgt der Nervus hypoglossus und schließlich der Nervus vagus. Er teilt sich in zwei Zweige, von denen der eine zum Herzen, der andere zur Lunge verläuft. Wir führen unter ihm einen Faden durch und knüpfen ihn möglichst weit zentralwärts zu einem Knoten üher dem Nerven. Dieser wird dann oberhalb des Fadens zerschnitten. Jetzt ziehen wir das Röhrchen wieder aus dem Ösophagus heraus, legen das Präparat auf ein Froschbrett, auf dem wir es durch Stecknadeln festmachen. Wir können nun an diesem Präparat ohne weiteres die Wirkung elektrischer und anderer Reize auf die Anzahl und die Stärke der Herzkontraktionen feststellen. Legen wir den Stumpf des Nervus vagus auf Reizelektroden, dann beobachten wir bei ganz schwachen Reizen Verlangsamung der Herzfrequenz und bei stärkerer Reizung Stillstand in Diastole. Wollen wir das Ergebnis registrieren, dann führen wir durch die Herzspitze ein Häkchen und befestigen dieses mit Hilfe eines Fadens an einem Schreibhebel. Wir wählen am besten die Engelmannsche Suspensionsmethode. Daz Ergebnis des erwähnten Versuches hängt wesentlich von der verwandten Tierart ab und ferner davon, ob Sommer- oder Wintertiere zur Verwendung kommen. Hinweis auf das gemeinsame Verlaufen von Vagus- und Akzeleransfasern, ferner auf das verschiedene Verhalten von Fröschen und Kröten im Winter und im Sommer.

Goltzscher Klopfversuch.

Bei einem schwach kurarisierten Frosch wird das Herz in der gewohnten Weise freigelegt. Nun schlägt man mit Hilfe eines ganz leichten Hämmerchens oder mit einem Bleistift schnell hintereinander auf den Bauch. Das Herz steht in Diastole still. Dieser Stillstand ist ein reflektorischer. Wir reizen durch das Klopfen die Eingeweidenerven. Die Erregung wird der Medulla oblongata zugeleitet und geht von da auf den Nervus vagus über. Nach einiger Zeit beginnt das Herz wieder zu schlagen.

Prüfung der Funktion der Herzklappen.

In ein frisches Herz vom Schwein, vom Schaf oder vom Hund wird ein Glasrohr durch die Aorta oder durch die Arteria pulmonalis eingeführt und dann in dem Gefäße mit Hilfe eines Bindfadens festgebunden (vgl. Abb. 173). Nun füllt man in das Rohr Flüssigkeit ein und merkt sich die Höhe der Flüssigkeitssäule. Wenn der

Klappenschluß ein normaler ist, wird das Niveau selbst nach vielen Stunden noch erhalten sein. Die Semilunarklappen schließen gegen den Ventrikel fest ab.

Bei einem anderen Versuche stoßen wir das Glasrohr mit Gewalt durch die Semilunarklappen hindurch in den Ventrikel hinein und füllen diesen nun zunächst durch das Rohr mit Wasser und geben so viel Flüssigkeit hinzu, daß im Rohre selbst noch solche stehen bleibt. Wir notieren uns wieder den Stand der Flüssigkeitssäule und beobachten, ob Flüssigkeit aus den Vorhöfen austritt. Es ist dies nicht der Fall. Die Atrioventrikularklappen schließen dicht gegen die Vorhöfe ab. Wir können auch ein Glasrohr durch die Vena cava einführen und nunmehr wiederum Flüssigkeit eingießen. In diesem Fall wird die Flüssigkeit durch den Vorhof in die Ventrikel gelangen und aus der Arteria pulmonalis ausfließen, weil in diesem Falle die Klappen das Weiterfließen nicht hindern.

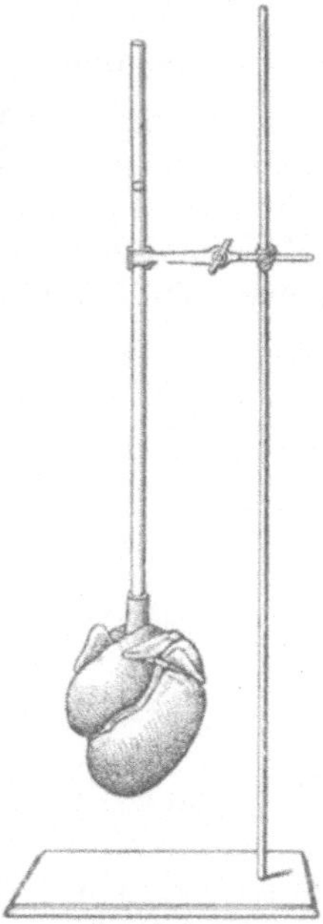

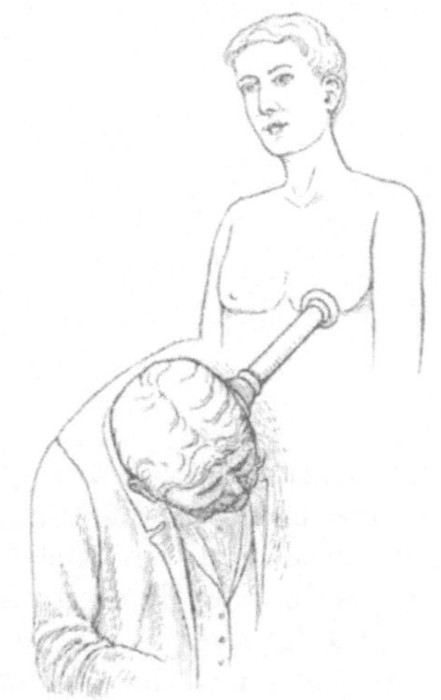
Abb. 173.

Auskultation der Herztöne.

Wir auskultieren durch Aufsetzen eines Stethoskopes oder durch direktes Anlegen des Ohres die Mitralklappe an der Stelle des Herzspitzenstoßes im fünften Interkostalraum etwas innerhalb der Mammillarlinie (Abb. 174), die Trikuspidalklappe über dem unteren Teile des Brustbeines in der Höhe des 5.—6. Rippenknorpels. Die Pulmonalklappe wird im zweiten Interkostalraum links nahe dem Sternalrande und endlich die Aoartenklappe im zweiten Interkostalraum am rechten Rand des Sternums behorcht. An allen diesen Stellen hören wir zwei Töne, die sich in kurzen Intervallen folgen. Zuerst einen dumpfen, langgezogenen, systolischen Ton, und einen kürzeren, schärfer begrenzten, diastolischen Ton. Dann folgt ein Intervall, und wieder tritt der dumpfe, langgezogene Ton auf. Wir bezeichnen den ersteren als ersten Herzton. Er wird durch die Kontraktion des Herzmuskels selbst und ferner durch die Anspannung der Atrioventrikularklappen hervorgerufen. Der kürzere, schärfer begrenzte, diastolische Ton, der zweite Herzton, wird durch das Anspannen der Semilunarklappen bedingt.

Wir zählen die Herztöne beim ruhenden

Abb. 174.

Individuum und lassen dann die Versuchsperson sich bewegen. Wir auskultieren wieder und stellen fest, daß nunmehr die Herzaktion beschleunigt ist.

Beobachtung des Spitzenstoßes beim Menschen.

Bei mageren Menschen können wir im fünften Interkostalraum in der Mammillarlinie den Spitzenstoß direkt sehen. Legen wir die Hand an die betreffende Stelle, dann fühlen wir, wie in bestimmten Zeitintervallen die Herzspitze gegen die Brustwand andrängt. Zur genaueren Beobachtung verwenden wir besondere Apparate.

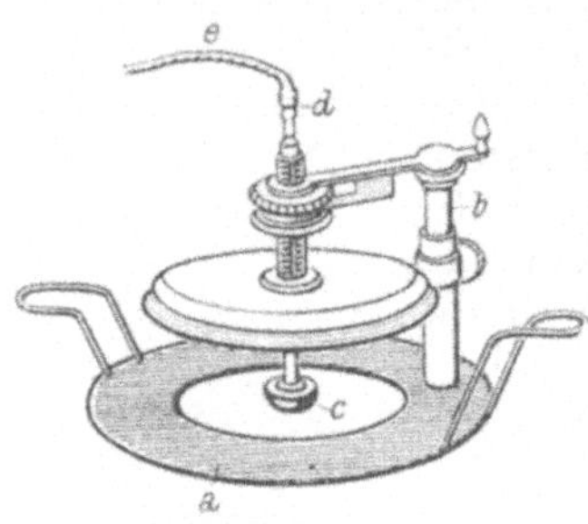

Abb. 175. Kardiograph.

Graphische Registrierung des Spitzenstoßes. Die Registrierung des Spitzenstoßes erfolgt mit dem sog. Kardiographen (vgl. Abb. 175). Er besteht aus einem Bleiring a, der sich leicht der Form der Brustwand anpassen läßt. Er wird an der Stelle, an der man den Spitzenstoß am besten fühlt, mit Hilfe eines um den Thorax geschlungenen Bandes befestigt. Auf dem Bleiring ist die sog. Aufnahmekapsel angebracht. Diese ist in der nach Jaquet ausgeführten Konstruktion vertikal und horizontal an dem Stativ b verschiebbar. Die Aufnahmekapsel besteht im wesentlichen aus einer Metallkapsel, die an ihrem offenen Ende von einer Kautschukmembran überspannt ist. Diese trägt genau in ihrer Mitte eine kleine aufgekittete Blechscheibe. Auf dieser sitzt die Pelotte c. Vom Metallboden der Kapsel geht das Rohr d ab. Wir

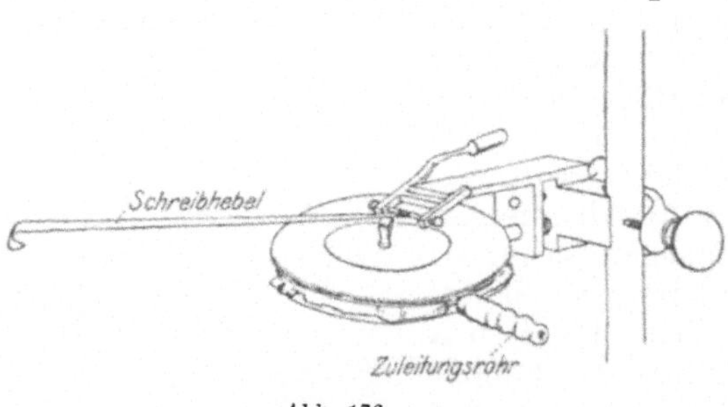

Abb. 176.

verbinden es mit einem Kautschukschlauch e, der am anderen Ende mit dem Registrierapparat in Verbindung steht. Dieser ist ganz ähnlich gebaut, wie der Aufnahmeapparat. Er besitzt ebenfalls eine gespannte Membran, nur ist auf dieser nicht eine Pelotte, sondern

ein Schreibhebel befestigt (Abb. 176). Wird die Membran des Aufnahmeapparates nach innen gedrückt, dann beobachten wir am Registrierapparat ein Ausbauchen der abschließenden Membran. Wird umgekehrt die Membran des Aufnahmeapparates nach außen gezogen, dann folgt die Membran des Registrierapparates genau im gleichen Verhältnis und im gleichen Sinne dieser Bewegung. Die Übertragung wird durch Luft bewerkstelligt.

Die Pelotte wird auf die Stelle gebracht, an der man den Spitzenstoß am besten fühlt. Die Bewegungen des Schreibhebels des Registrierapparates lassen wir auf einer berußten Fläche sich aufzeichnen.
Wir erhalten eine Kurve, die sog. Herzspitzenstoßkurve = Kar-
diogramm. Sie zeigt einen steil ansteigenden Ast, dem ein schwach
geneigtes Plateau folgt: Systole des Ventrikels und einen steil abfallenden Ast (Diastole des Ventrikels). Nun verläuft die Kurve,
entsprechend der Herzpause, fast horizontal. Dann erscheint eine
kleine Zacke (Vorhofsystole), und es beginnt wieder die Systole des
Ventrikels: die Kurve steigt steil an.

4. Atmung.

Nachweis der Kohlensäure in der Exspirationsluft.

Man atme durch eine Waschflasche, die mit Barytlösung gefüllt
ist, aus (Abb. 177). Man beobachtet, daß die durchtretenden Luftblasen sich jedesmal mit einem Häutchen umgeben. Es hat sich
kohlensaurer Baryt gebildet. Man atme
einmal ruhig ein und dann sofort durch
eine in einem Reagenzglas befindliche Barytlösung aus. Dann halte man die Atmung
so lange als möglich an und atme durch die
Barytlösung eines zweiten Reagenzglases aus.
Man beobachtet, daß im letzteren Fall ein
viel größerer Niederschlag an kohlensaurem
Baryt entsteht, als im ersteren Fall. Man
vergleiche auch den Kohlensäuregehalt bei
Apnoë.

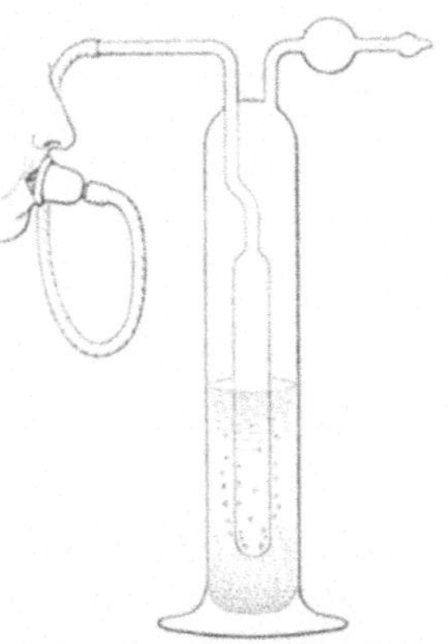

Abb. 177. Nachweis der Kohlensäure in der Ausatmungsluft.

Sehr überzeugend läßt sich der Beweis,
daß die ausgeatmete Luft reicher an Kohlensäure ist, als die eingeatmete, führen, wenn
man letztere ebenfalls durch Barytlösung
hindurchgehen läßt, oder aber man absorbiert die Kohlensäure der Einatmungsluft
durch Kalilauge und atmet durch die Barytlösung aus. Man verwendet dazu ein T-Stück, das auf der einen Seite ein Ventil besitzt,
das nur der eingeatmeten Luft den Zutritt gestattet, und auf der anderen Seite ein solches, das nur die ausgeatmete Luft hindurch läßt.

Messung der Vitalkapazität und ihrer Komponenten
am Menschen.

Wir benutzen zu der Messung der Vitalkapazität einen nach
Hutchinson konstruierten Spirometer (Abb. 178). Er besteht aus
folgenden Teilen: Ein oben offenes, zylindrisches Blechgefäß A besitzt nahe seinem Boden einen Tubus. Durch diesen führt ein bis

zum oberen Gefäßrand reichendes Rohr. Dieses besitzt an dem aus dem Tubus hervorragenden Teil einen Hahn. An diesem ist ein mit einem Mundstück versehener Gummischlauch angebracht. Das Gefäß wird nun so weit mit Wasser gefüllt, daß die innere Öffnung des Rohres noch über das Wasser emporragt. Das Wasser muß während des ganzen Versuchs 37⁰ warm sein (Einfluß der Temperatur auf das Gasvolumen!). In das genannte Gefäß ist ein zweites, etwas kleineres und unten offenes Blechgefäß B (Gasometerglocke) eingetaucht. Es ist durch eine an dem oberen Boden angebrachte

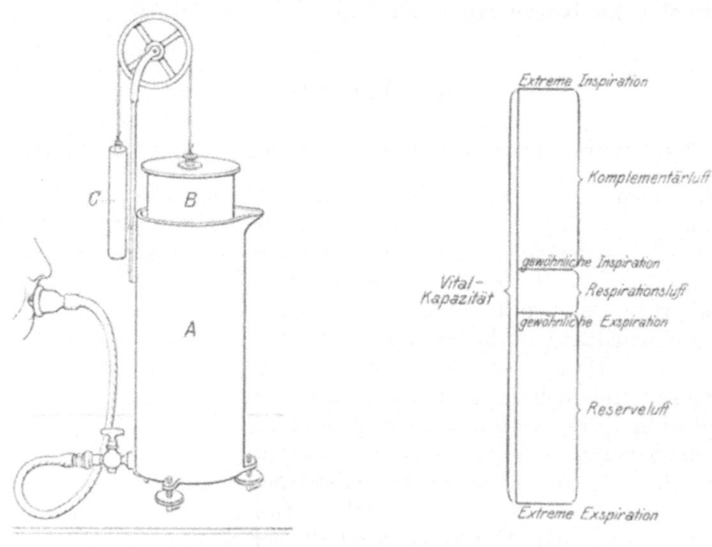

Abb. 178. Spirometer.   Abb. 179.

Schnur, die über eine Rolle geführt ist, aufgehängt und wird durch ein Gewicht C im Gleichgewicht gehalten. Wird nun durch den Schlauch Luft in die Gasometerglocke eingeblasen, dann steigt die bewegliche Glocke in die Höhe und zeigt das eingeblasene Volumen Luft an. Wir können es an einer vorn oder seitlich angebrachten Skala direkt ablesen. Bei Beginn des Versuches wird auf den Nullpunkt der Skala eingestellt. Nun atmen wir zunächst ganz ruhig ein, bringen den Mund an das Mundstück und atmen ohne jede besondere Anstrengung aus. Wir messen so die Respirationsluft (ca. 500 ccm). Bei einem zweiten Versuch atmen wir normalerweise ein und exspirieren, nachdem die Gasometerglocke wieder vorsichtig in die ursprüngliche Stellung (Nullpunkt) zurückgebracht worden ist, forciert in den Apparat hinein. Es kommt so die Reserveluft (ca. 1500 ccm) plus der Respirationsluft zum Vorschein. Schließlich atmen wir forciert ein und forciert aus. Das gesamte Volumen der nun ausgeatmeten Luft stellt die Vitalkapazität (ca. 3500 ccm) dar. Jetzt nehmen wir durch forcierte Inspiration so viel Luft auf, als wir können. Wird nun ohne besondere Anstrengung durch das Mundstück ausgeatmet, so erhalten wir Respirationsluft $+$ Komplementärluft. Da wir erstere schon kennen, so entfällt das Mehr an Luftvolumen auf die letztere (ca. 1500 ccm). Die Abb. 179 zeigt die Feststellung der einzelnen Anteile an der Vitalkapazität.

Wir vergleichen die vitale Kapazität bei verschieden großen Versuchspersonen und bei Männern und Frauen. Ferner läßt sich leicht der Einfluß der Übung auf die Ergebnisse feststellen.

Auskultation des Atemgeräusches am Menschen.

Man bringt entweder das Ohr direkt an den Thorax, oder man benützt ein Stethoskop. Man hört über der ganzen Lunge während der Dauer der Inspiration ein gleichmäßig schlürfendes Geräusch (vesikuläres Atemgeräusch). Bei der Exspiration fehlt entweder jedes Auskultationsphänomen, oder man hört ganz am Anfang der Exspiration ein kurzes, leises, hauchendes Geräusch.

Perkussion des Thoraxes beim Menschen.

Wir verwenden entweder ein sog. Plessimeter (a) und einen Perkussionshammer (b) (Abb. 180), oder aber wir benützen den Mittelfinger der linken Hand als Plessimeter und klopfen mit dem Mittelfinger der rechten Hand. Wir erhalten über den Lungen überall einen lauten Perkussionsschall. Wir stellen bei gewöhnlicher Atmung und bei angestrengter Exspiration die untere Lungengrenze in der Mammillarlinie (etwa unterer Rand der 6. Rippe) fest und lassen dann forciert inspirieren. Wir erhalten nun bis zur 7. Rippe und evtl. noch weiter nach unten Lungenschall. Demonstration der Verschiebung der Lungenränder. Bei dieser Gelegenheit stellen wir die Herzgrenzen (relative und absolute Herzdämpfung) fest und prüfen den Schall über der Leber, dem Magen und Darmteilen.

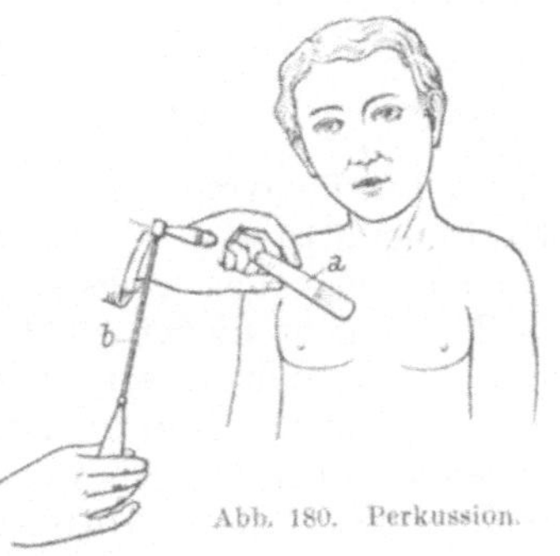

Abb. 180. Perkussion.

Beobachtung der Atmung.

Wir zählen die Zahl und Tiefe der Atemzüge in der Minute bei einer ruhenden Person. Nun lassen wir sie Arbeit leisten und beobachten wieder die Zahl und die Tiefe der Atemzüge. Wir stellen ferner fest, wie lange die Atmung angehalten werden kann, und zwar nach gewöhnlicher, dann nach angestrengter Einatmung, ferner nach erfolgter gewöhnlicher und endlich nach forcierter Ausatmung. Endlich studieren wir den Zustand der Apnoë. Wir betrachten ferner die bei gewöhnlicher und angestrengter Ein- und Ausatmung in Betracht kommenden Muskeln. Bei mageren Personen kann die Bewegung des Zwerchfells verfolgt werden. Wir stellen fest, auf welche Art und Weise Muskeln wie der M. sternocleidomastoideus, die Mm. pectorales usw. als Inspirationsmuskeln wirksam werden können.

Einatmung von Ammoniak bewirkt sofort Atemstillstand in Inspirationsstellung.

Registrierung der Atembewegung.

Auf dem Thorax der Versuchsperson wird mit Hilfe eines Bandes (Gurtes) (*d* und *c* in Abb. 181) ein Aufnahmeapparat befestigt. Er besteht aus einem trichterförmigen Metallgefäß, dessen weite Öffnung mit einer doppelten Gummimembran *a* überspannt ist. Zwischen beide Blätter wird durch das Rohr *b* Luft eingeblasen, so daß das äußere Blatt vorgewölbt ist. Dann wird das Rohr *b* verschlossen. Die engere Öffnung des Metallgefäßes setzt sich in ein Rohr fort, an dem ein Gummischlauch *e* befestigt ist. Dieser trägt am anderen Ende eine

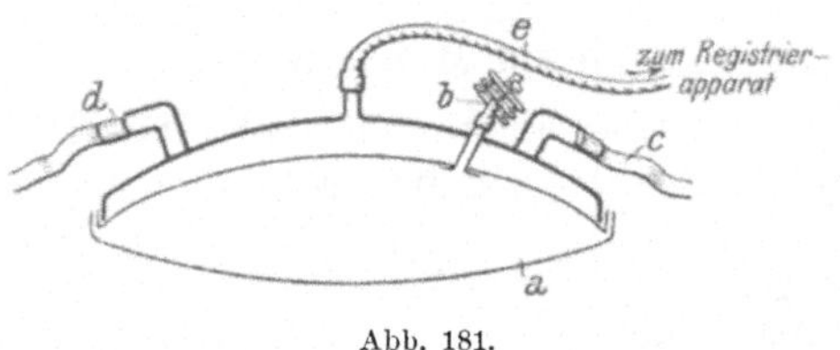

Abb. 181.

Registrierkapsel, die ihre Bewegungen mit Hilfe eines Schreibhebels auf eine berußte, auf ein Kymographion aufgespannte Fläche aufzeichnet. Jede Lageveränderung der Membran des Aufnahmeapparates bewirkt durch Luftübertragung eine gleichsinnige Änderung der Membran des Registrierapparates. — An Stelle der Aufnahmekapsel können wir auch einfach ein Stück eines dicken, zylindrischen, elastischen, an beiden Enden abgebundenen Schlauches benützen. Ein in der Wand befestigtes Röhrchen vermittelt die Verbindung mit der Registrierkapsel.

Die Kurve, Pneumogramm genannt, zeigt einen aufsteigenden Schenkel (Inspirationsbewegung) und einen absteigenden (Exspirationsbewegung). Eine eigentliche Pause beobachten wir nicht.

Einfluß der Respirationsphasen auf die Herzphasen.

Wir suchen zunächst den Puls an der Radialis auf und kontrollieren ihn während der folgenden, mit großer Vorsicht auszuführenden Versuche. Es wird maximal inspiriert und dann bei geschlossener Glottis exspiriert. Hierbei wird der Brustraum stark verkleinert. Die unter hohem Druck stehende Lungenluft preßt das Herz und die intrathorakalen Gefäße zusammen. (Begünstigung der Systole bei der Exspiration!) Der Puls wird schwächer, und schließlich hört er ganz auf. Der Versuch wird sofort abgebrochen. (Valsalvas Versuch.)

Bei einem zweiten Versuch exspirieren wir maximal und machen dann bei geschlossener Glottis eine Inspirationsbewegung. Dabei wird der Brustraum erweitert. Das Herz wird gewaltsam erweitert. (Begünstigung der Diastole während der Inspiration!) Die rechten Herzkammern und die intrathorakal gelegenen Venen füllen sich stark mit Blut. Da das linke Herz nur wenig Blut bei der erschwerten Systole austreiben kann, so wird auch hier der Puls schwächer. Schließlich bleibt er ganz aus. (Johannes Müllerscher Versuch.)

Beobachtung der Atmung beim Kaninchen.

Wir führen zunächst· die Tracheotomie aus. Es wird in der schon S. 227 beschriebenen Weise die Haut am Hals gespalten. Auch die oberflächliche Hautfaszie wird durchschnitten. Man geht nun stumpf zwischen den beiden Mm. sternohyoidei ein und legt die Trachea frei. Sie wird auf eine Strecke von etwa 2 cm von der Unterlage frei präpariert. Wir führen nun unter ihr einen Seidenfaden durch. Man schneidet nun in die Trachea zwischen zwei Knorpelringen eine quergestellte Öffnung und führt durch diese eine Kanüle ein. Wir wählen ein einfaches, den Raumverhältnissen der Trachea angepaßtes Rohr. Es wird mit dem erwähnten Seidenfaden festgebunden und dann am

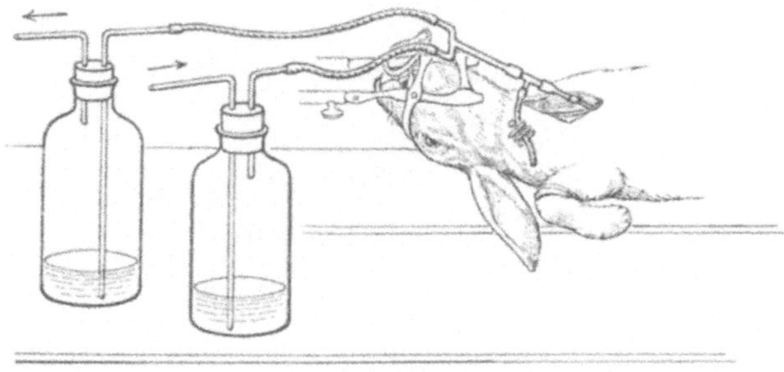

Abb. 182.

freien Ende mittels eines Schlauchstückes mit einem ein seitliches, verschließbares Ansatzrohr tragenden Glasrohr verbunden. Dieses selbst verbinden wir mit einer T-Kanüle. (Vgl. Abb. 182.) Der eine Ast dieser letzteren steht mit einer Flasche, die Barythydrat enthält, in Verbindung und dient zur Luftzufuhr. Durch den andern Ast lassen wir die Exspirationsluft streichen. Sie geht gleichfalls durch Baryt-hydratlösung, ehe sie nach außen gelangt. Wir können bei dieser Versuchsanordnung leicht feststellen, daß die Ausatmungsluft mehr Kohlensäure enthält als die eingeatmete Luft.

Verhindern wir, daß das Tier Luft erhält, indem wir das Luft-zuleitungsrohr zuklemmen, dann beobachten wir den dyspnöischen Atemtypus. Die einzelnen Atemzüge werden tiefer. Gewöhnlich tritt auch eine deutliche Verlangsamung der Atmung auf. Wenn man die Luftzufuhr längere Zeit vollständig unterdrückt, so erhält man neben tiefen, krampfartigen Inspirationen bei starker Verlangsamung der Atemzüge schließlich reflektorische Erstickungskrämpfe, die sich auf die gesamte Körpermuskulatur ausdehnen. Sobald sie sich zeigen, hören wir mit der Absperrung der Luftzufuhr auf. Das Tier

erholt sich bald wieder. Die Atmung wird zunächst meist beschleunigt,
um nach kurzer Zeit wieder den normalen Typus anzunehmen.

Jetzt suchen wir den Nervus vagus auf der einen Seite auf.
Wir legen ihn frei und binden ihn an zwei benachbarten Stellen ab.
Zwischen den beiden Knoten durchtrennen wir den Nerven. Wir
können nunmehr das periphere und das zentrale Ende jederzeit mit
Hilfe der Fäden aus der Wunde herausholen.

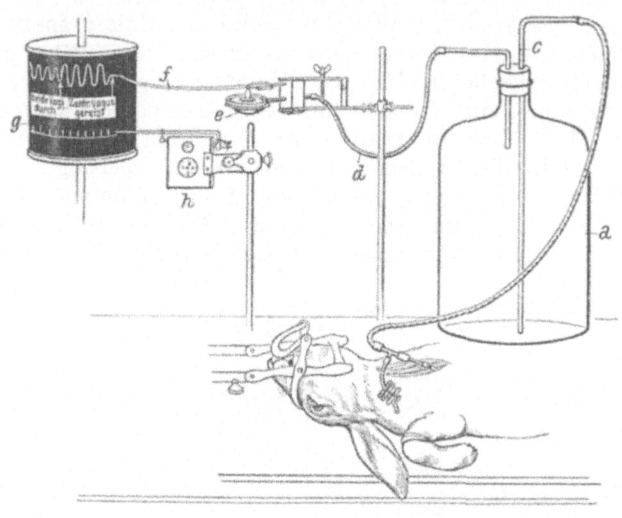

Abb. 183.

Wir entfernen nunmehr das T-Stück und verbinden die Kanüle
mittels eines Schlauches mit dem Rohr c der Flasche a. (Vgl. Abb. 183.)
Diese enthält Luft und ist durch das Rohr d mit einer Registrierkapsel e verbunden. Diese überträgt alle Druckschwankungen in dem
genannten Systeme mit Hilfe des Schreibhebels f auf die berußte,
auf der Trommel eines Kymo-
graphions g aufgespannte
Schreibfläche. Mit der Schreibvorrichtung h zeichnen wir die
Zeit auf.

Jetzt holen wir das zen-
trale Vagusende aus der Wunde
heraus und legen es auf die
Reizelektroden. Wir erhalten
bei genügend starken faradischen Strömen exspirato-
rischen Atemstillstand.
(Vgl. die aufgezeichnete Kurve
in Abb. 183.) Gleichzeitig beobachten wir die Herztätigkeit,

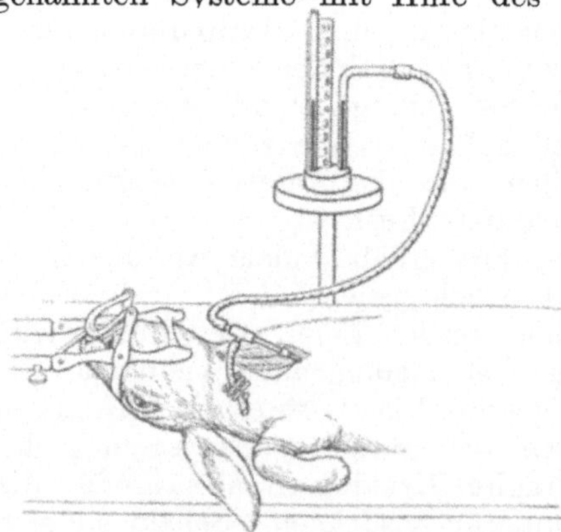

Abb. 184. Donders Versuch.

indem wir z. B. die Herzspitze auskultieren. Die Herzfrequenz bleibt ziemlich unverändert. Wird dagegen das periphere Vagusende gereizt, dann erhalten wir, wie schon oben erwähnt (S. 230), diastolischen Herzstillstand. Die Atemfrequenz dagegen bleibt unbeeinflußt.

Nunmehr verbinden wir die Trachealkanüle mit einem Manometer (vgl. Abb. 184), nachdem wir die Klemme des Seitenauslasses *a* gelockert haben, damit das Tier atmen kann. Wir lassen es nun tief inspirieren, am besten halten wir, um eine tiefe Inspiration zu erreichen, etwas Ammoniak vor die Mündung des Rohres: es tritt inspiratorischer Atemstillstand ein. Jetzt verschließen wir das seitliche Rohr rasch mit der Klemmschraube und eröffnen im gleichen Momente den Thorax und den Pleuraraum, nachdem wir vorher den Stand des Manometers festgestellt haben. Wir beobachten dann, daß die Quecksilbersäule steigt. Gleichzeitig können wir feststellen, daß die Lunge den Pleuraraum nicht mehr vollständig ausfüllt. Die Lunge hat sich zurückgezogen (sog. negativer Druck, Donders Versuch).

Versuch zur Demonstration des passiven Verhaltens der Lungen bei den Atemphasen.

Wir entnehmen dem Kaninchen, bei dem wir im vorhergehenden Versuch einen Pneumothorax erzeugt haben, die unverletzte Lunge mit der Trachea und bringen sie in den aus Abb. 185 ersichtlichen Apparat (Donders Lungenmodell). Er besteht aus einem glockenförmigen Gefäß, das nach unten durch eine feste Gummimembran abgeschlossen ist. In der Mitte dieser Membran ist ein Knopf befestigt. In den Innenraum dieser Glocke bringen wir die Lunge. Die noch in der Trachea festgebundene Kanüle verbinden wir mit dem Rohr *a*. Dieses ist durch den die obere Öffnung der Glocke dicht abschließenden Stopfen *b* durchgeführt. Nun steht der zwischen Lunge und Glaswand befindliche Raum der Glocke nicht mehr mit der Außenluft in Zusammenhang. Dagegen stehen die Lungen durch die Trachea, die Kanüle und das Rohr *a* mit ihr in Verbindung. Wenn wir nun durch Zug am Knopf die Gummimembran nach unten ziehen (vgl. Abb. 185), so vergrößern wir den Raum zwischen Lunge und Gefäßwand. Die Lunge erweitert sich sofort. Auf dem Lungengewebe lastet durch die Trachea hindurch der Atmosphärendruck. Durch diesen wird

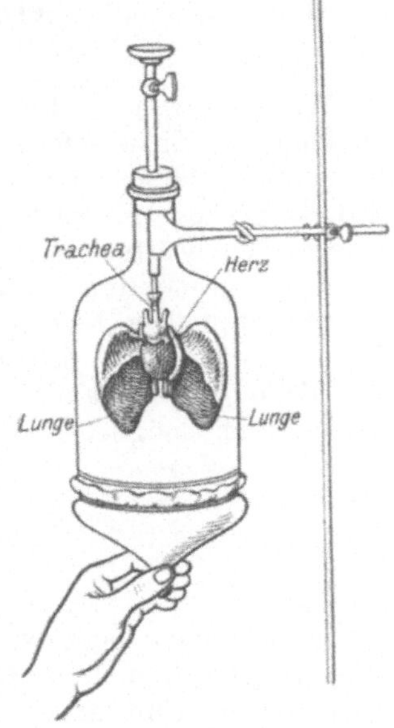

Abb. 185. Donders Lungenmodell.

bei Erweiterung des genannten Raumes die Lunge gezwungen, dessen Vergrößerung zu folgen. Sobald wir die Gummimembran wieder in

Ruhestellung zurückführen oder gar darüber hinaus in die Glocke hineinpressen, verkleinert sich die Lunge wieder. Wir ahmen so gewissermaßen In- und Exspiration nach. Bei der ersteren Phase hören wir, wenn wir die Membran rasch nach unten ziehen, ein zischendes Geräusch. Es wird durch das rasche Eindringen der Luft in die Trachea verursacht. Bei sehr starker Vergrößerung des Raumes zwischen Lunge und Gefäßwand können wir Lufteintritt in das Lungengewebe beobachten (Emphysem). Es treten plötzlich, insbesondere an den Lungenrändern, starke Hervorwölbungen auf. Sie sind blaß gefärbt und verschwinden auch bei forcierter Verkleinerung des erwähnten Raumes nicht mehr ganz, d. h. die betreffenden Teile fallen nicht mehr vollständig zusammen. Der Glockeninnenraum darf nicht direkt mit dem Pleuraraum verglichen werden. Ein wirklicher Pleuraraum ist nicht vorhanden. Die Pleura visceralis und parietalis sind vielmehr nur durch eine dünne Flüssigkeitsschicht (Lymphe) voneinander getrennt.

Nun wird die Lunge aus dem Apparat herausgenommen, in kleine Teile zerschnitten und in Wasser geworfen. (Lungenprobe.) Wir beobachten, daß die Lungenstückchen schwimmen. Auch wenn wir ein Lungenstückchen zwischen den Fingern möglichst luftleer zu quetschen versuchen, wird es immer noch auf dem Wasser schwimmen.

Betrachtung der oberen Atemwege, insbesondere des Kehlkopfeinganges.

Wir benutzen zur Betrachtung des Kehlkopfeinganges einen Kehlkopfspiegel. Er besteht aus einem kleinen runden Spiegel, der sich am Ende eines langen Griffes unter einer Neigung von 120^0 befindet (vgl. Abb. 186). Er wird in den Mundrachenraum eingeführt. Auf das Spiegelchen werfen wir mit Hilfe eines Stirnreflektors a Licht von einer Lichtquelle b. Es empfiehlt sich, die Zunge des zu Beobachtenden mit Hilfe eines Handtuches anzufassen und möglichst flach nach

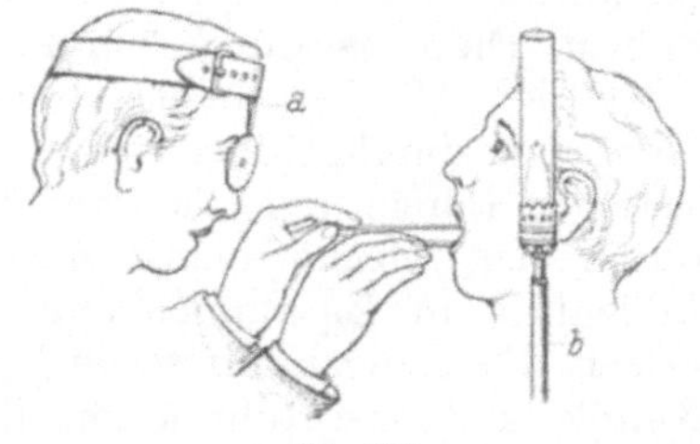

Abb. 186.   Abb. 187.

vorne zu ziehen, oder wir drücken sie mittels eines Spatels möglichst flach an den Boden der Mundhöhle (vgl. Abb. 187). Das Spiegelchen wird vor der Einführung auf Körpertemperatur erwärmt, weil es sich sonst beschlagen würde. Es wird gegen die vordere Fläche des Gaumensegels angedrückt. Wir betrachten zunächst die Stellung der Stimmbänder bei ruhiger Atmung. Wir erblicken im Spiegelbild die nach vorn liegenden Kehlkopfteile oben und die nach hinten liegenden unten (vgl. Abb. 188). Am besten orientieren wir uns vom Zungengrund aus. Wir sehen ohne weiteres die Epiglottis. Ferner erkennen wir die seitlich nach unten ziehenden Plicae aryepiglotticae. Man kann meist sehr gut die eingelagerten Knorpel als kleine Höcker unterscheiden. Von der Mitte der Epiglottis aus erstrecken sich die beiden Stimmbänder nach unten. Sie schließen zwischen sich einen schrägen Spalt ein, die Glottis. Ferner sehen wir die vordere Kehlkopf- und

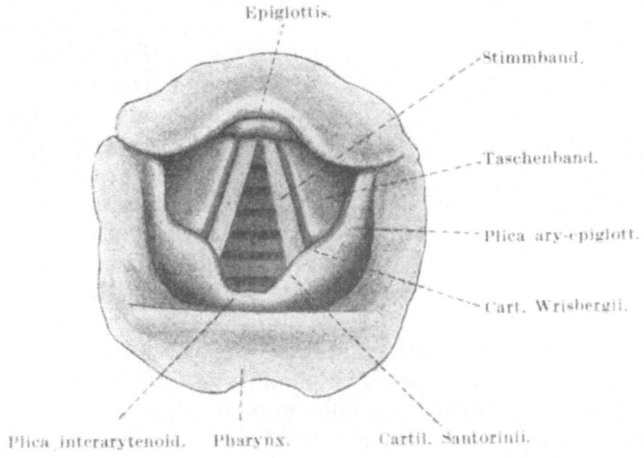

Abb. 188.

Luftröhrenwand. Bei jeder Inspiration weichen die Stimmbänder auseinander. Bei der Exspiration nähern sie sich. Wir lassen nun tief inspirieren und bemerken, daß nunmehr die Stimmbänder sehr weit auseinandergehen. Man kann bei tiefer Inspiration die Trachea ziemlich weit nach unten verfolgen. Unter günstigen Verhältnissen erblickt man sogar die beiden Hauptbronchien. Wir lassen nunmehr die Versuchsperson die Vokale e oder i aussprechen. Es nähern sich die Stimmbänder stark der Mittellinie. Es bleibt nur noch ein ganz schmaler Spalt übrig.

Johannes Müllers Versuch am Kehlkopf.

Der Kehlkopf eines kleinen Tieres (Hund, Katze, Kaninchen usw.) wird mit einem Stück der Luftröhre zu dem folgenden Versuche verwandt. In die Luftröhre wird ein Glasrohr eingeführt und mit Bindfaden befestigt (Abb. 189). Dann wird durch die Gießbeckenknorpel ein Nagel quer hindurchgestoßen und das spitze Ende umgebogen (evtl. genügt auch eine starke Sicherheitsnadel). Nun bringen wir das Präparat auf ein Brett, in das wir einen Nagel eingeschlagen haben. Der Kehlkopf wird mit dem erwähnten, quer durchgestoßenen Nagel mittels eines Bindfadens oder Drahtes an dem eingeschlagenen Nagel befestigt. Nunmehr wird im Schildknorpel dicht über der Stelle,

an der die Stimmbänder sich anheften, ein Häkchen befestigt.
Dieses ist mit einer Schnur verbunden, die über eine Rolle läuft.
Durch verschieden schwere, an der Schnur angebrachte Gewichte
können wir die Stimm-
bänder in verschiedenem
Grade anspannen. Durch
das in die Trachea ein-
gebundene Glasrohr bla-
sen wir die Stimmbänder
an. Wir können leicht
eine Änderung der Ton-
höhe mit dem Grade der
Anspannung der Stimm-
bänder feststellen. Selbstverständlich müssen wir
bei diesen Versuchen stets
möglichst gleich stark anblasen. Man beachte die
Bewegungen der Stimm-

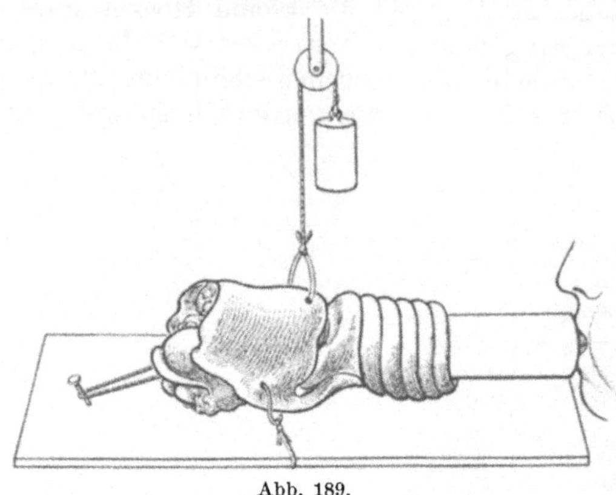

Abb. 189.

bänder während des Anblasens und in Ruhe. Bei der gleichen Versuchsanordnung wird bei gleich bleibendem Zug der Einfluß der
Stärke des Anblasens auf die Tonhöhe gezeigt. Man kann die gleichen
Versuche an einem „künstlichen" Kehlkopf durchführen, d. h. an
einem durch eine Kautschukmembran gebildeten Spalt, dessen Lippen
mehr oder weniger stark gespannt werden können. Das Anblasen
erfolgt auch hier durch ein Rohr, dem die Kautschuklippen aufgesetzt sind.

5. Versuche an einzelligen Lebewesen.

Chemotaktische Versuche.

Wir geben auf einen Objektträger einen Paramäzien enthaltenden Tropfen Heuinfus und bringen auf denselben Objektträger benachbart einen Tropfen mit verdünnter Schilddrüsenoptonlösung[1])
an. Wir beobachten mit Hilfe einer Zeiß'schen binokularen oder
einer gewöhnlichen Lupe oder unter dem Mikroskop (wundervolle
Bilder liefert der Zeiß'sche binokulare Apparat „Bitumi") das Verhalten der Paramäzien. Sie sind in lebhafter Bewegung. Wir stellen
nun eine Verbindung zwischen beiden Tropfen her, indem wir mittels
einer Nadel den einen Tropfen zum anderen ausziehen und so einen
Verbindungskanal erzeugen. Wir bemerken, daß die Paramäzien mit
großer Geschwindigkeit in die Schilddrüsenoptonlösung hinüber
wandern.

---

[1]) Oder eine andere Optonlösung (Firma S. Merck, Darmstadt).

Einfluß der Temperatur auf die Geschwindigkeit der Bewegung der Paramäzien.

Wir benützen zu dem Versuch einen heizbaren Objekttisch und steigern die Temperatur von 0 Grad an so weit, bis schließlich jene Temperatur erreicht ist, bei der die Paramäzien geschädigt werden. Wir verfolgen, wie mit steigender Temperatur die Bewegungen der Paramäzien lebhafter werden.

Galvanotaktischer Versuch.

Wir verwenden dazu in Anlehnung an die Vorschrift von Verworn einen Objektträger, bei dem wir mit Hilfe von porösem Ton und Kolophoniumwachskitt eine kleine Kammer herstellen. In diese hinein bringen wir einige Tropfen einer Paramäzienkultur. Wir beobachten unter dem Mikroskop die Bewegungen der Paramäzien. Dann bringen wir dicht an die Tonleisten die Pinsel von unpolarisierbaren Elektroden bzw. für kurze Demonstrationsversuche Platinelektroden und schließen dann den elektrischen Strom. Die Paramäzien schwimmen in gerader Richtung auf die Kathodenseite zu und sammeln sich dort an. Wird der Strom gewendet, dann schwimmen die Paramäzien nach der entgegengesetzten Seite, d. h. wieder nach der Kathodenseite.

6. Versuche über die Eigenschaften des Muskel- und Nervengewebes.

Für die unten beschriebenen Versuche werden Muskel- und Nervenpräparate gebraucht. Man verwendet am besten die betreffenden Organe des Frosches. Die Herstellung der Präparate bedarf einiger Übung. Folgende Regeln sind zu beachten. Einmal muß man peinlich vermeiden, daß mit den genannten Geweben Hautsekret in Berührung kommt. Es werden deshalb alle Instrumente, die zum Abziehen der Haut benutzt wurden, beiseite gelegt oder gleich gründlich gereinigt. Ebenso wäscht der Operateur seine Hände. Bei der Herstellung der Muskel- und Nervenpräparate müssen alle Verletzungen dieser Gewebe vermieden werden. Die Darstellung der Präparate muß rasch erfolgen. Braucht man bei mangelnder Übung längere Zeit, unterbricht man die weitere Präpa-

Abb. 190.

ration aus irgendeinem Grunde, oder wird das fertige Präparat nicht sofort gebraucht, dann befeuchtet man es mit isotonischer Kochsalzlösung. Am besten bringt man es in den beiden letzteren Fällen in eine sog. feuchte Kammer (Abb. 190). Auf einem Teller wird Fließpapier ausgebreitet und mit der erwähnten Kochsalzlösung getränkt. Auf dieses legt man das Präparat und stülpt eine Glasglocke über den Teller. Am besten stellt man noch ein mit isotonischer Kochsalzlösung gefülltes Schälchen unter die Glocke. Besonders leicht trocknen Nervenpräparate aus. Am besten deckt man diese, bis man sie braucht, mit Muskelgewebe ganz zu. Während der Versuche müssen die Organe stets von Zeit zu Zeit mit isotonischer Kochsalzlösung befeuchtet werden.

Da zu den einzelnen Versuchen immer wieder die auf gleiche Art gewonnenen Präparate zur Verwendung kommen, sei ihre Herstellung vorausgeschickt.

Präparation des M. gastrocnemius vom Frosch.

Zunächst wird der Frosch getötet. Wir schieben zu diesem Zwecke das stumpfe Blatt einer mittelgroßen Schere flach in die Mundhöhle ein, drehen sie dann so herum, daß das andere Blatt über dem Schädel sich befindet, und schneiden mit einem Schlage die obere Kopfhälfte ab. Es wird dann sofort mit Hilfe einer Nadel das Rückenmark zerstört. Nunmehr legen wir den Frosch auf einen Porzellanteller, packen mit Hilfe einer Pinzette die Haut etwa in der Höhe des Schwertfortsatzes und schneiden an dieser Stelle eine Öffnung (Abb. 191). Von hier aus wird dann die Haut horizontal rings um den Körper durchschnitten. Hierauf packt man die mit dem Unterkörper zusammenhängende Haut auf dem Rücken zwischen Daumen und Zeigefinger und zieht sie dann mit einem kräftigen Ruck über die Beine ab (Abb. 192). Nun legt man das Präparat so auf einen reinen Teller, daß die noch mit Haut bekleidete Körperhälfte über seinen Rand hinaussteht. Man eröffnet die Bauchhöhle, indem

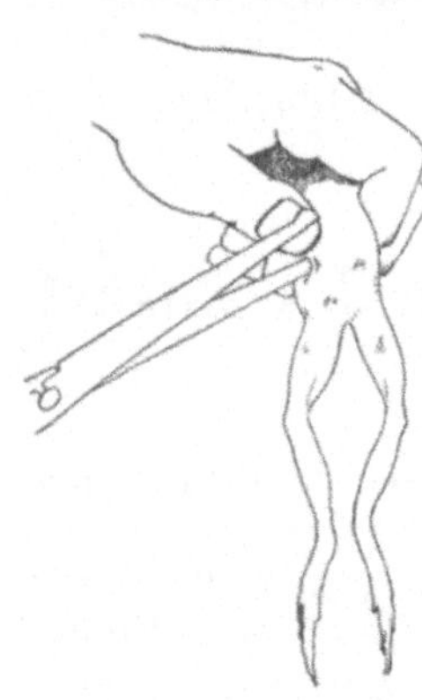

Abb. 191.

man in der Höhe der Symphyse die Bauchmuskeln mit der Pinzette anpackt und einschneidet. Dann wird die ganze Bauchdecke abgetragen. Hierauf entfernt man sämtliche Bauchorgane aus der Bauchhöhle. Dann schneidet man in der gleichen Höhe, in der man den Hautschnitt geführt hat, den ganzen Körper durch (Abb. 193). Nunmehr reinigt man die Hände gründlich und spült das Präparat mit 0,6 prozentiger Kochsalzlösung gründlich ab. Jetzt beginnt die eigentliche Präparation des M. gastrocnemius.

Man schneidet die Symphyse durch (Abb. 194), und ebenso spaltet man die Wirbelsäule der Länge nach, um die beiden Beine getrennt weiter verarbeiten zu können. Wird nur ein Präparat gebraucht, dann wird das eine Bein in die feuchte Kammer gebracht (vgl. S. 257), nachdem man es in mit 0,6 prozentiger Kochsalzlösung durchtränktes Filtrierpapier eingehüllt hat.

Man packt nun den Schenkel mit Daumen und Zeigefinger so an, daß der M. gastrocnemius nach oben sieht, geht mit der geschlossenen Schere zwischen Gastrocnemius und Knochen ein

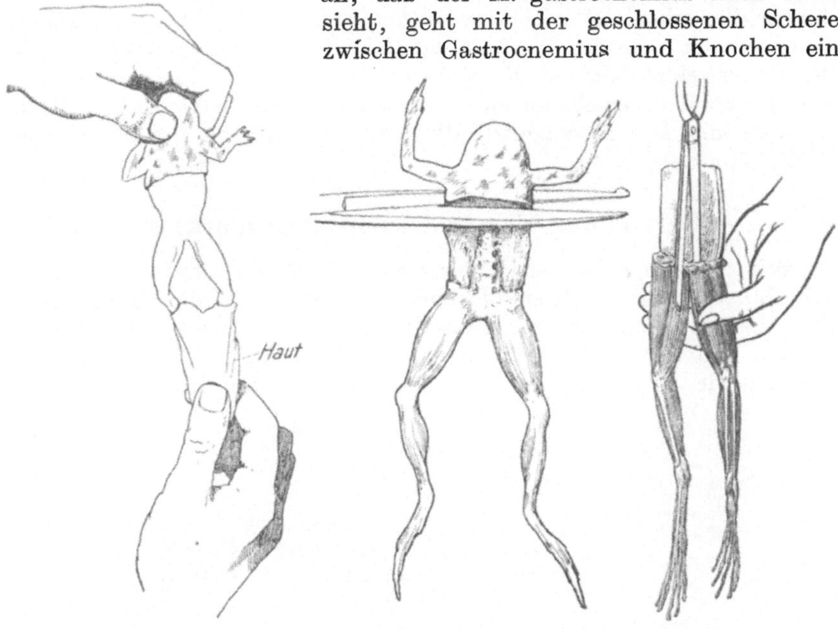

Abb. 192.   Abb. 193.   Abb. 194.

und fährt mit ihr hin und her (Abb. 195). Dann faßt man den Unterschenkel zwischen Daumen und Zeigefinger so an, daß der Gastrocnemius angespannt und dadurch der Fuß gestreckt wird (Abb. 196). Nunmehr löst man mittels einer Schere die Achillessehne von der Unterlage ab und schneidet gleichzeitig unter der Plantarfaszie weiter und trennt sie von der Unterlage ab. Nunmehr ist der M. gastrocnemius nur mehr am unteren Ende des Femur befestigt. Im übrigen ist er ganz frei. Wir schneiden jetzt die Tibia in der Nähe des Kniegelenks durch, trennen dann die am Femurende ansetzende Oberschenkelmuskulatur durch und schaben sie mit Hilfe eines Skalpells so weit nach oben zurück, daß der Knochen frei vor

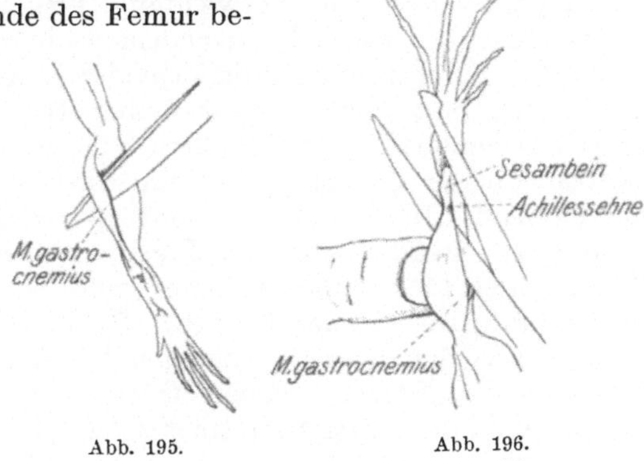

Abb. 195.   Abb. 196.

17*

uns liegt. Dann schneiden wir den Femur durch. Es besteht nun unser
Präparat aus den dem Kniegelenk benachbarten Knochenteilen, dem
M. gastrocnemius mit seiner Achillessehne und der anschließenden
Plantarfaszie. Wir legen das Präparat auf ein Brett und betasten
die Achillessehne. Wir bemerken, daß in ihr ein hartes Körperchen
sich befindet. Es ist dies ein Sesambein. Vor diesem bohren wir
die Spitze eines kleinen Messerchens ein. Diese Öffnung brauchen
wir, um bei den verschiedenen Versuchen ein Muskelhäkchen befestigen
zu können. Der Knochenteil dient zur Befestigung des Präparates
in der Muskelklemme.

Darstellung des Nervenmuskelpräparates.

Wir verfahren in genau derselben Weise wie zuvor. Bei dem
in Abb. 193 dargestellten Stadium schneiden wir die Wirbelsäule
von obenher genau in der Mitte durch, wobei wir sorgfältig darauf
achten, daß der Plexus ischiadicus unverletzt bleibt. Ferner durchtrennen wir die Symphyse und spalten dann in die beiden Teile.

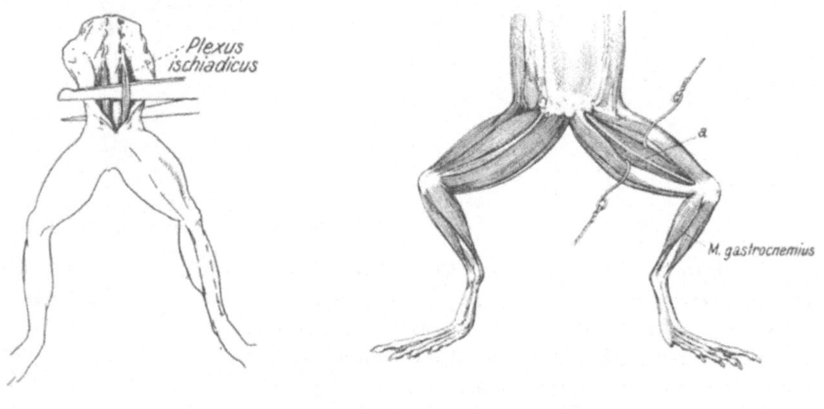

Abb. 197.   Abb. 198.

Das nicht sofort zur Verwendung kommende Bein wird in die
feuchte Kammer gebracht, nachdem es in mit 0,6 prozentiger Kochsalzlösung durchtränktes Filtrierpapier eingehüllt worden ist. Nunmehr geht man mit dem stumpfen Blatt der Schere unter den
Plexus ischiadicus, hebt ihn durch Hin- und Herbewegen des Scheren-
blattes von der Unterlage bis zum Austritt aus der Wirbelsäule ab,
richtet dann die Schere auf und schneidet die Wirbelsäule durch
(Abb. 197). Jetzt hängt der Plexus ischiadicus an einem kleinen
Wirbelsäulenstück. Dieses bietet eine bequeme Handhabe für die
weitere Präparation des Nerven. Es muß nämlich alles vermieden
werden, was den Nerven schädigen könnte. Dazu gehört auch das
Anfassen des Nerven. Kleine Quetschungen können die einzelnen
Versuche schon stark beeinträchtigen, ja vollständig stören. Nun-

mehr sucht man den Nervus ischiadicus auf der Rückseite des Oberschenkels auf. Man erkennt ohne weiteres eine Furche zwischen
den dort befindlichen Muskeln und sieht, indem man die Muskeln
des Oberschenkels rechts und links an-
packt, spannt und dabei voneinander
entfernt, den Nervus ischiadicus in
seinem ganzen Verlauf bis zur Kniekehle klar vor sich liegen (Abb. 198).
Man geht auch hier mit der geschlossenen Schere unter den Nerven und
hebt ihn sorgfältig von der Unterlage
ab. Jetzt kann man, indem man den
Nervus ischiadicus durch Anpacken am
Wirbelsäulenstück anspannt, seinen gesamten Verlauf klar erkennen. Mit einigen wenigen Scherenschlägen wird er
vollständig freigelegt (Abb. 199).

Nunmehr wird der Nerv mit 0,6 prozentiger Kochsalzlösung befeuchtet, dann
um die Oberschenkelmuskulatur herumgeschlungen. Dann wird der M. gastrocnemius in genau derselben Weise, wie
zuvor geschildert, freigelegt und präpariert, nur muß man bei allen Präpa-
rationen, die in der Nähe des Kniegelenks stattfinden, vor allem bei der

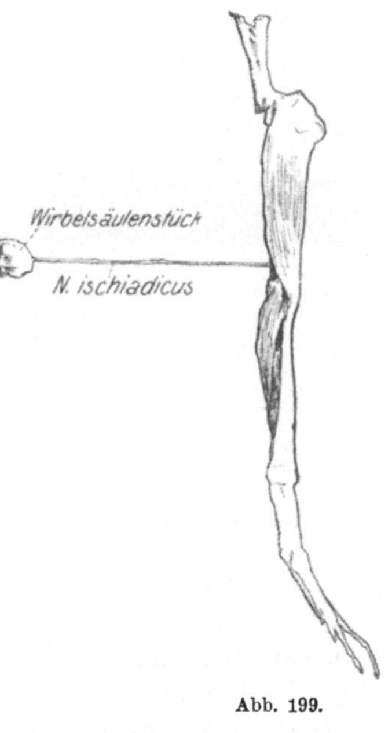

Abb. 199.

Zurückschabung der Oberschenkelmuskulatur und beim Abschneiden
des Femurendes, peinlich genau darauf achten, daß der Nerv nicht
gequetscht oder gar durchschnitten wird.

Elastizität des Muskels.

Versuch über die Dehnbarkeit des ruhenden Muskels.

Ein Gastrocnemiuspräparat wird mit dem Knochenstück in einer
Klammer *a* befestigt (Abb. 200). Das untere Ende des Muskels steht
mit Hilfe eines Muskelhäkchens mit dem Schlitten *b* in Verbindung.
An diesem hängt, senkrecht unter der Befestigungsstelle des Muskels,
eine Wagschale *c*. Der Schlitten ist mit einer Schreibvorrichtung *e*
versehen, die auf der berußten Fläche *d* die augenblickliche Länge
des Muskels aufzeichnet. Wir ziehen zunächst bei unbelastetem
Muskel ein kleines Stück der Schreibfläche am Schreibstift vorbei
und schreiben uns so die Länge des Muskels auf. Nun geben wir Gewichte in die Wagschale und merken uns jedesmal durch Vor-
überführen der berußten Schreibfläche an der Schreibspitze die Länge
des Muskels. Wir beobachten, daß der Muskel durch die zunehmende
Belastung immer mehr gedehnt wird. Bei gleichmäßig zunehmender

Belastung erfolgt aber nicht eine gleichmäßige Dehnung, sondern je höher die Belastung steigt, um so geringer wird die Dehnungszunahme. Entlastet man den Muskel, dann kehrt er nicht sofort zur ursprünglichen Länge zurück. Wir erhalten einen sog. Dehnungsrückstand. Erst allmählich wird die frühere Länge wieder angenommen. Wenn wir die genannten Versuche mit Hilfe eines Kymographions ausführen und dessen Trommel sich drehen lassen, dann erhalten wir sog. Dehnungskurven.

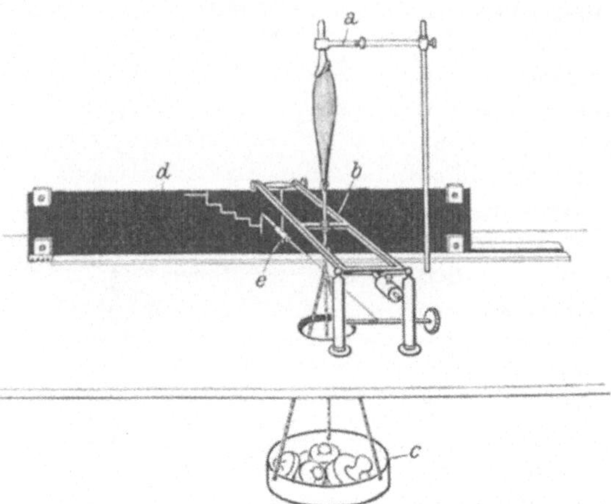

Abb. 200. Bestimmung der Dehnbarkeit des Muskels.

Beispiel: Bei der Belastung mit 50 Gramm beobachten wir z. B. eine Dehnung um 3,5 mm, bei 100 Gramm um 6,8 mm, bei 150 Gramm um 8,4 mm, bei 200 Gramm um 10,0 mm, bei 250 Gramm um 10,5 mm, bei 300 Gramm um 10,6 mm, bei 350 Gramm um 10,6 mm, bei 400 Gramm auch wiederum um 10,6 mm.

Läßt man das aufgelegte Gewicht längere Zeit auf den Muskel einwirken, dann beobachten wir, daß er sich mit der Zeit etwas mehr verlängert: Nachdehnung.

Erregbarkeit von Muskel und Nerv.
Leitungsvermögen des Nerven.

Verschiedene Arten der Reizung des Muskels.

a) Direkte Reizung.

1. Versuch.

Ein wie in Abb. 201 dargestellt vorbereitetes Präparat klemmt man mit der Wirbelsäule in eine Muskelklemme und bringt Ober- oder Unterschenkelmuskeln in Berührung mit den beiden blankgeputzten Platten einer sog. galvanischen Pinzette. Diese besteht aus einem Kupfer- und einem Zinkblech. Wir ahmen den berühmten Versuch von Galvani auf diese Weise nach und beobachten, daß der berührte Muskel sich kontrahiert. Es treten starke Zuckungen ein, die je nach dem berührten Muskel zu direkter Schleuderung des Beines Anlaß geben können. Das Bein zuckt dann jedesmal von neuem, wenn es wieder mit der galvanischen Pinzette in Berührung kommt. Nunmehr nehmen wir das Präparat wieder ab und setzen die Präparation zur Herstellung des Gastrocnemiuspräparates fort.

2. Versuch.

Ein Gastrocnemiuspräparat (vgl. S. 258) wird mit dem Knochenende in der Klemme *a* eines sog. **Muskeltelegraphen** (Abb. 202) befestigt. Durch die durchbohrte Achillessehne führen wir ein Muskelhäkchen. An diesem ist ein Bindfaden befestigt, der über eine Rolle *r* geführt ist. Die Achse der Rolle trägt einen mit einer Fahne *f* versehenen Zeiger. Über eine zweite an der

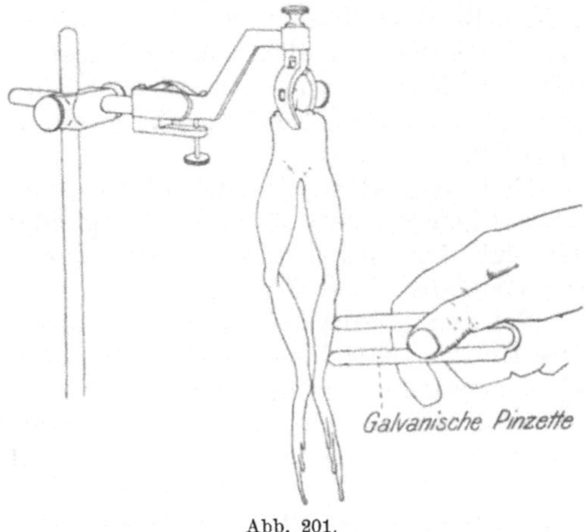

Abb. 201.

gleichen Achse angebrachte Rolle läuft ein Faden mit einem Eimerchen *g*. Es dient, mit passenden Mengen Schrotkörnern versehen, zum Anspannen des Muskels. Jede Verkürzung des Muskels wird durch die Fahne in vergrößertem Maßstabe angezeigt.

Wir beginnen zunächst mit **mechanischen** Reizen. Wir kneifen den Muskel mit Hilfe einer Pinzette. Man muß hierbei rasch zu-

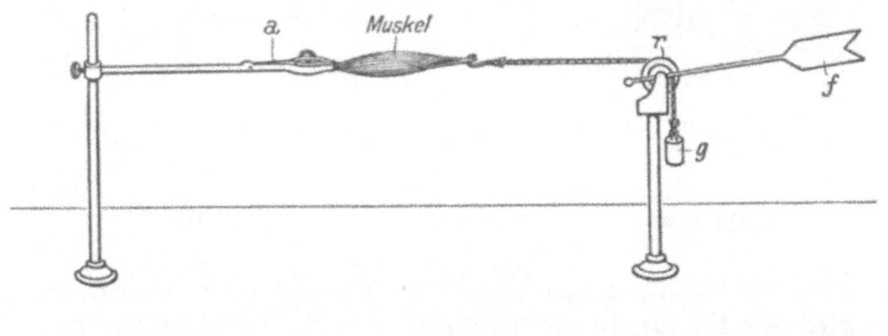

Abb. 202. Muskeltelegraph.

fassen. Oder aber wir stechen eine Nadel in den Muskel ein. Um zu beweisen, daß auch **thermische** Reize wirksam sind, gießen wir auf den Muskel über 40^0 warmes Wasser. Wir beobachten, daß nach einiger Zeit Dauerkontraktion auftritt. War die Temperatur des Wassers $45-50^0$, dann stirbt der Muskel ab. Es kommt zur dauernden Verkürzung (Wärmestarre).

Ein zweites ganz entsprechend vorbereitetes Präparat benutzen wir, um die Wirkung **elektrischer** Reize zu studieren. Wir bringen den

Muskel gleichzeitig mit einem Zink- und Kupferblech in Berührung. Beide müssen an den Stellen, auf die wir den Muskel auffallen lassen, ganz blank sein. Wir nehmen am besten das Tibiastück aus der Klammer des Muskeltelegraphen heraus und lassen dann den Muskel auf die beiden Bleche auffallen. Wir beobachten im Augenblick der Berührung eine Zuckung (Schließen des Stromes) und wieder eine solche, wenn wir den Muskel von den Blechen abheben (Öffnen des Stromes). Dagegen bleibt der Muskel während des Liegens auf beiden Blechen in Ruhe.

Endlich prüfen wir auch chemische Reize. Pinseln wir auf den Muskel konzentrierte Kochsalzlösung oder Glyzerin, dann beobachten wir, daß der Muskel zuckt. Verwenden wir Ammoniak, dann erhalten wir ebenfalls einen Erfolg.

Bei einem dritten Präparat beobachten wir die Folgen des Austrocknens. Wir lassen das Präparat einige Zeit stehen, ohne daß wir Kochsalzlösung aufpinseln. Wir sehen dann, daß nach einiger Zeit der Muskel sich spontan zusammenzuziehen beginnt. Zunächst treten einzelne Zuckungen auf und schließlich Dauerkontraktionen.

b) Indirekte Reizung. Reizung des Muskels vom Nerven aus.

Wir können die unten mitgeteilten Versuche am einfachsten ausführen, indem wir den N. ischiadicus auf der dorsalen Fläche des Oberschenkels aufsuchen und eine Strecke weit frei präparieren (vgl. Abb. 203).

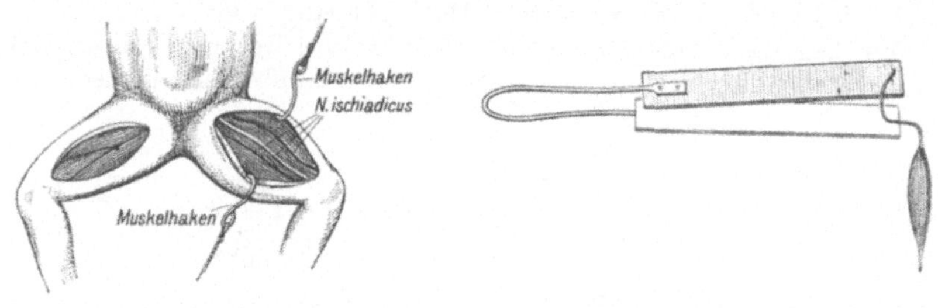

Abb. 203.Abb. 204.

Oder aber wir benutzen ein Gastrocnemius-Nervenpräparat. In diesem Falle wird der Femur in der Klemme des Muskeltelegraphen befestigt und im Loch der Achillessehne das Muskelhäkchen angebracht. Den an diesem befestigten Faden führen wir über die Rolle des Muskeltelegraphen. Die an deren Achse angebrachte Fahne gibt uns über jede Verkürzung des Muskels in vergrößertem Maßstabe Auskunft. (Vgl. über die übrige Einrichtung des Muskeltelegraphen S. 263.) Um Vertrocknung auszuschließen, befeuchten wir den Nerv und auch den Muskel ab und zu mit isotonischer Kochsalzlösung.

Wir lassen nun den Nerven gleichzeitig auf ein Zink- und ein Kupferblech auffallen (Abb. 204). In dem Augenblick, in dem der Nerv die beiden Metalle berührt, zieht sich der Muskel zusammen. Wenn wir den Nerven abheben, beobachten wir das gleiche Phänomen. Der

Nerv wirkt in diesem Falle als feuchter Leiter (elektrische Reizung). Der erhobene Befund beweist, daß durch den Nerven eine Eregung auf den Muskel übertragen werden kann.

Die gleiche Wirkung erhalten wir, wenn wir den Nerven mit einer Pinzette plötzlich quetschen, oder wenn wir mit der Schere ein Stückchen vom Nerven abschneiden. Bei dieser Gelegenheit suchen wir festzustellen, ob für die Reizleitung die Kontinuität des Nerven notswendig ist. Wir quetschen den Nerven in der Nähe seines zentralen Endemöglichst stark durch. Wir beobachten in diesem Augenblick eine Muskelzuckung. Nun quetschen wir eine noch weiter zentral gelegene Stelle. Wir beobachten keinen Erfolg, wohl aber, wenn wir peripher von dem gequetschten Stück wiederum z. B. einen mechanischen Reiz ausüben. Nunmehr stechen wir mit einer heißgemachten Nadel distal vom gequetschten, d. h. in den dem Muskel zugewandten Teil in den Nerven ein, oder wir tauchen den Nerven in heißes Wasser. Diese thermischen Reize sind gleichfalls von Kontraktionen des Muskels gefolgt.

Bei einem zweiten ganz entsprechend hergestellten Präparat untersuchen wir die Wirkung der chemischen Reizung. Wir gießen auf ein Uhrschälchen etwas verdünntes Ammoniak und lassen den Nerven in die Lösung eintauchen. Wir erhalten keine Zuckung des Muskels. Bei der Ausführung dieses Versuches muß man sehr vorsichtig sein, weil der Muskel selbst durch Ammoniak erregbar ist (vgl. unten). Man muß somit vermeiden, daß die Ammoniakdämpfe auf ihn einwirken können. Am besten trägt man das Ammoniak mit Hilfe eines kleinen Pinsels auf den Nerven auf. Wir legen ferner den Nerven in in einem Schälchen befindliche konzentrierte Kochsalzlösung. Wir erhalten nach einiger Zeit einzelne Zuckungen und schließlich eine Dauerkontraktion (Tetanus). An Stelle von konzentrierter Kochsalzlösung können wir auch Glyzerin verwenden.

Versuche, welche die direkte Erregbarkeit des Muskels beweisen.

Versuch 1. Wir bringen mit Hilfe eines Pinselchens etwas einer verdünnten wässerigen Ammoniaklösung auf einen im Muskeltelegraphen befestigten Muskel. (Vgl. auch S. 263.) Zunächst treten vereinzelte kurze Zuckungen auf, die sich mehr und mehr häufen. Der Nerv wird durch Ammoniak nicht erregt (vgl. oben.) Die indirekte Reizung mit ihm ist daher ohne Erfolg.

Versuch 2. Wir bereiten eine Lösung von Kurare in Wasser (1 Gramm Kurare in 100 ccm Wasser gelöst. Die Lösung wird filtriert). Nun spritzen wir 0,1—0,2 ccm der Kurarelösung unter die Rückenhaut eines Frosches ein. Nach kurzer Zeit ist er vollkommen bewegungslos. Daß er nicht tot ist, kann man leicht feststellen, indem man die Herzbewegung oder den Kreislauf beobachtet. Nunmehr wird der Nervus ischiadicus freigelegt. Wir reizen ihn durch faradische Ströme und beobachten, daß kein Erfolg eintritt. Wenn wir dagegen die von ihm innervierten Muskeln direkt reizen, dann erhalten wir sofort Zuckung.

Versuch 3. Bei einem zweiten Versuch legen wir bei einem Frosch den Nervus ichiadicus frei und führen unter ihm einen starken Seidenfaden durch. Dieser wird um den ganzen Oberschenkel herumgeschlungen und an der lateralen Seite geknüpft. Die Ligatur muß so fest sitzen, daß der Blutkreislauf im Bein vollständig unterbrochen wird. Man überzeugt sich hiervon, indem man die Schwimmhaut unter dem Mikroskop betrachtet (vgl. S. 225). Es liegt nun nur der Nervus ischiadicus außerhalb der Ligatur. Nun spritzt man 0,1 ccm einer 1 prozentigen Kurarelösung in den seitlichen Rückenlymphsack und wartet ab, bis die willkürlichen Bewegungen des Tieres erloschen sind. Die Muskeln des Schenkels, der unterbunden worden ist, sind vom Nerven aus erregbar. Selbstverständlich sind auch die Muskeln selbst erregbar. Das Kurare konnte nicht zu den Nervenendigungen des unterbundenen Beines hingelangen, weil wir ja den Kreislauf vollständig unterbunden haben. Überall, wo das Kurare hingeführt werden konnte, sind die Endigungen der Nerven in den Muskeln außer Funktion gesetzt.

Versuche über den Erfolg von Einzelreizen.

Zur Reizung wählen wir den elektrischen Strom. Schon die einfache Beobachtung deim Auffallen des Nerven oder des Muskels auf die Metalle Kupfer und Zink hat gezeigt, daß nur dann ein Erfolg zu sehen ist, wenn der Nerv bzw. der Muskel die Metallplatte eben berührt, oder wenn der Kontakt wieder aufgehoben wird. Während des Liegens des Nerven bzw. des Muskels auf den beiden Metallplatten beobachten wir keine Veränderung in der Gestalt des Muskels, trotzdem im Muskel bzw. Nerven ein konstanter Strom

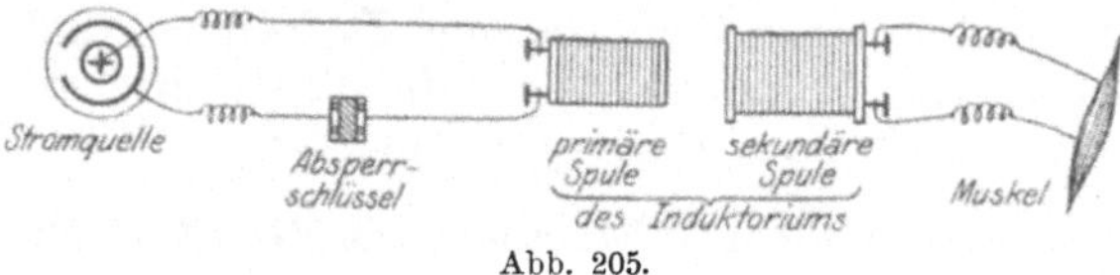

Abb. 205.

kreist. Dieser einfache Befund beweist, daß der galvanische Strom, an und für sich, wenigstens innerhalb gewisser Grenzen seiner Stärke, keine erregende Wirkung besitzt. Der Muskel bzw. Nerv wird nur in dem Augenblick erregt, in dem der Strom geschlossen oder unterbrochen wird. Zum Studium des Reizerfolges ist somit der galvanische Strom ungeeignet. Wir benutzen daher den faradischen Strom.

Bei den im folgenden beschriebenen Versuchen kehrt im großen und ganzen fast immer die gleiche Versuchsanordnung wieder. (Vgl. Abb. 205.) Sie sei deshalb in ihren Grundzügen den einzelnen Versuchen vorausgeschickt. Zur Erzeugung des elektrischen Stromes verwenden wir Daniellsche Elemente. Den Strom leiten wir zu einem sog. du Bois-Reymondschen Schlitteninduktorium, und zwar verbinden wir die Leitungsdrähte mit der primären, feststehenden Spule. In den einen der Leitungsdrähte fügen wir zweckmäßig einen Schlüssel zum Schließen und Öffnen des primären Stromes ein. Wir verwenden entweder einen Quecksilberschlüssel (vgl. Abb. 206) oder einen sog. Absperrschlüssel (vgl. Abb. 207). Zur Reizung benutzen wir im allgemeinen nicht den primären, sondern den sekundären, von der auf einem sog. Schlitten verschiebbaren Rolle abgeleiteten, induzierten Strom. Wir erhalten jedesmal im Augenblick des Schließens und des Öffnens des primären Stromes in der sekundären Spule einen induzierten Strom, und zwar beim Schließen des primären Stromes einen diesem entgegengesetzt gerichteten induzierten

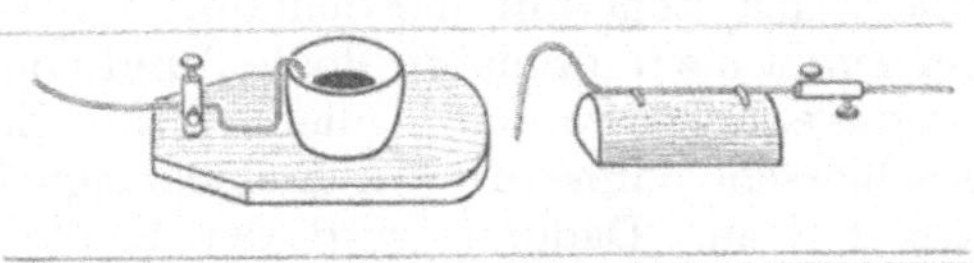

Abb. 206. Quecksilberschlüssel.

Strom und bei der Öffnung des primären Stromes einen diesem gleichgerichteten induzierten Strom. Einen induzierten Strom erhalten wir auch beim Verstärken und Abschwächen des primären Stromes, ferner bei Annäherung oder Entfernung des primären Stromkreises bzw., was dasselbe bedeutet, der sekundären Spule. Verstärkung und Annäherung des primären Stromes entsprechen dem Schließen, und Abschwächung und Entfernen des primären Stromes kommen dem Öffnen des Stromes gleich. Solange der primäre Strom unverändert ist, haben wir in der sekundären Spule keinen Strom. Die induzierten Ströme sind in gewissem Sinne schnell verlaufende Stromstöße, die nur bei Änderungen in der Stärke des Stromes oder des Ab

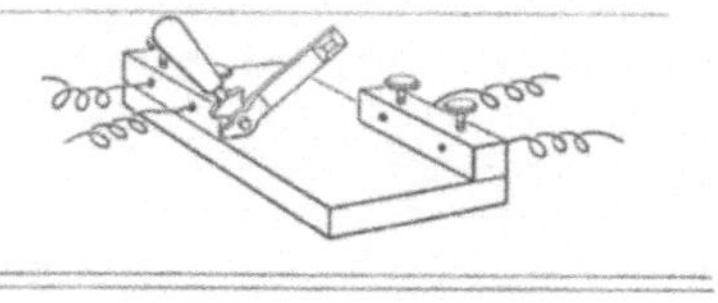

Abb. 207. Absperrschlüssel.

standes des primären Stromkreises vom sekundären auftreten. Wir erhalten auch induzierte Ströme, wenn wir dem geschlossenen Kreis einen Magneten nähern oder diesen entfernen.

Es empfiehlt sich, diese Erscheinungen durch einen Versuch zu belegen. Wir verbinden die sekundäre Spule des Induktionsapparates mit einem empfindlichen Galvanometer, am besten mit einem Multiplikator (vgl. den Nachweis elektromotorischer Eigenschaften S. 290). Wir beobachten zunächst keinen Strom, d. h. keine Ablenkung der Magnetnadel. Sobald wir jedoch einen Magneten rasch in die Höhlung der Spule einführen, sehen wir, daß die Magnetnadel einen Ausschlag zeigt, und ebenso, jedoch in entgegengesetzter Richtung, wenn wir den Magneten wieder entfernen. Entsprechende Beobachtungen können wir machen, wenn wir den primären Strom schließen oder öffnen oder den Abstand der beiden Rollen ändern. Wir verbinden zu diesem Zwecke die primäre Spule mit einem konstanten Element. Die sekundäre Spule ist, wie schon erwähnt, auf einem sog. Schlitten verschiebbar. Dieser besitzt am Rande eine Einteilung, die uns gestattet, die Stellung der sekundären Spule zur primären genau abzulesen.

In vielen Fällen wünscht man, rasch hintereinander zahlreiche Schließungen und Öffnungen des primären Stromes hervorzurufen. Man benützt hierzu einen sog. Wagnerschen Hammer. Das vorstehende Schema (Abb. 208) gibt einen Einblick in die Zusammensetzung der ganzen Vorrichtung. Von dem Element fließt der primäre Strom durch den Draht p zu der Metallsäule a und von da zu der Metallfeder c. Diese trägt an ihrem Ende einen aus Eisen bestehenden Anker d. Die Feder steht mit der Schraube b in Berührung. Von dieser führt der Draht o zur primären Spule f und von hier weiter um den Elektromagneten e herum und schließlich zum Element zurück. Ist der Strom geschlossen, dann wird der Elektromagnet magnetisch und zieht den Anker d an. Dadurch wird der Kontakt zwischen der Feder und der Schraube gelöst und gleichzeitig der Strom unterbrochen. Jetzt verliert der Elektromagnet seinen Magnetismus, die Feder schwingt

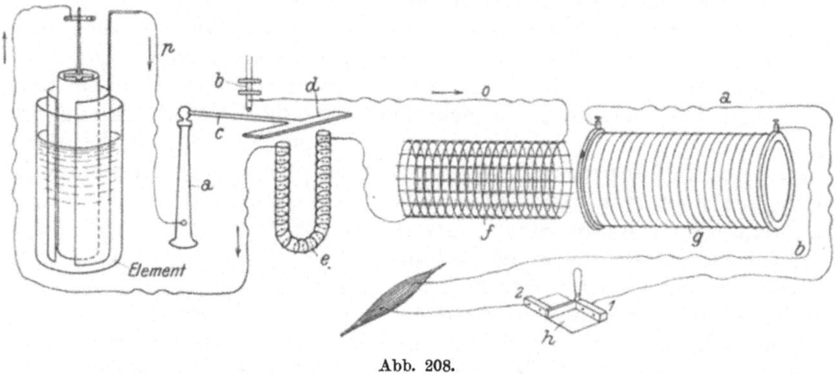

Abb. 208.

wieder zurück, tritt in Berührung mit der Schraube, und der Strom ist von neuem geschlossen. Im nächsten Augenblick wiederholt sich die Unterbrechung wieder usw. Der primären Spule gegenüber befindet sich die sekundäre g. Auch diese setzt sich aus parallel geschalteten Drahtschlingen zusammen. Von der sekundären Spule leiten wir die Drähte a und b zum Muskel bzw. zum Nerven ab. In vielen Fällen wünscht man die Zuleitung der induzierten Ströme zum Nerven bzw. zum Muskel beliebig zu unterbrechen und wiederherzustellen. Man benutzt hierzu einen sog. Absperrschlüssel h. Es wird der eine Draht der sekundären Spule zum Metallklotz 1 geführt. Vom Klotz 2 geht dann die Leitung weiter zum zu reizenden Gewebe. Der andere Draht geht direkt zu diesem. Zwischen den beiden Metallklötzen befindet sich eine Metalleiste, die sich durch einen Hebel aufheben und herunterklappen läßt. Wenn diese Leiste mit den Metallklötzen 1 und 2 in Berührung steht, dann geht der Strom zum Muskel bzw. Nerven. Ist sie dagegen hoch geklappt, so ist die Leitung unterbrochen. Die ganze Vorrichtung hat den Zweck, zu verhindern, daß unnötig Reize ausgeübt werden, z. B. während wir den Wagnerschen Hammer ausprobieren.

Es sei noch bemerkt, daß Schließen und Öffnen des Induktionsstromes ganz verschieden wirksam sind. Schließt man den primären Strom, dann erzeugt er nicht nur in der sekundären Spule einen ihm entgegengesetzten Induktionsstrom, sondern jede Windung der primären Spule wirkt induzierend auf die ihr benachbarte Windung. Wir erhalten dadurch in der primären Spule einen dem primären Strom entgegengerichteten, sog. Extrastrom. Durch diesen wird die Entwicklung des primären Stromes verzögert, d. h. der Strom kann nur allmählich zu seiner vollen Stärke ansteigen. Der in der sekundären Spule induzierte Strom zeigt ein ganz entsprechendes Verhalten. Auch er schwillt allmählich an. Ganz andere Verhältnisse haben wir

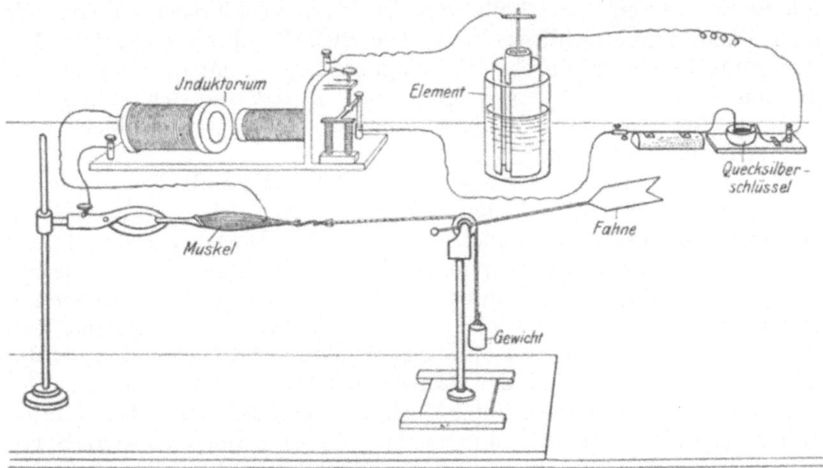

Abb. 209.

beim Öffnen des primären Stromes. Hier kann der verzögernde Extrastrom nicht zur Ausbildung gelangen. Es fällt der primäre Strom direkt auf Null ab. Wir erhalten in der sekundären Spule ebenfalls einen sehr viel rascher verlaufenden Öffnungsinduktionsstrom. Diesen Unterschieden in der Entwicklung des Öffnungs- und Schließungsinduktionsstromes entspricht, wie wir bei den unten geschilderten Versuchen sehen werden, und wie schon eingangs betont wurde, eine verschiedene Wirksamkeit beider Ströme bei ihrer Einwirkung auf Muskel und Nerv[1]).

Versuch 1. Aufsuchung der Reizschwelle. Wir benutzen zu dem Versuch den M. gastrocnemius. Wir spannen ihn in der früher erwähnten Weise in den Muskeltelegraphen ein (Abb. 209). Mit den Enden des Muskels bringen wir die Drähte der sekundären Spule des Induktoriums in Verbindung. In den einen der der primären Spule den

---

[1]) Durch eine besondere Nebenschließung kann man die Bildung des Extrastromes verhindern bzw. ihn unschädlich machen, doch sind solche Einrichtungen für die folgenden einfachen Versuche nicht notwendig.

Strom zuleitenden Drähte schalten wir einen Quecksilberschlüssel ein. Dieser hat folgende Einrichtung (Abb. 206, S. 267). Auf einem Holzbrettchen befindet sich ein Napf, der mit reinem Quecksilber gefüllt ist. Die Oberfläche des Quecksilbers muß stets rein bleiben. Auf dem Brettchen befindet sich eine Polschraube, die durch einen Draht mit dem im Näpfchen befindlichen Quecksilber verbunden ist. In dieser Schraube befestigen wir z. B. den vom Element abgeleiteten Draht. Auf einem Holzklotz ist ferner ein Drahtbügel angebracht. Er besitzt ebenfalls eine Polschraube, in welcher der Draht befestigt ist, der zur primären Spule führt. Wir können nun durch Eintauchen des Drahtbügels in das Quecksilbers den Strom schließen und umgekehrt durch Herausnehmen den Strom öffnen. An Stelle des Quecksilberschlüssels können wir auch einen Absperrschlüssel (vgl. Abb. 207, S. 267) verwenden. Die Stromunterbrechung durch den Wagnerschen Hammer schalten wir bei den folgenden Versuchen ganz aus, so daß die Schließung und Öffnung des primären Stromes nur durch den Quecksilber- bzw. Absperrschlüssel erfolgt.

Wir wählen zunächst einen weiten Rollenabstand. Der Strom ist noch geöffnet. Jetzt schließen wir ihn — wir nehmen an, daß ein Quecksilberschlüssel verwendet wird — durch Eintauchen des Metallbügels in das Quecksilbernäpfchen. Wir beobachten, ob der Muskeltelegraph eine Zusammenziehung des Muskels anzeigt. Wir erhalten zunächst keine Reaktion. Sie bleibt auch beim Öffnen des Stromes aus. Nun nähern wir die sekundäre Rolle der primären und beobachten bei der Schließung und auch bei der Öffnung des Stromes das Verhalten des Muskeltelegraphen und auch des Muskels selbst. Bei einem bestimmten Rollenabstand erhalten wir dann bei der Öffnung des primären Stromes eine Zuckung des Muskels, während bei der Schließung noch jede Kontraktion ausbleibt. Wir haben die Reizschwelle für die Öffnungszuckung erreicht. Wir entfernen nun die Rollen wieder etwas auseinander und beobachten, ob wir nunmehr bei der Öffnung des primären Stromes eine Zuckung erhalten. Ist dies nicht der Fall, dann war die Bestimmung der Schwelle richtig. Wir müssen allerdings bei der Ausführung dieses Versuches die Einzelreize sich nicht zu schnell folgen' lassen. Reizen wir bei einem Rollenabstand, der eben noch keine Öffnungszuckung ergab, dann beobachten wir bei mehrmaliger rasch aufeinanderfolgender Wiederholung des gleichen Reizes, daß eine Zuckung auftritt: Summation der Reize. Nun nähern wir die beiden Rollen sich mehr und mehr und kommen dann zu einer Stelle, bei der wir sowohl bei der Öffnung als auch bei der Schließung eine Zuckung erhalten. Die Öffnungszuckung ist dabei viel größer als die eben wahrnehmbare Schließungszuckung. Nun nähern wir die Rollen noch weiter und stellen gleichzeitig fest, daß nunmehr bei Schließung und bei Öffnung die Zuckung eine immer erheblichere wird. Schließlich erhält man eine maximale Zuckung. Bei weiterer Erhöhung der Reizstärke nimmt die Zuckungshöhe nicht mehr zu: immer vorausgesetzt, daß die Einzelreize in genügenden Zeitabständen sich folgen.

Versuch 2. Genau den gleichen Versuch führen wir bei gleicher Versuchsanordnung bei einem Nervenmuskelpräparat aus. Wir bestimmen zunächst bei direkter Reizung des Muskels in der bei Versuch 1 beschriebenen Weise den Rollenabstand für die Öffnungszuckung und denjenigen für die Schließungszuckung. Dann reizen wir vom Nerven aus und beobachten, bei welchem Rollenabstand sich Zuckung des Muskels zeigt. Wir finden, daß die Öffnungszuckung bei einem größeren Rollenabstand eintritt als bei direkter Reizung des Muskels, und ebenso erhalten wir die Schließungszuckung früher als beim vorhergehenden Versuch. Um den Nerven zu reizen, benutzen wir sog. Reizelektroden. Es werden zwei etwa 5 cm lange Glasröhrchen mit Bindfaden zusammengebunden und durch diese die zuleitenden Drähte hindurchgeführt und festgekittet. Die freien Enden ragen etwa 1 cm aus den Röhrchen hervor. Diese führt man am besten durch einen Korkstopfen und befestigt diesen mit einer Klammer an einem Stativ. Man kann dann einfach den Nerven auf die Drahtenden auflegen. Noch besser verwendet man unpolarisierbare Elektroden (vgl. S. 293).

Versuch 3. Um ein genaueres Bild der Muskelkontraktion zu erhalten, schreiben wir die Verkürzung auf. Im Prinzip haben wir die gleiche Versuchsanordnung, wie vorher. Wir wählen wieder ein Gastrocnemiuspräparat und befestigen das Knochenende in einer Muskelklemme (vgl. Abb. 210). Das andere Ende verbinden wir mit einem um eine Achse drehbaren leichten Schreibhebel. Zur Spannung des Muskels hängen

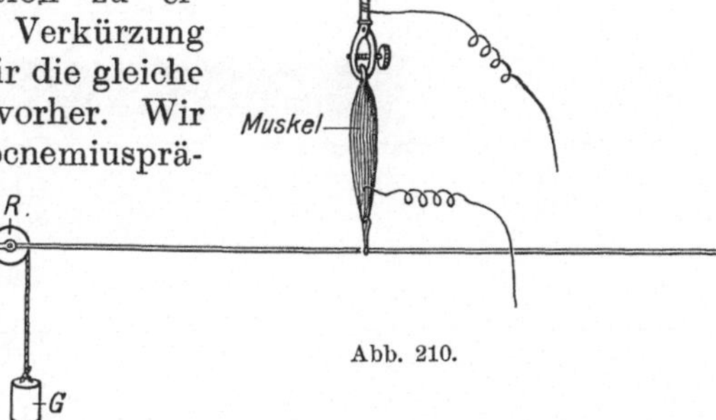

Abb. 210.

wir diesem ein Gewicht G an. Dieses darf nicht senkrecht unter dem Angriffspunkt des Muskels angebracht sein, weil ihm sonst während der Kontraktion des Muskels eine zu rasche Bewegung erteilt werden könnte, so daß der Muskel zum Teil entlastet würde. Es wird deshalb das Gewicht an einem Faden angebracht, der um die an der Achse des Schreibhebels angebrachte Rolle R geschlungen ist. Die Spitze des Schreibhebels schreibt die Verkürzung des Muskels auf eine auf der Trommel eines Kymographions aufgespannte berußte Fläche auf. Diese wird, nachdem der Hebel bei unbewegter Trommel eine senkrechte Linie geschrieben hat, jedesmal etwas gedreht, damit die neue Aufzeichnung nicht mit der vorhergehenden zusammenfällt. Nunmehr wiederholen wir bei der Versuchsanordnung des Versuches 1 (S. 269) das Aufsuchen der Reizschwelle. Wir beobachten bei einem bestimmten Rollenabstand eine Öffnungszuckung. Sie ist ganz minimal. Der Schreibhebel zeichnet uns eine eben wahrnehmbare Erhebung auf der berußten

Fläche auf. Nunmehr verringern wir den Rollenabstand, bis wir auch eine Schließungszuckung erhalten. Bei weiterer Annäherung stellen wir fest, daß die einzelnen Zuckungen größer werden. Der Muskel verkürzt sich immer stärker. Wir kommen schließlich zu einer maximalen Zuckung. Wiederholen wir bei einem bestimmten Rollenabstand die Reizung mehrere Male hintereinander, dann beobachten wir, daß die Zuckungshöhen größer werden. Der Muskel wird erregbarer (Treppe).

Versuch 4. Wir wiederholen den bei Versuch 2 (S. 271) beschriebenen Versuch, d. h. wir reizen vom Nerven aus. Im übrigen ist die Versuchsanordnung genau dieselbe. Wir stellen auch hier die Reiz-

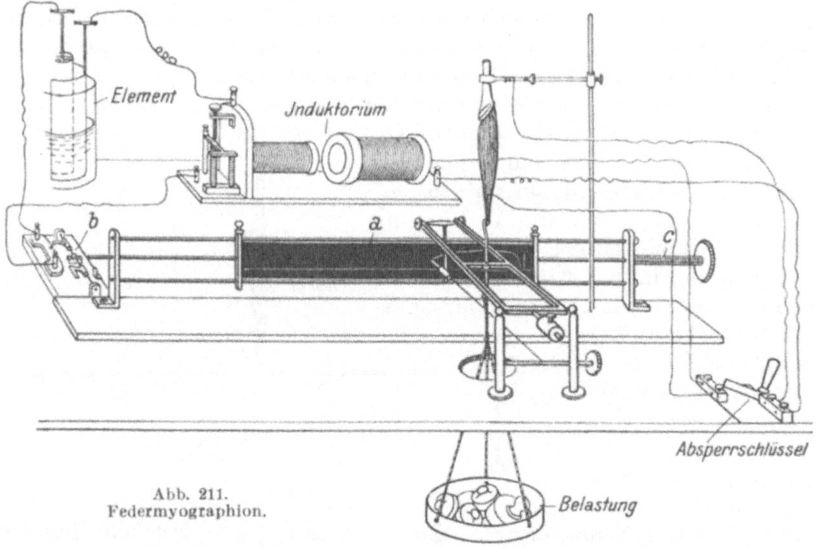

Abb. 211.
Federmyographion.

schwelle für die Öffnungs- und die Schließungszuckung fest. Wir beobachten dabei ebenfalls die Rollenabstände und erzeugen die maximale Zuckung.

Versuch 5. Die Versuchsanordnung bei Versuch 3 und 4 gestattet uns, den Verkürzungszustand bei gegebener Reizstärke genau zu verfolgen. Wir erhalten aber keinen Einblick in den Verlauf der einzelnen Zuckung. Um diesen verfolgen zu können, lassen wir den Schreibhebel den im Augenblick vorhandenen Verkürzungszustand auf einer sich bewegenden berußten Fläche aufschreiben. Wir erhalten so eine sog. Zuckungskurve. Im übrigen ist die Versuchsanordnung die gleiche, wie bei Versuch 3 und 4, nur lassen wir das Kymographion sich drehen. Die Drehung muß eine rasche sein. Sie wird durch ein Uhrwerk mit Schwungscheibe bewirkt. Wir können zu diesem Versuche auch ein sog. Federmyographion benutzen. Vgl. Abb. 211. Bei diesem wird die berußte Schreibfläche a durch die Kraft einer gespannten Feder c in Bewegung gesetzt. Um auch über die Zeitverhältnisse unterrichtet zu sein, läßt man eine vibrierende Stimmgabel mit bekannter Schwingungszahl eine sog. Zeitkurve aufschreiben.

Die bei den erwähnten Versuchsanordnungen erhaltenen Zuckungskurven geben uns einen Einblick in den Verlauf der Zuckung. Wir unterscheiden an der einzelnen Kurve einen auf- und absteigenden Schenkel. Wir vergleichen die Zuckungskurve eines eben präparierten Muskels mit derjenigen eines durch wiederholte Reize ermüdeten Muskels. Ferner beobachten wir den Einfluß von Abkühlung und Erwärmung auf den Verlauf der Zuckung. Auch hier werden alle Versuche bei direkter und indirekter Reizung ausgeführt. Erwähnt sei noch, daß wir die bei der erwähnten Versuchsanordnung eintretenden Zuckungen isotonische nennen.

Versuch 6. Wir haben festgestellt, daß von einer bestimmten Reizstärke an der Muskel zuckt. Es interessiert uns zu erfahren, ob er im Augenblick des Reizes sich sofort zusammenzuziehen beginnt, oder aber ob eine bestimmte Zeit bis dahin vergeht. Zur Entscheidung dieser wichtigen Frage bedürfen wir einer besonderen Versuchsanordnung. Wir müssen den Augenblick der Ausübung des Reizes vom Beginn der Zusammenziehung des Muskels getrennt aufschreiben. Zur Feststellung des ersteren benützen wir den Muskel. Die Versuchsanordnung ist die folgende.

Es stehen uns zwei Apparate zur Verfügung, die beide auf dem gleichen Prinzip beruhen. Wir können das Federmyographion oder ein mit Laufgewicht versehenes Myographion benutzen. Beim ersteren verwenden wir an Stelle des Absperrschlüssels im primären Stromkreis einen Kontakt (b in Abb. 211), der beim Vorbeibewegen der durch die gespannte Feder bewegten Schreibfläche geöffnet wird. Wir haben z. B. zwei Metallklötzchen. Das eine trägt ein Quecksilbernäpfchen. Ein auf dem anderen Klötzchen beweglich angebrachter, gebogener Metalldraht taucht in das erwähnte Näpfchen. Vom Element leiten wir den einen Draht direkt zur primären Spule des Induktoriums und den anderen zum einen der erwähnten Metallklötzchen. Vom zweiten führt er dann weiter zur primären Spule. Taucht der genannte gebogene Draht in das Quecksilbernäpfchen ein, dann ist der primäre Strom geschlossen. Nun ist der den Kontakt herstellende Drahtbügel an einer drehbaren Achse befestigt. An dieser sitzt ein Metallplättchen. Ein solches ist auch an dem Rahmen angebracht, in dem die berußte Glastafel befestigt ist. Wir schieben nun bei umgelegtem Drahtbügel die Schreibtafel an jenes Ende des Apparates, das den erwähnten Kontakt (b in Abb. 211) trägt. Dabei wird die Feder c zusammengedrückt. Jetzt wird der Drahtbügel aufgerichtet. Wir schließen dabei den primären Strom. Der Muskel zuckt, da wir absichtlich eine Stromstärke verwenden, die eine kräftige Muskelkontraktion bewirkt. Jetzt liegt das Metallplättchen des Drahtbügels demjenigen des erwähnten Rahmens der

Schreibfläche an, und zwar so, daß bei seiner Verschiebung nach rechts der Drahtbügel aus dem Quecksilbernäpfchen entfernt, d. h. der primäre Strom geöffnet wird. Wir führen nun den Versuch in drei Stadien durch.

1. Bei offenem primärem Strom lassen wir die Schreibfläche mittels der gespannten Feder am Schreibstift vorbeisausen. Wir erhalten eine Abszisse, die uns die Länge des ruhenden Muskels anzeigt.

2. Die Schreibfläche wird mit dem Rahmen nach links geschoben. Dabei wird die Feder c zusammengedrückt. Eine besondere Einrichtung (eine Feder, die in eine Einkerbung einer am Rahmengestell angebrachten Stange paßt) hält die Schreibfläche fest. Jetzt wird der Drahtbügel mit dem Quecksilbernäpfchen in Verbindung gebracht. Es entsteht eine Zuckung. Wir merken uns auf der Schreibtafel an, daß der aufgezeichnete senkrechte Strich der Schließungszuckung entspricht. Sie hat für uns kein weiteres Interesse. Jetzt geben wir die Schreibfläche frei, indem wir die Feder, die sie festhält, aus der genannten Einkerbung entfernen und zugleich durch Festhalten verhindern, daß das Rahmengestell mit der Schreibtafel sich frei bewegen kann. Wir führen es nun ganz vorsichtig nach rechts und beobachten den Augenblick der Trennung des Drahtbügels vom Quecksilber im Näpfchen scharf. In dem Augenblick erfolgt eine Zuckung (Öffnungszuckung). Wir haben nun den Augenblick des Reizes festgestellt.

3. Jetzt führen wir die Schreibfläche in die Ausgangsstellung zurück, schließen den primären Strom und lassen nun die Schreibfläche, indem wir die Kraft der zusammengedrückten Feder sich frei entfalten lassen, mit großer Geschwindigkeit am Schreibstift vorbeisausen. Dabei wird in genau dem gleichen Augenblick, wie bei Feststellung des Reizmomentes (2), der primäre Strom geöffnet. Der Muskel zuckt, und auf der Schreibfläche erscheint eine Zuckungskurve.

Die Ausführung des Versuches ist in allen Einzelheiten die gleiche, wenn wir an Stelle des Federmyographions ein Kymographion anwenden, das mittels eines Laufgewichtes in Bewegung gesetzt wird. Die Trommel des Apparates besitzt an der Peripherie der Unterfläche der Schwungscheibe einen Stift. Diesem steht eine auf- und zuklappbare Metalleiste gegenüber, die an der den Absperrschlüssel ersetzenden Einrichtung angebracht ist. Ist der primäre Strom geschlossen, dann steht die erwähnte Metalleiste dem Kymographionstift im Wege, d. h. wenn die Trommel gedreht wird, nimmt dieser die Metalleiste mit und öffnet dadurch den primären Strom.

Auch hier schreiben wir zunächst eine Abszisse auf, indem wir bei ruhendem Muskel und an die berußte Fläche angelegtem Schreibhebel die Trommel einmal herumführen. Dann führen wir sie in die Ausgangsstellung zurück. Eine Feder hält die Trommel in dieser fest. Wir geben die Trommel unter Fortlassung des Laufgewichtes frei und drehen sie. Wir führen sie so weit, bis der erwähnte Stift die in seine Bahn hineinragende Metalleiste berührt. Dann bewegen wir die Trommel sehr vorsichtig. In dem Augenblick, in dem der Stift die Metalleiste vorwärts bewegt, wird der primäre Strom geöffnet. Der Muskel zuckt und schreibt eine senkrechte Linie bei stehender Trommel. Jetzt wird die Trommel wieder in die Ausgangsstellung zurückgebracht, mittels der Feder in ihr festgelegt, dann das Laufgewicht angebracht und ferner der primäre Strom geschlossen. Nun wird die Federwirkung ausgeschaltet und damit die Trommel freigegeben. Sie dreht sich mit großer Geschwindigkeit. In dem Augenblick, in dem der Stift durch Wegschlagen der Metalleiste den Kontakt öffnet, zuckt der Muskel, und der Schreibhebel ritzt die Kurve in die berußte Schreibfläche.

Betrachten wir nun die erhaltene Kurve (Abb. 212), dann fällt uns zunächst auf, daß diese sich nicht im Augenblick des Reizes von der Abszisse abhebt. Es vergeht eine bestimmte Zeit vom Reizmoment bis zum Beginn der Verkürzung des Muskels. Wir nennen

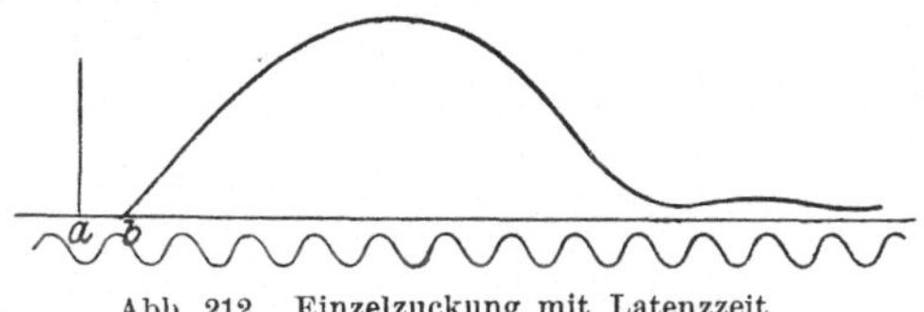

Abb. 212. Einzelzuckung mit Latenzzeit.

a) Augenblick des Reizes. b) Moment der Zuckung.
a—b Latenzzeit.

diese Periode das Stadium der latenten Reizung. Nun steigt die Kurve zunächst allmählich, dann steiler an, und schließlich wird ein Maximum erreicht: Stadium der ansteigenden Energie. Dann sinkt die Kurve wieder zur Abszisse ab: Stadium der sinkenden Energie. Das Ende der Kurve zeigt oft kleinere Wellen. Diese sind ohne Bedeutung. Sie rühren von Trägheitsschwingungen des Schreibhebels her. Man beobachtet ferner, daß die absteigende Kurve nicht sofort zur Abszisse zurückkehrt. Es findet sich zunächst ein gewisser Verkürzungsrückstand. Bei der gleichen Versuchsanordnung können wir nunmehr verschieden starke Reize anwenden und die jedesmal erhaltene Kurve betrachten. Es interessiert uns, zu erfahren, ob die Dauer der Latenzzeit von der Reizstärke beeinflußt wird.

Bei genau der gleichen Versuchsanordnung verfolgen wir den Einfluß der Ermüdung, indem wir längere Zeit bei gleichem Rollenabstand reizen. Ferner prüfen wir den Einfluß der Temperatur auf die Dauer der Latenzzeit und die Raschheit des Ablaufs der Zuckung, indem wir den Muskel mit auf 0° abgekühlter Kochsalzlösung befeuchten oder umgekehrt 30—35° warme Kochsalzlösung aufträufeln. Es läßt sich leicht feststellen, daß die Dauer der Zuckung und auch diejenige des Latenzstadiums bei Abkühlung und bei Ermüdung zunimmt. Erwärmung hat den umgekehrten Einfluß.

Hat man schließlich durch zahlreiche Wiederholungen der Reize den Muskel so weit ermüdet, daß er bei einem bestimmten Rollenabstand nicht mehr oder kaum mehr mit einer Verkürzung antwortet, dann warten wir einige Zeit und prüfen wieder bei gleichem Rollenabstand. Der Muskel hat sich wieder erholt: er verkürzt sich.

Endlich können wir auch bei dieser Versuchsanordnung mit Hilfe der Reizelektroden vom Nerven aus reizen. Wir erhalten ebenfalls ein Latenzstadium und eine Kurve, die der eben besprochenen entspricht.

Versuch 7. Um auch eine andere Versuchsanordnung kennen zu lernen, stufen wir die Stromstärke mit Hilfe eines Rheostaten oder eines Rheochords ab. Vgl. Abb. 213. Vom Element e aus leiten wir den Strom zunächst zum Rheochord, und zwar zu dem verschiebbaren Keil k. Wir schalten einen Quecksilber- oder einen Absperrschlüssel in seine Leitung. Der Strom fließt dann vom erwähnten Keil durch den auf dem Brett r des Rheochords aufgespannten Platindraht zum Muskel und von da zum Element zurück.

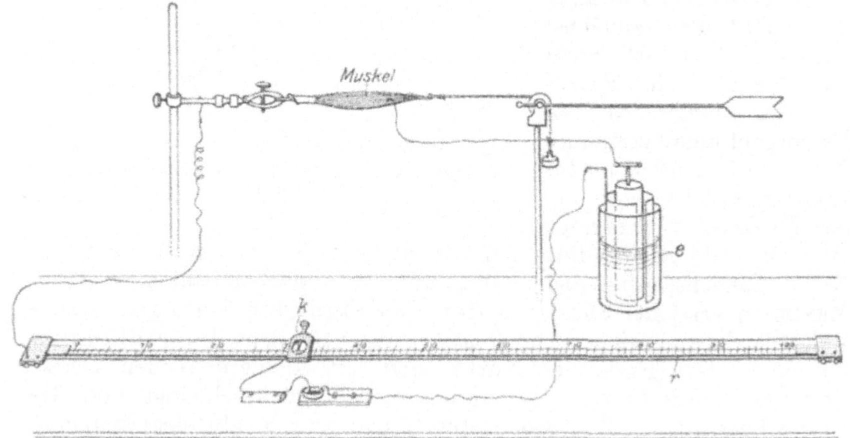

Abb. 213.

Wird der Keil k verschoben, dann wird der elektrische Strom gezwungen, ein verschieden langes Stück des Platindrahtes zu durchlaufen. Je länger die Strecke ist, um so größer ist der Widerstand, um so geringer die Stromstärke. Bei einer bestimmten Stellung des Keiles k wird der Muskel zucken. Wir können so die Reizschwelle ausfindig machen.

Versuch 8. Versuch mit dem belasteten Muskel. Bei sonst gleicher Versuchsanordnung, wie beim Versuche über die Dehnbarkeit des ruhenden Muskels (S. 261), bringen wir nahe an der Drehachse des Schreibhebels eine Gewichtsschale an. Wir verzeichnen zunächst die Länge des unbelasteten Muskels, indem wir die Schreibfläche am Schreibhebel vorbeiführen und so eine Abszisse aufzeichnen. Nunmehr wird der unbelastete Muskel mit maximalen Reizen gereizt. Wir erhalten auf der ruhenden Schreibfläche einen vertikalen Strich. Jetzt dreht man die Trommel etwa 0,5 cm weiter und belastet den Muskel mit 5 Gramm. Die dabei eintretende Verlängerung des Muskels läßt man auf der Schreibfläche sich aufzeichnen. Man erhält eine vertikale, von der Abszisse nach abwärts gerichtete Linie. Hat der Muskel seine definitive Länge angenommen, dann reizt man wiederum mit maximalen Reizen. Die Verkürzung wird wiederum aufgezeichnet und dann das belastende Gewicht abgenommen. Sobald der Schreibhebel zur Abszisse zurückgekehrt ist, dreht man die Trommel wiederum um 0,5 cm weiter und belastet nunmehr mit 10 Gramm, verzeichnet die Verlängerung des Muskels, reizt, zeichnet die Verkürzung auf usw. Immer wieder legt man 5 Gramm mehr hinzu und beobachtet die einzelnen Zuckungshöhen. Man erhält so eine ganze Reihe von parallelen Linien. Wenn man ihre oberen Endpunkte miteinander verbindet, dann gewinnt man die **Dehnungskurve des tätigen Muskels** und durch Verbindung der unteren Enden die **Dehnungskurve des ruhenden Muskels.**

Versuch 9. Versuche über die Ermüdung des Muskels. Wir verwenden die übliche Versuchsanordnung: Element, Schlitteninduktorium. Von der sekundären Spule leiten wir die Drähte direkt zum Muskel. In einem dieser Drähte ist eine Nebenschließung angebracht. In der primären Leitung bewirken wir mit Hilfe eines Metronoms rhythmische Schließung und Öffnung des primären Stromes. Das Metronom stellen wir so ein, daß etwa alle Sekunden ein Öffnen des Stromes erfolgt. Die Rollen des Induktoriums stellen wir so weit auseinander, daß gerade eine Öffnungszuckung zustande kommt. Wir erhalten dann jedesmal bei der Öffnung des Stromes eine Zuckung. Wir zeichnen die Verkürzung des Muskels auf ein Kymographion auf, das wir mit angemessener Geschwindigkeit am Schreibhebel vorbeiführen. Wir beobachten, daß die Höhe der Zuckung am Anfang mit der Zahl der Zuckungen zunimmt: **Erscheinung der Treppe.** Dann bleiben die Zuckungshöhen eine Zeitlang gleich, um dann allmählich immer mehr abzunehmen, bis schließlich vollständige Unerregbarkeit des Muskels auftritt. Die Zuckungsdauer nimmt mit der Dauer der Reizung zu. Schließlich wird der Muskel zwischen den einzelnen Reizen gar nicht mehr erschlaffen. Es stellt sich eine scheinbar dauernde Verkürzung des Muskels, eine Kontraktur, ein. Wenn man nun den Muskel einige Zeit in Ruhe läßt und wieder den Strom schließt und öffnet, dann erhält man wiederum eine Kontraktion des Muskels. Während der Ruhe hat sich auch die Verkürzung des Muskels wieder ausgeglichen.

Versuch 10. Bestimmung der Leitungsgeschwindigkeit im Nerven. Wir benützen ein Nervenmuskelpräparat. Als Reizapparat verwenden wir ein Schlitteninduktorium. Wir stellen die Rollen so, daß bei der Öffnung des Stromes eine maximale Zuckung eintritt. Zur Aufzeichnung der Verkürzung des Muskels benutzen wir ein Federmyographion oder das mit Laufgewicht in rasche Bewegung versetzbare Kymographion (vgl. S. 274). Bei beiden Apparaten wird, wie S. 272 ausgeführt worden ist, der primäre Strom geöffnet, wenn die berußte Schreibfläche am Schreibhebel vorbeigeschleudert wird. Von der sekundären Spule des Induktoriums führen wir die Drähte zunächst zu einer Wippe, bei der wir das Kreuz herausgenommen haben (vgl. S. 284, Abb. 223). Von den von der Wippe ausgehenden beiden Zweigleitungen führt das eine Drahtpaar zu einer Stelle des Nerven, die dem Muskel benachbart liegt, die andere an eine distalere, dem zentralen Ende des Nerven möglichst nahe gelegene Stelle. Zwischen den Elektroden liegt dann eine bestimmte, meßbare Nervenstrecke. Wir schreiben ferner die Zeit mit Hilfe einer Stimmgabel mit bestimmter Schwingungszahl auf. Den Muskel belasten wir mit etwa 5 Gramm. Zunächst stellen wir die Wippe so, daß die untere Stelle des Nerven gereizt wird, und zeichnen nun die Zuckung des Muskels auf. Dann stellen wir die Wippe um. Es wird nun die obere Nervenstelle gereizt. Wir erhalten so zwei Kurven, wovon die zweite sich etwas später von der Abszisse abhebt als die erstere und in ihrem ganzen Verlauf ein bestimmtes Stück später fällt. Die horizontale Entfernung der genannten beiden Kurven messen wir mit Zirkel und Maßstab unter der Lupe. Die dem gemessenen Abstand entsprechende Zeit können wir an der Kurve, die vom Zeitschreiber geschrieben worden ist, ablesen. Sie entspricht der Zeit, die der Reiz brauchte, um im Nerven von der oberen zur unteren Reizstelle zu gelangen. Man kann dann aus der abgelesenen Zeit unter Berücksichtigung der Länge des Nerven berechnen, welche Zeit der Reiz gebraucht hat, um die betreffende Nervenstrecke zu durcheilen. Es empfiehlt sich, den Versuch mehrmals hintereinander zu wiederholen, und zwar auch mit Änderung der Länge der Nervenstrecke.

Bei der gleichen Versuchsanordnung bringen wir mit Hilfe eines Pinselchens zwischen die beiden Reizstellen Chloroform oder Äther auf den Nerven. Wir beobachten, daß jetzt von der zentral gelegenen Reizstelle aus keine Kontraktion des Muskels ausgelöst werden kann. Der Nerv ist an der betupften Stelle unwegsam geworden. Wenn wir die betreffende Stelle durch Auftupfen von isotonischer Kochsalzlösung gut auswaschen, dann wird die Reizleitung wieder hergestellt. Die „physiologische" Kontinuität des Nerven ist für die Reizleitung unbedingt erforderlich.

Versuch 11. Wir benützen ein Gastrocnemiuspräparat und bringen dieses am Muskeltelegraphen an. Wir reizen den Muskel in der gewöhnlichen Weise direkt und stellen fest, daß er erregbar ist. Nun legen wir ihn in eine 1prozentige Rohrzuckerlösung. Wir befestigen dann nach einiger Zeit das Präparat wieder im Muskeltelegraphen und reizen. Es bleibt, wenn der Muskel genügend lange Zeit in der Zuckerlösung belassen worden war, jeder Erfolg aus. Nun bringen wir ihn für einige Zeit in isotonische Kochsalzlösung und stellen fest, daß er wieder erregbar ist.

Versuch 12. Beobachtung des Verhaltens des Volumens des Muskels bei der Zusammenziehung. Wir füllen eine Pulverflasche bis zum Rande mit ausgekochter isotonischer Kochsalzlösung. Vgl. Abb. 214. Dann verschließen wir sie mit einem paraffinierten Korkstopfen, durch den hindurch ein Glasrohr, das zu einer Kapillare ausgezogen ist, geführt ist. Die Kapillare besitzt eine feine Einteilung. Die Kochsalzlösung steigt beim Aufsetzen des Stopfens in dem Rohre empor und läuft zum Teil aus der Kapillare heraus. Durch den Korkstopfen sind ferner Drähte hindurchgeführt. Vor dem Aufsetzen des Stopfens ist ein Muskel mit diesen Drähten so in Verbindung gebracht worden, daß er sich ungehindert verkürzen kann. Nachdem der ganze Apparat zusammengesetzt ist, stellt man in der Kapillare ein bestimmtes Niveau her, indem man aus ihr mit Hilfe von Fließpapier etwas Wasser heraussaugt. Man liest dann den Stand des Wasserfadens in der Kapillare genau ab, reizt nun den Muskel mit faradischen Strömen und beobachtet während der Kontraktion des Muskels die Stellung des Wasserfadens. Er bleibt vollständig unverrückt, d. h. das Volumen des Muskels nimmt während der Zusammenziehung nicht zu und auch nicht ab.

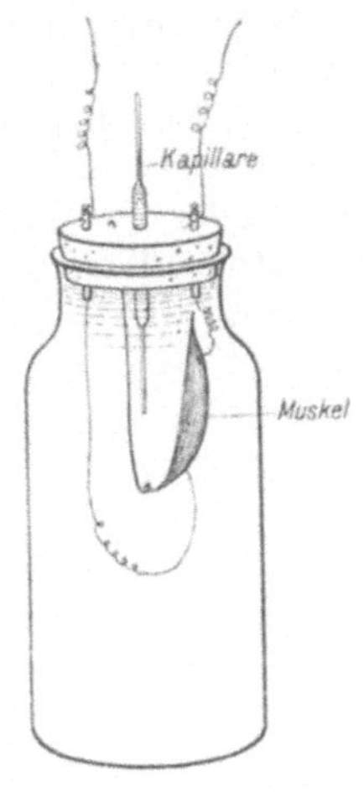

Abb. 214.

Versuch 13. Aufschreibung der Spannungsänderung des Muskels. Bei den vorhergehenden Versuchen war das eine Ende des Muskels festgehalten, während das andere sich frei bewegen konnte. Wenn wir die Spannungsänderung im Muskel bei der Zusammenziehung verfolgen wollen, dann müssen wir verhindern, daß die Enden des Muskels sich nähern können. Wir erhalten in diesem Falle keine Verkürzung, dafür tritt die Spannungsänderung in Erscheinung. Wir nennen dieses Verfahren das isometrische. Wir wählen ein Gastrocnemiuspräparat. Der Muskel wird mit Hilfe einer Muskelkammer a am Winkelrahmen w befestigt (Abb. 215). Das andere Ende wird mittels eines Muskelhäkchens b am Schreibhebel nahe dem Drehpunkte angebracht. Hinter ihm verhindert eine Feder, daß der Muskel sich verkürzen kann. Die übrige Versuchsanordnung ist vollständig gleich, wie bei den Versuchen über die isotonische Zuckung (vgl. S. 271 ff.). Die isometrische Zuckungskurve sieht

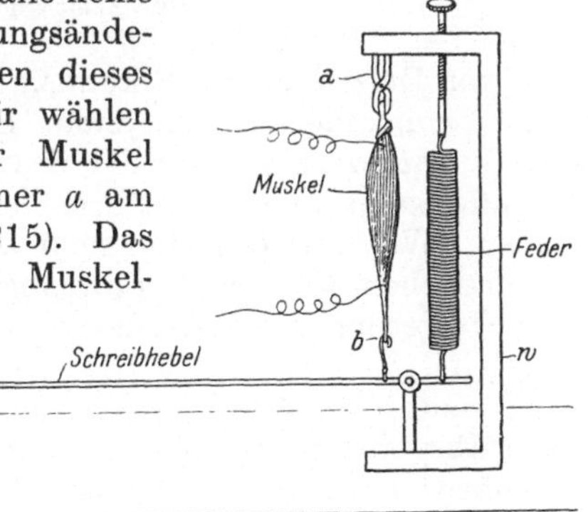

Abb. 215.

der isotonischen sehr ähnlich. Sie steigt nur etwas steiler an und fällt rascher ab.

Versuche über den Erfolg mehrerer, sich rasch folgender Reize.

Versuch 1. Wir wählen die gleiche Versuchsanordnung wie bei
Versuch 9, Seite 277. Nur befindet sich im primären Strome zum
Unterbrechen des Stromes an Stelle des Metronoms ein sog. akustischer Stromunterbrecher nach Bernstein (Abb. 216). Wir
können bei diesem Stromunterbrecher verschieden lange Metallfedern
einschalten und so die Schwingungszahl beliebig ändern. Wir stellen
die Feder so ein, daß wir in der Sekunde 8—10 Unterbrechungen
erhalten. Wir zeichnen die Zuckungen des Muskels auf. Darauf
steigern wir die Reizfrequenz. Wir beobachten bei einer bestimmten

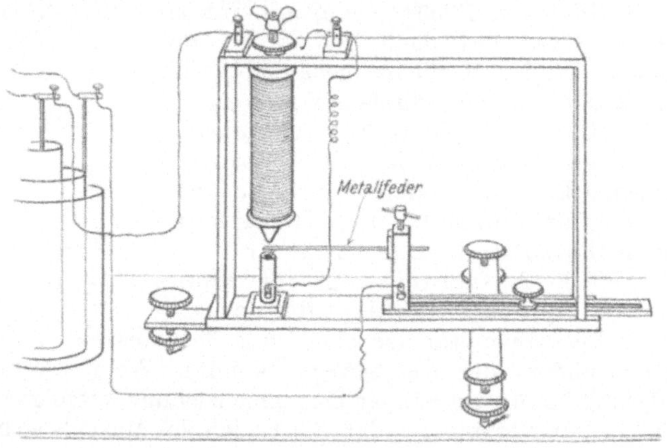

Abb. 216. Akustischer Stromunterbrecher.

Zahl von Reizen in der Sekunde, daß die einzelnen Zuckungen nicht
mehr voneinander getrennt sind. Sie setzen sich vielmehr aufeinander
auf: Superposition der Zuckungen. Bei etwa 20 Reizen in der
Sekunde kann man die einzelnen Zuckungen schon nicht mehr erkennen. Wir erhalten eine mehr oder weniger glatte Kurve. Schließlich erreichen wir das Verkürzungsmaximum des Muskels. Bei weiterer Steigerung der Reizfolge nimmt die Verkürzung nicht mehr zu:
Tetanus.

Versuch 2. Wir brauchen ein Element, ein Schlitteninduktorium,
einen Absperrschlüssel (er ist in den Abb. 217 und 218 im primären
Stromkreis fortgelassen, um das Bild einfacher gestalten zu können) und
ein Kymographion. Von der sekundären Spule werden die Leitungsdrähte
direkt dem Muskel (Abb. 217) bzw. beim Nervenmuskelpräparat dem
Nerven (Abb. 218) zugeleitet. In der sekundären Leitung haben wir
einen Absperrschlüssel. Er dient ausschließlich zum Schutze des Präparates. Während wir die Versuchsanordnung und vor allem den
Wagnerschen Hammer prüfen, ist der Absperrschlüssel im sekundären
Stromkreis geöffnet. Wäre das nicht der Fall, dann würde unser
Präparat zu einer Zeit gereizt, in der wir ihm gar keine Beachtung

schenken. Erst wenn der eigentliche Versuch beginnt, schließen wir diesen Schlüssel. Wir bringen die Feder des Wagnerschen Hammers in schwingende Bewegung und erzeugen faradischen Strom. (Vgl.

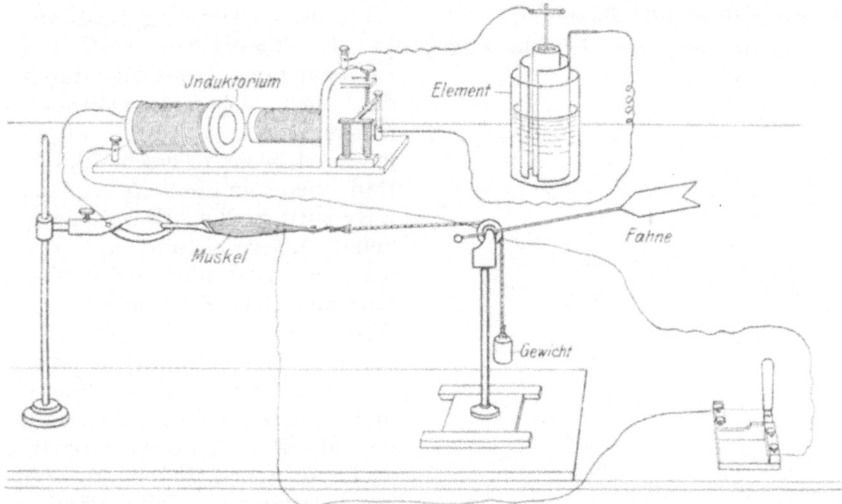

Abb. 217. Versuchsanordnung zur Erzeugung eines Tetanus bei direkter Reizung des Muskels.

die Versuchsanordnung in Abb. 217 u. 218.) Wir beobachten, daß der Muskel einen dauernden Verkürzungszustand zeigt: Auftreten des Tetanus. Wir lassen die Trommel mehrmals rotieren und stellen

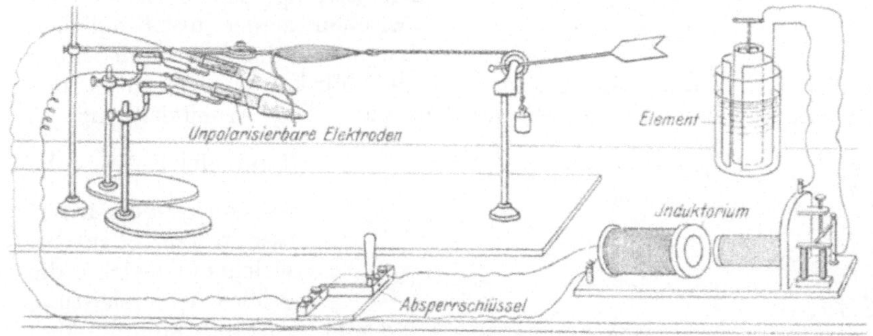

Abb. 218. Versuchsanordnung zur Erzeugung eines Tetanus bei indirekter Reizung des Muskels.

fest, daß die Tetanuskurve mehr und mehr absinkt, d. h. die Kurven decken sich nicht, sondern es verlaufen die späteren unter den jeweils vorhergehenden. Es ist dies eine Ermüdungserscheinung.

Bestimmung der geleisteten Arbeit mittels des Fickschen Arbeitssammlers.

Der Ficksche Arbeitssammler besteht aus einem Rad, an dessen Achse sich eine Rolle befindet, auf der bei dessen Drehung ein Bindfaden, an dem ein Gewicht angehängt ist, aufgewickelt wird. Die Bewegung des Rades wird durch den sich zusammenziehenden Muskel bewirkt. Nun würde jedesmal, wenn er erschlafft, das Rad wieder in die ursprüngliche Lage zurückfallen. Es wäre dann keine Arbeitsleistung zu erzielen. Es wird dies durch eine sehr sinnreiche Einrichtung (vgl. Abb. 219 a, b) verhindert. Sie gestattet die Drehung in einer Richtung und wirkt als Bremse in der anderen. Wir lassen nun den Muskel ein bestimmtes Gewicht (g) heben, indem wir ihn in bestimmten Zeitabständen elektrisch reizen. Wir messen nach einer bestimmten Zeit — den Beginn des Versuches haben wir uns aufgeschrieben — die aufgerollte Fadenlänge durch Feststellung des Unterschiedes zwischen seiner ursprünglichen Länge und derjenigen am Schluß

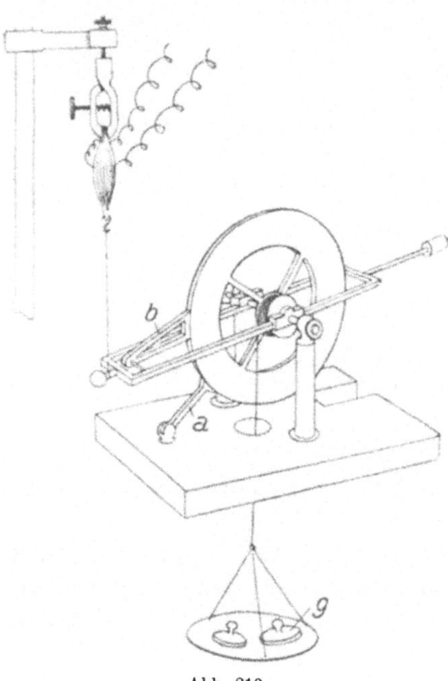

Abb. 219.

des Versuches und wissen nun, daß der Muskel in x Minuten, das Gewicht y um z Zentimeter gehoben hat. Die Arbeitsleistung ist dann gleich $\dfrac{y \cdot z}{x}$. Es ist von großem Interesse, festzustellen, bei welchem Gewichte die größte Arbeitsleistung zustande kommt. Man vergleiche z. B. die Arbeitsleistung in gleichen Zeiten bei glei-

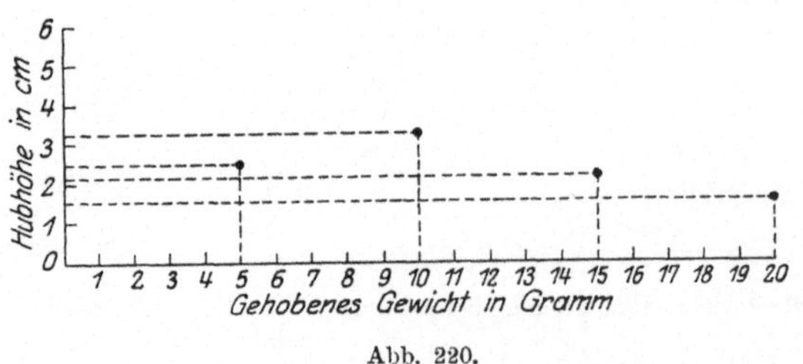

Abb. 220.

cher Anzahl von Kontraktionen, d. h. wir belasten den Muskel mit einem bestimmten Gewicht und reizen z. B. alle 5 Sekunden und wiederholen den Reiz 12 mal. Da wir die Zeiten bei jedem Versuch gleich wählen, können wir die Produkte aus gehobenem Gewicht und Hubhöhe direkt miteinander vergleichen. Um das Resultat übersichtlicher zu gestalten, tragen wir das Gewicht und die zugehörige Hubhöhe in ein Koordinatensystem ein. (Vgl. Abb. 220).

Feststellung des größten Gewichtes, das ein Muskel noch eben zu heben vermag.

Wir benutzen dazu die folgende Versuchsanordnung (vgl. Abb. 221). Der Muskel wird in einer Muskelklemme befestigt. Die Sehne steht mit einem sog. Schlitten (s) in Verbindung. Dieser ruht auf zwei Kontakten. Der eine davon besteht aus einem Quecksilbernäpfchen. In das Quecksilber (a, Abb. 221) taucht von oben der am Schlitten befindliche Dorn (vgl. Abb. 222 b). Der Boden c des Näpfchens ist mittels einer Schraube versenkbar. Dieser wird so weit gesenkt, daß der erwähnte Dorn nur eben

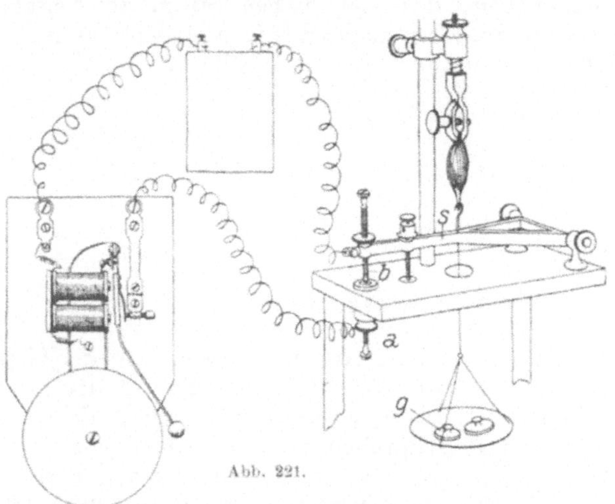

Abb. 221.

noch mit dem Quecksilber durch Adhäsion in Berührung steht. Die geringste Hebung des Schlittens durch den Muskel bewirkt, daß der Quecksilberfaden abgerissen und damit der Kontakt unterbrochen wird (vgl. Abb. 222). Um dieses Ereignis leicht feststellen zu können, verbinden wir den Dorn und die Schraube des Bodens des Quecksilbernäpfchens mit je einem Leitungsdraht. Die beiden Drähte stehen mit einer elektrischen Klingel in Verbindung, die in einen besonderen Stromkreis eingebaut ist. Solange der Kontakt besteht, ertönt sie. Die erfolgte Unterbrechung bemerken wir sofort am Ausbleiben des Läutens.

Am Schlitten hängt eine Wagschale. Diese belasten wir mit steigenden Gewichten (g, Abb. 221) und stellen fest, wann der in gewohnter Art elektrisch gereizte Muskel die Last nicht mehr zuheben vermag.

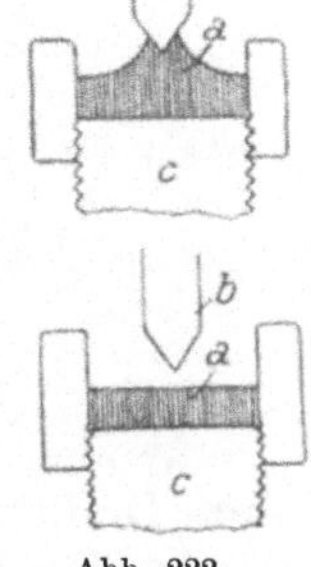

Abb. 222.

Änderung der Erregbarkeit des Nerven im Elektrotonus.

Wir schalten eine Reihe von Elementen hintereinander und verbinden den einen Draht mit einem Widerstandskasten a (Abb. 228, S. 286).

In den zweiten Draht ist ein Quecksilberschlüssel d eingeschaltet.
Von der Wippe aus geht die Leitung zum Nerven bzw. Muskel. Die
erwähnte Wippe besteht aus einem Holzteller (Abb. 223). Auf diesem
befinden sich in der Peripherie 6 Quecksilbernäpfe. Jeder Napf hat eine
Verbindung mit einer Polschraube. Die Quecksilbernäpfe 1 und 2 sind
durch eine Drahtbrücke verbunden. Sie besteht in der Mitte zur Isolierung aus Glas, an den beiden Enden aus dickem Metalldraht. Mit
jedem der Metalldrähte steht ein Metallbügel in Verbindung. Wir
können die Wippe auf zwei Arten verwenden. Einmal bietet sie die
Möglichkeit, den elektrischen Strom abwechselnd **zwei verschiedenen Stellen** zuzusenden, und dann können wir mit ihrer Hilfe
seine Richtung auch umkehren.

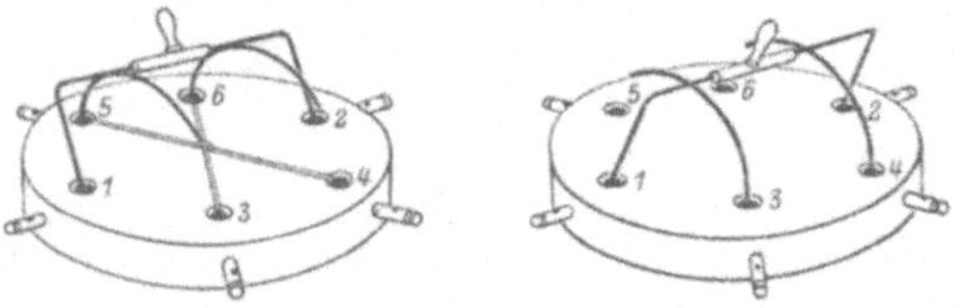

Abb. 223. Wippe. 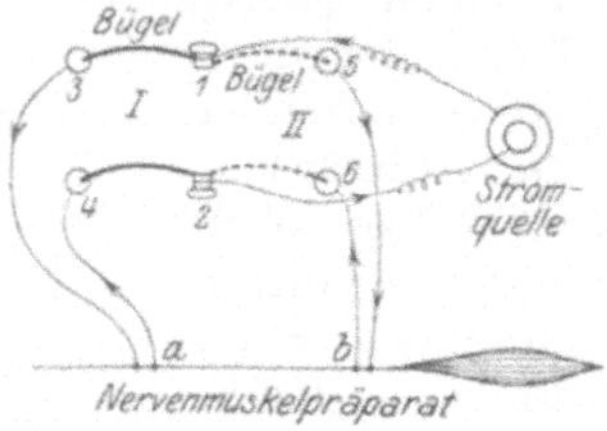   Abb. 224.

Für die erstere Art der Verwendung der Wippe nehmen wir das
Metallkreuz fort. Wir verbinden die von der Stromquelle kommenden
Drähte mit den Polschrauben 1 und 2 der Wippe (vgl. Abb. 223).
Von den Polschrauben 3 und 4 senden wir den Strom zu der einen
Stelle (a in Abb. 224), z. B. eines Nerven und von der mit 5 und 6
bezeichneten, zu der zweiten (b in Abb. 224). Bei der Bügelstellung
I muß der Strom zu a gelangen und bei der Umlegung des Bügels
in Stellung II fließt er b zu.

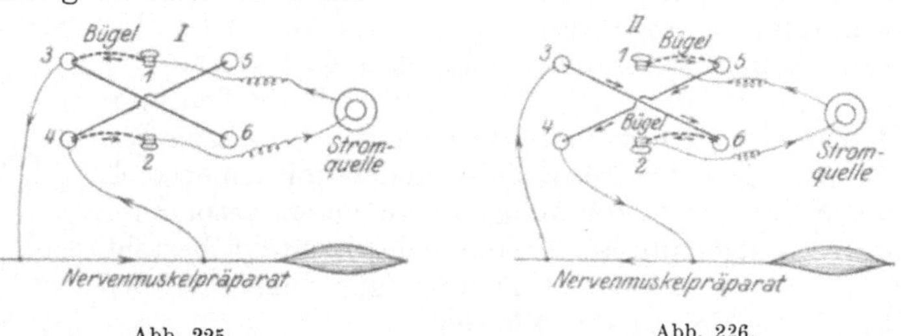

Abb. 225.   Abb. 226.

Wollen wir den Strom umkehren, dann benutzen wir eine Wippe
mit Drahtkreuz (Abb. 225 und 226). Dieses ist an der Kreuzungs-
stelle der Drähte isoliert. Wir verbinden die Stromquelle wieder
mit den Polklemmen 1 und 2, dagegen werden jetzt die zu dem
zu reizenden Gewebe abgehenden Drähte nicht von zwei Stellen der
Wippe aus abgeleitet, wir benutzen vielmehr nur das eine Pol-
schraubenpaar. In Abb. 225 und 226 gehen diese Drähte von Polschraube 3 und 4 ab. Sie könnten ebensogut in den Polschrauben 5

und 6 befestigt sein. Bei Stellung I der Wippe ist Polschraube 1 mit dem Quecksilbernäpfchen 3 und Klemme 2 mit Näpfchen 4 verbunden. Die Stromrichtung ist gegeben (vgl. Abb. 225). Das Drahtkreuz wird nicht durchflossen. Bei Stellung II (Abb. 226) verbindet der Bügel die Polschraube I mit dem Quecksilbernäpfchen 5, ferner ist 2 mit 6 verknüpft. Der Strom ist gezwungen, das Metallkreuz zu benutzen und die Richtung Stromquelle, 1, 5, 4, Nerv, 3, 6, 2, Stromquelle einzuschlagen.

Der Rheochord besteht im einfachten Falle aus einem Platindraht, der auf einer Holzleiste ausgespannt ist (vgl. Abb. 213, S. 276). Die Enden des Drahtes stehen mit zwei Metallklötzen in Verbindung; auf ihm selbst ruht ein verschiebbarer Keil. Dieser und die Klötze tragen Schrauben zum Befestigen von Drähten. Wir verbinden den einen Draht, der vom Element kommt, mit dem Keil und den andern mit dem zu reizenden Gewebe. Der Strom muß im ersteren Draht durch den Platindraht zu dem Metallklotz fließen, an dem der Leitungsdraht, der zum Gewebe führt, befestigt ist. Je weiter der ver-

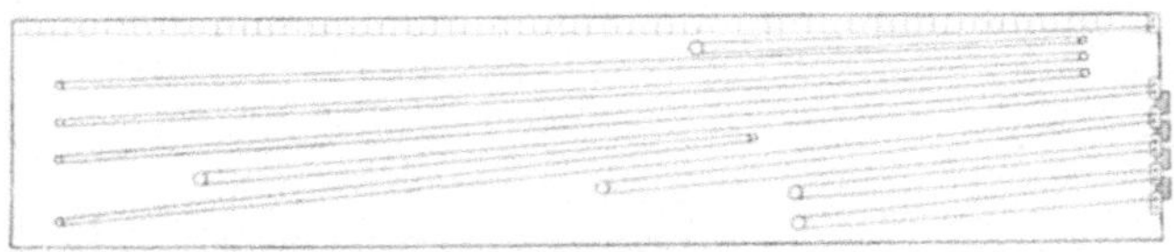

Abb. 227. Rheochord.

schiebbare Keil von dem erwähnten Klotz entfernt ist, um so größer ist die Strecke des Platindrahtes, die vom Strom durchflossen werden muß, um so größer ist dann auch der Widerstand und um so kleiner natürlich die Stromstärke.

Eine weitergehende Abstufung des Widerstandes und damit der Stromstärke gestattet der Rheochord von Du Bois-Reymond (Abb. 227). Er besteht aus einem Kasten, der an einem Ende eine Metalleiste trägt, die durch Zwischenräume unterbrochen ist. In diese hinein passen Messingstöpsel. Die einzelnen Teile der unterbrochenen Metalleiste sind durch verschieden lange, dünne Platindrähte untereinander verbunden. Nehmen wir alle Stöpsel heraus, dann muß der Strom durch sämtliche Drahtschlingen hindurchgehen. Schalten wir einen Stöpsel nach dem andern ein, dann verringern wir den Widerstand mehr und mehr. Schließlich können wir, wenn alle Stöpsel eingeschaltet sind, den Strom direkt durch die nun vollständige Metalleiste hindurchschicken. Der Widerstandskasten, auch Rheostat genannt, zeigt dieselbe Einrichtung, nur sind hier die Drähte auf Rollen gewickelt. Auf diese Weise wird Raum erspart.

Bei der oben erwähnten Versuchsanordnung stellen wir zunächst die mit Metallkreuz versehene Wippe so, daß die negative Elektrode (Kathode) dem Muskel benachbart ist. In diesem Falle geht der

Strom im Nerven in der Richtung vom Zentrum zur Peripherie.
Wir bezeichnen einen solchen Strom als absteigenden. Wir schalten
zunächst so viele Widerstände mit Hilfe des Rheostaten ein, daß
weder Schließen noch Öffnen des Stromes eine Wirkung haben. Das
Schließen und Öffnen nehmen wir mittels des im primären Stromkreis eingeschalteten Quecksilberschlüssels vor. Jetzt verstärken wir
den Strom ganz geringfügig, indem wir den Schlitten auf dem
Reochord etwas verschieben, bzw. einen Metallstöpsel einschalten.
Wiederum wird mit dem Quecksilberschlüssel der Strom geschlossen
und dann wieder geöffnet und genau festgestellt, ob der Muskel,
der im Muskeltelegraphen befestigt ist, einen Ausschlag zeigt. Man
muß das Öffnen und Schließen möglichst gleichmäßig vornehmen,

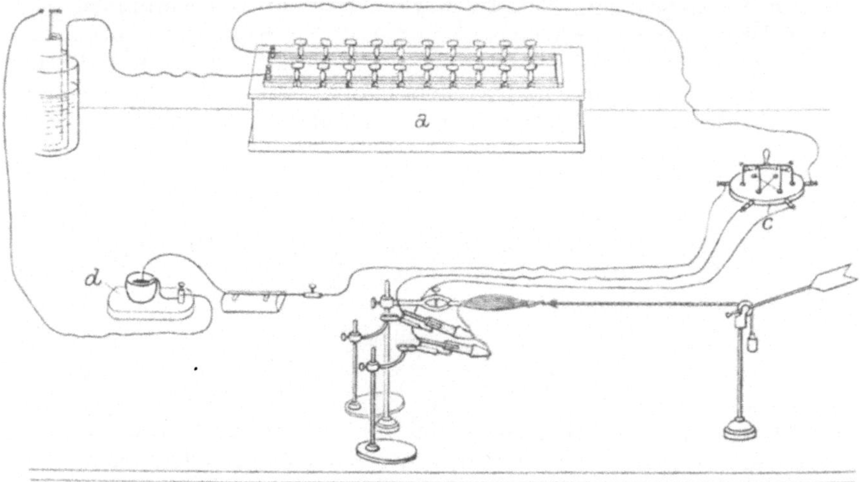

Abb. 228.

d. h. den Metallbügel des Quecksilberschlüssels schnell in das Queck-
silber eintauchen und ebenso schnell entfernen. Bei den schwächsten
Strömen, bei denen ein Erfolg gerade wahrnehmbar ist, erhalten wir
zunächst nur bei der Schließung eine Zuckung. Bei etwas stärkeren
Strömen haben wir sowohl Schließungs- als auch Öffnungszuckung.
Wird der Strom noch weiter verstärkt, dann erhalten wir eine starke
Schließungszuckung, jedoch nur eine schwache Öffnungszuckung.
Diese bleibt schließlich ganz aus.

Nun legen wir die Wippe um. Die negative Elektrode ist nun
vom Muskel entfernt, die positive (Anode) ihm benachbart. Der
Strom ist nun aufsteigend. Wir fangen wiederum mit ganz schwa-
chem Strom an und reizen mit immer stärkeren. Wir beobachten,
daß dann, wenn die gewählte Stromstärke eben gerade einen Erfolg
zeigt, nur eine Schließungszuckung vorhanden ist. Bei etwas stärkeren
Strömen erhalten wir bei Schließung und Öffnung eine Zuckung und
schließlich bei starken Strömen eine Öffnungszuckung, bei der Schlie-

ßung jedoch keine Zuckung oder höchstens eine ganz schwache (Pflügers Zuckungsgesetz). Bei dieser Gelegenheit stellen wir auch nochmals fest, daß während der Dauer der Durchströmung des Muskels keine Wirkung wahrnehmbar ist. Der Muskel verkürzt sich nicht, nur beim Entstehen und Verschwinden des Stromes, beim Schließen und Öffnen haben wir einen Erfolg, sofern der Reiz stark genug ist. (Vgl. auch S. 266 ff.)

Änderung der Erregbarkeit des Nerven, während er von einem konstanten Strome durchströmt wird.

Wir wählen ein Nervenmuskelpräparat und spannen den Muskel in gewohnter Weise im Muskeltelegraphen ein. Durch den Nerven senden wir zunächst einen konstanten Strom. Wir leiten ihn nach einer mit Metallkreuz versehenen Wippe. Als Nebenleitung ist ein Rheochord eingeschaltet. Zum Öffnen und Schließen des Stromes wird ein Quecksilberschlüssel benutzt. Von der Wippe aus gehen die Leitungsdrähte zu unpolarisierbaren Elektroden (vgl. S. 293), auf denen der Nerv liegt. Wir legen sie etwa in der Mitte des Nerves an. (Abb. 229 zeigt die Versuchsanordnung schematisch.)

Zwei unpolarisierbare Elektroden bringen wir ferner an der Strecke des Nerven zwischen den genannten Elektroden und dem Muskel an und zwei weitere endlich am zentralen Ende des Nerven. Diese

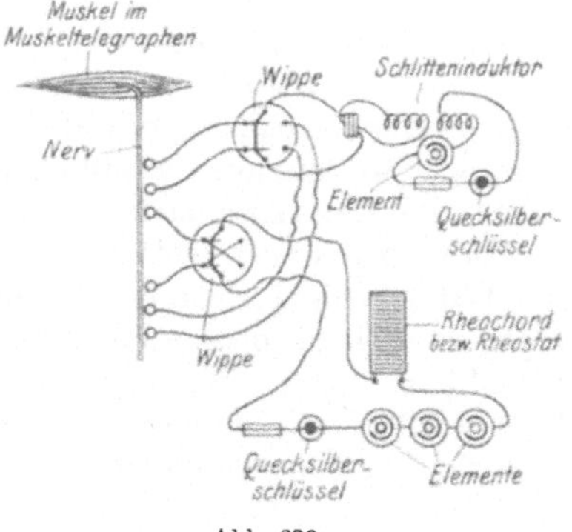

Abb. 229.

Elektroden dienen zur Zuleitung des Reizstromes. Diesen nehmen wir von der sekundären Spule des Schlitteninduktoriums ab. Durch eine Nebenschließung (Absperrschlüssel) können wir den Strom bald zum Nerven senden, bald ihn unterbrechen. Im primären Stromkreis schließen und öffnen wir mit Hilfe eines Quecksilberschlüssels. Von der Wippe (ohne Kreuz!) aus führen Leitungsdrähte einerseits zu den distal, andererseits zu den dem Muskel benachbart angelegten Elektroden. Durch Umstellung des Bügels der Wippe können wir bald das proximale, bald das distale Ende des Nerven reizen.

Wir wählen jetzt einen bestimmten Rollenabstand und stellen zunächst fest, wann wir sowohl Schließungs- als auch Öffnungszuckung erhalten. Diese Stromstärke benützen wir nun zu den folgenden Versuchen. Der konstante Strom bleibt zunächst offen. Wir reizen mit der genannten Stromstärke am distalen und dann am proximalen Nervenende und stellen fest, ob bei Öffnung und Schließung des Stromes Zuckung auftritt. Nun schließen wir den konstanten Strom und reizen, während dieser den Nerven durchfließt, wiederum abwechselnd an beiden Enden des Nerven und beobachten, ob bei der Schließung und Öffnung der Muskel zuckt. Dann unterbrechen wir den konstanten Strom und prüfen, ob nun der Reizstrom dieselbe Wirkung hat wie vor und während der Durchleitung des konstanten Stromes. Man gibt nun dem konstanten Strom durch entsprechende Umlegung der Wippe eine bestimmte Richtung, so daß z. B. die negative Elektrode dem Muskel zunächst liegt. Wir erhalten so den absteigenden Strom[1]). Jetzt verbindet man den Reizstrom mit den beiden Elektroden, die dem Muskel benachbart sind. Der konstante Strom ist noch offen. Man wählt nun eine Stellung der sekundären zur primären Spule, bei der eben keine Zuckung mehr zustande kommt. Nun wird der konstante Strom geschlossen und derselbe Reiz wieder ausgeübt. Man erhält nun eine Zuckung. Daraus dürfen wir schließen, daß die Erregbarkeit des Nerven erhöht ist. Wird der konstante Strom geöffnet und dann wieder gereizt, so erhält man, wie es vor der Durchleitung der Fall war, keine Zuckung. Es sei darauf aufmerksam gemacht, daß wir selbstverständlich beim Schließen und Öffnen des konstanten Stromes Muskelzuckung erhalten. Wir beachten diese hier nicht weiter, denn wir wollen ausschließlich prüfen, welchen Einfluß der konstante Strom auf die Erregbarkeit des Nerven hat.

Nun wird der konstante Strom in seiner Richtung durch Umlegen der Wippe geändert und zu einem aufsteigenden gemacht. Der negative Pol ist nun vom Muskel abliegend und der positive ihm benachbart. Bei diesem Versuche wählen wir vor der Schließung des konstanten Stromes eine Reizstärke, die gerade noch eine Zuckung ergibt. Dann wird der konstante Strom geschlossen und wiederum bei derselben Reizstärke gereizt. Wir erhalten keine Zuckung. Die Erregbarkeit des Nerven ist herabgesetzt. Nach dem Öffnen des Stromes erhalten wir wiederum die gleiche Zuckung, wie vorher.

Jetzt reizen wir von den beiden oberen Elektroden aus, indem wir die Wippe umlegen. Wir prüfen zunächst bei absteigendem konstantem Strom und beobachten, daß während der Durchleitung des konstanten Stromes die Erregbarkeit herabgesetzt ist. Wird der konstante Strom aufsteigend gemacht, dann erhalten wir eine erhöhte Erregbarkeit.

Die eben angeführten Versuche geben uns einen Einblick in die Veränderung der Erregbarkeit während des Durchfließens eines konstanten Stromes durch den Nerven. Wir sprechen von einem Elektrotonus, und zwar bezeichnen wir den an und in der Umgebung der Kathode befindlichen Elektrotonus als Katelektrotonus und den an und in der Umgebung der Anode be-

---

[1]) Anstatt von ab- und aufsteigenden Strömen zu sprechen, ist es im allgemeinen empfehlenswerter, einfach zu sagen, ob die Anode oder Kathode dem Muskel benachbart ist.

findlichen als Anelektrotonus. Unsere Befunde ergeben, daß Erregbarkeit und Leitungsfähigkeit im Katelektrotonus erhöht, im Anelektrotonus dagegen herabgesetzt sind. Das Entstehen des Katelektrotonus und das Verschwinden des Anelektrotonus wirken reizend. Bei gleicher Stromstärke hat der Katelektrotonus eine stärkere Reizwirkung, als das Verschwinden des Anelektrotonus. Nach der Öffnung des konstanten Stromes ist die Erregbarkeit und Leitungsfähigkeit an der Kathode herabgesetzt, dagegen an der Anode erhöht. Wir können auf Grund dieses Befundes das früher schon durch einen Versuch (vgl. S. 286 ff.) dargestellte sog. Pflügersche Zuckungsgesetz in eine bestimmte Fassung bringen. Bei schwachen Strömen hat nur der stärkere Reiz eine Wirkung. Es wirkt das Entstehen des Katelektrotonus erregend, dagegen ist das Verschwinden des Anelektrotonus ein zu geringer Reiz, um einen Erfolg herbeizuführen. Aus diesem Grunde erhalten wir nur Schließungszuckung. Nur der Schließungsreiz hat Schwellenwert. Bei Verstärkung des Stromes dagegen haben wir sowohl Schließungs- als Öffnungszuckung, weil in diesem Falle Entstehen des Katelektrotonus und Verschwinden des Anelektrotonus von Erfolg begleitet sind, d. h. es ist in jedem Falle der Schwellenwert erreicht bzw. überschritten. Bei noch weiterer Verstärkung des absteigenden Stromes kommen wir zu einem Punkte, bei dem das Auftreten des Katelektrotonus stark erregend wirkt. Der Reiz kann von der Kathode ungehindert zum Muskel gelangen. Aus diesem Grunde haben wir eine Schließungszuckung. Das Verschwinden des Anelektrotonus wirkt an der Anode erregend. Wir erhalten jedoch keine Öffnungszuckung, weil der Reiz, um zum Muskel zu gelangen, durch die Stelle der herabgesetzten Leitungsfähigkeit an der Kathode hindurchgehen muß. Diese Stelle ist blockiert, weil die verminderte bis vollkommen aufgehobene Leitungsfähigkeit keinen Reiz durchläßt, der noch Schwellenwert besitzt. Bei Zunahme der Stärke des aufsteigenden Stromes wirkt das Entstehen des Katelektrotonus an der Kathode stark erregend. Trotzdem erhalten wir keine Muskelzuckung, weil der Reiz eine Strecke herabgesetzter Leitungsfähigkeit an der Anode durchlaufen muß, um zum Muskel zu gelangen. Die Verminderung der Leitungsfähigkeit ist so groß, daß der Reiz entweder stark abgeschwächt und unter den Schwellenwert gebracht wird, oder aber gar nicht hindurchkommt. Wenn der Anelektrotonus verschwindet, dann haben wir Erregung an der Anode. Diese ist beim aufsteigenden Strome dem Muskel benachbart. Infolgedessen erhalten wir eine Öffnungszuckung.

Der Ausfall der eben erwähnten Versuche wird leicht verständlich, wenn wir uns daran erinnern, daß der Katelektrotonus in seiner Wirkung, sei es nun in bezug auf die Reizstärke oder auf die Veränderung der Leitungsfähigkeit, den Anelektrotonus übertrifft. Aus diesem Grunde erhalten wir, wenn wir mit unterschwelligen Reizen beginnen und dann diese allmählich verstärken, zum erstenmal beim Schließen des Stromes eine Zuckung. Der Katelektrotonus erreicht

die Schwelle zuerst. Wird der Reiz, d. h. der Strom, weiter verstärkt,
dann erreicht auch der Anelektrotonus Schwellenwert. Unterdessen
hat bei gleicher Stromstärke der Schließungsreiz einen überschwelligen
Wert erlangt. Wir erhalten eine schon recht starke Schließungszuckung und eine eben wahrnehmbare Öffnungszuckung. Verstärken
wir den Strom, dann erhalten wir nunmehr Schließungs- und Öffnungs-
zuckungen. Ihre Stärke nimmt mit der Stärke des Reizes zu. Wir
bemerken jedoch bald den Einfluß jener Strecken herabgesetzter
Leistungsfähigkeit, die dem Muskel benachbart sind, bis schließlich
eine völlige Ausschaltung des Reizes erfolgt, d. h. er gelangt nicht
mehr mit Schwellenwert zum Muskel.

Nachweis elektromotorischer Eigenschaften in Muskel und Nerv.

Die folgenden Versuche beschäftigen sich mit der Fragestellung,
ob wir im unverletzten ruhenden, verletzten ruhenden und im tätigen
Muskel und Nerven elektrische Ströme nachweisen können. Die Versuchsanordnung muß eine ganz andere als bei den vorhergehenden
Versuchen sein. Wir benutzen das tierische Gewebe als Stromquelle und leiten von ihm den
elektrischen Strom zu einem sehr empfindlichen
Apparat ab, der uns vorhandene Ströme nach-
weist. Abb. 230 gibt uns in Form eines Schemas
einen Einblick in die Versuchsanordnung. Vom
Muskel verlaufen zwei Leitungsdrähte zum Galvanometer. Um den Strom beliebig schließen und
unterbrechen können, ist ein Quecksilberschlüssel
in den einen Leitungsdraht eingeschaltet.

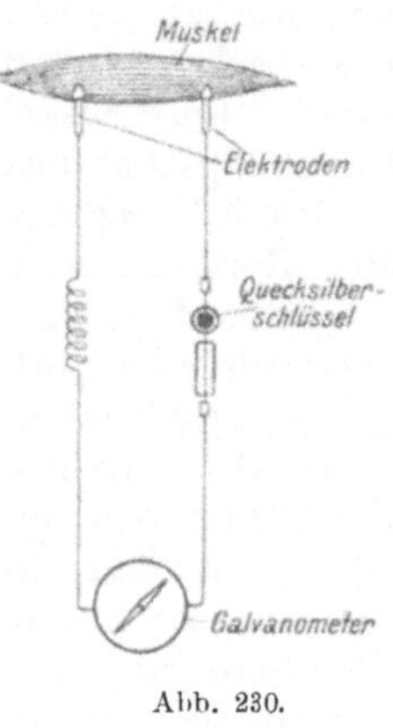

Abb. 230.

Versuch 1. Wir bereiten uns zwei Nerven-
muskelpräparate. Das eine davon A befestigen
wir in der gewohnten Weise in einem Muskeltelegraphen. Den Nerven legen wir auf Reizelektroden. Überzeugender wird der Versuch, wenn
wir den Reiz mit Hilfe eines sog. Tetano-
motors ausüben, d. h. einen mechanischen Reiz anwenden. Er ist
nach Art des Wagnerschen Hammers gebaut und trägt an der
Feder, an der der Anker befestigt ist, ein Elfenbeinhämmerchen.
Ihm gegenüber befindet sich ein Ambos aus Elfenbein, auf den der
Nerv gelegt wird. Wird der Wagnersche Hammer in Funktion gesetzt,
dann wird der Nerv rasch hintereinander mechanisch gereizt.

Das zweite Nervenmuskelpräparat B wird in der Klammer des
Stativs eines zweiten Muskeltelegraphen befestigt. Wir haben bei
dieser Versuchsanordnung zwei nebeneinander geschaltete Muskeltelegraphen (Abb. 231). Nun legen wir den Nerven des Nervenmuskelpräparates B auf den Muskel A. Jetzt tetanisieren wir den

Muskel A, indem wir mit faradischen Strömen reizen. Wir beobachten, daß der Muskel B ebenfalls in Tetanus gerät (sekundärer Tetanus).

Versuch 2. Wir lassen den Nerven eines Nervenmuskelpräparates oder ganz einfach den frei präparierten und mit dem Schenkel in Zusammenhang stehenden N. ischiadiacus (vgl. Abb. 232a und b) auf

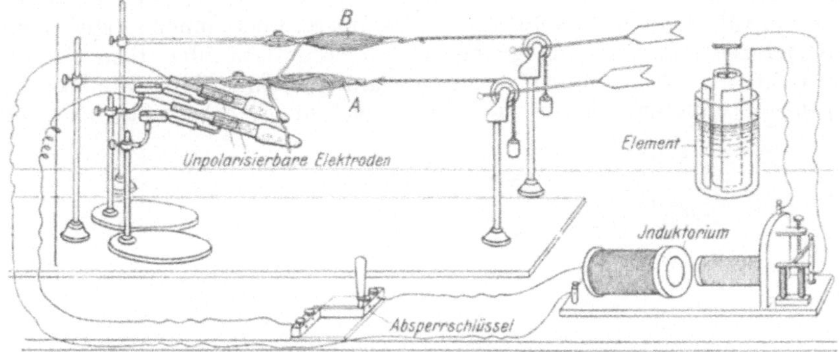

Abb. 231. Versuchsanordnung zur Demonstration des sekundären Tetanus.

einen quer durchgeschnittenen Muskel so auffallen, daß der eine Teil des Nerven auf den Querschnitt, der andere auf die Längsseite des Muskels auffällt. Wir erhalten im Augenblick des Auffallens eine Zuckung des Nervenmuskelpräparates. Läßt man dagegen den Nerven

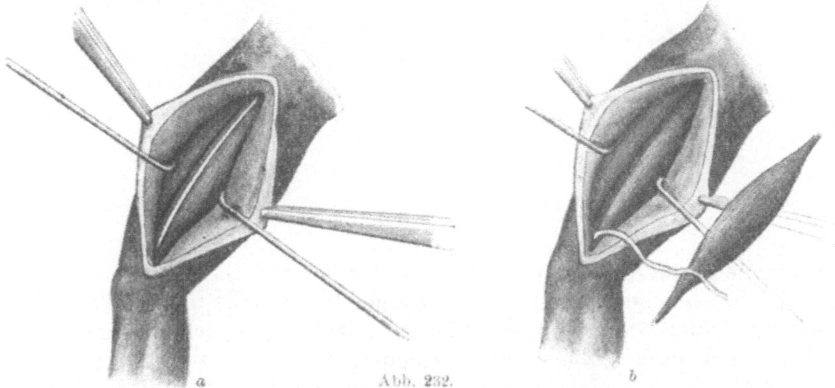

auf einen gänzlich unverletzten Muskel auffallen, dann erhält man keine Zuckung (Abb. 232b). Der ruhende, unverletzte Muskel ist im allgemeinen stromlos.

Man kann den Versuch auch so ausführen, daß man den N. ischiadicus frei präpariert und dann gleichzeitig auf unverletzte und verletzte Muskelteile des gleichen Schenkels, an dem der Nerv sich befindet, auffallen läßt.

19*

Versuch 3. Zum Nachweis der in Nerven und Muskeln auftretenden Ströme brauchen wir besonders empfindliche Apparate. Wir benutzen dazu einen sog. Multiplikator (Abb. 233). Er besteht aus einem astatischen Nadelpaar, um das der Strom in zahlreicher Windungen in feinem, umsponnenem Draht herumgeführt wird. Beim Drehmagnetgalvanometer hängt die Magnetnadel an einem langen feinen Kokonfaden. Die untere Nadel befindet sich innerhalb der erwähnten Drahtwindungen, die obere über ihnen. Die obere Nadel zeigt ihre Ausschläge auf einem Zifferblatt, über dem sie sich bewegt, an. Wir können an der vorhandenen Einteilung ihre Stellung jederzeit ablesen. Zur bequemeren Verfolgung der Ausschläge ist mit

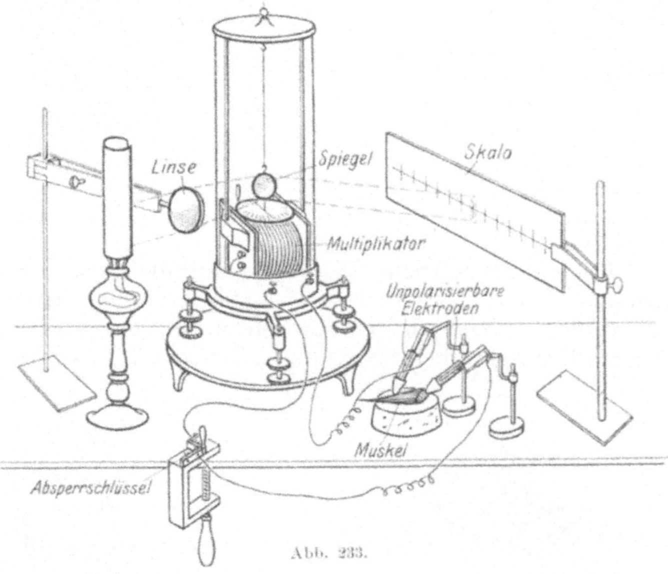

Versuchsanordnung zum Nachweis elektromotorischer Eigenschaften im Muskel resp. Nerv.

der Magnetnadel ein kleiner vertikal stehender Spiegel fest verbunden. Auf das Spiegelchen lassen wir Licht einer Lichtquelle unter Zwischenschaltung einer Sammellinse auffallen. Dem Spiegelchen gegenüber befindet sich eine Skala. Jede Bewegung der Nadel zeichnet sich in stark vergrößertem Maßstabe an der Skala durch die vom Spiegelchen zurückgeworfenen Lichtstrahlen ab. Beim Beginn des Versuches stellen wir die Nadel auf den Nullpunkt ein. Empfindlicher und vor allem vor herumirrenden elektrischen Strömen von Straßenbahnleitungen usw. gesichert ist das Drehspulengalvanometer. Bei ihm steht das Nadelpaar fest, und die Spule ist beweglich. Sie trägt in diesem Falle das Spiegelchen.

Zum Abnehmen des Stromes von dem tierischen Gewebe benutzen wir unpolarisierbare Elektroden. Sie sind in folgender Weise zusammengesetzt. Mit dem Zuleitungsdraht ist ein amalgamierter Zinkstab c (Abb. 234) verbunden. Dieser ragt in ein Glasröhrchen b, dessen untere Öffnung mit einem Pfropfen von Ton a verschlossen ist. Der Ton ist mit isotonischer Kochsalzlösung getränkt. Das Röhrchen selbst ist im übrigen mit Zinksulfatlösung gefüllt. Der Tonpfropfen wird (vgl. Abb. 234) zu einer Spitze ausgezogen. Auf diese wird der Nerv bzw. Muskel aufgelegt. Von den Elektroden führen zwei Drahtleitungen zu dem Multiplikator. Zur bequemen Öffnung und Schließung des Stromes ist ein Absperrschlüssel eingeschaltet. Man muß sich bei der Ausführung des Versuches zunächst davon überzeugen, ob nicht außer dem zu untersuchenden Gewebe irgendeine Quelle elektromotorischer Kraft vorhanden ist. Wir legen z. B. die unpolarisierbaren Elektroden auf ein Stück Fließpapier, das mit $0{,}6\,^0/_0$iger Kochsalzlösung getränkt ist, schließen dann den Stromkreis und beobachten, ob die Nadel irgendeine Bewegung zeigt. Nur

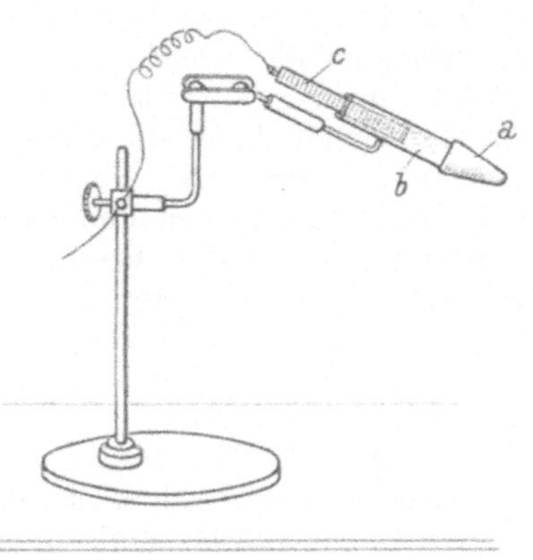

Abb. 234.

wenn sie vollständig in Ruhe bleibt, können wir zur Ausführung des eigentlichen Versuches schreiten. Man verbindet nunmehr die Elektroden mit dem Muskel oder mit dem Nerven und beobachtet das Verhalten der Nadel.

Wir präparieren einen M. gastrocnemius mit besonderer Sorgfalt. Wir müssen hierbei erstens einmal alle Instrumente, die wir zum Durchschneiden und Entfernen der Haut gebraucht haben, entweder durch neue ersetzen oder aber sehr sorgfältig abwaschen. Ferner reinigen wir unsere Hände gründlich. Es wird auf diese Weise vermieden, daß Hautsekret auf die zu untersuchenden Organe gelangt. (Vgl. auch S. 257.) Bei der Präparation des Muskels vermeiden wir ferner jede Zerrung und jede Verletzung. Die ganze Faszie des Muskels muß erhalten bleiben. Wenn wir auf einen derartig präparierten Muskel die ableitenden Elektroden auflegen, dann erhalten wir beim Schließen des Stromkreises mit dem Absperrschlüssel im allgemeinen keine Spur einer Abweichung der Nadel. Tritt eine solche ein, dann liegt das zumeist daran, daß der Muskel verletzt worden ist. Die geringste Verletzung genügt schon, um einen Strom hervorzubringen.

Versuch 4. Ein sorgfältig präparierter M. gastrocnemius wird an beiden Enden abgeschnitten, so daß wir zwei Querschnitte haben. Nun legen wir die eine Elektrode auf die Mitte des einen Querschnittes und die andere Elektrode auf die Mitte der unverletzten Längsseite (Längsschnitt) des Muskels. Wir beobachten, daß nach

Schließung des Stromkreises die Nadel einen starken Ausschlag zeigt. Bei einem weiteren Versuche legen wir beide Elektroden auf die Längsseite des Muskels, und zwar in symmetrischer Anordnung zur Mitte des Längsschnittes. Wir erhalten keinen Strom. Das gleiche Resultat ergibt sich, wenn wir die beiden Elektroden auf dem Querschnitt symmetrisch zu seiner Mitte anlegen. Wählen wir asymmetrische Anordnungen, dann zeigt die Nadel Strom an.

Wir beachten bei diesen Versuchen nicht nur den Ausschlag der Magnetnadel als solchen, sondern auch die Richtung, nach der dieser erfolgt, d. h. wir stellen die Stromrichtung fest. Wir müssen, um ein Urteil über diese zu gewinnen, den Multiplikator vorher „eichen", indem wir ihn mit einem Element verbinden, dessen Pole wir kennen. Um den Strom abzuschwächen, schalten wir einen Rheostaten ein. Wir bestimmen dann die Richtung, nach welcher die Nadel bei einer ganz bestimmten Stromrichtung ausschlägt. Vergleichen wir nunmehr die bei Verwendung des Muskels erhaltenen Resultate, dann ergibt sich, daß der Querschnitt sich negativ zum Längsschnitt verhält.

Versuch 5. Wir führen den gleichen Versuch mit dem Nervus ischiadicus aus. Wir isolieren ein Stück davon und schneiden es an beiden Enden durch und erzeugen so Querschnitte. Wir erhalten genau das gleiche Resultat, wie vorher beim Muskel. Am besten legt man die Mitte des Längsschnittes auf die eine Elektrode und läßt die beiden Querschnitte auf der anderen Elektrode aufsitzen.

Nachweis der negativen Schwankung. Aktionsstrom.

Versuch 1. Wir wählen ein Nervenmuskelpräparat und erzeugen am Muskel einen künstlichen Querschnitt. Dann legen wir zwei unpolarisierbare Elektroden an. Die eine Elektrode bringen wir mit dem Querschnitt und die andere mit irgendeiner Stelle des Längsschnittes in Berührung. Die Elektroden befestigen wir mit durch isotonische Kochsalzlösung befeuchteten Baumwollfäden, um zu vermeiden, daß sie bei der Zusammenziehung des Muskels sich verschieben. Wir bestimmen nun mit Hilfe des Multiplikators in der schon vorher erwähnten Weise den Muskelstrom des ruhenden Muskels. Nunmehr tetanisieren wir den Muskel mit Hilfe von Induktionsströmen und beobachten, daß die abgelenkte Magnetnadel zurückgeht und sich dem Nullpunkt nähert.

Versuch 2. An Stelle des Multiplikators kann man auch ein sog. Kapillarelektrometer verwenden. Bei dem von Lippman konstruierten Kapillarelektrometer wird ein in einer Glaskapillare eingeschlossener Quecksilberfaden, der mit einer leitenden Flüssigkeit in Berührung steht, durch den galvanischen Strom verschoben (vgl. Abb. 235). Durch die an der Grenzfläche stattfindende Polarisation wird die Kapillaritätskonstante des Quecksilbers verändert. Die Verschiebung des Quecksilberfadens beobachtet man mit Hilfe eines Mikroskops und bestimmt auch die Richtung, in der die Verschiebung stattfindet. Wir benutzen zu dem Versuch einen Muskel, an dem wir einen künstlichen Querschnitt angelegt haben und legen auf diesen und auf die Längsseite je eine unpolarisierbare Elektrode. Von der einen Elektrode führt der Leitungsdraht zu einem in einem Glasrohr eingeschmolzenen Platindraht. In diesem Gefäß befindet sich Quecksilber und darüber verdünnte Schwefelsäure. Der zweite Leitungsdraht steht mit dem in der Kapillare befindlichen Quecksilber in Verbindung (Abb. 235).

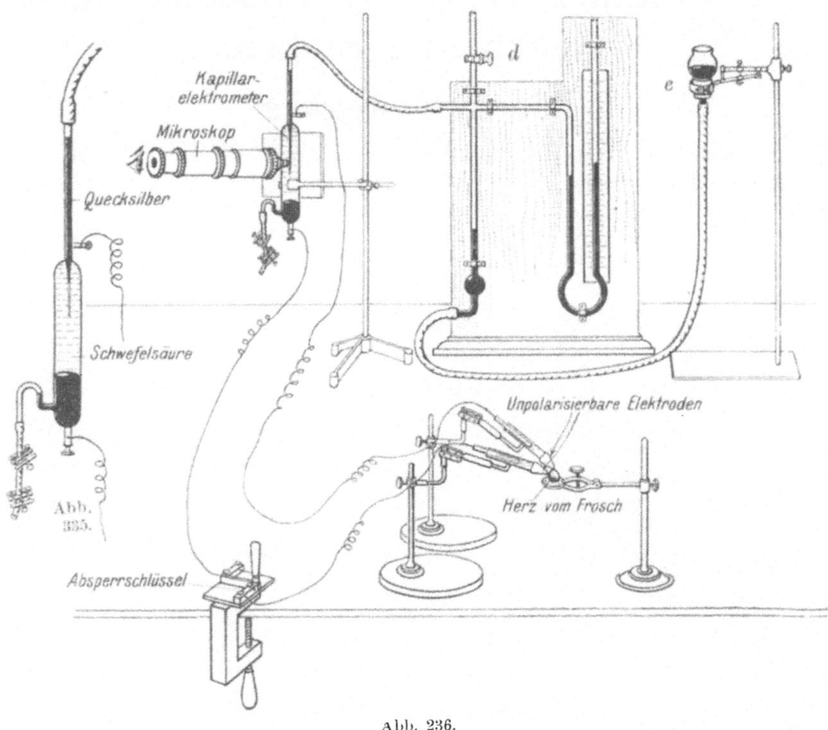

Abb. 236.

Versuch 3. Nachweis des Aktionsstroms des schlagenden Herzens. Eine unpolarisierbare Elektrode wird auf die Herzbasis, die andere auf die Herzspitze gelegt (vgl. Abb. 236). Die Leitungsdrähte stehen in Verbindung mit dem Kapillarelektrometer. Durch einen Absperrschlüssel wird der Stromkreis geschlossen. Wir beobachten den Stand des Quecksilberfadens in der Kapillare mit Hilfe eines Mikroskopes, das mit einem Okularmikrometer versehen ist. Um das Quecksilber in die Kapillare hineinzutreiben und auf einer bestimmten Stelle unter gleichem Druck zu halten, ist das Quecksilbergefäß des Kapillarelektrometers mit dem Apparat d verbunden. Durch Heben und Senken der Kugel e bewirken wir, daß mehr oder weniger Druck auf der Quecksilbersäule in der Kapillare lastet. (Vgl. auch S. 243). — Hinweis auf das Elektrokardiogramm und Demonstration eines Saitengalvanometers. Bei diesem schicken wir den Strom durch einen feinen versilberten Quarzfaden, der zwischen den Polen eines starken Magneten beweglich ausgespannt ist. Je nach der Richtung des ihn durchfließenden Stromes wird er nach dem einen oder anderen Pol verschoben.

7. Flimmerbewegung. Muskelkraft. Gehen und Stehen.

Flimmerbewegung.

Versuch 1. Wir durchschneiden bei einem Frosche die Wirbelsäule an der Grenze zwischen dieser und dem Kopf und zerstören das Gehirn sowie das Rückenmark mit einer in die Schädelhöhle bzw. den Wirbelkanal eingeführten Stricknadel. Jetzt wird der

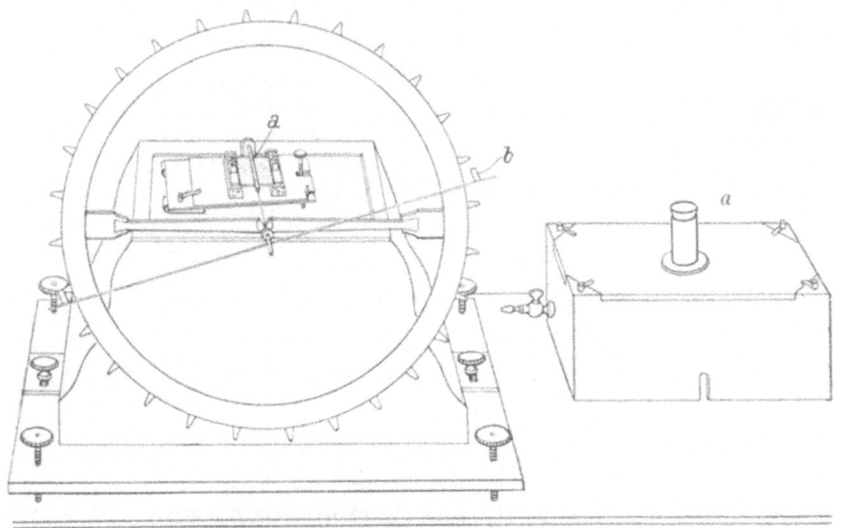

Abb. 237.

ganze Unterkiefer abgetragen und der Frosch auf den Rücken gelegt. Es liegen nun das Dach der Mundhöhle und der Schlund ganz frei. Wir bringen etwas in einem Tropfen 0,6 prozentiger Kochsalzlösung suspendierte Tierkohle auf die Schleimhaut des Daches der Mundhöhle. Wir sehen bald, wie ein schwarzer Streifen allmählich nach dem Schlund hin vorrückt. Ein Stückchen dieser Schleimhaut bringen wir auf einen Objektträger, feuchten mit isotonischer Kochsalzlösung an und legen ein Deckglas auf. Wir können unter dem Mikroskop sehen, wie die Flimmerhärchen sich in ganz bestimmter

Richtung bewegen. Bringen wir den Objektträger auf Eis, dann bemerken wir eine starke Verlangsamung der Flimmerbewegung. Erwärmen wir dagegen vorsichtig, dann nimmt die Bewegung zu. Ein Stückchen der Schleimhaut bringe man mit der Epithelseite nach unten auf eine mit gewöhnlichem Wasser benetzte Glasplatte. Wir beobachten, wie das Schleimhautstück meist in Bogenlinien umherkriecht. Durch leichtes Anwärmen der Glasplatte beschleunigen wir die Wanderung.

Versuch 2. Versuch mit der Engelmannschen Flimmermühle. Wir spannen ein Stückchen der Rachenschleimhaut vom Frosche (vgl. oben) unter der Walze a (Abb. 237) so aus, daß die Flimmerspithelien nach oben liegen. Die Hartgummiwalze a beginnt sich sofort zu drehen. Die Bewegung wird durch den langen Zeiger b angezeigt. Um das Austrocknen der Schleimhaut zu vermeiden und unter bestimmten Bedingungen arbeiten zu können, z. B. bei bestimmter Temperatur oder unter Einwirkung eines bestimmten Gases, bedecken wir das Präparat mit dem Deckel A und bilden so eine abgeschlossene Kammer.

Messung der Muskelkraft mit Mossos Ergograph.

Das Prinzip der Methode ist das folgende. Es wird ein Gewicht an einer Schnur so lange emporgezogen, als es möglich ist. Um dabei nur bestimmte Muskelgruppen in Tätigkeit treten zu lassen, sind besondere Apparate, Ergographen genannt, hergestellt worden. Bei dem von Du Bois-Reymond jr. abgeänderten Mosso'schen Ergo-

Abb. 238

graphen umfaßt die Hand einen Holzzylinder b. Auf diese Weise wird sie unbeweglich gemacht. Außerdem wird der Arm zwischen den Metallstützen a festgelegt. Es werden dadurch seitliche Bewegungen im Handgelenk ausgeschlossen. (Vgl. Abb. 238.) Das an einer Darmsaite hängende Gewicht e wird nun durch den freibeweglichen Zeigefinger mittels einer an der ersten oder zweiten Phalange angelegten Lederschlinge c über eine Rolle gezogen. Jeder einzelne Zug wird durch eine einfache Schreibvorrichtung aufgeschrieben. Der Schlitten, der den Papierstreifen trägt, wird mittels Zahn- und Federvorrichtung bei jedem Zug automatisch vorwärtsgeschoben. Der Papierstreifen ist mit einer Teilung in Millimeter versehen. Sie gestattet eine rasche Messung der vom Bleistift d aufgezeichneten Ordinaten. Wir wählen ein Gewicht von 5 kg und heben es in einem bestimmten Rhythmus von z. B. 2 Sekunden so lange, bis die Muskelkraft vollständig erschöpft ist. Wir erhalten auf diese Weise zugleich eine Ermüdungskurve.

Funktion des Fußgewölbes.

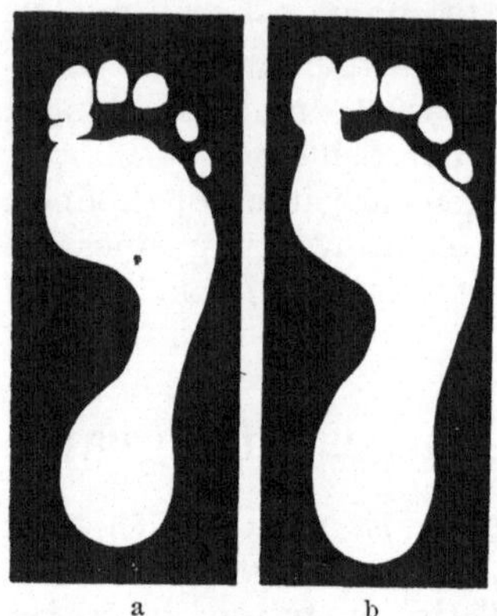

a   b

Abb. 239.   Fußabdruck ohne und mit Belastung.

Die Versuchsperson stellt sich mit nackten Füßen auf ein berußtes Blatt Papier. Wir erhalten ein deutliches Bild derjenigen Stellen des Fußes, die beim unbelasteten Körper den Boden berühren (Abb. 239a). Nun wiederholen wir den gleichen Versuch bei starker Belastung. Der Fuß berührt nunmehr eine viel größere Fläche des Bodens. (Vgl. Abb. 239b.)

Bei dieser Gelegenheit wird das Gehen und Stehen, vor allem das Abwickeln des Fußes betrachtet und die Bedeutung der Unterstützungsfläche für das sichere Stehen festgestellt.

8. Untersuchungen an Sinnesorganen.

1. Sinnesorgane der Haut.

Aufsuchung der Druck-, Schmerz- und Temperaturpunkte.

Wir benutzen eine sog. Reizborste nach v. Frey (Abb. 240). Am Ende eines Holzstäbchens befindet sich ein senkrecht dazu angeklebtes Pferdehaar. Dieses wird mit dem freien Ende senkrecht auf die Haut aufgesetzt. Am besten verwendet man verschieden dicke Haare. Wir untersuchen verschiedene Stellen der Haut, z. B.

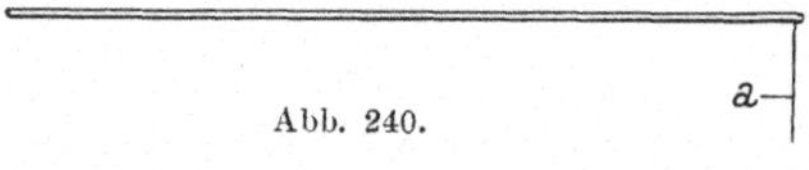

Abb. 240.

den Handrücken, die Haut des Armes, die Haut des Gesichtes usw. Wir beobachten, daß an vielen Stellen der Haut beim Aufsetzen der Reizborste nur Druck empfunden wird. Diese Stellen sprechen wir als Druckpunkte an, vgl. Abb. 241,4 a. Sie liegen an den behaarten Teilen der Haut in der Nähe der Austrittsstellen der Haare. Abb. 241,2 zeigt die Austrittsstellen der Haare auf einer bestimmten Hautfläche. In ihrer Nachbarschaft lassen sich Druckpunkte feststellen. Häufig empfindet man namentlich bei etwas stärkerer Berührung mit dem Tasthaar nicht Druck sondern Schmerz. Es sind dies die Schmerzpunkte. Bei guter Beobachtung kann man auch Punkte herausfinden, die bei der Berührung mit der Borste eine Temperaturempfindung (Kälte- und Wärmepunkte $K \cdot P$ und $W \cdot P$ in Abb. 241, 1 und 3) geben. Bei dieser Untersuchung kann man sehr leicht feststellen, daß bei einiger Übung mehr Druckpunkte auf derselben Stelle der Haut angegeben werden, als beim Beginn des Versuches. Ferner kann man zeigen, daß bei Ermüdung wieder weniger Druckpunkte festgestellt werden können. Man kann so den großen Einfluß der Aufmerksamkeit der Versuchsperson auf das Versuchsergebnis feststellen.

Am besten grenzt man mit einem Fettstift auf der Haut eine bestimmte Fläche ab und untersucht diese möglichst genau und zählt die Druckpunkte. Sie werden bei vergleichenden Versuchen am besten mit Hilfe von konzentrierter Salpetersäure gekennzeichnet. Man erhält da, wo ein feines Stäbchen, das mit konzentrierter Salpetersäure getränkt ist, die Haut berührt, das Auftreten der Xanthoproteinreaktion (gelbe Punkte). Man darf selbstverständlich nicht zu viel Salpetersäure auftragen und das Stäbchen nicht fest an die Haut andrücken, weil man sonst Verätzungen erhält. Man kann auch einen feinen Argentumnitricum-Stift benutzen. Hat man alle Druckpunkte (Abb. 241,4 a) bestimmt und etwaige Schmerz- und Temperaturpunkte (Abb. 241,4 b, c) ebenfalls aufgesucht, dann wiederholt man die ganze Untersuchung und entdeckt nunmehr sehr häufig mehr Druck-, Schmerz- und Temperaturpunkte als vorher.

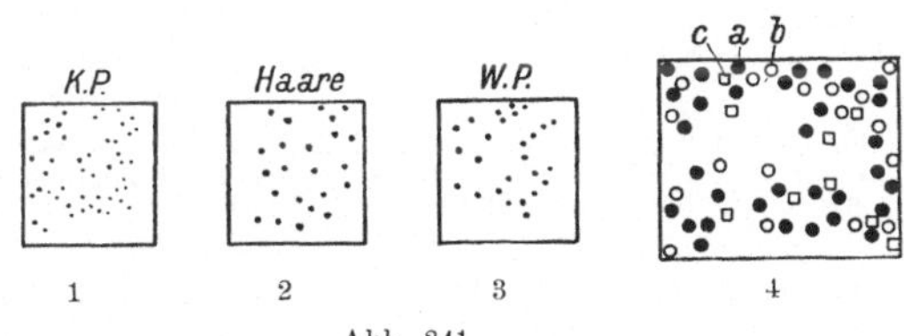

Abb. 241.

Die Schmerzpunkte sucht man besser mit einer ganz feinen Nadel auf. Man beobachtet beim Einstechen der Nadel, daß manchmal Schmerz empfunden wird, manchmal hat man ausschließlich die Empfindung von Druck, in andern Fällen direkt Kälte- oder Wärmeempfindung. Die Kältepunkte (Abb. 241,1) und die Wärmepunkte (Abb. 241,3) kann man mit Hilfe von stumpfen abgekühlten bzw. erwärmten Nadeln aufsuchen.

Versuche über den Temperatursinn.

Mit Temperatoren (Abb. 242) von verschiedener Grundfläche, die von warmem bzw. kaltem Wasser durchflossen werden, wird festgestellt:

1. die Breite der Indifferenzzone[1]).

---

[1]) Nach E. Gertz: Z. für Sinnesphysiologie **52**. 1. (1921).

2. der Übergang von lauwarm zu warm zu heiß (Reizung der Schmerzpunkte) und ebenso von kühl zu kalt zu schneidend kalt.

3. die zeitliche Dauer der Empfindung bei verschiedenen Reiztemperaturen, wenn a) die Ausbreitung der Erregung durch einen um den Temperator gelegenen Ring von indifferenter Temperatur verhindert wird, b) ohne diesen Ring.

4. Es werden an homologen Hautbezirken Temperatoren von verschiedener Grundfläche und gleicher Wassertemperatur aufgelegt. Auf diese Weise wird der Einfluß der Reizfläche auf die Temperaturempfindung untersucht.

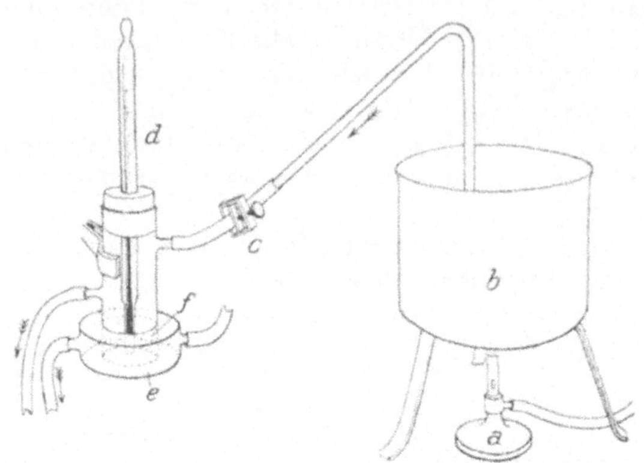

Abb. 242. *a* Bunsenbrenner. *b* Topf mit Wasser. *c* Klemmschraube zur Regulierung des Wasserzuflusses. *d* Thermometer. *e* Ringgefäß für indifferente Temperatur. *f* Grundfläche für Reizung.

Es besteht die weitere Aufgabe, subjektiv gleiche Temperaturempfindungen herzustellen.

5. Durch sehr allmähliches Zutropfen warmen Wassers in einen Temperator (Abb. 243), der warmes Wasser enthält, wird gezeigt, daß, wenn die Temperaturänderung mehr als $0,3^0$ pro Minute beträgt, die Temperaturempfindung fast beliebig lange erhalten bleibt. Umgekehrt läßt sich dartun, daß, wenn der Versuch mit indifferenter Temperatur begonnen wird, differente Temperaturen keine Kalt- bzw. Warmempfindung auslösen, sofern die Änderung der Temperatur langsam genug (weniger als $0,3^0$ pro Minute) vorgenommen wird (Adaptation).

6. Durch Adaptierung der Haut an möglichst hohe und tiefe Temperaturen ist die Grenze der Adaptation festzustellen, und letztere noch durch weitere Versuche zu erhärten, in denen nach Adaptation die höchsten

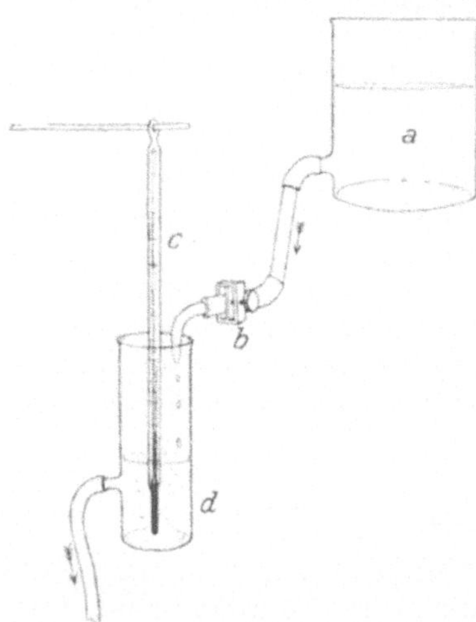

Abb. 243. *a* Gefäß mit Wasser. *b* Klemmschraube. *c* Thermometer. *d* Temperator.

Temperaturen, bei denen noch „Kalt"-, und die niedrigsten, bei denen noch „Warm"empfindung auftritt, aufgesucht werden.

Untersuchung des Lokalisationsvermögens. Raum- oder Ortssinn.

Wir benutzen dazu einen sog. Weberschen Tasterzirkel, auch Ästhesiometer genannt. Es ist dies ein Stangenzirkel mit einer feststehenden und einer verschiebbaren Elfenbeinspitze. Auf der Stange ist ein in Millimeter eingeteilter Maßstab angebracht. (Vgl. Abb. 244). Die Versuchsperson schließt die Augen. Wir setzen die Elfenbeinspitzen des Zirkels genau gleichzeitig auf die Haut auf. Die Versuchsperson muß angeben, ob sie eine oder zwei Spitzen empfunden hat. Gibt die Versuchsperson an, daß sie zwei Spitzen gefühlt hat, dann nähert man die Spitzen und stellt fest, bei welcher Entfernung nur noch eine Spitze empfunden wird. Der kleinste Abstand, bei dem gerade noch zwei Spitzen scharf unterschieden werden, gibt uns das Maß für die Feinheit des Lokalisationsvermögens: Bestimmung der Simultanschwelle. Schließlich fährt man mit dem Zirkel bei gleichbleibendem Abstand der Spitzen z. B. über die Haut des Ober- und Unterarmes. Die Versuchsperson erhält dann den Eindruck, als ob die Spitzen bald genähert, bald voneinander entfernt würden.

Man kann leicht feststellen, daß die Ausführung dieses Versuches eine große Übung erfordert, indem man die beiden Spitzen, nachdem die Versuchsperson angegeben hat, daß sie nur noch eine fühlt, nicht gleichzeitig, sondern nacheinander aufsetzt: Bestimmung

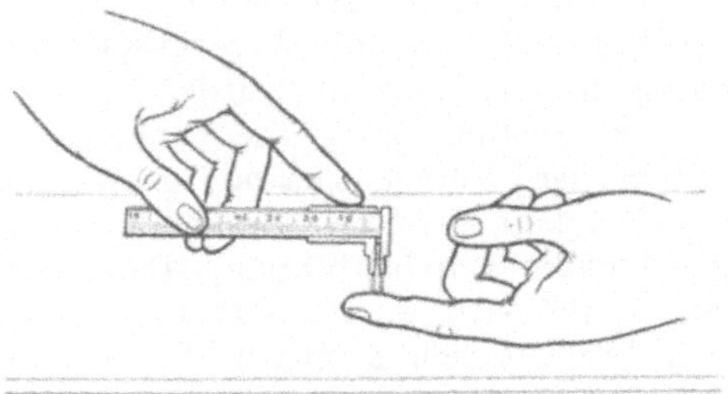

Abb. 244. Versuch mit dem Tasterzirkel.

der sog. Sukzessivschwelle. Die Versuchsperson wird jetzt mitteilen, daß sie zwei Spitzen gefühlt hat. Setzt man somit die Spitzen nicht ganz genau gleichzeitig auf, dann ergeben sich Fehlerquellen. Um den kleinsten Abstand, bei dem die beiden Spitzen bei gleichzeitigem und ungleichzeitigem Aufsetzen noch getrennt wahrgenommen werden, sicher feststellen zu können, empfiehlt es sich, von der Stellung der Spitzen aus, bei der nur eine solche gefühlt worden ist, durch Erweiterung des Abstandes jenen Abstand der Spitzen aufzusuchen, bei der beide Spitzen wieder deutlich getrennt gefühlt werden.

Hat man den Abstand der beiden Spitzen, bei dem beide eben noch erkannt werden, an einer bestimmten Hautstelle in bestimmter Richtung festgestellt, dann prüft man, ob an der gleichen Stelle andere Angaben erfolgen, wenn man die Richtung wechselt. Man vergleiche z. B. Längsrichtung und Querrichtung. Schließlich vergleiche man verschiedene Hautstellen untereinander.

Der größte Abstand der Spitzen, bei dem wir nur eine Berührungsempfindung auf der Haut wahrnehmen, gibt den Durchmesser einer sog. Empfindungsfläche an. Sie ist an verschiedenen Körperstellen verschieden groß. Auch ihr Aussehen ist ein verschiedenes. An den Extremitäten sind die Empfindungsflächen z. B. oval.

Zu genaueren Versuchen verwenden wir das Ästhesiometer von Grießbach. Es ist so eingerichtet, daß wir den Druck, mit dem die beiden Spitzen aufgesetzt werden, ablesen können. Sie ruhen auf Federn. Drücken wir auf sie, dann werden die Federn zusammengedrückt. Ihre dadurch bedingte Verkürzung lesen wir an einer Skala ab. Diese Einrichtung hat den Vorteil, daß wir stets darüber unterrichtet sind, ob bei vergleichenden Versuchen die Spitzen gleichmäßig aufgesetzt werden. Ferner können wir den Einfluß des verschieden festen Aufsetzens der Spitzen studieren.

Nun fordern wir die Versuchsperson, deren Augen verschlossen sind, auf, nachdem wir mit einem Tasthaar eine bestimmte Körperstelle berührt haben, den Berührungsort mit Hilfe einer Stricknadel oder eines ähnlichen Instrumentes so genau, wie möglich, zu zeigen. Man kann auch so verfahren, daß man kurz hintereinander entweder genau die gleiche Hautstelle oder aber zwei verschiedene Stellen berührt und dann die Versuchsperson angeben läßt, ob die gleiche Stelle zweimal berührt wurde.

Die Ausführung dieser Versuche erfordert viel Übung und von seiten der Versuchsperson große Aufmerksamkeit. Die Hauptschwierigkeit des Versuches besteht darin, die einzelnen Berührungen gleichmäßig durchzuführen. Bald berührt man unabsichtlich ganz leise, bald wird man das Tasthaar stärker anpressen usw. Man kann sich leicht durch absichtlich verschiedenartiges Aufsetzen des Tasthaares auf ein und dieselbe Körperstelle davon überzeugen, daß die Versuchsperson ganz verschiedene Angaben macht.

Versuche über Täuschungen.

Versuch 1. Wir nehmen bei normaler Stellung des Zeige- und Mittelfingers eine kleine Kugel, z. B. eine Erbse, zwischen diese beiden Finger und bewegen sie bei geschlossenen Augen durch Verschiebung der Finger hin und her (Abb. 245 b). Wir fühlen nur einen Gegenstand. Jetzt kreuzen wir die Finger, so daß die Kugel die mediale (radiale) Seite des Zeigefingers und die laterale (ulnare) Fläche des Mittelfingers berührt (Abb. 245 a). Rollen wir bei geschlossenen Augen die Kugel hin und her, dann haben wir deutlich die Empfindung, als ob zwei Kugeln vorhanden wären: Versuch von Aristoteles.

Versuch 2. Wir berühren bei normaler Fingerstellung verschiedene Punkte der Endphalangen des Mittel- und des Ringfingers. Wir halten dabei die Augen geschlossen. Die Berührung wird ganz richtig lokalisiert. Nun werden die Finger gekreuzt und die Berührungen wiederholt. Die Lokalisation ist eine unrichtige oder doch unsichere. Wird der Ringfinger berührt, dann glauben wir am Mittelfinger und umgekehrt berührt zu sein.

Bewegungsempfindungen.

Die Versuchsperson wird aufgefordert, bei geschlossenen Augen eine Stellung z. B. des Armes einzunehmen, die man ihr vorher gezeigt hat, oder man läßt sie eine bestimmte, von ihr bei offenen Augen ausgeführte Bewegung bei geschlossenen Augen wiederholen.

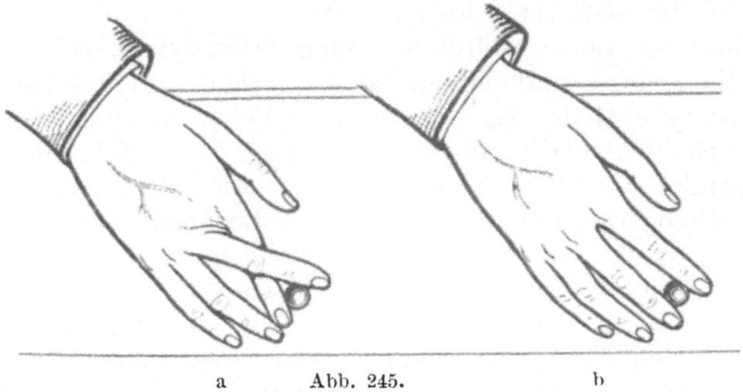

a Abb. 245. b

Dann fordern wir sie auf, eine beliebige Stellung des Armes, der Hand oder einzelner Finger einzunehmen und dann die Lage der betreffenden Körperteile genau zu schildern. Endlich geben wir einzelnen Teilen der Gliedmaßen bestimmte Stellungen und lassen dann die Versuchsperson die Lageänderung schildern. (Prüfung auf Muskel-, Sehnen-, Gelenk- und Knochensinn.)

2. Geruchssinn.

Wir verwenden zur quantitativen Untersuchung des Riechvermögens den Olfaktometer von Zwaardemaker (Abb. 246). Er besteht aus einem zylindrischen Rohre a, das den Riechstoff enthält, und einem zweiten engeren Rohre c, durch das man riecht. Der Zylinder wird über das Rohr geschoben und das umgebogene Ende des letzteren in das eine Nasenloch eingeführt. Je tiefer wir den mit Riechstoff beladenen Zylinder über das Rohr ziehen, ein um so kleinerer Teil davon wird von der eingeatmeten Luft bestrichen.

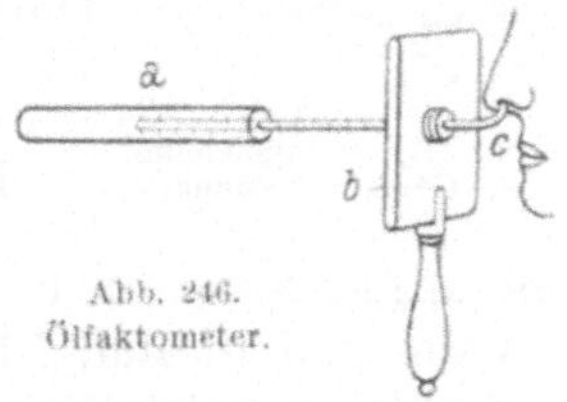

Abb. 246.
Olfaktometer.

Um die andere Nasenhälfte vom Mitriechen auszuschließen, bringt man zwischen Nase und die riechende Fläche einen Schirm b an. Der Zylinder besteht aus poröser gebrannter Kaolinmasse. Er wird z. B. in eine Lösung von Valeriansäure von bestimmtem Gehalt (z. B. 1 : 10 000) eingetaucht. Nach einigen Stunden hat die

Lösung die Poren der Röhre ausgefüllt. Durch kurzes, ruckweises Schwingen werden die anhängenden Flüssigkeitstropfen entfernt und nunmehr der Zylinder ganz über das eigentliche Riechrohr c herübergezogen, das die Versuchsperson nunmehr in das eine Nasenloch einführt. Nunmehr verschiebt man den durchtränkten Zylinder so lange, bis die Versuchsperson angibt, eine bestimmte Geruchsempfindung zu haben. Man mißt dann das über das Rohr c hervorstehende Zylinderstück a. Der Versuch wird bei verschiedenen Personen durchgeführt und festgestellt, daß die Feinheit des Riechvermögens eine sehr verschiedene ist.

Riechen wir abwechselnd an einem Fläschchen, das etwa 1 prozentige Essigsäure und einem solchen, das eine 1 prozentige Ammoniaklösung enthält, dann werden wir bei genügendem Zeitintervall zwei verschiedene Empfindungen wahrnehmen. Riechen wir rasch hintereinander an beiden Fläschchen, oder benutzen wir kleine Waschflaschen, die mit den genannten Lösungen gefüllt sind, und leiten wir von der einen Flasche ein Rohr in das eine Nasenloch und von der anderen Flasche ein solches in die zweite Nasenöffnung und riechen gleichzeitig, dann nehmen wir bald den Geruch nach Essigsäure, bald nach Ammoniak wahr, oder aber wir haben bei geeigneter Konzentration der verdampften Substanzen überhaupt keine Geruchsempfindung. (Wettstreit beider Geruchsempfindungen.)

3. Geschmackssinn.

Wir bringen mittels feiner Pinselchen oder mit Glasstäbchen geringe Mengen von einer Zuckerlösung, von Weinsäure, von Chinin usw. auf bestimmte Stellen der Zunge (auf den Zungenrücken, den Seitenrand) (Abb. 247) und lassen die Versuchsperson jedesmal angeben, ob und welche Geschmacksempfindung sie hat. An bestimmten Stellen wird sauer, an anderen süß und endlich an wieder anderen Stellen bitter wahrgenommen. Durch Wiederholung der Versuche überzeugen wir uns, daß die Empfindung der einzelnen Geschmacksqualitäten sich lokalisieren läßt.

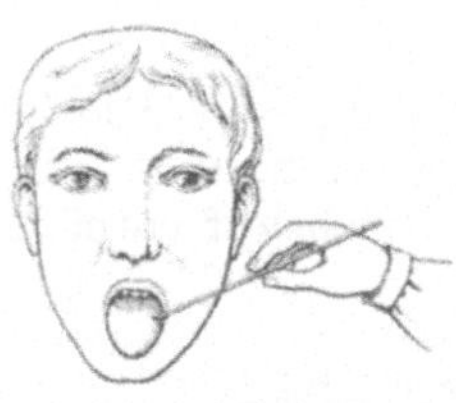

Abb. 247. Untersuchung des Geschmackssinnes.

Prüfung des Geschmacks stereoisomerer Körper: l-Leucin schmeckt bitter, dl-Leucin schwach süß, d-Leucin deutlich süß. Das gleiche Verhalten zeigen d-Valin, dl-Valin und l-Valin; l-Histidin, dl-Histidin und d-Histidin.

Spült man den Mund mit etwa 2 proz. Schwefelsäure aus, dann löst darnach aufgenommenes Wasser die Empfindung süß aus.

4. Gehörsinn.

Nachweis der Schalleitung durch Luft und durch Knochen.

Wir schlagen eine Stimmgabel an und setzen diese auf das Schädeldach (Abb. 248) oder auf die Zähne. Wir warten ab, bis wir keinen Ton mehr wahrnehmen. Nunmehr bringen wir die Stimmgabel vor den äußeren Gehörgang. Wir hören noch deutlich und längere Zeit, daß die Stimmgabel tönt.

Betrachtung des Trommelfells.

Der Beobachter ergreift die Ohrmuschel des zu Untersuchenden und zieht sie etwas nach hinten und oben. Die Versuchsperson wird so gesetzt, daß das zu untersuchende Ohr von der Lichtquelle abgewendet ist. Das Licht der Lichtquelle werfen wir mit Hilfe eines

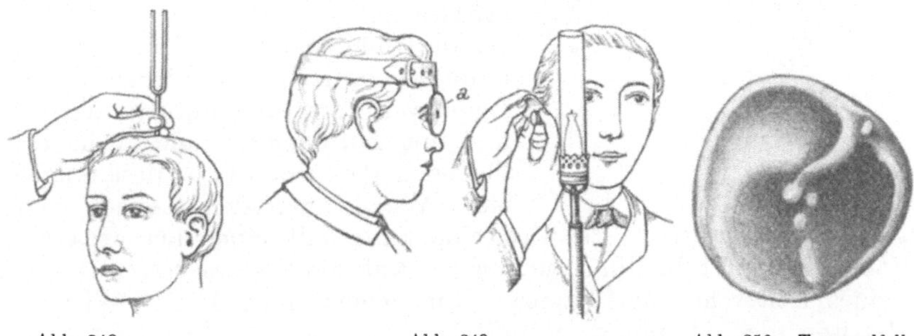

Abb. 248.   Abb. 249.   Abb. 250. Trommelfell.

Spiegels — am besten eines Hohlspiegels mit zentraler Öffnung — in das Rohr hinein (Abb. 249 a). Am vorteilhaftesten tragen wir den Reflektor mit Hilfe eines Bandes um die Stirn festgeschnallt. Das Auge des Beobachters befindet sich etwa 12 cm vom Ohr entfernt. Wir sehen das Trommelfell als kleine blaßgrau gefärbte Membran. Sie zeigt an ihrem unteren Teile einen hellen Lichtreflex. Nahe an dem vorderen oberen Rande erblicken wir einen gelblichweißen Vorsprung. Es ist dies der kurze Fortsatz des Hammers. Von ihm aus verläuft der Hammerstiel nach unten innen und hinten. Er endigt an einer stark eingezogenen Stelle des Trommelfells. Vom kurzen Fortsatz aus sehen wir nach hinten eine bogenförmige längere Falte ziehen und nach vorn eine kürzere (Abb. 250).

Erzeugung des Kurvenbildes eines Vokales im rotierenden Spiegel.

In den Trichter a wird ein bestimmter Vokal laut hineingesungen oder gesprochen. Die in b befindliche Flamme zeigt zuckende Bewegungen, die wir in dem durch Drehen am Rade d in Bewegung gesetzten Spiegel c betrachten. Wir erhalten für jeden Vokal typische Flammenbilder (Abb. 251).

Versuche über Tonerzeugung. Beeinflussung der Tonhöhe und Tonstärke. Resonanz.

Wir spannen auf einem hohlen Kasten eine Saite aus und treffen Vorrichtungen, um sie mehr oder weniger stark spannen zu können. Wir studieren dann die Abhängigkeit der Tonhöhe von der Spannung der Saite, Ferner vergleichen wir den Einfluß der Länge der Saite auf diese, indem wir die Saite mittels eines Klötzchens, das wir unter sie schieben, in einen längeren und kürzeren Teil zerlegen. Bei gleichbleibender Saitenlänge prüfen wir den Einfluß des mehr oder weniger starken Anreißens der Saite auf die Tonhöhe und Tonstärke.

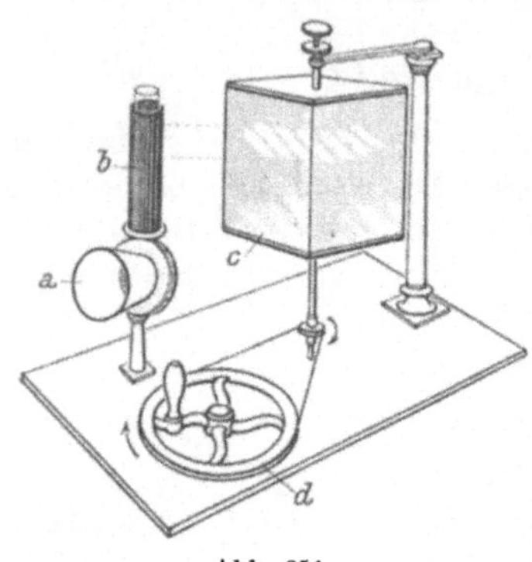

Abb. 251.

Im Hinblick auf die Resonatorentheorie von Helmholtz führen wir eine Reihe von Versuchen mit Stimmgabeln und mit mittönenden und nicht mittönenden Resonatoren (Metallkugeln) aus. Wir können den Versuch auch, wie folgt, gestalten. Es wird eine Saite mit einer ausgespannten Membran in Verbindung gebracht. Auf die erstere setzen wir ein kleines Reiterchen aus Papier. Nun erzeugt man Töne. Wird der Eigenton der Membran getroffen, dann schwingt sie mit. Das Reiterchen tanzt oder fällt herunter.

5. Statischer Sinn.

Eine Taube, der man 24 Stunden vor der Operation kein Futter und vor allem kein Wasser gegeben hat, wird mit Äther narkotisiert. Dann entfernt man mit einer Schere die Federn des Kopfes und führt von der Schnabelwurzel bis zum hinteren Teil des Schädels einen bis auf das Periost gehenden Schnitt. Man sucht nun die Ansatzstelle der Nackenmuskeln am Hinterhauptbein auf. An der Stelle, an der eine leicht zu unterscheidende, breitere hintere und eine schmälere vordere Muskelmasse zusammenstößt, löst man ihre Ansätze ab. Man muß bei dieser Operation sehr vorsichtig sein, damit jede größere Blutung unterbleibt. Ist eine solche eingetreten, dann ist der Versuch meist als mißlungen zu betrachten, weil es dann schwer hält, im Knochen, der sich rasch mit Blut tränkt, das Labyrinth zu finden. Hat man die Ansatzstelle der genannten Muskelpartie weit genug entfernt, dann erblickt man eine Vorwölbung (Protuberantia occipitalis lateralis). Hier befinden sich die gesuchten Bogengänge. Man trägt nun den Knochen an dieser Stelle in ganz kleinen Stückchen unter Vermeidung von Blutungen ab. Schließlich öffnet man die knöchernen

Bogengänge und zerstört die häutigen Gänge durch Einführung einer spitzen Nadel. Nun wird die Wunde geschlossen und die Haut vernäht.

Das Tier zeigt sofort nach der Operation pendelnde Bewegungen des Kopfes. Es bewegt sich sehr unsicher, schwankt hin und her und fällt auch häufig hin. Beim Fressen ist das Tier auch sehr ungeschickt. Es pickt oft am Futter vorbei. Den Kopf hält die Taube nach der operierten Seite geneigt. Diese Stellung wird von Tag zu Tag ausgeprägter. (Vgl. Abb. 252.)

Abb. 252. Kopfhaltung nach einseitiger Zerstörung des Labyrinths.

Abb. 253.

Bei einer anderen Taube führen wir die Zerstörung des Labyrinthes auf beiden Seiten durch. Beugen wir den Kopf des Tieres, nachdem es sich von den Nachwehen der Operation erholt hat, nach rückwärts und bringen wir am Schnabel mit Hilfe eines Bindfadens ein kleines Gewicht an, dann vermag die Taube den Kopf nicht mehr zu heben (Abb. 253): Demonstration der Muskelschwäche. Das operierte Tier bewegt sich fast gar nicht.

An Stelle der Taube lassen sich auch Frösche verwenden.

Galvanischer Schwindel.

Versuch 1. Wir leiten den Strom von etwa 15 Zink-Kohle-Elementen zu einer Wippe. In den einen Leitungsdraht schalten wir einen Quecksilberschlüssel ein. An den von der Wippe ausgehenden Drähten befestigen wir kleine mit gesättigter Kochsalzlösung getränkte Schwammstücke. Diese führen wir in beide Gehörgänge eines Kaninchens ein und befestigen sie mit Hilfe von am Ohrlöffel angebrachten Klemmpinzetten. Jetzt wird der Strom geschlossen. Das Tier wälzt sich sofort, und zwar in der Richtung der Anodenseite. Legen wir die Wippe um, so dreht sich das Tier in umgekehrter Richtung.

Versuch 2. Bei gleicher Versuchsanordnung legen wir zwei gepolsterte, mit gesättigter Kochsalzlösung durchtränkte Lederelektroden bei einem Menschen in der Gegend der Processus mastoidei dem Schädel an. Die Versuchsperson hält die Elektroden an Holzgriffen fest. Nun wird bei einer bestimmten Stromrichtung der Strom geschlossen. Die Versuchsperson neigt sofort den Kopf nach der Anode. Wird die Wippe umgelegt, dann wird auch die Kopfhaltung eine entgegengesetzte. Beim Öffnen des Stromes erfolgt Neigung des Kopfes nach der Kathodenseite. Man beobachte auch den oft sehr deutlichen Nystagmus. Die Versuchsperson empfindet Schwindel, ferner hat sie häufig Geschmacksempfindungen.

20*

Kalorischer Nystagmus.

Wir spritzen der Versuchsperson Wasser von 45^0 in den äußeren Gehörgang und beobachten das Verhalten der Augen. Sie bewegen sich hin und her, und zwar ist die raschere Komponente der Bewegung gegen das Ohr gerichtet, in das die Einspritzung erfolgt ist. Das umgekehrte Verhalten sieht man, wenn Flüssigkeit angewandt wird, deren Temperatur geringer als die des Blutes ist.

Erzeugung von Gleichgewichtsstörungen durch passive gleichförmige und ungleichförmige Bewegungen von Tieren.

Ein Meerschweinchen wird in dem in Abb. 254 und 255 dargestellten Apparat befestigt. Abb. 254 zeigt den Kasten *a*, in dem das Meerschweinchen untergebracht wird[1]). Damit es seine Haltung nicht willkürlich verändern kann, wird sein Kopf mit der Klammer *b* befestigt. Der Kasten *a* ist an einer drehbaren Scheibe *c* befestigt. Es kann so der Kasten *a* nebst dem Meerschweinchen in rotierende Bewegung versetzt werden. Die Drehung wird am besten mit Hilfe eines Motors bewerkstelligt. Man setzt das Meerschweinchen verschieden lange

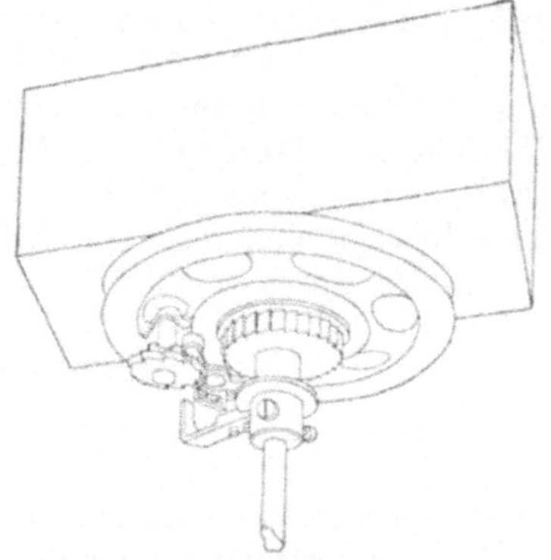

Abb. 254.   Abb. 255.

Zeit der Drehbewegung aus, entnimmt es dann rasch dem Kasten *a*, und beobachtet die Stellung des Kopfes zum übrigen Körper. Ferner wird genau kontrolliert wie die Augen sich verhalten (Nystagmus). Der in Abb. 254 wiedergegebene Apparat läßt sich auch so verwenden, daß die Rotationsbewegung sich nicht gleichförmig vollzieht, sondern ruckweise. Die in Abb. 255 dargestellte Konstruktion zeigt eine solche Einrichtung. Sie bewirkt, daß einer gleichförmigen Bewegung plötzlich eine raschere folgt, der sich dann wieder eine langsamere Bewegung anschließt. Durch diese ruckweisen Bewegungen

---

[1]) Der in Abb. 254 und 255 dargestellte Apparat ist von der Firma Polikeit in Halle auf meine Veranlassung hergestellt worden. Er diente zur Prüfung der Frage, ob durch ruckweises Erschüttern sich Otolithen abschleudern lassen. In der Tat zeigten sich Veränderungen an den Cristae acusticae, im Utriculus und Sacculus.

werden viel tiefergehende Wirkungen erzielt. Man kann zeigen, daß 'die Folgeerscheinungen, die im Gefolge der Erschütterung auftreten, länger anhalten, als wenn die Drehbewegung eine gleichförmige war. Werden solche Versuche mehrfach beim gleichen Tier wiederholt, dann ergeben sich Erscheinungen, die tagelang anhalten.

Versuche an Fröschen: Ein Frosch wird auf einer Drehscheibe quer, d. h. in der Richtung des Radius der Scheibe befestigt und diese in Kreisbewegung übergeführt. Man beachte die Gegenbewegung des Tieres während der Rotation und die gleichsinnige Bewegung, sobald die Drehbewegung der Scheibe eingestellt wird. Man verwende auch Frösche, denen Teile des Zentralnervensystems entfernt sind.

6. Gesichtssinn.

Demonstration des Strahlenganges im Auge.
(Versuch am künstlichen Auge.)

Wir füllen einen rechteckigen Glaskasten (Abb. 256 a), dessen Vorderwand von einer konvexen Glasfläche (b) gebildet ist, mit einer Lösung von Fluoreszein. In dem Kasten sind zwei Leisten angebracht, die gestatten, eine Konvexlinse (c) und einen Auffangeschirm (d) (als Modell für die Netzhaut) aufzuhängen. Von einer intensiven Lichtquelle (z. B. einer Bogenlampe) senden wir Licht durch einen Spalt durch die Flüssigkeit im Glaskasten. Infolge der Fluoreszenz erkennen wir genau den Gang der Strahlen. Wir bemerken, wie parallele Strahlen sich im Brennpunkt der Linse vereinigen. Wir lassen eine leuchtende Figur, z. B. einen Pfeil, auf dem Auffangeschirm ganz scharf zur Abbildung bringen.

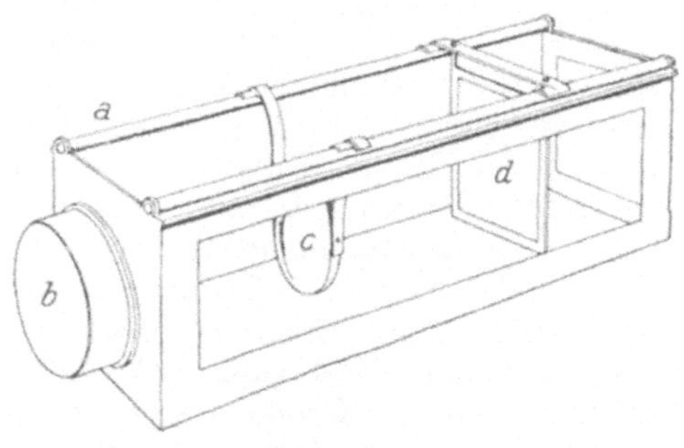

Abb. 256.

Nunmehr verschieben wir den Auffangeschirm nach hinten und erzeugen dadurch Verhältnisse, wie sie bei der Myopie vorliegen. Auf dem Auffangeschirm bemerken wir ein unscharfes Bild. Es wird noch undeutlicher, wenn wir eine Konvexlinse an die vordere Fläche (die Hornhaut!) des Glaskastens halten! Wir wählen nunmehr jene Konkavlinse aus, mit der das Bild auf dem Auffangeschirm scharf wird. Jetzt schieben wir diesen nach vorne und ahmen so das hypermetrope Auge nach. Durch Vorsetzen der geeigneten Konvexlinse erzeugen wir ein scharfes Bild. Wir stellen die Dioptrienzahl der angewandten Linsen fest und berechnen die Brennweite.

Lassen wir die Lichtstrahlen durch ein rotes oder blaues Glas hindurchgehen, dann können wir leicht die verschieden starke Brechung der roten oder blauen Strahlen feststellen.

Akkommodation des Auges.

1. Betrachtung der Purkinje-Sansonschen Spiegelbilder beim nicht-akkommodierten und akkommodierten Auge.

Wir verdunkeln den Versuchsraum vollständig. Die Versuchsperson blickt geradeaus. 30 cm seitwärts von der Gesichtslinie der Versuchsperson in gleicher Höhe mit ihrem Auge stellen wir eine Kerzenflamme auf. Der Beobachter bringt sein Auge in der für ihn entsprechenden Sehweite in gleiche Höhe mit dem zu beobachtenden Auge und blickt unter einem zu dessen Gesichtslinie 45° betragenden Winkel in das betreffende Auge hinein. Die Versuchsperson wird nun aufgefordert, in die Ferne zu blicken, d. h. nicht zu akkomodieren. (Es gehört hierzu eine gewisse Übung. Nicht jedermann wird auf die Aufforderung, in die Ferne zu blicken, die Akkommodation einstellen. Man beobachtet vielmehr sehr oft, daß im Gegenteil ak-

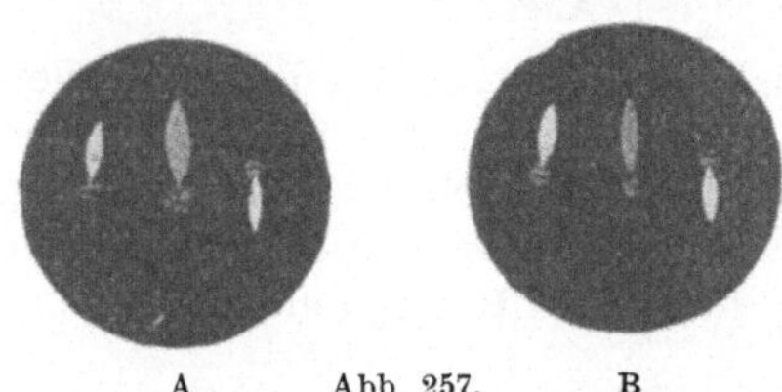

A   Abb. 257.   B

kommodiert wird.) Wir erblicken nun in dem beobachteten Auge drei Bildchen von der Kerzenflamme (Abb. 257, *A*), und zwar zunächst ein von der Hornhautfläche geliefertes aufrechtes, scharfes, stark verkleinertes Bildchen, dann ein zweites von der vorderen Linsenfläche stammendes viel größeres, ebenfalls aufrechtes Bild. Dieses ist meistens nicht ganz scharf umrandet, ja oft so verwaschen, daß man die Gestalt der Flamme gar nicht erkennen kann. Endlich beobachten wir ein umgekehrtes, stark verkleinertes Bild. Es ist kleiner als das Hornhautbild. Im übrigen ist es gut begrenzt. Es wird von der hinteren Linsenfläche (Hohlspiegel) entworfen. Das zweite Bild liegt scheinbar etwa 10 mm hinter der Pupille, das zuletzt genannte Bild ganz nahe der Pupille. Man merkt sich das Aussehen und die Größe dieser drei Bildchen und fordert nun die Versuchsperson auf, einen in der Nähe gelegenen Punkt zu betrachten. Am besten hält man einen Finger an die Stelle des Nahepunktes und ersucht die Versuchsperson, auf diesen zu blicken. Der Beobachter darf die Spiegelbildchen nicht aus dem Auge verlieren. Wir beobachten, daß nunmehr das zweite Bild kleiner wird und sich dem Hornhaut-bildchen nähert (Abb. 257, *B*). Das Hornhautbild selbst und das dritte Bild bleiben an Ort und Stelle. Der Umstand, daß das zweite Bild sich verkleinert, spricht dafür, daß die vordere Linsenfläche bei der Akkommodation stärker gekrümmt worden ist. (Ein Konvexspiegel liefert um so kleinere Spiegelbilder, je stärker gekrümmt er ist!) In Wirklichkeit wird auch das von der hinteren Linsenfläche entworfene Bildchen etwas kleiner, doch können wir das durch die einfache Beobachtung nicht erkennen. Bei diesem Versuch stellen wir gleichzeitig fest, daß die Pupille bei der Akkommodation sich verengt und beim Sehen in die Ferne erweitert.

Man kann zur Ausführung des geschilderten Versuches auch das **Helmholtzsche Phakoskop** (Abb. 258) verwenden. Es besteht aus einem innen geschwärzten hohlen Kasten. Er besitzt sechs Flächen. Vier dieser Flächen haben Öffnungen. Vor der einen befindet sich das zu untersuchende Auge A, vor der zweiten das beobachtende Auge B. Die dritte Öffnung besteht aus zwei dicht übereinanderliegenden Ausschnitten für die Lichtquelle C. Endlich findet sich an der vorderen Kastenwand gegenüber der Öffnung, die das zu untersuchende Auge

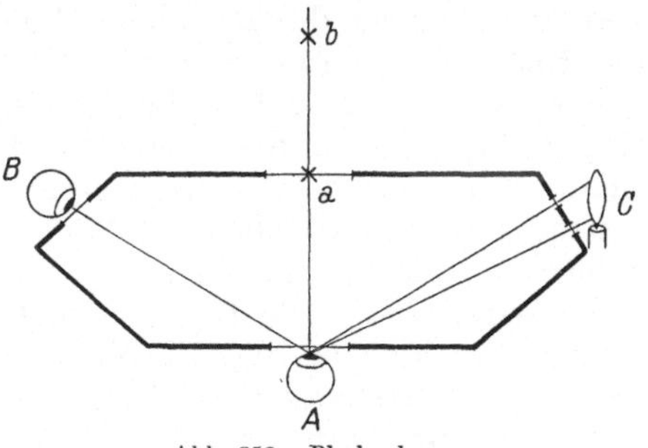

Abb. 258. Phakoskop.

aufnimmt, ein kleiner Ausschnitt, in dessen Mitte eine Nadel a angebracht ist. In einer Entfernung von etwa $1^1/_2$ m von dieser wird eine zweite Nadel b befestigt, die mit der am Apparat befindlichen genau in der Visierlinie des zu beobachtenden Auges steht. Wir fordern nun die Versuchsperson auf, die entferntere Nadel zu fixieren, und beobachten die Spiegelbildchen (6 einzelne Spiegelbilder, je 3 übereinanderliegende). Dann lassen wir akkommodieren, d. h. die im Nahpunkte aufgestellte Nadel fixieren, und stellen die Veränderung der Lage und des Aussehens des von der vorderen Linsenfläche entworfenen Spiegelbildpaares fest.

2. Scheinerscher Versuch.

Versuch 1. Wir befestigen am Ende einer Holzleiste ein Kartenblatt, in das wir mittels einer feinen Nadel zwei Öffnungen, die 2 mm voneinander entfernt sind, gestoßen haben, mit Hilfe einer Stecknadel. Es müssen beide Öffnungen noch in den Bereich der Pupillenöffnung fallen. Auf der Holzleiste bringen wir etwa 15 cm vom Kartenblatt entfernt eine Nadel an und eine zweite in der Entfernung von einem Meter. Wir fixieren nun durch die beiden Öffnungen in der Karte die näher gelegene Stecknadel (b in Abb. 259, B). Wir sehen dabei die entferntere doppelt d d. Die Doppelbilder sind in diesem Falle nicht gekreuzt, wie man sich leicht durch Verdecken je eines der Löcher im Kartenblatt überzeugen kann (vgl. Abb. 259). Fixieren wir umgekehrt die entferntere Nadel (a in Abb. 259, A), dann sehen wir die nahegelegene doppelt, und zwar erhalten wir ein gekreuztes Doppelbild c c. Verdecken wir die linke Öffnung im Kartenblatt, dann verschwindet das rechts gelegene Doppelbild. (Vgl. hierzu Abb. 259.)

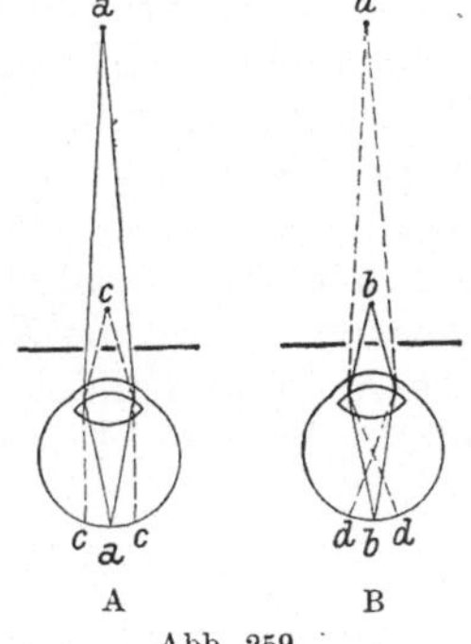

Abb. 259.

Versuch 2. Bei einem weiteren Versuch benutzen wir einen
Apparat, bei dem die Nadel auf einer Leiste verschiebbar ist (Abb. 260).
Diese trägt eine Einteilung, so daß wir die Entfernung der Nadel
von dem Schirm direkt ablesen können. Die Versuchsperson fixiert
die Nadel durch zwei in einem Schirm befindliche Öffnungen. Man
nähert nun die Nadel so lange dem Auge der Versuchsperson, bis
sie angibt, daß sie die Nadel nicht mehr scharf, sondern doppelt
sieht. Wir merken uns diese Stelle und beginnen den Versuch von
neuem, d. h. wir schieben die Nadel in eine größere Entfernung und
nähern sie bis zu jenem Punkte, an dem sie noch scharf einfach gesehen wird. Wir erhalten auf diese Weise den Nahepunkt und
bestimmen zugleich das Maximum der Akkommodation. Wir
messen den Abstand vom Schirm bis zu dieser Stelle. Den Fernpunkt können wir auf diese Weise beim Emmetropen nicht ohne
weiteres bestimmen, weil ja in diesem Falle die Nadel bis ins Un-
endliche verschoben werden müßte. Ebensowenig können wir den
Fernpunkt des Hypermetropen feststellen, da dieser negativ ist. Nur
beim Myopen können wir den Fernpunkt mit Hilfe des Scheiner-
schen Versuches bestimmen.

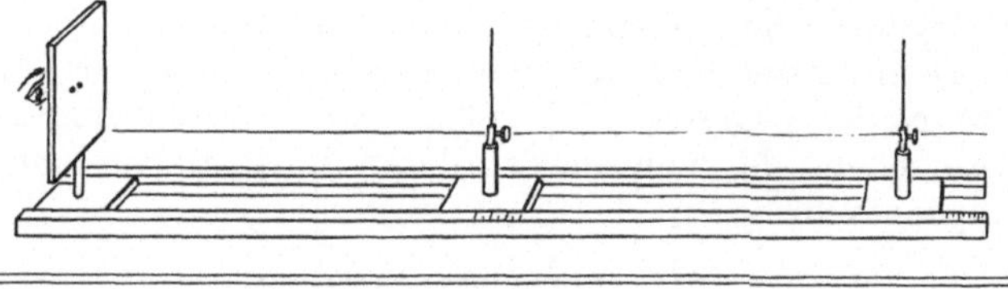

Abb. 260.

Um bei der gegebenen Versuchsanordnung auch beim Emmetropen
den Fernpunkt bestimmen zu können, müssen wir sein Auge künstlich
stark kurzsichtig machen. Dies erreichen wir, indem wir hinter dem
Schirm eine starke Konvexlinse von bekannter Brennweite anbringen.
Wir wollen annehmen, wir hätten eine Linse von 10 Dioptrien gewählt. Wenn wir die Nadel 10 cm von der Linse entfernt aufstellen,
dann befindet sie sich im Brennpunkte der Linse. Die Strahlen der
Linse treten parallel aus. Das Bild ist demgemäß im Unendlichen
gelegen. Wird die Nadel vom Auge ohne Akkommodation scharf gesehen, dann handelt es sich um ein emmetropes Auge. Der Fernpunkt liegt im Unendlichen.

Pupillenreaktion.

Wir betrachten die Weite der Pupillen beider Augen bei einer Versuchsperson, die am Fenster steht und ins Freie schaut. Nun wird
ein Auge verdeckt. Man beobachtet, daß die Pupille des unbedeckten
Auges sich erweitert (konsensuelle Pupillenreaktion). Wird nun

das bedeckte Auge wieder frei gegeben, dann verkleinern sich die Pupillen rasch auf beiden Seiten. Werden beide Augen zugleich bedeckt und nach etwa 30 Sekunden wieder freigegeben, dann beobachtet man, daß die Pupillen stark und gleichmäßig erweitert waren. Sie verengern sich nun.

Wir fordern die Versuchsperson auf, in die Ferne zu blicken. Die Pupillen sind mittelweit. Nun lassen wir rasch einen etwa im Nahepunkt (etwa 15 cm vom Auge entfernten) befindlichen Gegenstand (eine Nadel) fixieren. Die Pupillen verengern sich stark (akkommodative Pupillenreaktion). (Vgl. auch S. 310.) Man beachte dabei auch die Konvergenzbewegung des Auges beim Fixieren des nahen Gegenstandes.

Einfluß von l-Adrenalin auf die Pupillenweite.

Wir enukleieren einem getöteten Frosch beide Bulbi und legen sie so in kleine Trichter, daß die Pupillen nach oben sehen. Nun stellen wir die mit isotonischer Kochsalzlösung benetzten Präparate in einen hell erleuchteten Raum und messen dann nach einiger Zeit die Pupillenweite. Dann träufeln wir auf das eine Auge einen Tropfen einer Lösung von l-Adrenalin 1:10000. Das andere Auge bleibt ohne Zusatz. Das mit Adrenalin benetzte Auge zeigt nach kurzer Zeit starke Pupillenerweiterung

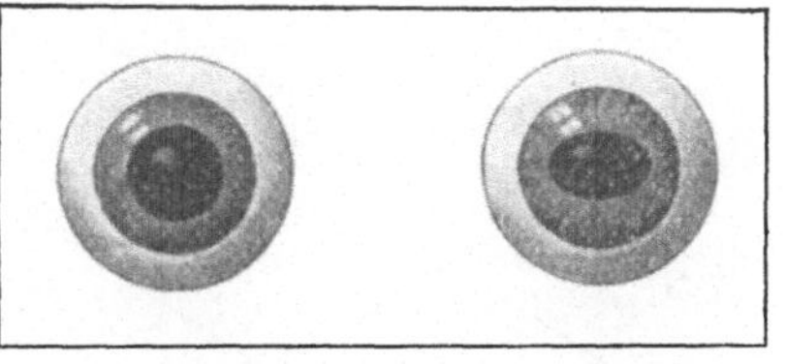

A   Abb. 261.   B

(vgl. Abb. 261, B). A zeigt die Pupillenweite des Kontrollauges. Den gleichen Versuch wiederholen wir mit einem anderen Augenpaar, nur träufeln wir an Stelle von l-Adrenalin die in der Natur nicht vorkommende rechtsdrehende Form auf. Die Pupille bleibt, verglichen mit dem Kontrollauge, gleich weit. Um mit dl-Adrenalin eine gleich starke Pupillenerweiterung zu erhalten, wie mit l-Adrenalin, müssen wir bei Anwendung gleicher Flüssigkeitsmengen von ersterem eine doppelt so stark konzentrierte Lösung benutzen.

Bestimmung des Krümmungsradius der Hornhaut mit Hilfe des Ophthalmometers von Helmholtz.

Die Methode gründet sich auf die Beobachtung, daß bei einem sphärischen Konvexspiegel die Größe eines leuchtenden Körpers sich zur Größe seines Spiegelbildchens wie der Abstand des Objektes vom Krümmungsmittelpunkt des Spiegels zum halben Krümmungsradius des Konvexspiegels verhält. Wir können somit den Krümmungsradius einer spiegelnden Fläche berechnen, wenn die Größe des Objektes und sein Abstand vom Scheitel des Spiegels und ferner die Größe der Spiegelbilder bekannt sind. Zur Messung der Größe der letzteren dient das Helmholtzsche Ophthalmometer (Abb. 262). Alle anderen

Faktoren zur Berechnung des Krümmungsradius lassen sich direkt bestimmen. Der Einrichtung des Ophthalmometers liegt das Prinzip zugrunde, daß die Größe eines Gegenstandes aus der Parallelverschiebung gemessen werden kann, die eine schräg zu der Richtung eines Lichtstrahls gestellte planparallele Glasplatte diesem erteilt.

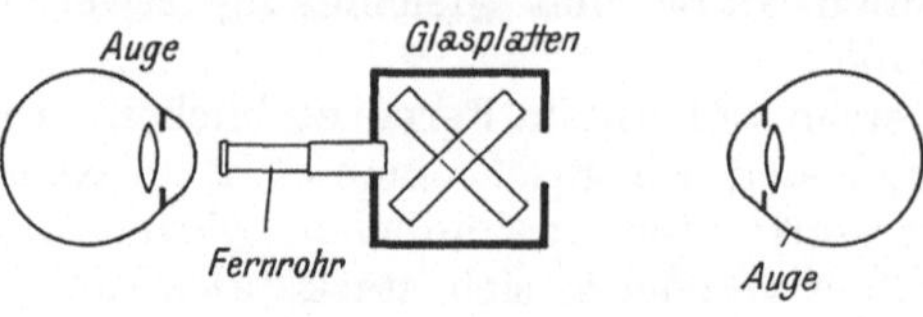

Abb. 262. Ophthalmometer.

Man läßt zwei leuchtende Punkte oder Spaltöffnungen von bekanntem Abstand sich in der Hornhaut spiegeln. Den Abstand beider Spiegelbilder mißt man mit Hilfe eines Fernrohrs mit folgender Einrichtung. Vor ihm sind zwei dicke, planparallele Glasplatten angebracht, die um eine gemeinsame Achse drehbar sind. Bei der Drehung entfernen sich beide Platten in entgegengesetzter Richtung um genau den gleichen Winkel aus der Nullage. Den Drehungswinkel kann man an einer Teilung ablesen. Der Beobachter erblickt durch das Fernrohr die beiden Spiegelbilder in dem zu untersuchenden Auge. Die Glasplatten sind zunächst in Nullage, d. h. sie stehen senkrecht zur Sehachse. Wir erblicken somit die Bildchen an

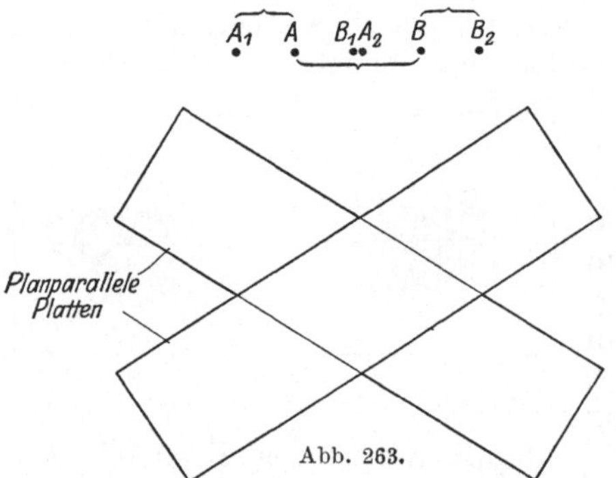

Abb. 263.

der gleichen Stelle, wie wir sie auch ohne Vorhandensein der Platte sehen würden. Jetzt drehen wir die Glasplatten. Es erscheinen Doppelbilder (A und B, Abb. 263) der beiden Lichtquellen, somit vier Bilder A_1 und A_2 und B_1 und B_2. Wir verschieben die Platten nun so lange, bis von den vier Spiegelbildchen die beiden mittleren, B_1 und A_2, sich gerade berühren. Es ist dann die Verschiebung gleich dem halben Abstand der beiden Bilder A und B. Aus der Größe der Winkelstellung der beiden Glasplatten — ihre Dicke und ihr Brechungsindex sind bekannt — kann man die Größe der Spiegelbildchen berechnen und nach der oben angegebenen Grundlage den Krümmungsradius feststellen.

Betrachtung des Augenhintergrundes.

1. Im aufrechten Bild.

Versuch 1. Sehr schön kann man den Augenhintergrund im aufrechten Bild beim Frosch erkennen. Der Frosch wird in ein Handtuch eingewickelt (vgl. Abb. 264). Man wirft dann von einer Lichtquelle mit Hilfe eines Augenspiegels (Abb. 264) Licht in sein Auge und beobachtet durch das im Augenspiegel befindliche Loch den Augenhintergrund. Er erscheint bläulichgrün. Wir sehen deutlich die Blutgefäße und können beobachten, wie die Blutkörperchen in ihnen dahinrollen.

Versuch 2. Ein sehr schönes Bild erhalten wir auch beim Kaninchen. Bei diesem träufeln wir 1—2 Tropfen einer 1 prozentigen Atropinlösung in den Bindehautsack, um die Pupille zu erweitern. Nun stellen wir seitlich hinter dem Tiere eine Lichtquelle in Augenhöhe auf und beobachten mit Hilfe eines schwach gekrümmten Hohlspiegels, der in der Mitte ein kleines Loch hat, den Augenhintergrund (Abb. 265). Der Spiegel wird dicht an das beobachtende Auge gehalten und so eingestellt, daß er das von der Lampe auf ihn fallende Licht durch die Pupille

Abb. 264.

auf den Augenhintergrund des beobachteten Auges wirft. Wir erhalten ein virtuelles aufrechtes Bild. Nur der Emmetrope kann den Augenhintergrund auf diese Weise direkt beobachten. Man muß dabei die Akkommodation zu Hilfe nehmen, weil das Kaninchen eine schwache Hypermetropie besitzt. Es treten bei ihm die von der Netzhaut kommenden Strahlen etwas divergent aus. Akkommodiert der Beobachter, dann kann er die Strahlen auf seiner Netzhaut vereinigen. Der Myope oder Hypermetrope muß hinter dem Spiegel eine seine Refraktionsanomalie korrigierende Linse anbringen.

2. Im umgekehrten Bild.

Wir benutzen hierzu die gleiche Versuchsanordnung, wie oben beschrieben, nur bringen wir vor das zu untersuchende Auge eine starke Konvexlinse. Entweder halten wir die Linse mit der Hand, oder wir spannen sie in ein Stativ ein (vgl. Abb. 266 und 267). Sie muß vom Auge des Beobachters mindestens um den Betrag ihrer Brennweite plus dem Nahpunktsabstand entfernt sein. Man muß, um die letztere Distanz zu kennen, seinen Nahpunkt genau bestimmen! Mit dem Spiegel werfen wir wiederum das Licht der Lichtquelle in das zu beobachtende Auge, bis die Pupille aufleuchtet. Wir erhalten ein reelles umgekehrtes Bild. Es liegt zwischen dem Beobachter und der Konvexlinse (vgl. Abb. 268). Der Beobachter muß also auf diese Stelle hin akkommodieren. Am besten hält man, bis man eine genügende Übung im Augenspiegeln hat, an die Stelle, an der das Bild erscheinen soll, einen Gegenstand (z. B. den Finger oder die Spitze eines Bleistiftes). Es wird dann die Akkommodation auf jene Stelle

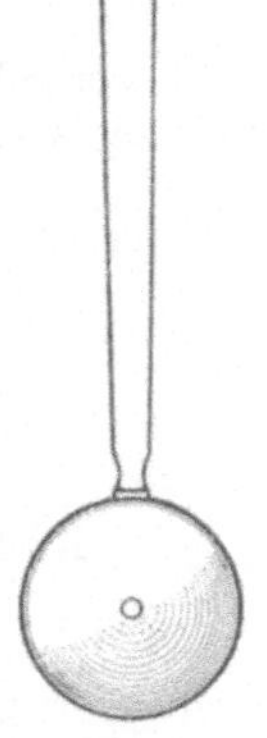

Abb. 265.
Augenspiegel.

erleichtert. Der Augenhintergrund erscheint uns hellrot. Wir sehen ein großes, weißes, horizontal verlaufendes Band, das sich gegen die

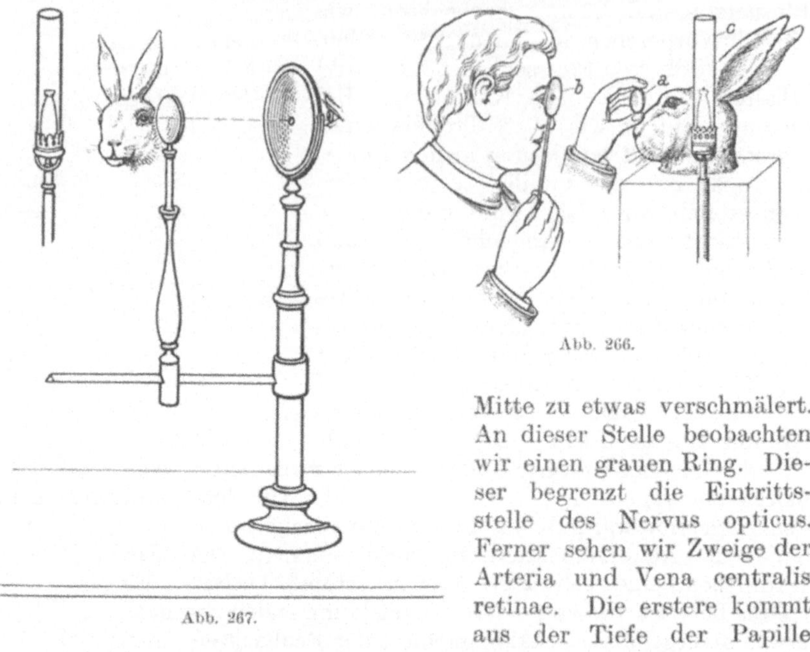

Abb. 266.

Abb. 267.

Mitte zu etwas verschmälert. An dieser Stelle beobachten wir einen grauen Ring. Dieser begrenzt die Eintrittsstelle des Nervus opticus. Ferner sehen wir Zweige der Arteria und Vena centralis retinae. Die erstere kommt aus der Tiefe der Papille und verteilt sich auf dem Augenhintergrunde. Die letztere sammelt venöses Blut und verläßt das Augeninnere durch die Papille. Beim albinotischen Kaninchen kann man außerdem die Chorioidealgefäße sehen.

Wir betrachten in genau der gleichen Weise den Augenhintergrund beim Menschen im aufrechten und umgekehrten Bild.

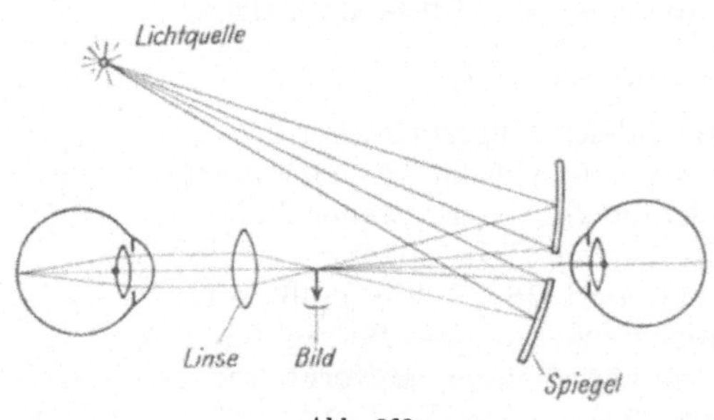

Abb. 268.

Nachweis des blinden Fleckes.

Versuch 1. Man betrachte die Abb. 269. Das rechte Auge wird geschlossen und mit dem linken in einem Abstand von 40 cm von der Figur das Kreuz fixiert. Die helle Scheibe verschwindet. Wir fixieren das Kreuz mit der Stelle des schärfsten Sehens, mit der Fovea centralis.

Versuch 2. Es wird in der Abb. 270

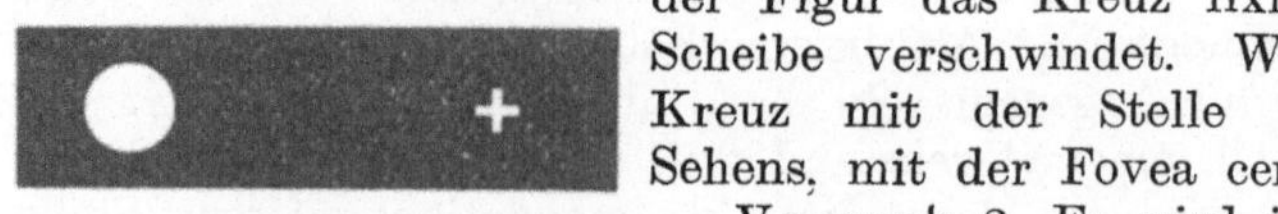

Abb. 269.

der Punkt bei geschlossenem rechten Auge bei einem Abstand von etwa 25 cm fixiert. Die Lücke verschwindet. Die Linie erscheint als nicht unterbrochen.

Beobachtung entoptischer Erscheinungen.

Versuch 1. Beobachtung der Gefäßschattenfigur (Purkinje). Wir blicken in einem dunklen Zimmer geradeaus und bewegen ein Kerzenlicht ganz nahe unterhalb und seitlich vom Auge hin und her. Plötzlich erscheint im Gesichtsfeld eine rote Scheibe, in der sich dunkelgraue bis schwarze, schmale Bänder scharf abgrenzen. Diese gehen von einer Stelle aus und verzweigen sich dann. Mit den Bewegungen des Lichtes bewegen sich auch die Linien hin und her. Oft gelingt die Beobachtung der Pulsation. Diese Erscheinung wird durch die Schatten hervorgerufen, die von den an der Innenseite der Retina verlaufenden Gefäßen auf die lichtempfindliche Schicht geworfen werden (**entoptische Wahrnehmung der Netzhautgefäße**). Durch den genannten Versuch wird bewiesen, daß die Lichtperzeption durch die nach außen (vom Glaskörper aus gerechnet) gelegenen Netzhautelemente bewirkt wird.

Versuch 2. Man blicke durch ein dunkelblaues Glas gegen die Sonne oder akkommodationslos gegen eine große helle Fläche. Man erblickt helleuchtende Punkte, die sich in gewundenen Bahnen bewegen. Einzelne verschwinden oft und tauchen wieder auf. (Vgl. hierzu auch S. 226.) Wir beobachten hierbei die Blutkörperchen oder die Lücken zwischen solchen in unseren Netzhautgefäßen.

Bestimmung des Gesichtsfeldes.

Wir fordern die zu untersuchende Person auf, ein Auge zu schließen und mit dem anderen einen bestimmten Punkt oder Gegenstand, z. B. den Zeigefinger (oder die Hand oder ein Kartenblatt usw.) unausgesetzt zu fixieren. Wir bewegen nun den Zeigefinger in dem Gesichtsfeld der zu untersuchenden Person nach oben, unten, rechts und links und forden sie auf, anzugeben, wann sie den Finger nicht mehr sieht. Dann nähern wir ihn wieder von der gleichen Seite. Die Versuchsperson meldet dann, wann der Finger eben wieder in ihrem Gesichtskreis erscheint. Wir können uns mit dieser einfachen Methode rasch ein Bild des Umfanges des Gesichtsfeldes machen.

Genauere Untersuchungen gestattet der sog. **Perimeter** (Abb. 271). Er besteht aus einem Kinnhalter. Ihm gegenüber befindet sich ein Fixationspunkt — ein weißer Fleck oder eine kleine Kugel. Ferner besitzt das Instrument einen drehbaren Halbkreis. Er läßt sich von Hand oder aber mittels einer besonderen Einrichtung im Kreis herumbewegen. Jede Stellung des Halbkreises

Abb.
270.

läßt sich an einem Ziffernblatt ablesen, auf dem ein Zeiger, der mit dem Halbkreis fest verbunden ist, kreist (vgl. Abb. 271). Er selbst besitzt an seinem Rande auch eine Einteilung. Auf dem schienenartig konstruierten Halbkreis befindet sich eine kleine Tafel mit einer weißen Fläche. Sie läßt sich nach Art eines Schlittens auf dem Halbkreis hin und her bewegen. Ihre Stellung läßt sich an der erwähnten Randeinteilung ablesen.

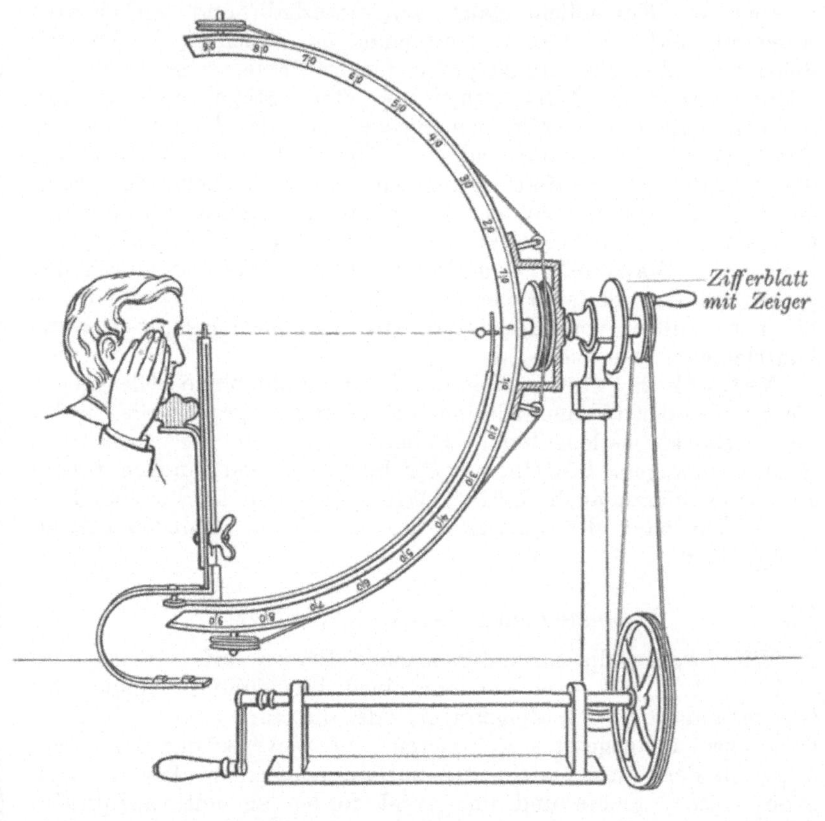

Abb. 271. Perimeter.

Der Versuch wird, wie folgt, durchgeführt. Die Person wird aufgefordert, das Kinn auf die Kinnstütze aufzulegen, das eine Auge zu schließen (bzw. zuzuhalten) und mit dem freien Auge unausgesetzt den erwähnten Fixierpunkt anzublicken. Man stellt nun zunächst den Halbkreis senkrecht und bewegt das oben erwähnte Täfelchen von der äußersten Peripherie des Halbkreises nach der Mitte. Man beginnt z. B. mit der Annäherung des Täfelchens von oben. Auf einmal erklärt die Versuchsperson, daß sie das Täfelchen sehe. Wir lesen am Rand des Halbkreises ab, an welcher Stelle es sich befindet. Den Befund tragen wir in ein sog. Gesichtsfeldschema ein (Abb. 272). Dieses besteht aus neun gleich weit voneinander abstehenden konzentrischen Kreisen. Der äußerste besitzt eine Gradeinteilung. Von 15 zu 15° sind Radien des Kreises gezogen, die

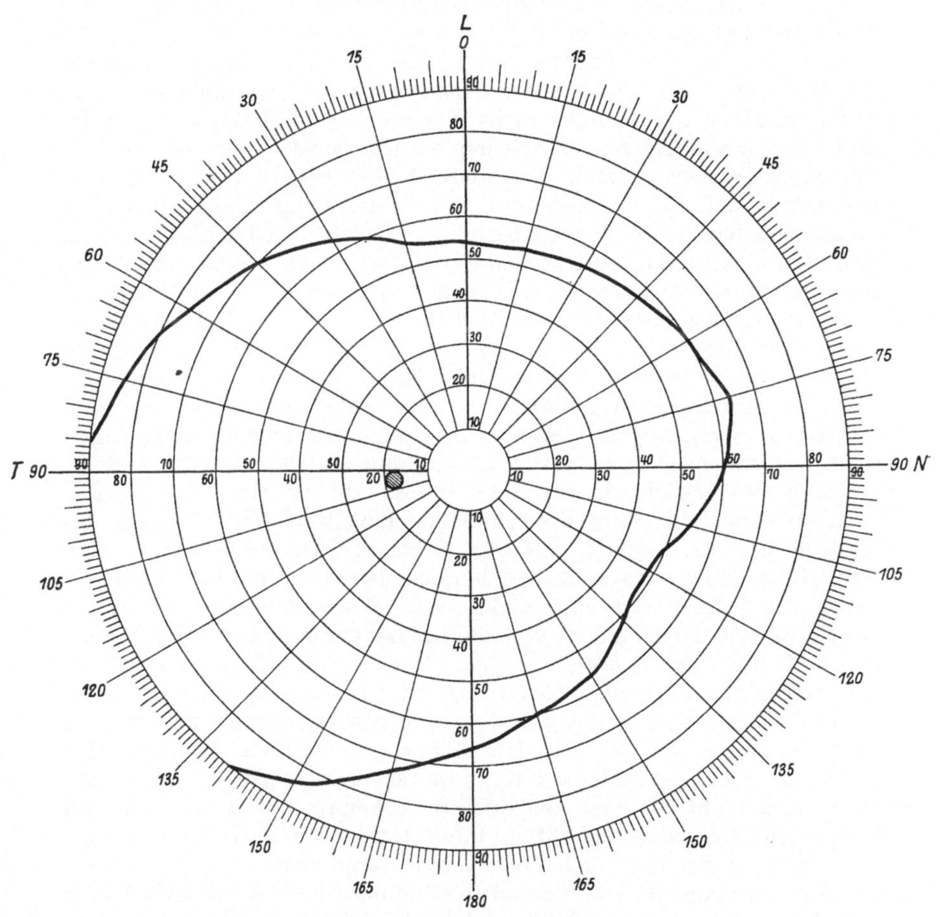

Abb. 272. Gesichtsfeldschema.

durch die einzelnen Kreise in neun gleiche Teile geteilt werden. Jeder entspricht 10° des Perimeterbogens. Wir wollen annehmen, daß bei der Einteilung 53 das Täfelchen gesehen worden sei. Wir würden im Gesichtsfeldschema im senkrechten Meridian an der Stelle 53 einen Punkt anbringen. Jetzt würden wir das Täfelchen ganz nach unten führen und dann auch von dieser Stelle aus wieder immer mehr der Mitte nähern, bis die Versuchsperson wieder angeben würde, daß das Täfelchen in ihren Gesichtskreis getreten sei. Wir würden wieder am Rand des Halbkreises ablesen, an welcher Stelle sich das Täfelchen befindet. Nunmenr drehen wir den Halbkreis in die horizontale Lage und bestimmen auch hier, wann das Täfelchen beim Heranführen von außen links und rechts zum erstenmal gesehen wird. Hierauf geben wir dem Halbkreis andere Stellungen. Immer tragen wir die gefundenen Werte in das erwähnte Schema ein. Durch Wiederholung der Bestimmungen überzeugen wir uns, daß das Täfelchen immer an der gleichen Stelle zum erstenmal erkannt wird. Es ergeben sich dabei nicht selten Unterschiede. Wenn die Person den obengenannten Fixierpunkt nicht gewissenhaft anblickt, vielmehr den Bulbus bewegt und dem Täfelchen entgegensieht, dann erhalten wir ein zu großes Gesichtsfeld. Bei dieser Untersuchung kann man leicht feststellen, daß bei Wiederholung der Bestimmung bessere Werte erhalten werden, d. h. das zu fixierende Objekt wird früher gesehen, und damit wird das Gesichtsfeld ein größeres. Es kommt die Übung und vermehrte Aufmerksamkeit zum Ausdruck. Wird der Versuch sehr lange festgesetzt, dann tritt Ermüdung ein, und das Gesichtsfeld verkleinert sich. Ferner kann man leicht feststellen, daß die Beleuchtung, ferner auch die Größe und Form des zu fixierenden Objektes von Bedeutung sind.

Haben wir genügend Punkte im Gesichtsfeldschema eingetragen, dann verbinden wir sie durch Linien und erhalten so die äußeren Grenzen des Gesichtsfeldes. Sehr interessant ist der folgende Versuch: Während bis jetzt das Täfelchen eine weiße Fläche trug, befestigen wir an ihm ein gefärbtes Stück Papier. Wir wählen Rot, Gelb, Grün, Blau. Es stellt sich heraus, daß die Grenze des Gesichtsfeldes für jede Farbe eine andere ist. Wir erkennen, daß wir in der Peripherie der Netzhaut vollständig farbenblind sind. Wir können nur hell und dunkel unterscheiden. Nach innen folgen dann Zonen mit teilweiser Farbenblindheit, bis wir dann auf die allgemein farbentüchtige Umgebung der Fovea centralis retinae stoßen. Es folgt der Zone, in der wir keine Farben erkennen können, eine solche, in der wir Gelb und Blau unterscheiden, dagegen Rot und Grün noch nicht. Weiter zentralwärts erkennen wir neben Gelb und· Blau auch Rot, und schließlich folgt dann noch mehr zentralwärts eine Zone, in der wir auch noch Grün empfinden.

Der Perimeter ist nicht nur zur Bestimmung der Gesichtsfeldgrenzen brauchbar, man kann mit ihm vielmehr gewissermaßen die ganze Netzhaut abtasten und prüfen, ob nicht innerhalb der festgestellten Grenzen sich Lücken zeigen, d. h. Stellen in ihr vorhanden sind, die sehuntüchtig sind. Um sie aufzufinden, führt man das Täfelchen in jeder Meridianstellung des Halbkreises von einem Ende durch die Mitte hindurch auf die andere Seite. Die Versuchsperson muß angeben, ob sie die weiße Fläche unausgesetzt innerhalb der festgestellten Gesichtsfeldgrenzen sieht. Ist das nicht der Fall, dann liest man am Rande des Halbkreises die Stellung des Täfelchens ab, an der die weiße Fläche nicht gesehen wird. Man trägt dann den Befund in das Gesichtsfeldschema ein.

Nachweis des Astigmatismus.

Man betrachte in beistehender Figur die vertikalen Striche scharf. Es erscheinen dann die horizontalen weniger scharf begrenzt und nicht so tief schwarz, wie erstere. Umgekehrt werden, wenn die horizontalen Linien scharf fixiert werden, die vertikalen nicht so genau wahrgenommen (Abb. 273). Das Auge (Hornhaut und Linse) hat in den verschiedenen Meridianen eine verschieden starke Brechkraft.

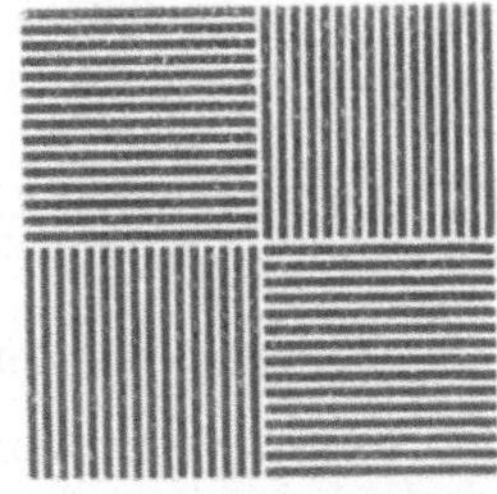

Abb. 273.

Die Unterschiede in der Krümmung der einzelnen Hornhaut meridiane können wir ferner mit Hilfe der sog. Placidoschen Scheibe (Abb. 274) erkennen. Auf einer weißen Scheibe sind eine Reihe von konzentrischen, schwarzen Ringen angebracht. Die Scheibe besitzt im Zentrum eine Öffnung. Der Untersucher hält sich die gleichmäßig geschwärzte Rückseite der Scheibe dicht vor das Auge und betrachtet durch die zentrale Öffnung das Spiegelbild der konzentrischen Kreise auf der Hornhaut der Versuchsperson. Finden sich größere Unterschiede in der Krümmung der Hornhautmeridiane, dann erscheinen die Spiegelbilder der Kreise nicht mehr als solche, sondern als Ellipsen. Die lange Achse der Ellipse entspricht dem am schwächsten brechenden Hornhautmeridian, die kurze Achse dem am stärksten brechenden.

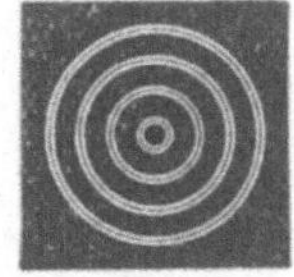

Abb. 274.

Wahrnehmung der Farben.

Mischung von Farben durch Übereinanderlegen einzelner Teile zweier Spektra und mit Hilfe des Farbenkreisels. Demonstration des Unterschiedes dieser Art der Farbenmischung und derjenigen durch Mischen von Farblösungen.

Adaptation des Auges.

Wir begeben uns aus einem hell erleuchteten Raum rasch in einen verdunkelten. Wir können zunächst in diesem keine Gegenstände unterscheiden. Nach einiger Zeit erscheinen uns die Umrisse der im Raume befindlichen Objekte immer deutlicher. Die einzelnen Individuen adaptieren sich verschieden rasch. Wir vergleichen die Raschheit der Adaptation, nachdem wir von einem etwas verdunkelten Raume, in dem wir uns einige Zeit aufgehalten haben, in ein völlig verdunkeltes Zimmer übergetreten sind, mit der Gewöhnung des Auges an die Dunkelheit beim plötzlichen Übertritt vom Hellen ins Dunkle. Umgekehrt werden wir zunächst geblendet, wenn wir aus dem Dunkeln plötzlich ins Helle sehen. Das ans Dunkle adaptierte Auge muß sich an die Helle erst gewöhnen.

Wir befestigen auf einem schwarzen Tuche kleine weiße Papierstücke und befestigen dieses in einem verdunkelten Raume. Zunächst kann die Versuchsperson, die eben aus einem hellen Raume in den dunkeln getreten ist, nichts erkennen. Nach erfolgter Adaptation erblickt sie einzelne der weißen Papierstücke. Sobald sie eine solche weiße Fläche fixieren will, verschwindet sie. Sie erscheint wieder, wenn das Fixieren der betreffenden Stelle aufhört. Durch diesen Versuch kann man nachweisen, daß die peripheren Netzhautteile an das Dunkel adaptiert sind, während ein zentrales Skotom nachzuweisen ist. (Unterschied in der Adaptation der Zapfen und Stäbchen.)

Versuche über den Verlauf der Erregung in der Netzhaut.

Versuch 1. Wir blicken in eine helle Lichtflamme und verdecken dann rasch die Augen, oder wir sehen auf einen vollständig dunklen Hintergrund. Es tritt dann eine helle Erscheinung auf, die die Form der soeben fixierten Lichtflamme zeigt.

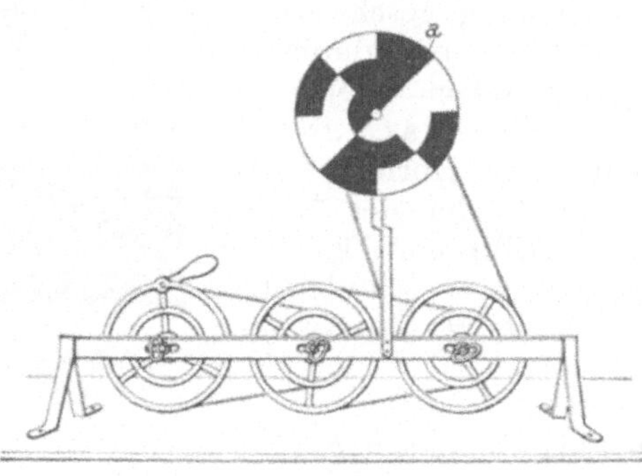

Abb. 275.

Versuch 2. Eine mit schwarzen und weißen Sektoren versehene Scheibe (vgl. Abb. 275) wird in Rotation versetzt. Bei geringer Geschwindigkeit unterscheiden wir die einzelnen Sektoren deutlich. Bei rascherer Bewegung werden die Ränder der Sektoren verwischt. Es beruht dies darauf, daß die Erregung der Netzhautelemente durch das von den weißen Sektoren ausgesandte Licht nicht sofort ihr Maximum erreicht, und sie ferner nicht unmittelbar abklingt, wenn die weiße Fläche vorbeirotiert ist. Bei sehr rascher Rotation erscheint die ganze Scheibe gleichmäßig grau.

Versuche mit dem Stroboskop. Verschmelzung der Nachbilder bei genügend rascher Umdrehung. Hinweis auf die leichte Täuschbarkeit des Auges!

Umstimmung des Auges bei Ermüdung.

Blicken wir gegen ein hellerleuchtetes Fenster, und wenden wir dann den Blick auf eine gleichmäßig beleuchtete Fläche, z. B. auf die Decke des Zimmers oder eine helle Wand, dann erscheinen die einzelnen Teile des Fensters, Fensterflächen und Rahmen, ganz deutlich, jedoch sind die hellen Teile dunkel und die dunklen hell. (Negatives Nachbild.) Besonders eindrucksvolle Resultate erhält man, wenn man längere Zeit farbige Bilder fixiert und dann auf eine weiße Fläche blickt. Wir sehen das gleiche Bild in der Kontrastfarbe. Sie liegt bei hellem Tageslichte der komplementären Farbe sehr nahe.

Verfolgung der Gesetze der Augenbewegungen.

Wir benutzen die negativen Nachbilder zum Studium der Gesetze der Augenbewegungen. Wir blicken ein weißes, schwarzes oder farbiges Kreuz längere Zeit an und blicken dann auf einen grauen oder weißen Schirm gradaus. Wir erkennen das Kreuz in Form seines negativen Nachbildes wieder. Nun führen wir von der Primärstellung des Auges Bewegungen aus, die zu Sekundärstellungen führen, d. h. wir blicken nach oben oder unten oder nasal- bzw. temporalwärts und verfolgen die Lage des negativen Nachbildes auf dem Schirm. Nunmehr gehen wir zu Tertiärstellungen über, d. h. wir blicken z. B. nasalwärts und zugleich nach oben oder unten und stellen wieder die Lage des negativen Nachbildes fest.

Sehr interessant ist auch der folgende Versuch. Man fertige sich durch Rollen von Papier zwei Röhren an. Der Durchmesser betrage etwa einen Zentimeter. Wir blicken nun mit jedem Auge durch eines der Rohre, und zwar zu gleicher Zeit. Halten wir die Röhren so, daß sie sich vorne berühren, dann erblicken wir nur eine Öffnung. Man kann in der vorderen Öffnung der Röhren eine Stecknadel anbringen und sieht dann nur eine Nadel. Sobald man nun die Röhren aus der konvergenten Lage entfernt, erblickt man zwei Öffnungen und zwei Nadeln.

Versuch zum Problem identischer Netzhautstellen.

Auf einem Blatt Papier wird ein Punkt ● angebracht. Er wird fixiert und einfach gesehen. Nunmehr wird der eine Bulbus durch Druck von der Seite, von oben oder von unten aus seiner Lage verschoben, wobei der Punkt unverwandt fixiert wird. Wir sehen nunmehr den Punkt doppelt. Schließen wir das eine Auge und bewegen wir dann das sehende Auge durch Druck hin und her, dann bleibt der Punkt einfach. Er verändert nur scheinbar seine Stellung.

Darstellung der Erweiterung des Gesichtsfeldes beim binokularen Sehen gegenüber dem monokularen.

Versuch 1. Wir nähern einer Versuchsperson, die geradeaus schaut, einen Gegenstand von links und rechts und von oben und unten, d. h. wir bestimmen ihr Gesichtsfeld. (Wir können diesen Versuch auch mit Hilfe des Perimeters ausführen, vgl. S. 318.) Dann fordern wir die Person auf, ein Auge zu schließen, z. B. das rechte. Sie wird dann einen von rechts herangeführten Gegenstand erst viel später wahrnehmen, als bei binokularem Sehen. Das Gesichtsfeld ist stark eingeschränkt.

Versuch 2. Wir bringen einen Bleistift oder einen Holzstab oder dgl. zwischen unsere Augen und die Schrift z. B. eines Buches. Wir können ungehindert, ohne den Kopf zu bewegen, fortlaufend lesen. Es sind keine Buchstaben verdeckt. Schließen wir ein Auge, dann ist das Lesen der einzelnen Sätze bei feststehender Kopfhaltung unmöglich, weil Wörter bzw. Teile davon verdeckt sind.

Abb. 276.

Abb. 277.

Optische Täuschungen.

a) **Irradiation.** Man betrachte in Abb. 278 u. 279 die hellen und dunkeln Flächen und vergleiche ihre Größe. Die hellen Flächen erscheinen größer als die gleich großen, dunklen Flächen.

Betrachtung eines Lineals vor einer Kerze. Die untere und obere Kante erscheinen an den Schnittflächen mit der Flamme einander genähert.

Betrachtung eines 0,1 mm schmalen Lichtspaltes bei wechselnder Beleuchtung.

Abb. 278.

Abb. 279.

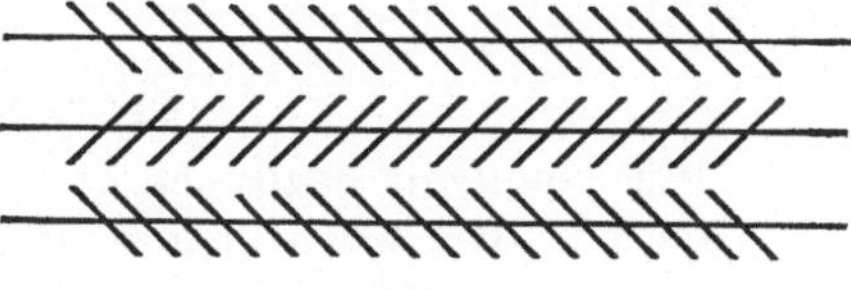

Abb. 280.

b) **Zöllnersche Täuschungsfigur.** (Vgl. Abb. 280.) Die horizontalen parallelen Linien scheinen geneigt zu verlaufen, weil sie von schräg gestellten, untereinander parallelen Linien geschnitten werden.

c) Zwei genau gleich lange Linien erscheinen ganz verschieden lang, wenn man sie, wie die Abb. 281 zeigt, an den Enden mit bestimmt gerichteten Linien versieht.

d) **Vortäuschung von Bewegungen.** Die dem psychologischen Praktikum von R. Pauli (Verlag G. Fischer, Jena 1920) entnommene Abbildung 283, S. 327 gewährt ein sehr schönes Beispiel der Vortäuschung von Bewegungen. Führt man in der Ebene des Papiers nach links und rechts kleine Kreisbewegungen aus, dann entsteht die Empfindung einer Bewegung der Kreise.

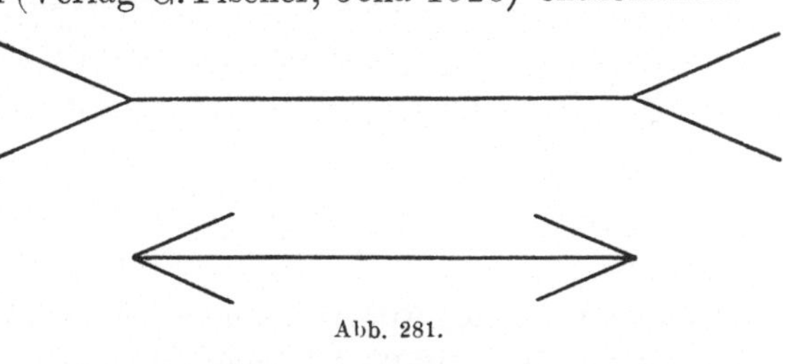

Abb. 281.

e) **Simultankontrast.** Auf einem Bild, in dem Hell und Dunkel gleichzeitig vorhanden sind, erscheinen uns die hellen Teile (z. B. Weiß) um so intensiver hell, je mehr in deren Umgebung das Helle fehlt, und um so weniger hell, je mehr Hell sich in der Nähe befindet.

Auf farbigen Bildern erscheint eine bestimmte Farbe um so intensiver, je vollständiger die gleiche Farbe in der Umgebung fehlt.

Wir betrachten ein weißes Gitter auf schwarzem Grund. Die Kreuzungsstellen der weißen Linien erscheinen uns dunkler als das übrige Weiß (Randkontrast, Abb. 276). Man beachte ferner in Abb. 277 die Kreuzungsstellen der schwarzen Striche.

Wir legen ein graues Papierstück auf ein rotes, gelbes oder grünes Papier. Es erscheint blau-grün, bzw. blau, bzw. purpurn, d. h. es nimmt die Kontrastfarbe an (Farbenkontrast). Besonders deutlich fällt der Versuch aus, wenn man das graue Papierstück mit dünnem Seidenpapier bedeckt (Florkontrast).

f) Sukzessivkontrast. Wir blicken auf einen roten Kreis, der sich in einer weißen Fläche befindet. Dann richten wir den Blick auf einen rein grünen Kreis. Dieser erscheint dann besonders intensiv gefärbt. Oder wir blicken auf eine helle Fläche und dann auf eine dunkle oder umgekehrt. Es erscheint uns die dunkle Fläche besonders schwarz, bzw. die helle besonders intensiv hell.

Augenmaßstudien.

Wir benutzen dazu den in Abbildung 282 abgebildeten Apparat. Er enthält drei ausgespannte Haare, von denen das mittlere x feststeht, während die beiden anderen (h und h') verschiebbar sind. Man verschiebt nun z. B. das Haar h durch Drehen an der Mikrometerschraube a und stellt so eine an der Mikrometereinteilung m genau ablesbare Entfernung zwischen Haar x und Haar h her. Die Versuchsperson erhält nun die Aufgabe, bei verdeckter Mikrometereinteilung m' das Haar h' in die gleiche Entfernung von Haar x zu bringen. Die Einstellung wird an der Mikrometereinteilung m' abgelesen. Man kann den Versuch bei horizontaler Lage des Apparates und bei vertikaler durchführen.

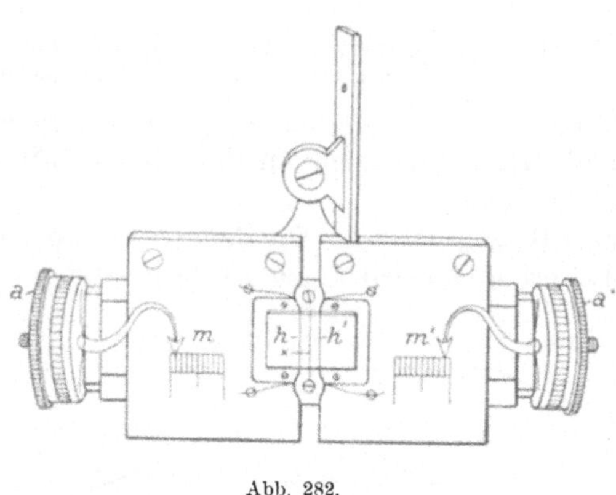

Abb. 282.

Zu einem weiteren Versuch verwenden wir eine Scheibe, auf der zwei ausgespannte dünne Fäden oder Haare sich kreuzen. Beide lassen sich verstellen. Ferner kann die Scheibe in verschiedene Neigung gebracht werden. Die Aufgabe, die gestellt wird, ist die, die beiden Fäden oder Haare in bestimmte Winkel zueinander zu bringen, bzw. vom Versuchsleiter hergestellte Winkel abzuschätzen. Die Scheibe trägt am Rande eine genaue Einteilung, so daß die Winkelstellung jeweilen genau abgelesen werden kann.

Versuche über Tiefenwahrnehmung.

1. Der Heringsche Fallversuch (Abb. 284). An einem horizontalen, mit Millimetereinteilung versehenen Holzstab H ist an einem Zwirnsfaden eine Perle aufgehängt. Der Faden ist an seinem unteren

Ende mit einem Gewicht G beschwert. Die Versuchsperson beobachtet
zweiäugig oder einäugig durch einen etwa 2 mm breiten Spalt. Es
wird nun festgestellt, wie groß der Tiefenabstand sein muß, damit
die Versuchsperson stets richtig die Lage einer zweiten Glasperle P
erkennt, die bald vor bald hinter der aufgehängten herabgeworfen wird.

2. Der Versuch zum Nachweis des Unterschiedes zwischen monokularer und binokularer Tiefenwahrnehmung wird auch an einem

Abb. 283.

zweiten Modell ausgeführt, bei dem im Gegensatz zum Heringschen
Fallversuch zwei Nadeln, deren relative Tiefenlage beurteilt werden
soll, dauernd sichtbar bleiben. In Abb. 285 sind zwei Nadeln N auf
zwei horizontalen Drähten mittels kleiner Korkringe Ko verschiebbar.
Eine Karte K verdeckt die untere Hälfte der beiden Nadeln. Es
sind auch hier wiederum bei wechselndem Abstand vom Auge der
Versuchsperson Versuche mit monokularer und binokularer Betrachtung auszuführen, um die Feinheit der Tiefenwahrnehmung festzustellen.

3. **Versuche über absolute Tiefenwahrnehmung**[1]). Auf einem Holzbrett von 1 m Länge und 40 cm Breite ist in der Längsachse auf beiden Seiten eine Holzleiste mit Millimetereinteilung angebracht, auf der ein Holzklotz verschiebbar ist. Das Brett ist horizontal in Brusthöhe vor der Versuchsperson aufgestellt. Die Versuche werden zunächst in einem hellen Raume ausgeführt. Es befinden sich auf den Holzklötzen lange Drahtnadeln. Der Versuchsperson wird die Aufgabe gestellt, eine Nadel auf der Unterseite des Brettes in die gleiche Entfernung, wie die auf der Oberseite befindliche Nadel (Fixationsobjekt) sie besitzt, mit der Hand ohne Hilfe des Gesichtssinnes einzustellen.

Die Versuche sind monokular und binokular, sowie mit verschiedenen Abständen auszuführen.

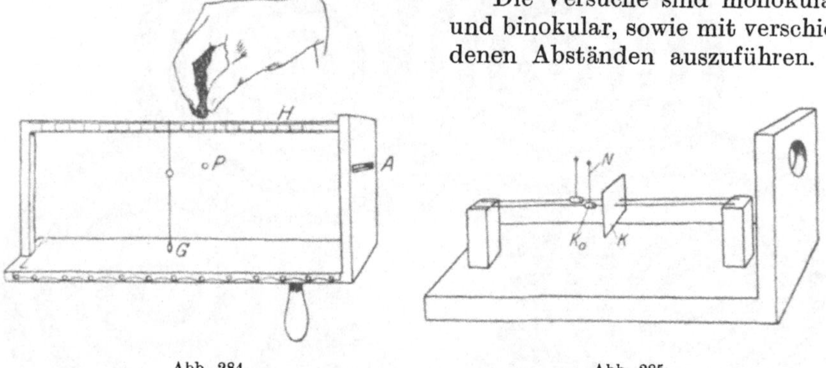

<table>
<tr><td>Abb. 284.</td><td>Abb. 285.</td></tr>
</table>

Um Erfahrungsmotive auszuschließen, werden die gleichen Versuche im Dunkelzimmer wiederholt. Als Fixationsobjekt dient das Licht einer elektrischen Taschenlampe, dessen Größe mittels einer Blende verändert werden kann.

Über das Sehen von Bewegungen.

Es wird auf einer mit Glanzpapier überzogenen Trommel ein etwa 10 cm langer und 5 mm breiter Strich mit Tinte gezogen. Das gesamte Kymographion wird durch eine Pappscheibe verdeckt, die lediglich einen 10 cm langen und 4 cm breiten Spalt besitzt, durch den die Versuchsperson die Bewegung des Objektes wahrnehmen kann. Die Geschwindigkeit der Drehung der Kymographiontrommel kann auf die feinste Weise reguliert werden. Ihre Größe wird jedesmal dadurch festgestellt, daß man die in einem bestimmten Zeitraum, z. B. 2 Minuten, zurückgelegte Strecke mißt. (Hierzu bedient man sich am besten einer Jaquetschen Uhr).

Die Versuchsperson hat nunmehr folgende Aufgaben zu lösen:

1. Feststellung der Bewegungsschwelle. Dabei ist die Geschwindigkeit, bei der die Bewegung sofort wahrgenommen wird, von der

---

[1]) Vgl. W. Lohmann, Archiv f. Augenheilkunde **88**, 16, 1921.

Schwelle zu trennen, die man erhält, wenn die Beobachtungsdauer mehrere Sekunden beträgt.

2. ist die Beziehung, die zwischen der Umdrehungsgeschwindigkeit der Trommel einerseits und der Zeit, die bis zum Auftreten der Bewegungswahrnehmung verstreicht, festzustellen. Jeder Versuch ist mehrere Male zu wiederholen. Die arithmetischen Mittelwerte sind der graphischen Darstellung der Ergebnisse der Versuche zugrunde zu legen.

3. ist die Schwelle der Bewegungswahrnehmung im indirekten Sehen festzustellen. Zu diesem Zwecke werden auf der Pappscheibe eine Reihe von Punkten als Fixationspunkte gewählt. Es ist auf diese Weise die Beziehung zwischen dem Grade der Exzentrizität und der Schwelle für die Bewegungswahrnehmung zu ermitteln.

Versuche über Sehrichtung.

1. Das Gesetz der identischen Sehrichtungen.

Als Fixationspunkt dient ein Punkt der Fensterscheibe, durch die die Versuchsperson auf entfernt gelegene Gegenstände blickt. Nehmen wir nun an, daß bei Schließung des rechten Auges ein Objekt A in gleicher Richtung wie der Fixationspunkt liegt, sich also mit diesem deckt, und daß dasselbe für das rechte Auge und den Gegenstand B gilt, so beobachten wir binokular, daß A und B hinter dem Fixationspunkt liegen und sich decken.

Der Versuch läßt sich auch in folgender Weise umkehren: Es wird durch eine Glasscheibe ein entfernter Punkt fixiert. Der Schnittpunkt der Richtungslinien mit dem Glas wird beiderseits vermerkt. Bei Fixation des ersten Punktes beobachtet man nun, daß alle drei Punkte zusammenfallen[1]).

2. Die Richtungslokalisation im peripheren Sehen[2]).

Ein horizontales Brett von 1 m Länge und 40 cm Breite trägt in einem Abstand von 30 cm einen vertikalen Spalt, in dem eine Schiefertafel so eingefügt ist, daß etwa 3 cm der Tafel die Oberseite des Brettes überragen. Auf der Schiefertafel werden vom Versuchsleiter auf der der Versuchsperson abgewandten Seite die Medianebene des Beobachters sowie die Schnittpunkte der Richtungslinien, die zu einem seitlich aufgestellten Lokalisationsobjekt verlaufen, mit Kreide vermerkt. Die Einstellung der Medianebene geschieht durch Anvisieren der Nasenwurzel der Versuchsperson und Feststellung des Schnittpunktes der Geraden, die den Fixierpunkt mit der Nasenwurzelmitte verbindet, mit der Tafel. Die Versuchsperson hat nun die Aufgabe, die Richtung des mit peripheren Teilen der Netzhaut gesehenen Lokalisationsobjektes (z. B. einer Kerze) auf der Unterseite

---

[1]) Nach Pauli, Psychologisches Praktikum, 2. Aufl. Jena 1920.
[2]) Vgl. Köllner, Pflügers Archiv f. d. ges. Physiol. **184**, 134, 1920.

der Tafel ohne Mitwirkung des Auges durch einen Kreidestrich zu
vermerken, während der in der Medianebene befindliche Fixationspunkt fixiert wird. Der Kreidestrich gibt dann den Schnittpunkt
der Richtungslinien an. Die Versuche sind monokular und binokular
durchzuführen. Weiter sind der Abstand des Fixationspunktes und
der seitliche Abstand des Lokalisationsobjektes zu verändern. Dabei
werden folgende Ergebnisse erhalten. Bei einäugiger Beobachtung
zeigt die Lokalisationsrichtung im peripheren Sehen eine Abweichung
von den Gesetzen, die bei zentralem Sehen herrschen. Die Lokalisation
erfolgt nämlich nicht mehr, als sei das Zyklopenauge das Zentrum
der Sehrichtungen, sondern es gilt das folgende Lokalisationsgesetz:
Gehört das Lokalisationsobjekt der temporalen Gesichtsfeldhälfte an,
so geschieht die Lokalisation annähernd richtig, d. h. der konstruierten
Richtungslinie entsprechend; wenn es sich aber in der nasalen Gesichtsfeldhälfte befindet, so wird die Richtungslinie zu weit nasal
verlegt, so daß sie annähernd mit der Richtungslinie des nicht
sehenden Auges zusammenfällt. Es ist also für die Bestimmung der
Sehrichtung in der rechten Hälfte des Gesichtsfeldes das rechte Auge,
für linke Hälfte aber das linke Auge maßgebend.

9. Untersuchungen an Rückenmark und Gehirn.

Versuche über Reflexe.

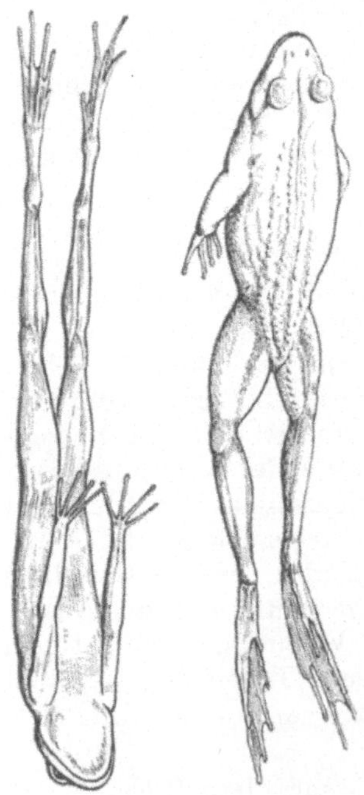

Abb. 286.   Abb. 287.

Versuch 1. Wir legen an der Hinter-
seite des Schenkels eines geköpften Frosches den Nervus ischiadicus frei. Vgl.
S. 261.) Wir beobachten beim Zufassen
mit einer Pinzette, daß das zugehörige
Bein zuckt. Der N. ischiadicus wird nun
durchschnitten und der Frosch mit Hilfe
eines Hakens am Unterkiefer aufgehängt.
Kneifen wir nun das Bein, dessen N. ischiadicus durchtrennt ist, dann beobachten
wir, daß bei genügender Stärke des Reizes
das Bein, dessen N. ischiadicus nicht durchschnitten ist, an den Körper gezogen wird.
Das operierte Bein hängt dagegen schlaff
herab. Kneift man das andere Bein, so wird
nur dieses angezogen (vgl. auch S. 332).

Versuch 2. Reflexkrämpfe. Wir
spritzen einem Frosch mit Hilfe einer
Pravazspritze $^1/_2$ ccm einer 0,1 prozentigen
Strychninlösung unter die Rückenhaut
und beobachten das Verhalten des Tieres,
besonders bei Erschütterungen. Der Frosch

zeigt zunächst, wenn er angefaßt, oder wenn der Tisch erschüttert
wird, nur träge Bewegung. Nach einiger Zeit beobachten wir, daß
er auf Erschütterungen viel leichter anspricht. Bald erhalten wir
Streckkrämpfe (vgl. Abb. 286). Zerstört man bei einem solchen Frosche
das Rückenmark, dann hören die Krämpfe sofort auf.

Zum Vergleich spritzen wir einem Frosch 1 ccm einer 1 prozentigen Phenollösung unter die Haut. Nach einem kurzen Erregungs-
stadium folgt Lähmung (vgl. Abb. 287).

Versuch 3. Durchschneidung der vorderen und hinteren
Rückenmarkswurzeln beim Frosch (Nachweis des Bell-

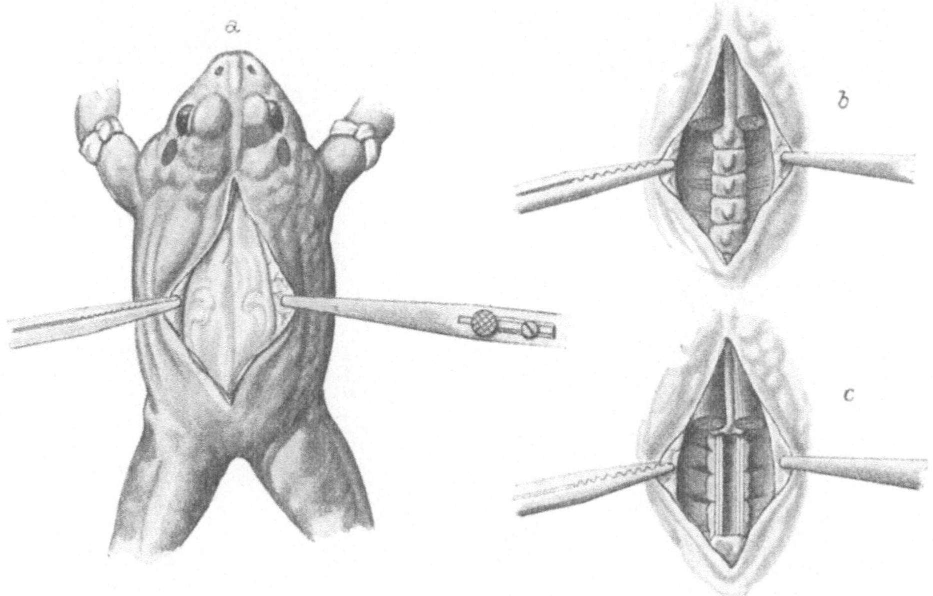

Abb. 288.

schen Gesetzes: Es wird ein Frosch in Bauchlage auf das Froschbrett aufgespannt. Dann durchschneiden wir die Rückenhaut vom
vierten Wirbel an bis zum Steißbein (Abb. 288, a) und gehen gleich
in die Tiefe, bis wir auf die Dornfortsätze der Wirbelkörper stoßen.
Nunmehr werden die zu ihrer Seite liegenden Muskeln mit einem
stumpfen Instrument fortpräpariert, so daß die Wirbelbögen ganz
frei liegen (Abb. 288, b). Man trägt diese mit Hilfe einer Schere oder
besser mittels einer kleinen Säge vom dritten bis fünften Wirbel auf
beiden Seiten vollständig ab (Abb. 288, c). Nunmehr sieht man das
Rückenmark mit seinen Häuten vor sich. Diese werden sehr vorsichtig durchschnitten. Man erblickt die siebenten bis zehnten Rückenmarkswurzeln. Wir durchschneiden nun die hinteren (sensiblen) Wurzeln
auf der einen Seite, z. B. rechts, und die vorderen (motorischen) Wurzeln

links. Nun kneifen wir das rechte Hinterbein. Wir beobachten keinen
Erfolg (Abb. 289). Kneifen wir dagegen das Bein der Seite, auf der
wir die vorderen Wurzeln durchschnitten haben, d. h. das linke Bein,
dann erhalten wir je nach der Stärke des Reizes Bewegung des
rechten Hinterbeines (Abb. 290) oder auch Kontraktion anderer
Muskeln des Körpers. Dagegen bleibt jede Reaktion des Beines, das
man kneift, aus, weil hier die motorischen Nerven ausgeschaltet sind.
Beim Aufhängen eines derartig operierten Frosches beobachten wir,
daß das Bein auf derjenigen Seite, auf der die hinteren Wurzeln
durchschnitten sind, schlaffer herabhängt, als auf der anderen Seite
(Brondgeestsches Phänomen).

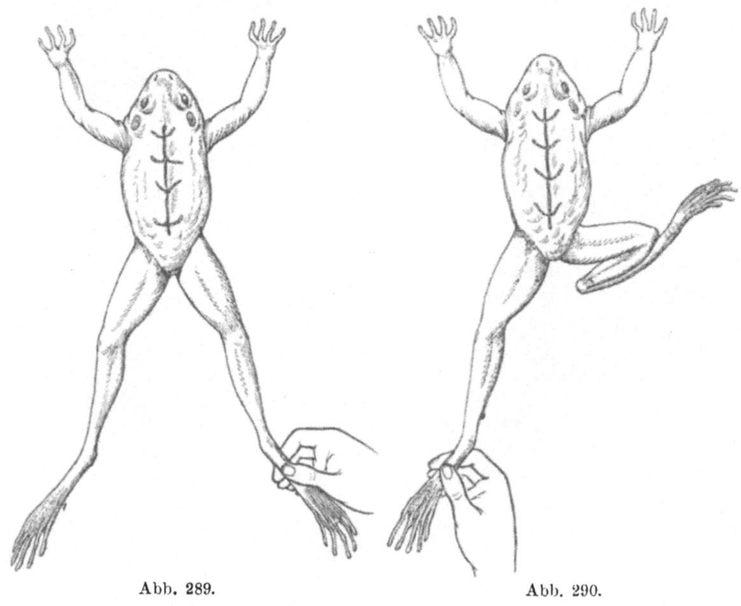

Abb. 289.   Abb. 290.

Versuch 4. Sehnenreflexe beim Menschen. Wir veranlasssen
eine Versuchsperson, sich auf einen Stuhl zu setzen. Wir fassen
dann das eine Bein in der Kniekehle und fordern die Versuchsperson
auf, es möglichst schlaff zu halten und führen entweder mit der
Schneide der Hand oder mit Hilfe eines „Reflexhammers" einen Schlag
auf das Ligamentum patellae. Es tritt Streckbewegung des Unter-
schenkels ein (Patellarreflex). Man verfolge hierbei die Kontraktion des M. quadriceps femoris durch Auflegen der Hand auf die
Vorderfläche des Oberschenkels. Mißlingt der Versuch, dann liegt es
oft daran, daß die Versuchsperson unwillkürlich den M. quadriceps
femoris anspannt. Um die Aufmerksamkeit der Versuchsperson ab-
zulenken, fordern wir sie auf, beide Hände fest zusammenzuhaken
und sie auf einen gegebenen Befehl hin mit aller Kraft auseinander

zu ziehen (Abb. 291). Während die Versuchsperson diesem Befehl nachkommt, schlagen wir in der genannten Weise auf das Ligamentum patellae. (Kunstgriff von Jendrassik.)

Beim Klopfen auf die Achillessehne beobachten wir Plantarflexion des Fußes (Achillessehnenreflex).

Bizepsreflex. Der gestreckte Arm des zu Untersuchenden wird lose auf den Tisch gelegt. Dann wird ein kurzer, kräftiger Schlag auf die Bizepssehne nahe der Ellbogenbeuge geführt. Es tritt Beugung des Armes ein.

Trizepsreflex. Beim Beklopfen der Sehne des M. triceps etwas oberhalb des Olecranons beobachtet man, daß der vorher leicht gebeugte Arm in Streckstellung übergeht.

Nachweis der Abhängigkeit des Tonus der Extremitätenmuskeln von der Kopfstellung (Vergl. R. Magnus und A. de Kleijn: Pflügers Arch. **145**, 455 (1912), A. de Kleijn: Ebd. **186**, 82 (1921). An normalen und labyrinthlosen Meerschweinchen bzw. Kaninchen wird der Einfluß der Kopfbewegungen auf die Lage des Körpers und der Extremitäten demonstriert.

Nachweis des Zuckerzentrums in der Medulla oblongata.

Wir wählen ein junges, wohlgenährtes Kaninchen, das wir 24 Stunden vor der Operation in einen Stoffwechselkäfig gebracht haben. Der Urin wird gesammelt und auf Zucker untersucht. Sollte das Kaninchen keinen Urin gelassen haben, dann kann man solchen leicht gewinnen, indem man es in vertikaler Stellung an allen

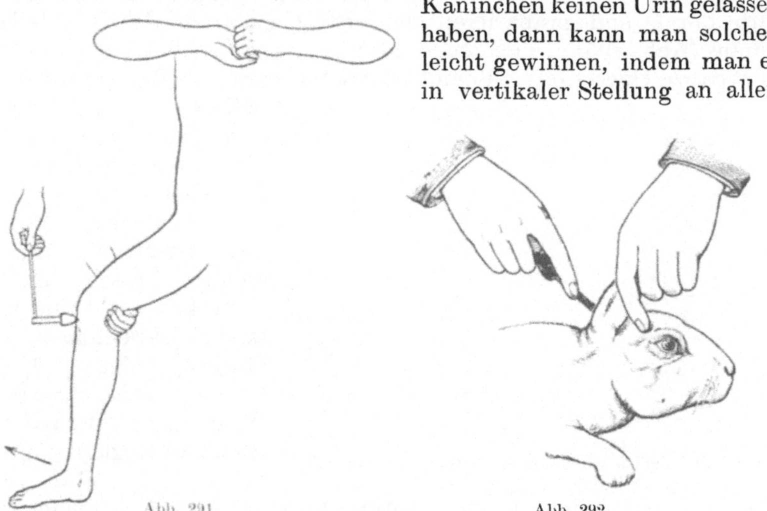

Abb. 291.   Abb. 292.

vier Extremitäten ausspannt und dann durch vorsichtig reibende Bewegung mit der Hand immer tiefer in das Becken hinein zu gelangen sucht. Man kann auf diese Weise die Blase leicht auspressen. Nun wird das Tier in Bauchlage auf ein Operationsbrett aufgespannt.

Wir narkotisieren es mit Äther. Man faßt nun den Kopf des Tieres mit der linken Hand, setzt mit der Rechten ein sog. Piqûre-Instrument oder einen einfachen Troikart auf der Mitte des fast quadratischen Os occipitale auf und bohrt unter rotierender Bewegung durch den Knochen durch (Abb. 292), bis man zum Os basilare gelangt. Oft zeigen die Tiere nach der Operation Krämpfe oder Zwangsbewegungen. Ist jedoch die Operation vollständig gelungen, dann bleiben diese Erscheinungen aus. Nun untersucht man den Urin nach verschiedenen Zeiten und stellt den Augenblick fest, in dem zum erstenmal Zucker im Harn erscheint. Über den Nachweis des Zuckers vgl. S. 53 ff.

Exstirpation des Vorderhirns und der Sehhügel beim Frosch.

Wir stellen bei einem normalen Frosche die Körperhaltung beim Sitzen und sein sonstiges Verhalten fest. Wir sehen, wie er sich spontan bewegt, wie er springt und wie er in aufrechter Stellung

Abb. 293.

sich hinsetzt (Abb. 293). Nun spalten wir die Haut des Kopfes in der Mittellinie und legen das Schädeldach frei. Dann eröffnen wir mit einem starken Skalpell oder einer kleinen Knochenzange die Schädelhöhle und tragen die auf dem Vorderhirn befindlichen Knochenteile ab. Jetzt trennen wir zwischen Vorderhirn und Mittelhirn durch und präparieren das erstere ganz aus der Schädelhöhle heraus (Abb. 295). (Vgl. die Anatomie des Froschhirns in Abb. 294). Die ganze Operation muß mit möglichst geringem Blutverlust durchgeführt werden. Das Versuchstier zeigt zunächst oft schwere Erscheinungen. Es erholt sich aber meistens sehr rasch. Es setzt sich genau so, wie ein anderer Frosch, hin, nur bemerken wir keine spontanen Bewegungen. Im übrigen zeigt sich der Frosch ganz geschickt. Wird er z. B. auf den Rücken gelegt, dann wendet er sich sofort wieder

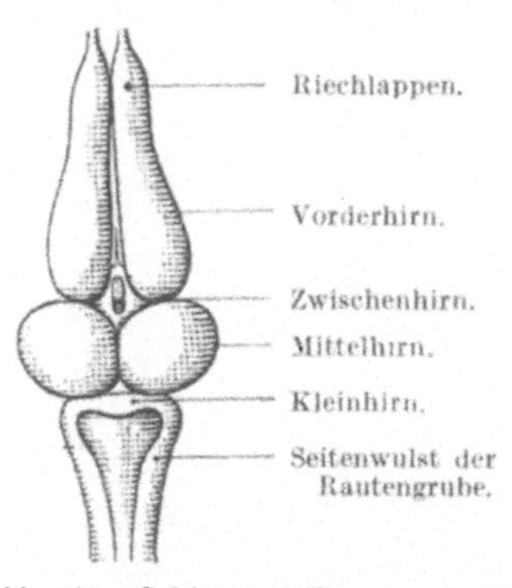

Abb. 294. Gehirn von Rana esculenta.

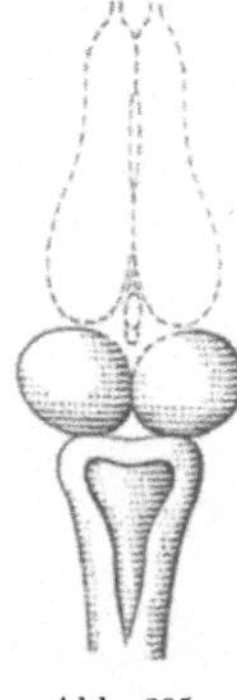

Abb. 295.

um und setzt sich in die richtige Lage (Abb. 296). Bringt man ihn auf ein Brettchen, und stellt man dieses allmählich schräg, dann beginnt der Frosch zu klettern. Er hält sich schließlich am oberen Rande des Brettchens fest und überklettert dieses oft auch noch in ganz geschickter Weise. Kneift man den Frosch in ein Bein, dann zieht er dieses an oder hüpft weg. Setzt man den Frosch ins Wasser, dann schwimmt er. Alle Bewegungen sind hierbei etwas verzögert, träge. Reibt man bei einem männlichen Frosch mit dem Finger den Rücken, oder hält man ihn einfach unter den Armen fest, dann quakt er (Quakreflex). Eine spontane Nahrungsaufnahme findet nicht statt. Man muß das Tier künstlich füttern. Man kann hierbei in sehr schöner Weise den Schluckreflex verfolgen.

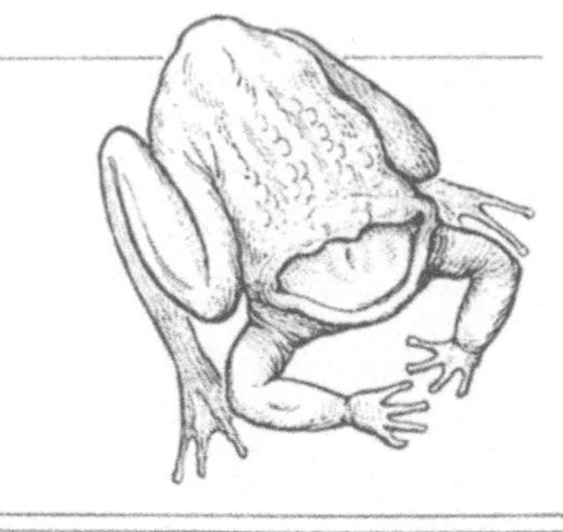

Abb. 296.

Ist bei der Exstirpation der Sehhügel nicht vollständig abgetragen worden, dann kann man ab und zu spontane Bewegungen und auch selbständige Nahrungsaufnahme beobachten. Hat man ausschließlich das Vorderhirn entfernt, d. h. die Sehhügel geschont, dann läßt sich ein derartig operiertes Tier erst bei genauerer Betrachtung von einem Frosch mit vollständigem Gehirn unterscheiden. Vor allem fällt auf, daß das operierte Tier sich nur selten spontan bewegt. Zwingt man es zu Fluchtbewegungen, dann werden diese mit großem Geschick durchgeführt, so daß es oft schwer hält, das Tier wieder einzufangen. Hindernisse werden umgangen.

Entfernung des Gehirns und der Medulla oblongata.

Wir entfernen bei einem Frosch das gesamte Gehirn und die Medulla oblongata (vgl. Abb. 297). Wir präparieren, wie Abb. 298 zeigt, die Haut in Lappenform vom Schädeldach ab und klappen sie nach hinten um. Dann wird das Schädeldach abgetragen (vgl. Abb. 299). Wir erblicken nach Durchschneidung der Hirnhäute das Vorder- (*a*) und Mittelhirn (*b*) und ferner die Medulla oblongata. Nach Entfernung dieser Zentralorgane wird der Hautlappen wieder mit Nähten befestigt (vgl. Abb. 300).

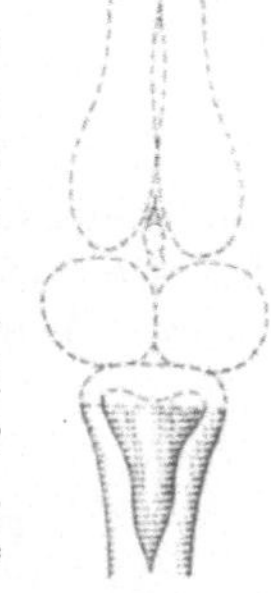

Abb. 297.

Um Blutungen zu vermeiden und die Operation abzukürzen, geht man am einfachsten zwischen Schädel und dem ersten Wirbel ein und schneidet mit einer Schere oder mit einem Messer an dieser Stelle durch. Dann führt man von der eröffneten Stelle aus eine Stricknadel in die Schädelhöhle ein und zerstört das ganze Gehirn. Oder man schneidet einfach den ganzen Kopf vom Rumpfe ab. Der Frosch zeigt keine willkürliche Bewegung mehr. Er liegt ganz flach auf dem Bauch (Abb. 301). Der Kopf wird nach unten gehalten. Legen wir den Frosch auf den Rücken, dann bleibt er liegen. Kletterversuche führt er ebenfalls nicht aus. Kneifen wir ein Bein, dann wird es angezogen. Kneifen wir stark, dann können wir sogar Fluchtversuche hervorrufen. Wir beobachten ganz zweckmäßige Abwehrmaßnahmen. Bringen wir z. B.

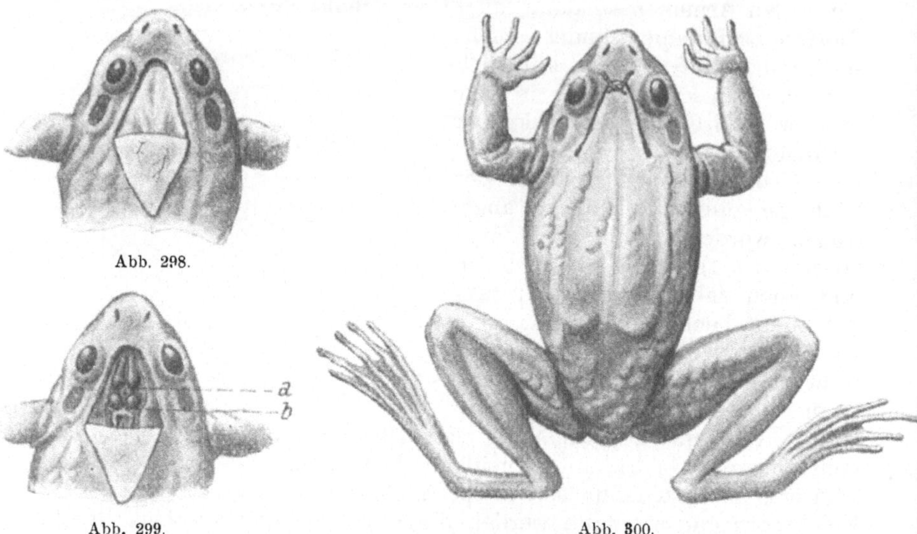

Abb. 298.

Abb. 299.   Abb. 300.

etwas Essigsäure auf die Rückenhaut der einen Seite, dann sehen wir, daß der Frosch mit dem Hinterbein der gleichen Seite Abwischbewegungen ausführt (vgl. Abb. 302). Amputieren wir dieses Bein, dann versucht der Frosch mit dem andern Hinterbein die Säure zu entfernen (gekreuzter Reflex).

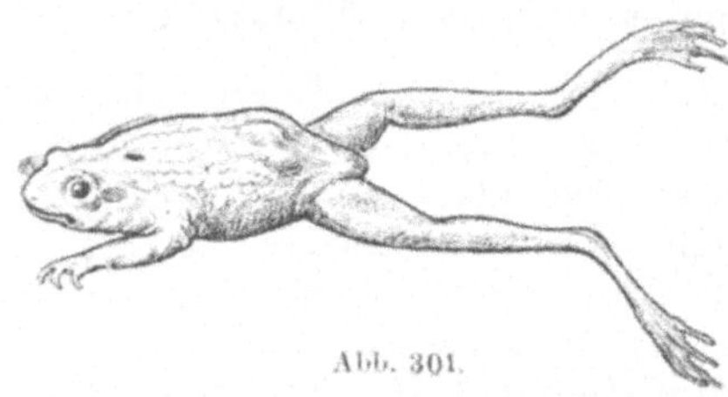

Abb. 301.

Wir können die Zeit bestimmen, welche vom Augenblick des Reizes bis zur Abwehrbewegung vergeht. (Bestimmung der Reflexzeit.) Am einfachsten wählen wir verschieden konzentrierte Säuren, z. B. Schwefelsäure. Wir hängen zu diesem Zwecke den Frosch an einem Haken auf (Abb. 303). Die Beine hängen schlaff herunter. Nun tauchen wir das eine in 0,1 prozentige Schwefelsäure und merken uns die Zeit (oder wir zählen die Metronomschläge), die vergeht, bis der Frosch das Bein aus der Säure herauszieht

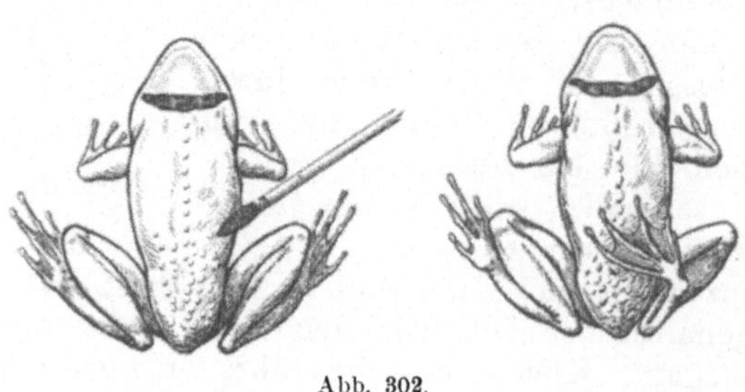

Abb. 302.

(Abb. 304). Wir spülen das Bein mit Wasser ab, trocknen es ab und lassen es dann in 0,2 prozentige Säure eintauchen und beobachten, daß nunmehr das Bein viel rascher herausgezogen wird. Wir wiederholen den Versuch mit 0,3-, 0,4-, 0,5- usw. prozentiger Schwefelsäure.

Reizung der motorischen Rindenfelder beim Kaninchen.

Ein Kaninchen wird in Bauchlage auf ein Brett aufgespannt und mit Äther narkotisiert. Nachdem Bewußtlosigkeit eingetreten ist, werden die Haare auf der Mitte des Schädels mit der Schere ab-

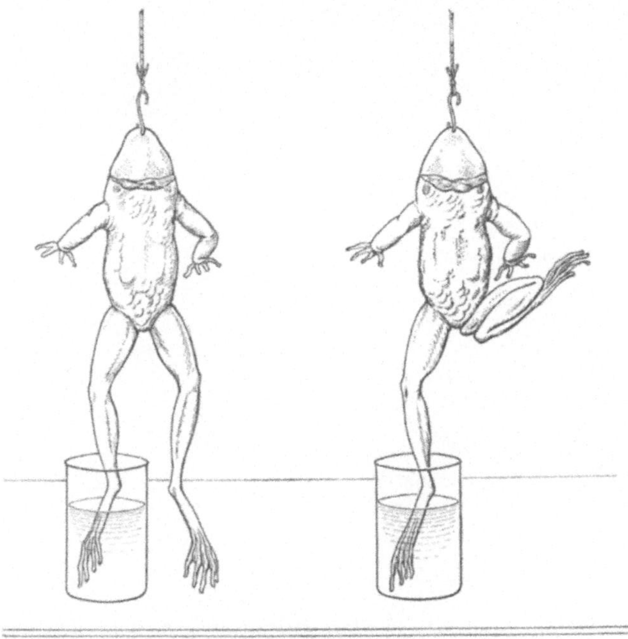

Abb. 303.

geschnitten. Dann führen wir einen Hautschnitt von der Nasenwurzel bis zum Tuberculum occipitis. Die Hautlappen ziehen wir mit Hilfe von Gewichtshaken auseinander. Es liegt nun das Periost des Schädeldaches frei. Dieses wird durchtrennt und dann vom Knochen abgehoben. Nun setzen wir auf den hinteren, seitlichen Teil des Os parietale einen Trepan auf und bohren ein etwa $^1/_2$ cm Durchmesser umfassendes kreisförmiges Loch in den Knochen. Wir erweitern die Öffnung mit Hilfe einer Knochenzange, wobei wir uns vorsehen müssen, daß das Gehirn keine Quetschungen erleidet. Auch die Dura mater muß geschont werden. Blutungen stillen wir am besten, indem wir stärker blutende Stellen mit Hilfe eines glühenden Eisens verschorfen. Nunmehr eröffnen wir die Dura in sagittaler und frontaler Richtung und schlagen die Lappen zurück. Das Gehirn decken wir sofort mit einem mit 38° warmer, 0,9 prozentiger Kochsalzlösung getränkten Wattebausch zu.

Wir befreien nunmehr Vorder- und Hinterpfoten aus den Fesseln, reizen mit faradischen Strömen und tasten mit den Elektroden die nach Entfernung des Wattebausches freigelegte Großhirnoberfläche ab. Wir beginnen mit schwachen Strömen und verstärken sie allmählich, bis ein Reizerfolg eintritt. Wir beobachten, daß von bestimmten Stellen aus Bewegungen bestimmter Teile der Extremitäten, bald nur auf der der operierten Seite entsprechenden Körperhälfte, bald

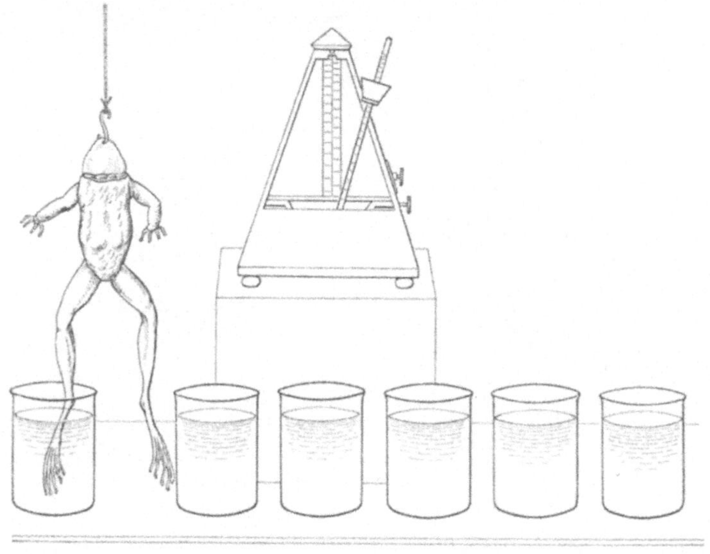

Abb. 304.

auch auf der gegenüberliegenden, oder auch auf beiden Seiten auftreten. Wir stellen fest, daß wir von der gleichen Stelle aus immer den gleichen Erfolg erhalten, vorausgesetzt, daß stets die gleiche Stromstärke beibehalten wird. Durch Steigerung der Stromstärke kann nämlich eine Fortpflanzung der Erregung auf benachbarte Teile eintreten. Es werden dann auch tieferliegende Teile gereizt. Bei Anwendung sehr starker Ströme erhält man allgemeine Muskelkrämpfe. Es empfiehlt sich, die Versuche von Zeit zu Zeit zu unterbrechen und wieder 38° warme, isotonische Kochsalzlösung mit Hilfe eines Wattebausches auf die Gehirnoberfläche zu bringen, damit das Gehirn einesteils vor Abkühlung, andernteils auch vor Austrocknung geschützt wird.

Bestimmung der Reaktionszeit.

Die Reaktionszeit, d. h. die Zeit, die vergeht, bis jemand auf einen bestimmten Reiz mit einer bestimmten Handlung antwortet, setzt sich aus verschiedenen Anteilen zusammen. Die durch den Reiz bewirkte Erregung muß auf der sensiblen Bahn dem Großhirn zugeleitet werden (Perzeption). Dann muß die Art der Empfindung bewußt werden (Apperzeption). Dann folgt die Übertragung auf die motorische Bahn (Willensimpuls) und dann die verlangte Bewegung. Wir können z. B. einer Versuchsperson einen elektrischen Funken zeigen. Wir merken uns die Zeit des Auftretens dieses Lichtreizes genau. Die Versuchsperson wird aufgefordert, sofort, wenn sie den Funken sieht, den Zeigefinger zu heben oder mit dem Kopf eine Nickbewegung auszuführen. Dieser Augenblick wird ebenfalls festgestellt. Die Zeit, die vom Augenblick des Auftretens des Funkens vergangen ist, bis die Versuchsperson das verabredete Zeichen gab, ist die Reaktionszeit. Wir können die verschiedensten Sinne reizen: Auge, Ohr, die Hautsinne, Geruchs- oder Geschmackssinn. Die Verhältnisse komplizieren sich sofort, wenn wir die Versuchsperson auf bestimmte Zeichen bestimmte Signale geben lassen. Wir verabreden mit ihr z. B., daß sie auf Vorzeigen einer roten Scheibe den Zeigefinger hebt und bei Grün den Mittelfinger. Oder wir lassen auf einen bestimmten Reiz ein verabredetes Wort sagen. Noch viel mehr Zeit vergeht, wenn wir die Versuchsperson auffordern, z. B. auf einen Reiz des Geruchs- bzw. Geschmackssinnes einen Gegenstand zu nennen, der ähnlich riecht oder schmeckt. Es müssen hierbei mancherlei Assoziationsbahnen beschritten werden, bis die Antwort gefunden ist. Wir können auf diesem Wege sukzessive immer mehr Bahnen und Zentren in den Bereich des Versuches einbeziehen und besonders eindringlich den Einfluß der Übung und auch den der Ermüdung zeigen.

Am einfachsten benutzen wir zu diesen Versuchen ein Kymographion mit berußter Fläche. Wir zeichnen auf dieser die Zeit auf. Dann lassen wir durch eine besondere Vorrichtung mit Hilfe eines Schreibhebels den Augenblick des Reizes aufschreiben. Die Versuchsperson legt ihren Zeigefinger auf eine Taste, bei deren Niederdrücken ein Hebel einen vertikalen Strich auf die Trommel aufschreibt, oder sie öffnet oder schließt einen elektrischen Strom durch Niederdrücken oder Aufklappen eines Hebels, z. B. eines Absperrschlüssels. Durch besondere Vorrichtungen wird der Moment des Schließens bzw. Öffnens des Stromes auf der Trommel aufgezeichnet.

Versuche über sogenannte tierische Hypnose.

1. Versuche an Wirbellosen: Wir bringen einen Flußkrebs in Rückenlage und halten ihn darin fest, bis keine Fluchtversuche mehr erfolgen. Er bleibt bewegungslos liegen und läßt sich in ver-

schiedenartige Stellungen überführen. Wir stellen ihn z. B. in Rückenlage bei gebogenem Körper so auf, daß er mit dem Rostrum, den

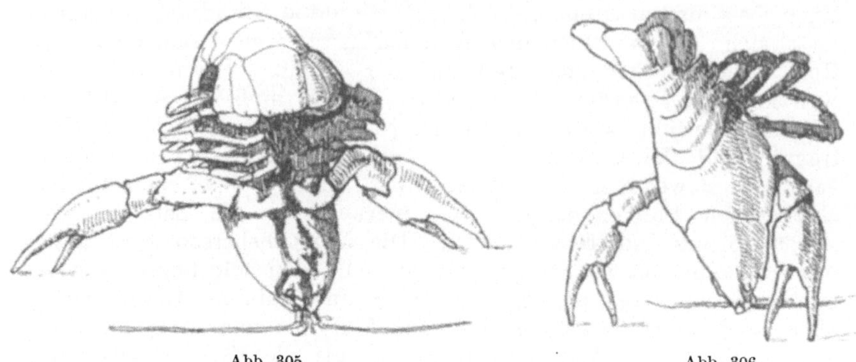

Abb. 305.   Abb. 306.

Abb. 307.

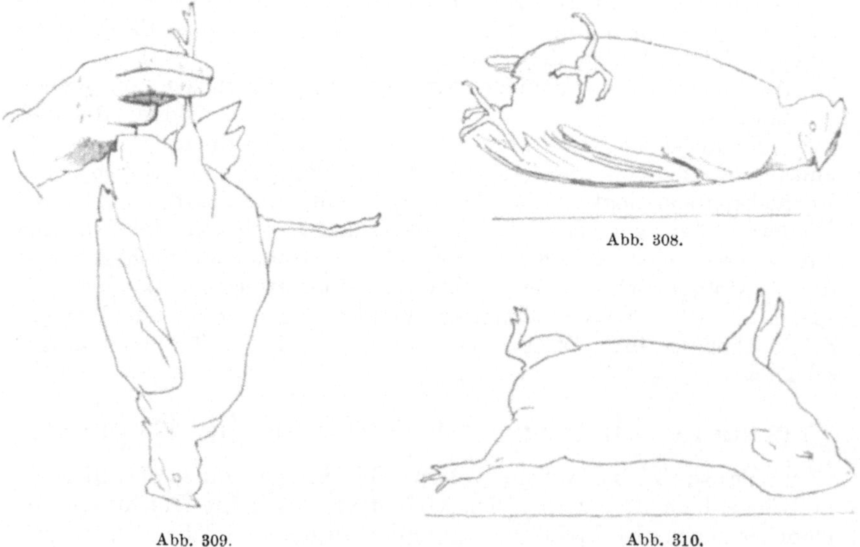

Abb. 308.

Abb. 309.   Abb. 310.

beiden Scheren und dem Schwanzende den Boden berührt. Er bleibt längere Zeit unbeweglich in dieser Lage. Auch in „Kopfhochstand-Stellung" bleibt der Krebs stehen (vgl. Abb. 305 und 306).

2. Versuche an Wirbeltieren: a) Versuche am Frosch bzw. an Kröten. Wir legen ein Tier dieser Art auf den Rücken und halten es in dieser Lage kurze Zeit fest. Es bleibt dann längere Zeit in dieser Stellung unbeweglich liegen (vgl. Abb. 307). Eigenartige Stellungen des Körpers und der Beine erhält man, wenn man eine Feuerkröte (Bombinator igneus) auf den Rücken legt oder sie auch nur anfaßt. Zumeist wird der Körper ganz extrem dorsal gebogen, so daß die Bauchseite eine konvexe Fläche darstellt.

b) Versuche an Vögeln: Man lege ein Huhn oder einen Hahn auf den Rücken und halte das Tier in dieser Lage kurze Zeit fest. Gibt man es frei, dann bleibt es längere Zeit ruhig liegen (Abb. 308). Es läßt sich an einem Fuß hochziehen, ohne daß es Fluchtbewegungen unternimmt. Man muß dabei das Tier ganz allmählich von der Unterlage, auf der es liegt, abheben. Man kann es dabei frei schwebend halten (Abb. 309) und wieder hinlegen, ohne daß es aufspringt.

c) Versuche an Säugetieren: Legt man Kaninchen oder Meerschweinchen in Rücken- oder Seitenlage hin, dann bleiben die Tiere auch längere Zeit völlig bewegungslos liegen (Abb. 310).

Sachverzeichnis.

Die Abderhaldensche Reaktion. Ein Beitrag zur Kenntnis von Substraten mit zellspezifischem Bau und der auf diese eingestellten Fermente und zur Methodik des Nachweises von auf Proteine und ihre Abkömmlinge zusammengesetzter Natur eingestellten Fermenten. Von **Emil Abderhalden,** Professor Dr. med. et phil. h. c., Direktor des Physiologischen Instituts der Universität Halle. (Fünfte Auflage der „Abwehrfermente".) Mit 80 Textabbildungen und 1 Tafel. 1922. Preis M. 195,—.

Die Grundlagen unserer Ernährung und unseres Stoffwechsels. Von **Emil Abderhalden.** Dritte, erweiterte und umgearbeitete Auflage. Mit 11 Textabbildungen. 1919. Preis M. 5,60.

Nahrungsstoffe mit besonderen Wirkungen unter besonderer Berücksichtigung der Bedeutung bisher noch unbekannter Nahrungsstoffe für die Volksernährung. Von **Emil Abderhalden.** (Die Volksernährung. Veröffentlichungen aus dem Tätigkeitsbereiche des Reichsministeriums für Ernährung und Landwirtschaft. Herausgegeben unter Mitwirkung des Reichsausschusses für Ernährungsforschung. Heft 2.) 1922. Preis M. 9,—.

Synthese der Zellbausteine in Pflanze und Tier. Lösung des Problems der künstlichen Darstellung der Nahrungsstoffe. Von **Emil Abderhalden.** 1912. Preis M. 3,60.

Neuere Anschauungen über den Bau und Stoffwechsel der Zelle. Vorträge, gehalten auf der 94. Jahresvers. d. Schweiz. Naturforsch. Gesellsch. in Solothurn am 2. VIII. 1911. Von **Emil Abderhalden.** Zweite Auflage. 1916. Preis M. 1,—.

Biochemisches Handlexikon. Unter Mitarbeit hervorragender Fachgenossen herausgegeben von Prof. Dr. **Emil Abderhalden,** Halle a. S. In 10 Bänden. Einzeln: 1. Band, 1. Hälfte, 1911, M. 44,—; geb. M. 46,50. 2. Hälfte, 1911, M. 48,—; geb. M. 50,50. — II. Band, 1911, M. 44,—; geb. M. 46,50. — III. Band, 1911, M. 20,—; geb. M. 22,50. — IV. Band, 1. Hälfte, 1910, M. 14,—. 2. Hälfte, 1911, M. 54,—. — IV. Band, kpl. geb. M. 71,—. V. Band, 1911, M. 38,—; geb. M. 40,50. — VI. Band, 1911, M. 22,—; geb. M. 24,50. — VII. Band, 1. Hälfte, 1910, M. 22,—. 2. Hälfte, 1912, M. 18,—. VII. Band, kpl. geb. M. 43,—. — VIII. Band (1. Ergänzungsband), Neudruck 1920, geb. M. 200,—. — IX. Band (2. Ergänzungsband), Nachdruck 1922, geb. M. 800,—. — X. Band (3. Ergänzungsband). Erscheint im Herbst 1922.

Der Begriff der Genese in Physik, Biologie und Entwicklungsgeschichte. Eine Untersuchung zur vergleichenden Wissenschaftslehre. Von Dr. **Kurt Lewin.** Mit 45 zum Teil farbigen Textabbildungen. 1922. Preis M. 240,—.

Die physikalisch-chemischen Grundlagen der Biologie. Mit einer Einführung in die Grundbegriffe der höheren Mathematik. Von Dr. phil. **E. Eichwald,** ehemaliger Assistent, und Dr. phil. **A. Fodor,** erster Assistent am Physiologischen Institut der Universität Halle a. S. Mit 119 Abbildungen und 2 Tafeln. 1919. Preis M. 42,—; gebunden M. 48,—.